"纺织之光"2023年度中国纺织工业联合会纺织高等教育教学成果奖评审会
2023.8.22 福建·福州

评审会专家合影

评审会现场

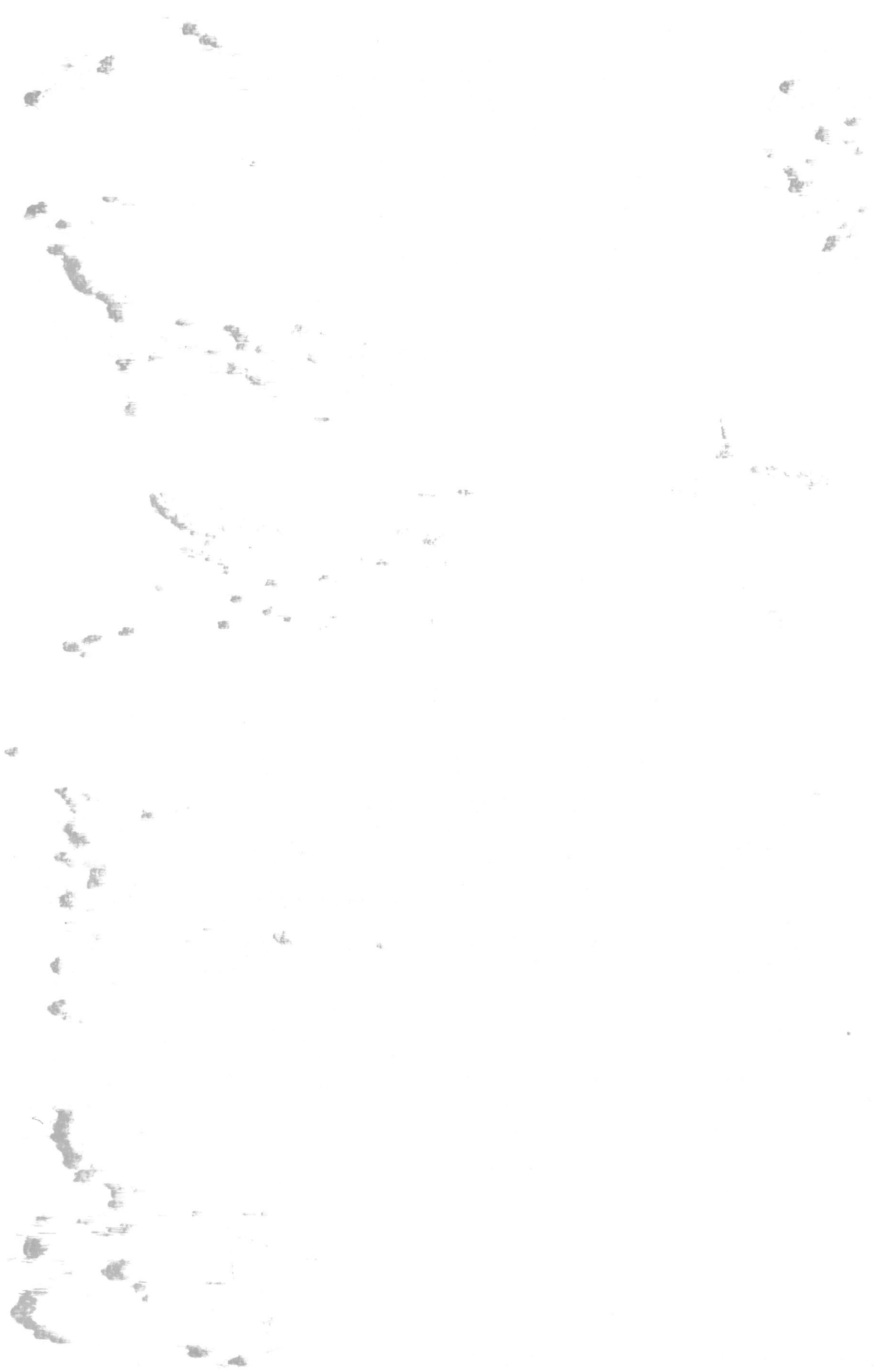

中国纺织工业联合会文件

中国纺联〔2023〕43号

关于授予"纺织之光"2023年度
中国纺织工业联合会纺织高等教育教学成果奖的决定

各有关单位：

根据国务院发布实施的《教学成果奖励条例》和《"纺织之光"中国纺织工业联合会纺织高等教育教学成果奖励办法》规定，经"纺织之光"中国纺织工业联合会纺织高等教育教学成果奖励评审委员会审定，中国纺联批准，"纺织之光"2023年度中国纺织工业联合会纺织高等教育教学成果奖授奖项目共723项，其中：授予东华大学朱美芳等申报的"'浸入式'科创研学驱动特色科普教育实践体系建设"等68项教学成果特等奖；武汉纺织大学陶丹等申报的"基于'实践导向、创新驱动'的纺织品设计教学实践"等153项教学成果一等奖；浙江理工大学孙虹等申报的"服务时尚'三创'人才培养架构'主导-主体'教学生态——

新文科下教学模式改革与实践"等 502 项教学成果二等奖。获得教学成果特等奖的奖励金由纺织之光科技教育基金会资助。

希望纺织服装院校积极开展教育教学研究，深化教学改革，开拓创新，提高高等教育教学水平和教育质量，为纺织工业高质量发展做出积极贡献。

附件："纺织之光"2023 年度中国纺织工业联合会纺织高等教育教学成果奖获奖名单

中国纺织工业联合会
2023 年 9 月 12 日

“纺织之光”

中国纺织工业联合会
纺织高等教育教学成果奖
汇编

（2023年）

—— 主编 ——

中国纺织工业联合会
中国纺织服装教育学会
纺织之光科技教育基金会

中国纺织出版社有限公司

内 容 提 要

"纺织之光"2023年度中国纺织工业联合会纺织高等教育教学成果奖授奖项目共723项，其中特等奖68项，一等奖153项，二等奖502项。本书收录了特等奖及一等奖成果，希望能帮助纺织服装院校积极开展教育教学研究，深化教学改革，开拓创新，提高高等教育教学水平和教育质量，为纺织工业高质量发展做出积极贡献。从申报内容和类别来看，本年度的项目呈现出如下特点：一是课程建设方面更注重内涵，内容更新到重构、进一步明确OBE导向、加强教学方式方法创新等方面均有明显提升；二是专业建设方面更注重学生中心、产出导向，以四新建设为指引，强化产教融合；三是对课程思政的理解更加深入，尤其是评价标准方面的内容更加丰富；四是双创方面的工作更体现了科教融汇、产教融合、项目驱动、赛教创融合的特色。

图书在版编目（CIP）数据

"纺织之光"中国纺织工业联合会纺织高等教育教学成果奖汇编．2023年 / 中国纺织工业联合会，中国纺织服装教育学会，纺织之光科技教育基金会主编．-- 北京：中国纺织出版社有限公司，2024. 10. -- ISBN 978-7-5229-1868-6

Ⅰ．TS1-42

中国国家版本馆 CIP 数据核字第 2024SY1407 号

责任编辑：亢莹莹　　特约编辑：黎嘉琪
责任校对：高　涵　　责任印制：王艳丽

中国纺织出版社有限公司出版发行

地址：北京市朝阳区百子湾东里 A407 号楼　邮政编码：100124

销售电话：010—67004422　传真：010—87155801

http://www.c-textilep.com

中国纺织出版社天猫旗舰店

官方微博 http://weibo.com/2119887771

三河市宏盛印务有限公司印刷　各地新华书店经销

2024 年 10 月第 1 版第 1 次印刷

开本：889×1194　1/16　印张：28.5　插页：4

字数：810 千字　定价：98.00 元

编委会成员

目 录
CONTENTS

特等奖

附　录

二维码目录

扫二维码阅读
"一等奖"项目

一等奖

"纺织之光"中国纺织工业联合会纺织高等教育教学成果奖汇编（2023年）

特等奖

"浸入式"科创研学驱动特色科普教育实践体系建设

东华大学

完成人及简况

姓名	性别	所在单位	党政职务	专业技术职称
朱美芳	女	东华大学	材料科学与工程学院院长、纤维材料改性国家重点实验室主任	教授，中国科学院院士
陈丽芸	女	东华大学	纤维材料改性国家重点实验室行政副主任	讲师
李莉莉	男	东华大学	纤维材料改性国家重点实验室办公室主任	助理研究员
相恒学	男	东华大学	中共党员	副研究员
陈志刚	男	东华大学	纤维材料改性国家重点实验室副主任	研究员
孔维庆	女	东华大学	中共党员	副研究员
余淼淼	女	东华大学	材料科学与工程学院办公室党支部书记、副主任	副教授
陆晓芳	女	东华大学	无	无
张志浩	男	东华大学	预备中共党员	无

1. 成果简介及主要解决的教学问题

1.1 成果简介

本成果旨在整合优势科研平台、高水平教师队伍和重大科研项目资源，拓展研究生科技教育渠道，鼓励研究生广泛参加科技科普活动，加强科技创新教育，提升科学素质，强化创新能力，为国家培养"新工科卓越人才"和"高层次科普人才"。成果依托国家级优秀科研基地平台（纤维材料改性国家重点实验室）建设，以科技素质教育为主轴，深度融入"大思政"工作大局，主动承担和履行国家战略科技力量的科技传播使命，建立健全研究生科普素养教育教学体系。成果以"问题导学"为主线，激发研究生综合素质实践创新能动力；打造"1+1+1"浸入式科普研学模式，提升研究生的实践反应力；构建"课堂—学生—网络"的立体网状传播路径，提升研究生科技传播力。成果以重大项目、前沿课题为"锚点"，以学生为"媒介"，以基地为传播"舞台"，提升研究生的科技传播力，形成教育、科技、人才"三位一体"特色科普教育实践体系，培养一批拥有专业知识和服务社会能力的新时代优秀人才（图1）。

1.2 主要解决的教学问题

（1）研究生科研主观能动性不强，学生的主动思考力和科研积极性不足，对研究课题不能有效实现"解决真问题"。

（2）研究生的思维逻辑能力不够缜密，面对研究课题未能形成"高层设计、分步

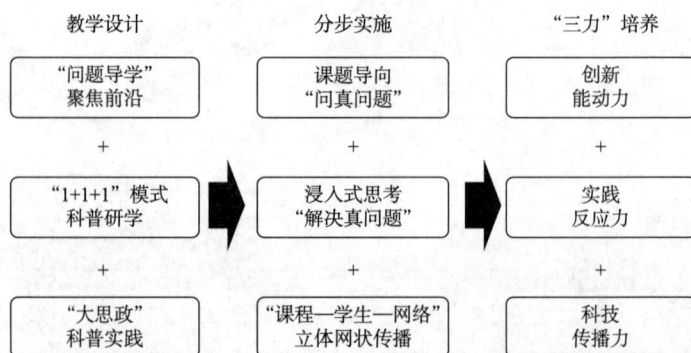

图1 特色科普教育实践体系建设

实施"的逻辑能力，盲目试验导致有效结果少，不能做到"真解决问题"。

（3）研究生的数据分析和展示汇报能力有待加强，面对已有的数据结果，未能及时有效地分析、展示和传递，没有达到"问题真解决"的培养目标。

2. 成果解决教学问题的方法

2.1 依托国家级优秀科研基地，聚焦前沿课题，激发研究生创新能动力

作为国家级研究基地，纤维材料改性国家重点实验室坚持"创新思想、工程能力、国际视野"的研究生培养理念，聚焦国际前沿、国家战略，以"问题导学"为主线，培养了一批具有国际视野、创新能力和实践能力的高素质研究生。"问"是以实验室承担的重大科研任务为导向，引导和促进学生思考和探究，"真问问题""问真问题"，提高学生的学习能力和思辨能力，使学生获取前沿知识的同时发现真问题。"导"即导师通过引导、指导、辅导学生解决问题，让学生在解决问题的过程中获取知识，掌握解决问题的方法，进而解决真问题。"学"是学生在参与的过程中发挥主观能动性，学会方法、掌握技能、获取知识、得到经验。"问"是基础，"导"是关键，"学"是核心，通过三者的紧密结合极大地拓展学生的参与面，激发学生的创新能动力，培养学生的自主探究和团队合作精神。

2.2 打造"1+1+1"浸入式科普研学模式，提升研究生实践反应力

采用"1+1+1"模式，设立学生科创课题，每个课题由1名相关专业领域教授进行课题指导；1位研究生（硕士或博士研究生）助教进行点对点辅助指导，包括对理论基础、科研思维、探究方法的传授与启发；辅以1名责任教师（相关学科辅导教师）指导学生进行课题研究。通过创新课题过程管理和质量控制，实现研究生"浸入式"体验与"全路径"投入，促进研究生从深度和广度上扩大知识范围，强化基础知识，完善知识结构，有效拓宽和夯实知识体系；以高中生为"载体"，研究生为"知识传送带"，通过图文、视频拍摄制作科普"大餐"，打造纤维材料"中央厨房"，实现知识的有效传递，有效提高研究生的实操能力、课堂掌控力和实践反应力。

2.3 科技志愿服务驱动，促进研究生科技传播力

科技志愿服务是研究生"大思政"教育的有效途径，充分发掘和借助研究生志愿服务资源，结合研究生群体的专业优势和实践优势，充分发挥研究生志愿者的社会价值。在研究生志愿服务中，以"先进纤维与聚合物材料国际会议""中国国际工业博览会""实验室开放日"等为契机，以"科创中心""传媒中心""宣传讲解团"为抓手。重视内容新颖、形式创新，积极顺应现代移动互联时代趋势，利用新媒体将课堂的外延扩展至网络，融入生活，扩大科学传播受众面。建立"SKLFPM""S.I.C."科技创新中心等微信平台，普及纤维材料使用知识；制作"师说"材料科学系列微视频，通过浅显易懂的画面和话语，向全国各专业学生介绍材料的知识、技术和应用；为各大科普网站撰写文章、提供咨询，服务各年龄层受众等，已建成以科研志愿服务为路径的研究生育人模式，让研究生自觉运用科学思想和方法自主发现问题、解决问题，并充当科技传播"蒲公英"，将所学辐射社会，使更多人通过"学生视角"实现沉浸式学习。

综上，本成果有效提升研究生综合素质，传播纤维材料科学知识，加强公众对纤维前沿材料科学探索及研究的理解；科普内容形式新颖，教育和传播工作多层次、多方位，有效地提高了研究生的创新力、实践力和传播力，形成了纤维材料特色鲜明的研究生科普教育实践体系。

3. 成果的创新点

3.1 聚焦前沿课题，激发研究生创新能动力

以重大项目、前沿课题为"问题锚点"，以研究生为"知识传送带"，引导研究生"真问问题，问真问题，真解决问题，解决真问题"，实行"问""导""学"一体化，激发研究生创新能动力，构建特色研究生

科普教育实践体系。

3.2 激发师生双主体活力，研究生换位思考科普实践驱动引导自我成长

建立"1+1+1"科普研学模式，研究生换位"浸入式"实践对高中生进行科创活动指导，开展选题、开题、中期研究、结题报告及汇报展示等"全路径"项目管理，通过项目实施，一方面，培养参与学生对科技的兴趣，另一方面，激发研究生创新内生动力，拓展创新思维。

3.3 创新科学传播形式，实践中提升研究生综合素质

通过师生合作设计参与各类科技竞赛、科普讲座等，通过浅显易懂的画面和话语，用喜闻乐见的方式积极传播和解读前沿科技知识。在此过程中将所学理论知识落于实践，在实践中消化，使理论与实践相互协同、高效衔接，形成"理论—实践—创新—传播"的良性循环链条。

4. 成果的推广应用情况

4.1 研究生创新意识和主观能力显著提升

"三力"培养模式显著提高了研究生创新意识和主观能动性，自2019年以来，研究生发表相关学术论文和获奖数量明显增加，发表科学引文索引（SCI）检索论文667篇，申请国家发明专利579件；积极参加大学生创新创业计划等115人次，获第十三届"挑战杯"中国大学生创业计划竞赛铜奖、上海市知识产权创新奖三等奖、中国材料研究学会科学技术奖技术发明奖一等奖、上海市科学技术奖科技进步奖一等奖、中国纺织工业联合会科学技术奖等各类奖项10余项，同时提高了研究生毕业质量，毕业生分别就职于中国石化、中国商飞上海飞机制造有限公司等知名企业。

4.2 "1+1+1"浸入式科普研学提高了研究生全方位思考能力和实践反应力

本成果使研究生课题的"被动接受执行"模式转变为"主动思考、逻辑设计和实践执行"的科普研学模式。"1+1+1"模式形成了一支结构合理、各有专长的创新主体队伍。2019年以来，研究生助教指导中学生在上海市青少年科技创新大赛中累计获得一等奖1项、二等奖8项、三等奖16项，获得松江区明日科技之星一等奖10项、二等奖7项、三等奖6项，获得松江区科创大赛一等奖3项、二等奖8项、三等奖2项，松江区研究性学习成果一等奖2项等成果。

4.3 建设了一批专业实践培育基地和科普教育基地

在"1+1+1"模式下，进一步融合创制了"多平台""双导师""全过程"培养体制下的科研与教学模式。通过融会贯通高校与院所、高中的教育理念，搭建基础理论学习与一线实践之间的桥梁，促进学生深入开展科研实践、解决技术难题。2019年获得中国纺织工程学会科普教育基地（第一批）称号；2021年获批建设"衣锦天下，经纬兴国——东华大学先进纤维与低维材料青少年科学创新实践工作站"（上海市科委科普专项），2023年结题优秀等。

基于"新工科"再深化的纺织未来技术领军人才培养的研究与实践

天津工业大学

完成人及简况

姓名	性别	所在单位	党政职务	专业技术职称
陈莉	女	天津工业大学	常务副校长	教授
荆妙蕾	女	天津工业大学	纺织科学与工程学院副院长	教授
王春红	女	天津工业大学	教务处处长	教授
买巍	男	天津工业大学	教务处副处长	助理研究员
裴晓园	女	天津工业大学	纺织科学与工程学院研究生党支部书记	副教授
郭晶	女	天津工业大学	教务处高教研究室科长	助理研究员
刘荣娟	女	天津工业大学	教务处实践科科长	助理研究员
魏黎	女	天津工业大学	天工创新学院副院长	副教授
姜亚明	男	天津工业大学	国际教育学院党委书记、院长	教授
林立刚	男	天津工业大学	学科建设办公室主任	教授

1. 成果简介及主要解决的教学问题

1.1 成果简介

面对纺织行业的学科知识交叉和未来技术推新，天津工业大学持续进行"新工科"建设深化拓展，培养学科知识融合、创新能力突出的领军人才。成果依托教育部两批新工科项目和天津市重点教改项目研究，创建纺织未来技术学院，构建高端人才培养体系，成效显著。

（1）创建了纺织未来技术学院教学管理新模式。建立以"纺织未来技术研究中心"为科研实体，以天工创新学院、智能制造工程等新兴专业、纺织未来技术等实验班、本硕博贯通培养为教学实体，虚实结合、有效运行的纺织未来技术学院，系统化实施培养方案。

（2）共建了支撑未来技术人才培养的优质教学资源。建设教育部虚拟教研室、2个市级教学团队；建成国家级、市级一流课程；搭建天纺在线国内国际教学平台、校企协同实践育人综合平台、纺织未来技术学院网络资源管理平台，打造新工科内涵拓展、交叉融合、应对发展的人才高地。

（3）构建了以提升综合素养为核心的多维度思政育人体系。强化家国情怀、涵养大国工匠，打造思政项目—共建课程—实践基地教学全过程渗透的思政网络；创建"成才教育工程"育人品牌；构建教育—管理—环境全融入的育人共同体，将思政育人贯穿教育全过程（图1）。

图1 纺织未来技术创新人才培养体系

1.2 主要解决的教学问题

（1）解决了行业特色高校对创新型、领军型人才输出能力不强的问题。

（2）解决了教学资源统筹不足，未能有效形成支撑人才培养合力的问题。

（3）解决了传统教育重专业、轻素质，行业情怀不深的问题。

2. 成果解决教学问题的方法

2.1 以产业需求为导向，强化顶层设计

围绕产业链、学科链、专业链定位培养目标，构建以天工创新学院为引领、实验班等为支撑的"雁型"培养计划；打造大科学平台，利用先进复合材料、智能制造等科研方向，构建"纺织+X"交叉融合知识体系，形成纺织未来技术学院组织和管理模式，培养高端科技人才。

2.2 聚焦纺织全领域，构建领军人才培养体系

以案例式教学、创新型实践为牵引，形成多学科交叉融合铆合点，构建"专业核心—学科前沿—工程案例"理论课程体系和"基础认知—综合技能—自主创新"实践课程体系；构建由创新创业计划、"互联网+"大赛、科技前沿讲座、教师科研项目招募、启智创新夏令营、学科竞赛组成的创新项目训练体系；构建多维度实践教学平台，与中国纺织工业联合会、华为等行业企业签署战略协议，采取跨专业、校企双导师制，完善科教结合育人机制；与世界高水平大学合作办学，建成纺织工程市级全英文授课品牌专业，为培养领军人才提供解决方案。

2.3 深化"新工科"内涵，创新未来技术学院教学组织

建设跨校企、学科、专业的"智能+"基层虚拟教学组织和信息平台，组建教育部"北部地区高校纺织工程专业虚拟教研室"，共建共享优质资源；实现学科+专业+课程+师资共享，建成"纺织工程新工科核心课程群"和"复合材料与工程专业"天津市教学团队；建设学校金牌基层教学组织，有效提高人才培养与行业创新发展的匹配度。

2.4 强化素质教育，实现全方位思政育人

出台《天津工业大学思想政治工作"十大"育人体系构建实施方案》；成立领导小组，开展课题研究、思政—专业教师共建课程、实践示范基地、专题微讲堂，将思政教育落实于"课程体系、教学大纲、课程教案、教育教学和评教评学"全过程，促进核心价值养成（图2）。

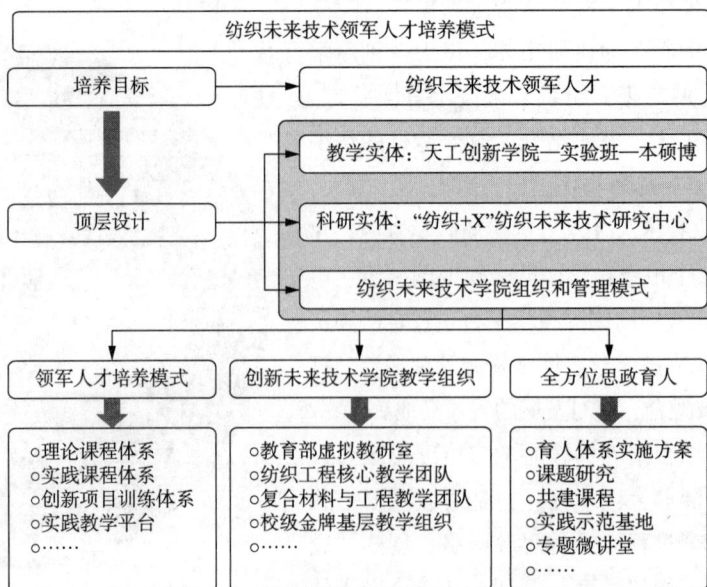

图2 纺织未来技术领军人才培养模式

3. 成果的创新点

3.1 创建了适应纺织未来技术发展的人才培养新体系

以"新工科"建设再深化为驱动，以行业领军人才培养为目标，以科教融合为路径，构建"纺织+X"学科交叉知识体系，凸显"对接产业需求、关注学生发展、注重知识交叉、体现科技革命、拓展国际合作"的建设特色，为纺织行业未来发展提供人才与智力支撑。

3.2 搭建了体现共建共享体系化建设的教学资源新平台

对接优势学科，打破专业壁垒，共建跨学校虚拟教研室，组建市级新工科教学团队，深耕校企协同教学基地，建设一流课程和教材，搭建国内国际共享课程平台，实现了平台融合、师资聚集、资源汇聚，形成了支撑特色人才培养合力。

3.3 形成了将思政教育融入专业教学的综合素质育人新方案

立足行业特色，聚焦价值塑造。实施思政育人"五落实"，将思政教育贯穿于人才培养全过程，实现知识传授、能力培养、价值引领三位一体，形成了以素质教育为核心、以特色培养为路径、以学科交叉为特色、以工程实践为载体的人才培养新范式。

4. 成果的推广应用情况

4.1 培养成效凸显

以纺织类专业为核心，拓展到相关专业，近五年使1万余名学生受益，毕业生实践创新能力和综合素质全面增强，读研或出国留学至天津大学、东华大学、上海交通大学、英国利兹大学等知名学府；2022高教社杯全国大学生数学建模竞赛中共获得国家一等奖1项、国家二等奖7项、天津市一等奖11项、天津市二等奖22项，是天津赛区唯一拿满国家奖限额的高校；2021年中国国际"互联网+"大学生创新创业大赛获铜奖1项；两度获得美国大学生数学建模竞赛最高奖。近五年毕业生用人单位平均满意度96%以上，受到行业和社会广泛认可。

4.2 教学成果丰硕

两度获得全国高等学校创新创业教育研究与实践先进单位，获批教育部深化创新创业教育改革示范高校；获批25个国家级一流专业建设点；国家级一流课程15门，天津市一流课程及课程思政示范课10门；纺织科学与工程学院获批全国教育系统先进集体和中国纺织服装行业人才建设先进单位；建设国家级精品教材1部、省部级以上规划教材5部、天津市课程思政优秀教材1部；获评2022年天津市教学成果奖特等奖1项、一等奖2项、二等奖2项；"纺织之光"中国纺织工业联合会高等教育教学成果奖特等奖4项、一等奖3项、二等奖1项；开展教育部"新工科"研究与实践项目2项、市级教改项目1项、教育部产学研合作协同育人项目4项；开展中国纺织工业联合会教改项目研究8项；发表教改论文15篇，其中《产教融合视域下传统工科专业升级改造路径研究——以纺织工程专业为例》论文发表在《高等工程教育研究》中文社会科学引文索引（CSSCI）期刊上；获批教育部和天津市虚拟教研室建设试点1项，天津市教学团队2支，推动了学院本科教育内涵式发展和人才培养质量不断提高。

4.3 示范效应显著

建设推广："十二五"国家级规划教材和精品教材《织物结构与设计》印刷40版次，共24.7万册，是纺织类高校使用的专业核心课程教材；国家级一流课程"纺织与现代生活"已运行18个学期，166所学校选课，入驻"学习强国"平台。专业课程群教学资源全部上网，为相关院校及社会学习者提供资源。教改经验和做法推广至东华大学、西安工程大学、浙江理工大学等多所纺织类高校。师生团队研发的艾草抗菌纺织品成果成为科技扶贫的典范；研发的非织造材料为防疫抗疫做出重要贡献；为神舟系列飞船"量身定制"

纺织复合材料，保障航天员安全着陆；智能保暖套装助力我国冬奥健儿，收到了国家体育总局冬季运动管理中心的感谢信。

举办会议：成果在第二届世界纺织服装教育大会上广泛交流。成果负责人常务副校长陈莉教授介绍了我校"新工科"背景下一流工程技术人才培养的改革与实践报告，受到与会专家的肯定；主办"基于新工科建设的高校复合型人才培养工作研讨会"经验分享，受到中国纺织服装教育学会的高度肯定；在中国科学技术协会和天津市教委的工作会议上作典型发言，获得学界、行业专家和教育工作者的高度认可。2019年主办"全国纺织类专业人才培养工作交流会"；虚拟教研室建设每月召开工作例会，实施育人资源共建、共享机制。相关成果多次在纺织类高校会议上交流推广，为教育教学深化改革和人才培养提供良好借鉴。

《中国纺织报》、纺织中国在线、《天津教育报》等媒体对成果相关内容多次报道。2022年8月，人民网就学校加强"新工科"建设，培养高素质交叉复合型卓越科技人才进行报道，成果负责人接受了采访；2021年6月，《中国纺织报》、纺织中国在线等媒体报道了专业教师团队带领学生研发智能纺织品助力冬奥会，彰显科研实力；2021年5月，《天津工人报》第一版以《共建实习实践基地 培育天津纺织人才》为题，对专业与企业共建协同育人平台进行报道；2019年9月，《天津工人报》以《启动"成才教育工程"培养卓越纺织工程师》为题，对培养卓越纺织工程技术人才进行报道；同年9月，《天津教育报》以《与时俱进办教育 不懈织梦新时代——记天津工业大学纺织学科发展历程》为题，报道了纺织工程专业"新工科"建设与发展的新路径。

新时代背景下"价值引领，能力导向，数字赋能"的纺纱学课程建设

东华大学

完成人及简况

姓名	性别	所在单位	党政职务	专业技术职称
郁崇文	男	东华大学	无	教授
王新厚	男	东华大学	机械工程学院党委书记	教授
孙晓霞	女	东华大学	无	副教授
陈长洁	女	东华大学	无	讲师
张玉泽	女	东华大学	无	高级实验师
李志民	男	东华大学	无	实验师
汪军	男	东华大学	无	教授
曾泳春	女	东华大学	无	教授
李娴	女	东华大学	无	实验师
王伟	男	东华大学	无	实验师

1. 成果简介及主要解决的教学问题

1.1 成果简介

新时代背景下，我国的高等教育已从大众化、普及化转型升级，逐步走向高质量、内涵式发展道路。高校内涵式发展的核心是落实"以学生为中心、以产出为导向、持续改进"的办学理念。课堂是人才培养的主阵地，不断完善教学模式、加强课程建设是推动高校内涵式发展的关键。本成果结合新工科、工程认证以及新时代下学生全面培养的要求，以课程思政、教学方法、资源建设、教学评价等方面为抓手，持续深化纺纱学教学改革和课程建设，打造纺纱学金课，为新时代背景下金课建设提供了新范式。近年来课程建设取得的主要成果如图1所示。

图1 纺纱学课程建设近年来主要获奖成果汇总

本成果的主要内容：

（1）构建"古今融入，德劳并举"的纺纱学课程思政模式。德育、劳育双轨并举，有机融入"纺纱学"课程。构建了具有工科特色和纺织特征的"政治认同、家国情怀、文化自信、科学精神、法治意识、职业素养"纺纱学课程思政六大维度。主编出版了《纺织类专业课程思政教学指南》，引领纺织类专业课程思政建设。

（2）重构能力导向，问题驱动，体现"两性一度"的纺纱学教学模式。坚持能力导向，问题驱动。通过问题引入的教学方式，实现知识、能力、素质的有机融合，培养学生解决复杂问题的综合能力，增强学生课程学习的成就感。改进教学评价，建立"三转向"纺纱学课程评价体系，实现纺纱学课程评价的良性闭环，持续改进教学方式，完善能力培养。打造了包含"纺纱学"国家在线一流课程和"全自动转杯纺纱机虚拟仿真实验"国家一流虚拟仿真实验课程的纺纱课程群。

（3）与时俱进，持续创建多元数字化教学资源。为方便学生学习，精心设计了多端并举（电脑端、移动端）的虚拟仿真实验软件，使学生可以利用移动端更方便地进行虚拟仿真实验，实现时时可学、处处可学；建设了注重能力考核的分类进阶的纺纱学习题库；注重信息化融入，打造新形态纺纱学教材和在线课程，与时俱进更新在线课程的思政内容，及时更新体现纺纱技术与装备新发展的动画和视频，便于学生利用二维码扫描观看。

1.2 主要解决的教学问题

（1）学生专业学习内驱力不足、专业认可度不强，难以满足纺织行业对人才需求的问题。

（2）传统的知识导向教学难以满足新时代背景下培养学生解决复杂工程问题能力的要求。

（3）新时代背景下，专业课学时少与技术发展迅猛、信息量大的矛盾。

2. 成果解决教学问题的方法

2.1 坚持全面育人、立德树人，建设纺纱学课程思政

从中国纺纱技术起源与发展史角度出发，系统深入地挖掘现代纺纱和古代纺纱中蕴含的思政元素，并自然有机地融入课程教学中。例如，通过手摇纺车机构及手动纺纱实践认识和了解纺织史，了解古代中国纺纱水平曾居世界领先地位。西方引以为傲的珍妮纺纱机、水力大纺车，中国在更早的宋元时期已有类似记载，增强了学生的民族自豪感、专业认同感和爱国情怀。

贯彻教育部劳动教育指导纲要的精神，将具有纺纱特色的劳动教育有机融入"纺纱学"课程体系中，带领学生到企业参与生产劳动，体会劳动的艰辛；参观现代化纺纱车间，让学生体会智能化升级带来的劳动强度降低和劳动环境改善，使学生感悟科技进步、创新发展的重要性，树立使命感和责任担当感。

结合工科和纺织行业的特点，凝练了"政治认同、家国情怀、文化自信、科学精神、法治意识、职业素养"纺纱学课程思政六大维度（图2），编写了纺纱学课程思政案例，2021年主编出版了《纺织类专业课程思政教学指南》。

2.2 坚持能力导向、问题驱动，重构体现"两性一度"的纺纱学教学模式

以问题为核心规划学习内容，让学生围绕问题寻求解决方案进行学习，提高学生的学习积极性和参与度。构建层层推进的"嵌套式"问题驱动式教学方法。课前，以章节为单位，通过线上课程平台、集体备课等方式，将各章的课程目标凝练成实际问题在学习开始前布置给学生，引导学生带着问题使用线上资源学习简单的知识点，并完成测试，教师批改分析测试结果，了解学生学习情况；课中，根据学习情况进行针对性讲授，并通过对所布置问题解决方法的讨论，形成案例教学，师生互动，完成知识传授；课后，在完成相关联章节学习的基础上，进一步归纳总结纺纱的复杂工程问题，组织学生以小组为单位，共同完成该复杂问题的资料查阅、工艺设计和质量分析，形成完整报告，并通过小组在课堂上的总结汇报、相互评

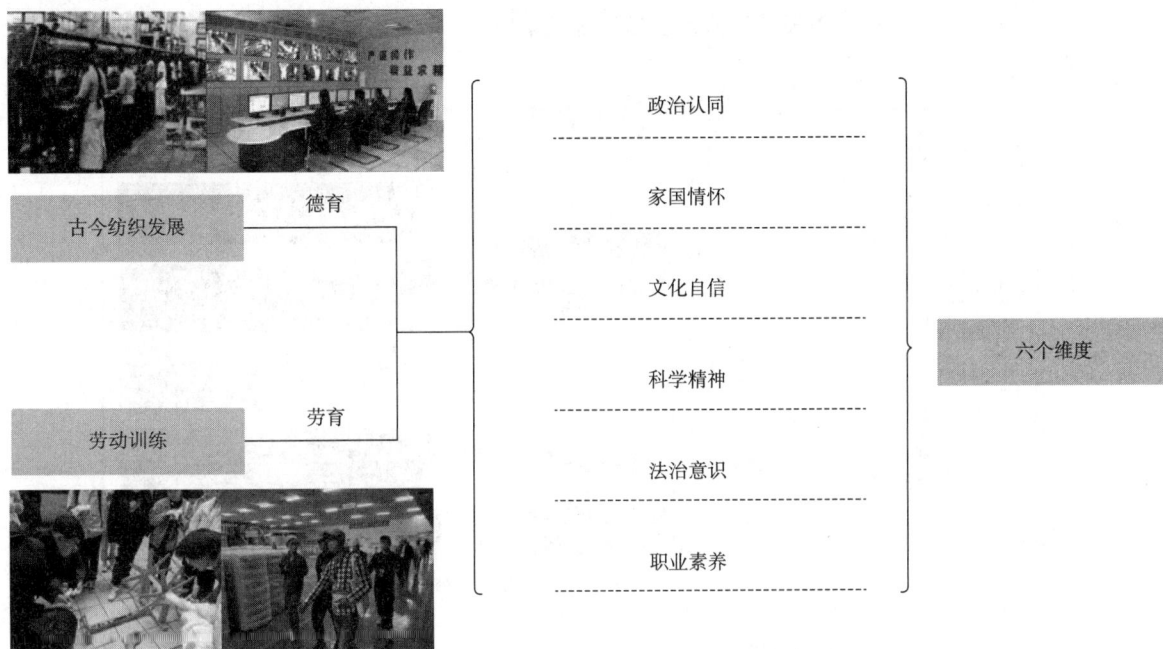

图2 "古今融入，德劳并举"的纺纱学课程思政模式

价，生生互动，逐渐形成质疑和批判性思维。通过这种"问题导入—案例教学—归纳总结"的教学模式，有利于将学生碎片化学习的知识串联起来，实现学生知识、能力、素质的有机融合，培养学生解决复杂问题的综合能力（图3、图4）。

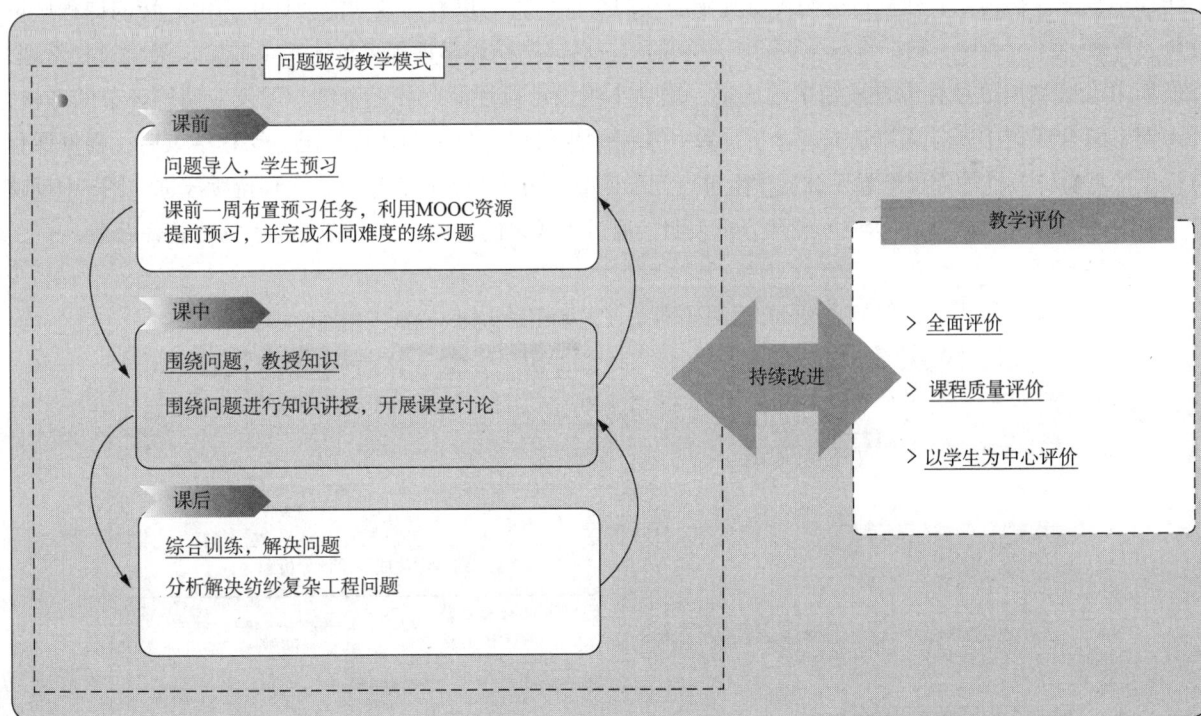

图3 问题驱动的纺纱学课程改革模式整体思路

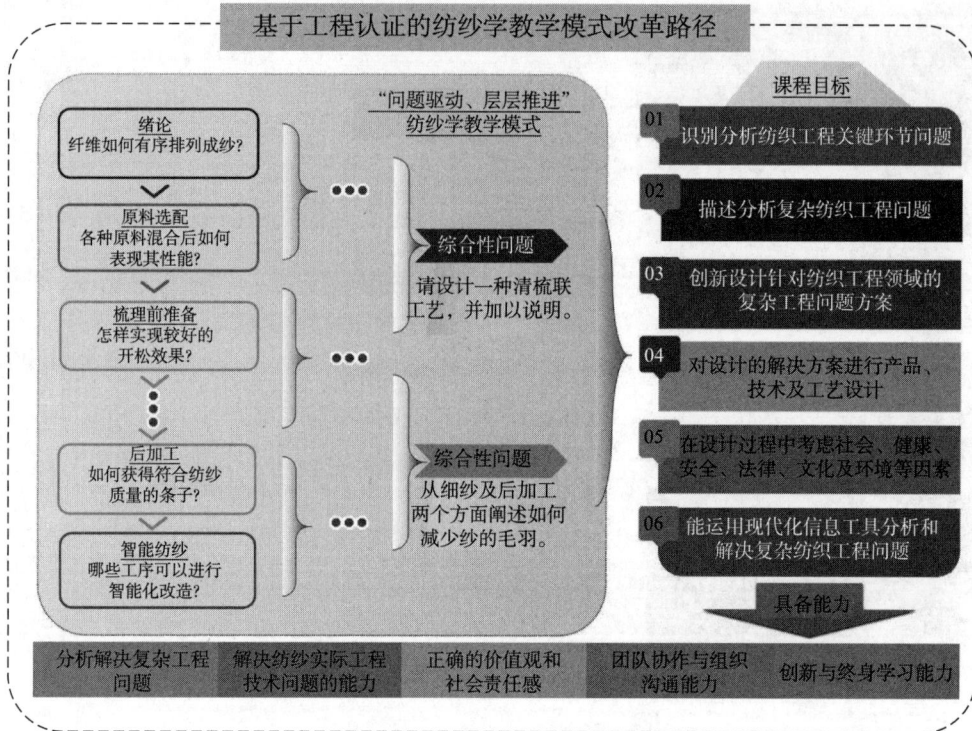

图4 问题驱动的纺纱学课程改革模式示例

教学中，注重评价驱动，持续改进。课程评价及反馈是纺纱学课程建设中十分关键的一环。本项目创新纺纱学教学评价体系，建立以分数评价为中心转向全面评价、以教师教学能力评价为中心转向课程质量评价、以教师评价为中心转向以学生评价为中心的"三转向"纺纱学课程评价体系（图5）。强化过程管理，降低期末考试卷面成绩在综合成绩中的比重，增加小组设计及展示、线上资源学习及应用等环节的考核，并入期末综合成绩中；并通过达成度分析计算，掌握学生对课程目标的达成情况。课程结束后，根据课程目标设计具有针对性的课程问卷发放给学生进行问卷调查。分析问卷调查结果，实现持续改进。图5中反映学生能力的课程目标5和6的达成度统计分析表明，通过本成果的应用，学生能力的达成度显著提高。

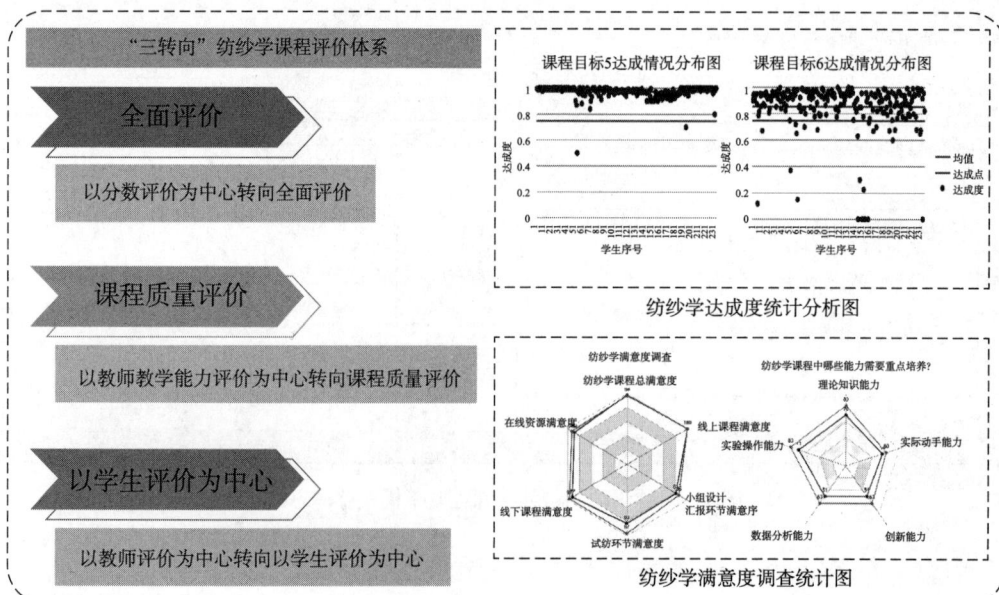

图5 "三转向"纺纱学课程评价体系及纺纱学达成度统计分析图与纺纱学满意度调查统计图

2.3　坚持与时俱进、数字赋能，创建多元化教学资源

为保证教学内容和课程资源的内容能与时俱进地体现纺纱技术和装备的发展，在现有纺纱学课程资源的基础上，持续更新、补充相关的动画和视频。并充分利用计算机和数字化技术，打造了全流程的虚拟纺纱、条混工艺设计与质量控制、全自动转杯纺纱机虚拟仿真实验等，帮助学生更加直观地学习纺纱知识，提高设计、分析和创新能力；为便利学生充分利用碎片化时间随时学习，进一步设计多端并举（电脑端、移动端）的虚拟仿真软件，使学生利用移动端时时可学、处处可学、人人皆学；建设了注重能力考核、具有不同难度等级的进阶式纺纱学习题库（图6）。

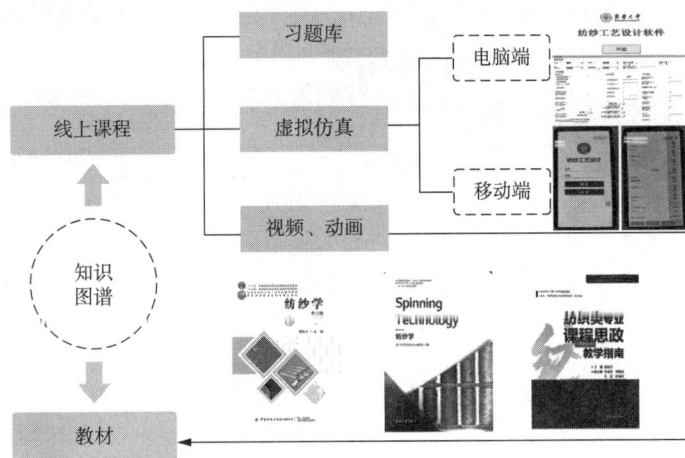

图6　纺纱学多元化教学资源建设

本成果建设的"纺纱学"课程获评首批国家一流在线课程，"全自动转杯纺纱机虚拟仿真实验"获评第二批国家一流虚拟仿真实验课程。纺纱学在线课程资源在中国大学MOOC（慕课）、爱课程、智慧树等平台上对外开放共享，30余所高校的2.3万名学生注册学习了本在线课程（图7）。多所院校采用该在线课程作为其纺纱学线上线下混合教学的线上部分并计入成绩考核。

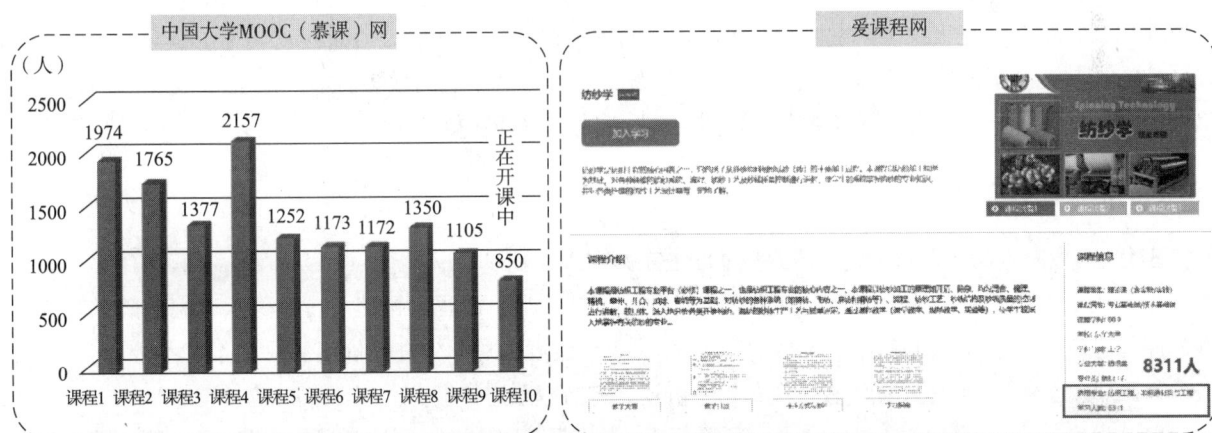

图7　部分线上资源参与人数统计表

为进一步帮助学生梳理知识逻辑，将智能技术融入课程教学，创建了纺纱学课程的知识图谱（图8）。知识图谱将纺纱知识点按加工顺序进行链接，清楚地标明各知识点之间的从属、衍生、关联等关系，各知识点含有丰富的文字、图像、视频、授课等多元资源进行说明，学生可以通过知识点之间的关联和逻辑关系，快捷地找到解决某个问题所需要的相关知识链，从而可针对性地掌握该链上的各知识点，快速准确地解决问题。

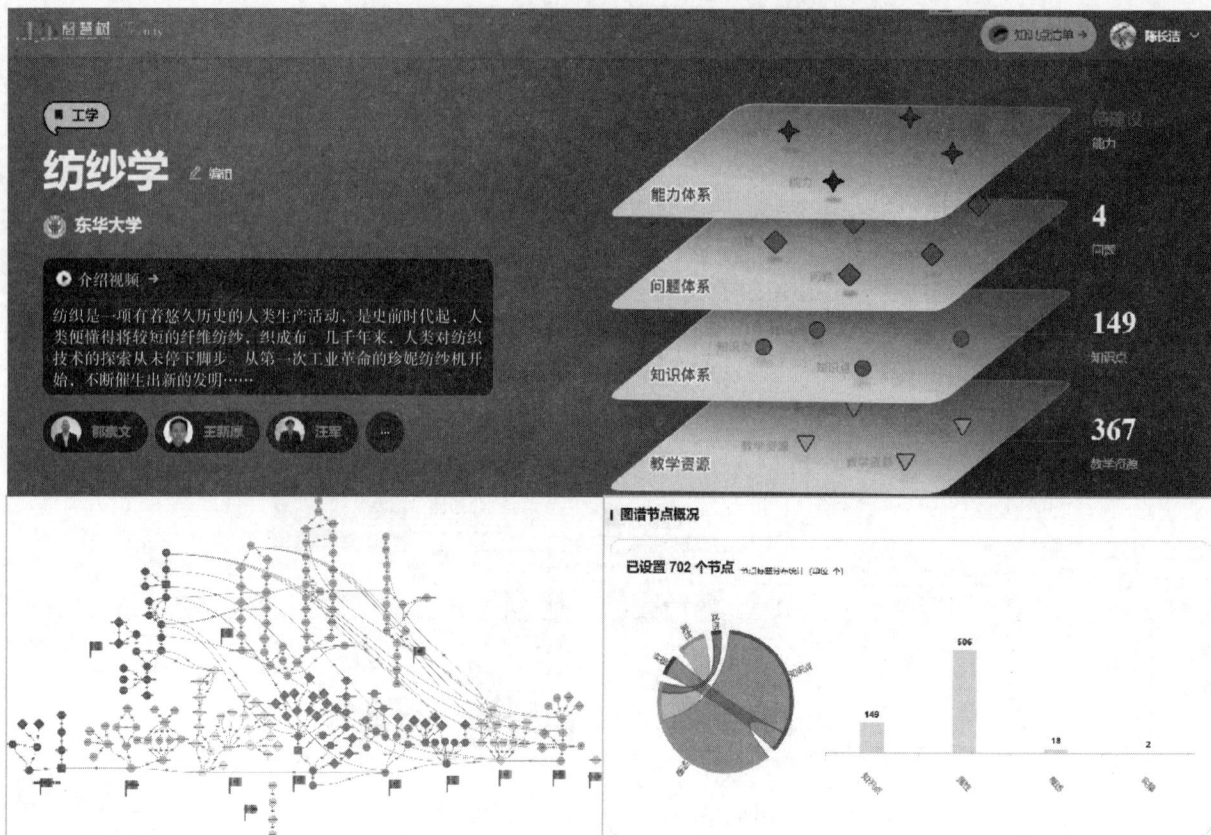

图8　纺纱学知识图谱

为适应新时代下新工科的发展需求，打造了新形态的《纺纱学》教材。加入智能纺纱的发展现状及相关知识，学生可利用二维码扫描观看反映纺纱技术与装备最新发展的视频与动画、教材和知识点体系，及时了解纺纱前沿发展动态。为进一步扩大我国纺织工业和纺织教育的影响力，并配合国家"一带一路"倡议，本项目还组织国内主要的纺织高校共同编写出版了纺纱学英语课程教材《纺纱学》（*Spinning Technology*），填补国内此类教材的空白，满足双语教学及国内留学生的教学需求，并作为国外"一带一路"沿线国家纺织院校如乌兹别克斯坦塔什干纺织轻工业学院等的教学参考书。

3. 成果的创新点

3.1　古今融入加强思政建设，德劳并举促进立德树人

深入挖掘古今中外纺纱学的思政元素，有机融入"纺纱学"课程，构建"古今融入、德劳并举"的纺纱学课程思政模式，构建具有工科和纺织特色的六个思政维度，对学生进行价值引领。

3.2　能力导向、问题驱动的教学模式与评价驱动的持续改进

以学生发展为中心，坚持能力导向、问题驱动，构建层层推进的"嵌套式"问题驱动的教学模式，强化能力培养。创新教学评价，建立"三转向"纺纱学课程评价体系，实现课程评价体系的良性闭环，持续改进课程教学。

3.3　数字赋能建设教学资源，构建"时时可学、处处可学、人人皆学"的学习生态

充分借助信息化手段，数字赋能，不断完善纺纱课程群教学资源建设。开展纺纱学知识图谱建设、电脑端和移动端虚拟仿真软件开发、进阶式纺纱学习题库建设、新形态教材建设等，为学生提供丰富多元的教学资源，着力构建"时时可学、处处可学、人人皆学"的学习生态。

4. 成果的推广应用情况

4.1 纺纱学课程思政，促进立德树人

将纺纱技术发展史、纺织行业、科技与教育领域中的典型人物的事迹或者贡献融入课程内容中，为学生树立榜样，引领人生和事业规划；深入分析纺纱工艺原理，找出与之可类比的思政元素，将与专业课程相关度高的时事政治及时融入课程教学中，增加课程的时代感和亲切感。2021年，本项目主编出版了《纺织类专业课程思政教学指南》，被全国40多所纺织专业院校使用，为纺纱学系列课程的思政建设提供参考。并持续改进MOOC在线课程，及时更新补充新纺织、新工科、新使命的思政内容和课件（图9）。

图9 课程思政深度融合的纺纱学课程建设

4.2 课程改革成果得到了广泛应用

依托纺织与工程双一流学科的平台优势以及国家教学名师（郁崇文），上海市课程思政领航学院项目负责人（王新厚）的名师优势，引领全国纺织高校的纺纱专业课程改革。以学生的能力培养为导向，构建问题驱动的课堂教学模式。以课前布置问题、课中案例教学、课后复杂问题解决能力训练的方式，对课堂教学模式进行改革（图10）。此外，还积极组织了全国的纺纱学教学研讨和全国大学生纱线设计大赛等实践能力锻炼平台建设。2006年以来，东华大学纺纱教研室牵头，每两年定期组织全国各高校参与纺纱教学研讨会，改革教学方法、更新教学内容、主编规划教材（图11）。创立了全国大学生纱线设计大赛，迄今已举办了十一届。近五年来，参加全国大学生纱线设计大赛的高校和人数持续增长，每届有20余所高校和近千名学生参赛。尤其是西部高校如新疆大学、西安工程大学、兰州理工大学、塔里木大学和西南大学等也积极

参加大赛，并取得了较好成绩。

图10　纺纱学课堂教学中分组讨论与汇报现场

图11　纺纱学线下教学研讨会及多校协同线上教学研讨会

　　本校学生近年来先后获得全国大学生纱线设计大赛特等奖5项、一等奖3项、二等奖5项、三等奖8项，以及"汇川杯"纺织智能设计大赛二等奖及三等奖2项；并获得发明专利、软件著作权各1项，发表虚拟仿真实验的教改论文1篇（表1）。

4.3　课程资源建设推广应用成效显著

　　线上课程持续建设。国家一流课程《纺纱学》目前正在中国大学MOOC平台上开设第10期。前9期的每期选课人数均超过1000人。高校的选课者为来自西南大学、新疆大学、青岛大学、武汉纺织大学、浙江理工大学、塔里木大学、中原工学院、河北科技大学、上海工程技术大学、南通大学、南通大学杏林学院、辽东学院、嘉兴大学、盐城工学院、兰州理工大学、西安工程大学、江西服装学院等近40余所院校的学生，约占国内开设纺纱学课程高校的80%。课程在中国大学MOOC平台上满意度高达4.9分（5分制），本课程被评价为"五星优质好课"，学习者夸赞课程"内容专业翔实，表现形式生动丰富，教师授课认真负责，教学方法先进"。西南大学、太原理工大学、嘉兴大学等多所院校的任课教师认为本课程逻辑清晰、资源丰富、考核全面，要求所授课班级的学生同时选修本在线课程。本课程内容注重理论联系实际，对提高从业者的理论水平及分析能力很有帮助。山东如意科技集团、孚日股份有限公司、鲁泰纺织股份有限公司、山东联

表1　学生获奖作品情况汇总

序号	比赛名称	作品名称	学生姓名
1	第九届全国大学生纱线设计大赛	抗皱、柔软的紧密纺生物基锦纶/苎麻生态混纺纱设计	李豪、王子懿、石毅
2	第十届全国大学生纱线设计大赛	东升余晖纱	王宇娴、何艺、王煜心
3	第十届全国大学生纱线设计大赛	黄金海岸线——节中节三色段彩长短纤维混纺纱	刘译雯、黄子欣、李研
4	第十届全国大学生纱线设计大赛	亚麻/锦纶/莫代尔纤维湿法混纺染色纱的设计开发	张紫云、白子敬、张馨月
5	第十届全国大学生纱线设计大赛	高强增韧防刺割纱	曹颖、黄岸纯、李仁智、杜哲
6	第十届全国大学生纱线设计大赛	弄色木槿	唐格、唐静静、韩文静
7	第十二届全国大学生纱线设计大赛	江河山川　霓虹璀璨	郑瑞雪、刘怡君、熊友琴
8	第十二届全国大学生纱线设计大赛	鲛绡蓝色染初匀——新型环保再生纤维牛仔纱	张瑶、温小雪、黄依婷
9	第十二届全国大学生纱线设计大赛	山回路转不见"菌"——新型抗菌功能弹性纱	武琪、丁欣嫒、李源
10	第十二届全国大学生纱线设计大赛	艾纱	黄长芬、赵华旺、程天豪
11	第十三届全国大学生纱线设计大赛	糁径"羊"花铺白毡——无扭矩超柔毛纺纱	石盛云、伍欢
12	第十三届全国大学生纱线设计大赛	"净染织秋"——美拉德绿色低温染色复合功能纱	张欣雨、邱添、王婧
13	第十三届全国大学生纱线设计大赛	迎夏裳凉纱，恰似七月秋	曹友胜、李晓凡、刘素珍
14	第十三届全国大学生纱线设计大赛	宰相肚里能撑船——高粗节倍数多色竹节纱	熊友琴、陈何榕、曾奕阳
15	第二届"汇川杯"纺织智能学生设计大赛	并条及混合仿真控制系统	曹巧丽、李豪、李佳蔚
16	第二届"汇川杯"纺织智能学生设计大赛	转轮集聚纺纱装置设计	张青青
17	第十二届"红绿蓝杯"中国高校纺织品设计大赛	石库门印象	武文茜、张新月

润新材料科技有限公司等纺织企业中有众多工程技术人员观看、学习本课程，促使其开拓视野，提升技能素养，实现继续教育和终身学习。由于本在线课程的影响广泛，《棉纺织技术》期刊特邀本课程负责人开设了两期网络直播课，课程内容围绕纺纱中"后区牵伸倍数设定"及"原料性能对成纱质量影响"两大经典主题展开。直播课程参与人数众多，在线观看次数高达一千三百余次。通过直播课，与观众实时互动答疑，也进一步扩大了本课程的影响范围（图12）。

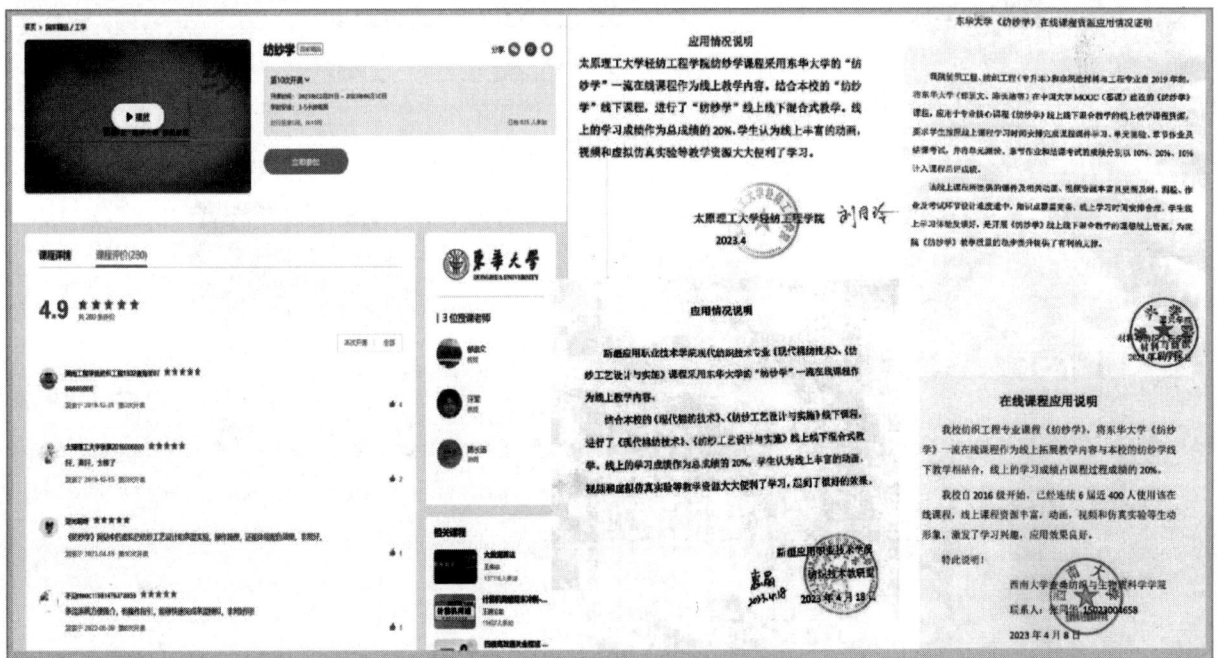

图12　纺纱学线上课程开展情况

科研成果反哺教学，提升学生创新思维。本教学团队将三届国家自然科学基金项目中有关虚拟纺纱的研究成果研制成虚拟仿真实验"并条及条混虚拟仿真设计"，成功应用于并条的课堂教学环节，实现了条混工艺及混色效果的可视化（图13）。学生利用线上软件对不同颜色的生条混合后的效果进行模拟，并进一步在实践设计环节中予以验证，理论和实践相结合，既加深了对条混工艺的理解，也大大提升了学生的学习兴趣。尤其是在电脑端的基础上，还制作了纺纱工艺设计、条混工艺设计及质量与混合均匀度分析的移动端软件，使原来只能依托电脑进行的虚拟仿真实验可以方便地在手机等移动端进行，进一步利于学生"时时、处处"使用。制作了转杯纺虚拟仿真软件，并通过虚拟教研室，共享先进的智能纺纱工厂的视频和动画、纺纱习题库等（图14），这些资源与其他纺织院校，尤其是新疆大学、内蒙古工业大学、兰州理工大学、塔里木大学和新疆应用职业技术学院等西部地区院校共享，助力了各校的纺纱学课程教学。

实验结果对照

仿真实验与线下实验横截面对比

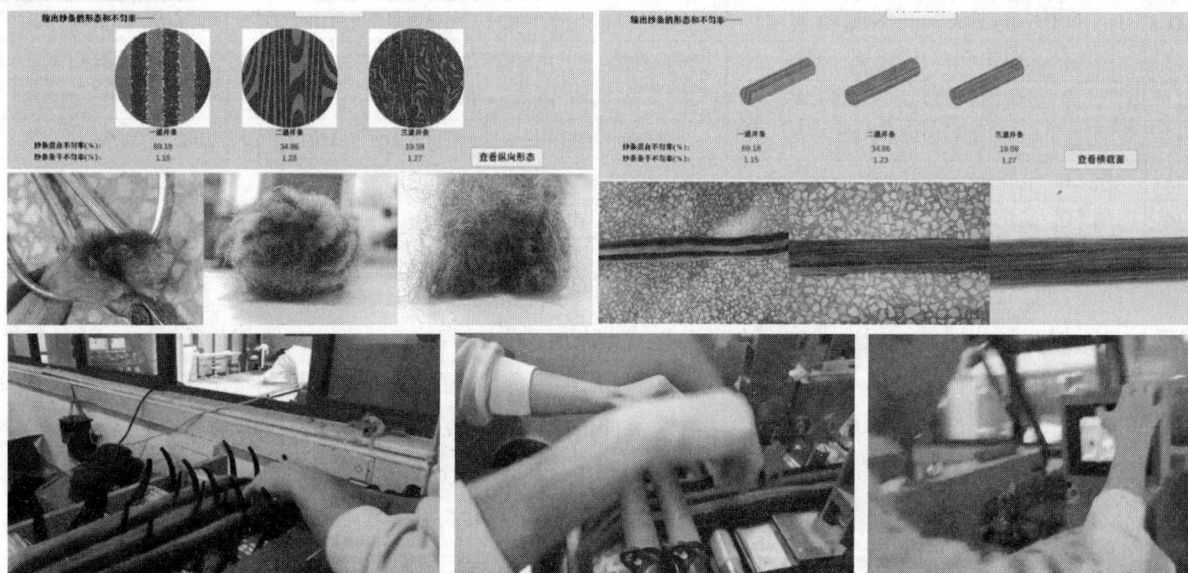

图13　学生进行虚实结合的"并条及条混配色效果"实验探索

图14　强调能力培养的难度分级进阶式题库建设

4.4　教改思路与模式及课程建设发挥了示范作用

围绕纺纱学课程思政、教学模式改革和课程资源建设，本课程团队先后发表了教改论文20余篇，为相关课程建设改革发挥示范作用，如表2所示。

表2 发表相关教改论文情况汇总

序号	发表时间	期刊名称	卷号期号	文章名称	作者
1	2017年	纺织服装教育	第32卷第5期	纺织工程专业平台课程"纺纱学"的教学改革	郁崇文、劳继红、江慧、王新厚、曾泳春、汪军
2	2017年	实验室研究与探索	第36卷第10期	基于CAD技术的"机织实验"课程教学改革探索	王姜、张玉泽、管晓宁、汪军、杨建平
3	2018年	纺织服装教育	第33卷第4期	广东省虎门地区中小纺织服装企业的人才培养策略	刘宇、杨涛、温洪宪、汪军
4	2018年	2018世界纺织服装教育大会会议论文	—	打造"纺纱学"资源平台，提升学生创新实践能力	郁崇文
5	2018年	2018世界纺织服装教育大会会议论文	—	面向产业转型升级的纺织类复合型人才培养	郭建生、邱夷平、郁崇文、孙宝忠、王府梅、王璐、章倩、沈为、劳继红、关国平、张瑞云、袁海源
6	2018年	2018世界纺织服装教育大会会议论文	—	关于"中国本土品牌企业创新成长案例：以纤维、纺织和服装企业为例"全英文课程教学的思考	肖岚、陈雷、汪军
7	2018年	2018世界纺织服装教育大会会议论文	—	智能化系统平台下的实验室管理及教学新模式探索	陈文娟、管晓宁、李娴、王富军、王新厚
8	2018年	2018世界纺织服装教育大会会议论文	—	实验中心教学质量可持续发展的探索与实践	管晓宁、王姜、陈文娟、李娴、王富军、林婧
9	2020年	纺织服装教育	第35卷第1期	新工科背景下纺织面料设计人才培养实践	庄勤亮，孙晓霞
10	2020年	纺织服装教育	第35卷第2期	纺织工程专业平台课程"纺纱学"的课程思政建设	孙晓霞、刘雯玮、王新厚
11	2020年	实验室研究与探索	第39卷第1期	转杯纺快速成条仪的设计	张玉泽、林惠婷、汪军
12	2021年	纺织服装教育	第36卷第1期	纺织工程专业"新工科"人才培养质量标准探讨	郁崇文、郭建生、刘雯玮、袁海源
13	2021年	纺织服装教育	第36卷第2期	基于建构主义学习理论的"纺织CAD"课程教学改革	刘娴、刘瑞、肖远淑、王新厚
14	2021年	纺织服装教育	第36卷第5期	纺织类专业课程思政教学的策略	郁崇文、李成龙、许福军
15	2021年	纺织服装教育	第36卷第5期	基于OBE理念的"应用统计与优化设计"课程教学改革	丁倩、陈霞、汪军
16	2021年	实验室研究与探索	第40卷第11期	基于学科交叉的综合化学实验的教学设计	单树楠、李娴、张雷、张昉
17	2021年	实验室研究与探索	第40卷第8期	"一带一路"背景下留学生纺织实验课程探索与实践	管晓宁、林婧、陈文娟、饶秉钧、李娴、张玉泽
18	2021年	实验技术与管理	第38卷第3期	基于Unity3D仿真技术的转杯纺纱虚拟仿真实验建设与教学应用	张玉泽、管晓宁、丁倩、冯波
19	2021年	纺织服装教育	第36卷第5期	课程思政视角下留学生纺织专业实验教学探索	管晓宁、林婧、王富军、李娴、饶秉钧、陈文娟
20	2022年	纺织服装教育	第37卷第2期	纺织工程专业课程思政探索与实践	王新厚、郭建生、杨树、郁崇文
21	2022年	纺织服装教育	第37卷第4期	条混仿真实验平台在"纺纱学"课程教学中的应用	曹巧丽、李豪、李佳蔚、李志民、张玉泽、郁崇文

"1+3+1"非织造材料与工程专业新工科通专融合课程及教材体系建设

南通大学，天津工业大学，苏州大学，浙江理工大学，中国纺织出版社有限公司，武汉纺织大学，安徽工程大学

完成人及简况

姓名	性别	所在单位	党政职务	专业技术职称
张瑜	男	南通大学	纺织服装学院院长	教授（二级）
钱晓明	男	天津工业大学	无	教授（二级）
张伟	男	南通大学	纺织服装学院副院长	教授
潘志娟	女	苏州大学	学科建设与发展规划处处长	教授
于斌	男	浙江理工大学	纺织科学与工程学院院长	教授
孔会云	女	中国纺织出版社有限公司	总编辑	编审
封严	女	天津工业大学	无	教授
张如全	男	武汉纺织大学	无	教授（二级）
任煜	女	南通大学	非织造材料与工程系主任	教授
王萍	女	苏州大学	纺织与服装工程学院院长助理	副教授
李素英	女	南通大学	无	教授
张明	女	武汉纺织大学	非织造材料与工程系主任	副教授
谢艳霞	女	安徽工程大学	学院党委委员	正高级工程师
张广宇	男	南通大学	非织造材料与工程系副主任	教授
臧传锋	男	南通大学	无	教授

1. 成果简介及主要解决的教学问题

1.1 成果简介

非织造材料与工程是2005年教育部为国家新材料领域重点发展急需特设的新兴专业。本成果依托国家新工科研究与实践项目、中国纺织工业联合会教研项目等，在教育部高校纺织类专业教学指导委员会、中国纺织服装教育学会指导下，南通大学联合天津工业大学、苏州大学、浙江理工大学、中国纺织出版社有限公司、武汉纺织大学、安徽工程大学等单位，开展了"1+3+1"非织造材料与工程专业新工科通专融合课程及教材体系研究，从"1融合"即通识课程与专业课程的有机融合（通专融合）人才培养课程体系着手，积极探索"3融合"即思政融合、学科融合、产教融合的非织造材料与工程人才培养新工科建设实践，同时，强化"1融合"即科教融合，跨校联合编写出版了学科知识结构节点化、关联化的新工科系列教材，培养非织造新工科人才的成效显著。

本成果通过融入行业、服务企业，准确把握国家战略和非织造产业需求，推进卓越工程师教育培养计划、工程教育专业认证的内涵建设，通过新工科通专融合课程及教材体系建设，拓展了新兴专业立德树人、

情怀塑造的思政融合新机制，构建了学科融合、知识融通的模块化课程体系和产教融合多链协同创新教学体系，强基础、重产出、拓能力，开创了新兴非织造材料与工程专业"接地气"人才培养新模式，为抗疫防护、国家重大工程、节能环保等相关领域的产业发展提供了人才支持和智力保障。建有国家一流本科专业建设点4个，思政课程、产教融合示范专业2个，省重点产业学院1个，国家级、省部级工程中心3个，国家级一流课程4门、省级一流本科课程4门、在线开放课程建设12门。出版省重点教材、部委级规划教材11部和教学参考书5部，发表教研论文23篇。新工科人才培养示范作用显著，得到教育部高等学校纺织类专业教学指导委员会、院士、行业、企业、学生的肯定与好评，受到新华社、中国纺织报等媒体的报道。获中国纺织工业联合会纺织教育教学成果奖一等奖、天津市教学成果奖二等奖、学校教学成果特等奖、一等奖3项。

1.2 主要解决的教学问题

一是如何精准制定新兴非织造材料与工程专业人才培养计划？通专融合，适应现代产业要求：围绕新兴产业需求，精准确定非织造人才培养具体目标要求，构建通识课程与专业课程知识有机融合的非织造材料与工程专业的人才培养模式。

二是如何实现非织造材料与工程专业育人育才的有机统一？思政融合，整体规划课程思政体系：整体规划立德树人的课程思政体系，促进德智体美劳全面发展，培养有爱国情怀、专业能力和敬业精神的新时代非织造卓越人才。

三是如何科学设计学科交叉型专业通专融合课程体系？学科融合，构建模块化课程知识的逻辑体系：以一流核心课程和核心实践项目等基础要素建设为抓手，构建知识融通的学科交叉课程体系，实现上下游课程的多样化、数字化、个性化。

四是如何有效提升学生解决复杂工程问题的能力？产教融合，构建产学研协同创新教学体系：整合新兴行业资源，共建校内外产教融合的协同育人平台，构建基于通专融合的多链化创新教学体系，着力打造学生解决实际复杂工程问题的能力。

五是如何推进多学科交叉型专业的通专融合教材建设？科教融合，构建节点化、关联化的教材知识结构体系：根据交叉学科模块化课程知识的逻辑体系构建和教学要求，编写出版新工科通专融合系列教材，改变非织造材料与工程新专业教材短缺的状况。

2. 成果解决教学问题的方法

非织造材料与工程专业是教育部2005年基于行业快速发展而特设的学科交叉专业，具备新理念、新技术、新材料的时代特征和行业特征。非织造材料广泛应用于医疗、卫生、环保、能源、国防、建筑、土木及水利工程等领域，属于国家重点发展方向，现已成为现代材料行业一个重要分支。

本成果以国家卓越工程师教育培养计划、一流本科专业建设为载体，以新工科理念指导，以通专融合课程及教材建设为抓手，切实围绕国家新经济发展需要，针对新工科非织造人才培养共性的重点、难点问题，充分发挥教指委非织造分会作用，加强顶层设计，强化创新思维，整合全国非织造产业共享资源，开展以通专融合"1融合"促思政融合、学科融合、产教融合"3融合"，如图1所示。近年来，通过新工科通专融合课程及教材体系建设成果应用，积极开展思政融合、学科融合、产教融合的非织造材料与工程"3融"人才培养实践，彰显了"孕育"一流本科专业、"培育"产业紧缺人才的办学成效，为全国地方性高校新工科人才培养的起到示范引领作用。

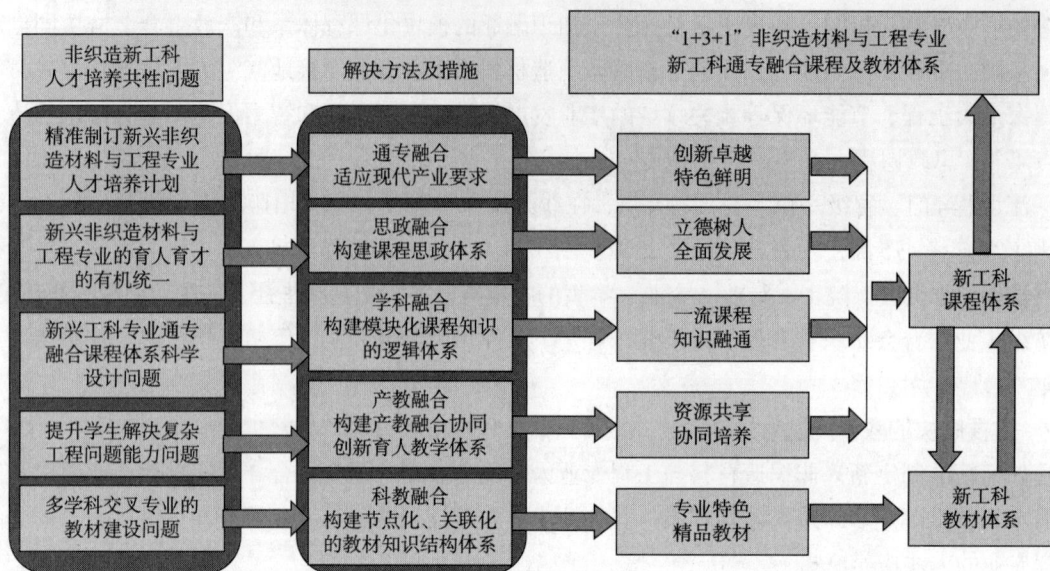

图1 "1+3+1"新工科通专融合培养模式的课程及教材体系

具体措施如下。

2.1 秉承开拓创新理念，围绕产业需求，坚持通专融合

发挥高校学科优势和龙头企业社会影响，开展应对新经济挑战、服务国家战略、满足产业需求和面向未来发展的深入调研，厘清新兴材料产业紧缺人才的目标要求，实施非织造材料与工程新工科、卓越工程师计划、工程教育专业认证内涵建设，开拓创新，通专融合，精准制订新兴非织造材料与工程专业人才培养计划，培养适应非织造行业发展卓越人才和紧缺人才，凸显纺织高校"接地气"的办学特色。

2.1.1 传承百年文化，彰显开创精神

南通大学先校长、近代著名实业家、教育家张謇先生1912年开我国纺织高等教育之先河，奠定了"学必期于用，用必适于地"的办学理念；我国高等纺织教育奠基人之一、天津纺织教育家张朵山先生，早年留学美国，回国后结合中国实际，编写中国自己的教材，为我国高等纺织教育的开拓、发展做了突出贡献。非织造材料与工程本科专业是基于学科交叉新技术推动的非织造新兴产业的人才急需的特设专业，传承文化在专业开创方面显得特别重要。

2.1.2 强化顶层设计，实现通专融合

过度专业化的培养模式导致学生发展的潜力不足，难以实现我们培养人才适用行业、服务行业的初衷，更谈不上引领行业发展。新业态需要大格局、大思维的引领，需要工程能力、科学精神的支撑，"通识教育和专业教育相结合"的通专融合成为新工科建设和人才培养的必然要求。通过"专"与"通"的深度融合和调动形成的知识碰撞，激发学生的学习动力和创新能力，培养具有高尚品质、创新卓越、学以致用的新工科非织造专业工程技术人才。

2.2 弘扬纺织强国精神，坚持以德树人，育才思政融合

培养什么样的人直接决定着走什么样的路，人才培养目标不仅具有适应新形势行业需求的专业能力，更具备引领新时代行业未来发展的责任和担当。坚持通专融合教育与思政教育的有机融合，把思政工作贯穿教育教学全过程，明确"纺织强国"舍我其谁的责任，让立德树人"润物无声"，让学生在担当中历练，在感悟中成才。

2.2.1 挖掘思政元素，推进课程思政

依托通专融合体系的构造，整体规划立德树人的课程思政体系，编写专业课程思政教学指南，开发课

程思政案例库模板，构建课程思政"点、线、面"。通过传帮带、优秀党员模范作用，言传身教、匠心育人，利用课堂主阵地，精准提取思政元素，以点带面，把现代新兴产业发展的思政资源融入专业教学的价值引领、能力达成、知识传授中，使教学内容的思政与专业融合。

2.2.2 加强情景教育，提升体验感悟

在现有教学实践基地中，加强内外协同，建立具有示范性的思政实践基地，构建专业整体的课程思政体系，在情景化教学中，培养学生对专业能力的亲身体验，学生在掌握专业实践的同时，创新意识、综合能力也得到加强，职业定位清晰，将"知识、能力、人格"的培养目标落实到潜移默化的课程教学细节中，培养有爱国情怀、有专业能力、有敬业精神的新时代非织造卓越人才，实现新兴非织造材料与工程专业的育人育才的有机统一。

2.3 构建课程知识逻辑体系，课程模块化衔接，实现学科融合

通过一流核心课程、核心教材、核心师资和核心实践项目等基础要素的建设，基于多样化、数字化、个性化等模块化课程知识的逻辑体系的构建，实现通专融合培养方案的系统性和上下游课程知识的衔接融通，教学效果能反映出非织造技术具有多学科交叉、加工技术多样性和产品解决方案个性化的特点，让课程改革的小切口带动解决人才培养模式的大问题。

2.3.1 整体上以非织造技术支撑学科知识点的融合为主线

梳理纺织科学与技术、材料科学与工程、机械工程等支撑学科的交叉节点，确定涉及物理学、化学、力学、工程学、材料、信息的专业基础课程和非织造技术的专业核心课程及工程实践环节，再结合新工科通识课程，构成非织造材料与工程专业的课程体系。这样围绕主线，通过贯穿大学四年全过程的楔形模式（图2）形成课程模块的具体架构，承上启下，有机衔接，虽然学科交叉的涉及面广、知识点多，但形散而神不散。

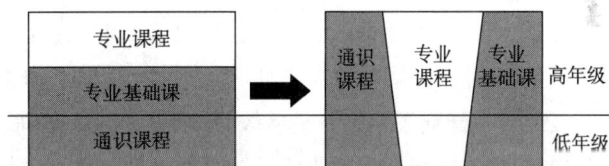

图2 通专融合模块的楔形架构模式

2.3.2 细节上构建非织造技术方法的模块化组合

非织造技术突破了传统纺织技术的瓶颈，是以单纤维为主体原料成网，并通过摩擦、抱合或黏合加固，制备高孔隙率的柔性结构材料。不同形态和功能的纤维原料、灵活的成网技术、高效的加固技术形成非织造材料的结构多样性、外观形态可塑性、多功能性。构建"纤维—成网—加固"的技术模块，可以实现非织造材料个性化的解决方案、多种技术复合的结构性能、高效与轻量化的完美组合，以不变应万变。

2.4 构建协同创新教学体系，提升综合能力，专业产教融合

随着学科交叉和高新技术的渗透，未来的工程师需要具有扎实而广博的基础理论知识，最终能解决实际复杂工程问题。依托高校学科优势和行业龙头企业示范作用，构建校内外产教融合协同育人平台，积极开展虚拟仿真实验建设，营造互动式、情景化创新创业教育环境，在"卓越工程师"的氛围里，打造学生的高素质工程能力，敢"做事"、会"做事"，且能"做成事"。

2.4.1 构建新工科非织造专业教学"多链协同"新体系

在非织造材料与工程专业课程体系中，围绕现代非织造材料产业链、技术链、创新链要求，重点加强实验课程模块的系统性构建以及综合性实验"多链协同"的模块化设计（图3），并通过虚拟仿真实验教学项目，实现真实实验不具备或难以完成的教学功能。除了完成规定动作外，学生能以问题为导向，根据兴趣和需要自主设计实验方案，调动学生参与实验教学的积极性和主动性，激发学生的学习兴趣和潜能，增强学生创新创造能力。

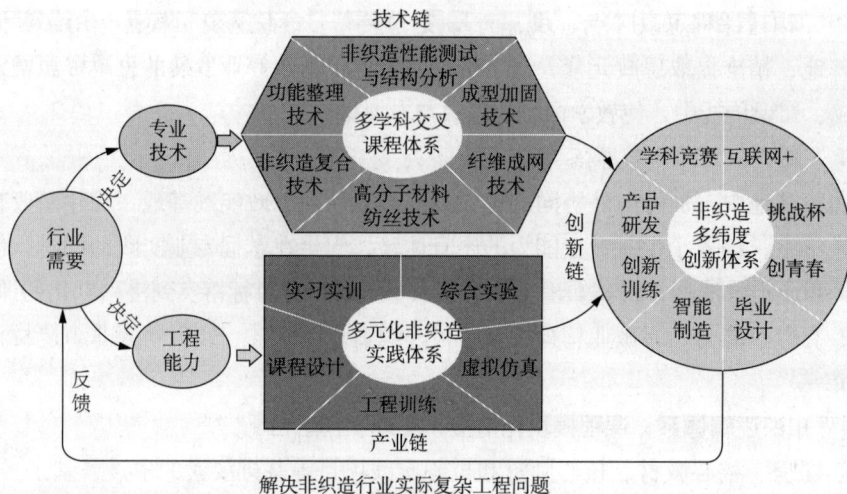

图3 "多链协同"专业教学体系

2.4.2 打造产教融合的产学研协同创新育人平台

围绕现代非织造材料产业链、技术链、创新链要求，校企共建非织造教学实践工程中心、重点产业学院、大学生"创客空间"，推进工程教育认证，构建集实践教学、科学研究、技术开发、创新实践、工程训练于一体的产教融合的产学研协同育人平台。以学生为中心，以产出为导向，围绕产业需求，紧贴生产实际，创办全国大学生非织造产品设计大赛、非织造创意大赛，不断提高学生"新工科"的工程能力、职业道德、解决复杂问题能力、终身学习能力、团队工作能力、交流能力和大系统掌控能力。

2.5 构建新工科通专融合教材体系，打破教材瓶颈，体现科教融合

非织造材料与工程专业依托纺织科学与技术、材料科学与工程、机械工程等主干学科，体现出前沿性、交叉性与综合性的多学科高度融合。通识课程、专业基础课程大都可借鉴相关学科教材，但专业课程教材成为专业建设的瓶颈，构建适应现代化教育教学手段的节点化、关联化教材知识结构体系显得尤为重要。

2.5.1 构建科教融合的节点化、关联化教材知识结构体系

为提高学生的非织造专业兴趣、自主学习能力，让学生形成创新的思维模式去吸纳众多领域基础理论知识，根据教学内容涉及的技术融合度高、基础知识点多、应用领域面广的特点，加强新专业知识逻辑体系梳理，并吸纳相关领域理论知识与实践成果，融入"课程思政"、现代化教育教学要求，构建基于以项目为链条的模块化课程体系，从学科知识的节点化、关联化入手，编写科教融合的教材大纲，构建新工科通专融合教材体系。

2.5.2 认真做好系列教材编写组织工作，积极申报重点、规划教材

在教育部高等学校纺织类教学指导委员会指导协调下，成立全国非织造材料与工程专业的骨干高校、企业的新工科系列教材编写委员会，由中国纺织出版社有限公司制订整体系列教材出版计划，组织承担非织造材料与工程本科专业系列教材编写工作（主编、副主编、参编）。按照国家一流本科专业、一流本科课程的建设要求，体现科教融合鲜明特色，积极申报重点、规划教材，走精品化、标准化道路，出版具有前瞻性、先进性、科学性和通用性的非织造新工科系列教材。

3. 成果的创新点

一是通专融合，构建了思政融合的非织造新工科人才培养的创新模式。

围绕立德树人根本任务，以"新工科"理念为指导，秉承百年文化，弘扬"纺织强国"思想，以国家一流本科专业、一流课程建设为载体，融入行业、对接企业，从应对新经济挑战、服务国家战略、满足产

业需求和面向未来发展等方面出发，精准梳理我国非织造人才培养的共性关键问题，以通识课程与专业课程的深度融合，更好地把现代新兴产业发展的思政资源融入专业教学的价值引领、能力达成、知识传授中，育人育才有机统一，构建了特色鲜明的非织造材料与工程新工科人才培养模式。

二是产教融合，构建了学科融合的多链协同非织造专业教学体系。

根据学科交叉专业特点，依托纺织重点学科和龙头企业资源，围绕新兴材料产业紧缺人才的目标要求，实施非织造材料与工程专业卓越工程师计划、工程教育专业认证，积极加强现代产业学院、产教融合示范专业建设，联合创办全国大学生非织造产品设计大赛和非织造创意大赛，构建了以纤维材料为主线的产业链、技术链、创新链"多链协同"的模块化课程知识逻辑教学体系，学生在新工科工程环境里体验、感悟、打造。"接地气"的专业工程素质、解决复杂问题能力得到行业企业高度认可。

三是科教融合，构建了体现新兴专业特色的通专融合教材知识结构体系。

发挥非织造教指委作用，强化对教材建设的统筹指导，以培养适应时代需求的新工科人才为目标，以通专融合教学模式为依托，从专业知识的节点化、关联化入手，吸纳非织造材料相关学科领域理论知识与实践成果，凸显非织造学科前沿性、交叉性与综合性特点，有机融入课程思政、现代化教育教学要素，构建体现新工科专业特色的通专融合教材知识结构体系，突破新兴专业教材建设的瓶颈，编写出版了非织造专业新工科系列高质量的各级重点教材、规划教材，其教学成果显著，为全国纺织高校新工科专业建设提供示范。

4. 成果的推广应用情况

非织造材料与工程本科专业是基于学科交叉新技术推动的非织造新兴产业的人才急需而设置的，本成果发挥高校学科优势和龙头企业社会影响，开展应对新经济挑战、服务国家战略、满足产业需求和面向未来发展的新兴材料产业需求，秉承习近平充分肯定的近代著名实业家、教育家张謇先生"父教育而母实业"（即以实业养教育，以教育促进实业）的思想、"学必期于用，用必适于地"的办学理念，在教育部高等学校纺织类教学指导委员会组织指导下，通过合作单位多年的探索实践，以国家一流本科专业建设为载体，以新工科通专融合课程及教材建设为抓手，精准梳理我国非织造人才培养的共性关键问题，提出了立德树人为先、专业特色鲜明、产教融合协同育人的新工科专业建设整体思路和具体举措，构建以项目为链条的模块化课程体系，科学设计新工科通专融合的课程体系，打破新兴专业教材建设的瓶颈，跨校联合编写出版了学科交叉特色的高质量系列教材，开创我国培养"接地气"非织造人才的新模式，培养了一大批适应非织造行业发展品质高尚、创新卓越、学以致用的新工科卓越人才和紧缺人才，研究成果对我国新兴专业的新工科人才培养产生了十分重要的理论价值与实践价值，为我国纺织高校相关新工科专业建设提供示范和支撑。

4.1 具体推广及应用情况、校内外评价

（1）坚持思政融合，积极开展了立德树人为先、专业特色鲜明、产学研协同育人实践，效果显著。培养什么样的人直接决定着走什么样的路，本成果围绕立德树人根本任务，秉承张謇教育思想，围绕新经济挑战、服务国家战略、满足产业需求，积极发挥教育部教指委委员、教学名师、优秀党员的模范作用，强化师德为先，坚持通专融合教育与思政教育的有机融合，把思政工作贯穿教育教学的全过程，构建"点线面"立体专业课程思政体系，拓展新兴专业立德树人、情怀塑造的"多维度"育人新机制，把现代新兴产业发展的思政资源融入专业教学的价值引领、能力达成、知识传授中，把爱国情、强国志、报国行自觉融入"传道、授业、解惑"，将"知识、素质、能力"的培养目标落实到潜移默化的课程教学全过程（图4）。

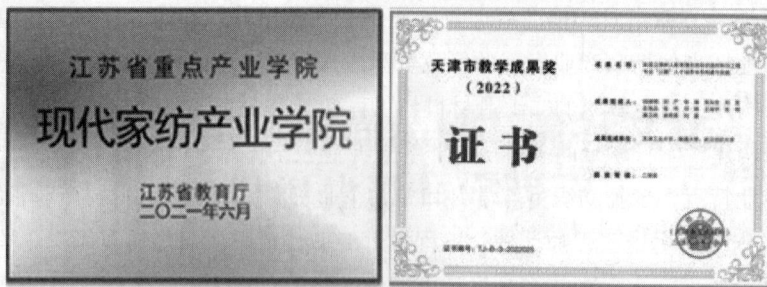

图4 育人成果

通过"新工科"通专融合课程及教材建设，激发学生的责任感、使命感，引导学生从实现"纺织强国"的目标中确立自己的人生追求，实现育人育才的有机统一，使学生在引领中塑造，在感悟中成才，德智体美劳全面发展。实现培养的非织造专业人才不仅具有适应新形势行业需求的专业能力，还具备引领新时代行业未来发展的责任和担当。建立现代企业示范性思政实践基地，制定了《非织造材料与工程专业课程思政教学指南》，构建了非织造材料与工程专业课程思政体系，让立德树人"润物无声"。

（2）坚持学科融合，将"多链协同"教学新体系应用于非织造专业的新工科人才培养实践，成绩突出。针对学科交叉和高新技术的专业特点，本成果依托高校学科优势和行业龙头企业示范作用，在非织造材料与工程专业课程体系中，通过现代非织造材料产业链、技术链、创新链等"多链协同"的模块化的系统性实践平台建设和虚拟仿真实验教学项目建设，营造互动式、情景化创新创业教育环境，积极推进工程教育专业认证，基本实现了学生以问题为导向，根据兴趣和需要自主设计实验方案，调动学生参与实验教学的积极性和主动性，激发学生的学习兴趣和潜能，增强学生的创新创造能力，让学生运用基础理论知识最终能解决实际复杂工程问题，在"卓越工程师"的氛围里，打造学生的高素质工程能力，敢"做事"、会"做事"、能"做成事"（图5）。

图5 非织造专业人才培养实践

发挥非织造教育部高等学校纺织类专业教学指导委员会作用，强化对教材建设的统筹指导，以精品教材建设为目标，从专业知识的节点化、关联化入手，吸纳非织造材料相关领域理论知识与实践成果，凸显非织造技术前沿性、交叉性与综合性特点，有机融入课程思政、现代化教育教学要素，跨校联合编写、出版了新工科系列高质量的各级重点教材、规划教材，为地方性高校非织造"新工科"专业建设提供示范。目前，获得4个国家级一流本科专业建设点，4门国家一流课程、4门省部级一流课程，出版教材11部，南通大学成为全国第一个通过国际工程教育专业认证的非织造材料与工程专业，牵头非织造虚拟仿真实验建设，为地方性高校非织造"新工科"专业建设提供示范和支撑，彰显地方性高校"接地气"的办学特色。

（3）坚持产教融合，体现出地方性纺织高校培养"接地气"非织造新工科人才的优势，示范引领。本成果通过融入行业、服务企业，以国家新材料行业高速发展为契机，精准定位学科交叉性专业人才培养目标，强基础、重产出、拓能力，引入产业教授、兼职教师，校企共建省部级非织造教学实践工程中心、江苏省重点产业学院、大学生创客中心，联合发起全国大学生非织造产品设计大赛、非织造创意大赛，把实践创新成果展示在国际非织造展览会。依托互动式、情景化产教融合协同育人平台，通过校内外联合指导，积极参加各类创新创业实践活动和学科竞赛，"未来的工程师"们能以紧贴生产实际的项目为载体，根据专业兴趣和课题需要自主设计实验方案，大大提高学生新工科的工程能力、职业道德、解决复杂问题能力、终身学习能力、团队工作能力、交流能力和大系统掌控能力（图6）。

图6　获奖情况

培养的毕业生成为产业急需应用型工程技术人才、管理人才、营销人才，实现了人才培养供给侧与产业发展需求侧之间的紧密结合和无缝衔接。为"抗疫""防护"关键材料产业，跑出中国制造加速度，为我国产业用纺织品行业快速发展提供了地方纺织高校的人才支撑和智力保障。人才培养质量得到显著提升，获教育部高等学校纺织类专业教学指导委员会专家、中国工程院院士的充分肯定，受到行业协会、用人单位和毕业生的一致好评。人才培养成效得到了新华社、新华日报、科技日报、中国纺织报、中国教育报、科学网、地方电视台等新闻媒体的宣传报道。

4.2　校内外评价

4.2.1　企业评价

亚洲非织造首强企业浙江金三发集团有限公司、国内最大水刺材料生产企业杭州诺邦无纺股份有限公司、著名外企东丽高新聚化（佛山）有限公司等用人单位评价：学生专业扎实，创新与实践能力突出，具有良好的职业素养、专业技能和敬业精神（图7）。

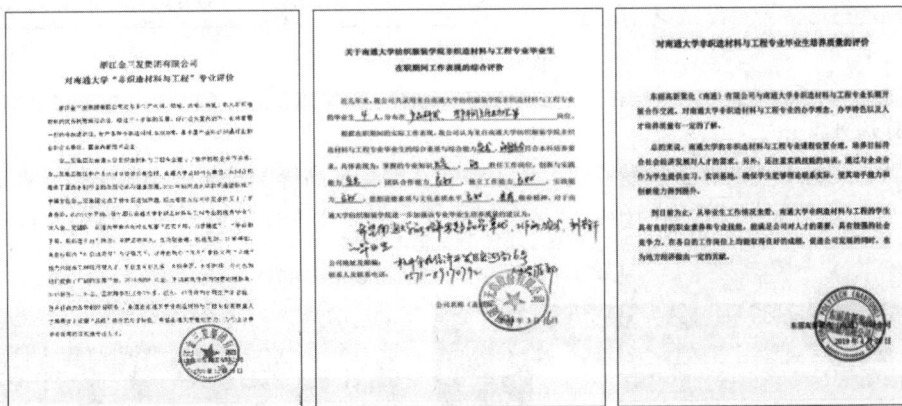

图7　企业评价

4.2.2　行业评价

中国技术市场协会非织造材料专业委员会、中国工程院姚穆院士、上海长三角非织造材料工业协会等评价：专业建设"形成了兼容会通、校地互动、注重基础、突出应用的'社会回应型'办学模式"，"实现了'通与专''产与教'的有机结合"，体现了行业企业信息等与教学的有机融合（图8）。

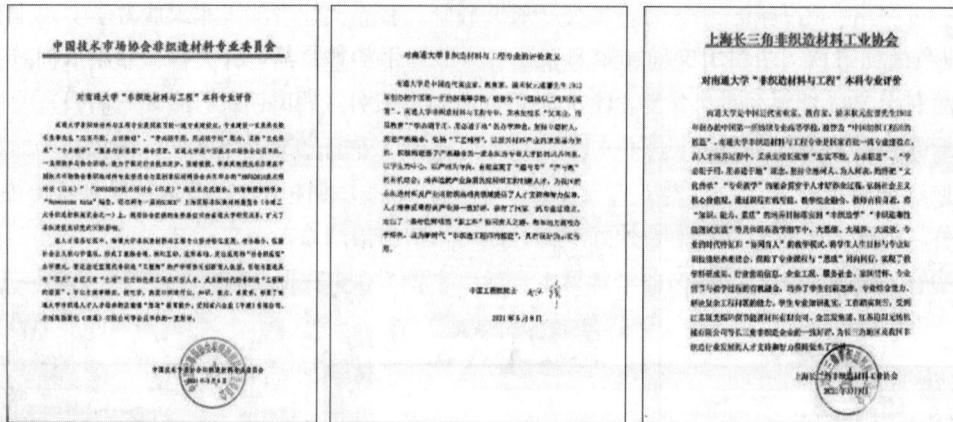

图8　行业评价

4.2.3　毕业生评价

毕业生及家长反馈：对非织造材料与工程专业产教融合人才培养模式满意率高。根据对1000余名毕业生的调查统计，企业负责人和高、中层管理者所占的比例分别达到9.15%和26.1%，技术负责人比例达到37.63%（图9）。

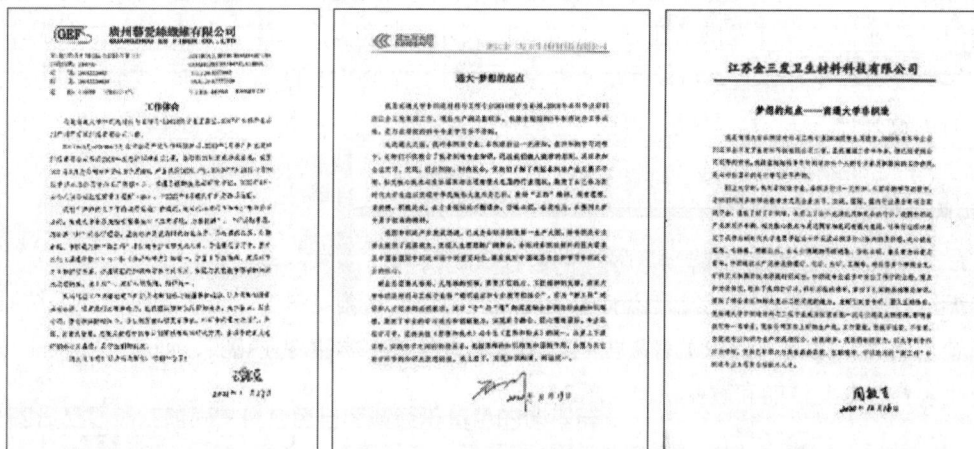

图9　毕业生评价

4.2.4　同行认可

非织造材料与工程专业的新工科专业建设成果多次在教育部高等学校纺织类教学指导委员会会议、第二届世界纺织服装教育大会暨中国纺织服装教育协会理事会会议上作经验交流，得到同行专家高度认可（图10）。

图10　同行认可

基于信息化OBE平台与虚拟教研室的专业交叉课程群组协同育人与国一流专业建设

中原工学院，中国纺织服装教育学会，山东天虹同济信息技术有限公司

完成人及简况

姓名	性别	所在单位	党政职务	专业技术职称
杨红英	女	中原工学院	纺织学院党委委员　纺织学院院长	教授
黄鑫	男	中原工学院	纺织学院党委委员　轻化工程系主任	副教授
张靖晶	女	中原工学院	教辅与行政教工党支部组织委员	实验师
杨志晖	男	中原工学院	纺织学院党委委员、办公室副主任	工程师
周金利	女	中原工学院	纺织材料与纺织品设计系教工党支部宣传委员、系副主任	副教授
刘华	女	中国纺织服装教育学会	无	高级工程师
卢士艳	女	中原工学院	纺织学院教学副院长	教授/工程师
李虹	女	中原工学院	学校教学督导专家、学院教学督导组长	教授
梅硕	男	中原工学院	纺织工程与纺织品设计系主任兼支部书记	副教授
张恒	男	中原工学院	非织造材料与工程系系主任	副教授
杜姗	女	中原工学院	纺织工程与纺织品设计系副系主任	讲师
张戈	女	中原工学院	无	讲师
张书钦	男	中原工学院	原：现代教育中心主任；现：计算机学院院长	教授
庄超	男	山东天虹同济信息技术有限公司	公司总经理	无
杨俊鹏	男	中原工学院	现代教育技术中心办公室主任	工程师

1. 成果简介及主要解决的教学问题

1.1 成果简介

专业是高校根基，一流专业是一流学科和一流大学的基础。工程教育认证是专业建设的重要抓手，持续改进是工程教育认证的灵魂，课堂是工程教育认证落实落地落细的最后一公里。本成果以工程教育专业认证为抓手，充分利用信息化技术，创建基于学习产出的教育模式（OBE）平台，借助虚拟教研室，推动新工科和国家级一流本科专业建设，针对影响工程教育专业认证育人成效充分发挥的关键问题，开展了一系列改革与实践，不断提升课程、课堂育人和国家级一流本科专业建设成效。

一是创建并二次开发信息化OBE质量管理平台，提高工作效率，聚焦持续改进；二是组建面向课程课堂的课程群组虚拟教研室，提升课程水平，聚焦课堂育人；三是重组课程师资队伍，开展学科专业交叉融合，促进新工科建设，提升专业水准；四是以本为本，优化学院管理激励机制治理体系，筑牢本科根基，筑牢人才基石。

项目开展以来，本项目组成员承担省部级及以上教育改革项目13项，获省部级及以上教学成果15项。

纺织工程专业开展工程教育认证，申请、自评、进校考察均一次性通过，持续改进年度报备，中期报告进展顺利，纺织工程入选首批国家级一流本科专业建设点，专业建设成果显著，育人成效持续提升，为国家、行业提供了应有的人才支持。

1.2 主要解决的教学问题

（1）任课教师文案工作量太大，不利于任课教师聚焦持续改进。高校职责决定了教师要兼顾教书育人及科研服务等职责，教师工作繁重，任课教师每学期填写各类表格占据大量时间，承担工程认证课程教师的课程材料相对更多，一些教师无法聚焦课程的持续改进，不利于改进提升课程、课堂育人效果。

（2）课堂最后一公里不够通畅，不利于专业认证建设成效发挥。基于"学生中心、成果导向、持续改进"的工程教育理念，按照"反向设计、正向实施"，构建了符合工程教育理念的人才培养和质量保障体系，落实的关键在课程，最后一公里在课堂。影响课堂育人成效的因素众多且复杂，课堂育人成效因课、因人而异，不打通课堂最后一公里，会直接影响育人成效。

（3）按专业设置的教研室结构，不利于学科专业交叉协同育人。目前的系部教研室（以下简称系室）机构按照专业设置，方便专业建设，但在学科专业交叉协同培育面向新经济、新需求的复合型人才方面发挥作用受限，一些课程建设力量单薄，不利于课程师资调配，影响课程建设、传承和课程育人成效的发挥。

（4）教师的教学科研任务繁重，不利于在教学中投入主要精力。我校教师均同时承担教学和科研任务，科研压力大于教学压力，年度考核、岗位聘任、聘期考核、职称晋升等均给教师不小压力，教师们多头并进以完成各种考核任务，这些都不利于任课教师对本科教学投入更多精力。

2. 成果解决教学问题的方法

从平台条件、机构设置、师资配置和激励机制四个方面着手解决教学问题，如图1所示。

（1）在平台条件方面，创新构建并二次开发了符合工程认证机制的信息化OBE教学质量与认证管理平台。一方面解决教师文案工作量大，不利于聚焦持续改进的问题；另一方面有力支持师资变化、管理人员变更时专业仍然持续改进、不断提升。

山东天虹同济信息技术有限公司开发了OBE教学质量与认证管理软件平台系统（以下简称OBE平台），在此基础上，中原工学院纺织学院基于自己的工程认证机制文件和运行要求，进行了专业数据上传应用和二次开发，对系统提出一系列改进意见和建议，双方合作对系统进行了改进、优化和完善，实现了工程教育认证教学质量体系，以及持续改进等相关工作的网络化、信息化、无纸化，实现以信息化技术助力持续改进的效果。

（2）在机构设置方面，一方面组建面向课程和课堂的课程群组虚拟教研室，参与教育部虚拟教研室申请与建设；另一方面构建校、院、系及课程群组四级教学督导，提升课程水平和课堂效果，解决课堂最后一公里不通畅，影响认证效果、专业建设成效充分发挥的问题。

在原有专业系教研室机构的基础上，横向打通学院纺织工程、轻化工程与非织造材料与工程3个本科专业，组建了14个课程群50个课程组；增设课程群组虚拟教研室；同时参与了教育部1个专业、3个课程（群）虚拟教研室的申报与建设工作。同时，构建了校、院、系和课程群组四级教学督导体系，新增课程群组以指导和互助为主。两个新机构与原机构协同作用，助力打通课堂最后一公里。

（3）在师资配置方面，打破学科专业界限，调配课程群组师资。一方面解决原有面向专业的教研系室结构不利于学科专业交叉融合协同育人的问题，助力面向新经济的新工科专业建设；另一方面得以充实各课程组的师资队伍，解决师资断层的共性问题，助力师资队伍的老中青传帮带及代际接续。

学科专业交叉融合有利于开展新工科建设，培养面向新经济、新需求的复合型人才。现有师资配置以专业为单元，有利于专业建设。学院在增设跨学科、跨专业课程群组机构的同时，在课程群组中系统调配师资，利用信息化虚拟教研室开展课程群组教研活动，通过学科专业交叉融合，增强课程建设，助力老中青传帮带，解决部分课程群组师资断层、代际接续的问题。

（4）在激励机制方面，学校和学院均出台新政策、新机制，从工作量核算、教学业绩、教学成果、评优评先、聘岗考核、聘期延长等，多方面、多层次、多元化奖励为工程认证和专业建设作出贡献的团体与个人。一方面，激励奖励谋事、干事、成事；另一方面，与机构改革协同，引导和保证教改和专业建设落实、落地、落细。

为确保本项目教改内容的落实与成效，采用现代管理理念和方法，从学校和学院两个层面创新相关政策和奖惩机制，针对教职员工的不同层次与个性化需求，从事业、情怀、感情、职责和待遇等，多方面、多层次、多元化地调动所有相关人员的能动性和创造性，提升解决复杂问题的谋划力、执行力和创造力。

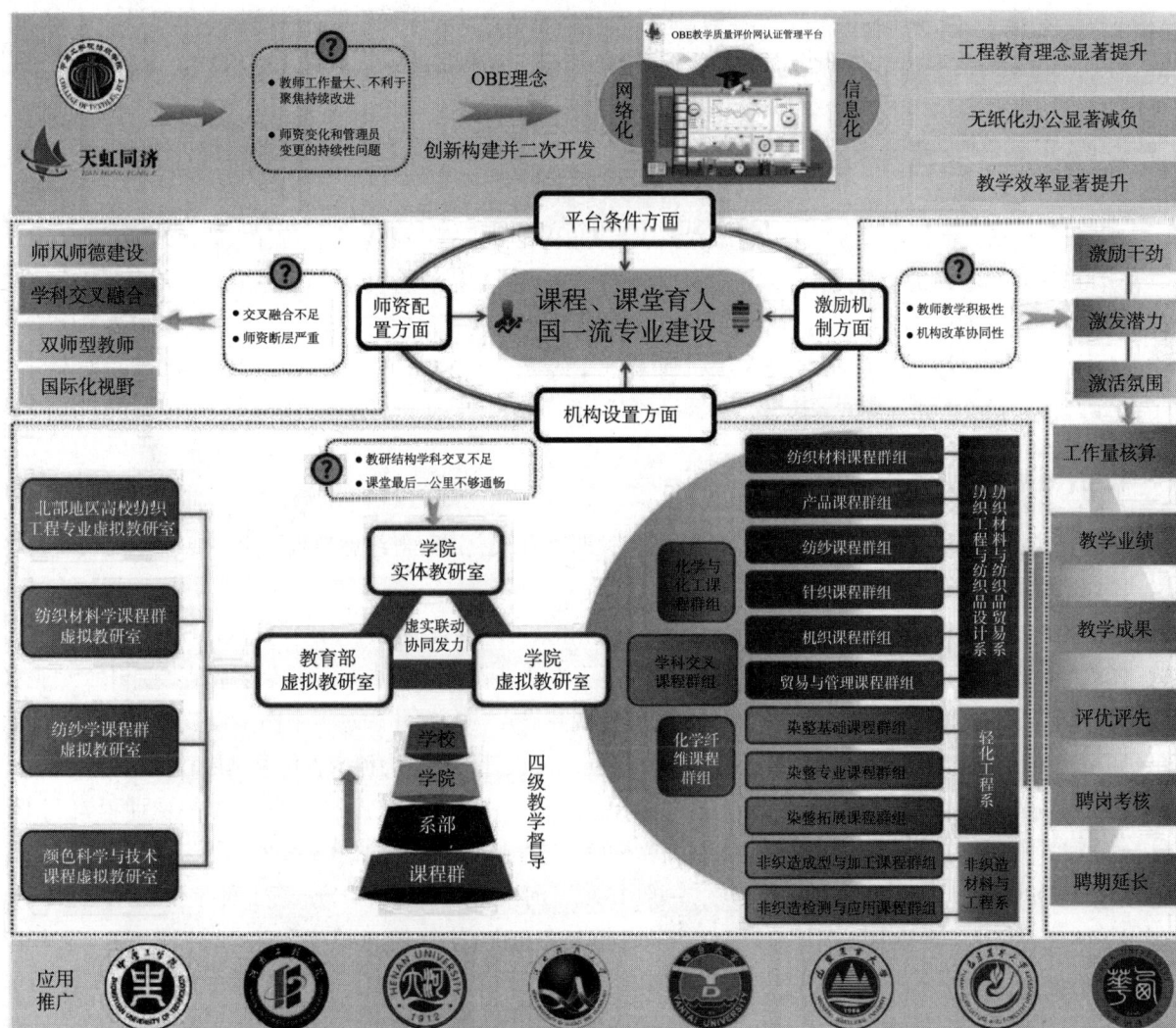

图1 基于信息化OBE平台与虚拟教研室的专业交叉课程群组协同育人与国一流专业建设思路图

3. 成果的创新点

（1）平台创新：开发信息化OBE平台，创新信息化质量体系，提高工作效率，助力持续改进。

基于"学生中心，成果导向，持续改进"的人才培养理念，创新设计了全信息化的OBE教学质量与认证管理系统平台；基于所构建的质量保障机制及运行情况，对OBE平台进行了二次开发和优化，使相关工作全部实现网络化和信息化。利用此平台，一方面提高工作效率，使任课教师省下时间聚焦持续改进；另一方面平台记录了所有重要育人数据，方便专业建设。同时，利用该平台，可方便工程认证、专业建设、课程建设传承，后来者可以借助平台，持续改进、不断提升。

（2）机构创新：构建课程群组虚拟教研室，专业系室实体教研室与课程虚拟教研室协同育人。

现有实体教研室按照专业划分，在专业建设方面发挥了巨大的作用；本成果构建了面向课程和课堂育人的课程群组虚拟教研室，同时参与了1个教育部专业虚拟教研室和3个教育部课程（群）虚拟教研室。在人才培养上，专业系室实体、虚拟教研室与课程群组虚拟教研室协同发力，前者负责专业建设和人才培养的系统设计、教学运行和质量监控，后者负责课程建设、教材建设和课堂育人，"虚""实"结合，协同落实育人责任，提升育人成效。

（3）方法创新：重调课程群组师资，通过学科专业交叉融合助力课程建设，助推新工科建设。

中原工学院有纺织工程、轻化工程和非织造材料与工程3个专业，不少课程在2个或3个专业均有开设，不同课程的目标和内容有所侧重；师资队伍中有些教师兼具计算机、机电、化学、化工或材料的学历背景。本着专业人干专业事、学科专业交叉融合、老中青师资接续等原则，重新调配了课程群、课程组的师资，增强课程和新工科建设。

（4）机制创新：创新管理激励机制，激发教职员工干事创业的激情和氛围，确保教改落地提效。

在管理体制和激励机制方面，学校和学院均出台一系列新举措、新机制，鼓励以工程认证为抓手，深入专业内涵建设，按照"多劳多得、优劳优酬"的原则，对开展工程教育认证和专业建设等相关工作给予聘岗和考核、年度业绩和工作量、评优评先、职称评审等一系列政策性倾斜，激励对本科教学的投入，提升国家级一流本科专业建设和育人成效。

4. 成果的推广应用情况

（1）主要成果：建成信息化OBE平台、专业交叉课程群组、课程群组虚拟教研室，专业建设成果成效显著增加，教师重视本科教学蔚然成风。

本成果历经六年研究、改革和实践，软、硬件平台和条件均显著提升，建成了信息化OBE平台（图2）、专业交叉课程群组、课程群组虚拟教研室，显著促进了专业建设，进一步夯实了专业基础，提升了专业水平。纺织工程专业2019年入选首批国家级一流本科专业建设点，2020年通过了中国工程教育认证；轻化工程专业入选河南省一流本科专业建设点；纺织工程与纺织品设计系被评为河南省优秀基层教学组织。

本项目组成员近几年新增省部级及以上教学成果主要有：国家级一流课程1门；省级一流课程7门、省级精品在线开放课程1门；省部级教学成果一等奖5项、二等奖10项；参加国家级教学成果奖网评1项；省部级教改研究项目立项重大1项，重点1项，一般18项；河南省思政团队1个，新工科专业实习基地1个，河南省教学名师1名，河南省示范性劳模和工匠人才创新工作室1个；"纺织之光"优秀教师奖1名、教师特别奖1名；发表教改论文20篇，其中中文核心5篇；出版教材专著7部，其中省级优秀教材1部；从2020年首次选评河南省优秀学士学位论文，连续三年，每年均获优秀指导教师奖。育人成效显著增加，每年均获得几十项省部级以上学科竞赛奖，研究生录取率约50%。此外，还获得省部级科学技术进步一等奖2项、国家科学技术进步二等奖1项等。

学院教师越来越重视本科教学，参与教学研究与改革的教师也越来越多，从中国纺织工业联合会教改项目立项和教学成果奖的数量可窥一斑，如图3、图4所示，这从侧面反映出较大变化和对本科教学教研重视的提升。

图2　信息化OBE平台的构建及校企合作二次开发

（2）教学成果得以在校内、省内和省外推广应用，并发挥示范带动作用。本成果首先在我院纺织专业开展实践，继而应用到轻化和非织造专业，然后推广到我院服装学院、材料学院、能环学院、机电学院的多个专业，得到充分认可；同时，成果也被河南工程学院、河南大学、河北科技大学、烟台大学、山东农业大学、福建农林大学、西华大学等其他省内外高校借鉴与应用，运行效果得到了兄弟院校的赞誉，参见图4。

本成果为工程教育专业认证高校质量管理、地方性高校工程人才培养、新工科建设和一流专业建设等提供参考，通过推广应用，发挥示范带动作用，为国家、行业、产业提供人才支撑，为国家科教兴国、人才强国战略作出国家级一流本科专业应有的贡献。

（a）中国纺织工业联合会高等教育教学改革立项项目数量

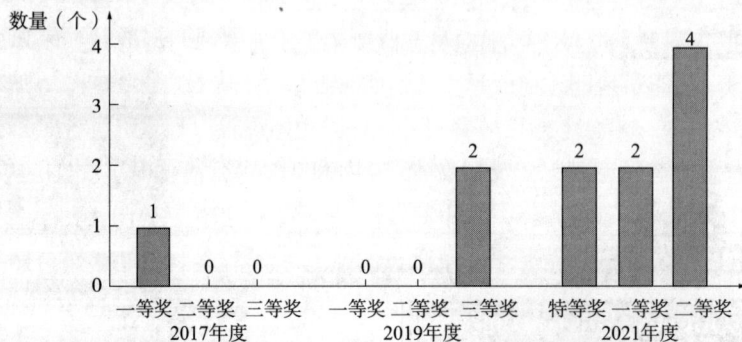

（b）中国纺织工业联合会纺织高等教育教学成果奖数量

图3 2017—2022年学院"纺织之光"教改立项和教学成果

图4 成果推广应用证明

轻风"话育"、染者匠心：地方高校轻化工程应用型创新人才培养探索与实践

湖南工程学院

完成人及简况

姓名	性别	所在单位	党政职务	专业技术职称
陈建芳	女	湖南工程学院	材料与化工学院　教学副院长	教授
易兵	男	湖南工程学院	校长	教授
陈镇	男	湖南工程学院	材料与化工学院党委副书记	副教授
傅昕	女	湖南工程学院	无	副教授
汪南方	男	湖南工程学院	无	教授
王连军	男	湖南工程学院	无	教授
吴锋景	男	湖南工程学院	虚拟仿真实验中心主任	副教授
张帆	男	湖南工程学院	材料与化工学院教研室主任	副教授
邓继勇	男	湖南工程学院	材料与化工学院院长	教授
刘华杰	男	湖南工程学院	无	副教授
张儒	男	湖南工程学院	材料与化工学院副院长	教授
刘艳丽	女	湖南工程学院	无	副教授
谭正德	男	湖南工程学院	无	教授

1. 成果简介及主要解决的教学问题

1.1　成果简介

成果秉承学校七十一年工程教育特色，以教育部卓越工程师教育培养计划（以下简称"卓越计划"）、国家工程实践教育中心等62项省级以上教改和质量工程项目建设为抓手，树立"需求导向、工程匠心"教育理念，对接产业，创建"思、专、产、创"四融合、三递进能力培养的"三递进四融合"教学新体系。深化产教融合，整合资源，政、校、企、院、馆五方协同建成"一体四翼"实践教育基地群，创新"五元协同、六共育人"协同育人新机制，构建多维融合、多方发力的"三递四融、五元六共"轻化工程应用型创新人才培养新模式，形成服务产业特色，培养高质量染整"匠心"人才。

十三年躬耕笃行，培养学生1300多人，为湖南、广东等地贡献80%以上的纺织印染专业人才，影响辐射全国。毕业生扎根行业，25%以上担任了纺织、印染等相关企业高层或技术负责人，涌现全国人大代表张超球、创业精英娄赛英等一批优秀毕业生典型（图1）。

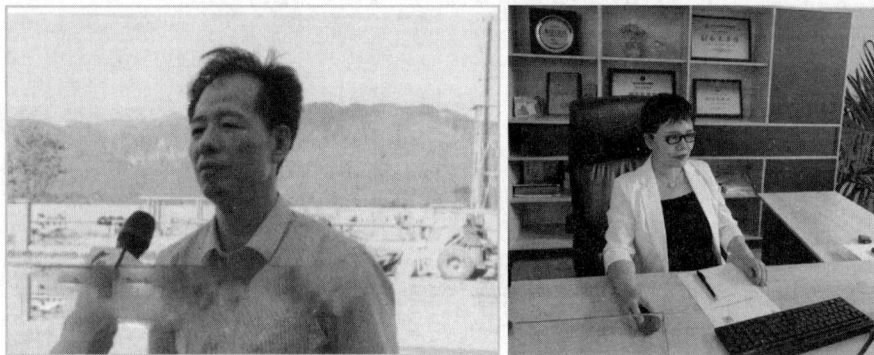

图1 全国人大代表张超球和创业精英娄赛英

成果在同类学校和东莞德永佳纺织制衣有限公司等多家企业推广，受教育主管部门肯定，得到《中国教育报》、中央电视台等多家媒体报道，形成良好的示范、引领效应。

1.2 主要解决的教学问题

（1）对接产业需求的轻化工程专业人才培养模式问题。

（2）坚持产业为要的轻化工程专业人才培养教学体系问题。

（3）提升学生工程实践和创新能力的校企协同育人机制问题。

2. 成果解决教学问题的方法

以纺织印染产业新需求为导向，树立"需求导向、染者匠心"人才培养理念，融合新工科发展内涵，实行学校、企业、政府、院所及纪念馆五元主体协同"六共育人"，从知识、能力、素质三方面确立人才培养目标；实施以人才培养为核心，培养目标对接需求的能力本位"三递四融"教学体系改革，实行三递进能力培养，形成"三递四融、五元六共"多维融合特色的人才培养新模式（图2）。

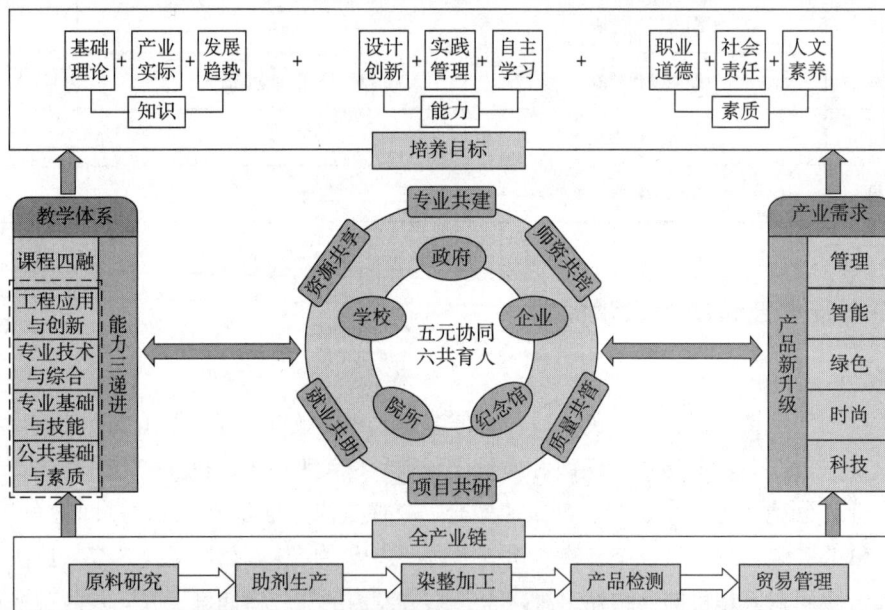

图2 "三递四融、五元六共"人才培养新模式

2.1 服务产业育人才，创建"三递进四融合"教学新体系

以绿色染整和融合交叉为理念，适应产业发展新需求，改革教学方法，优化课程体系，整合课程内容，

创建"三递进四融合"教学新体系（图3），依托韶山毛泽东同志纪念馆等红色教育基地，将红色基因注入学院"三全育人"和课程思政建设，编写思政教材，新增工程伦理、企业文化等课程，实施思政贯穿全过程育人；打造校内校外、课内课外绿色通道；增设CAD化工制图、染整新技术、学科前沿等课程，深度融合理论和实践，夯实专业基础、拓宽学生专业视野，实行"三递进"循序培养工程应用创新能力，实现"思、专、产、创"四融合育人（图3）。

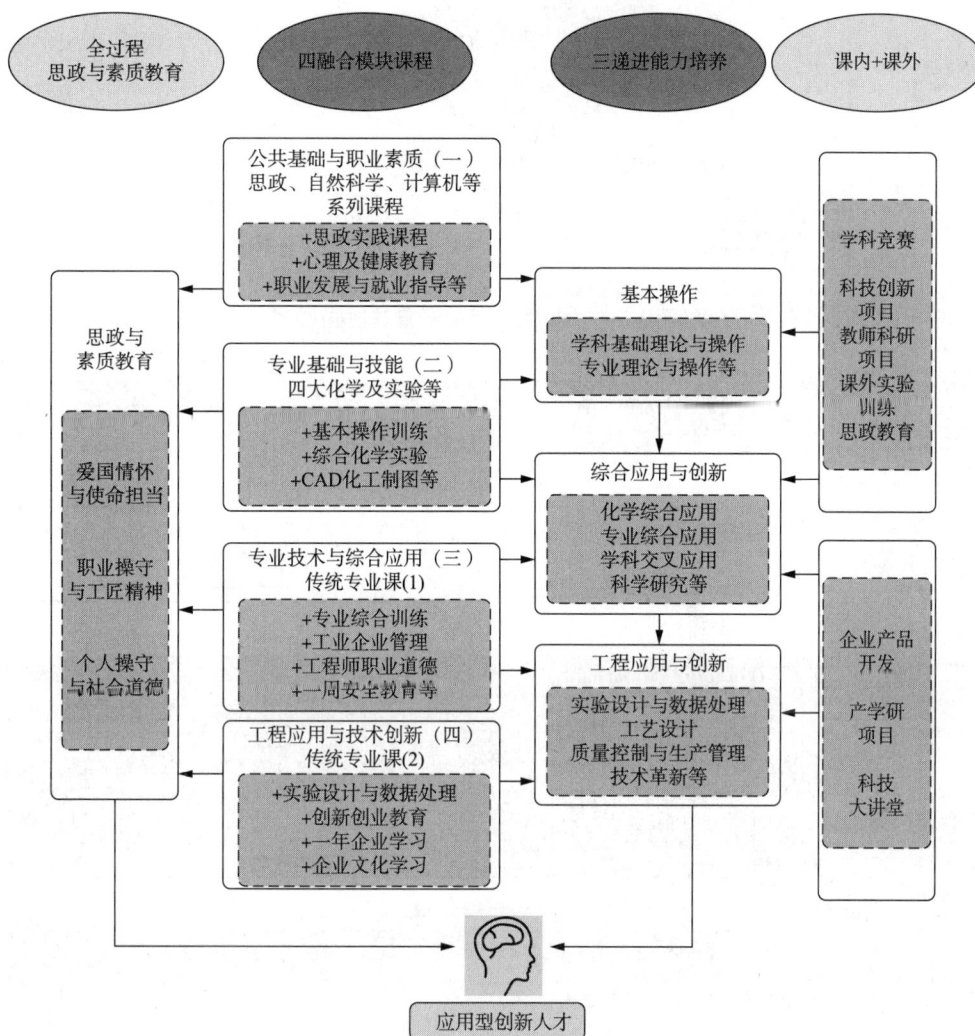

图3 "三递进四融合"教学新体系

2.2 立足产业深融合，形成"五元协同、六共育人"协同育人新机制

联合学校、企业、政府等五方力量，依托国家工程实践中心等11个省级以上实践教学平台，创建"一体四翼"实践教育基地群（图4）。

建立多方合作协同育人联盟，主动将人才链和教育链对接产业链和创新链，实现四链融通，设计有利多方参与的专业与课程设置范式，创新资源共建共享机制，实施"专业共建""师资共培""质量共管""项目共研""就业共助""资源共享"，创新"五元协同、六共育人"机制，实现"思教、科教、产教"深度融合，全方位推进"产学研用创"一体化，达成多方互利共赢，协同发展（图5）。

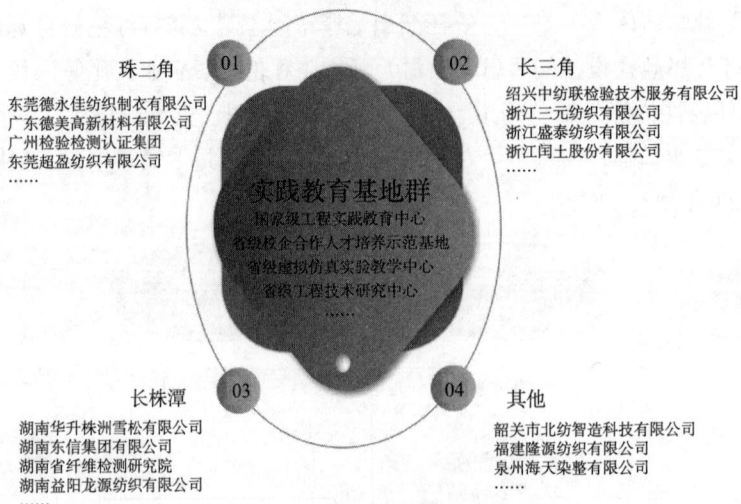

珠三角 01
东莞德永佳纺织制衣有限公司
广东德美高新材料有限公司
广州检验检测认证集团
东莞超盈纺织有限公司
……

长三角 02
绍兴中纺联检验技术服务有限公司
浙江三元纺织有限公司
浙江盛泰纺织有限公司
浙江闰土股份有限公司
……

实践教育基地群
国家级工程实践教育中心
省级校企合作人才培养示范基地
省级虚拟仿真实验教学中心
省级工程技术研究中心
……

长株潭 03
湖南华升株洲雪松有限公司
湖南东信集团有限公司
湖南省纤维检测研究院
湖南益阳龙源纺织有限公司
……

其他 04
韶关市北纺智造科技有限公司
福建隆源纺织有限公司
泉州海天染整有限公司
……

图4 "一体四翼"实践教育基地群

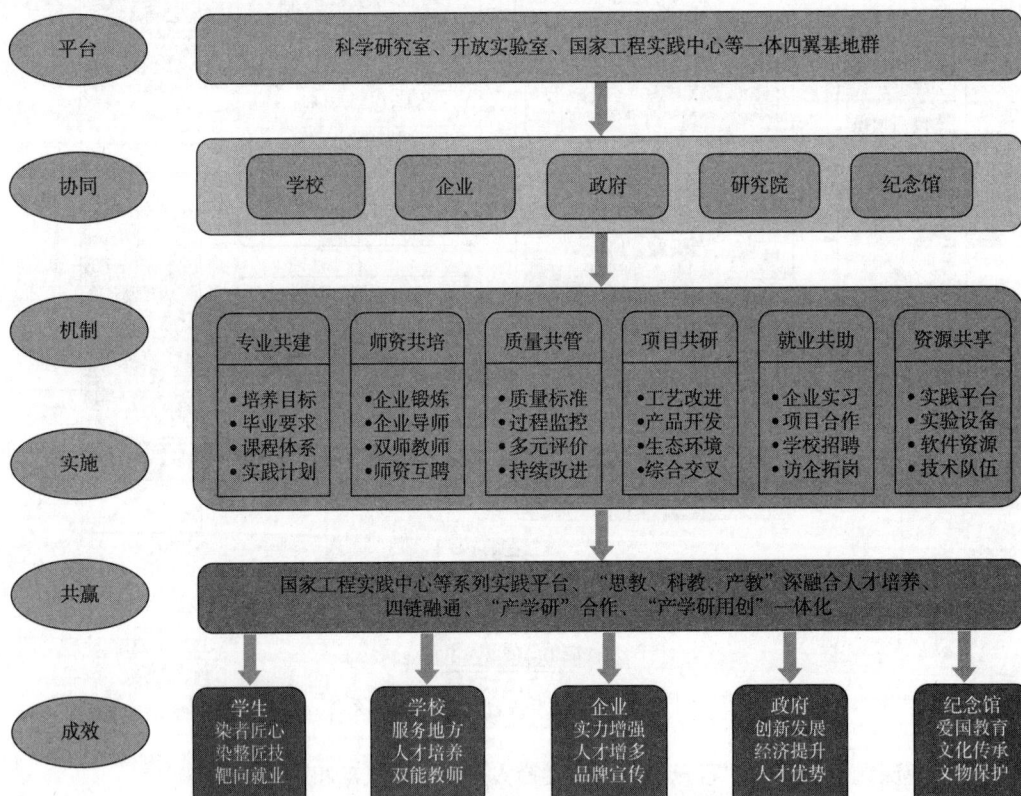

图5 "五元六共"协同育人新机制

3. 成果的创新点

3.1 模式创新

树立"需求导向、工程匠心"教育理念，开展"卓越计划"、专业认证、新工科等专业教学改革，构建对接产业新需求的"三递四融、五元六共"地方高校应用型人才培养新模式，并持续改进，改善人才供给侧与产业需求侧不平衡问题，提升专业对行业产业发展的支撑度和引领力。

3.2 体系创新

坚持产业为要，改革传统课程体系和教学体系，创建"三递进四融合"教学体系，突出能力的循序递进培养，注重全过程思政育人，实现"思、专、产、创"融合育人，提升人才社会适应度，使毕业生具有染者匠心精神，在企业"愿吃苦、能干事、留得住"。

3.3 机制创新

校、企、政、院、馆五方协同，建成"一体四翼"实践教育基地群。主动将人才链和教育链对接产业链和创新链，建立有利多方参与、四链融通的专业与课程设置范式，创新"五元协同、六共育人"协同机制，保障学生综合素质和工程实践创新能力的提升，实现"思教、科教、产教"深度融合，全方位推进"产学研用创"一体化，实现多方互利共赢，协同发展。

4. 成果的推广应用情况

4.1 人才质量大幅提高，实践创新显著增强

成果实施以来，已培养轻化工程专业学生1300多人，学生家国情怀、爱岗敬业及个人素质明显提高。

毕业生初次就业率达到95%以上，考研升学率逐年升高，平均为20%，大学生入党率增长196%，有27年历史的省十佳先进服务集体学生社团"爱心社"获得系列表彰，涌现全国人人代表张超球、创业精英娄赛英等一批优秀毕业生典型。

近五年，获批国家级、省级大学生创新性项目38项；发表学术论文23篇；授权发明专利13项；获全国大学生绿色染整科技创新大赛、化工设计竞赛和英语大赛等奖项11项，省创新创业大赛或学科竞赛40余项。学生企业学习参与企业技术攻关10余项、新产品开发并投产20余项（图6）。

（a）大创立项

（b）竞赛获奖

图6

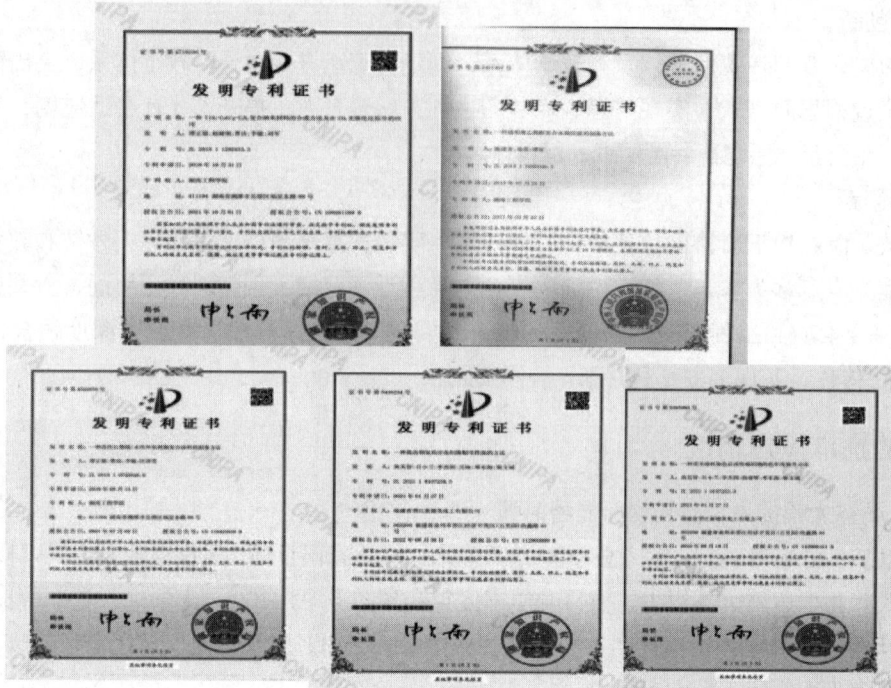

（c）部分专利

（d）部分论文

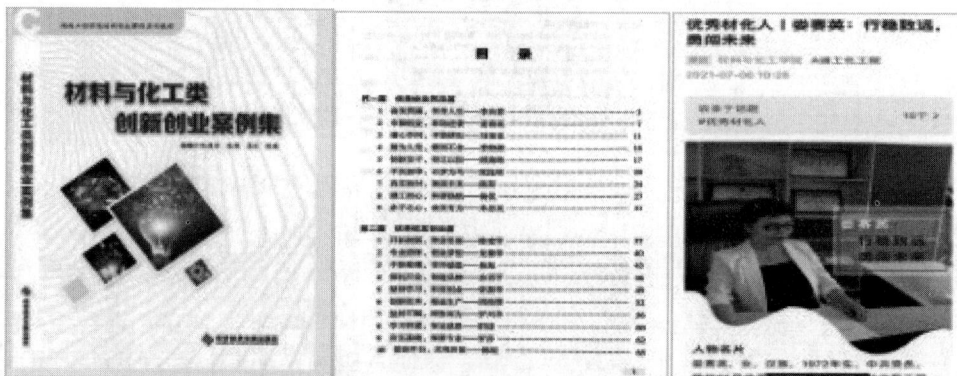

（e）学院编写优秀校友创新创业典型案例集

图6　学生获奖

4.2 企业参与信心倍增，人才培养携手共赢

深度产教融合，调动了企业等多方参与积极性，近年与企业共建国家级工程实践教育中心1个、省级实践平台10个、实习基地32个。产学研合作项目41项，经费达1460余万元。企业设"德美"等奖学金10项。近年有地方科技服务专家6人，省市联合项目4项（图7）。

图7　学校、政府、企业等多方合作

4.3 服务行业使命担当，建设地方效果良好

专业为湖南、广东等地贡献了80%以上的纺织、印染类工程技术与管理人才，影响力辐射全国。毕业生职业认同度高，其中25%担任纺织、印染等相关企业高层或技术负责人。

团队负责人与韶山毛泽东同志纪念馆合作纺织品衣物保护研究，为红色资源保护作出突出贡献。在2020年初，防疫物资严重匮乏的关键时刻，团队助力湖南永霏特种防护用品有限公司生产医用防护服，为疫情防控作出重要贡献，湖南永霏获评全国抗疫先进企业。

团队与益阳龙源纺织有限公司合作开发的"高档沙滩巾写真印花技术开发与清洁生产技术"项目每年为公司新增产值9200多万元。成果通过省科学技术厅的鉴定（省科鉴定字〔2012〕第078号），获益阳市科技进步二等奖（图8）。

（a）与韶山毛泽东同志纪念馆合作及突出贡献证明

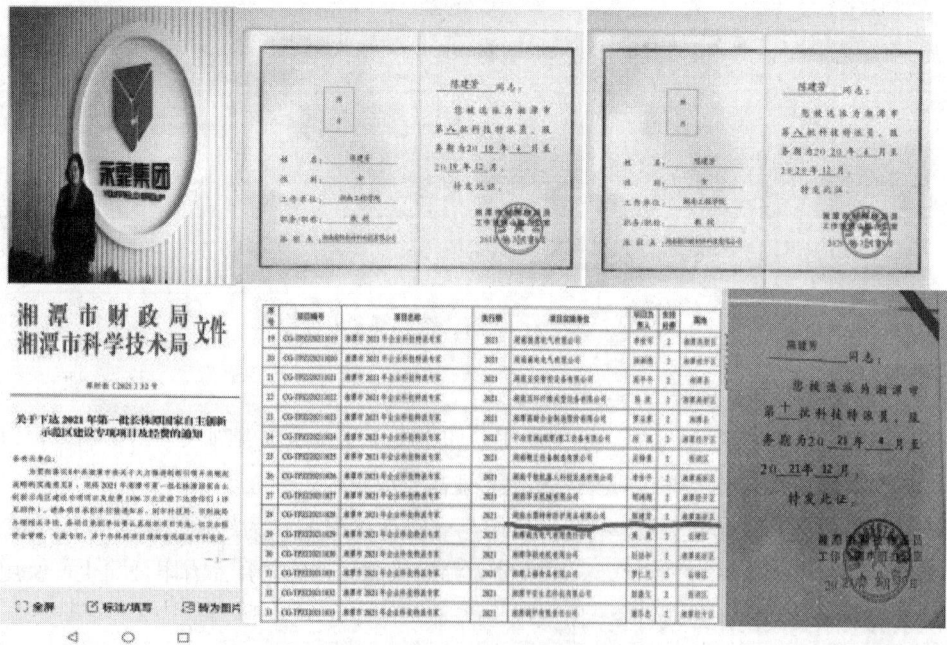

（b）陈建芳教授多年担任科技特派员，深入湖南永霏技术指导

（c）高档沙滩巾写真印花技术与清洁生产工艺流程

图8　服务行业，建设地方

4.4　专业建设成效突出，示范辐射作用明显

专业建设成效突出，轻化工程专业先后获教育部"卓越计划"试点专业和省一流专业、特色专业和重点专业。

获得国家工程实践中心1个，国家一流课程2门，教育部新工科建设等国家级教研项目17项，省级大学生创新训练中心等省级以上实践教学平台、教研及质量工程项目共计62项。拥有1个省重点建设学科、1个省特色学科、3个省重点实验室。

专业教师中享受国务院特殊津贴、杰青等省级以上人才11人，企业导师102名；省级团队4个；省级青年"教学能手"2人，"芙蓉百岗明星"2人；获省部级教学成果特等奖1项，一等奖2项，二、三等奖4坝，省教学竞赛一等奖2次、二等奖3次。

出版了《筒子纱低浴比染色实用技术》等教材14部，在《高等工程教育研究》《中国高教研究》等刊物发表教研论文70余篇，形成了良好的示范效应（图9）。

（a）教育部首批"新工科"研究与实践项目批文

（b）湖南省校地合作试点单位批文

（c）部分教学成果奖

图9

（d）部分教师获奖证书

（e）部分教材

（f）部分教改论文

图9　专业建设成果

　　成果得到上级、行业和教育界的充分肯定，卓越工程师教育被教育部作为全国典范收录在《卓越工程师教育培养计划工作进展报告2010—2012年》中，并多次在全国相关会议交流，受到中央电视台、《中国教育报》《光明日报》等多家新闻媒体报道，并在湖南科技学院等同类学校和东莞德永佳纺织制衣有限公司等企业推广应用。形成良好的示范、引领效应（图10）。

（a）全国应用型本科院校"卓越工程师教育培养"论坛（湖南工程学院材料与化工学院，2011年11月）

（b）教育部高等学校大学化学课程教学指导委员会第四次全体会议（湖南工程学院材料与化工学院，2023年4月）

（c）地方高校新工科发展高峰论坛（湖南工程学院材料与化工学院，2017年5月）

（d）《光明日报》、CCTV-1新闻联播等新闻媒体报道、采访

图10

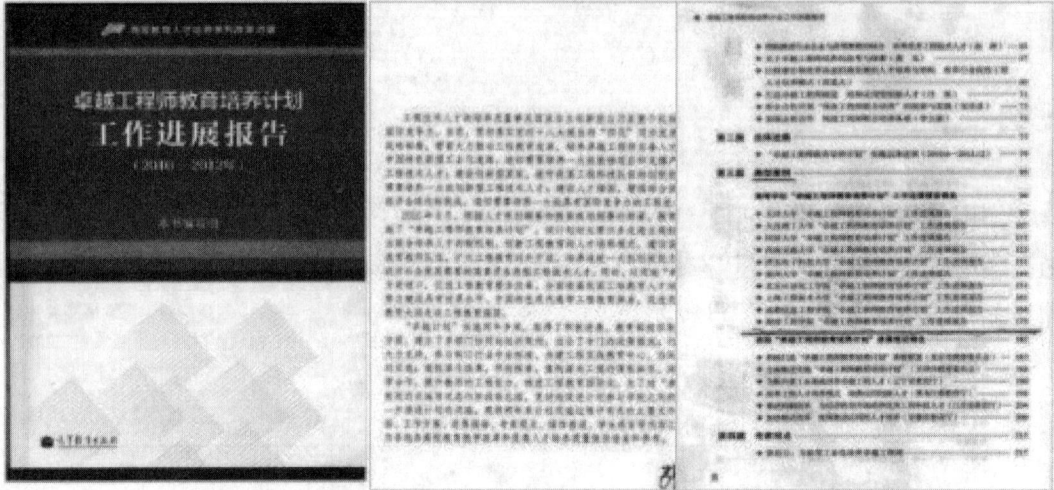

（e）《卓越工程师教育培养计划工作进展报告》（2010—2012年，教育部高教司主编）

（f）全国地方高校卓越工程师教育校企联盟副理事长单位

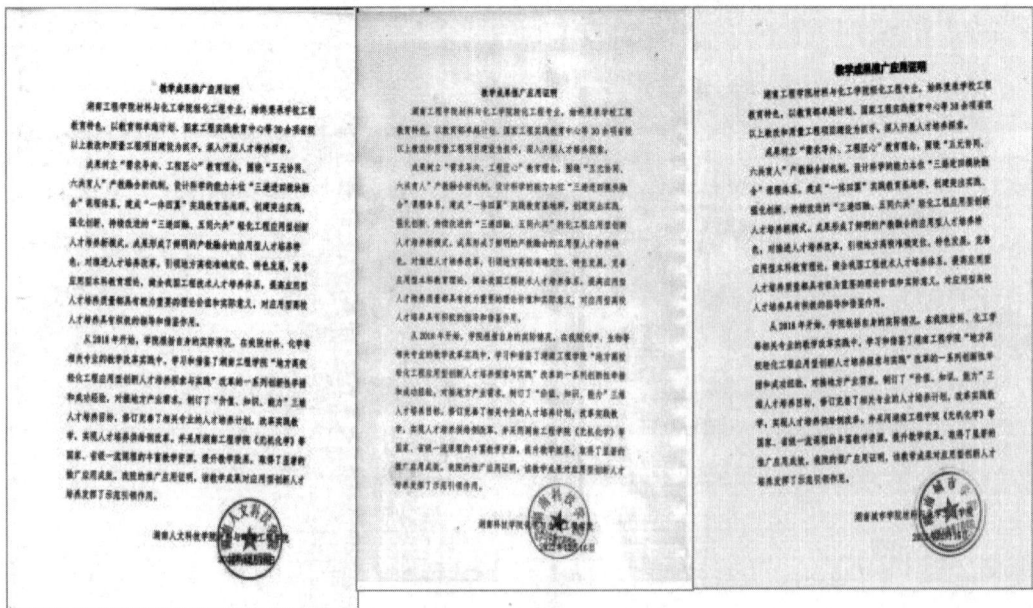

（g）高校推广应用证明

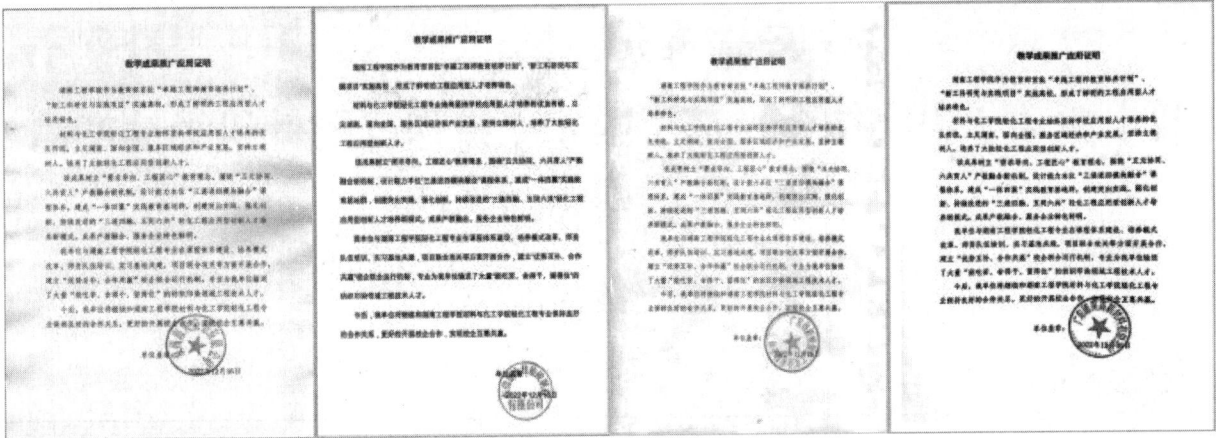

（h）企业推广应用证明

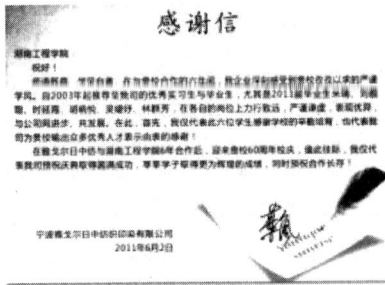

（i）企业的感谢信

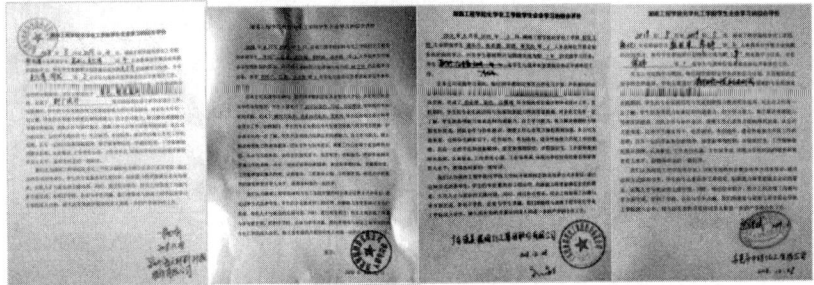

（j）企业对学生的评价

图10　媒体报道与企业评价

数字驱动、虚实结合，基于国家一流课程的针织经编产品开发教学创新与实践

武汉纺织大学

完成人及简况

姓名	性别	所在单位	党政职务	专业技术职称
柯薇	女	武汉纺织大学	纺织学院副院长（教学）	副教授
邓中民	男	武汉纺织大学	无	教授
曹新旺	男	武汉纺织大学	无	副教授
蔡光明	男	武汉纺织大学	纺织学院院长	教授
肖仕丽	女	武汉纺织大学	无	教授
张振	男	武汉纺织大学	无	高级实验师

1. 成果简介及主要解决的教学问题

1.1 成果简介

本成果聚焦高速发展的现代化针织行业对创新型、交叉复合型针织产品开发人才的迫切需求，坚守"知识—能力—素质"育人根本，提出并践行"数字驱动、虚实结合"的针织经编产品开发的课程教学理念，从"目标—课程—方法—环境—评价"五个维度出发，基于创新型、交叉复合型针织产品开发人才的培养目标围绕行业前沿发展重塑"认知—设计—综合—创新"多层次模块化课程知识体系；利用数字信息化技术、虚拟增强与现实技术、人机交互技术改革教育教学方法，创新"数字化设计系统＋虚拟仿真实验"的线上线下一体化的教学环境，实施多元化教学评价模式，构建了"课内与课外、理论与实践、现实与虚拟"多维联动的课程教学新范式。有效引导了学生主动性、自主性、创新性学习，学生创新与实践能力得到极大提升。

本成果依托"基于虚拟仿真'数字化纺织品设计'课程教学模式探索"等湖北省级、中国纺织工业联合会及校级教研项目3项，自实施以来，取得了如下成果：

（1）获批目前全国唯一的针织经编虚拟仿真实验类国家级一流课程1门，湖北省级一流课程2门，湖北省精品资源共享课1门，湖北省精品课1门。

（2）建设有"十四五"部委级规划教材《经编产品数字化设计与开发》《纺织品CAD应用实践》2本。

（3）指导学生获得国家级、省级大创项目 项，学科竞赛获奖15项，发表专利及软著14项。

（4）原创性开发的科研成果——"少梳、多梳、贾卡、成型类"全产品系列数字化经编设计系统成功运用于教学过程，培养学生利用现代化、信息化工具解决纺织工程领域问题的能力。

（5）校地、校企联合开展多个经编技术研究院，将企业前沿产品融入教学实践，同时输送学生至研究院开展实习实训，并联合企业举办培训班，为国内外企业培训大量经编技术人才，获中国针织工业协会经编分会授予中国经编行业的"人才培养贡献奖"。

1.2 主要解决的教学问题

（1）以"单一理论到理实一体化"的知识体系重塑为先导，破解学生设计不懂生产、生产不会分析等制约针织产品开发理实深度融合的"难点"。

（2）以"数字化设计与虚拟式织造"的实践模式创新为牵引，疏通由于经编设备高危、高速等制约针织经编产品开发实验展开的"堵点"。

（3）以"学校主导—科教融合—校企联动"育人共同体构建为保障，搭接教学资源匮乏、教育主体单一、教学过程脱离生产实际等制约针织经编产品开发教学的"断点"。

2. 成果解决教学问题的方法

（1）围绕行业前沿发展，以"单一理论到理实一体化"的知识体系重塑为先导，打造"认知—设计—综合—创新"多层次模块化课程知识新体系（图1）。

制约针织经编产品开发教学发展的根源在于经编发展起步晚，设备复杂，危险系数大，高校教师及环境不具备实操条件，导致高校经编产品开发大面积停留在单一理论层面，学生实践机会匮乏，导致处于设计不懂生产、生产不会分析、分析不会设计的不良循环中，提出从原理性认知、基础性设计、综合性分析到创新性开发的多层次模块化课程知识体系，将课程理论与实践一体化协同开展，解决学生理论与实践融合的难点。

（2）利用数字信息化技术、虚拟增强与现实技术、人机交互技术改革教育教学方法，构建"数字化设计与虚拟式织造"的实践模式，构建线上线下一体化的教学新环境。

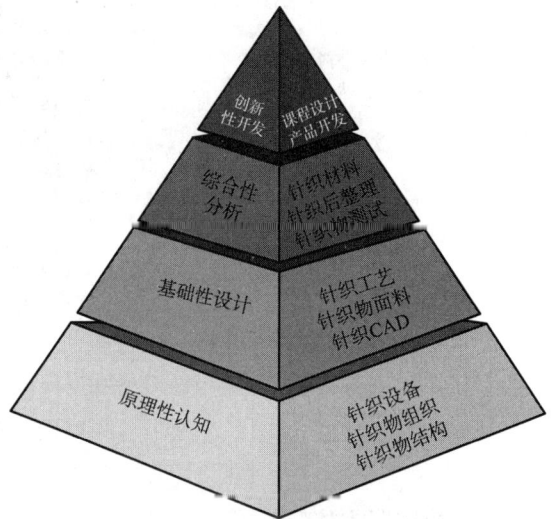

图1 多层次模块化课程知识体系

团队自主原创性开发的科研成果——"少梳、多梳、贾卡、成型类"全产品系列数字化经编设计系统结合建设的全国唯一的一门针织经编虚拟生产与织造虚拟仿真实验类项目的国家级一流课程，协同打造"数字化设计与虚拟式织造"的实践模式，并融入理论教学，打造出线上线下一体化的教学环境，直接对标企业生产实际，打破时空和场地限制，迈出了数字信息大背景下的共享教学新步伐（图2）。

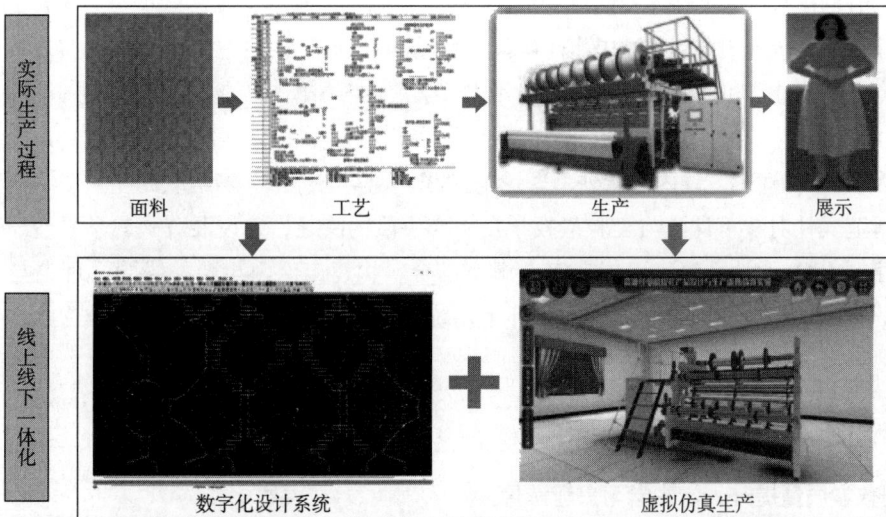

图2 "数字化设计与虚拟式织造"线上线下一体化的教学环境

（3）通过"学校主导—科教融合—校企联动"育人共同体形式，拓展教学资源，丰富教育主体，构建"课内与课外、理论与实践、现实与虚拟"多维联动课程教学新范式。

围绕针织行业高速发展态势，校地、校企共建产业研究院，将科研成果有机融入课程教学，将企业最新研发成果纳入教学资源，构建混合式课程，从"目标—课程—方法—环境—评价"五个维度出发，以产出导向的学习成效评价体系构建出课内与课外协同，理论与实践结合，虚拟与现实互补的多维联动课程教学新范式（图3）。

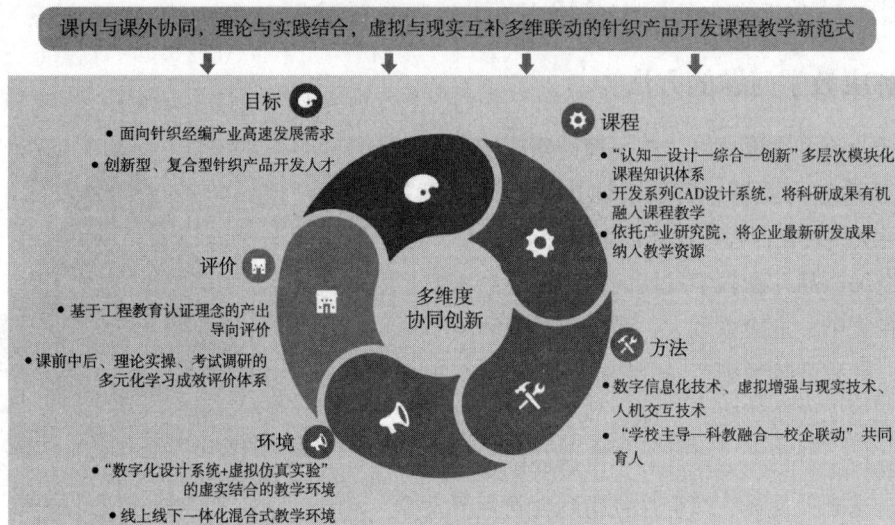

图3 针织产品开发课程教学创新

3. 成果的创新点

3.1 科教融创，打造"认知—设计—综合—创新"多层次模块化课程知识新体系

围绕针织行业高速发展态势，将科研成果有机融入课程教学，融合创新知识体系，打造从原理性认知、基础性设计、综合性分析到创新性开发的多层次模块化课程知识体系，由易到难，螺旋式上升，有效推进学生解决专业复杂工程问题的能力。

3.2 数字驱动，营造出学生"敢创新、能创新、善创新"的线上线下一体化课程教学新环境

利用数字化信息技术将原创性开发的科研成果——"少梳、多梳、贾卡、成型类"全产品系列数字化经编设计系统和建设的全天候开放共享的虚拟仿真实验系统嵌入混合式线上课程教学，实现线上线下一体化课程教学新环境，打破时空和场地限制，建立多元化教学评价考核模式，通过考核学生"动手操作"和"动脑思考"的能力激发学生"敢创新"精神，通过科研项目与科创竞赛提升学生"能创新"和"善创新"能力。

3.3 虚实结合，构建出"课内与课外、理论与实践、现实与虚拟"多维联动

课程教学新范式针对线下课堂与实验室教学资源与手段的匮乏，建设混合式教学平台、虚拟仿真实验项目、远程数字化CAD设计系统来以虚补实，虚实结合，构建出课内与课外协同，理论与实践结合，虚拟与现实互补的多维联动课程教学新范式，摒弃了传统课堂教学模式，激发学生的学习热情和创新的内生动力。

4. 成果的推广应用情况

4.1 课程教学质量提升，学生学习兴趣浓厚

根据学情分析的问卷调查显示，数字化设计系统和虚拟仿真实验项目的使用对"针织学"各课程目标

的达成有积极促进作用，同时，学生表示项目体验感强，解决了实体操作无法实现的经编机运动与生产过程，有效提升了课程教学质量，也提升了学生运用现代化信息工具解决复杂工程能力的问题（图4）。

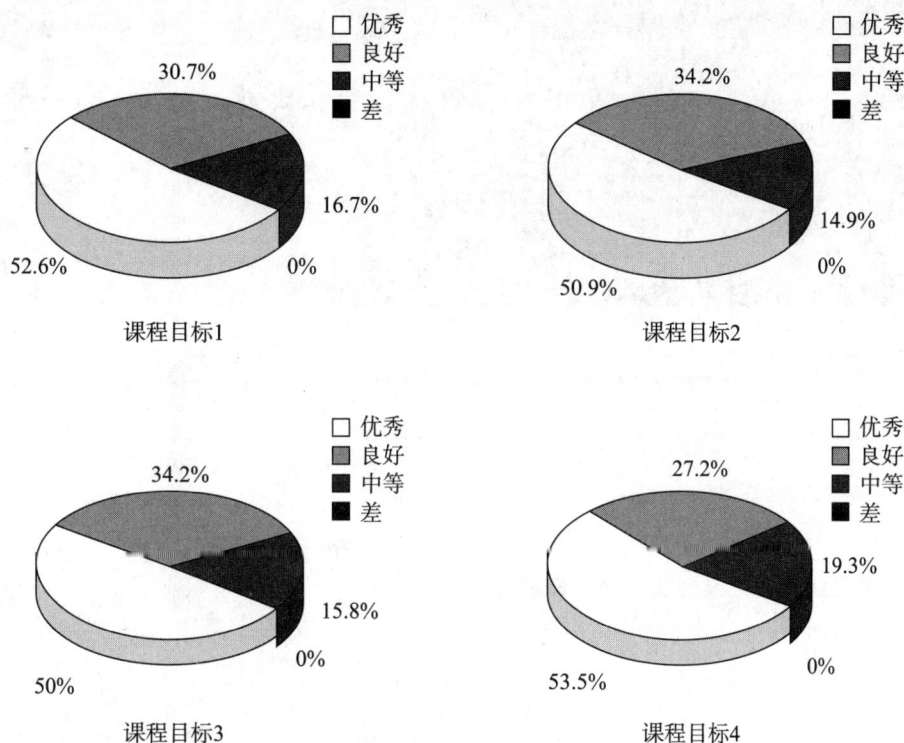

图4　课程目标达成的问卷调查结果

学生创新实践能力在逐步有效提高，近三年来，基于针织经编产品开发所获得的学科竞赛获奖项目12项，完成相关经编专利及软件著作权14项，发表学术论文10篇。

具体为：国家级大创项目2项；省级大创2项；连续两届（仅举办2届）全国工程能力大赛（虚拟仿真）针织类别竞赛12项，其中一等奖1项，二等奖5项；学生获得经编专利授权10项，软件著作权4项。

4.2　优质教学资源辐射全国，示范作用显著

针织产品开发类的课程体系日趋完善，获批国家级一流课程1门，湖北省级一流课程2门，湖北省精品资源共享课1门，湖北省精品课1门，出版《经编产品数字化设计与开发》等"十四五"部委级规划教材2本，《纺织品CAD应用实践》于2021年再版。

项目建设的"全成型针织经编产品设计与织造虚拟仿真实验"作为全国唯一的针织经编虚拟仿真实验类国家级一流课程全天候共享开放至实验空间—国家虚拟仿真实验教学项目共享服务平台，用户量过万次，连续两年作为参赛项目入选中国纺织服装教育学会主办的全国纺织高校大学生工程能力虚拟仿真类比赛项目，得到30所兄弟院校近千余人人使用（图5）。

成果项目团队多年来致力于经编产品开发的数字化，已自主开发针织经编多个类别的设计数字化系统，涵盖"少梳、多梳、贾卡、成型类"的全产品系列，相关成果"基于虚拟仿真的机针织面料织造技术及装置"获2019年湖北省科技进步二等奖，"针织提花产品开发的变针关键技术及应用"获2022年湖北省技术发明二等奖。将科研成果进一步融入教学实践中，融入"纺织品CAD"的课程教学中，融入经编产品开发的工艺设计中，图6为学生利用自主开发的数字化设计系统设计的经编鞋面产品示例。

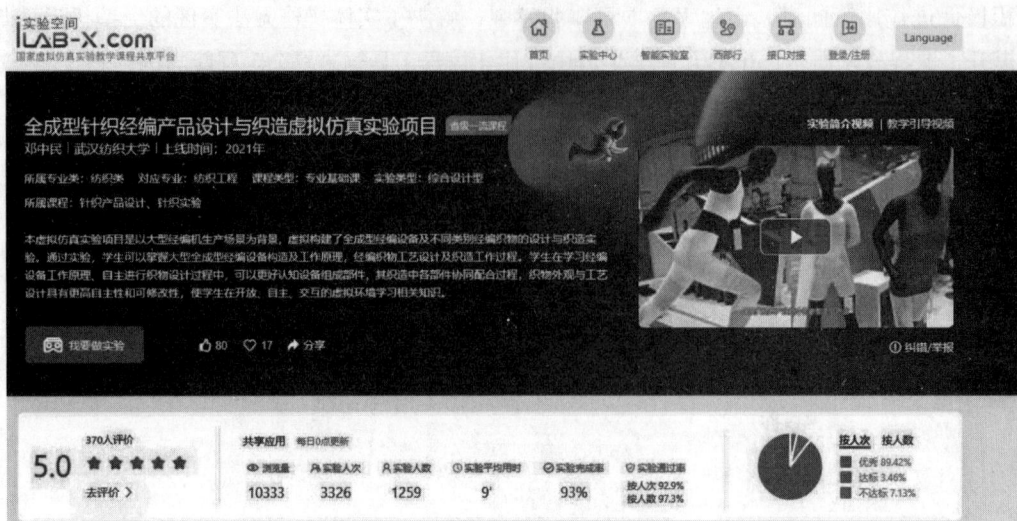

图5 虚拟仿真实验项目共享情况

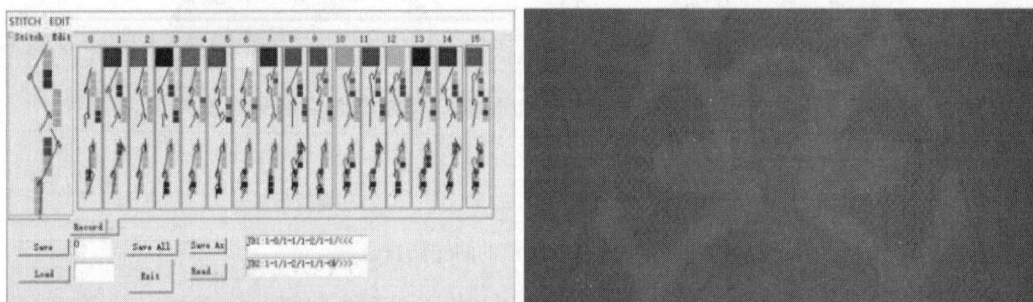

（a）针法工艺设计图

（b）经编鞋面产品设计仿真图

图6 学生利用自主开发的数字化设计系统设计的针织经编鞋面产品

4.3 多渠道推广宣传，成果社会认可

2017—2022年已连续5年参加中国纺织面料博览会或纺织机械展览会，积极推广团队技术成果及学生产品开发成果。2019年和2021年两次受邀为《针织工业》杂志撰写展览会创新成果述评（图7）。

图7 展会成果推广

《中国纺织报》《楚天都市报》等社会媒体多次报道成果相关工作，称项目团队负责人为"中国经编CAD行业发展的弄潮人"，并报道师生共同开发完成的针织经编功能纺织品（图8）。

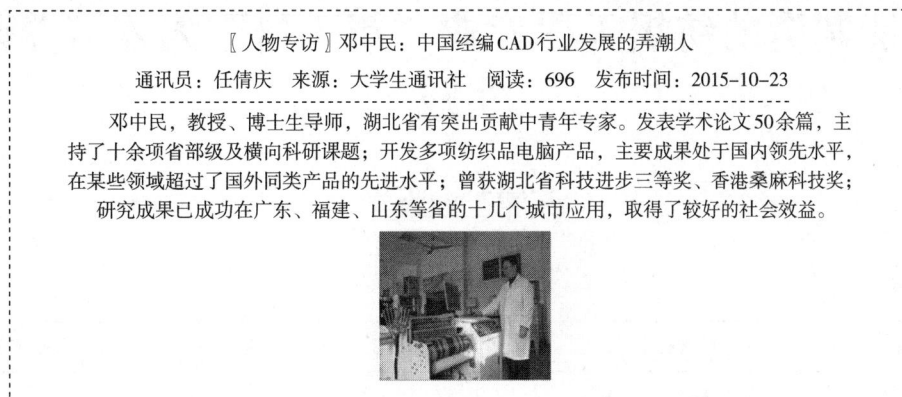

〖人物专访〗邓中民：中国经编CAD行业发展的弄潮人

通讯员：任倩庆　来源：大学生通讯社　阅读：696　发布时间：2015-10-23

邓中民，教授、博士生导师，湖北省有突出贡献中青年专家。发表学术论文50余篇，主持了十余项省部级及横向科研课题；开发多项纺织品电脑产品，主要成果处于国内领先水平，在某些领域超过了国外同类产品的先进水平；曾获湖北省科技进步三等奖、香港桑麻科技奖；研究成果已成功在广东、福建、山东等省的十几个城市应用，取得了较好的社会效益。

图8　媒体报道

团队以武汉纺织大学为依托，校地、校企联合开展多个经编研究院，具体见表1。将企业前沿产品融入教学实践，同时输送学生至研究院开展实习实训，并联合企业举办培训班，为国内外企业培训大量经编人才。

表1　团队与企业联合共建针织经编产品开发研究院

序号	校企人才培养基地名称	成立时间（年）	联合单位	机构功能
1	武汉纺织大学新产品研发中心(浙江)	2014	浙江省中纺经编科技研究院	学生实践 产品研发
2	武汉纺织大学东龙经编研究院	2014	福建东龙针纺有限公司	学生实践 产品研发
3	数字化织造工程技术研究中心	2017	南通纺织丝绸产业技术研究院	人才培养 产品开发
4	纺织工程研究中心	2019	信泰集团	学生实践 产品研发
5	武汉纺织大学福建欣美经编研究院	2020	福建欣美针纺有限公司	学生实践 产品研发

鉴于团队在经编产品开发领域所作贡献，2010年获中国针织工业协会授予"最佳合作奖"，2014年获中国针织工业协会经编分会授予中国经编行业"人才培养贡献奖"，2015年被授予中国经编行业"十大精英奖"（图9）。

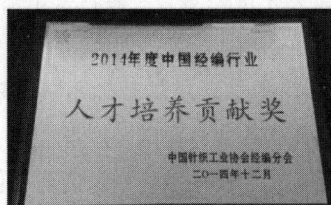

针织经编研究团队获"行业人才培养贡献奖"

通讯员：高嵩 邓中民　来源：纺织科学与工程学院　阅读：462　发布时间：2015-01-28　审核：

近日，2014年中国针织工业协会经编分会年会在广州召开。众多纺织行业的权威专家齐聚一堂，分析经编行业经济运行新特点及趋势，探讨经编新产品应用领域及未来走向，交流经编行业最前沿的市场、技术、工艺及设备等信息。

会上，我校纺织学院针织经编研究团队被授予"2014年度中国经编行业人才培养贡献奖"。全国获此殊荣的仅10名。

图9　被授予行业"人才培养贡献奖"

面向智能制造的纺织工程专业"新工科"人才培养改革与实践

天津工业大学

完成人及简况

姓名	性别	所在单位	党政职务	专业技术职称
刘雍	男	天津工业大学	纺织科学与工程学院常务副院长	教授
张美玲	女	天津工业大学	无	副教授
马崇启	男	天津工业大学	无	教授
荆妙蕾	女	天津工业大学	纺织科学与工程学院副院长	教授
吕汉明	男	天津工业大学	无	副教授
胡艳丽	女	天津工业大学	纺织科学与工程学院党委书记	正高级工程师
李新荣	男	天津工业大学	机械工程学院纺机系主任	教授
王建坤	女	天津工业大学	无	教授
张淑洁	女	天津工业大学	纺织科学与工程学院纺织工程系主任	教授
李津	女	天津工业大学	无	教授

1. 成果简介及主要解决的教学问题

1.1 成果简介

近年来，新一轮科技革命和产业变革正加速演进，作为传统产业和重要民生产业的纺织行业同样面临着产业变革的冲击，加快纺织工程专业"新工科"建设具有重要而深远的意义。本成果依托中国纺织工业联合会教改项目等，以培育一流纺织智能制造方向领军人才为目标，以"学科交叉、产教融合"为理念，全面深化面向智能制造的纺织工程专业"新工科"人才培养改革（图1），超前设计培养方案，构建新型课程体系，打造跨界融合教学团队，探索纺织工程人才培养新模式，形成了面向智能制造的纺织工程专业"新工科"人才培养体系，经多年教学实践，效果显著。

1.2 主要解决的教学问题

（1）加强顶层设计，开设纺织智能制造"新工科"实验班，构建面向智能制造的纺织工程专业"新工科"人才培养方案，解决了纺织工程专业人才培养滞后于新技术革命和产业变革的问题。

（2）打破学科藩篱，打造"思政引领、基础夯实、素养提升、素质强化"的、多学科交叉的"纺织+智能制造"课程体系，建成对接"新工科"教学要求的教学团队，解决了纺织工程专业课程体系滞后、知识结构陈旧、教学团队融合度差的问题。

（3）匹配人才需求，形成"虚实结合""铸魂—强基—赋能"一体化人才培养模式，解决了学生面向纺织智能制造的创新与应用能力不足、培养模式不适应现代高层次纺织人才培养规律的问题。

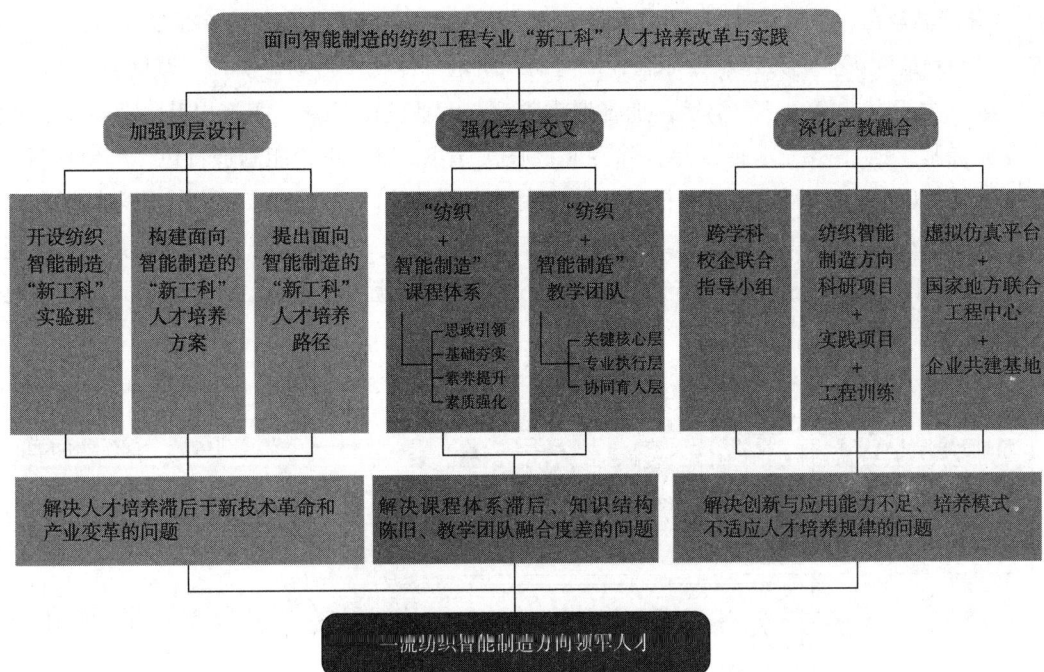

图1 面向智能制造的纺织工程专业"新工科"人才培养改革与实践思路

2. 成果解决教学问题的方法

2.1 引领纺织未来，构建面向智能制造的"新工科"人才培养方案

加强顶层设计，强化成果导向教育（OBE）理念，以培育一流纺织智能制造方向领军人才为目标，开设纺织智能制造"新工科"实验班，邀请多学科和企业专家参与培养方案改革。以产出为导向，强化"学科交叉、产教融合"理念，引入人工智能、信息、计算机等多学科教育资源，重构知识结构，重塑课程体系，革新教学团队，优化保障机制，制定引领未来的"新工科"人才培养路径，解决了纺织工程专业人才培养滞后于新技术革命和产业变革的问题。

2.2 强化学科交叉，打造"纺织＋智能制造"课程体系与教学团队

打破学科藩篱，构建"思政引领、基础夯实、素养提升、素质强化"的"纺织＋智能制造"课程体系。突出"思政课程＋课程思政"引领：与马克思主义学院共建专业课程3门，建设"课程思政"示范课程7门，讲好纺织故事，培养家国情怀。强化专业理论基础：拓展传统专业课程的内涵与外延，开设纺织与人工智能、大数据等学科交叉课程11门，增设虚拟仿真实验项目5个、企业实践项目17项，覆盖"智能制造全链条"的知识与能力培养。提升科学人文素养：开设"纺织非遗"等特色课程，注重科学与人文的结合。打造跨界融合教学团队：按照"关键核心层、专业执行层、协同育人层"的思路，跨学科、专业、学院、企业组建教学团队（图2），制定"新工科"多学科交叉融合能力达成的评价标准和考核办法，形成跨学院、跨专业运行机制。解决了纺织工程专业课程体系滞后、知识结构陈旧、教学团队融合度差的问题。

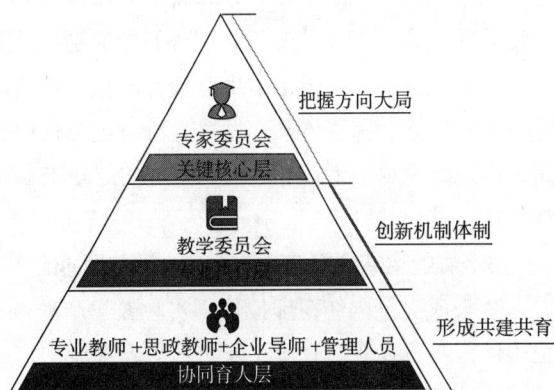

图2 分层跨界组建教学团队

2.3 深化产教融合，形成"虚实结合""铸魂—强基—赋能"一体化人才培养模式

与纺织智能制造领军企业共建双导师制，成立纺织机电一体化（自动化）、"互联网+"等研究方向指导小组，实施三大工程。第一、二学年，加强通识教育与专业基础教育，实施提升专业认知、坚定专业自信的"专业强基工程"；第三、四学年，除专业核心教育外，以纺织智能制造特色"科研项目+实践项目"，结合虚拟仿真项目、工程训练等，推动高端应用技术创新的"实践赋能工程"。经常性举办"经纬大讲堂""教授有约"等第二课堂活动，推动"思政铸魂工程"，形成"虚实结合""铸魂—强基—赋能"一体化人才培养模式（图3）。解决了学生面向纺织智能制造的创新与应用能力不足、培养模式不适应现代高层次纺织人才培养规律的问题。

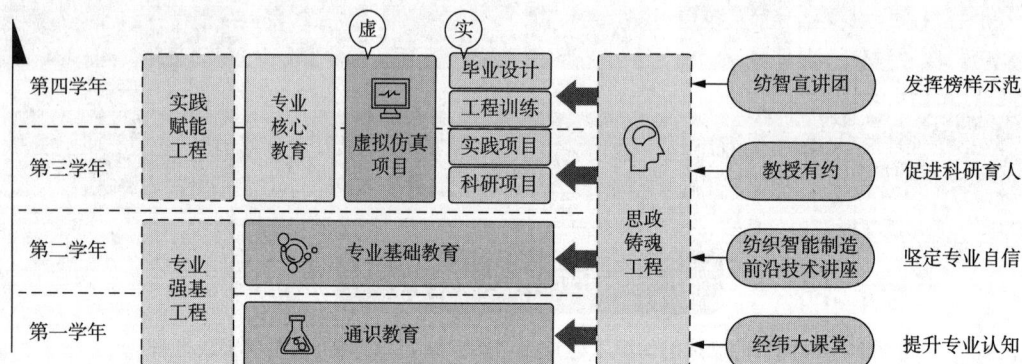

图3　"虚实结合""铸魂—强基—赋能"一体化人才培养模式

3. 成果的创新点

3.1 面向未来创建培养方案，产教融合构建培养路径，推动传统工科与新兴领域相融相生

改革原有以满足传统纺织工艺及产品开发为目标的人才培养方案，以培养一流的纺织智能制造方向领军人才为目标，以"学科交叉、产教融合"为理念，按照现代纺织智能制造产业链的结构布局和未来纺织发展趋势，校企协同制订了"新工科"人才培养新方案；发挥纺织国家"双一流"建设学科群的优势，引入人工智能、信息、网络等多学科专业指导小组进行跨界培养，依托纺织智能制造特色"科研项目+实践项目"，结合虚拟仿真项目、工程训练等，构建了学科深度交叉、产教深度融合的培养路径，推动传统纺织工科与新兴智能制造领域相融相生。

3.2 交叉融合重塑课程体系，分层跨界组建教学团队，形成"学科、专业、学院、企业"共建共育

以产出为导向，突出"思政课程+课程思政"引领，加强"工程学科"通识教育与专业基础教育，精简传统纺织原理与工艺知识，引入智能制造、大数据、数学建模等内容，注重科学与人文的结合，以"科研项目+实践项目"强化学生对接智能化生产需求的创新能力、应用能力训练，构建了多学科交叉的"纺织+智能制造"课程体系；发挥学科特色与优势，以构筑"关键核心层—专业执行层—协同育人层"为思路，组建跨学科、专业、学院、企业的"新工科"核心课程群教学团队，形成"学科、专业、学院、企业"教学资源共建共育。

3.3 虚实结合打造育人平台，聚势赋能创新培养模式，实现工程教育改革与卓越人才培养同向同行

牵头成立全国纺织虚拟仿真实验教学产教融合联盟，自主开发和共享纺织工艺设计与生产虚拟仿真系统软件，与行业领军企业共建实习实训基地，打造集成化、信息化、智能化、"虚实结合"的实践平台；实施"思政铸魂""专业强基""实践赋能"三大工程，提升学生面向纺织智能制造的创新与应用能力，形成适应现代高层次纺织人才培养规律的、"虚实结合""铸魂—强基—赋能"一体化人才培养新模式，实现工程教育改革与卓越人才培养同向同行。

4. 成果的推广应用情况

4.1 人才培养质量显著提升

基于"'新工科'背景下纺织工程专业人才培养模式的探索"项目，持续优化纺织智能制造"新工科"实验班培养方案，已在纺织工程专业2017、2018、2019、2020级连续实施。近三年学生高质量就业率近90%，众多学生保送至北京大学、上海交通大学、天津大学等名校，升学率60%以上；学科竞赛获奖率超50%，学生创新能力、工程实践能力深受用人单位好评。

4.2 教学质量工程深入推进

纺织工程专业被评为国家级一流专业建设点，组建的"纺织工程专业'新工科'建设核心课程群教学团队"于2022年获评天津市级教学团队，改革后的专业核心课程"纺纱原理""针织学""纺织材料学""织物结构与设计"等先后获评国家级一流课程建设项目，"纺纱工艺设计与纱线质量评定虚拟仿真实验""纺纱认识实习"等8门课程获天津市一流课程建设项目。

4.3 课程思政建设卓有成效

编写《纺织机电一体化》《织物结构与设计》《纺织专业英语》《纺纱原理》《中国纺织业与纺织先进技术》《高端产业用纺织品》等10余本专业教材，获天津市高校课程思政优秀教材和课程各1门，被武汉纺织大学、河北科技大学、西安工程大学等多所大学选用。获批中国纺织工程学会科学家精神教育基地、天津市科普基地。荣获教育部"全国教育系统先进集体"、中国纺织工业联合会"中国纺织服装行业人才建设先进单位"等荣誉。

4.4 教学实践平台充分拓展

建设虚实结合的教学实践平台，获批"国家级虚拟仿真实验教学中心"、国家地方联合工程研究中心。牵头组建并成立"全国纺织虚拟仿真实验教学产教融合联盟"，自主开发和共享纺织工艺设计与生产虚拟仿真系统软件，获批教育部虚拟教研室，为我院纺织工程专业虚拟仿真项目及成果的全国推广应用作出了积极贡献。

4.5 教育改革示范作用明显

成果主要完成人承担的"面向新经济'现代纺织工程+'领军人才培养的研究与实践"项目在教育部组织开展的首批新工科研究与实践项目结题验收工作中成为天津市属高校中唯一验收结论为"优秀"的项目。积累的教学成果获2022年天津市教学成果特等奖、一等奖各1项，2021年中国纺织行业协会教学成果奖特等奖1项、一等奖2项，相关成果于2019、2020、2021年多次在全国纺织类教学研讨会和2022年世界纺织服装教育大会上进行典型发言。近三年来持续在苏州大学、浙江理工大学、武汉纺织大学、河北科技大学、内蒙古工业大学等10余所纺织院校推广应用，引领示范作用明显。

面向时尚产业发展的"时尚品牌与流行文化"基层教学组织建设与实践

浙江理工大学

完成人及简况

姓名	性别	所在单位	党政职务	专业技术职称
支阿玲	女	浙江理工大学	国际时装技术学院院长助理、党支部书记	高级实验师
穆琛	男	浙江理工大学	无	讲师
王宁	女	浙江理工大学	无	讲师
任力	男	浙江理工大学	无	教授

1. 成果简介及主要解决的教学问题

1.1 成果简介

成果响应《教育部关于全面提高高等教育质量的若干意见》（教高〔2012〕4号）、《中共教育部党组关于加强高校课堂教学建设的提高教学质量的指导意见》（教党〔2017〕51号）精神，《教育部关于加快建设高水平本科教育全面提高人才培养能力的意见》（教高〔2018〕2号）、《教育部关于深化本科教育教学改革全面提高人才培养质量的意见》（教高〔2019〕6号）和《浙江省教育厅关于加快建设高水平本科教育的实施意见》（浙教高教〔2018〕101号），牢固确立教学工作在高等学校人才培养中的中心地位，进一步完善教学管理体制，强化基层教学组织的功能，更好地发挥基层教学组织在立德树人、教师教学能力提升和课堂教学创新等人才培养质量提高中的重要作用。

1.2 主要解决的教学问题

2008年起，面向浙江时尚产业发展诉求，围绕"时尚品牌与流行文化"，跨学科、跨学院整合，成立课程组并开展了自课程体系到授课方式、育人目标的多维系列课程改革，2020年获省级课程思政示范教学团队（"服装流行分析与预测"）称号。期间在各个阶段陆续完成了多门课程的公开课、在线开放、混合式教学、新形态建设，形成了涵括本科、硕士研究生课程的时尚特色鲜明的"时尚品牌与流行文化"系列课程群。综合上述目标，强调通过对时尚内涵、文化、产业、体系的贯穿式讲解与中国优秀传统文化的浸入式结合，以服装类专业核心课程为改革对象，依托浙江省示范性中外合作办学项目，持续更新教学方式，融合技术手段，实施多层次教学改革探索和实践，为产业培养具有国际化视野与民族自豪感的优秀时尚专业人才（图1）。

浙江理工大学"时尚品牌与流行文化"优秀基层教学组织主要成果可以概括为一组特色课程、一个系列教材、一支教学团队、一批学生成果（图2）。

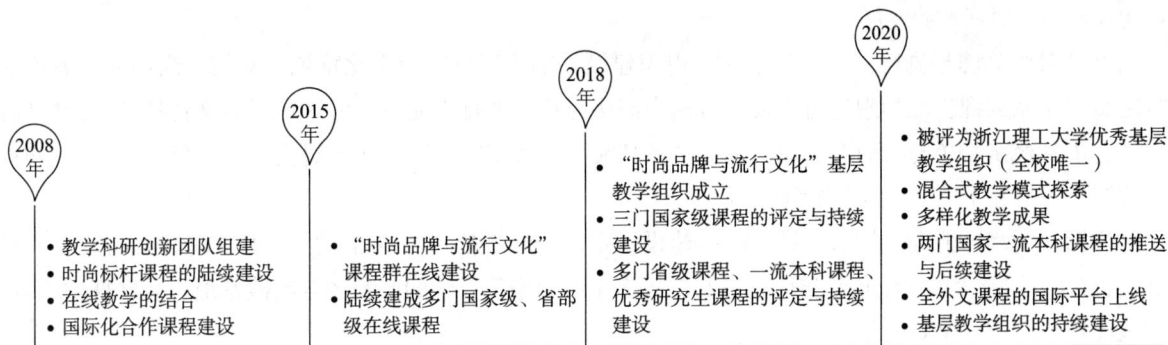

图1　成果建设发展历程（2008年至今）

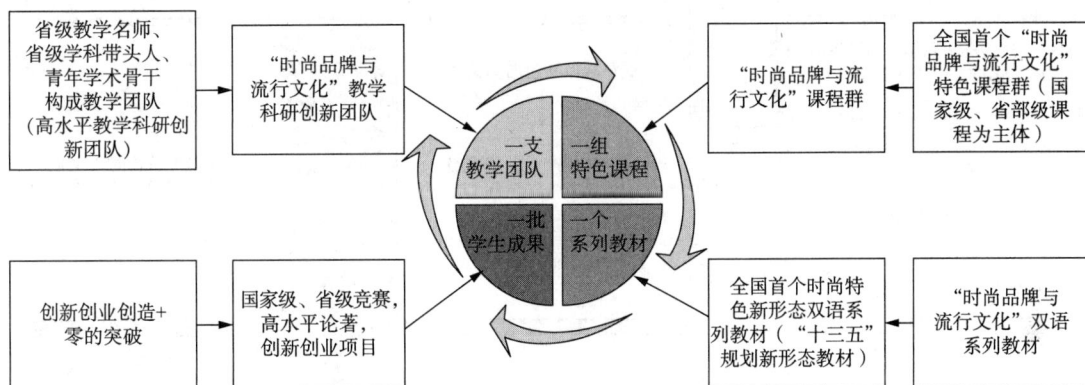

图2　主要成果"四个一"（一组、一个、一支、一批）

2. 成果解决教学问题的方法

本成果以区域时尚文化与产业诉求为导向，以特色基层教学组织为依托，探索教学方式方法，积极开展多层次教学实践，培育产业需要的高水平复合型人才（图3）。

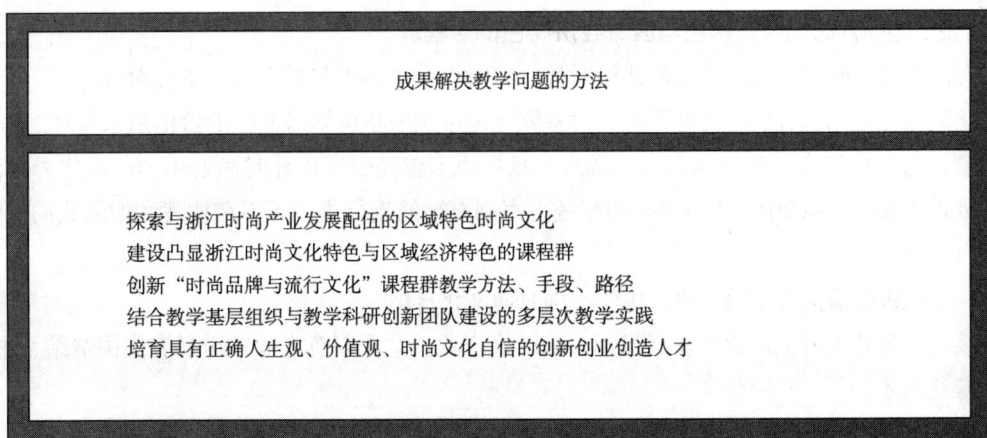

图3　成果解决教学问题的方法

2.1　探索与浙江时尚产业发展配伍的区域特色时尚文化

时尚产业是浙江省着力打造的八大万亿级产业之一。当前，浙江省正在推进由传统加工制造业向以创意设计引领的时尚产业转变，但与国际主流时尚产业相比，浙江时尚产业还缺乏国际化视野与战略，尤其是现代时尚文化理念尚未形成。凝练与区域时尚产业配伍的时尚文化特色，高水平推进杭州世界历史文化名城建设与浙江时尚产业发展。

通过"时尚品牌与流行文化"基层教学组织建设，凝练区域时尚文化特色，对接时尚产业发展诉求，并将之贯穿于系列课程教学理论与实践，传递中国优秀传统文化正能量，将区域时尚文化特色对接民族自信。结合浙江经济特色与时尚产业现状，将"丝绸文化与数字时尚"与区域时尚产业特色融合，对接时尚产业发展，并贯穿于教学实践，如图4所示。

对标浙江时尚产业发展诉求，结合课程建设，积极开展产教融合项目，成立了"理工–乔治白校服研究所""理工–知衣大数据流行趋势研究中心"等多个结合本科教学的产教融合实践基地，有序推进了时尚类相关课程与产业的深度融合。

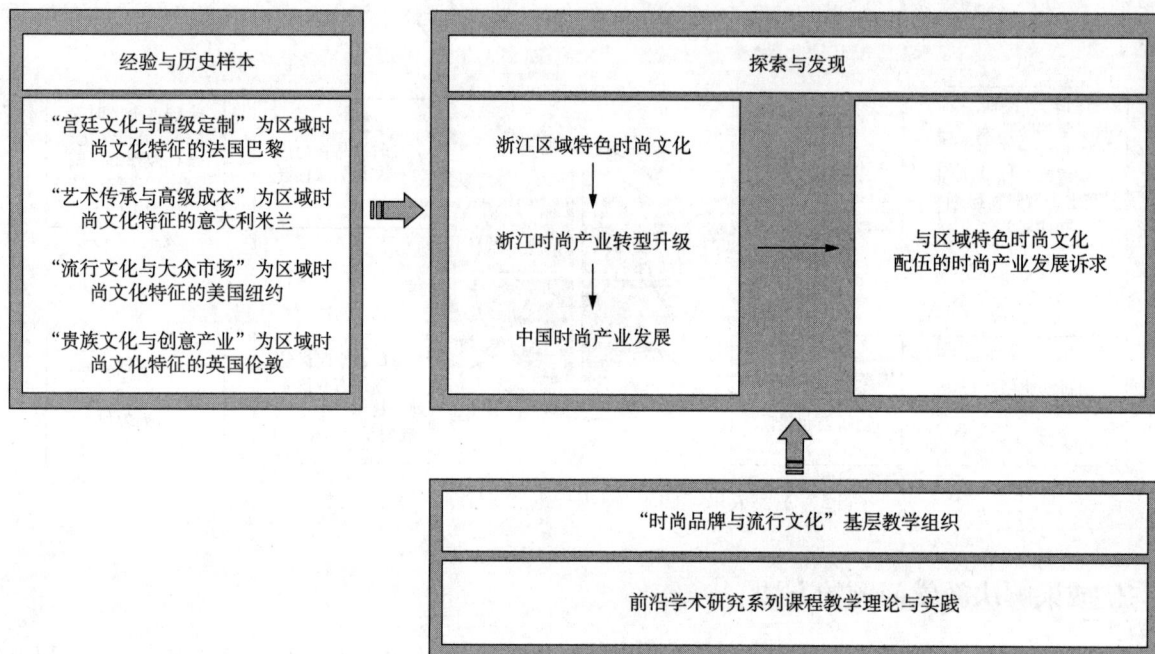

图4　基层教学组织结合前沿学术研究与系列课程建设

2.2　建设凸显浙江时尚文化特色与区域经济特色的课程群

将浙江时尚产业与时尚文化与课程群建设对接，将时尚产业诉求与时尚人才培养对接。

（1）强化联系专业知识背后的价值思想，潜移默化地影响来华留学研究生的价值追求与理想信念。

（2）在授课过程中结合关键性知识点，融入一批历史上曾经引领世界时尚的中国时尚优秀案例。从古代丝绸之路到萧山花边，从20世纪20年代的摩登上海到旗袍的流行等，无不在构建和增强我们的时尚文化自信与民族自豪感。

（3）进一步积极传播优秀中国文化，构建中国时尚文化自信。

（4）对接浙江省八大万亿产业的发展目标，为时尚产业、文化创意产业输送具有中国情结、中华情怀、全球视域的专业人才。

（5）打造具有理工特色的来华留学研究生时尚文化类优质课程。

（6）培养具有社会主义核心价值观的高水平专业人才，积极传播中华优秀传统文化。

以区域时尚典型案例的挖掘为切入点，以全课程各个环节的案例式植入为手段，以国家级、省级精品在线开放平台结合为依托，强调授课过程中因受众差异而迥异的方法、目标与手段。此外，课程的三维目标是有机的统一整体，相互渗透，相互贯通，任何一个目标都是在与整体目标的相互联系中实现的。在落实三维目标的过程中，要以"知识与技能目标"为主线，渗透"情感、态度、价值观"，并充分体现在学习探究的"过程与方法"中,因此应该旗帜鲜明地提出情感、态度、价值观目标是三维目标的首要目标,我们立足于课堂,实现知识传授与立德树人双赢,进而培育具有中国情结、中华情怀、全球视域的国际化专业人才。

基层组织结合本民族优秀传统文化、初心教育,实现学生智育、德育、实践能力的综合培养;建立良性沟通、带动青年教师的孵化式听课、评课与团队学习机制,形成良性教学团队的优势互补与梯队式架构组合。同时,聚焦时尚,广泛开展国际、国内时尚专业的优质教学资源、授课模式的研讨、交流,积极打造浙江理工大学时尚特色课程群,为时尚学院的发展和浙江时尚产业高质量人才的培养开展相关教学科研工作。并以此为样板,带动一批亮点课程,结合育人思政、培育青年教师、专业与学科建设,为产业培育具有家国情怀和历史担当的高素质时尚专业人才(图5)。

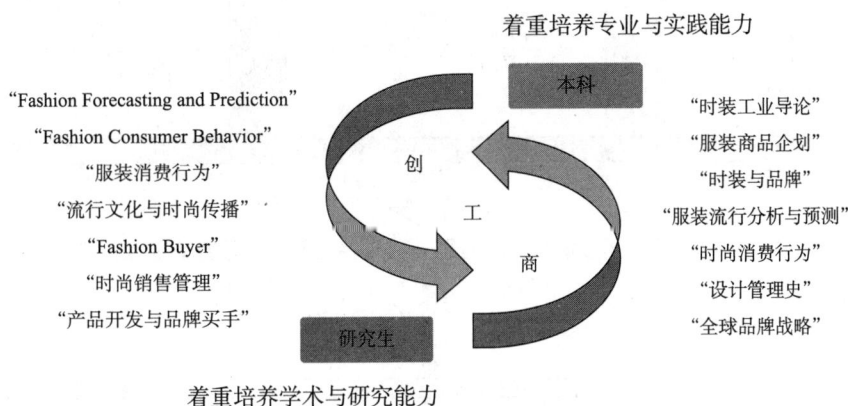

图5 课程群的授课对象、目标差异

2.3 创新"时尚品牌与流行文化"课程群教学方法、手段、路径

2.3.1 更新课程授课方式混合式课程持续建设

"时尚品牌与流行文化"优秀基层教学组织建设优质混合式课程十余门,包括"时装工业导论"(2009年,国家级精品课程)、"时尚与品牌"(2014年,国家级精品视频公开课)、"时装工业导论"(2016年,国家级精品资源共享课)、Fashion Forecasting and Prediction(2016年,教育部来华留学英语授课品牌课程)、"时尚与品牌"(2017年,省级精品在线开放课程)、"服装消费行为"(2019年,省级精品在线开放课程)、"服装流行分析与预测"(2019年,国家级精品在线开放课程)、"时尚与品牌"(2019年,国家级精品在线开放课程)、"服装流行分析与预测"(2019年,省级线上一流本科课程)、"时装工业导论"(2019年,省级线上一流本科课程)、"服装流行分析与预测"(2019年,省级线上线下混合式本科课程)、"服装流行分析与预测"(2020年,学校推荐为国家级线上线下混合式一流本科课程)、"时尚与品牌"(2020年,学校推荐为国家级线上线下混合式一流本科课程)、省级课程思政"服装流行分析与预测"等。

2.3.2 高水平课程与新形态教材建设相呼应

结合核心课程授课内容、方式、层次等方面的改革,对课程群内在组织关系与具体内容前后衔接进行梳理,构成以浙江时尚文化特色为中心,满足浙江时尚产业发展诉求为目标,涵盖本科生、硕士生课程的时尚特色鲜明的"时尚品牌与流行文化"系列课程群,并结合新形态教材建设,进一步完善混合式教学授课体系。经历了开放课程自编讲义配合课程相关教学音像资料;在线课程辅助阅读材料导入与影音视频组合配备;线上线下教学辅助材料的上线与完善;在线开放课程建设发展完善;新形态系列教材建设五个阶段的发展历程。

2.4 结合教学基层组织与教学科研创新团队建设的多层次教学实践

以专业教学为核心,借助信息技术推动专业品牌课程走出课堂、走出校园、走向社会,逐步构成了面向本专业学生、外专业学生、留学生、在职教育与社会人员五个层次，层层拓展的授课层面。强调技能与思维双重强化的教学实践训练，并积极对接学生创新创业项目。在强调动手能力与创新能力并重的教学理念下，通过理论、实践、企业对接、创新创业项目转化实现渐进式的教学内容改革，孵化省部级以上学生创新创业与竞赛项目三十余项（图6）。

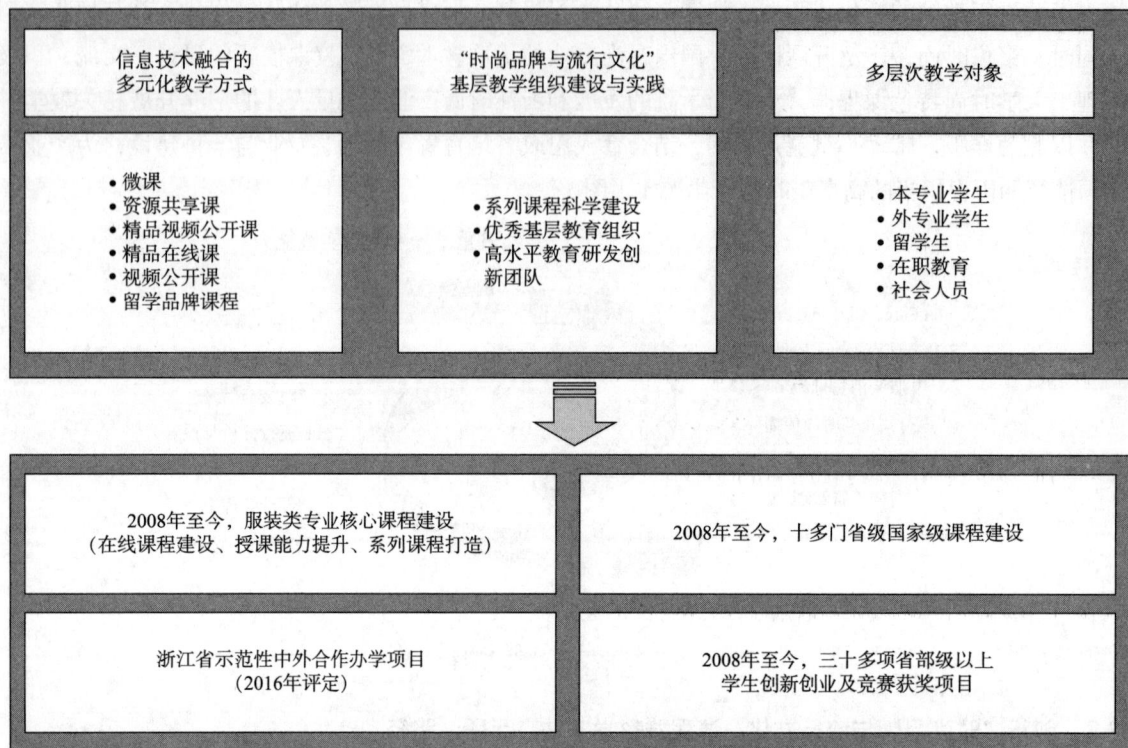

图6 "时尚品牌与流行文化"基层教学组织多层次教学实践

2.5 培育具有正确人生观、价值观、时尚文化自信的创新创业创造人才

中国的时尚文化自信是中国文化自信的重要组成部分，而优秀中国传统文化是中国时尚品牌的根基。结合课程教学实践，增强"文化自信"，积极解读，以过去、现在、未来的视角积极宣传、挖掘、还原中国曾经发出的世界时尚声音，积极传播中国优秀传统文化，为时尚产业、文化创意产业输送具有中国情结、中华情怀、全球视域的国际化专业人才，贡献于增强文化自信的建设方向与中国国际影响力建构。

直面当下服装相关理论教学多围绕西方时尚与流行体系的现状，结合中国历史上的时尚现象与世界影响情况的挖掘还原，梳理学生对中华优秀传统文化的自豪感和自信心，提升其文化自信。

以典型案例的挖掘为切入点，以课程各个环节的案例式植入为手段，以混合式教学为特点，强调专业课程教学方法、目标、手段的特殊性。培育具有正确人生观、价值观、时尚文化自信的创新创业创造人才。

3. 成果的创新点

"时尚品牌与流行文化"优秀基层教学组织基于区域时尚文化特色，面向时尚产业发展诉求开展教学研究与实践，成果创新点包括：配伍于区域优质时尚文化；建设特色鲜明的混合式课程群；出版"时尚品牌与流行文化"新形态系列教材；建设高水平教学科研创新团队；创、工、商结合的多层次授课体系（图7）。

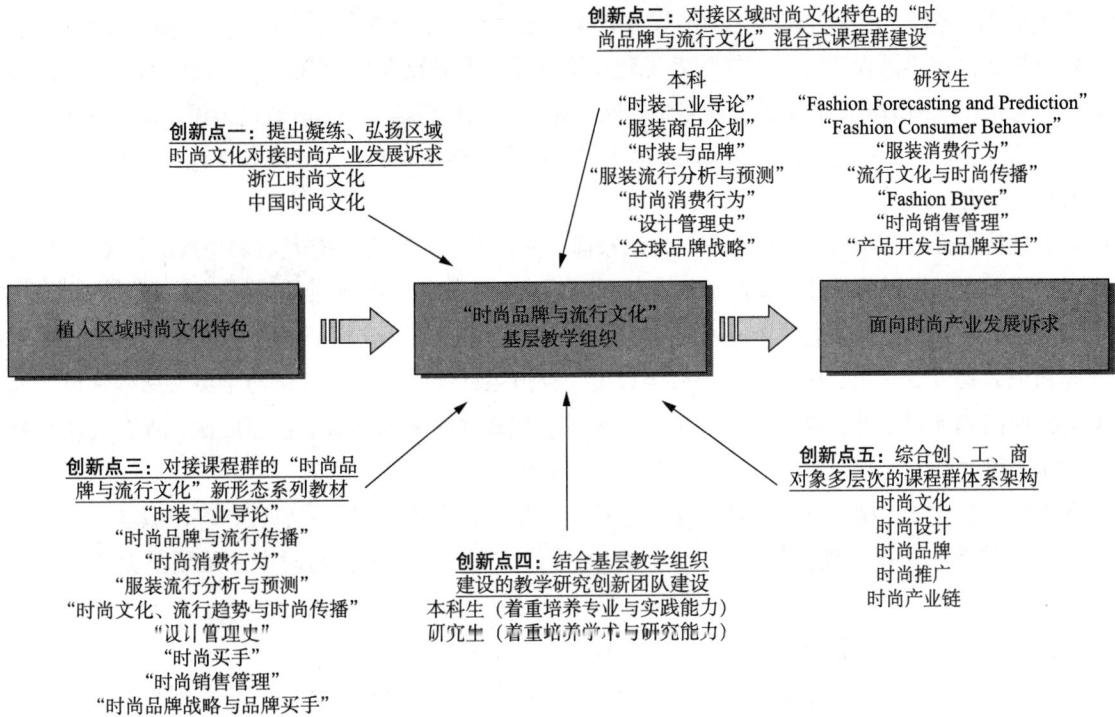

创新点二：对接区域时尚文化特色的"时尚品牌与流行文化"混合式课程群建设

本科	研究生
"时装工业导论"	"Fashion Forecasting and Prediction"
"服装商品企划"	"Fashion Consumer Behavior"
"时装与品牌"	"服装消费行为"
"服装流行分析与预测"	"流行文化与时尚传播"
"时尚消费行为"	"Fashion Buyer"
"设计管理史"	"时尚销售管理"
"全球品牌战略"	"产品开发与品牌买手"

创新点一：提出凝练、弘扬区域时尚文化对接时尚产业发展诉求

浙江时尚文化
中国时尚文化

植入区域时尚文化特色 ➡ "时尚品牌与流行文化"基层教学组织 ➡ 面向时尚产业发展诉求

创新点三：对接课程群的"时尚品牌与流行文化"新形态系列教材
"时装工业导论"
"时尚品牌与流行传播"
"时尚消费行为"
"服装流行分析与预测"
"时尚文化、流行趋势与时尚传播"
"设计管理史"
"时尚买手"
"时尚销售管理"
"时尚品牌战略与品牌买手"

创新点四：结合基层教学组织建设的教学研究创新团队建设
本科生（着重培养专业与实践能力）
研究生（着重培养学术与研究能力）

创新点五：综合创、工、商对象多层次的课程群体系架构
时尚文化
时尚设计
时尚品牌
时尚推广
时尚产业链

图7　成果主要创新点

3.1 创新点一：基层教学组织建设对接区域文化特色与时尚产业发展诉求

国际时尚发展以巴黎、纽约、伦敦、米兰国际时尚之都为风向标，顺脉国际时尚都市的时尚发展渊源，挖掘其时尚文化的历史底蕴，本成果借鉴"国际时尚之都"时尚产业结构体系的转型升级经验，强调凝练与浙江时尚产业发展相配伍的区域时尚文化特色（图8）。

凝练	面向	建设
区域时尚文化特色	浙江时尚产业发展	"时尚品牌与流行文化"基层教学组织
丝绸文化 信息时代 人工智能 ……	时尚文化特色 时尚品牌特征 时尚产业链完善 技术手段先进	课程群建设 人才培养 授课模式 教学、创新团队

图8　面向产业发展诉求的区域时尚文化特色凝练与基层教学组织建设

3.2 创新点二："时尚品牌与流行文化"课程群混合式教学模式建设

基层教学组织积极探索混合式教学模式，建设期间，经历了微课、微博、4A教学平台、省级精品公开课、省级精品在线开放课程、国家级精品在线开放课程、省一流本科课程、国家级一流本科课程的建设历程。

迎合学生需求，从校内4A课程，到精品视频公开课，再到在线开放课程，逐步向公众开放的课程建设

路径。由过去单纯多媒体教学方式转化为多媒体教学、远程教学、视频教学、网络教学资源结合的多元化、多层次教学模式。因不同课程特质而异的差异化授课方式、差异化课程受众设计。设定如线上授课线下答疑、课堂讨论与课外网站资源、微信公众号推送案例结合的混合型学习方式。通过运用微课、开放课程、资源共享课、品牌课程等形式，增强授课体验，进一步发挥服装类专业核心系列课程特色，将流行与文化、历史与时尚紧密结合。

借助信息技术推动专业教学走出课堂、走出校园、走向社会，培养具有互联网思维的服装类专业人才。通过视频开放课程、资源共享课、精品在线开放课等形式响应高校学分制改革，吸引本校跨专业学生选课。优选实用性强、受众面广的服装类专业核心课程，通过教育部爱课网、优课网等权威平台进行传播，普及服装专业知识，提升专业知名度与优势学科美誉度。通过系列核心课程的双语与全英文课程建设、来华留学全英文授课品牌课程建设，吸引更多的来华留学生，构架层次更加丰富的生源层次，提升优质系列核心课程的国际化程度。

转变传统教学理念，结合多元授课形式、手段丰富学生课堂体验与学习感受，突出服装类专业古今结合、兼顾文化传承与时尚、理论教学与实践交织的特点，利用各类平台与时尚手段增添教学趣味与时代感悟。

3.3 创新点三："时尚品牌与流行文化"新形态系列教材建设

推出浙江省"十三五"新形态双语系列教材——"时尚品牌与流行文化"双语系列教材（六部）：《创意时装设计（双语）*Creative Fashion Design（Bilingual）*》《时尚职业服设计（双语）*Fashion Uniform Design（Bilingual）*》《时尚商品企划（双语）*Fashion Merchandising Plan and Control（Bilingual）*》《时尚消费行为（双语）*Fashion Consumer Behavior（Bilingual）*》《时尚品牌与流行传播（双语）*Fashion Brand and Dissemination（Bilingual）*》《时尚品牌营销战略—新兴市场与全球机遇（双语）*Fashion Brand Marketing Strategy，Emerging Market and Global Opportunity（Bilingual）*》（图9）。

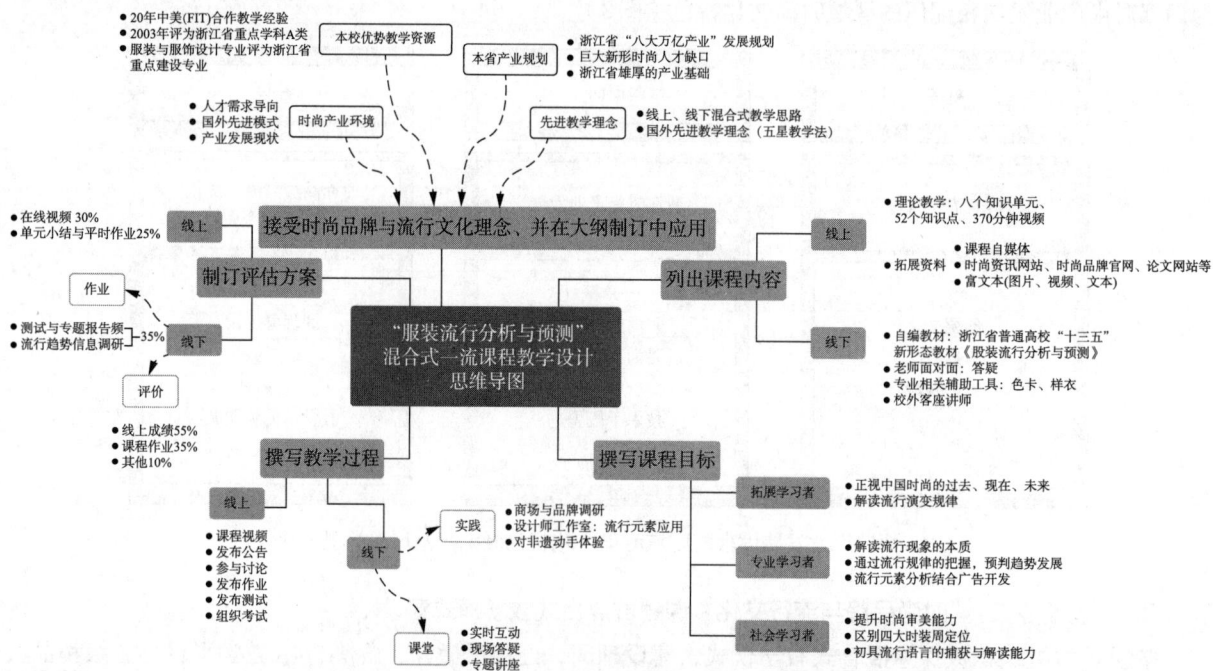

图9 "服装流行分析与预测"国家级精品在线开放课程混合式教学模式

3.4 创新点四：结合基层教学组织建设的高水平教学研究创新团队建设

基层教学组织跨学科组建了以教授、博士为主体的高水平教学、研究创新团队。团队成员均拥有高级职称、博士学位、海外留学或访学经历、时尚产业经验与高水平研究能力。"时尚品牌与流行文化"优秀基层教学组织共7人，其中博士6位，教授5位、副教授2位，省级以上人才3位。同时，基于"时尚品牌与流行文化"基层教学组织建设，分别以培养本科生（着重培养专业与实践能力）、研究生（着重培养学术与研究能力）为目标的课程群建设，近三年孵化高水平学生项目三十余项。以课程群建设与课程改革为抓手，进一步建设"时尚品牌与流行文化"基层教学组织，培育一支高水平教学科研创新团队，服务于学校的双一流课程与专业建设。

3.5 创新点五："时尚品牌与流行文化"基层教学组织与多层次课程建设

基于"时尚品牌与流行文化"基层教学组织建设，开展了面向课程群的多层次课程建设。第一，教学方式多样化。通过微课、资源共享课、在线开放课程、多媒体课程、混合式课程建设，借助多种技术手段，历经十二年开展了教学方式多样性探索。第二，教学内容多层次。课程群紧紧围绕"时尚品牌与流行文化"，面向浙江时尚产业诉求，对时尚文化、时尚设计、时尚品牌、时尚推广、时尚产业链等创、工、商跨学科领域的知识进行梳理、整合，实现教学内容构成的多学科交叉与多层次链接。第三，教学对象多层次。"时尚品牌与流行文化"优质基层教学组织是一支高水平教学、科研创新团队，所有授课教师均为博士、硕士或博导，围绕"时尚品牌与流行文化"构建了面向本科生、研究生、留学生、社会公众的多层受众的课程群。第四，教学目标多层次。面向本科生着重培养其专业与实践能力；面向研究生着重培育其学术与科研能力；面向留学生着重培育其国际化视野与中国文化情结；面向社会公众着重培养国民素质与积极正确的时尚观、价值观，（图10）。

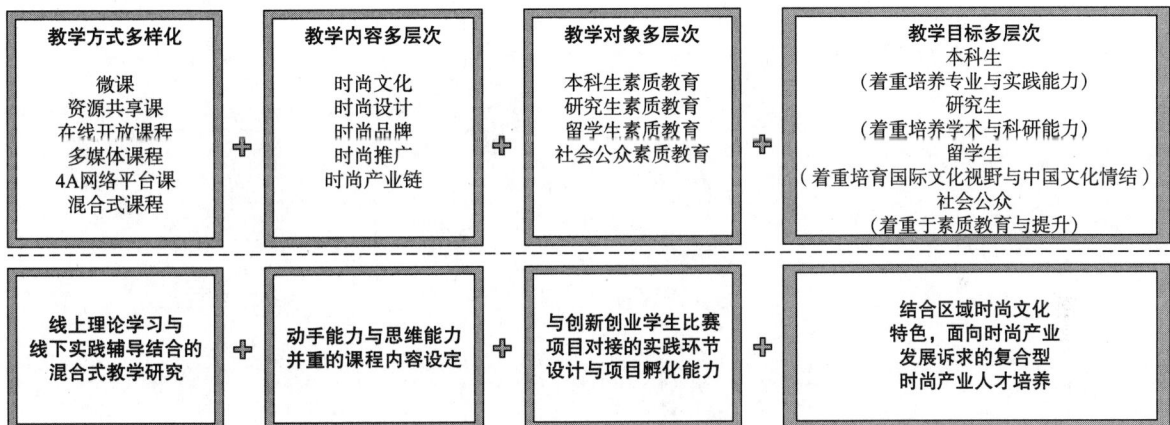

图10 多层次教学方式、内容、对象、目标的课程群与基层教学组织建设

4. 成果的推广应用情况

4.1 一批特色课程——国家级、省级时尚特色课程构成的课程群（全国首个"时尚品牌与流行文化"特色时尚课程群）

2008年至今，伴随专业建设，立足传统服装教学模式，深度融合多元教学方式，建设"时尚品牌与流行文化"教学基层组织与时尚特色课程群。课程影响力显著，包括六门国家级课程，推出首个"时尚品牌与流行文化"特色课程群，多门课程获国家级和省部级奖项。

4.2 一支教学团队——"时尚品牌与流行文化"教学科研创新团队（省级人才、学术骨干为主体的高水平教学团队）

基层教学组织跨学科组建了以教授、博士为主体的高水平教学、研究创新团队。团队成员均拥有高级职称、博士学位、海外留学或访学经历、时尚产业经验与高水平研究能力。"时尚品牌与流行文化"优秀基层教学组织共7人，其中博士6位，教授5位、副教授2位，省级以上人才3位。同时，基于"时尚品牌与流行文化"基层教学组织建设，分别以培养本科生（着重培养专业与实践能力）、研究生（着重培养学术与研究能力）为目标的课程群建设，近三年孵化高水平学生项目三十余项以课程群建设与课程改革为抓手，进一步建设"时尚品牌与流行文化"基层教学组织，是2021年省级课程思政示范教学团队。培育一支高水平教学科研创新团队，服务于学校的双一流课程与专业建设。结合基层教学组织建设，发表教学研究论文。

　　4.3　一批学生成果—围绕"时尚品牌与流行文化"的高水平、多样化学生成果（各类国家级、省级竞赛、项目，论著、创新创业项目）

　　基于基层教学组织积极建设，围绕"时尚品牌与流行文化"，对接浙江省时尚产业发展诉求，孵化各类高水平、多样化学生成果。譬如，11届毕业生牟朦曦创立卓尚服饰（杭州）有限公司，结合尚+众创空间，推动时尚产业合伙人制，是本专业关于高校+产业+孵化人才培养模式的典型案例。此外，本科生、研究生通过课程群的学习，参加各类国家级、省级学生创新创业比赛项目三十余项，如"MLTP——中国时尚品牌拥抱一带一路多民族手工艺"（2020浙江省"互联网+"省赛银奖）、"数字化客制化背景下定制服装品牌模式研究"（2016浙江省高校案例分析大赛一等奖），第八届中国国际"互联网+"大学生创新创业大赛银奖项目"别出新材——绿色聚氨酯材料革新者"；出版高级别论文专著50余部、篇，其中"T"ou-se-we_Arts and Crafts phenomenon and "Chinese Pagoda"发表于"Journal of modern craft"（全球每年24篇），成为浙江理工大学艺术学专业研究生AHCI收录论文发表零的突破。

时代背景下依托科技创新平台培养多学科交叉高质量纺织人才的实践

武汉纺织大学

完成人及简况

姓名	性别	所在单位	党政职务	专业技术职称
王栋	男	武汉纺织大学	校党委常委、研究生院院长、技术研究院常务副院长、纺织纤维及制品教育部重点实验室主任	教授
刘琼珍	女	武汉纺织大学	无	副教授
李沐芳	女	武汉纺织大学	无	教授
韦炜	女	武汉纺织大学	无	副教授
钟卫兵	男	武汉纺织大学	无	副教授
刘轲	男	武汉纺织大学	无	教授
卢静	女	武汉纺织大学	无	讲师
杨丽燕	女	武汉纺织大学	无	副教授

1. 成果简介及主要解决的教学问题

1.1 成果简介

纺织是我国重要的民生支柱产业，也是"一带一路"倡议先导和示范产业。纺织产业链条长、覆盖面广，涉及多学科交叉。航空航天、大健康、人工智能、新能源等新领域和新应用不断打破传统纺织行业的壁垒和界限。纺织与材料、物理、化学、电子、通信、汽车等学科的交叉、跨界融合已成为新的发展态势。纺织院校研究生的高质量培养是决定未来纺织产业高质量发展的重要支柱力量。然而，现有培养模式下的纺织高层次人才对纺织产业转型升级及其国际化竞争的支撑作用非常薄弱，教学改革势在必行。

习近平总书记指出，科学研究要坚持"四个面向"，要加快实施创新驱动发展战略，推动产学研的深度合作，着力强化重大科技创新平台建设。武汉纺织大学技术研究院是学校整合科技资源、汇聚高端人才团队，依托多个国家级、省部级重点实验室成立的集基础性研究、技术转化、分析测试与服务于一体的综合性平台。本项目以我校技术研究院重点科研平台——纺织纤维及制品教育部重点实验室的研究生为实施教改的主体，着力打造"一体两翼三维度"的纺织类研究生培养模式（图1），同时在整个技术研究院推广，显著提升了我校研究生的培养质量。"一体"即"以多学科交叉高质量纺织人才培养目标为主体"；"两翼"是"以学校和校企科技创新平台嵌入人才培养体系和多学科交叉培养课程和实践体系为实现目标的两条驱动路径或驱动引擎"；"三维度"即培养目标从三个维度进行立体式衡量和评价，分别是"系统扎实的专业基础""较强的工程实践能力与科技创新能力"和"研究生自我驱动型长期发展能力"。

项目基于"一体两翼三维度"的纺织类研究生培养模式，通过加强平台科技创新、产学研深度合作、育人和课程体系建设等措施，推动研究生多学科交叉培养模式的创新，实现以高水平科学研究支撑多学科交叉高质量纺织人才培养目标，同时促进教师与研究生共同成长的良性循环局面。

1.2 主要解决的教学问题

（1）原有课程育人体系难以满足新型纺织行业对高质量多学科交叉人才培养的需求，没有现成的参考实践经验。

（2）原有科技创新平台主要依托各专业培养单位，科研资源的共享与融合困难，因而难以对学生多学科交叉能力培养提供有力支撑。

（3）产学研缺乏有效的融合载体和抓手，产校联合或校校联合的优势科研资源转化为教学资源不足，从而削弱了以科研促进学生创新实践能力培养的立足点。

（4）当前的研究生培养模式与时代背景不相适应，亟须创新一套模式以保证其长期发展的潜力。

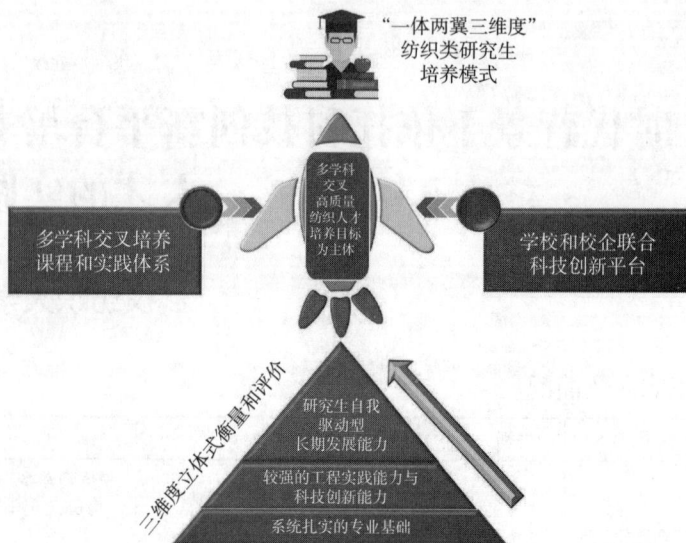

图1 "一体两翼三维度"纺织类多学科交叉高质量研究生培养模式

2. 成果解决教学问题的方法

成果解决教学问题的方法概括为以下几点：

（1）积极探索多学科交叉课程育人体系，夯实研究生学科交叉专业知识和创新能力基础。

项目开拓了"多学科交叉特色课程—企业家（云）课堂—研究生学术论坛—科研实训—学术研究"五育并举的多学科交叉课程育人和实践体系（图2），实现了研究生"知识、素质、能力、技能"的全面发展。

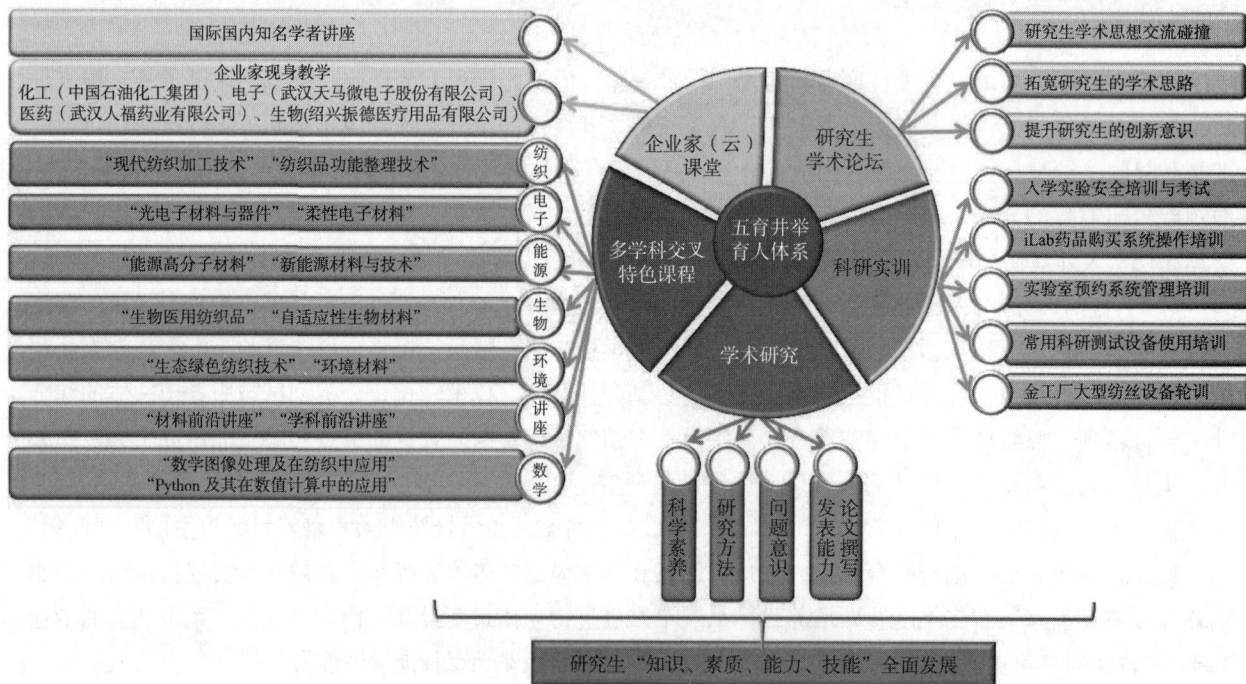

图2 五育并举多学科交叉课程育人和实践体系

①**多学科交叉特色课程**：纺织学科已呈现与材料、物理、化学、电子、通信、生物等多学科交叉融合

态势。在国家"四个面向"的导向下，纺织纤维及制品教育部重点实验室聚焦于纤维新材料，从事纺织新材料与电子、能源、环境、生物等交叉学科领域的创新研究，学科交叉融合特色凸显（图3）。为适应纺织行业发展对高素质人才的需求，依托重点实验室研究方向，开设了一系列具有纺织交叉特色的研究生课程，包括"现代纺织加工技术""光电子材料与器件""柔性电子材料""能源高分子材料""生物医用纺织品""数学图像处理及在纺织中应用"等具有显著学科交叉特色的课程。

纺织纤维及制品教育部重点实验室主要研究方向

纤维基生物医用材料

纤维基生物医用材料研究方向秉承让医疗更简单、让人类更健康、让生活更美好的理念，以市场需求为出发点，坚持前沿基础研究与产业化相结合、相促进，助力中国医疗卫生事业。重点在促全层缺损皮肤创面愈合材料、高性能抗菌织物、微生物试纸化检测研究等方面进行突破，实现创面无瘢痕愈合，以及高生物安全性及抗菌性的统一。

纤维基能源电子材料

纤维基能源电子材料研究方向致力于以纤维集合体或纤维增强复合材料为基础，充分利用纤维基材料特异的机械和服用性能，开展超柔性、高舒适度、高性能的可穿戴电子元器件的研究与产业化制备，揭示影响能源、电子材料性能的关键因素，形成相应的理论体系和材料性能调控技术，目前部分材料、器件已实现量产及市场应用。

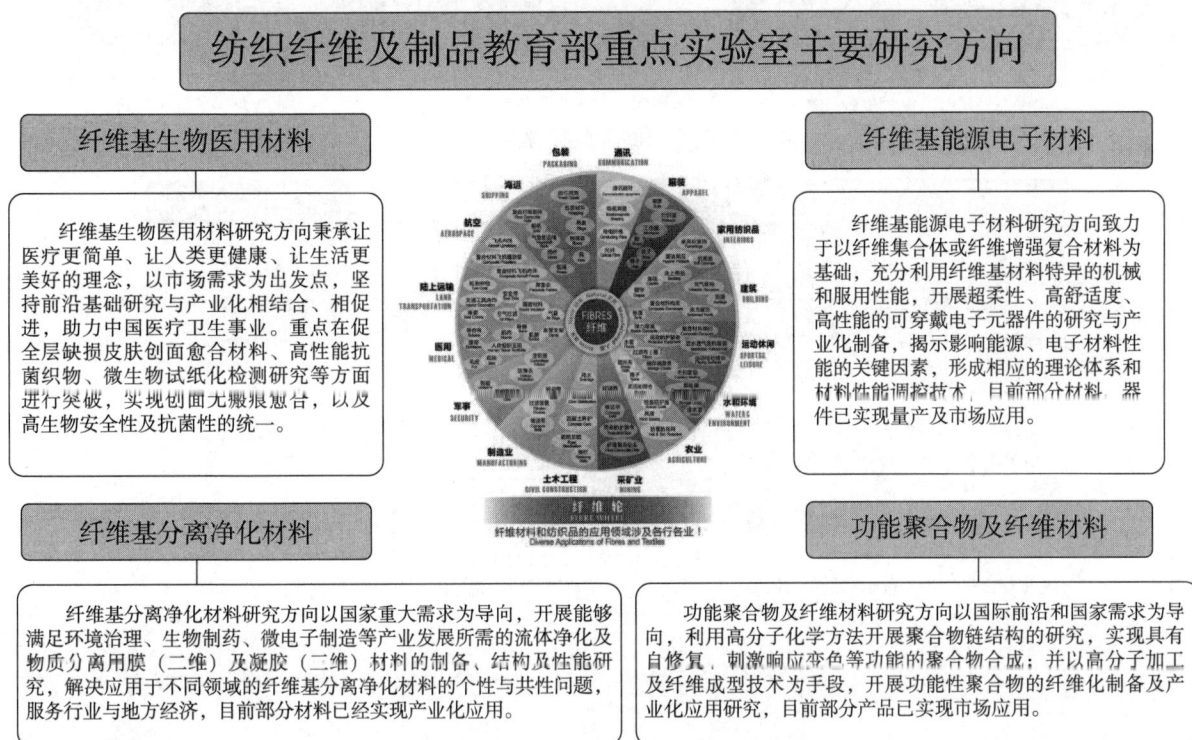

纤维基分离净化材料

纤维基分离净化材料研究方向以国家重大需求为导向，开展能够满足环境治理、生物制药、微电子制造等产业发展所需的流体净化及物质分离用膜（二维）及凝胶（三维）材料的制备、结构及性能研究，解决应用于不同领域的纤维基分离净化材料的个性与共性问题，服务行业与地方经济，目前部分材料已经实现产业化应用。

功能聚合物及纤维材料

功能聚合物及纤维材料研究方向以国际前沿和国家需求为导向，利用高分子化学方法开展聚合物链结构的研究，实现具有自修复、刺激响应变色等功能的聚合物合成；并以高分子加工及纤维成型技术为手段，开展功能性聚合物的纤维化制备及产业化应用研究，目前部分产品已实现市场应用。

图3　纺织纤维及制品教育部重点实验室主要研究方向体现"四个面向"导向，凸显学科交叉融合特色

②**企业家课堂**：除定期举办国际国内知名学者讲座，更注重邀请各行各业企业家走入研究生课堂现身教学。这些企业家包括来自中国石油化工集团有限公司、天马微电子股份有限公司、人福医药集团有限公司、振德医疗用品股份有限公司、歌尔股份有限公司等公司的高层管理人员或研发技术总监，行业涵盖化工、电子、医药、生物等产业（图4）。企业家们带来的产业发展的一线资讯，打破了研究生信息茧房，潜移默化地为学生构建多学科交叉的知识背景。

③**研究生学术论坛**：纺织纤维及制品教育部重点实验室注重为研究生营造浓厚的学术创新氛围，将研究生论坛纳入研究生质量培养环节，定期开展研究生学术比武（图5）。通过不同学科背景研究生的学术思想交流碰撞，拓宽研究生的学术思路，不断提升研究生的创新意识，提高研究生培养质量。

④**科研实训**：研究生的创新能力不是建立在空中楼阁之上的，夯实研究生的基础是重中之重。纺织纤维及制品教育部重点实验室注重对研究生的科研实训，包括入学实验安全培训与考试、iLab药品购买系统操作指南培训、实验室预约系统管理培训、常用科研测试设备使用培训、金工厂大型纺丝设备轮训等（图6）。通过系统培训，使研究生能够及时掌握研究所必备的安全知识、药品采购、实验操作和测试技能，有助于研究生创新能力和科研素养的培养。上述举措有利于不同学科背景的研究生能够顺利进入学术研究阶段，避免由于专业隔阂和畏难情绪造成的裹足不前或由于盲目操作引发的实验安全隐患。

（a）2016年5月邀请绍兴振德医疗用品股份有限公司研发中心经理给专业师生做报告（知名生物医疗企业）

（b）2017年10月义乌华鼎锦纶股份有限公司人力资源部总经理为研究生做报告（知名纺织企业）

（c）2023年4月歌尔股份全球研发总部高级工程师为研究生做报告（知名电子企业）

（d）2018年4月邀请天马微电子股份有限公司副总裁给教师和研究生做报告（知名电子制造企业）

（e）2019年5月联合滤洁流体过滤技术（武汉）有限公司董事长给教师和研究生做报告（知名环保过滤企业）

（f）2021年6月邀请人福医药研究院分析所所长给教师和研究生做报告（知名药物开发研究所）

（g）2021年12月邀请思睿智能医学科技（武汉）有限公司总经理给教师和研究生做报告（东湖高新新锐生物医疗企业）

图4　企业家课堂助力研究生交叉学科背景培养

图5　学术沙龙与研究生学术论坛营造浓厚学术氛围

（a）实验室安全培训　　　　（b）仪器预约　　　　（c）药品采购系统

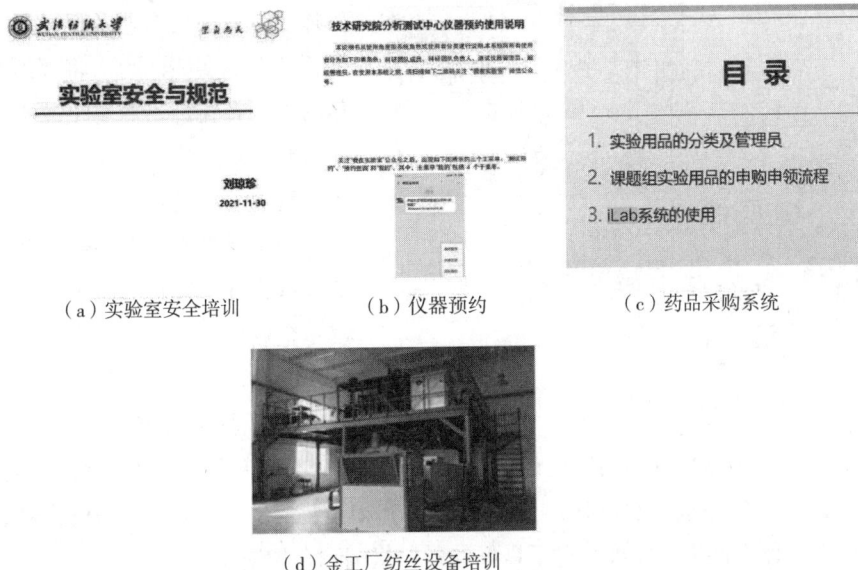

（d）金工厂纺丝设备培训

图6　科研实训内容及现场

⑤**学术研究**：学术研究能力是学生创新能力的重要体现，需要从理论学习和实践经验中不断积累知识和技能。科研项目则是培养研究生科研能力的重要途径。纺织纤维及制品教育部重点实验室重视科研育人，积极引导学生科学素养、研究方法、问题意识、论义撰写与发表等能力的全方位学术研究能力的提升（图7）。

（2）依托技术研究院科技平台的资源整合功能，实现重点实验室与不同学科和不同实验平台之间科研资源优势方面的互利共享，推进科研平台育人功能。

武汉纺织大学技术研究院拥有多个国家级、省部级重点实验室和分析测试与服务平台，整个研究院内资源打通使用。纺织纤维及制品教育部重点实验室作为其重要组成部分，研究生的教学融合了各平台不同学科背景的师资，科研实训课程可以依托高精尖的科

（a）2021年6月技术研究院邀请Wiley出版社编辑王丽倩为材料、化学、纺织的教师和研究生做题为"Wiley–材料期刊论文发表"学术论文写作的讲座

（b）2021年7月邀请美国化学会（ACS）责任编辑贺海丽和编辑服务经理吕京晶来校为师生做题为"高水平文章的构建"和"学术论文同行评审的流程及要点"的学术论文写作的专题报告

图7　邀请国内外学术期刊出版人进校提高研究生论文撰写发表水平

研设备进行开展，研究生的学术研究工作能充分享受到研究院的充裕的科研资源。此外，研究院内各平台的重大科研项目、设立的开放课题、邀请学术报告、平台之间的学术切磋交流、各平台设立的开放课题等都为整个研究生的创新训练项目、各级科研竞赛提供了多层次的科研项目参与机制。总体而言，研究院提供了丰富的科研资源和具有多学科对话的平台，不同学科背景师资的融合，促进了相关学科学生的交叉与融合，科研平台育人功能十分显著。

（3）以解决行业痛难点和科技服务与成果转化为契合点构建政—校—企利益共同体，以重大科研项目和学术交流为纽带建立校校联合开放式科教融合体系，共同促进科技成果与科技资源转化为育人资源。

纺织纤维及制品教育部重点实验室以解决行业痛难点为切入点，基于科技项目合作、科技服务和科研成果转化，构建了政—校—企利益共同体，实现校企良性互动和共赢发展（图8）。校企合作平台和企业奖学金为研究生的科研实践和创新活动提供了平台和经费保障；积极响应政府政策，制度化派驻跨专业青年

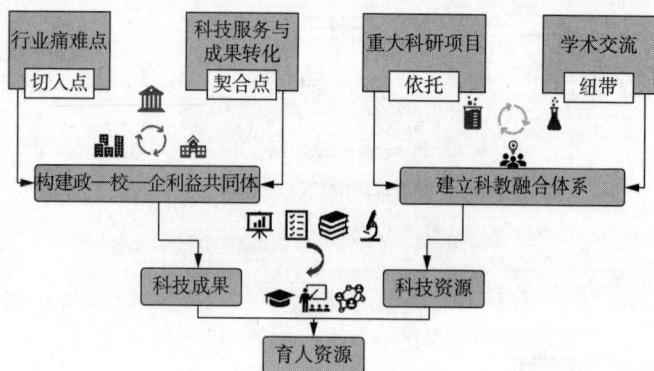

图8　科技成果与科技资源转化为育人资源模式

教师下企业开展专业及科技服务，培养其科技创新及专业实践能力。将教师专业实践能力素养的提升转化为培养学生的水平优势，从而提升研究生培养质量，实现师生共同成长；国家大型重点项目的攻关往往需要跨学科、跨单位人才的广泛参与，纺织纤维及制品教育部重点实验室瞄准国家重大需求，联合其他高水平高校和企业申报或参与国家重大研究项目，建立了开放而紧密的跨校跨界联合研究平台；积极创造与其他高校的深层次合作机制或依托学校国际合作人才培养项目，为本校优秀研究生的博士深造开创渠道，弥补了本校没有博士点，无法培养具有国际视野的高端创新人才的短板；通过举办、协办或承办国内外学术会议，打造开放式科研交流平台和社会协同资源，为研究生创新能力的发展营造了良好的科研氛围和合作交流的机会。

（4）紧扣时代背景和现实需求，创建并践行"一体两翼三维度"的纺织类研究生培养模式，以高水平科学研究支撑多学科交叉高质量纺织人才的培养。

纺织行业产业链条长、覆盖面广，是一个多学科交叉的行业，涉及纺织、化学、材料、机械、电子、生物等多个学科领域。当前中国纺织产业面临着"转型升级"及"国际化"的现实需求。纺织高校需要培养具备跨学科交叉能力、工程实践能力与创新能力、国际化视野、跨文化交流能力的复合交叉型高质量人才，深入创新纺织类研究生培养模式和评价体系。本项目创建并践行"一体两翼三维度"的纺织类研究生培养模式。

3. 成果的创新点

（1）从纺织行业所处时代背景和纺织高校高质量人才培养的目标出发，本项目创建并实践了"一体两翼三维度"的多学科交叉高质量纺织类研究生培养模式。"一体"即"以多学科交叉高质量纺织人才培养目标为主体"，"两翼"是"以学校和校企科技创新平台嵌入人才培养体系和多学科交叉培养课程和实践体系为实现目标的两条驱动路径或驱动引擎"，"三维度"即培养目标从三个维度进行立体式衡量和评价，分别是"系统扎实的专业基础""较强的工程实践能力与科技创新能力"和"研究生自我驱动型长期发展能力"。

（2）开拓了"多学科交叉特色课程—企业家（云）课堂—研究生学术论坛—科研实训—学术研究"五育并举的多学科交叉课程育人体系，为复合交叉型高质量人才的培养奠定了基础，推动了研究生"知识、素质、能力、技能"的全面发展。

（3）依托技术研究院科技平台的资源整合优势，践行并推进科研平台的育人功能；以解决行业痛难点和科技服务与成果转化为契合点构建了政—校—企利益共同体，以重大科研项目和学术交流为纽带建立校校联合开放式科教融合体系，全面促进科技成果与科技资源转化为育人资源。

4. 成果的推广应用情况

（1）创新并践行了具有多学科交叉高质量纺织类研究生培养模式，取得了一批教育教学（教研、课程与教材）建设成果。

受益于本项目的培养模式与理念，教学成果"产业升级背景下基于学科交叉及成果转化的研究生创新实践能力培养路径"获得2022年第九届湖北省教学成果奖二等奖（图9）。与本项目相关的教研成果获2021

年中国纺织工业联合会教学成果一等奖1项。

湖北省人力资源和社会保障厅
Department of Human Resources and Social Security of Hubei Province

请输入关键字

热词搜索：职称 三支一扶 社保 招聘

首页　政府信息公开　互动交流　办事服务　人社动态　数据开放

当前位置：首页 > 专题专栏 > 表彰奖励创建示范 > 公示公告

关于第九届湖北省高等学校教学成果奖评审结果的公示

2022-09-23 10:08 | 省表彰奖励办公室

根据《湖北省教学成果奖励办法》《省人力资源和社会保障厅省教育厅关于做好第九届湖北省高等学校教学成果奖励工作的通知》（鄂人社奖（2021）80号）精神，经各申报单位逐级审核并推荐申报，第九届湖北省高等学校教学成果奖评审委员会对各单位推荐申报的教学成果进行评审，提出拟获奖项目、人选以及奖励等级的建议，确定了《成人·知天·铸魂：人文精神、科学精神和中国精神三位一体的通识教育理念与实践》等600项成果为第九届湖北省高等学校教学成果奖拟获奖成果（名单附后）。

根据《湖北省教学成果奖励办法》规定，现将拟获奖成果予以公示，接受社会监督。公示期为30个工作日（2022年9月23日至10月23日）。

公示期间，单位或个人如有异议，请于10月23日前以书面形式向第九届湖北省高等学校教学成果奖奖励委员会办公室提出（信函以到达邮戳为准），写明成果名称和异议内容。单位提出的异议，须写明联系人的姓名、通信地址、邮政编码和电话，并加盖单位公章；个人提出的异议，须写明本人的真实姓名、工作单位、通信地址、邮政编码和电话，并有本人的亲笔签名。不符合上述规定的异议不予受理。反映情况要实事求是，客观公正。

联系人：吴劲

联系电话：027-87328172

地　　址：武汉市武昌区洪山路8号湖北省教育厅高等教育处1208室

邮　　编：430071

序号	成果名称	成果主要完成人姓名	成果主要完成单位	拟获奖等次
309	产业升级背景下基于学科交叉及成果转化的研究生创新实践能力培养路径	权衡、王栋、刘琼珍、李伟、林莉、唐强、韦炜、吴济宏	武汉纺织大学	二等奖

图9　第九届湖北省教学成果奖

　　本项目完成人王栋教授主持的研究生课程"材料先进加工原理与技术"获2021年湖北省省级课程思政示范项目（图10）。编著 "*Reinforcement of Polyethylene Terephthalate via Addition of Carbon-Based Materials*" ［爱思唯尔（Elsevier）出版社，2015年］、"Smart Fibers"［约翰威立国际出版集团（Wiley），2020年］等英文书籍章节（图11）。系统性且与时俱进的教材建设对于实现培养具有多学科交叉高质量纺织类研究生的目标具有十分重要的意义，是教育教学改革和提高人才培养质量的迫切需要。本项目将最新的研究成果和知识迅速融入教材，已出版教材专著《海岛纺丝与纳米纤维》（中国纺织出版社有限公司，2019年）、《生物医用纳米纤维材料》（中国纺织出版社有限公司，2022年）。目前，根据纤维在交叉学科应用与研究的最新的成果和学术思想，规划了一系列具有纤维与多学科交叉特色的教材，已与相关出版社签订了合作计划，正在陆续编著中。

湖北省教育厅

鄂教高函〔2021〕11号

**省教育厅关于公布2021年省级课程
思政示范项目名单的通知**

各普通高等学校、职业院校：

为深入贯彻落实习近平总书记关于教育的重要论述和全国
教育大会精神，贯彻落实中央办公厅、国务院办公厅《关于
深化新时代学校思政理论课改革创新的若干意见》，深入实
施《高等学校课程思政建设指导纲要》（以下简称《纲要》），
根据《教育部办公厅关于开展课程思政示范项目建设工作的通知》
（教高厅函〔2021〕11号）、《省教育厅关于2021年度课程思
政示范项目建设工作的通知》（鄂教高函〔2021〕6号）要求，
经高校申报推荐、专家评审和审查，我厅审核同意，确定武汉大
学《刑侦学概论》等104个项目为省级课程思政示范项目，其中
省级课程思政示范课程、教学名师和团队91项、省级课程思政教
学研究示范中心13个。现予以公布。

各课程思政示范项目要按照《纲要》要求，进一步明确
项目建设目标要求和内容重点，加强教师课程思政建设的意识和
能力的提升，科学设计课程思政教学体系，深入挖掘不同专业、
不同课程中蕴含的思想政治教育资源，将课程思政融入课堂教学

2021年湖北省教育厅
省级思政课程示范项目
（研究生教育）

二、研究生教育

序号	学校名称	课程思政示范课程	课程思政教学名师和团队
1	武汉大学	图书情报与档案管理研究方法论	陈传夫、吴丹、孙永强、周耀林、杨思洛、吴志强、吴钢、陈一
2	华中科技大学	引力实验原理	胡忠坤、黎卿、周敏康、周泽兵、张洁、罗鹏顺、王顺、罗俊
3	华中师范大学	中国史专题研究	付海晏、熊铁基、周国林、吴琦、马敏、刘固盛、魏文享、严鹏
4	武汉理工大学	药物现代评价方法	刘曜、熊富良、张雪琼、孙兵、赵刚
5	中国地质大学（武汉）	工程伦理	窦斌、吴文兵、梁荣柱、徐方、江广长、蔡静森、王涌宇、谭飞
6	中南财经政法大学	内部控制与风险管理	王清刚、冉明东、吕敏康、孙贤林、宋丽梦
7	华中农业大学	土壤生物化学	黄巧云、蔡鹏、刘玉荣、郝秀丽、吴一超、荣兴民、戴珂、罗雪松
8	湖北大学	宪法学专题研究	陈焱光
9	三峡大学	施工组织管理与经济	赵春菊、周宜红、黄建文、王宇峰、周华维
10	长江大学	沉积学	何幼斌、罗进雄、胡忠贵、高达、李华、邓庆杰
11	武汉工程大学	翻译批评与鉴赏：中国翻译名家十讲	彭石玉、陈明芳、邓军涛、汪桂芳、郑剑委
12	武汉纺织大学	材料先进加工原理与技术	王栋、李瑞颖、李沐芳、王小俊
13	武汉轻工大学	文化遗产保护与开发	陶丽萍、张国超、李技文、俞钰凡、彭桂芳、王新生、陈静、刘守钦
14	湖北医药学院	医学分子生物学	李珊、李丹丹、唐微、陈宗运、刘莹、严世荣、朱名安、王晓燕
15	湖北文理学院	机器人技术及应用	秦涛

— 6 —

图10　项目成果——2021年湖北省省级课程思政示范项目

（2）学科建设及科技发展取得显著成效。

2020年，材料科学、化学、工程学等3个学科进入基本科学指标数据库（ESI）全球排名前1%。2020年，获批"纺织新材料与先进加工技术"省部共建国家重点实验室。学校"纺织科学与工程"一级学科为省级特色优势学科，全国第四轮学科评估名列第六。2021年，"先进制造与纺织装备"等3个学科群被列入湖北省"十四五"省属高校优势特色学科群。2022年12月，武汉纺织大学"纺织科学与工程"学科被确定为"湖北省属高校一流学科重点建设学科"（全省仅4个专业），与湖北省教育厅签订"湖北省属高校一流学科建设责任书"。纺织相关学科等方面的理论与应用研究具有明显优势和特色，赢得了广泛认可和赞誉。本项目的实施对我校纺织科学与工程的学科建设起到了重要的支撑作用。

近年来，我校产出了"月面国旗"和"火星着陆巡视器耐高温弹性密封装置"等标志性科研成果。此外，我校在承担国家重大项目、解决纺织相关领域发展"卡脖子"问题方面获得新突破。2020年，纺织纤维及制品教育部重点实验室王栋教授申报的"多重功能纤维基柔性电子皮肤的结构、性能与工作机制"国

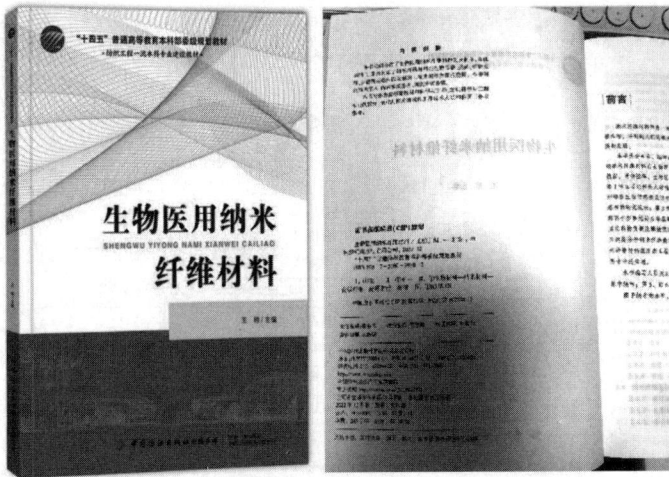

（a）《生物医用纳米纤维材料》

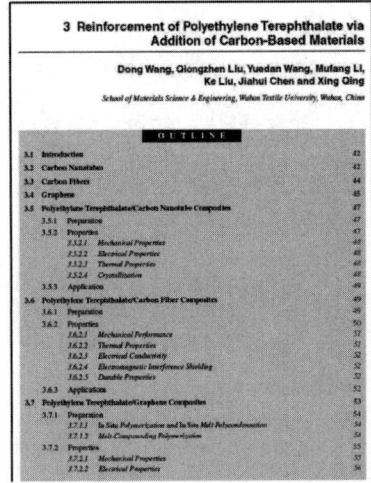

（b）"*Reinforcement of Polyethylene Terephthalate via Addition of Carbon-Based Materials*"

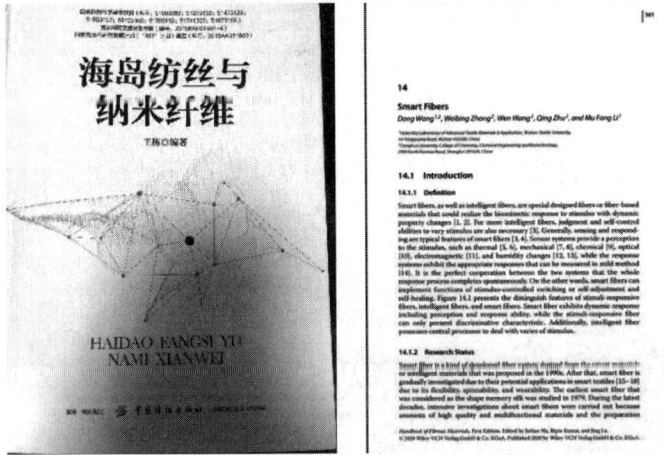

（c）《海岛纺丝与纳米纤维》

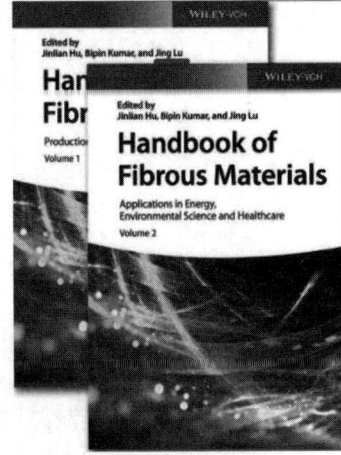

（d）"*Smart Fibers*"

图11　项目教材和专业书籍建设情况

家自然科学基金委区域创新发展联合基金项目（300万）获得立项。2022年，纺织纤维及制品教育部重点实验室与省部共建纺织新材料与先进加工技术国家重点实验室牵头申报，联合东华大学、北京服装学院、中国科学技术大学苏州高等研究院、361°公司等高校与纺织服装企业申报的国家重点研发计划"十四五"重点专项"织物基柔性可穿戴传感材料与器件制备及应用关键技术"项目成功获得立项（项目总经费3350万元）（图12）。近年来，纺织纤维及制品教育部重点实验室利用熔融纺丝技术开发了高效光热转换发热聚酯纤维，已在中石化仪征化纤生产线实现千吨级量产，作为"暖芯"被用于北京2022年冬奥会和冬残奥会的防寒服（图13）。近期，纺织纤维及制品教育部重点实验室利用熔融纺丝技术开发了非对称异型结构智能热湿舒适纤维，已被安踏、361°等多家企业作为服装面料使用。目前，研究可穿戴织物触觉传感器，按照受力情况可在软件上展示出压力分布，成果应用于智慧床垫、鞋垫、汽车座椅等（图14）。以上述重大重点纵向项目和校企合作横向项目为牵引，通过多学科交叉蓄力和科研平台的支撑，实现了将科研资源转化为育人资源。研究生在参与项目过程中，对课题前沿、关键科学问题、行业痛难点、研究方法和研究方案等都有了深刻的认知，创新能力和创新实践水平都得到了极大的提升。以纺织纤维及制品教育部重点实验室为完成单位，目前已获得中纺联科技进步一等奖一项、中纺联科技进步二等奖一项、中纺联技术发明一等奖一项、湖北省技术发明奖一等奖一项、中纺联专利奖金奖等奖项。以重大项目和校企合作为驱动路径有力支撑了研究生教育改革实践和培养体系建设。

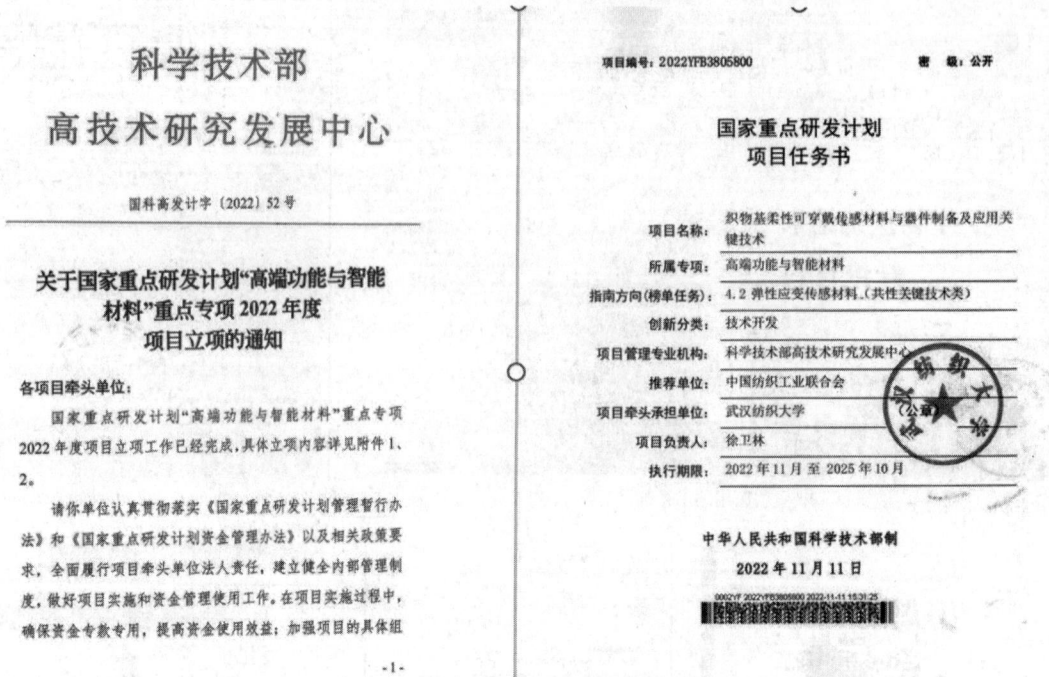

图12　校企联合获国家重点研发计划"十四五"重点专项

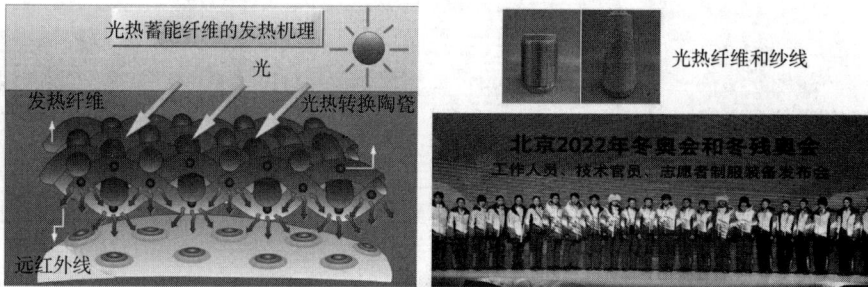

（a）高效光热转换发热聚酯纤维　　　　（b）2022年冬奥会和冬残奥会的防寒服

图13　与中石化合作开发"暖芯"用于北京2022年冬奥会和冬残奥会的防寒服

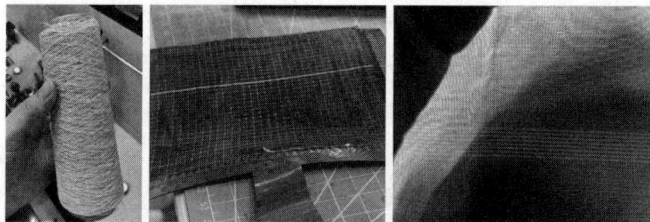

（a）教师和研究生与歌尔股份开发发光纤维和集成发光织物

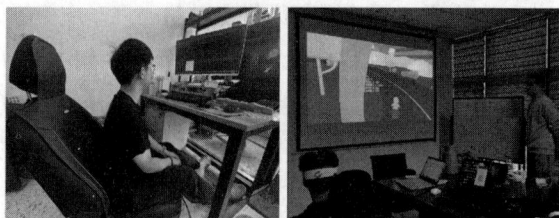

（b）教师和研究生与现代摩比斯（mobis）开发新型交互用汽车座椅

图14　教师与研究生共同开发新型发光纤维织物及VR汽车座椅

（3）教师成长得到有力推进，研究生培养质量获得广泛认可和推广，实现师生共同成长。

纺织纤维及制品教育部重点实验室目前共有成员38人。其中，获国家"万人计划"称号1人，"湖北省楚天学子"称号11人，"武汉英才"称号1人，校级阳光特聘教授1人，校级阳光青年拔尖人才3人。2023年举行的第十二届中国纺织学术年会上，王栋教授获2022纺织学术大奖，李沐芳教授荣获2022"中复神鹰"纺织青年科技奖（图15）。

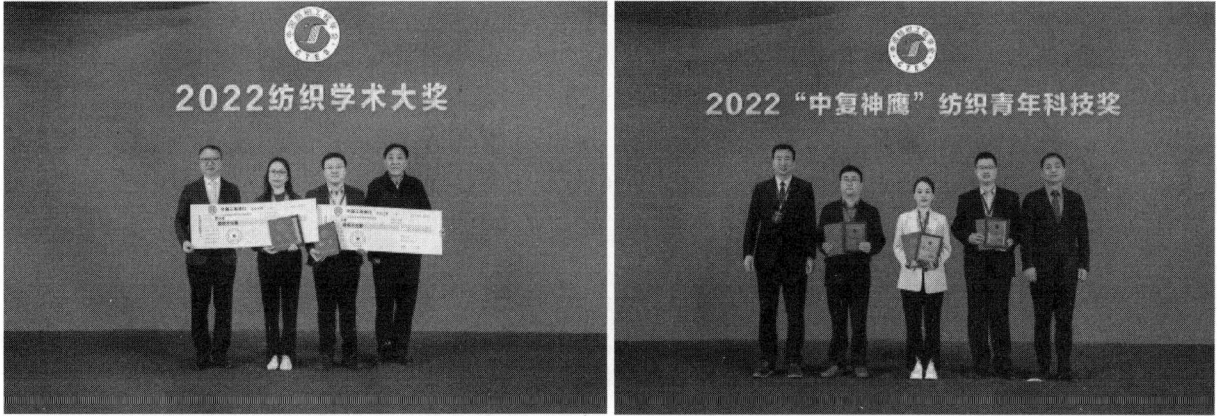

图15 项目成员王栋获2022纺织学术大奖，李沐芳获2022"中复神鹰"纺织青年科技奖

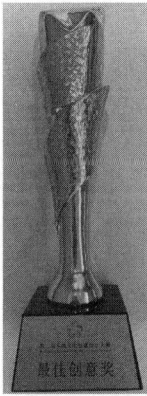

（a）军服文化创意设计
大赛最佳创意奖

（b）湖北省大学生创新创业计划赛
银奖、铜奖

（c）优秀论文奖励8人次

图16 多名研究生在各类学术和科技赛事中获奖

纺织纤维及制品教育部重点实验室为企业输送了大量具备交叉学科背景的人才，为纺织学科与其他行业的交叉发展注入了活力。本项目的特色育人模式及人才培养效果得到社会和中国石油化工集团有限公司、天马微电子股份有限公司、人福医药集团有限公司、振德医疗用品股份有限公司、山东泰鹏集团有限公司、中国航天三江集团有限公司等近20家著名企业的广泛认同。受益于项目的实施，多名研究生在各类学术和科技赛事中获奖（图16）。此外，实验室有多位研究生受益于国际合作和校—校联合机制，在澳大利亚迪肯大学、香港理工大学、东华大学、江南大学进行博士深造，目前有9位已获得博士学位，留校任教或在企业从事研发工作。

（4）与企业建立了长期互信、互哺的合作关系，与行业内高水平高校建立了校校联合开放共享式科教融合体系，科研资源转化为育人资源成果显著。

纺织纤维及制品教育部重点实验室与中石化仪征化纤保持了长期合作关系，共同承担中国石化集团功能聚酯纤维和特种功能纤维材料开发项目10余项，累计研究经费逾1000万元，部分研发产品已实现千吨级量产。数10名研究生参与了上述项目的研发工作，工程实践能力和创新能力得到了极大的淬炼。重点实验室与歌尔股份、联合滤洁过滤技术（武汉）有限公司、山东泰鹏、湖北拓盈新材料有限公司、安徽迪惠新材料科技有限公司、苏州宝丽迪材料科技股份有限公司建立了联合研究开发协议或设立奖学金协议（图17）。重点实验室10余位教师被选聘为科技镇长或企业副总，包括仪征市真州镇镇长助理、佛山市南海区西樵镇镇长助理等，为服务当地经济作出了重要的贡献。教师在政府和企业的工作经历，有助于教师了解行业发展趋势，促进教师科技成果转化，提升教师的实践能力和创新能力。而教师的科研服务经历，有助于为研究生提供更加贴近实际的教学内容，有助于政—校—企联合和平台的建立，最终带动学生实践能力提升。重点实验室还建立了基于纤维材料的交叉学科应用于研究的线下学科展示厅，动态直观地展示了实验室最新研究成果，每年接待包括政府领导、行业协会领导、企业家、高校专家学者等1000余人次。展示厅加强了政府、企业和其他高校对重点实验室的认可和信任，促进了各方对彼此需求和关注点的了解，提升了重点实验室的知名度，争取到了更多的政—企—校合作资源。上述校企合作科研平台资源为研究生提供了科研实践和实习的机会，为研究生创新能力的培养提供了丰富的科教融合资源。

（a）安徽迪惠新材料科技有限公司　　　　　　（b）联合滤洁过滤技术（武汉）有限公司

（c）湖北拓盈新材料有限公司　　　　　　　　（d）苏州宝丽迪材料科技股份有限公司

（e）山东泰鹏环保材料　　（f）百威啤酒有限公司　　　（g）歌尔股份有限公司
　　　股份有限公司

图17　纺织纤维及制品教育部重点实验室与多个企业建立了校企联合研发平台

　　2021年，由中国工程院、中国科学技术协会主办，中国材料研究学会共同主办的第三届中国新材料产业发展大会在武汉举行。2021年，纺织纤维及制品教育部重点实验室与功能纤维材料分论坛由纤维材料改性国家重点实验室（东华大学）、中国化学纤维工业协会国家先进功能纤维创新中心、纤维材料改性与复合技术分会合作，承办第三届中国新材料产业发展大会分论坛，王栋教授担任总秘书长。实验室20余名研究生以参会者或志愿者的身份参与了本次项目，学生通过会议不仅开拓了学术眼界，也锻炼了学术活动组织管理、协调、团队合作和沟通能力（图18）。

技术研究院含重点实验室每年举办50余场国内外来访学者的学术报告会，以及多场双边学术交流会，邀请全球知名专家和企业家授课，通过学术交流活动拓展研究生学术思路，培养具有前瞻性的多学科交叉复合创新人才。

图18　纺织纤维及教育部重点实验室与东华大学、中国化学纤维工业协会
联合承办产业发展大会分论坛

值得一提的是，项目成果还被苏州大学、江南大学、天津工业大学、湖南工程学院等多所高校借鉴，人才培养得到广东溢达纺织有限公司、361°（中国）有限公司、武汉天马微电子股份有限公司、稳健医疗（武汉）有限公司、中石化仪征化纤等多家著名企业认同，受益企业超100家。项目研究及实践的受益面涉及研究生培养，已显著延伸至相关专业的本科生、师资队伍建设、科技及育人平台建设、科技事业发展和促进行业进步等众多方面。专业教师获国家级及省部级教学奖80余人次、国家级及省部级科技获奖90余人次和个人荣誉50余人次。我校受益研究生近500名，取得发明专利授权200余件、SCI/EI论文500余篇、中文核心100余篇、各级各类获奖100余人次。

面向国家重大需求、推进高质量发展，新时代纺织人才分类培养模式改革与实践

东华大学

完成人及简况

姓名	性别	所在单位	党政职务	专业技术职称
覃小红	女	东华大学	院长	教授
李成龙	男	东华大学	组织部部长	副教授
黄莉茜	女	东华大学	无	教授
郁崇文	男	东华大学	无	教授
晏雄	男	东华大学	无	教授
王荣武	男	东华大学	无	教授
王璐	女	东华大学	无	教授
张瑞云	女	东华大学	无	教授
寿晨燕	女	东华大学	纺织党委副书记	讲师

1. 成果简介及主要解决的教学问题

1.1 成果简介

党的二十大指出，人才是第一资源，科技是第一生产力，创新是第一动力，要加快建设世界重要人才中心和创新高地。研究生教育肩负着高层次人才培养和创新创造的重要使命，是国家发展、社会进步的重要基石。纺织产业是我国优势产业，肩负着"纺织强国"的重要战略目标。东华大学纺织科学与工程学科作为国家"双一流"建设学科，在历次学科评估均名列全国第一，2007年起列入一级学科国家重点学科。学校以"四个面向"为指导，引领纺织产业转型升级和高质量发展为目标，历经十余年创新实践，依托产业及学科优势，建立了德育先行、课程强化、项目牵引、创新驱动的新时代纺织人才分类培养体系，形成如下成果（图1）：

（1）构建多学科多平台交叉蓄力，一体化融合的纺织研究生培养机制，实施卓越纺织人才分类培养模式改革，实现一流纺织创新人才多元化立体化培养。

（2）聚焦国家重大战略需求，以重大项目为牵引，着眼纺织行业"卡脖子"关键技术攻关，将纺织研究热点与工程前沿融入研究生培养全过程，实现卓越纺织人才培养模式的改革。

（3）服务纺织产业转型升级需求，推进纺

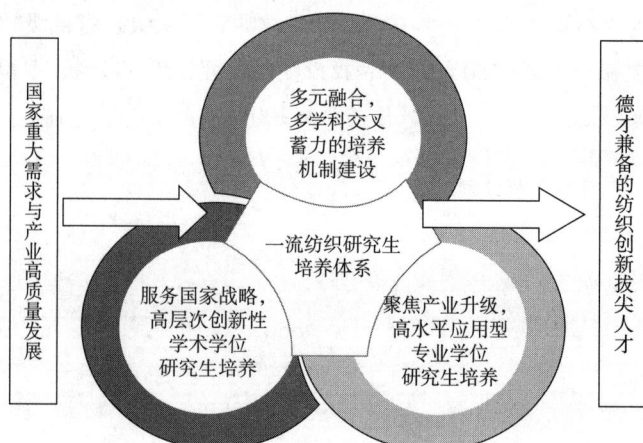

图1 一流纺织研究生培养体系

织行业高质量发展，优化产教融合培养新路径，深入实施"政产学研服用"融合，强化校企联合培养基地建设，服务应用能力与职业能力培养，将纺织人才培养与用人需求紧密对接。

1.2 成果主要解决了如下教学问题

（1）解决了传统培养体系中科教融合不紧密，限制卓越创新人才培养的难题。突出重大项目牵引育人理念，促进科创和育人有机融合，激发学生的社会担当与服务意识。

（2）解决了传统教学内容及模式与产业发展及重大需求脱节，不利于纺织专业创新潜质培育的难题。开展兴趣驱动下学生自主实践，多渠道培养和拓展创新潜质，助力学生个人发展。

（3）解决了传统实践教学理念和体系限制综合实践和组织协调能力发展和能动性发挥的难题。充分调动了学生的主动性，学生的问题分析能力、现场实践能力与组织协调能力得到全面训练。

2. 成果解决教学问题的方法

2.1 多元要素融合、多学科交叉蓄力的培养机制建设

打造多要素有机融合的拔尖课程体系，涵盖多元融合的思政课程体系、层次递进的素质课程体系、模块化的专业课程体系，打破传统专业课设置的壁垒，建立与之对应的一流课程体系；构建"整合—集成—优化—贯通"纺织、材料、服装、化工、计算机、机械等多学科一体化融合的纺织研究生培养体系，通过交叉学科教学改革与课程体系建设、跨专业课程互选互认、跨专业组队双创训练、重点交叉学科项目培育、协同创新平台建设等系列举措，实现一流纺织创新人才的多元化立体化培养。

针对学术型研究生培养，实施强纺织"9733"导师团培养制，组建九大二级学科导师团、七大交叉学科导师团、三大国际交流导师团与三大企业拓展导师团，每个导师团均配备课题德育导师和企业大师1名，学生自主选择并定期动态调整导师团，实现高水平导师全时指导。针对专业学位研究生培养，建立"1+2N+2"双导师团制，加强校内外导师联动，通过企业实践和系列导帅培训等提升导帅实践育人能力，建立校内外导师激励措施，提升导师参与专业学位研究生培养的动力（图2）。

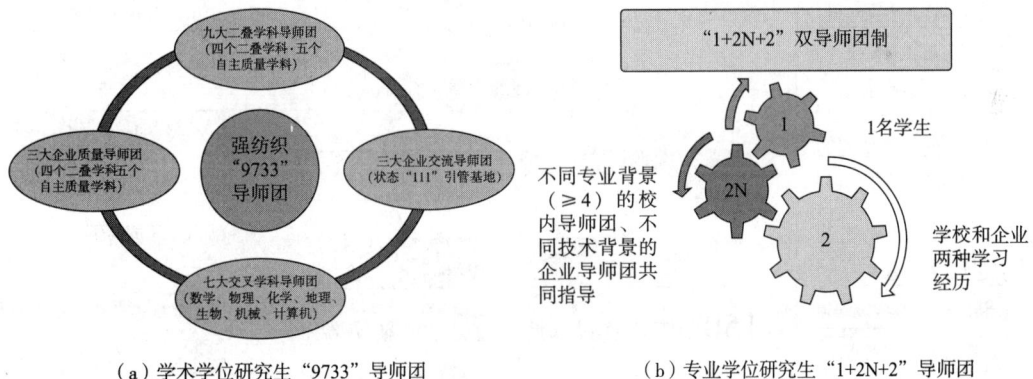

（a）学术学位研究生"9733"导师团　　　　　　（b）专业学位研究生"1+2N+2"导师团

图2　研究生导师团模式

2.2 聚焦国家重大战略需求，开创项目牵引的培养过程改革

面向国家关键领域需求，将研究生培养方案与国家重大纺织战略需求的各领域及纺织产业各环节相结合，建立科教—创产—课题互动式科研培养体系，论文课题直接对接科研项目，培养研究生独立解决前沿性与世界性纺织工程难题的能力。以国家级重大科研计划及纺织头部企业重大创产项目为牵引，将全球纺织研究热点与工程前沿融入研究生课堂，突出"高端引领、产教融合"，构建"教学—研讨—实践"的研究生教学模式。

以国家重大战略和社会重大需求为重点，建设国家级精品研究生金课群，创建"纺织科学与工程"一

流研究生教材体系，打造"强纺织精品化教学平台"，已立项国家资源共享课、全英文示范课程6门，入选上海高等教育精品教材6本，中国纺织服装教育学会优秀教材32本，教材精品化比例达到90%。对接国家重大需求，整合学科所获"高曲率液面静电纺非织造材料宏量制备关键技术与产业化"等国家级、省部级科技奖，建设"科奖创新平台"，把优秀科研成果转化为高水平的专业实验平台（图3）。

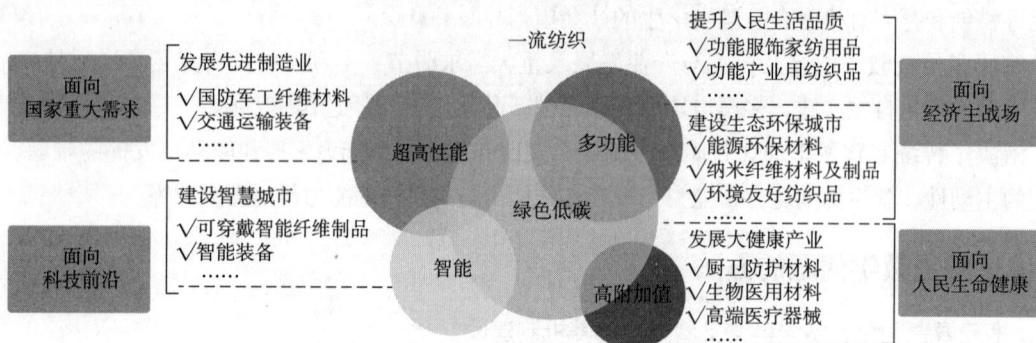

图3 一流纺织"四面向"

2.3 推进纺织行业高质量发展，实施产教融合的培养路径改革

针对纺织产业高质量发展需求，将纺织全产业链质量提升亟须的新方法和新技术有机地融入学生培养方案，完善分类考试、综合评价、多元录取、严格监管的研究生考试招生制度体系。建立项目运行—研究生培养协同式监控机制，将研究生开题—中期—预答辩—答辩全环节与科研项目进展联动。强化"政产学研"全联动式监督管理理念，构建了集培养、监督、反馈于一体的教学质量保障组织架构。

对接纺织产业高质量发展，建立22个国家级及省部级创新实践平台及150个校企共建实践平台，打造全流程"创新实践平台"，以培养实践创新能力为目标，建立"校企相融"新机制。学生获"挑战杯"等全国大赛奖项近50项。每年组织纺织援疆团等暑期社会实践团超20支，累计参与学生超过1000人（图4）。

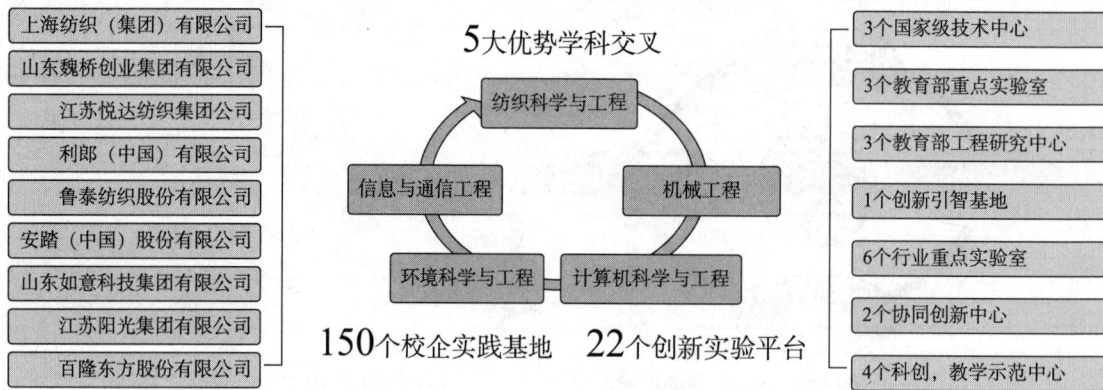

图4 产教融合

同时，设立研究生创新基金、企业资助研究生人才基金、研究生创业培育基金等，建立强投入"创新人才孵化平台"，覆盖研究生比例超60%。学生每年获创新基金50余项，纺织领域SCI论文发表数量位居全球第一。

3. 成果的创新点

3.1 培养理念创新

创造性地提出了"重大项目牵引、科研创新先行"的研究生培养理念。充分发挥国家纺织产业引领作用与学校纺织学科优势，面向国家重大需求与纺织领域尖端问题，依托"高品质热湿舒适纺织品制备关键技术"等27项国家重点研发计划,以及安踏(中国)有限公司、魏桥纺织股份有限公司等纺织龙头企业重大创产项目,将研究热点与工程前沿充分融入研究生培养各个环节,培养了一批创新型工程人才、科技精英和创业先锋。近5年,学生参与国家级重大科研项目100余次,10人获全国"做出突出贡献的工程硕士学位获得者""工程硕士实习实践优秀成果获得者"称号。

3.2 培养机制创新

创建了保障一流纺织研究生创新培养的"多学科融合领航"研究生培养机制。将研究生培养目标与国家重大纺织战略需求及纺织产业各环节相结合,深度挖掘一流纺织研究生培养过程中的交叉学科属性,通过培养方案改革—课程体系建设—研究课题设置—创新能力训练—培养平台创建全流程培养路径改革,构建多学科一体化融合的纺织研究生培养体系,实现了一流纺织创新人才的多元立体化培养。

同时,打造国家级教学名师领衔的德育领航团队;组建以国内外院士领军、国家级重点人才为中坚、国家级重点青年人才为骨干的世界先进水平专职导师团队;柔性引进康奈尔大学、北卡州立大学等国际化学术大师团队;聘用世界500强等产业领军人才建立企业导师团队,形成德育、专业、国际、产业"四位一体"的师资队伍。

3.3 培养环境创新

首创了支撑一流纺织研究生创新培养的"四维融合"研究生培养环境。全国首创融合国家级科技奖励及国家级重大科研项目的"纺织科奖平台";构建"整合、集成、优化、贯通"多学科一体化融合的全流程"创新实践平台",将科研培养、工程实践与社会责任、人文素养统一于多途径的思政设计、课程设计、工程设计和研究创新训练体系中,培养学生的设计思维和知识整合运用能力。布局战略性、支撑性、引领性关键共性技术,构建系统化、多元化研究生创新创业资助体系。

4. 成果的推广应用情况

4.1 教学体系建设成效

依托"上海一流研究生教育引领计划",资助20部研究生教材建设,涵盖国家精品课程"纺织物理"、上海高等教育精品教材《纳尺度纺织纤维科学工程》等(图5),目前已在全国20余所纺织院校使用,纺织科学与工程学科博士授予高校使用率100%。打造一批研究生专属"金课",已立项国家资源共享课、全英文示范课程6门。连续10年举办"上海纺织研究生国际暑期学校",建设一批高水平有影响力的国际化课程,招收学员数千人,涵盖国际30多所纺织院校。

图5 教材建设

4.2 培养机制建设成效

完善专业学位教学体系改革,创建"现代纺织企业实践案例解析"等特色课程,出版全国首本《现代纺织企业精英实践案例解析》等实践案例教材。邀请中国纺织工程学会常务理事长伏广伟等专家授课20次,提高了纺织专业学位研究生的科学素养与人文质素。与包括2家世界500强公司、80%以上千亿级纺织企业和上市公司在内的近百家纺织龙头企业建设联合培养基地。其中，与上海纺织控股（集团）有限公司研究生联合培养基地为国家和上海市示范性工程专业学位研究生联合培养基地，与山东魏桥创业集团有限公司、江苏丹毛纺织股份有限公司、江苏悦达纺织集团公司共建联合培养基地为校级专业实践培育基地。依托以上基地，毕业生获得省（市）级以上科技进步奖5项、上海市优秀发明金奖1项，为企业解决关键技术问题30余项。

4.3 创新人才培养成效

培养学生解决重大科学与工程问题能力和创新创业意识，学生每年获得创新基金资助50余项，资助率达50%；获"挑战杯""互联网+"等全国大赛奖项近50项；近十年纺织领域SCI论文发表数量位居全球第一。囊括纺织学科全部8篇全国优秀博士学位论文。4人获全国"做出突出贡献的工程硕士学位获得者"称号；6人获全国"工程硕士实习实践优秀成果获得者"称号。覃小红先后入选教育部长江学者青年学者、特聘教授；王栋入选国家万人计划青年拔尖人才；朱文斌入选2017福布斯中国30位30岁以下精英榜；丁彩玲现任山东如意集团执行总裁，获"全国先进科技工作者"称号（图6）。

图6 人才培养

4.4 社会服务成效

牵头组建世界纺织大学联盟，是目前参与院校最多、对"一带一路"沿线国家覆盖率最高的纺织类高校联合国际组织。近五年培养了63名一带一路沿线国家留学生获博士和硕士学位，并活跃于各国教育科研一线：戴维·R.图伊贡（David R. Tuigong），肯尼亚莫伊大学教授，肯尼亚国家工业研究院副院长；富拉特·贾迈勒·哈桑·阿塔比（Furat Jamal Hassan Al-Attabi），伊拉克巴格达大学教授，荣获伊拉克国家2018年度创新奖。连续10年组织"全国大学生纺织援疆团"，帮助新疆大学和塔里木大学提升纺织学科水平，获"一带一路"全国大学生暑期社会实践优秀团队奖和上海市大学生社会实践大赛一等奖、"上海市青年五四奖章集体"，获首批国家级社会实践一流课程（图7）。

图7 社会服务

4.5 引领示范成效

举办世界纺织服装教育大会，共有28国的127所高校参与，会上对本成果进行重点推介，将世界一流纺织专业建设的"中国经验"推广辐射到全世界纺织类高校。先后在国家留学基金管理委员会"全国2021年国家公派留学选派工作培训会"，全国工程专业学位研究生教育指导委员会"工程类专业学位研究生联合培养经验交流与工作总结会"上作为代表性成果进行交流发言，受到国家留学基金管理委员会秘书长生建学、美国与大洋洲事务部主任董志学及参会院校高度好评。经过多年实践，研究生培养水平获国内外同行和社会高度认可，为其他高校的人才培养提供了可借鉴、可复制的经验，形成了良好的引领示范作用。

"一坊、二轴、三融合"的课赛联创机制及传承创新全方位育才实践

浙江理工大学，海宁金永和家纺织造有限公司，杭州都锦生实业有限公司

完成人及简况

姓名	性别	所在单位	党政职务	专业技术职称
娄琳	女	浙江理工大学	无	副教授
祝莺莺	女	浙江理工大学	校团委书记	副教授
胡永青	男	浙江理工大学	服装学院党委副书记、纪委书记	副研究员
林竟路	女	浙江理工大学	服装学院染织艺术设计系主任	副教授
孙虹	女	浙江理工大学	服装学院教学督导组长	教授
姚琛	女	浙江理工大学	浙江理工大学湖州研究院副院长	教授
姚惠标	男	海宁金永和家纺织造有限公司	执行董事兼技术经理	工程师
苗雨痕	男	杭州都锦生实业有限公司	生产技术部主任	高级技师

1. 成果简介及主要解决的教学问题

1.1 成果简介

习近平总书记在2023年二十届中央政治局集体学习中先后多次强调教育、科创、人才的重要性，"坚持创新链、产业链、人才链一体部署，推动深度融合"，"推动学科交叉融合和跨学科研究，构筑全面均衡发展的高质量学科体系"。作为传承和创新的主体，高等教育人才培养中学科交融、产业交融、素质交融尤显重要，在破壁和跨界中，要培养坚定科创自信、文化自信、勇担社会责任的综合型栋梁之材。

针对传统教学艺工难融、理实难通、成果难用、人才难为的问题，我校构建了一坊融会贯通、二轴联动（艺工同轴、产教同轴）同轴同向同力同行、三大领域融合（传统+时尚+科技）传承创新、社会责任牵引的四层级课赛联创体系，促使栋梁之材高效培养机制如"魔法学校"般载着学生飞速成长（图1）。

历经16年探索与实践，立足4个国家一流专业，我校获2门国家级8门省级课程，1部国家级和3部省部级教材，2个国家级实验室，10个校外工坊实践基地，承办2019年"挑战杯"省赛、2022年"互联网+"省赛，指导三大杯学科竞赛6项国家级、一类学科竞赛32项省特/一等奖等逾375项获奖、187篇论文、96项

图1 "一坊、二轴、三融合"的"魔法学校"栋梁之材培养机制

专利、100余项作品企业录用，教学成果奖4项省部特/一等奖等逾10项，教学创新大赛、教育技术成果评比、"互联网＋教学"优秀案例等获2项省特/一等奖等逾7项，仅线上课程就已有300多所院校参与，50万以上学生受益，系列公益教学活动获学习强国、光明日报、中国教育在线等各类主媒报道40余篇（图2）。

图2　课赛联创机制

1.2　主要解决的教学问题

（1）工是工、艺是艺，导致学科难融。科学与艺术是一枚硬币的两面，工程的科学性和设计的艺术性在国计民生和美好生活中缺一不可，也是诞生大国工匠、人师名家的汇上。而前置教学体系的分类培养现状使其发展受限，不利于满足综合型人才的社会需求。

（2）纸上谈兵脱离产业，导致学不致用。传统教法脱离产业实际，易使学生淹没于海量材料、技法、设备、品种等割裂的知识之中，"授之以鱼"的模式难以引导学生理论与实践高效融会贯通，能力水平较难适应高速发展的产业需求，学生实操不足，往往一知半解，学不扎实。教学产出难获前沿市场、产业、社会认同。

（3）社会责任引领缺失，导致学而无情。局限于以知识掌握等为目标的教学导向，学生缺乏对所学领域的真情实意，缺乏社会责任感，为国为民为人类社会做贡献的内在原动力不足，少有大情怀，难有大作为。

因此，建立"一坊二轴三融合"的课赛联创机制，开展传承创新全方位育才实践，尤为必要。

2.成果解决教学问题的方法

2.1　创立传承创新工坊，各项教学环节融于一体

立足社会需求现状和人才成长需要，构筑"五脏俱全"的工坊制，形成微缩产业链，实行艺工融通、理实致用、产学交融的教学模式。消除课与课之间、理论与实际之间、学科与学科之间、校内与校外之间、学生能力与社会需求之间的隔阂，自然而然地将人才培养各环节融于一体。通过环环相扣的教学环节，遵循生产实际，以项目式教学方法为主线，串珠成链，达成全方位人才培养目标的实现。

2.2　建设课赛联创机制，激发创造力增强成就感

合适的比赛与课程一一匹配到位，让课程最大限度地活起来，价值进一步发挥出来。拓宽课程的外延，在时间上不止于下课和结课；在内容上不止于知识点传授；在方法上教无定法，因材施教，因地制宜，灵

活结合课程与竞赛特点。在课程目标的基础上，竞赛的引入带来明确的目标任务和竞争意识，更激发了学生的创造力，并使其掌握更为扎实，一步步完成任务和一次次晋级或进步，都带来更强烈的激励和成就感，促进教学效果，形成良性培养循环。

2.3 融合"传统＋时尚＋科技"，实现传承与创新

高校学生作为年轻群体的中坚力量，是传承与创新的主要接班人。在课赛联创机制中将社会责任等思政教育和传统技艺课程合理列入高校人才培养体系至关重要。建成课程体系第1层：传统与时尚切入基础平台课；第2层：传统文化、时尚设计、现代科技融入专业模块课；第3层：文化传承、时尚科技融合的实践课程群；第4层：产业需求为导向的校内外联动；分4个层级体系进行教学实践，在"授之以渔"的基础上，以社会责任为引领，产业需求为导向，学生用情而学，大幅提高了理论与实践相结合主动发现、分析、解决问题并对接社会需求的能力，使人才供需匹配问题得到一定程度的解决，实现有根基的开花结果、有传承的创新（图3）。

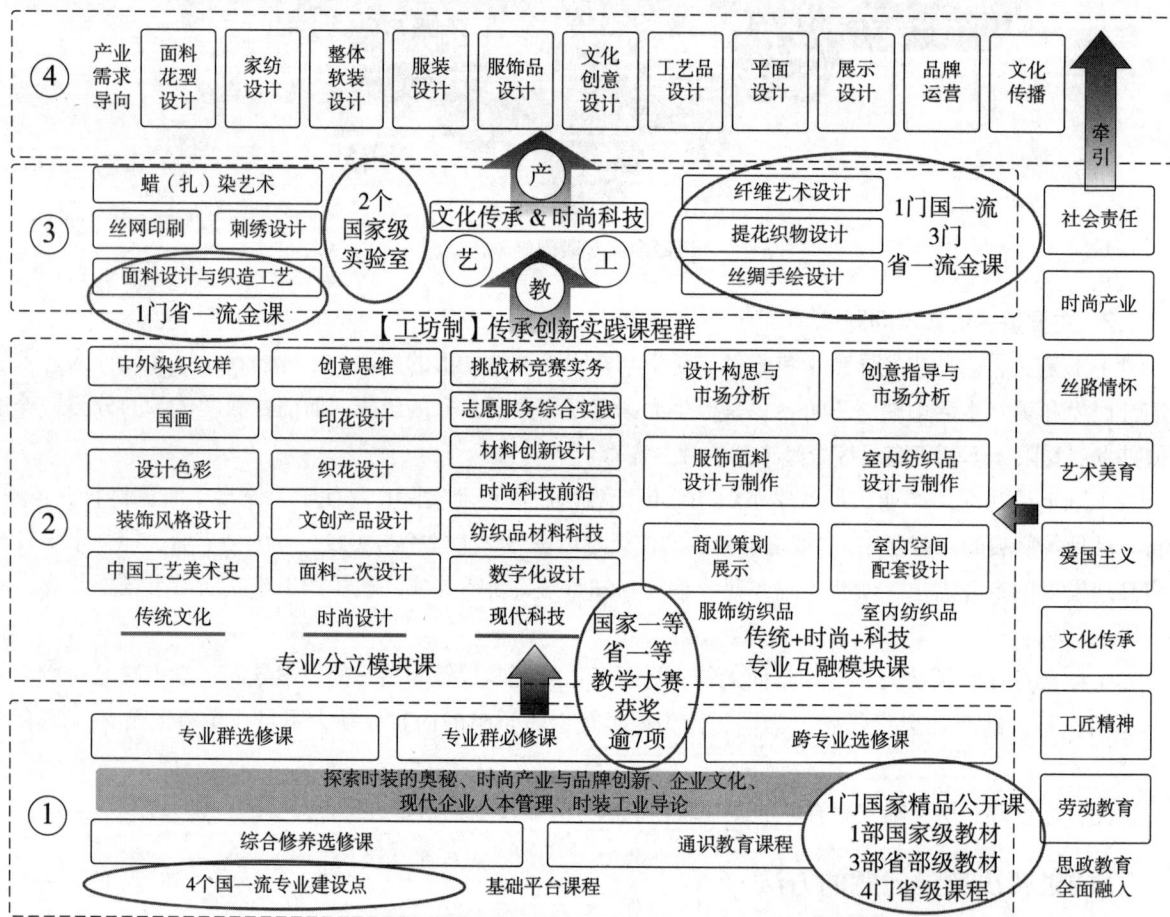

图3 社会责任引领、"一坊、二轴、三融合"的4层级课程体系示例（以纺织品艺术设计专业方向为例）

3. 成果的创新点

一坊炼全才"模式创新"。本着为党、为国、为民、为全社会培养顶天立地的栋梁型人才的目标，以社会需求为传承与创新的工坊教学的方向引领，培养学生的社会责任担当，将社会对人才的全方位需求汇于一体，以全流程实操教学模式，理论知识点与实践项目一一对应，扎实开展各门课程教学。例如考察实践基地，调研纺织市场，论证设计方案，开展作品创作，制订工艺路线，操控工具设备，创意产品落地等，

全程高效培养学生综合能力。

二轴联动稳且快"结构创新"。打通艺术学、工学之间的隔膜，维系教学与产业链之间的纽带，艺工同轴、产教同轴，同轴同向，同力同行。艺术设计路线+工程技术路线、教育教学路线+现代生产路线相辅相成，在每个知识点和能力素质培养中时刻互融互通。

三元融合添动力"内容创新"。传统纺织服装技艺为丝绸之路和优秀传统文化的杰出代表，时尚创新与科技融合是纺织服装业发展的风向标。融"传统+时尚+科技"于一体，民族传承、时尚创意、科技发展三大内核使教与学更加有根基、有市场、有未来，形成了跨时空、多维度、立体化、有力量的教学体系。

四方对接富成效"实践创新"。基础平台课、专业模块课、综合实践课与相应的大赛相对接，并且各门课程与相应的产业领域相对接，师生在教学过程中充分与产业、社会各界对接，大力开展实践，课赛联创，共促共荣，形成4层级课赛联创体系，在夯实教学成效、丰富教学产出的同时获得广泛社会认同（图4）。

图4　成果创新点

4. 成果的推广应用情况

4.1　人才培养，实现传统技艺传承及创新

"一坊、二轴、三融合、四对接"的课赛联创机制及传承创新全方位育才实践中，师生在学科竞赛、课程建设、教学获奖、教学条件建设等方面成绩斐然。

学科竞赛：承办2019年"挑战杯"省赛、2022年"互联网+"省赛，教师团队指导学生获"挑战杯"大学生课外学术科技作品竞赛国赛一等奖、省赛特等奖，中国纺织类高校大学生创意创新创业大赛全国一等奖、"互联网+"大学生创新创业大赛省赛金奖、浙江省专业学位研究生优秀实践成果、浙江省大学生服装服饰创意设计大赛一等奖、中国高校纺织品设计大赛一等奖、"国青杯"全国高校艺术设计作品大赛一等奖、中国国际面料创意大赛最佳文化传承大奖、最佳时尚创意大奖、国家级大学生创新创业训练计划项目等逾375项，省级及以上一等奖32项以上。团队成员多次获优秀指导教师奖。

课程建设：与学科竞赛和设计比赛联动创新，课程围绕纺织服装的"传统+时尚+科技"，团队成员主讲的"提花织物设计"获国家级一流课程、"探索时装的奥秘"获国家精品视频公开课，"艺术经纬""时尚产业与品牌创新"等10门课程均已获浙江省一流课程。

教学获奖：浙江省高校"互联网+教学"优秀案例特等奖、二等奖各1项，浙江省高校首批"翻转课堂"优秀案例，中国纺织工业联合会纺织高等教育教学成果奖特/一等奖5项等省部级以上教学成果及国家级教材等十余项。

教学条件建设：拓展了与都锦生博物馆（国家级非遗保护单位）等10家校外教学实践基地。建成2个国家级、1个部级、5个省级平台。发起并承办多项赛事，例如以主办单位承办政府项目"首届中国（杭州）国际丝绸旅游用品设计大奖赛"，有14个国家地区319单位1135选手1607幅作品参赛，影响力广泛。具备完善的软硬件基础和校内外条件（图5）。

图5　团队成员指导的部分学生竞赛成果（包括三大杯赛国家级奖项6项，省级特/一等32项等375项以上获奖）、
国家/省级一流课程10门/国家/省部级特/一等教学成果获奖逾10项

4.2 寓教于业，服务长三角产业区块链

湖州：组建了浙江理工大学湖州丝绸·时尚研究院，团队成员担任研究院副院长，打造产业生态闭环，协同学生培养和助推纺织服装、丝绸时尚产业在长三角一体化中蓬勃发展。

余杭：服务浙江省八大万亿产业，对接余杭家纺产业集群与学校技术资源和人才资源，让高校服务产业高质量发展。

海宁：团队于2007年开启与海宁企业的一系列持续合作和社会服务，建立了校企研发中心，助推高新企业和著名品牌（图6）。

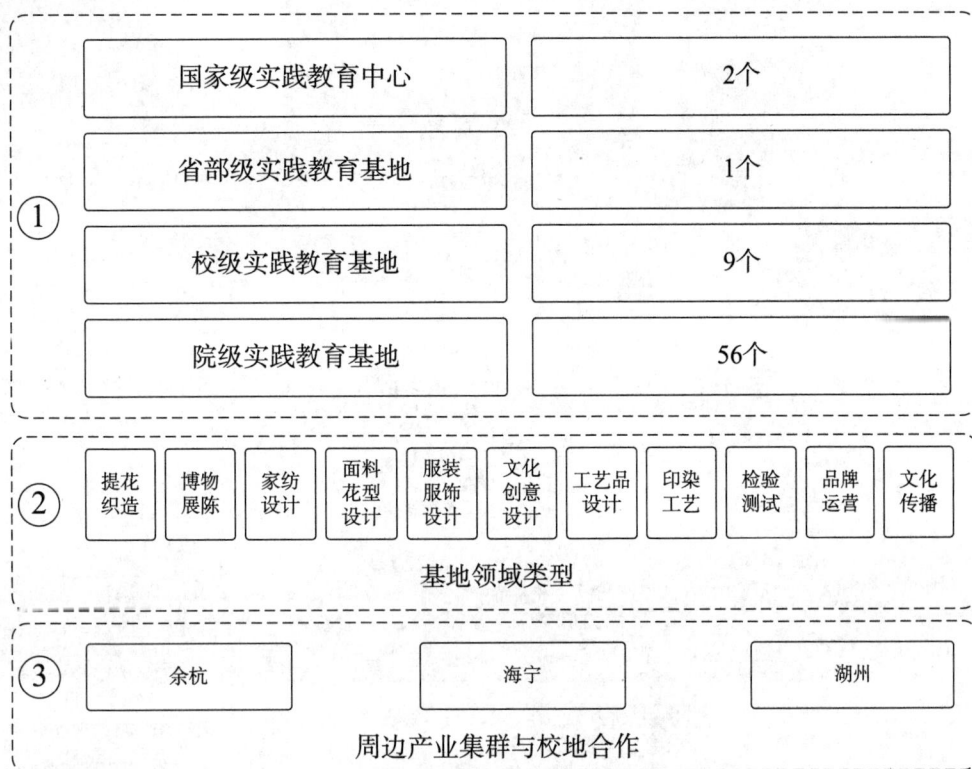

图6　校外实践基地体系

4.3 社会影响，提升全民社会责任感

以鲜明的传统纺织文化与时尚创新特色，开展全球旗袍日、亚运会亚残会、纺织博览会、流行趋势发布、各地讲学传播等，对接各类业界大型活动，参与其中的学生综合能力得到普遍提高，同时大幅提升了传统纺织服装技艺及其创新发展的社会认同度和影响力（图7、图8）。

图7　覆盖幼儿园、中小学、国内外院校、商业中心、产业集群等的课赛实践系列活动

图8　公益支教获中宣部和"学习强国"全国总平台点名褒奖，系列教学实践活动多次获"学习强国"全国/浙江学习平台、光明日报、光明网、中国教育在线、地方电视台等主媒报道40余篇

价值引领、能力导向、产教融合——"新工科"背景下纺织工程专业核心课程教学改革与实践

青岛大学

完成人及简况

姓名	性别	所在单位	党政职务	专业技术职称
周蓉	女	青岛大学	课程负责人	副教授
李明华	女	青岛大学	无	副教授
姜展	男	青岛大学	纺织工程系党支部书记	副教授
郭肖青	女	青岛大学	"织造学"课程负责人	副教授
吴韶华	男	青岛大学	无	副教授
邢明杰	男	青岛大学	纺织工程系建设委员会主任	教授
田明伟	男	青岛大学	纺织服装学院副院长	教授
李显波	男	青岛大学	"针织学"课程负责人	副教授

1. 成果简介及主要解决的教学问题

1.1 成果简介

基于新工科建设背景，从现代纺织产业对创新型专业人才需求出发，本成果围绕国家级一流课程建设要求，以"学生为中心"，坚持价值引领，能力培养为导向，充分利用山东得天独厚的纺织产业优势，产教融合，以"基础理论—加工技术—设计与开发"为主线形成以纺织材料学、纺纱学、织造学、非织造学、纺织品设计学等重要专业课为主的核心课程群。依托中国纺织工业联合会教改项目"多维度合作学科交叉型纺织专业人才培养模式探索"、中国高等教育学会项目"基于线上线下混合式教学的数字化课程资源建设与实践"以及多个青岛大学校级教学研究项目（《纺织材料学》2项、《非织造学》2项、纺纱学（虚仿实验）1项、《织造学》4项、《针织学》2项，《纺织品设计学》1项等），从课程建设、课程教学改革、课程思政以及人才培养模式等方面开展了教学研究和教学实践。提出了"价值引领、能力导向、产教融合"的核心课程教学思路，同时通过"虚实结合、专创融合、课赛结合"等多模式培养学生工程思维和工程创新实践能力。

基于上述项目开展的教学研究和实践，"纺织材料学""纺纱学"课程被认定为国家级混合式一流课程，"织造学"课程及两项虚拟仿真实验（"翼锭粗纱机机构与工艺分析虚拟仿真实验""针织电脑横机成型织造虚拟仿真实验"）获得省级一流本科课程认定。同时周蓉老师主持项目获青岛大学教学成果二等奖，郭肖青老师负责课程"织造学"被评为山东省课程思政示范课程。教改成果丰硕，育人成效显著。

1.2 主要解决的教学问题

（1）解决专业课原有教学内容单调、教学模式单一的问题。提出了混合式课程建设路径、建设方法和建设标准。专业核心课在内容上前后承接，既相互关联又有各自特点，建设的总体思路可相互借鉴，以此带动课程教学质量全面提升。

（2）解决专业课传统教学重知识传授轻能力素质问题，加强专业课的思政教学设计。专业课思政方法

和实现路径既有共通性也因为课程内容不同而具有不同的思政切入点，建设具有不同课程特点的思政案例库，多门课程相互联动，增强育人效果。

（3）解决学生工程思维和综合工程实践能力薄弱的问题，专创融合、课赛结合、产教融合等方式构建多元实践教学体系以及开展虚拟仿真实验，促使本专业学生形成系统完整的解决纺织领域复杂工程问题能力。

2. 成果解决教学问题的方法

2.1 以一流课程建设为抓手，按照"一个中心、两种路径、三个标准"的建设思路，构建"价值引领、能力导向、产教融合"具有专业特色的优质专业课程群

学生是学习的主体，"以学生为中心"已成为大家的共识，围绕这一理念我们针对传统教学中知识单向灌输的问题，提出以培养学生自主学习能力为目标，从"我学会"转变为"我会学"，教学中采用"线上＋线下"两种途径相结合的混合式教学，以金课的三个标准"高阶性、创新性、挑战度"为目标开展课程建设。通过优化教学内容，灵活运用案例式、问题驱动式等不同模式教学、采用多元化评价手段等改革措施，重点培养学生分析和解决问题的能力。

本成果以"纺织材料学"为例（图1）诠释了上述建设思路。通过课程内容重构和模块设计，提出线上线下混合式教学中线上以数字化课程资源建设为主，线下通过思政设计和前沿拓展及实践模块进行能力和素养的培养。课程内容的重构和优化，便于学生把握课程不同章节之间的相互联系，全面理解和掌握所学课程的知识构架、目的作用以及与不同教学环节知识点的关联，解决原有专业课程教学中忽略能力素质培养问题，以应对新工科背景下纺织创新人才高素质高质量的培养要求。

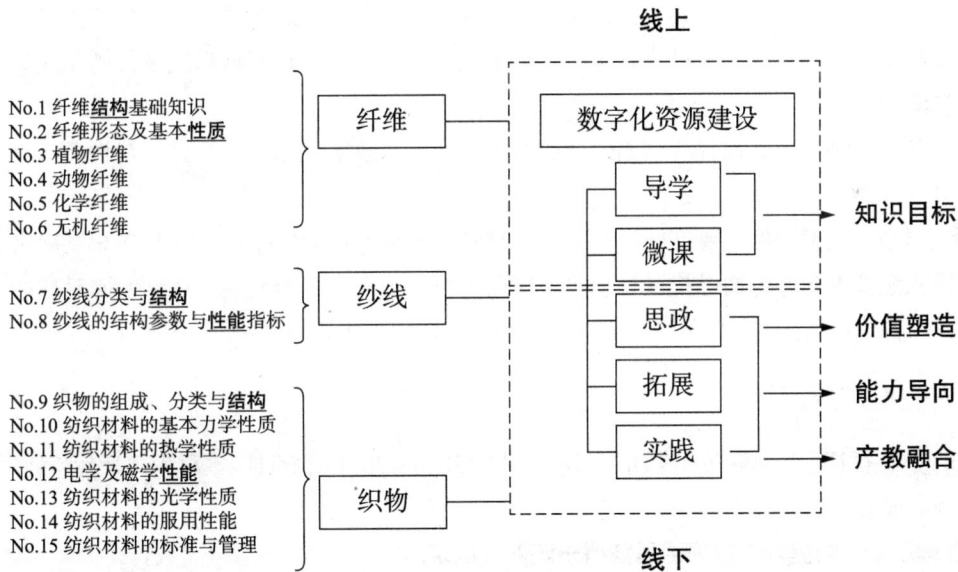

图1　"纺织材料学"教学设计

2.2 以立德树人为根本，通过"专业＋思政"在教学中适时融入思政元素，培养学生树立正确的人生观价值观，形成具有专业特色的思政案例库，达到专业育人的目标

充分发挥专业课润物细无声的思政特点，结合纺织在我国国民经济和社会发展中重要地位，进行了纺织类专业课的思政教学研究，同时构建了纺织材料学、织造学、非织造学等课程的思政案例库，引导学生热爱专业，关注关心行业发展，培养学生专业认同感与担当，具备工程师应有的职业道德和社会责任感，从而达到专业育人目的。

2.3 "产教融合、专创融合，课赛结合，虚实结合"，构建具有新工科内涵的纺织工程专业实践教学体系

本成果通过多个项目研究及成果，提出两融合、两结合思路构建相对完善的实践教学体系，培养学生实际动手能力和解决复杂工程问题的能力。

首先是针对核心课程设置的实验课开展以动手为主的线下实验，目前开设有纺织材料学实验、纺纱学实验、机织学实验、针织学实验、非织造学实验以及纺织品设计学实验等课程，学院实验室及多个研究平台的实验设备对本科生全面开放，学生可随时进行实地实验。部分实验因场地和资金限制，我们也建设了针织成型机构、翼锭粗纱机、机织过程等虚拟仿真实验平台，虚实结合，线下实验与部分虚拟仿真实验相互补充，为学生提供了相对完整的实验教学内容。

其次，基于产教融合和专创融合，探索了校企合作把企业课题、教师科研课题纳入学生创新创业项目、毕业课题等形式加强对学生的科研训练，除此之外课赛结合，积极鼓励和支持学生参与各类学科竞赛，帮助学生加深对实验教学内容和对工程问题的理解，通过竞赛活动既学会了将理论用于实践，同时拓宽了专业知识，实践能力和科研能力得到进一步提升。上述通过实验课教学、大创项目、学科竞赛等实践环节训练实现了产教、课赛、虚实等多方面结合，多模式实践教学体系，解决学生综合工程实践能力较差的问题。

3. 成果的创新点

（1）提出专业核心课建设路径、方法和标准，以学生为中心，通过"线上＋线下"相结合的混合式教学及金课的三个标准，通过"价值引领、能力导向、产教融合"形成以一流课程为目标的优质核心课程群，实现人才培养与行业发展需求紧密结合。

（2）构建了"产教融合，专创融合，课赛结合，虚实结合"具有新工科内涵的纺织工程专业实践教学体系。在实验教学和大创项目、学科竞赛等实践环节充分发挥行业优势开展形式多样的实践活动，协同培养学生工程实践能力。

（3）提出基于学科特色和课程特色相结合的纺织专业课思政案例库建设思路，隐性而非显性培养学生专业情怀和科学精神。

纺织是我国经济建设中的重要支柱产业，也是具有优势和特色的民生产业，从纺织发展历史、行业新闻事件以及重点重要人物等方面寻找素材和故事穿插于教学提高学生对专业的认同，同时根据不同课程特定的教学内容，构建特色案例库使学生建立对专业的深刻认知，从而知行合一，笃行致远。

4. 成果的推广应用情况

本成果的实施范围重点为青岛大学纺织工程专业的2016～2021级全日制本科生，近几年通过改革实践，取得了一系列的成效。

4.1 课程质量不断提升，多项课程获得一流课程认定

纺织工程专业核心课程中，"纺织材料学""纺纱学"获教育部国家级线上线下混合式一流课程立项建设。"织造学"获得山东省混合式一流课程和课程思政示范课程认定。"翼锭粗纱机机构与工艺分析虚拟仿真实验""针织电脑横机成型织造虚拟仿真实验"获得山东省虚拟仿真一流课程立项建设。

4.2 基于课程改革和人才培养模式的探索不断深入，教改项目成果丰硕

2015年至今项目组成员获得并完成20余项省部级及校级教学研究项目；发表与成果相关教改论文6篇。主要依托项目有中国纺织工业联合会教学改革项目"多维度合作学科交叉型纺织专业人才培养模式探索"、中国高等教育学会课题"基于线上线下混合式教学的数字化课程资源建设与实践—以青岛大学纺织材料学为例"及12项校级教研项目。核心课程"纺织材料学""纺纱学""织造学""针织学""非织造学""纺织品

设计学"等多门课程多次被评为校级A级课程。教改成果丰硕，同时对及其他专业课程起到了辐射带动作用，对提升理工科专业课程教学质量和开展混合式教学具有良好的借鉴作用和推广价值。

4.3 育人成效显著，学生工程实践能力增强，人才培养质量逐年提升

加强了实践环节的设计，基于产教融合、专创融合，结合大创项目、学科竞赛等实践训练，学生学习中增加了更多工程内容，强化对学生工程实践能力和创新能力的培养。

和核心课密切相关的竞赛有纱线设计大赛、非织造产品设计与应用大赛、纺织品设计大赛等，学生获省部级各类竞赛奖项百余项。其中2018—2022年全国大学生纱线设计大赛获得特等奖5项，一等奖6项，三等奖3项；2021—2022年纺织类大学生工程训练综合能力竞赛纱线组、针织组、机织组和非织造组共获一等奖13项，二等奖18项，三等奖16项，优秀奖7项；"金三发"杯全国大学生非织造产品设计及应用大赛获得特等奖1项，二等奖2项，三等奖7项，优秀奖16项，2019—2022年"红绿蓝杯"中国高校纺织品设计大赛二等奖2项，三等奖3项，除此之外还有"挑战杯"大学生课外学术科技作品竞赛以及其他各类竞赛活动，获得70余项不同级别奖项。

学生积极参加创新创业项目，省级以上创新创业项目9项，其中国家级6项，本科生参与撰写发表高水平论文10余篇。

纺织专业考研人数占一半以上，2021届考研率为55.37%，考研录取率超过35%，总体就业率100%。毕业生就业领域广泛，已成为行业企业重要技术骨干和技术管理人员，在企业中发挥越来越重要的作用，得到用人单位一致好评。

4.4 师资水平不断提升，形成具有高水平教学团队

核心课程教学团队教师不断提升自身科研和教学水平，纺织工程教研室被评为青岛大学优秀基层教学组织，邢明杰教授于2020年被评为"山东省教学名师"，中国纺织服装教育学会"育人成就奖"。田明伟教授获"纺织之光"中国纺织工业联合会教师奖，李显波、周蓉老师分别获得青岛大学2019—2020年度、2020—2021年度"教学能手"称号，2019—2022年连续3年周蓉被评为全国大学生非织造产品设计及应用大赛优秀指导教师，姜展被评为全国大学生纱线设计大赛优秀指导教师。周蓉获得第四届全国高校混合式教学设计创新大赛优胜奖，2021—2022年郭肖青、周蓉在青岛大学教学创新大赛二等奖2项，三等奖1项，"纺织材料学""纺纱学"教学团队被评为学院优秀教学团队。

4.5 课程影响力提升，发挥了示范引领作用

以"纺织材料学"为例，在线课程建成至今，上线了超星、山东省高等学校在线开放平台以及国家高等教育智慧教育平台，形成较为完善的课程数字化资源，2020年春季学期课程资源发布为超星"示范教学包"，为多所院校提供免费引用和进行网上教学，课程多次被评为校级优质课程，作为混合式示范课程在学校教研活动进行交流并在多个微信公众号给予宣传推广。"纺织材料学"课程团队2022年成功承办了第八届全国"纺织材料学"教学年会，同年参与教育部"纺织材料学"虚拟教研室建设积极提供课程资源，团队成员陈富星老师进行了双语示范课教学，上述活动得到了国内同行一致好评和高度认可，课程在线资源已被浏览125万余次，作为国家级一流课程，课程起到了良好的推广示范作用。

产教融合，思政引领，"新型纺纱技术"一流金课的探索实践

中原工学院

完成人及简况

姓名	性别	所在单位	党政职务	专业技术职称
叶静	女	中原工学院	无	教授
穆云超	男	中原工学院	教务处长	教授
冯清国	男	中原工学院	无	讲师
邵伟力	男	中原工学院	无	副教授
任家智	男	中原工学院	精梳工程技术中心主任	教授
孙晓艳	女	中原工学院	无	副教授
陆俊杰	男	中原工学院	无	副教授
李亮	男	中原工学院	无	副教授
张琦	女	中原工学院	无	实验师
李文羽	男	中原工学院	无	副教授
袁守华	男	中原工学院	无	教授

1. 成果简介及主要解决的教学问题

1.1 成果简介

在新一轮技术革命和产业革命推动下，纺织工业为实现智能制造和创造国际竞争新优势，需要一大批行业创新应用型人才，而纺织高校人才培养与产业关联弱化、与产业实践脱节，培养的学生存在工程实践能力弱、创新意识不足、工匠精神欠缺等问题，造成我国纺织创新应用型人才缺口较大。因此产教融合、思政引领是时代的要求。

"新型纺纱技术"是我校国家级特色专业和国家级一流本科专业纺织工程专业的专业核心课程之一。根据新工科建设要求，结合纺织工程专业应用型人才培养目标，"新型纺纱技术"课程教学团队切实围绕立德树人、增强学生工程实践能力和创新能力，根据"两性一度"的"金课"建设标准，将产教融合引入金课建设中，从高阶性、创新性、挑战度三个方面建设"新型纺纱技术"线下金课。对标一流课程，确定思政目标，融入思政元素拓展教学内容，对课程内容进行重塑以及教学方法创新，从教学团队、教学模式、教学设计、课程资源建设、课程考核与评价等方面探索"新型纺纱技术"课程"金课"建设路径。经过多年的教学改革与实践，实现了"产、教、学、研、赛"的融合，发挥了课堂教学主阵地、主渠道、主战场作用。满足了工程教育认证的"解决复杂工程问题""工程与社会"的毕业要求，取得了显著成效。

1.2 主要解决的教学问题

针对高等工程教育中关注的热点和创新应用型人才培养中的瓶颈问题，以一流金课建设为载体开展教学研究，采取了有效的改革举措，主要解决的教学问题：

（1）产教不融合、学生工程实践能力弱、与行业需求脱节的突出问题。

（2）课程体系与教学内容及教材陈旧与纺织产业技术发展脱节的突出问题。

（3）学生创新意识差、创新能力不强的瓶颈问题。

（4）教育技术手段和方法传统及优质教学资源少的突出问题。

（5）解决课程建设与教学实践中知识传授、能力培养与价值引领不相统一，甚至是割裂的问题。

2. 成果解决教学问题的方法

2.1 以校企合作、产教融合为路径，着力一流金课建设模式的改革与创新

通过校企协同，在理论教学方面，重构课程体系、重塑教学内容；在实践教学方面，开发纺纱综合性、设计性、研究性实验及实践项目，共建实习基地、共建名师工作室等；与企业工程师共同开发实验实训教材；在创新实践方面，与企业联合指导毕业设计，指导学生参加全国大学生纱线设计大赛、互联网+、挑战杯等各类学科竞赛，拓展"创新课堂"，构建了"融思政、厚基础、强实践、重创新"的"新型纺纱技术"一流金课建设模式（图1）。通过对纺织工程中"家国情怀、工程伦理、工匠精神、社会责任"等德育要素与"社会、道德、环境、职业规范"等非技术指标的交融渗透设计，将德育要素融入课程大纲、课堂教学、实践环节、课程考核等第一课堂以及科研训练、学科竞赛等第二课堂，构建德育要素与专业教育交融渗透的映射关系，实现课程思政与思政课程同向同行和交相融合。

图1 校企融合"新型纺纱技术"一流金课建设模式示意图

2.2 强化多元主体参与、专兼结合，共同组建高水平课程教学团队

探索校企深度融合的结构化教学组织新模式（专业教师+思政理论课教师+企业专家），优化了队伍的知识与学院结构，形成了以中国纺织科技领军人物、省级教学名师领衔，企业专家、优秀中青年教师组成的高水平的"双师型"教学团队。有效克服了师资实践能力水平低、对产业需求不了解、缺乏一线生产经验等问题，为应用型高素质人才培养提供了师资支撑。

2.3 重构"新型纺纱技术"课程体系

以产业需求为导向，以学生为主体、对"新型纺纱技术"课程的知识模块进行梳理，校企双方共同构

建集思政引领、基础理论、技术应用、创新实践四位一体的"新型纺纱技术"课程体系（图2）。强调了以立德树人为根本，掌握理论、强化应用、培养技能作为教学的重点。力求达到以知识应用为目的，技术应用和产品开发为主线。课程体系除了强调教学与实践教学并重外，还增加了创新实践和产品开发模块。目的是把学科竞赛、大学生创新实验计划项目、毕业设计与课程内容有机结合，在实践训练中提高创新能力。

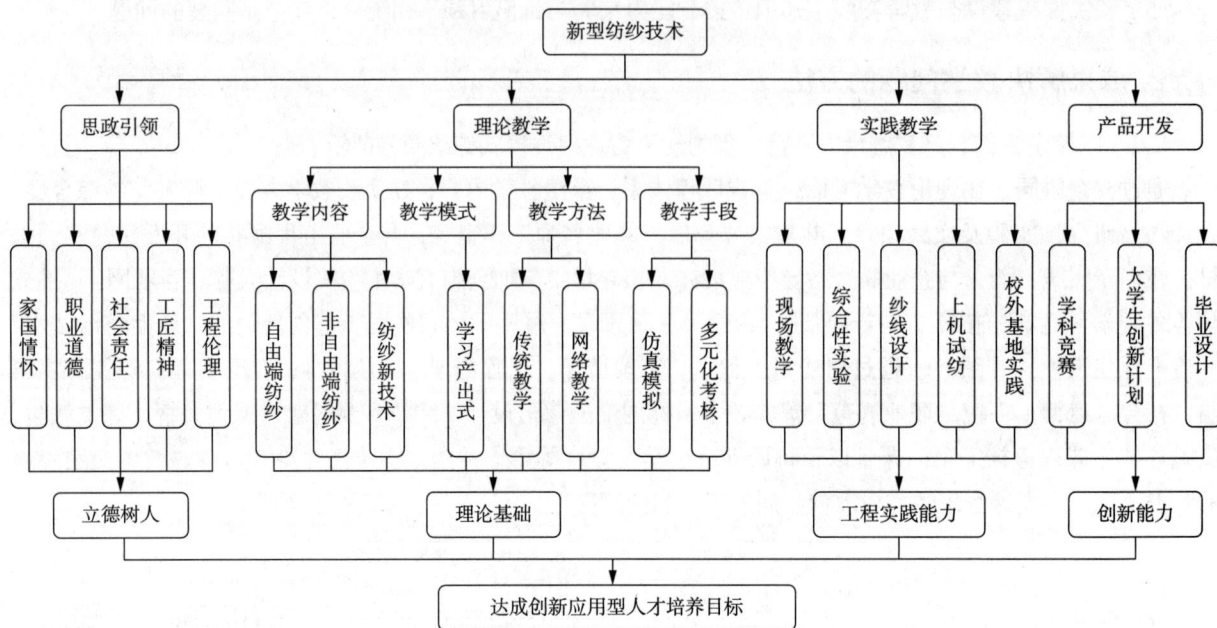

图2 "新型纺纱技术"课程体系与创新应用人才培养

2.4 重塑教学内容 体现课程的"高阶性、创新性"

课程建设过程中以产出为导向，系统化地梳理教学内容，基于反向进行课程设计，通过课程知识体系的贯通和融合，将现代纺纱技术、共享优质资源融入教学之中，重构形成六个课程模块。

挖掘"思政课程"教育内容，贯穿到"新型纺纱技术"课程教学内容中，将产业背景及专业发展状况在讲课过程中穿插到整个课程体系，让学生了解纺织产业在国民经济发展中的重要性，无数纺织人通过"纺织"实现自己的人生价值，增强了学生对专业的自信心。将行业热点、社会需求、绿色环保、智能制造、纺纱新技术变革、安全教育、工匠精神等思政元素，融入对应各章节，形成"新型纺纱技术"课程思政融入点。实现思政教育与专业教育的有机融合，相互促进。

课程内容注重与自动化技术、智能控制技术的交叉，力求教学内容的先进性和前沿性，能反映本学科、本领域的最新科技成果，具有技术信息量大，新知识点多的特点。邀请转杯纺等各种新型纺纱的纺织机械公司研制人员、纺织企业总工程师作技术讲座，进一步拓宽了学生的知识面。

2.5 以"立德树人、德能双育"为根本，校企共建共享课程教学资源

根据一流"金课"标准，课程团队在教学设计、实施过程中融入爱国情怀、社会责任感、质量意识、工匠精神、精准新型纺纱技术服务，聚焦转杯纺、喷气涡流纺、紧密纺等技术。编写部委级规划教材《纺纱工艺学》，建立省级虚拟仿真实验项目《纱线成形虚拟仿真实验》，校企合作开发了"新型纺纱技术"课程教学资源库（图3），开设社会培训，为学生和企业提供线上学习平台。通过纺织新媒体"梭子讲堂"向企业进行技术培训，将教授和企业专家的授课视频，通过网络教学平台进行发布，实现优质教学资源共享。

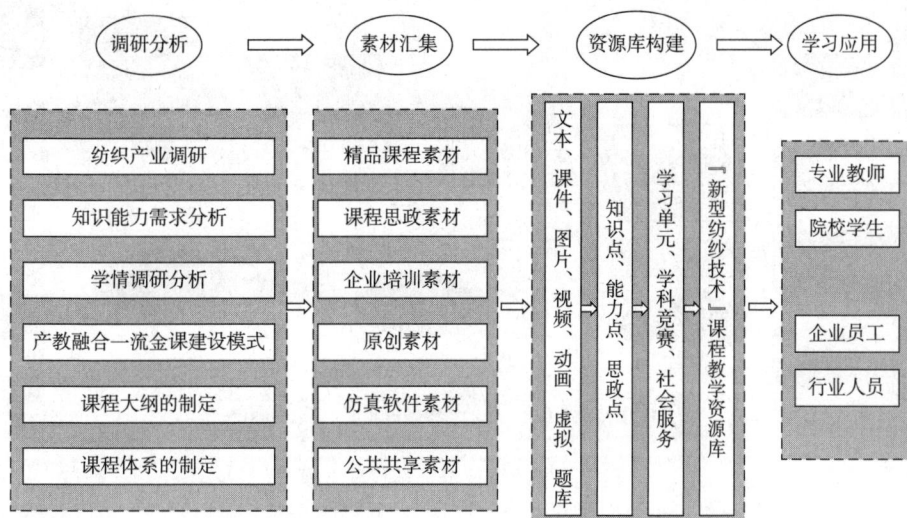

图3 校企共建课程教学资源

2.6 创新教学手段与方法

2.6.1 校企共同执教，德智融合，协同育人

校企建立了"共定课程内容、共同实施教学、共建课程资源"的方式，优化了"新型纺纱技术"课程教学大纲和教学内容；将纺织企业产品研发项目，改造为适合本科教学的案例，缩短了学校教学内容与企业实际需求之间的差距；专业教师通过"课程思政"，以高尚师德和精湛学术引导学生成才，企业兼职导师通过实践指导，培育学生的社会责任、工匠精神。

2.6.2 校企协同构建虚拟仿真纺纱实验教学

课题组与企业联合开发的"纱线成形虚拟仿真实验"教学软件，将仿真技术与虚拟现实技术相结合，利用虚拟现实技术进行仿真模型的建立和实验的模拟，使仿真的过程和结果可以实现图像化、可视化，已列为2020年度河南省虚拟仿真实验教学项目。

2.6.3 创立多渠道、多元化立体学习空间

将线上授课与线下辅导融合，课内理论教学与企业案例研讨融合，课堂授课与移动端辅助教学融合。开设课程微信平台推送课后辅助学习资料及习题，增进课堂内外无缝衔接，增强教与学之间的互动。向学生推送社会在线教育平台，如梭子讲堂、纺织器材在线、纺织大学堂等，关注生产一线经验和技术问题深度探讨，开阔学生视野，由学校理论向生产实践渗透，补充了学校教育的宽度和深度，使学校教育与社会教育的高效互动。实现了优质教学资源的集成和立体化教学环境的建立。

2.6.4 校企构建实验实训平台 实践教学全程贯通

购置最新纺纱设备并整修原有细纱机等，组成新型纺纱工程实训平台，强化课程内的实验实践教学环节，以先进纺织装备省部共建协同创新中心等科研平台为依托，建立了纺纱全流程加工及质量检测中心，满足纺纱的研究与开发试验及纺织工程人才培养实习实验的需要。

将实践教学内容循序渐进地贯穿于企业现场教学与实验教学、纱线设计与上机试纺、学科竞赛与创新创业、毕业设计与校外实训多个培养环节中（图4），依托学校综合实验实训平台和校外教学实践基地，开展学科竞赛、大学生创新训练计划，在相关环节中结合企业真实项目，通过参与真实的工作项目训练，把纺纱理论知识转化为解决纺织工程复杂问题的能力。提高学生工程适应性。

通过拓展校外实践教学基地，弥补校内实训教学的不足，让学生参与到新技术、新工艺的研发与应用上，参与到校企合作课题的研究上，实现课程的创新性与科研创新密切结合。

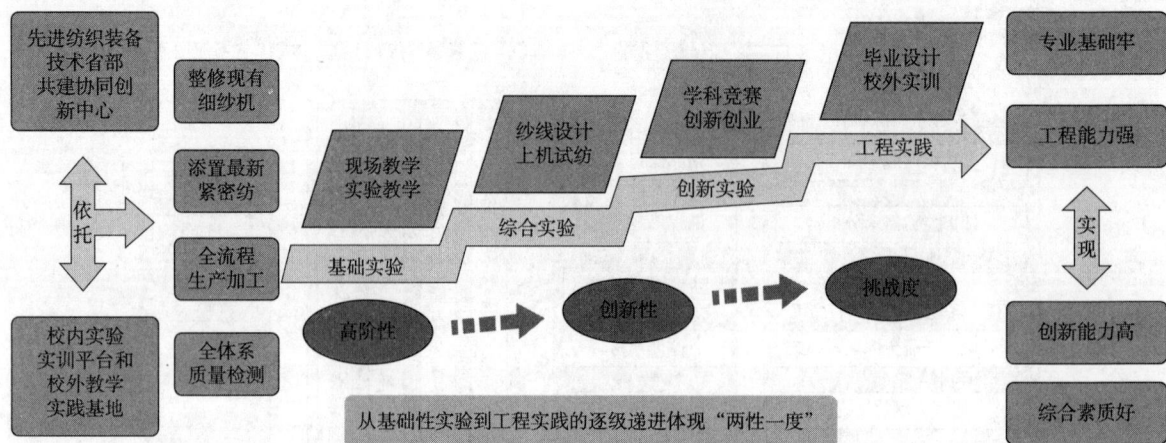

图4 "新型纺纱技术"实践教学模式

2.7 多元主体参与，实施科学评价，体现课程的"挑战度"

课程团队定期协同企业专家，对课程体系是否有利于课程培养目标的有效达成，课程目标是否达成毕业要求等进行评价。引导学生从课程内容的先进性及综合性、课程实施的合理性、教学方式的多样性、课程学习对学生实践能力及毕业要求的支撑度等方面进行综合评价。

本课程采用过程考核和目标考核并重的考核方式，学生根据能力差异在考评体系中选择适当的考评方式，课程考核内容覆盖工程质量认证毕业要求的能力指标点，并且对能力进行定性定量评价。

注重学生学习的多元化评价，包括作业、实验、讨论、专题小论文、归纳总结等。提升课程学习深度，购置纺织新原料，按照企业提供的产品要求，要求学生完成新型纱线设计与实施以及质量控制，并分组做PPT汇报，考核学生的创新意识和创新能力以及团结协作等，强化课程难度和挑战性。

3. 成果的创新点

3.1 构建了以思政引领、产业需求为导向的四位一体的课程体系

对"新型纺纱技术"课程的知识模块进行梳理，构建了以立德树人、基础理论、技术应用、创新实践四位一体的新型纺纱技术的课程体系，该课程体系除了强调理论教学与实践教学并重外，还增加了立德树人、产品开发。把"家国情怀、工程伦理、工匠精神、社会责任"等德育要素融入课程思政教学目标；把学科竞赛、大学生创新实验计划项目与课程内容有机结合，在实践训练中提高创新能力。课程体系采用纵向螺旋形架构，将课程内容延伸到多个学期和教学环节，通过深度和广度不同的内容专题，让学生逐步深入学习该门课程，逐渐把预期教育成果转化为学生发展成果。

3.2 构建了"融思政、厚基础、强实践、重创新"的"新型纺纱技术"一流金课建设模式

通过校企协同，在理论教学方面，重构课程体系、重塑教学内容；在实践教学方面，开发纺纱综合性、设计性、研究性实验及实践项目，共建实习基地、共建名师工作室、共同开发实验实训教材，在创新实践方面，与企业联合指导毕业设计，指导学生参加全国大学生纱线设计大赛、互联网+、挑战杯等各类学科竞赛，拓展"创新课堂"；在立德树人方面，把"家国情怀、工程伦理、工匠精神、社会责任"等德育要素融入课程大纲、课堂教学、实践环节、课程考核等第一课堂以及科研训练、学科竞赛等第二课堂，构建德育要素与专业教育交融渗透的映射关系，实现知识传授与价值引领的同频共振。

3.3 "产教学研赛"融合、团队式指导、梯队式培养

将课程团队与企业、教师与学生、教学与科研、竞赛与创新进行相互交融。

以行动导向为目标强调合作探究性学习注重学习过程的体验。课题组从课堂实践、纱线设计与实施、

归纳总结三个环节着手，合理设计教学环节，完成课程目标。

把学科竞赛、大学生创新实验计划项目等与课程内容有机结合，增加学生对知识理解的深度和广度，延伸课堂内容。注重团队式指导，导师团队将自己的产学研项目与大学生创新实践能力培养有机结合起来，对参加创新的学生进行集中式指导或分散式指导，形成高年级学生帮、带并指导低年级学生的梯队式培养模式，保持了创新实践的连续性。将学科竞赛作品、校企研发新型纱线转化毕业设计课题，引导学生通过纺纱工艺实践的探索、研究，创造性地获取知识和技能，提升了学生解决纺织工程复杂问题的能力。

4. 成果的推广应用情况

4.1 人才培养效果明显，竞赛成绩显著

项目实施以来，学生受益面显著扩大，累计受益学生达4000多人，学生满意度提高，近五年本课程评教优秀率平均达到98.7%以上。纺织181班考研率60%。学生的实践和创新能力得到大幅度提升，获全国大学生纱线设计大赛特、一、二、三等奖30余项；获中国国际"互联网"大学生创新创业大赛铜奖，河南省大学生"互联网+"一等奖、二等奖7项，河南省大学生"挑战杯"一等奖、二等奖、三等奖5项，获全国"红绿蓝"中国高校纺织品设计大赛获一等奖、三等奖9项，获全国"东进杯"纺织品设计大赛二等奖、三等奖2项，获"唯尔佳"优秀产品设计学生设计作品评比二等奖1项；获全国大学生科技创新计划项目10项，指导学生参加校级纺织品设计大赛、参与申请相关发明专利和发表科技论文、优秀毕业设计等多项（图5），使学生社会责任感得到增强。

图5　学生学科竞赛获奖证书

4.2 教学研究成果丰硕，同行高度评价

成果通过论文、会议形式进行了广泛交流，发表含CSSCI教研论文10余篇，出版专著、国家或部委级规划教材10余部，2020年"新型纺纱技术"荣获河南省线下一流本科课程。通过项目分解实施，项目组成员分别获河南省高等教育教学成果特等奖1项，河南省虚拟仿真教学实验项目1项，中国纺织工业联合会高等教育教学成果特等奖1项、一等奖2项、三等奖2项。校级特等奖2项，2021年获批河南省高等教育教学改革项目1项、2021年获批中国纺织工业联合会高等教育教学改革项目1项，2021年"新型纺纱技术"获校级课程思政示范建设项目。有效支撑了纺织工程国家级一流本科专业与国家级特色专业的建设和国家工程

质量认证的顺利通过，也受到纺织院校同行和企业的高度认可和好评。课程教学团队产学研深度合作，教研和科研成果丰硕，提升了服务教学、服务社会的功效（图6）。

图6　教学研究成果

4.3　社会媒体广泛关注报道，成果推广应用，产教融合服务河南纺织产业发展

2021年课程负责人叶静教授在河南省高等教育教学成果奖推广交流会上做专题发言，受到各高校的一致好评。2022年6月任家智教授在"高等学校纺纱课程群虚拟教研室"做了"棉纺精梳技术的新进展"报告。2022年9月冯清国老师通过棉纺织技术"梭子讲堂"向全国纺织企业做了关于棉纺精梳工艺的技术培训，2020年8月"新型纺纱技术"课程团队核心成员深入夏邑县纺织企业，帮助企业攻克断头率、留头率、产品开发及印染等迫切需要解决的问题，助力打赢脱贫攻坚战，并被媒体报道。2018年《中国纺织》《纺织服装周刊》《纺织导报》等多家纺织媒体对相关教学成果进行报道。2017年11月我校纺织15级方周倩同学作为获奖选手代表中原工学院参加了第八届全国大学生纱线设计大赛颁奖典礼并作汇报，接受了新疆奎屯电视台的记者采访（图7）。

课程组出版的纺织服装高等教育部委级规划教材《纺纱工艺学》被南通大学、湖南工程学院等7所纺织高校采用。该课程校企产教融合模式也被相关纺织院校借鉴，课程建设和资源建设成果受到广泛关注，并在武汉纺织大学、西安工程大学、河北科技大学、河南工程学院等全国多所学校应用。

课题组教师和河南第一纺织有限公司合作研发的多纤维混合差别化精梳纱线、校企协同指导学生研发的多组分缎彩包芯纱系列产品，为企业带来良好的经济效益。学生将学科竞赛和创新创业成果广泛应用到社会服务中，形成了回馈社会，服务社会的文化传统。

图7 媒体报道

"服装数字科技"国家级线上一流课程建设的创新与实践

北京服装学院

完成人及简况

姓名	性别	所在单位	党政职务	专业技术职称
姜延	女	北京服装学院	无	教授
马凯	女	北京服装学院	院长助理	副教授
陈果	女	北京服装学院	无	助理教授
王阳	女	北京服装学院	教研室主任	副教授
李傲君	女	北京服装学院	无	副教授

1. 成果简介及主要解决的教学问题

1.1 成果简介

本成果为国家级线上一流课程"服装数字科技"及其教学改革过程中的创新与实践。成果依托北京服装学院混合式教学课程建设项目《"服装数字科技"创新型混合式教学课程建设》（HJ-2018001）建设完成。

"服装数字科技"慕课的学习者既可以是高校中服装设计与工程、服装与服饰设计专业的本、专科学生，也可以是对于服装行业及服装信息技术感兴趣的社会学习者。课程的立体化教育资源于2018年建设完成并上线学堂在线中文慕课平台。目前，线上课程已运营9个轮次，选课人数达到3.2万人。课程于2020年获评首批国家级线上一流课程，2021年上线"学习强国"，2022年接入国家智慧教育公共服务平台并获评教育部"拓金计划"示范课程，英文版慕课"Digital Fashion Technology"上线学堂在线国际版，进一步拓展了成果的应用范围（图1）。2023年一流课程配套教材作为十四五高等教育本科部委级规划教材由中国纺织出版社有限公司正式出版。

"服装数字科技"慕课上线5年来，教学团队不断更新完善线上教育资源，积极采用多平台、多渠道扩展课程的社会影响力，发挥国家级一流课程的优势，努力做好优质教育资源的社会服务。

图1 "服装数字科技"及其国际版慕课线上运行情况

1.2 主要解决的教学问题

1.2.1 弥补了国内慕课平台上纺织服装类课程资源不足的问题

国家级线上一流课程首批获评1875门，其中纺织服装类课程14门；第二批获评1095门，纺织服装类课程5门。纺织服装类课程仅占获评课程总量的0.6%，线上教育资源严重不足。成果根据国家级一流课程建设要求，将我国在服装领域的新发展、新技术、新应用融入慕课教学，保证了线上课程教学内容的创新性、高阶性和挑战度，丰富了国内慕课平台上的课程资源。

1.2.2 解决了如何基于优质慕课深入开展校内混合式教学的问题

成果以"服装数字科技"慕课及同名校本课程为例，通过混合式教学设计实现基于线上一流课程的校内线上线下混合式教学，成果所采用的具体方法为高校开展基于优质慕课的混合式教学做出积极探索。

1.2.3 解决了高校慕课服务社会渠道单一的问题

成果所采用的多平台、多渠道在线课程拓展方式可以有效助力优质课程资源走出高校围墙，在促进教育公平、推进国际交流合作方面起到积极的促进作用。

2. 成果解决教学问题的方法

2.1 组建"艺工融合"型跨学科专业教学团队，实现交叉学科类课程建设

在数字技术飞速发展的今天，纺织服装行业与信息技术的结合已经成为时代发展的必然趋势，但能支持这种结合的课程资源却寥寥无几，很重要的一个原因是不同领域的研究者受高校管理制度的约束，很难真正组建跨学科专业教学团队并为本科生开设专业课程。

"服装数字科技"是一门结合了服装与现代信息技术的专业基础课，充分体现了北京服装学院"以艺为主、服装引领、艺工融合"的办学特色。教学团队5名教师分别来自服装设计与工程、服装与服饰设计、计算机应用技术、艺术与科技、英语语言文学专业。团队具备信息科学与纺织学科的研究背景，科研基础扎实（2名教师主持的国家级、省部级基金项目正在进行中），教学基本功过硬（2名教师曾获得北京高校青年教师教学基本功比赛一等奖）。工学+文学的组合使得教学团队优势互补，教学科研相辅相成。跨学科专业教学团队的组建是建设高质量交叉学科课程的重要前提。

2.2 深度融合信息技术，建立立体化课程资源

课程建设过程中采用了基于"知识图谱"的课程构建方法，以结构化的形式描述课程所包含的知识点、教学资源、教学活动、测评方式之间的关系等，以可视化方式展现知识网络便于教学团队更全面、系统、高效地完成立体化的教学设计。课程教学内容涵盖了服装数字化技术概述、服装设计中的数字化、虚拟服装展示技术、智能服装、服装大数据应用、服饰文化的数字化传播等多方面的研究内容。课程特别设计了"理论篇"和"实训篇"两部分学习内容，确保学习者一方面掌握服装数字科技领域的基础理论，另一方面熟悉相关软件的实际操作。

目前，线上一流课程的静态教学资源包括：33个视频单元（提供420分钟教学视频）；3个拓展单元；20个作业单元；1个考试单元；习题总量132道。动态教学环节包括每轮次开课所对应的课前宣传、课程公告、讨论区答疑、专题讨论、结课总结等。

2022年，教学团队在服装分教指委秘书处指导下完成《"服装数字科技"课程思政指南》，通过分析课程思政教学目标、选取课程思政元素、编写课程思政案例等方式实践了思政引领的一流课程建设；论述本课程混合式教学设计的学术论文"Blended Teaching Design in Higher Education Based on Deep Learning Model"在信息科学与教育国际会议（ICISE-IE2021）上发表并被EI检索；依据北京高校优质本科教案要求编写了"服装数字科技"优质本科教案。2023年，课程配套教材作为十四五高等教育本科部委级规划教材由中国纺织出版社有限公司正式出版发行。

成果所提供的线上一流课程、课程思政指南、混合教学设计方案、优质本科教案、部委规划教材等立体化教学资源有效支撑面向校内学生的混合式教学以及面向社会学习者的慕课教学，也使成果在院校间推广成为可能（图2）。

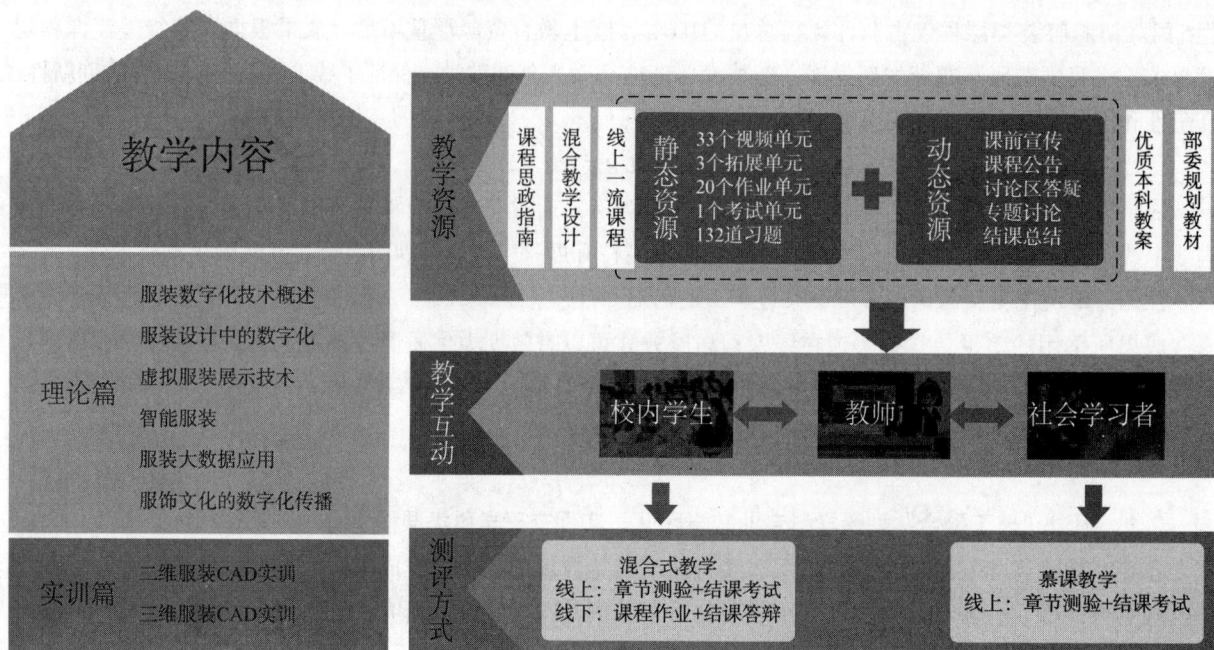

教学内容

理论篇
- 服装数字化技术概述
- 服装设计中的数字化
- 虚拟服装展示技术
- 智能服装
- 服装大数据应用
- 服饰文化的数字化传播

实训篇
- 二维服装CAD实训
- 三维服装CAD实训

教学资源 | 课程思政指南 | 混合教学设计 | 线上一流课程 | 静态资源：33个视频单元 3个拓展单元 20个作业单元 1个考试单元 132道习题 ＋ 动态资源：课前宣传 课程公告 讨论区答疑 专题讨论 结课总结 | 优质本科教案 | 部委规划教材

教学互动：校内学生 ⟷ 教师 ⟷ 社会学习者

测评方式：
- 混合式教学 线上：章节测验+结课考试 线下：课程作业+结课答辩
- 慕课教学 线上：章节测验+结课考试

图2 立体化课程资源有效支撑慕课及混合式教学

2.3 开展基于多平台、多渠道在线课程拓展，增强成果的社会影响力

课程2018年上线"学堂在线"中文慕课平台，经过多个轮次的运营获得较好的教学评价，尤其在2020年获评国家级线上一流课程之后，来自学习强国、学堂在线国际版的邀请让教学团队看到了课程拥有更加广阔的用户群，学习者对于课程的需求也不尽相同。因此，根据不同学习者的学习需求，教学团队开展了基于多平台、多渠道的在线课程拓展，进一步增强了成果的社会影响力（图3）。

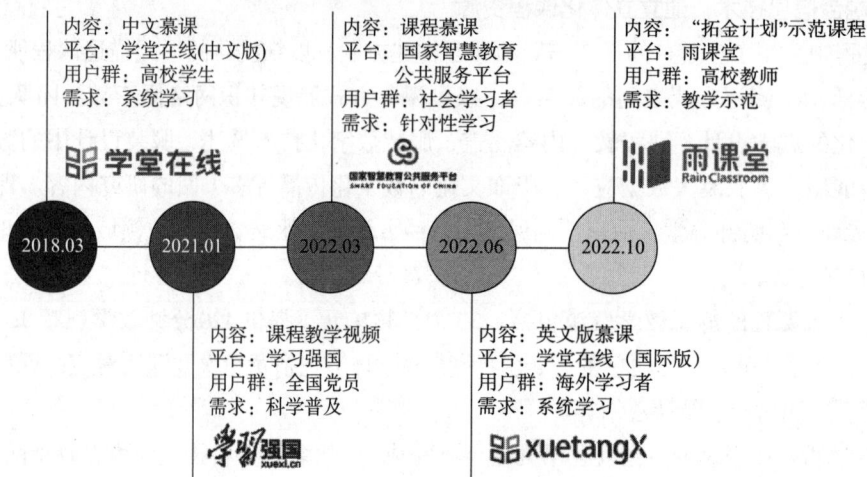

内容：中文慕课 平台：学堂在线(中文版) 用户群：高校学生 需求：系统学习 学堂在线

内容：课程慕课 平台：国家智慧教育公共服务平台 用户群：社会学习者 需求：针对性学习

内容："拓金计划"示范课程 平台：雨课堂 用户群：高校教师 需求：教学示范 雨课堂 Rain Classroom

2018.03 — 2021.01 — 2022.03 — 2022.06 — 2022.10

内容：课程教学视频 平台：学习强国 用户群：全国党员 需求：科学普及 学习强国

内容：英文版慕课 平台：学堂在线（国际版）用户群：海外学习者 需求：系统学习 xuetangX

图3 多平台、多渠道的在线课程拓展方式

3. 成果的创新点

3.1 创新课程教学内容，实现服装与信息技术的有机结合

针对国内慕课平台上缺少服装科技类课程的问题，成果在教学内容的设计上融入国内外服装领域的新发展、新技术、新应用，同时也包含了大量教学团队原创科研成果，充分体现了国家级一流课程的创新性、高阶性和挑战度。

3.2 课程思政引领一流课程建设，成果上线"学习强国"

依据课程思政教学目标，整理思政教学案例，把握思政育人切入点，构建"服装数字科技"课程思政矩阵，再针对其中每个维度——对接知识板块，最终形成《"服装数字科技"课程思政指南》。课程思政教学指南与教学大纲同向同行，通过新理念、新科技、新案例塑造新时代社会主义建设者和接班人。教学视频经严格政审后上线"学习强国"APP，所有视频资源总访问量累计超过20万人次。

3.3 创新线上课程资源多平台、多渠道的拓展方式

成果创新性地根据高校学生、社会学习者、高校教师、普通党员、海外学习者的不同需求通过多平台、多渠道方式实现有针对性的教学服务，拓展成果应用于多领域的同时，也传递出高校应更好服务社会的重要理念。

4. 成果的推广应用情况

4.1 成果上升为国家级一流课程，视频上线"学习强国"，教育资源更好服务社会

成果自建课以来逐步发展，2020年获评国家级线上一流课程，2021年教学视频上线"学习强国"，2022年接入国家智慧教育公共服务平台并获评教育部"拓金计划"示范课程。成果实现了思政引领下的国家级一流课程建设，取得了良好的教学效果，成为北京服装学院唯一上线"学习强国"的慕课。截至目前，课程视频资源总访问量累计超过20万人次（图4）。

图4 成果上线"学习强国"

4.2 成果受益学生数量多、范围广、质量高

成果作为北京服装学院第一门慕课于2018年上线。截至目前，已经完成9轮线上教学，选课人数达到3.2万人。课程国际版也于2022年6月上线学堂在线国际版平台，目前已经运行2个轮次，选课人数超过400人。选课学生除了来自北京、四川、湖北、广东、河北、福建等二十多个国内省份，还有来自美国、日本等海外学员。当主讲教师在课程讨论区的"结课感言"中回顾与同学们一起经历的学习过程时，学生普遍认为课程教学内容涉及服装领域的最新技术，科学性强，教师讲解通俗易懂，学习过程收获明显。

成果在北京服装学院校内采用线上线下混合式教学，已经开展了8个学期的教学活动，课程教学团队形成了较为完善的混合式教学设计方案，开发并完成了全套智慧教学用雨课件。

4.3　依托一流课程建设取得的其他成果与业绩

依托一流课程，教学团队申请并完成教改课题4项，科研课题2项，出版教材3部，发表教科研论文14篇。2022年，陈果老师主持的国家社科基金艺术学青年项目《甘丹颇章政权时期西藏官服文化研究》（22CG183），姜延老师主持的教育部人文社会科学研究规划基金项目《文化自信视域下国潮服装的数字化设计与传播研究》（22YJAZH037）顺利获批，目前进展顺利。2023年，课程配套教材《服装数字科技》作为"十四五"高等教育本科部委级规划教材由中国纺织出版社有限公司正式出版（图5）。

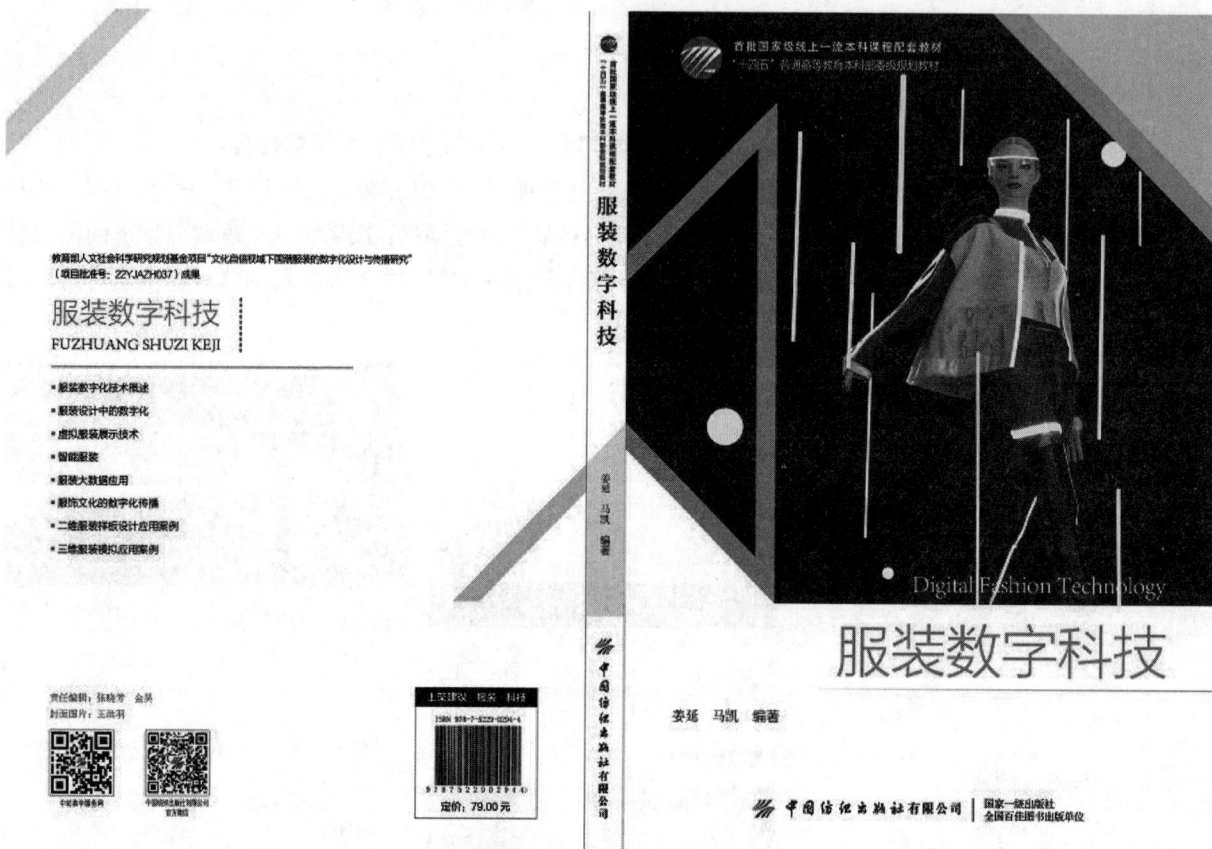

图5　《服装数字科技》一流课程教材

4.4　成果具有良好示范作用，有效助力第二批一流课程获评

由课程团队负责或协助建设的"服装CAD应用""时尚买手训练营""未来纺织设计思维与方法""智能可穿戴材料"等一系列具有服装类特色的慕课正在为社会学习者提供优质教育资源。2023年4月，"服装CAD应用"获评第二批国家级线上线下混合式一流课程。

教学团队总结成果建设经验，以"基于国家级线上一流课程的智慧教学设计"为题，在2022年"爱与榜样　赋能教育"高校教师信息化教学能力提升论坛上进行分享，线上1500多名教师参加分享活动，成果所形成的示范作用有效带动了新一批一流课程的建设。

"5—1444" 纺织机械类课程建设及课程评价路径研究与实践

天津工业大学

完成人及简况

姓名	性别	所在单位	党政职务	专业技术职称
杜玉红	女	天津工业大学	创新学院教学副院长	教授
赵地	男	天津工业大学	无	讲师
赵镇宏	女	天津工业大学	机设系主任	副教授
刘欣	女	天津工业大学	无	教授
温淑鸿	女	天津工业大学	本科教育教学督导组组长	教授
李丹丹	女	天津工业大学	系支部副书记	实验师
方艳	女	天津工业大学	无	教授

1. 成果简介及主要解决的教学问题

1.1 成果简介

为落实新时代立德树人根本任务，作为国家、地方、学校三级管理的高校课程建设呈现了多元化和复杂化，探析课程建设问题，提升人才培养质量，是各高校急需解决的问题。天津工业大学是以纺织为特色的"双一流"建设高校，作为国家级一流本科建设专业的机械工程专业，其中纺织机械方向2011年获批国家级卓越工程师教育培养计划，本项目以"新工科"推动传统纺织机械课程改革，提升课程建设质量，培养适应纺织行业需求的综合性人才。

以人才培养为核心，提出"强化机械基础、突出纺机特色、融合新兴工科、服务制造行业"的课程建设理念，以机械行业"新工科"技术信息流传动—控制—传感—执行为导向，构建课程体系；结合纺织机械实践，重构实验课—实践课—创新创业课—综合实践活动课程（课外实践）的实践课程体系；形成课程质量保障机制、形成性评价、课程目标达成评价、课程体系合理性评价面向产出机制，构建多维度课程评价体系；以CIPP评估模型为课程评价模型，优化和完善课程评价路径；以五育并举为导向，构建形成性评价（综合测评）机制，开展了"5—1444"的课程体系和课程建设评价体系研究，打通课程建设"最后一公里"，成果效果显著，纺织机械类课程获批国家级一流本科建设课程3门，省部级一流本科建设课程和课程思政课程共计7门，有效提升纺织机械类课程的"两性一度"，提高人才培养质量。

1.2 主要解决的教学问题

（1）"新工科"的人才培养因涉及机械、纺机、"新工科"等多学科，原有课程中学科融合不足，纺织和机械知识传授两张皮，且由于课程设置不合理，导致课程间存在知识的重合、遗漏。

（2）解决原课程体系纺织机械主线不清，理论和实践课程体系无法满足社会对跨学科人才的需求，解决人才培养目标和纺织机械用人单位需求的矛盾。

（3）解决传统课程评价只关注知识传授，未能关注高校定位和人才培养目标，评价机制不完善、评价产出导向缺失、持续改进不到位等问题。

2. 成果解决教学问题的方法

2.1 优化基于成果导向的课程体系和课程建设

整合优化教育资源，完善顶层设计。以纺织行业人才需求为抓手，以机械行业"新工科"技术信息流传动—控制—传感—执行为导向，构建由纺织机械设计、制造、控制、测试模块课程群组成的课程体系，课程关系图如图1所示；在专业基础课程中加入纺织机械案例，用先进的纺织知识重构专业特色课程，按照课程开发、课程资源、课程实施、课程改进4个阶段推进课程建设，组成有机衔接的"1抓手—4导向—4阶段—4模块"课程建设路径，提高课程"两性一度"。

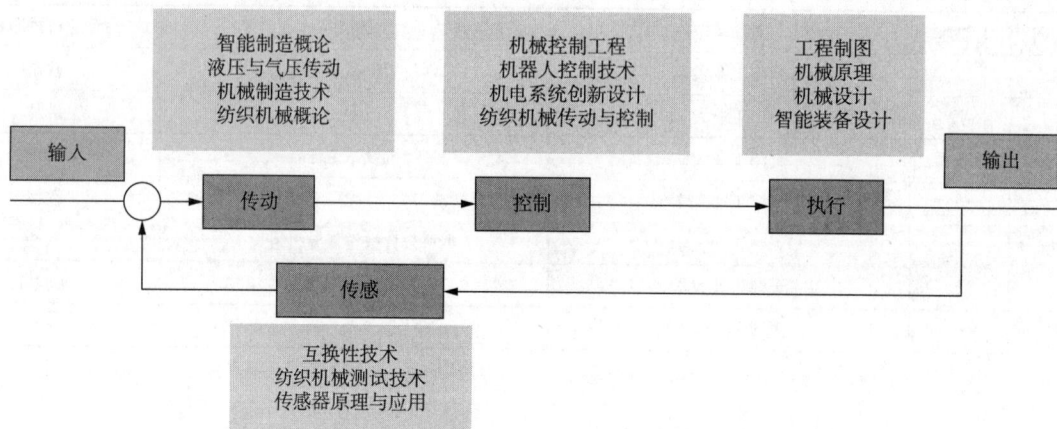

图1 "新工科"技术信息流与主要纺织机械课程关系图

2.2 构建以生为本的实践课程体系和实践课程建设

以纺织机械人才培养质量提升为主线，采用知行合一理念，综合考虑毕业指标中思想品德、学业水平、社会实践、人文社科等指标培养，重构层次递进的实验课—实践课—创新创业课—综合实践活动课的实践课程体系；以五育并举为导向，以机械实践为基础，以纺织机械实践为载体，推进实践课程内容改革，开展综合实践活动（即课外实践活动）课程长远规划，开展实践课程核心内容研究，包括课程目标设计、课程内容开发、实施方法、课程管理与评价，形成循序渐进的"1主线—4指标—4层次—4内涵"实践课程建设路径，提升学生综合素质（图2）。

2.3 创建全过程、多维度的课程评价体系

基于OBE教育理念（Outcome based education, OBE），紧扣培养目标、毕业要求，聚焦人才培养质量，创建基于全过程的"1—4—4—4"多维度课程评价新体系。基于人才培养质量评价新体系，构建了课程质量保障机制、课程形成性评价机制、课程目标达成评价机制、课程体系合理性评价机制4个面向产出机制，通过4个评价主体—学生、教师、督导、领导；形成了决策系统、实施系统、评价系统、反馈系统4个系统，创建持续改进的"1体系—4系统—4机制—4主体"多维度课程评价体系，确保了课程评价合理性和有效性（图3）。

2.4 设计基于CIPP评价模型的课程评价路径

以CIPP评估模型（CIPP evaluation model）为课程评价模型，根据背景评价、输入评价、过程评价和成果评价，从课程开发目的、课程资源配备、课程实施过程、课程效果4个阶段，制定评价方案，定期汇总整理教学质量信息化管理平台全过程性课程评价指标数据，进行分析和分类反馈，再进行整改和改进，形成持续改进"评价—反馈—改进—跟踪"机制，优化和完善"1模型+4评价+4阶段+4机制"课程评价路径，有效保障课程评价的持续性，教学评价推动教学创新、专业建设、课程内涵建设和发展，促进课程质量和人才培养质量的持续提升（图4）。

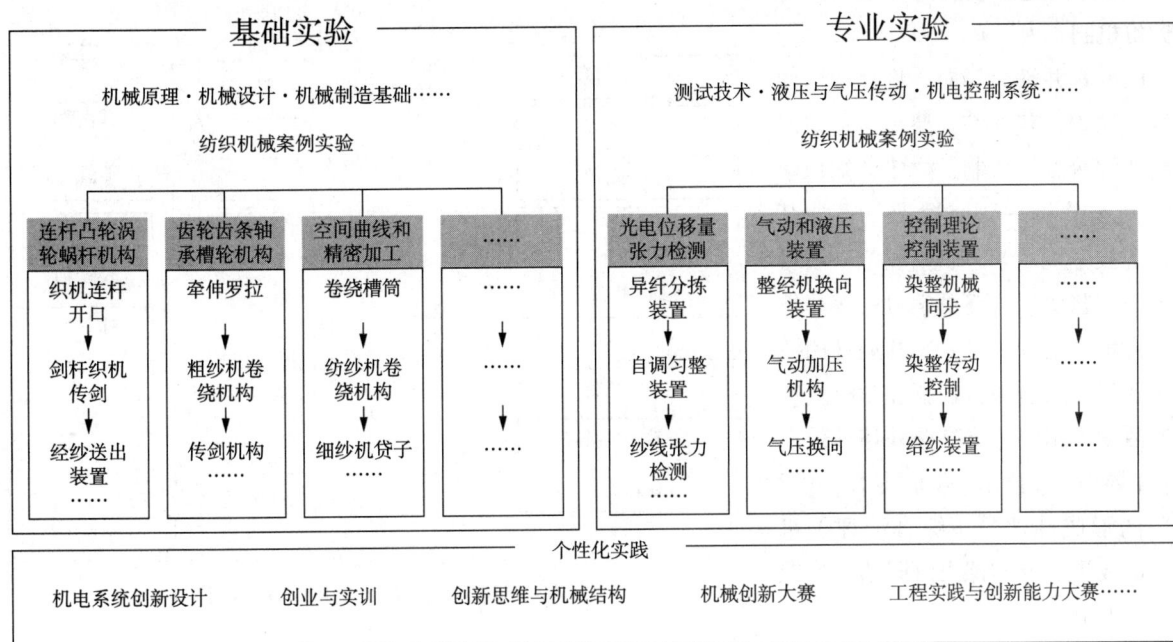

图2　综合实践活动课程建设

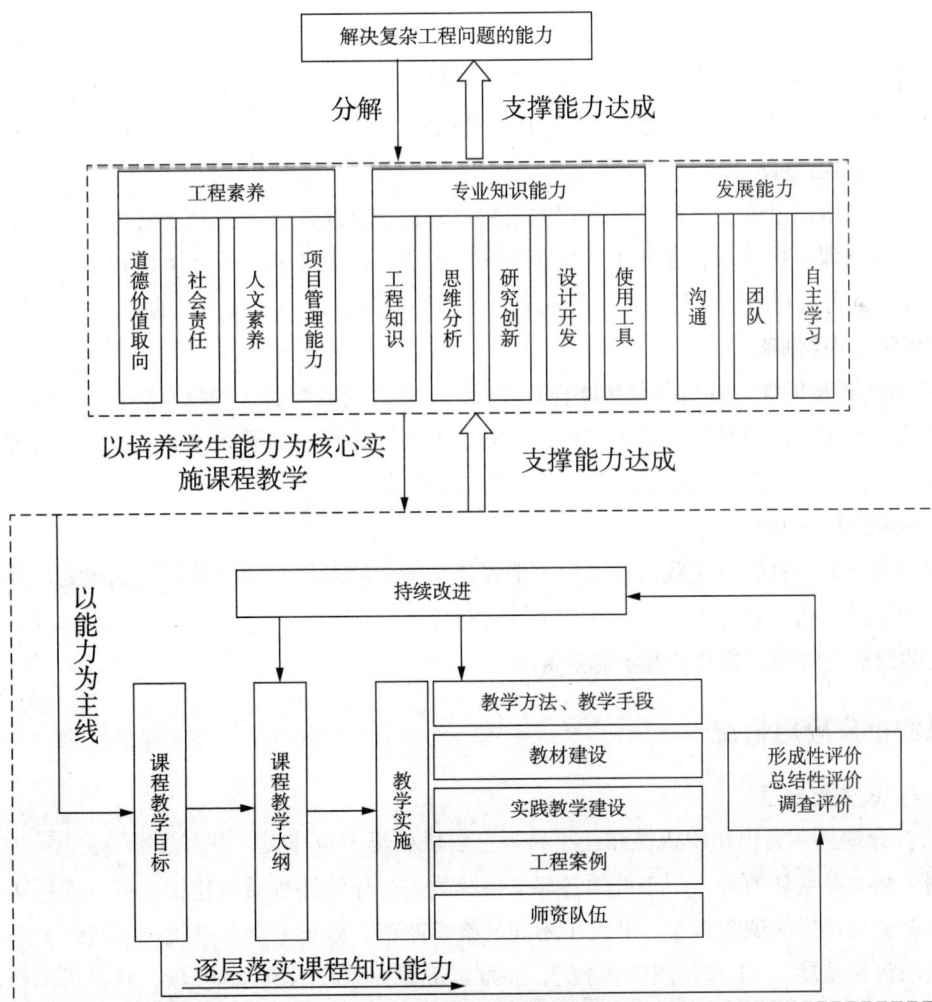

图3　课程评价体系

2.5 构建基于五育并举的形成性评价机制

以五育并举为导向，将授课延伸到课外课程，建立综合课程活动与课程质量评价融合机制，构建"知识学习—问题分析—研究探索—设计开发"等技术能力与"职业规范—项目管理—团队协作—终身学习"等非技术能力融合培养新模式。开展社团活动、课程实践、科技创新和学科竞赛课外活动，提出了含有课外培养效果的"1导向—4技术—4非技术—4活动"的形成性评价（综合测评）机制，形成了课外与课内协同培养的课程评价机制。

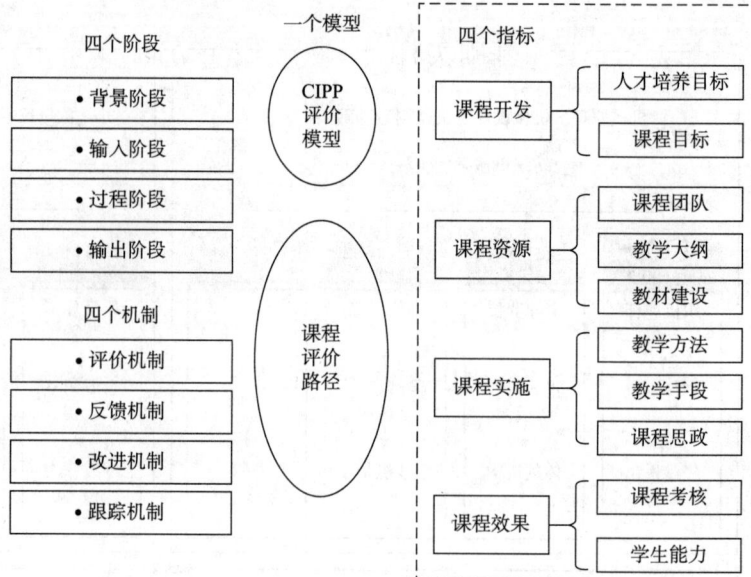

图4 基于CIPP评价模型课程评价路径

3. 成果的创新点

3.1 人才培养特色鲜明

结合纺织特色和"新工科"技术，夯实纺织机械基础教学，使我校机械专业培养的毕业学生既符合纺织领域人才的需求，又具有新兴科技能力，人才培养特色鲜明。

3.2 课程建设内容创新

以"新工科"技术信息流为导向进行课程的设置，将机械和纺织技术互相融合渗透，在重构新工科知识结构的基础上进行课程的建设，建立了适应多方向的模块化课程体系，纵向上课程结构层层递进，横向上多个不同专业方向可选择应用，打造出在国内具有较大影响和特色的学科交叉的优质课程群。

3.3 课程评价路径创新

基于CIPP评价模型的课程评价路径从课程开发目的、课程资源配备、课程实施过程、课程效果，构建全过程课程评价新体系，不只是关注知识传授，还需根据不同课程设计不同评价标准，推进课程评价信息化建设，实现以评促建、以评促改的目的，持续提升课程质量。

3.4 课外课程建设创新

以五育并举为导向，将综合实践活动课程（即课外实践活动）作为课程进行长远规划，并根据毕业要求的技术指标和非技术指标点开展形成性评价（综合测评），打造了课外与课内协同培养的课程评价机制，提高了课外实践课建设质量，提升了人才培养质量。

4. 成果的推广应用情况

4.1 课程建设效果显著

基于OBE教育理念，突出纺织机械和新工科特色的机械类专业建设，开展课程达成评价的成果显著，评价结果反馈到相关院系和教师，用于教学各环节持续改进，加强课程质量建设，推进课程质量提升。按照课程设置和课程模块形成课程体系，开展了不同的教学改革，效果显著。获批国家级线上线下混合式一流课程"液压与气压传动""工程制图"各1门，获批市级课程思政示范课程1项，获批天津市线下、线上线下混合式一流本科建设课程6门。《高速织机设计原理及动态性能分析虚拟仿真实验》获批国家级虚拟仿真实验项目1项,《机械高速非织造梳理气流成网装备》虚拟仿真实验获批天津市虚拟仿真实验建设项目,2020年获批天津市机械设计类系列课程教学团队。

4.2 专业建设效果显著

机械工程专业于2019年获批国家级一流本科专业建设点,2020年机械电子工程专业获批国家级一流本科专业建设点,2021年工业设计获批国家级一流本科专业建设点,2020年获批"新工科"智能制造工程专业,近五年机械工程、机电子工程专业按照OBE教育理念开展教学,2022年、2023年机械工程和机械电子工程专业工程认证开展入校审查。

4.3 教学改革成果显著

基于全面质量管理构建的课程质量评价与保障体系,出台了校院两级人才培养质量评价体系、课程体系合理性、课程目标合理性和达成机制、形成性评价(综合测评)等相关制度文件,对持续提升学校教学质量起到有力推动作用。

近五年获批天津市教学成果奖4项,纺织工业联合会教学成果奖8项。近五年完成中国纺织工业联合会高等教育教学改革项目4项,天津市普通高等学校本科教学质量与教学改革研究计划重点项目子课题1项,获批天津市市级教学成果培育项目1项,获批教育部产学合作协同育人项目15项。

4.4 人才培养质量显著提高

遵循"学生中心、产出导向、持续改进"的理念,培养效果显著,卓越班毕业七届,共210人,其中升学率30.2%,出国深造3.3%,就业率100%。学生100%参加"3+1"实践,全部学生参加学科竞赛。三年来,学生获学科竞赛95项奖,天津市级"先进集体标兵"1项。

在校生、毕业生、用人单位对教学质量的满意度和推荐度都很高。如近两届毕业生满意度均为98%,均高于全国"双一流"院校水平。用人单位对应届毕业生的总体满意度为95%,其中对毕业生表示"很满意"的比例达到55%。毕业生获得企业、行业高度认可,评价是:能力强、素质高,特别是在机械产品创新设计与实践应用方面表现突出(图5)。

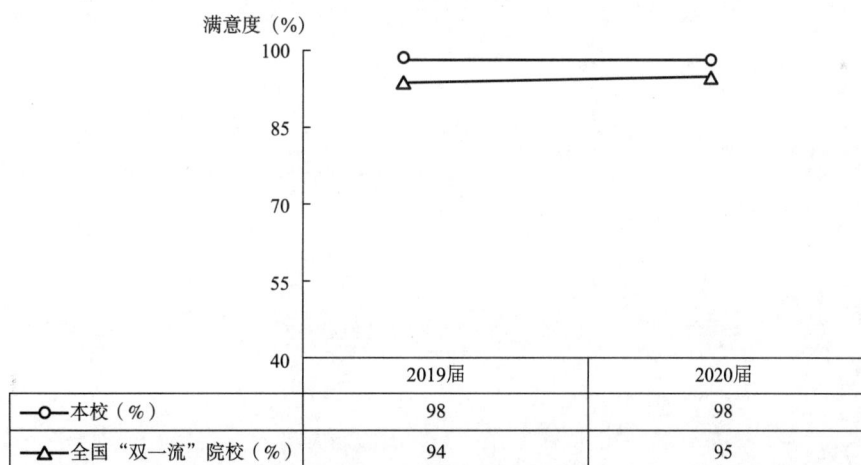

满意度(%)	2019届	2020届
本校(%)	98	98
全国"双一流"院校(%)	94	95

图5 近两届毕业生总体满意度

成果的应用与辐射范围显著。不仅纺织卓越班受益,机械电子工程、机械工程、机械设计制造及自动化专业学生也受益,而且对其他专业和课程也起到了示范性作用。

4.5 辐射效应

2019年9月8~10日,在上海举办的"教育部高等学校纺织类专业教学指导委员会纺织装备分委员会第二次会议"上,来自东华大学等16所纺织背景的院校领导、教师,对本校所提出的升级改造的人才培养方案,得到好评,认为值得各校学习推广;《纺织机械概论》教材被东华大学、中原工学院等六所高校应用。

取得的教研成果被天津教委网站、天津日报等报道。2018年6月23日，《天津日报》第5版以"天津工大获批国家示范性虚拟仿真实验教学项目为题对我校进行报道，是市属高校中唯一获批的高校（图6）。

天津工大获批国家示范性虚拟仿真实验教学项目

2018-06-23 11:30:00　来源：天津日报

昨天从天津工业大学获悉，《教育部关于公布首批国家虚拟仿真实验教学项目认定结果的通知》发布，该校机械工程学院杨建成教授主持申报的"高速织机设计原理及动态性能分析虚拟仿真实验"项目成功获批，是市属高校中唯一获批的高校。

该项目涉及的纺织机械复杂程度高，工程实践教学平台建设成本相对较高。项目采用多媒体和信息化技术，创新实验教学项目资源呈现方式，提高实验教学项目的吸引力和教学有效度，实现了学生不出校园就与工程实践操作"无缝对接"。（记者 姜凝）

图6　成果示范效应案例

美育赋能创新创业教育的探索与实践

东华大学

完成人及简况

姓名	性别	所在单位	党政职务	专业技术职称
王朝晖	女	东华大学	服装与艺术设计学院副院长	教授
于翔	女	东华大学	服装与艺术设计学院 学生工作办公室 副主任	讲师
宋婧	女	东华大学	服装与艺术设计学院服装设计与工程教师党支部副书记	副教授
肖平	女	东华大学	无	副教授
夏雅琴	女	东华大学	无	副教授
汪芳	女	东华大学	服装与艺术设计学院服装艺术设计系主任	教授
彭波	男	东华大学	服装与艺术设计学院 视觉传达系主任	教授
周洪雷	男	东华大学	服装与艺术设计学院副院长	教授
吴春茂	男	东华大学	产品设计系副主任	教授
朱达辉	男	东华大学	无	副教授

1. 成果简介及主要解决的教学问题

1.1 成果简介

创新创业教育能够开发大学生的创新能力和创造潜能，是我国人才培养超越式发展的必由之路，也是应新时代经济社会和国家发展战略需要的一种教学理念和模式，美育赋能创新创业教育的探索与实践具有时代特色和重大战略意义，是高校创新创业人才培养的发展趋势和必然要求。在"推进大众创业、万众创新"及"推进文化自信自强"的新时代战略背景下，美育赋能创新创业教育其最终目的是为培育创新创业高素质综合型人才，是建设创新型国家的力量来源，不仅有利于促进学生的全面发展，促进人才培养质量的提升，而且能够让学生切实提高创新精神、创造意识和创业能力，并对学生的人生规划和发展起到至关重要的作用。美育赋能创新创业教育，是提升全员全过程、全方位育人成效的关键命题，是培养担当民族复兴大任"时代新人"的重要课题。本成果以特色专业学科、美育工作室、创新创业实践基地为"点"，美育赋能创新创业教育课程和项目为"线"，全体学生为"面"，打造点线面立体育人新模式，将美育全面多维的赋能于创新创业教育。更好实现美育赋能创新创业教育中"育人"和"育才"的有机统一（图1）。

1.2 主要解决的教学问题

1.2.1 亟待聚焦机制、强化专业美育兼创新创业教育多元复合型教师队伍

教师是美育赋能创新创业教育工作落地的最终保证。目前国内在专业美育建设和创新创业人才培养方面呈现出故步自封的现象，在"三全育人"方面，学生的综合能力培养存在短板和薄弱环节，呈"孤岛"式发展，教育教学中存在结构单一、沟通断层和信息匮乏，在教学过程中比较倾向纸上谈兵式理论说教，很难达到优质创新创业教育的最终目的，因此，聚焦顶层设计的专业美育、艺术理论修养和创新创业经验兼具的教师队伍亟须强化，以此锻造专业与职业结合、理论与实践并行、教学和指导共进的美育，兼具创新创业教育多元复合型教师队伍。

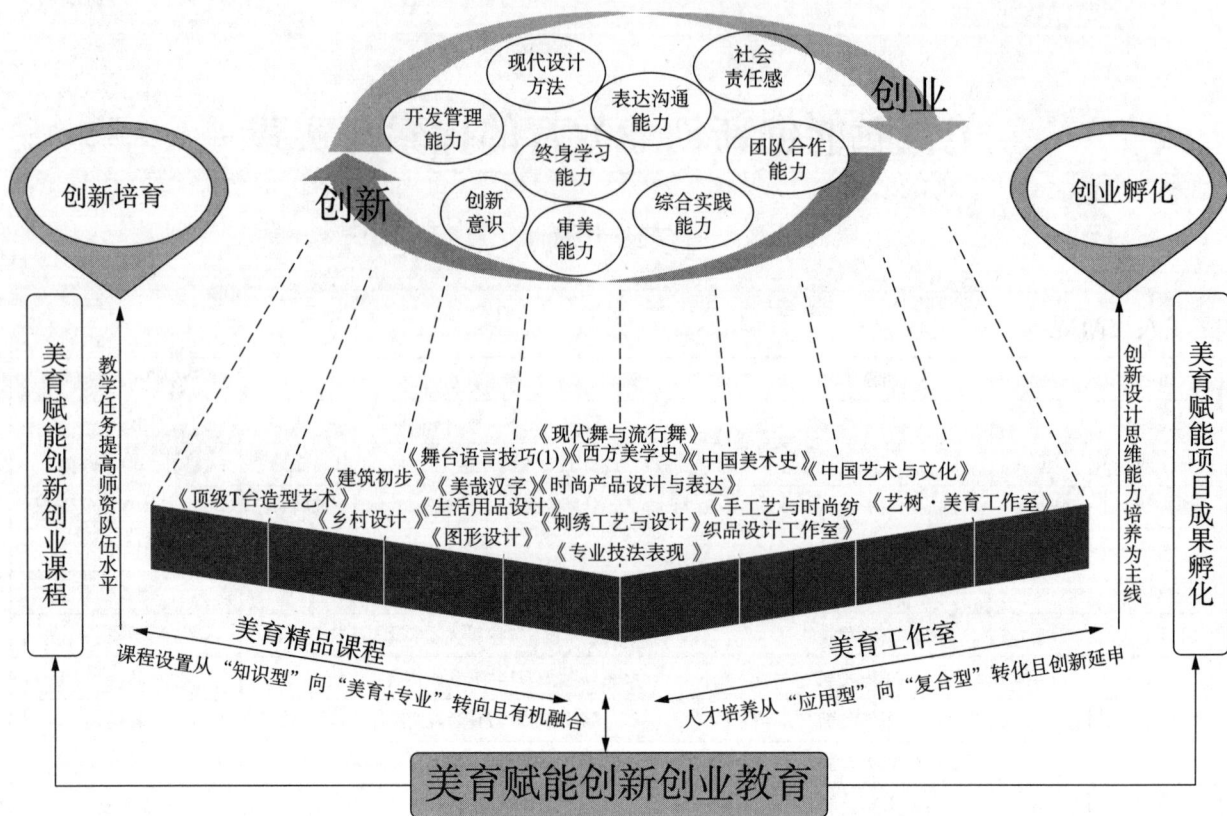

图1 美育赋能创新创业教育实践

1.2.2 亟须完善体系、搭建智慧美育和创新创业成果多元交流互动的共享平台

美育赋能创新创业教育的育人模式和优化路径是工作实现的核心桥梁。当前各高校美育赋能创新创业教育的课程设置普遍化，缺少体系的补充和完善，缺乏优质美育资源共享平台和创新创业成果交流互动平台。前期课程体系设置相对单一，尚不能覆盖多专业背景、多层次需求、多赛道发展学生的培养全过程。学科交融互通渠道缺少，美育基础知识枯燥刻板，各学科方向美育赋能创新创业教育的教学方法还在探索进行中，亟须完善课程体系，搭建智慧美育赋能创新创业成果多元共享平台，推动孵化和落地并产出优质美育赋能下的创新创业成果、美育精品课程、美育名师工作室，以此打造美育赋能创新创业教育成果多元交流互动的新局面。

1.2.3 亟盼项目优化、美育赋能创新创业教育成果丰富呈现和交叉学科育人新体现

多学科综合性创新创业成果是美育赋能创新创业教育探索和实践的目标。此前教育的探索实践中缺少项目型的成果产出，部分成果刻板固化，存在一种独立化、工具化的"唯美主义"倾向，本成果在"五育"背景下，对美育赋能创新创业教育进行探索与实践，以此将美育赋能创新创业教育的成果水平站在崭新的育人高度，使教育成果得以丰富呈现，并将学科交叉融合的多维美育赋能学生创新创业能力培养的全过程，切实提高学生的全面综合素养，提升教育成果质量。

2. 成果解决教学问题的方法

2.1 聚焦顶层设计，加强师资建设，坚持美育与创新创业教育的有效融合

本成果研究过程中，聚焦美育赋能创新创业教育的顶层设计，优化教学工作机制，强化师资队伍建设，提高教师的美学修养、美育技能，丰富创新创业教育知识储备，开展创新创业项目孵化等，持续加强教育统筹、路径优化和督导全程的实践探索，实现美育和创新创业教育之间的相互内在、相互交融、共生发展

和互促发展，锻造多元化复合型师资队伍，不仅具备胜任美育赋能创新创业教育探索与实践的能力，还具备专业与职业结合、理论和实践并行、教学并指导共进的实力。

2.2 完善课程体系，深化培育实践，坚持赛教融合与校企协作的有效衔接

美育赋能创新创业教育的过程中，加强学科交融，整合平台资源，补齐发展短板，强化实践产出，持续完善完整性、交叉性、系统性、多元性的课程培育体系，是本成果的重点。本成果实践中，依托专业学科背景，横向联动、纵向递阶，开拓美育赋能创新创业的实践基地，智慧美育和创新创业成果多元共享平台，推动孵化和落地产出优质美育创新创业成果、美育精品课程、美育名师工作室，持续开展美育赋能创新创业教育实践新契合，同时引入行业权威、产业专家以及创新创业模范等成立"导师团"，针对性开展资源对接、方法训练、思维实践、共享与衍生、路演与实战等指导，推动美育赋能创新创业教育中赛教融合与校企协作的有效衔接。

2.3 优化项目组合，呈现综合成果，坚持学科共建与成果孵化的有效创新

项目化是美育赋能创新创业教育的有效方式，通过提高项目中美育赋能育人的针对性和专业性，提高创新创业教育成果的综合性和有效性。本成果由美育赋能创新创业训练项目，分为创新训练项目、创业训练项目、创业实践项目。基于专业学科特色，以文化艺术性、实践技能性、创意孵化性作为本成果综合课程的核心内容，多元化、多学科、多赛道的呈现综合育人成果，培育具有卓越创新创意能力、综合素质高水平兼具全域视野的复合创新人才，以期培育孵化并产出更具文化艺术性、技术服务性、科技专利性和品牌战略性的综合优质创新创业项目成果，形成教育教学成果的丰富呈现和交融交叉学科育人新体现（图2）。

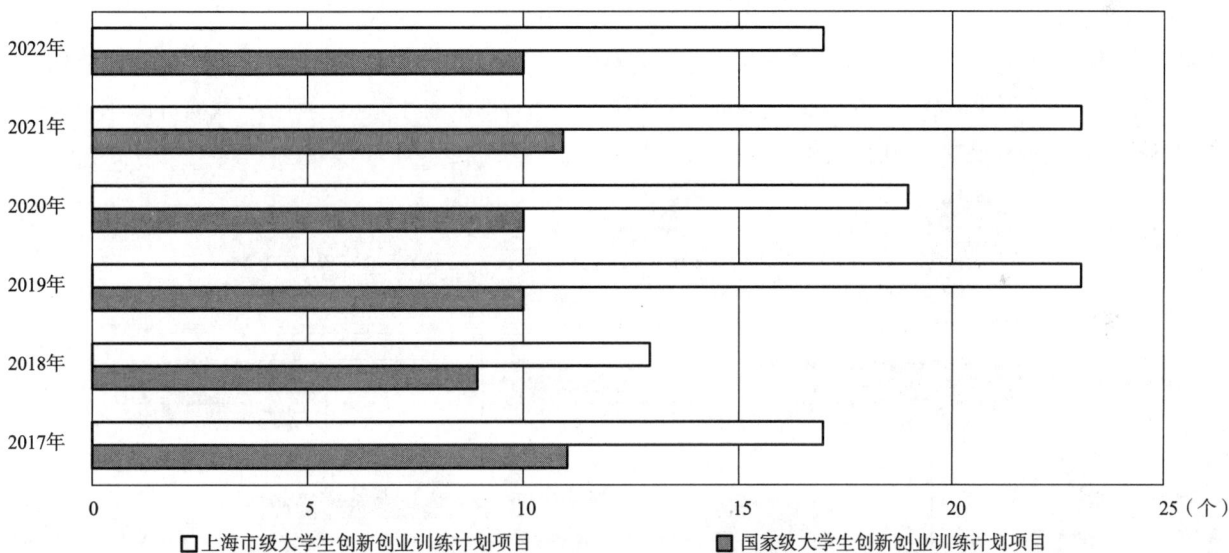

图2 近六年服装与艺术设计学院大学生创新创业训练计划项目情况

3. 成果的创新点

3.1 渗透型美育持续化，赋能创新创业教育新战略

创新创业教育是我国人才培养超越式发展的必由之路，探索实践具有时代特色的美育赋能创新创业教育，既具有重大战略意义，又有紧迫的现实需求。本成果基于美育赋能创新创业教育的探索与实践，从根本上提升美育思想在三全育人中的持续化渗透功能，形成美育赋能创新创业教育的新模式，推动传统美育培养人才模式的改造更新，打破创新创业教育单一薄弱的壁垒，实现了相融共生。为培育适应"四新"建设需求的新时代人才、为培养担当民族复兴大任时代新人提供了先行先试的解决方案。

3.2 发展型美育多元化，赋能创新创业教育新路径

本成果注重发展型美育对创新创业教育的赋能，着眼于学生成长发展的全过程，聚焦美育赋能创新创业教育实践中学生群体创新创业思维能力的培养和发展。立足于美育赋能创新创业教育的育人实际，持续开展多元化教育活动形式，吸引学生主体的积极参与互动，以特色文化资源优化课程育人体验，强化并提升美育赋能创新创业教育综合课程的育人实效，为学生提供发展性的成长孵化平台，通过不断优化美育赋能创新创业教育的综合教育路径，构建产教共融、赛教协同、教学共建为一体的人才培养新机制，激发学生的文化势能、内生动能、创新潜能和创业技能，并实现彼此互融互促、同频共振。

3.3 创新型美育联动化，赋能创新创业教育新生态

本成果实践过程中，通过美育实践工作室、美育精品课程、美育名师工作室、校企合作美育实践项目等，将"四维美育"（即课程美育，项目美育、实践美育，网络美育）全面赋能创新创业教育，满足不同专业、不同年级、不同性别学生群体的美育需要和创新创业需求。通过发挥专业特色和资源优势，深入发掘美育赋能创新创业教育蕴涵的元素和价值，不断强化两者的交叉融合，通过整体建构中多层次、多学科、多平台的创新联动，厚植美育赋能创新创业教育的土壤，共建美育赋能创新创业教育的实践新生态。

4. 成果的推广应用情况

本成果自应用以来，贯彻《高等学校公共艺术课程指导纲要》中坚持育人导向，坚持面向全体，坚持改革创新。以创新创业能力培育为目标，开设美育赋能创新创业教育综合类课程14门，共建国家级一流课程、精品课程、精品视频公开课、优质在线课程10余门，2016年开设"艺树·美育"工作室，扶持创新竞赛及孵化创业项目近百项，2021年立项校级"手工艺与时尚纺织品设计"美育名师工作室。美育赋能创新创业训练项目中，创业训练项目99项，创新训练项目国家级和省部级共计90项，创业实践项目85项，成果产出中发表文章30篇，专利10项（图3）。

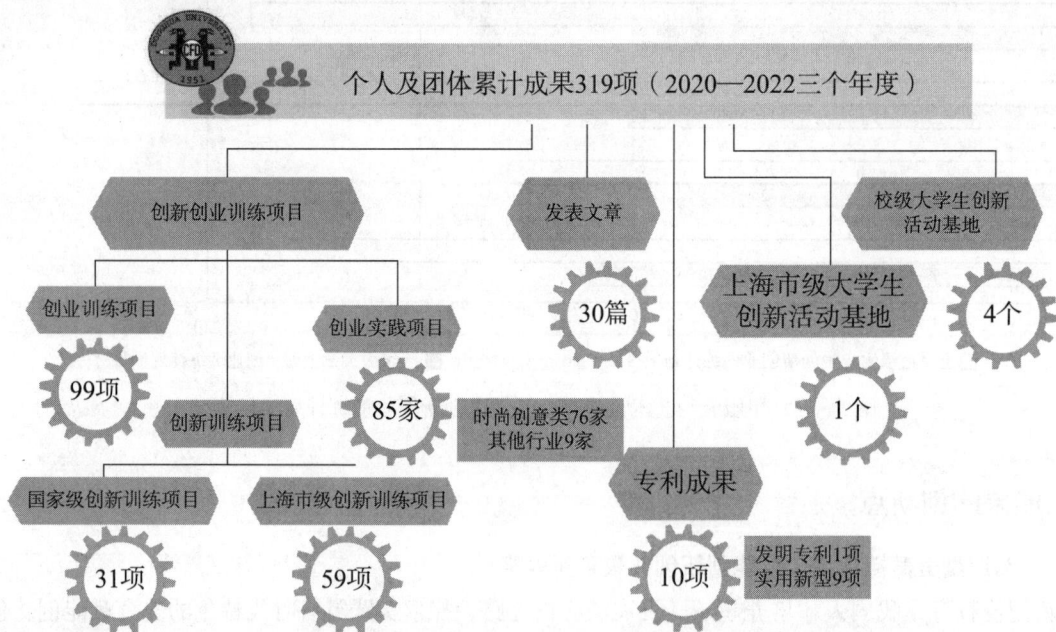

图3 近三年美育赋能创新创业教育实践概况

本成果现覆盖创新活动基地五个，1个市级大学生创新活动基地，4个校级大学生创新活动基地。5个基地具有不同学科专业背景并各具特色，是美育赋能大学生创新创业活动和学科竞赛的重要载体，其中服

装与艺术设计学院创新活动基地荣获2022年度校级大学生创新活动优秀基地。2022年11月晨风校外基地转型成为东华大学服装与艺术设计学院－晨风时尚产业实践学院的创新基地，设有20余个设计工作室、实验室及各专业公共教室，多学科共交融，是落实教育、科技、人才一体化建设的具体实践，也是推进教育教学改革，进一步提升人才培养质量的重要举措，更是在全球教育背景下探索时尚创新人才培养的新尝试。

自成果应用起，从2016—2022年共孵化服装学院毕业生133人成果创业。在创业训练项目落地的99项中，包含45项创意设计项目以及包含服务业、制造业、信息科技业等多元综合类项目37项。依托美育赋能创新创业教育，优化东华新锐设计师培优机制，通过"东华时尚周、上海时装周、伦敦时装周"三级递进式的展演平台，培育时尚新锐设计师。"之禾（ICICLE）"叶寿增、"LILY"陈川、"UMA WANG"王汁、"素然（ZUCZUG）"王一扬、陈闻、洪伯明等不仅在国内外的专业领域斩获众多奖项，并从校园走出后正活跃在全国乃至全世界的诸多行业；支晨入选2019福布斯中国30岁以下精英榜，蒋雨彤、雷留树创立设计师品牌SHUSHU/TONG，被国外权威媒体誉为"崛起的中国设计新一代"，荣获"2021中国时尚盛典年度时尚设计师"称号；张卉婷"Whisht Fencing"作品获第二届汇创青春服装设计类一等奖，在校期间获保研且在尚创汇创立了自己的时尚创意公司；据不完全统计，当前活跃于国际时尚界及在国外开设时尚设计工作室的中国设计师中有近25%为东华人。同时，2022年9月上海市人民政府主办的首届世界设计之都大会上，东华大学12名新锐设计师以70余套原创作品演绎主题秀演"衣尚东方"，向世界发布东方时尚，"设计后浪"从上海走向世界，演绎了时尚设计教育的中国模式自信（图4、图5）。

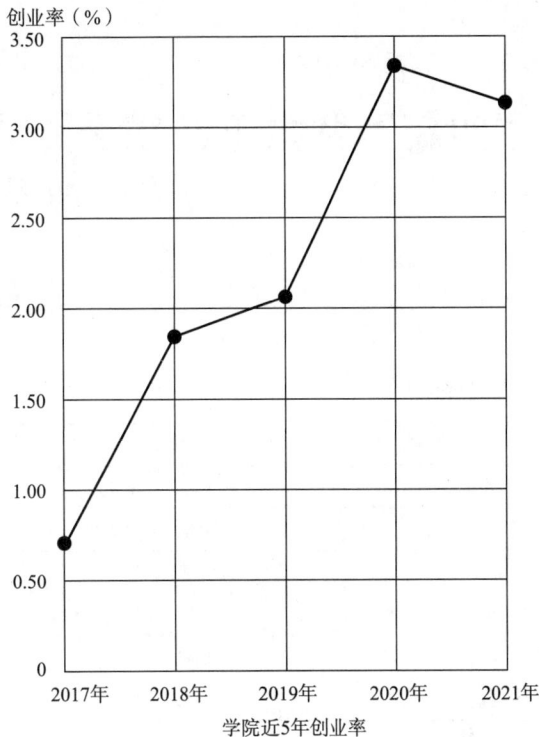

图4　2016—2022年共孵化服装学院毕业生133人成果创业

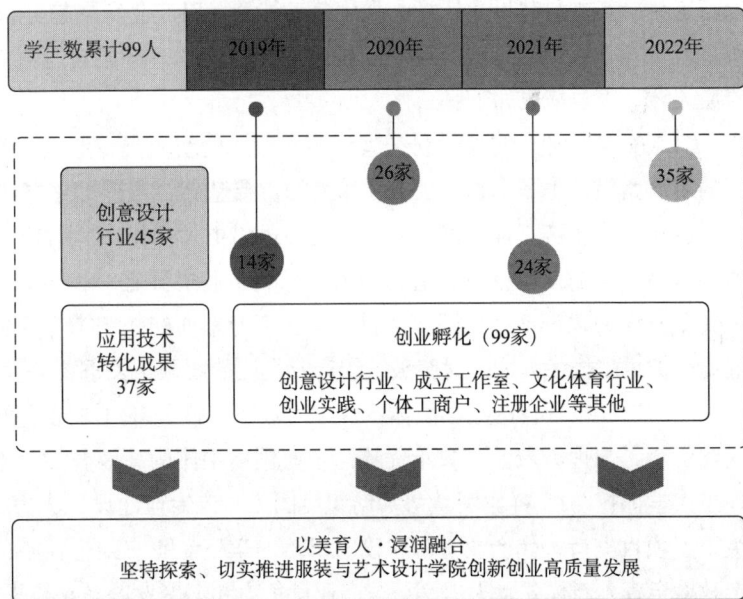

图5　2019—2022年美育赋能创新创业教育实践中创业训练项目概况

"四新"背景下纺织类专业群产教融合协同育人新模式改革与实践

浙江理工大学

完成人及简况

姓名	性别	所在单位	党政职务	专业技术职称
王尧骏	男	浙江理工大学	教务处处长	研究员
杨琪	女	浙江理工大学	教务处实践科科长	助理研究员
冯荟	女	浙江理工大学	服装学院副院长	副教授
刘丽娴	女	浙江理工大学	服装学院副院长	副教授
苏淼	女	浙江理工大学	纺织科学与工程学院（国际丝绸学院）副院长	教授
潘骏	男	浙江理工大学	启新学院、创业学院 副院长	教授

1. 成果简介及主要解决的教学问题

1.1 成果简介

本项目在"四新"背景下，面向国家区域发展战略需求，紧密结合国家和浙江省现代纺织产业发展，以新工科、新文科建设为依托，强化艺工结合，以产业发展趋势和需求为牵引，以"国家–省级–校级"三级现代产业学院体系建设为契机，探索多轨协同的产教融合育人新模式，培养引领未来纺织产业发展的高素质人才。主要成果如下：

（1）立足行业，构建学科交叉、多专融通的纺织类专业群。学科交叉融合不仅是高校传统学科创新发展的重要路径，也是卓越拔尖人才培养的重要基础。习近平总书记指出："要围绕产业链部署创新链、围绕创新链布局产业链，推动经济高质量发展迈出更大步伐。"浙江省纺织产业年产值超1万亿元，占全国总产值的20%，是浙江省重点打造的四大世界级产业集群之一。纺织产业正处于传统产业升级改造向高质量发展转型升级的关键期，构建多学科交叉、多专融通的纺织类专业群，培养大批具有多学科背景、专业厚实的纺织类卓越拔尖人才，对突破纺织产业发展的瓶颈至关重要。

（2）以三级现代产业学院体系建设为牵引，打造多轨协同的产教融合育人新模式。为实现教育、科技、人才优势，与地方产业、政策优势与企业创新主体的高效叠加，不断探索产教融合协同育人新模式，浙江理工大学依托纺织A+学科优势和纺织类国家一流专业建设，大力推动纺织新材料、时尚创新、智能装备省级重点项目支持现代产业学院建设，以培养学生专业实践为核心的综合应用能力为目标，打造多轨协同的产教融合育人新模式，为提高纺织产业竞争力和汇聚发展新动能提供智力支持。

（3）以科教融合为依托，推动纺织产业引领型人才培养。行业引领型人才培养与高水平的科研密不可分，科教融汇是创新人才培养的重要途径，基于"科教结合、寓教于研"的育人理念，运用产教融合协同育人机制，以纺织科技特色优势，助力纺织类引领型人才培养，为促进纺织产业创新提供人才支撑。

1.2 主要解决的教学问题

（1）传统人才模式培养的纺织类人才与现代纺织产业依托多学科发展的趋势契合度不高。

（2）产教融合协同育人依托载体的协同性低，不能有效联动产业链、创新链、教育链、人才链"四链融合"。

（3）纺织类卓越拔尖人才培养的创新力不足，无法满足产业对前沿创新人才的需求。

2. 成果解决教学问题的方法

2.1 立足纺织产业前沿，以"四新"建设理念为引领，推进纺织类学科专业群建设，着力培养适应现代纺织多学科复合型的纺织类人才

现代纺织产业需要具有多学科背景、创新思维能力的复合型创新人才，传统单一学科专业培养模式已无法满足纺织产业对人才能力的需求，面向纺织产业发展，以学科专业交叉为核心，推进多维纺织类学科专业群建设，构建学科交叉、多专融通的课程体系，是解决当前传统人才培养模式与现代纺织产业多学科发展趋势契合度不高的有效途径。

2.1.1 立足纺织产业发展前沿，前瞻性推进纺织类学科专业群建设

学科专业建设是高校人才培养的灵魂。浙江理工大学纺织科学与工程一级学科起源于1897年的蚕学馆，历经百年发展，先后建设浙江省重中之重学科、浙江省一流学科A、学科评估A+学科，拥有一级学科博士点和博士后流动站。学校纺织工程专业、服装设计与工程专业、轻化工程专业均为国家级一流本科专业建设点专业，这些专业以培养纺织领域一流创新人才，达到工程教育认证要求，探索新工科发展范式，设置"艺工结合"培养体系，深化产教融合，实现产学研一体化发展。近年来，浙江理工大学围绕建设特色鲜明的高水平研究型大学建设目标，加强学科专业建设总体规划，明确专业建在学科上，拓展纺织特色学科专业品牌内涵，以纺织科学与工程A+学科为引领，推进纺织与材料、设计、智能制造等学科交叉融合，战略推进纺织类学科专业群建设。

2.1.2 以"四新"建设理念为引领，构建学科交叉、多专融通的纺织类课程体系

课程是学科专业建设的基本单元，以"四新"建设内涵为核心，面向纺织产业创新，培养具有创新发展理念、兼具纺织产业营商意识的复合型人才，充分发挥学科交叉，开设工程融合学术、校企联动的特色专业课程，如"纺织企业管理""工程伦理""非织造数据库"等，安排学生到合作企业现场，让企业导师参与"聚合物直接成网大兴实验""非织造专业认识实习""毕业调研""毕业实习"等课程教学，以及毕业设计联合指导与评价，构建跨院系、跨学科、跨专业、跨行业的多专融通的交叉课程体系。

在纺织时尚人才培养"工程+艺术"的模式基础上，以时尚产业创新人才供给为要求，由时尚龙头骨干企业共同参与，建立"工程技术+科技创新+艺术设计+文化素养"的"四位一体"分层分类课程体系、内容与评价方案，依托纺织时尚产业产教融合教学实践基地和研究院，运用虚拟仿真、体验式、场景化教学，引导专业课程在企业教学、企业导师进课堂讲授，共组校企导师团队，共建一批企业参与建设的时尚人才培养课程库（"成衣工艺学""创作设计"国家一流课程2门，"女装设计""时尚导论"等省一流课程20门）、校企合作项（红袖卓越设计师班、阿里巴巴产教融合青橙计划），同时创新评价方式，包括教学成果展、项目路演等，邀请行业专家、优秀校友参与课程考核评价。

2.2 创新产教融合协同育人载体，推动纺织类现代产业学院体系建设，打造多轨协同、四链融合的产教融合育人新模式

以纺织学科专业群为基础，创新产教融合协同育人机制，借助现代产业学院体系建设，打造多轨协同、四链融合的产教融合育人新模式，是促进产业链、创新链、教育链、人才链"四链融合"协同育人的重要手段。

2.2.1 创新产教融合协同育人办学模式，构建纺织类现代产业学院体系

面向现代纺织产业发展，以纺织学科专业群建设为基础，以提高纺织类人才专业实践为核心的综合应用能力为目标，构建"国—省—校"三级现代产业学院体系，实施教育链、产业链、创新链、人才链"四链融合"，专业群、产业群、学科群"三群互动"，卓越人才培养目标协同、育人全过程协同、校政企育人主体协同、各育人主体资源及管理制度协同、产业关键技术创新协同的"五协同"育人体系。与地方政府、行业（产业）协会、龙头骨干企业的联盟，形成"政校行企N+5"产教融合多元—体共建共管共享的办学新机制，"N"是指"纺织+"现代产业学院体系（包括纺织新材料省级重点支持现代产业学院、时尚创新省级重点支持现代产业学院等）；"5"是指共同制定人才培养方案、共同开发课程标准与教材、共同选拔和培养学生、共同培养"双师"和共同建设实训基地（图1）。

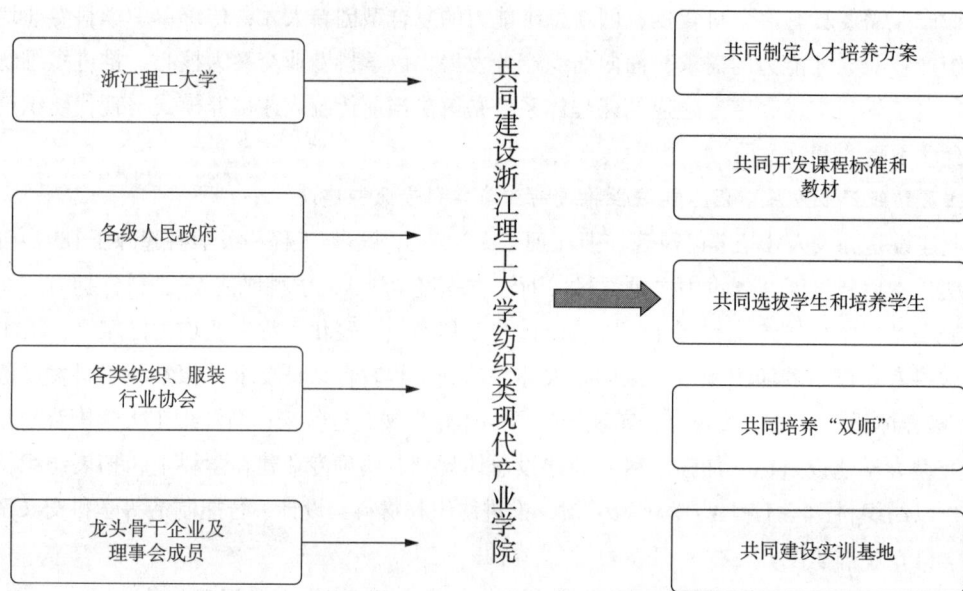

图1 现代产业学院管理机制

2.2.2 加强现代产业学院体系建设，打造多轨协同的产教融合育人新模式

围绕纺织学科和产业发展，坚持深化产教融合、校地紧密合作，引企入校、从人才培养目标，确立课程设置、教材开发、教学设计、教学过程、实习实训、竞赛管理等环节进行全方位紧密合作，优化人才培养方案，改革教学方式方法，创新实践教学模式。采用企业工程师进课堂、企业特色课程进课堂、企业案例进课堂进教材，开展行业企业讲座论坛，打造行业精品特色课程等有效手段构建专业案例特色课程体系，以理论教学内容及实践教学体系改革为突破口，促进理论知识在产品案例中融会贯通，从人才培养方案、到人才培养平台，邀请纺织行业专家、企业家等参与相关专业培养方案修订与论证，构建立足多领域融合应用，着眼产业市场需求的创新复合型人才培养方案，实现学生爱国情怀、社会责任、国际视野和创新能力相结合的培养。例如，时尚创新现代产业学院，紧密结合纺织时尚产业发展，构建覆盖纺织时尚全产业链的专业建设方案。对接长三角一体化高质量发展和国家创新策源地的规划，以及浙江省大力发展的"八大万亿产业"规划，围绕纺织时尚产业链布局，对应纺织时尚产业链"纺织材料—设计研发—加工制造—运营管理"设立纺织工程—服装与服饰设计—服装设计与工程—时尚表演与传播的人才专业培养体系，紧密衔接产业链各环节，打造多轨协同的产教融合育人新模式（图2、图3）。

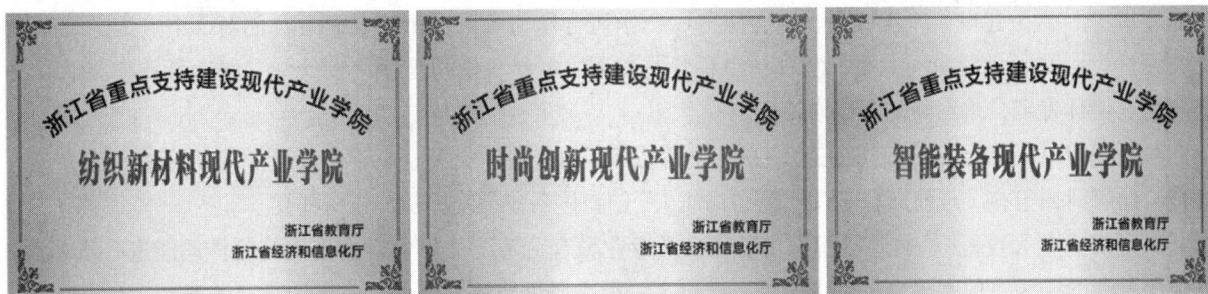

图2 浙江理工大学省级重点支持建设现代产业学院

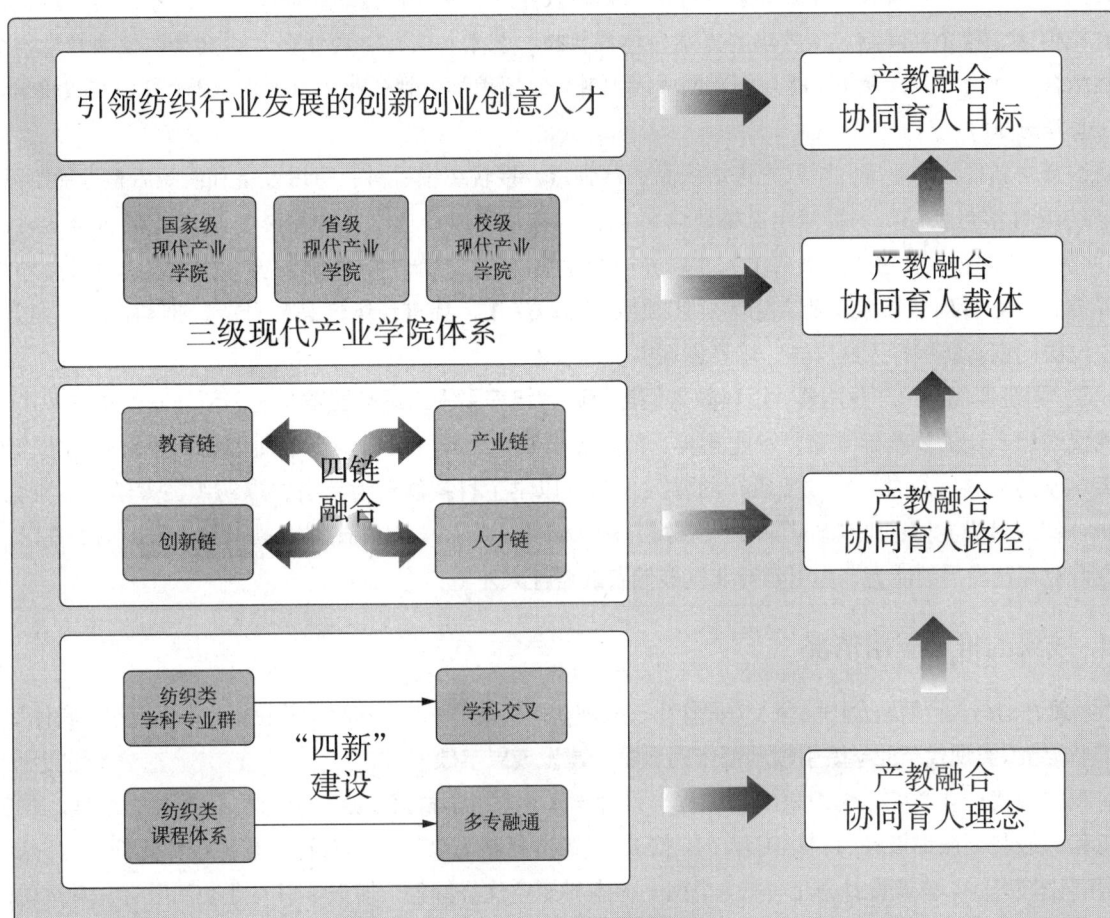

图3 "四新"背景下纺织类专业群产教融合协同育人机制

2.3 以科研创新为牵引，探索科教融汇的纺织类行业引领型人才培养新路径

以纺织领域前沿科研为牵引，实施教授工作室制、双师型教学和优秀生培养制度，利用互联网+技术促进教学内容的前沿化，形成平台式学习、研究性学习、项目驱动多元化教学方式，探索出了"企业出题、高校解题、政府助题"的"新昌模式"，形成了"一县一院一基地"的多元主体协同的纺织类行业引领型人才培养新路径。

3. 成果的创新点

3.1 利用学科交叉、专业融通开展"大交叉"、建设"大平台"、聚力"大育人"

一是开展"大交叉"。在学校统一规划下，探索设立"纺织+"学科专业群，加强纺织学科与其他学科在人才培养、队伍建设、科学研究、社会服务、产学研合作与成果转化等方面融合创新，重点推进纺织学科与设计学、材料学的协同发展，实现纺织科学与工程、材料科学与工程、设计学一级学科及相关学科统筹建设、一体发展，培育新的学科增长点。

二是建设"大平台"。浙江理工大学充分发挥纺织学科优势，交叉材料学、设计学等领域，构建纺织新材料、纺织时尚等多个现代产业学院，为"纺织+"创新体系建设发挥示范带头作用。

三是聚力"大育人"。通过不断深化学科交叉专业融合，传统优势学科内生力与整体动能进一步释放，以现代产业学院为主的大平台进一步拓展，产出了一批高质量产教融合育人成果。

3.2 依托现代产业学院体系建设，构建符合纺织产业转型升级需求的"四链融合"的人才培养模式

聚焦互联网+时代和消费升级背景下对纺织创新人才的需求，促进纺织教育链、人才链与产业链、创新链有机衔接，校企共同制定人才培养方案，体现科技、艺术、文化、商业多学科交叉，校内教学与企业实践相结合，理论知识、专业技能与创新创业能力融合，要求学生到企业实习不少于3个月，实践教学学分不少于总学分30%。

纺织新材料现代产业研究院以先进纺织品为落脚点，接轨纺织材料、纺织设备和纺织后整理加工需求，借力"纺织科学与工程"一级博士点雄厚学科优势，构建了以产业学院为主体，全产业链、跨学科链的"一体两翼"协同育人新模式，形成了人才培养、产业集群、科学研究、学科建设"四元"深度契合纺织人才培养方式。融合前沿领域以及文化等延伸领域的纺织应用，促进纺织产品的升级，推动纺织产业升级，推进建设协同创新纺织育人共同体，培养创新型纺织人才。

3.3 围绕现代纺织产业发展，以科教融汇为基础，培养引领纺织产业发展的创新创业创意型人才

现代纺织产业需要基础宽厚、专业扎实、能力突出和具有国际视野的高素质创新创业创意人才，浙江理工大学坚持"科教结合、寓教于研"的育人理念，以学生科技创新为牵引，以纺织类大学生学科竞赛、产学研合作项目为主体，把科研创新融入课堂、融入育人，培养学生科技创新意识和敏锐度，提高学生快速适应产业高速发展的能力，为引领行业发展储备战略性人才。

4. 成果的推广应用情况

本项目在纺织类产教融合协同育人方面作出一些创新，积累了一些工作经验并获得一系列成果，具体如下。

4.1 纺织类现代产业学院引领示范作用显著，建设成果丰硕

纺织类现代产业学院以纺织科学与工程、设计学2个一级学科博士点为基础，依托纺织工程、服装设计与工程、服装与服饰设计、轻化工程（染整）、非织造材料与工程、材料科学与工程（化纤）、产品设计（纺织品艺术设计）、丝绸设计与工程等8个国一流本科专业优势特色，加强学科专业交叉融合，对接现代纺织产业发展，按照"需求引导、教研协同、导师引领、校企联动、全链融合、突出创新"的产教融合人才培养理念，利用教育链、产业链、创新链、人才链"四链融合"、校—地—行—企"四方一体"的纺织类产教融合协同育人新机制，通过"纺织材料/设备+设计"促进纺织行业产品升级，通过"工艺+创新"推动产业技术升级，培养掌握先进技术、富有创新设计精神和工程实践能力、兼具国际化视野、引领纺织行业发展的创新创业创意复合型人才。该产教融合创新培养模式受到时任国务院副总理孙春兰的肯定性批示。

同时，通过产教融合协同育人的实践又加强了纺织类学科专业建设，纺织工程、服装设计与工程专业均已通过工程教育专业认证，纺织类学科专业群获批教育部新工科、新文科研究与实践项目3项、其中1项新工科项目获优秀结题；获4门国家精品视频公开课、19门国家一流课程、5门国家资源共享课、2门国家双语教学示范课、2门教育部来华留学英语授课品牌课程、7本国家级规划教材、3项国家级教学成果二等奖。入选全国高校实践育人创新创业基地、国家级创新创业教育实践基地、教育部全国创新创业典型经验高校50强、浙江省大众创业万众创新示范基地。

据统计，浙江省纺织企业70%的高管、80%的技术人员毕业于浙江理工大学纺织类专业，杭州女装产业逾60%的品牌创始人和设计总监也出自浙江理工大学纺织类专业。学生创立纺织服装品牌100多个，涌现出2012年中国大学生年度人物2009级学生尹军，和创立全国第一个以极限运动为主题的服装品牌——隐蔽者服饰、年销售达500万的2011级学生李逸超等优秀产教融合协同育人的典范。

4.2 深入推进产教融合、科教融合，"三创"育人效果显著

纺织类学科专业注重以产业需求为牵引，结合纺织领域技术研究项目、学科竞赛、研究论文等育人环节，多途径培养学生的综合创新素质，取得了明显的育人成效。近三年，学生主持及参与37项国家级、省级和校级大学生创新创业训练项目和新苗人才计划，本科生以第一作者发表SCI收录论文50余篇，入选"小平科技创新团队"1项，获"挑战杯"全国大学生课外科技学术作品大赛国奖12项，其中获国赛一等奖2项；中国国际"互联网+"大学生创新创业大赛金奖1项、银奖1项、铜奖7项；其他各类学科竞赛省级获奖300余项。

以浙江理工大学为秘书处单位的浙江省大学生服装服饰创意设计大赛已连续成功举办6年，是浙江省唯一纺织类省级A类学科竞赛，覆盖全国33所高校、57个专业、10000多名学生，该竞赛旨在"关注产业需求、凝聚学科优势、挑战创意极限、培养创新人才、提高产业效能"，构建"设计+产业"模式，推进学科竞赛与纺织产业发展"双向融合"，在提升省赛专业性与影响力的同时助推现代纺织产业创新升级，设立产业赛道和获奖作品孵化基金，打通产教赛深度融合"最后一公里"，助推产品转化落地，实现学科竞赛、人才培养、产业提升"共享共赢"。

4.3 聚焦产业前沿技术，科教融汇助力纺织时尚产业发展成效明显

浙江理工大学纺织类学科专业群紧密对接纺织时尚产业、区域经济创新发展的实际需求，以科研项目为载体，通过举办学术会议，聚焦现代纺织前沿技术，营造浓厚科研氛围，纺织类人才培养借力科研项目，不断提高学生创新实践能力。

纺织新材料现代产业学院积极探索紧密结合社会需求，对接浙江传统优势产业、先进制造业和战略性新兴产业发展需要的学科，构建与政府、产业、行业、企业多元协同创新的体制机制，以产业需求为导向，立足自身优势，教研协同，推进产学合作协同育人培养项目，在科技攻关实践中历练学生。如在以基地为载体合作过程中，浙江理工大学作为牵头单位获得国家技术发明二等奖1项，获中纺联科学技术二等奖3项，获得国家重点研发计划项目2项和多项浙江省重点研发计划项目资助。特别是，在新冠肺炎疫情蔓延全世界之际，以产业学院郭玉海研究员和于斌教授团队核心，产业学院学生团队为中坚力量，研发了替代熔喷材料的软支撑纳米纤维膜口罩新材料，克服了传统熔喷口罩材料生产效率低和贮存期短的不足，可作为应急战备物资储存，受到了中国新闻网、学习强国等权威媒体的广泛关注。产业学院学生发挥自身纺织类专业优势，为抗疫相关专业知识科普、检验检测作出了积极贡献（图4）。

时尚创新产业学院建立了杭州市丝绸及其制品科技创新服务平台、创新设计大数据温州中心、温州瓯海研究院、湖州丝绸产业及三门冲锋衣产业研究院。一是面向企业开展技术服务。近一年企业与学院共享的知识产权授权共计197项，其中发明专利53项，实用新型专利133项，软件著作权56项，行业标准4项，团体标准1项；为1400余家企业提供了技术支持和科技服务，解决企业技术问题2200余项，获得成果转化收益近5亿元，形成了一批特色鲜明的产教融合成功案例。二是面向企业开展培训服务。组织开设红袖"时尚·科技·人才"国际论坛、冲锋衣行业时尚可持续发展高峰论坛、浙江（三门）冲锋衣产业创新高质量发展高峰论坛等活动；举办家纺企业高级研修班、大数据时代时尚设计创新与人本智造高研班、5G时代时尚"品牌化"高级研修班、华丝夏莎企业管理能力研修班，先后开办服装设计与制作研修班、服装裁剪与缝制基础班与中级班等各类培养班，课程由本校教授、资深对口专业教师进行教学，对口专业教师30人，每年累计为企业培训人数400余人。

图4　纺织新材料现代产业学院成果获媒体报道及科技部肯定

4.4　依托产教融合新模式，推动"产学研校地"合作纵深发展

建立项目反向驱动课程设计创新机制，通过课程提高学生实践创新创业能力，依托毕业设计孵化创新创业团队，再通过校企合作项目实现成果转化。通过新工科、新文科建设践行纺织行业人才培养供给侧改革，增强艺工结合专业特色，由纺织时尚龙头骨干企业共同参与，依托学校纺织时尚行业特色和技术资源，深入挖掘行业实际应用的典型场景案例，建立适应纺织产业需求的前瞻性课程体系。以"大学生创新创意校企合作项目"共建为抓手，为企业孵化多个创新创意团队，通过以企业实操为核心的生产实景展现，让学生在企业实际的设计需求推动下进行项目案例学习和实践创新，校企双方根据产业发展需求完善课程体系，配备研发团队完善新型课程和教材建设，并就多个项目进行合作研发，包括纺织品循环利用项目、有机介质印染项目等，部分项目已实现成果转化，将人才培养成果推向市场（图5）。

图5　深入企业开展产学研合作

4.5　举办浙理时尚周，打造浙理"纺织+"产教融合协同育人新品牌

"浙理时尚周"是学校为响应"八八战略"，践行产教融合协同育人的重要举措。时尚周依托"纺织

+"学科专业群,以时尚为纽带,以大学生毕业设计作品展演为契机,充分发挥学校在时尚人才培养、时尚文化传播、时尚前沿研究、时尚发布等方面的资源汇聚优势,打响具有浙理特色的产教融合协同育人新品牌,时尚周已成功举办两届,得到浙江省政府办公厅、浙江省发展和改革委、浙江省经信厅、浙江省教育

厅、浙江省文化和旅游厅、杭州市市政府研究室、杭州市政府外事办公室、杭州市文化广电旅游局、余杭经济技术开发区产业发展局、中国服装设计师协会、浙江省服装行业协会、杭州市服装设计师协会的领导,浙江大学、中国美术学院、中国传媒大学、江南大学、苏州大学、浙江科技学院、浙江音乐学院等院校的领导、专家,和省内外知名企业家关怀指导,并受到浙江省副省长成岳冲的肯定。同时,学习强国、新华社客户端、人民日报海外网、中国青年报客户端、凤凰网客户端、中国教育电视台等媒体报道30余次,取得良好社会效应,扩大了浙理时尚影响力(图6)。

图6 浙理时尚周获时任浙江省副省长成岳冲肯定

4.6 特色慕课成功出海,产教融合成果架起国际办学合作的新桥梁

在世界慕课在线教育联盟推动下,应印尼国家在线课程平台印尼网络教育学院邀请,学堂在线携手清华大学、南开大学、浙江理工大学等18所高校,以捐赠的方式为印尼提供60门英文授课或包含英文字幕的高水平慕课,用于印尼高校学生在线学习并获得学分,该计划受到教育部副部长吴岩的高度肯定。浙江理工大学2门英义国际慕课参与此次捐赠计划,其中纺织学科吴巧英教授的"服装立体剪裁"是学校面向纺织产业的校企合作课程之一,也是浙江省线上一流课程,高等院校服装专业的主干课程和核心课程之一,具有艺术与技术相融合,理论与实际相结合,注重实践创新等特点,是纺织类产教融合协同育人的成果应用推广的典范(图7)。

图7 慕课出海——浙江理工大学纺织学科吴巧英教授主讲"服装立体剪裁"

4.7 瞄准产业趋势建言献策,产教融合成果为区域经济社会发展提供参考

浙江理工大学产教融合人才培养模式得到国家发展改革委、教育部、浙江省发展改革委、浙江省经信

委、浙江省教育厅和省人力社保厅的支持。国家发展改革委社会发展司，将我校产教融合模式"浙江理工大学时尚产业个性化定制产教融合典型案例"作为典型案例写入报告，获得时任国务院副总理孙春兰的肯定性批示；提交的内参"对标全球五大'时装之都'加快纺织服装业转型升级"获浙江省时任省长袁家军、副省长高兴夫肯定性批示，"借助时尚产业数智转型助推宋韵文化传承创新的若干建议"获浙江省副省长成岳批示，并参与了"浙江省时尚产业改革发展行动实施方案"起草工作；主持温州市政府、省科协委托课题"温州时尚产业高质量发展对策研究"，并在温州召开的世界青年科学家峰会上做专题汇报，得到与会院士、省市领导一致好评（图8）。

图8　纺织类专业群产教融合协同育人成果获浙江省领导批示

"刚柔并济"过程性考核创新范式在国家一流课程"纤维化学与物理"中的探索与实践

中原工学院

完成人及简况

姓名	性别	所在单位	党政职务	专业技术职称
黄鑫	男	中原工学院	轻化工程系主任、纺织学院党委委员	副教授
王少博	男	中原工学院	无	副教授
岳献阳	男	中原工学院	非织造材料与工程系教工党支部组织委员	讲师
苏小舟	男	中原工学院	轻化工程系副主任	讲师
杜梅娟	女	中原工学院	无	讲师
张晓莉	女	中原工学院	轻化工程系教工党支部书记	副教授
黄伟韩	女	中原工学院	无	讲师
于保康	男	中原工学院	无	实验师

1. 成果简介及主要解决的教学问题

1.1 成果简介

在"纤维化学与物理"精品在线开放课程及线上线下混合式一流课程建设过程中，针对线上课程与线下课堂衔接不足、学生线上学习黏性低、深度学习及产出导向达成难、过程性评价对持续改进的支撑无量化依据等问题，本成果遵从《中国教育现代化2035》《教育部关于一流本科课程建设的实施意见》中推进教育信息化理念，聚焦课程过程性考核，开展基于"纤维化学与物理"精品在线开放课程的教学改革，重塑了传统教师主导型"提问—作业—测试"的评价方法，打造了"刚柔并济"的过程性考核体系，融合学校纺织服装办学特色构建"科产教"融合的生活或专业场景讨论、角色模拟分析、团队实验及创新实践等教学模块，创建了"2刚+2柔"多维评价机制，探索出了服务于线上、线下混合的高学习黏性和应用导向的创新教学模式，量化过程考核形式贡献权重用于课程持续改进，助力培养基础扎实、动手能力强、能适应未来轻化工程专业发展的全方位人才。成果取得显著成效：线上课程与线下课堂相辅相成；学生学习积极性和驱动力明显改善；近三年课程目标达成情况和及格率明显提高；学生工程能力和创新意识显著加强；成果依托课题通过校级教学改革项目鉴定，课程认定国家级线上线下混合式一流课程1门（已公示），河南省线上一流本科课程1门、线上线下混合式一流本科课程1门，获河南省教育科学优秀成果奖和教育信息化优秀成果奖，发表中文核心论文3篇（图1）。

1.2 主要解决的教学问题

（1）精品在线开放课程与课堂教学衔接程度低，学生线上学习黏性差。

（2）考核配套教学资源"科产教"融合度不深，学生深度学习及产出导向达成难。

（3）过程性考核形式缺乏量化评价，课程持续改进需增强客观依据。

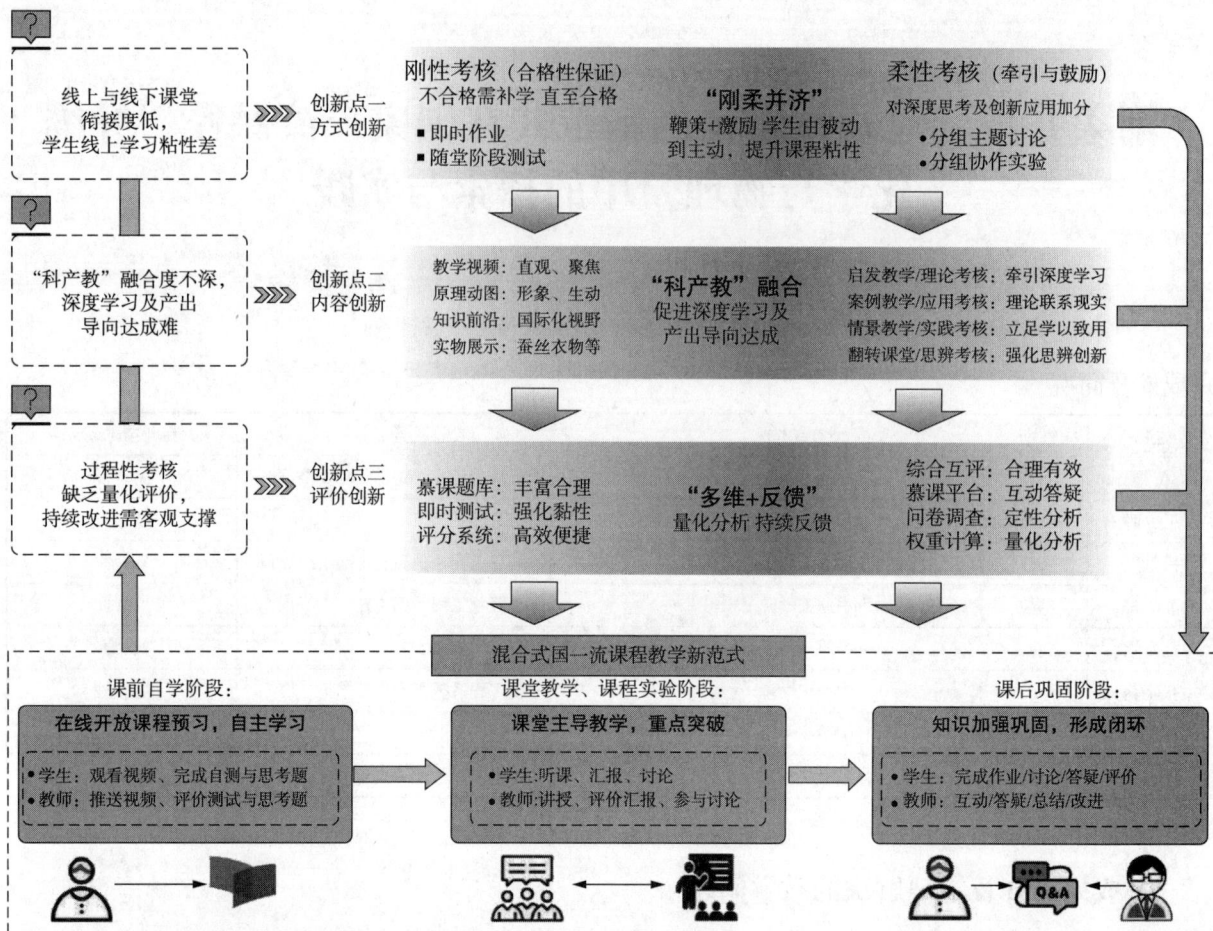

图1 "刚柔并济"过程性考核创新范式在"纤维化学与物理"国一流课程探索与实践

2. 成果解决教学问题的方法

2.1 构建"刚柔并济"的过程性考核体系，提升学生线上学习黏性

针对精品在线开放课程与线下课堂衔接不足以及如何有效融入过程性考核体系的问题，着眼于学生需求复杂性，充分发挥信息化技术，利用精品在线开放课程在每章节设置对记忆性基础知识掌握情况的"刚性考核"，以线上即时作业和随堂阶段测验评分进行合格性评判，鞭策学生自主强化线上学习的精力集中度和记忆效果；线下教学环节聚焦学生对知识应用能力的培养，通过分组讨论及协作完成线上线下联动的翻转课堂（课堂讨论）和课内实验，以组内互评及教师参评的"柔性考核"，激发学生学习主观能动性，课下同步开放线上讨论答疑平台，形成线上课程与线下课堂互补反馈良性循环，提升线上学习黏性（图2）。

2.2 创新研究型"理论—实践"过程性考核内容，促进学生深度学习及产出导向达成

针对过程性考核的教学内容设置常出现支撑应用创新型人才培养力度不足，科教、产教融合度不深，实践活动与理论教学育人脱节，导致学生深度学习能力锻炼受到了一定程度阻碍，特别是对于理论–实践相结合较为抽象的专业基础课而言，学生在产出导向的课程目标达成情况不理想。本成果基于瞄准产出导向，融合学校纺织服装办学特色，将学科前沿、研究成果和工程实践经验等融入课堂教学，形成特色教学资源，并通过生活、专业案例讨论、角色模拟分析、团队实验等形式完成对理论、思辨、应用、实践四方面的考核，强化研究型教学理念，以"领悟"代替"灌输"，推动教学范式变革，渐进式拔高学生科学思辨、工程实践、创新、团队协作、终身学习等多维度能力（图3）。

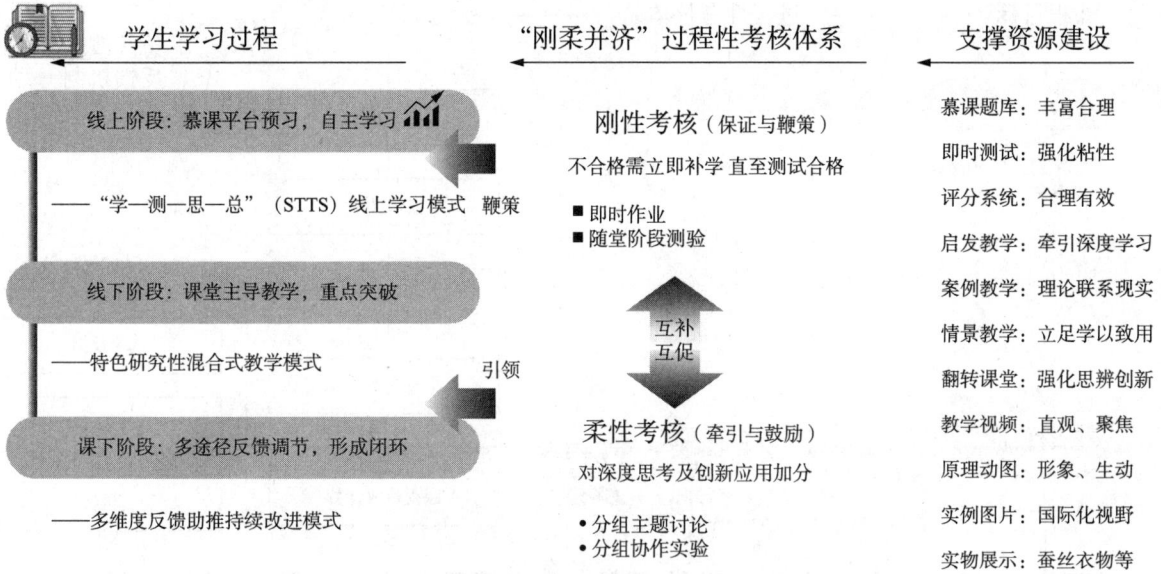

图2 "刚柔并济"过程性考核体系

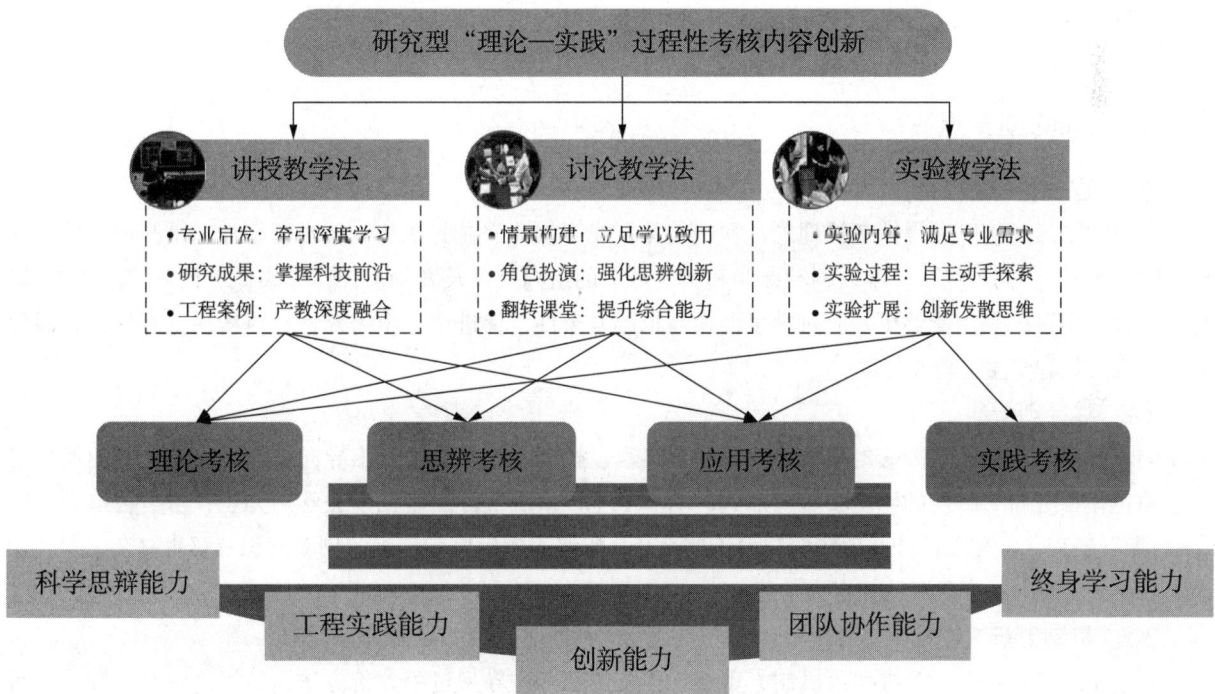

图3 研究型"理论—实践"过程性考核内容创新

2.3 量化各类过程性考核形式达成效果，助力"2刚+2柔"考评体系持续反馈

"刚柔并济"的过程性考核体系中，各类型考核形式对于终结性考核成绩的贡献权重鲜有研究，这就阻碍了持续改进理念在过程性考核教学实践中的落实落地。本成果针对"刚柔并济"过程性考核体系，创建了"2刚+2柔"多维评价机制，即线上学习即时作业和阶段测验作为两个刚性评价，用于章节性基础记忆类知识掌握情况的监测，对于分数低于合格线的学生立刻补学直至合格，避免学生中途掉队或自我放弃；场景讨论和课内实验作为两个柔性评价，在考核基本参与度的同时，侧重对深度思考及创新应用的牵引与鼓励。借助现代信息化技术量化过程性考核形式对终结性考核成绩贡献权重，辅以问卷调查、课程评教、留言讨论等多途径反馈教学成效，适当调节过程性考核的形式或所占比重，有效促进课程建设和教学成效持续改进，形成良性闭环（图4）。

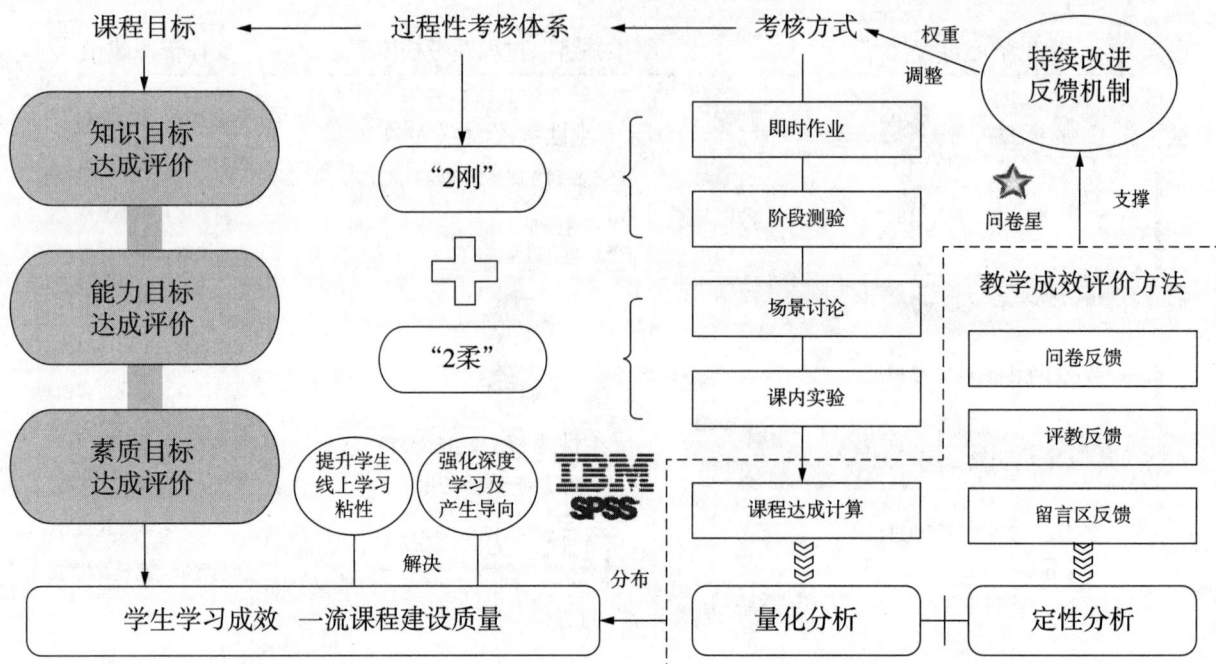

图4 "2刚+2柔"多维评价机制

3. 成果的创新点

3.1 理念创新

提出"刚柔并济"过程性考核理念，利用精品在线开放课程在每章节设置对记忆性基础知识掌握情况作"刚性考核"，同步线下教学以翻转课堂和实验环节的组内互评及教师参评作"柔性考核"，"刚性要求"与"柔性牵引"的联用能够更好应对学生群体需求的复杂性，促进学生学习黏性整体增强，有效提升课程目标达成人数和学生主动参与度。

3.2 途径创新

创新过程性考核体系配套的研究型"理论－实践"教学内容，基于产出导向，通过生活、专业场景讨论、角色模拟分析、特色的团队实验等形式，引导学生以解决实际问题出发去学习知识，从"被迫记"向"我想做"转变，强化以任务驱动转变知识传授途径，以培养学生思辨精神、创新意识及解决复杂工程问题能力，实现课程"科产教"协同育人功能。

3.3 机制创新

创建了"2刚+2柔"多维评价机制，重塑了传统的教师主导型过程评价方法，新评价观测点细化至每个教学及互动过程，标准全面、分析结果可信，加强学生学习信心，多维度改善教学效果；借助数据分析方法量化过程性考核形式对终结性考核成绩贡献权重，辅以问卷星调查、课程评教等收集教学成效数据，分析并反馈于教学环节中，助力课程建设持续改进。

4. 成果的推广应用情况

4.1 成果的推广应用情况

（1）精品在线开放课程平台应用。2021年，《纤维化学与物理》立项省级精品在线开放课程建设项目，同年2月第一次在中国大学生MOOC（慕课）网站上线开课，截至目前开课4次，累计选课1357人。课程平台应用本成果的过程性考核新范式：以刚性考核章节作业和阶段性测验为主，达成刚性要求，有效提升学生参与度，完成线上课程与线下课堂的有效衔接。

（2）本专业本科教学应用。本成果在过去三年（2019—2020年春季学期，2021—2022年秋季学期，2022—2023年秋季学期）对轻化工程专业2018、2019、2020级学生进行了三次教学实践。应用本成果的"刚柔并济"过程性考核体系、特色创新的研究型"理论–实践"过程性考核内容以及"2刚+2柔"过程考评体系和持续反馈机制全面开展教学改革。应用多元线性回归模型全面分析轻化工程三届学生过程性考核形式与期末考试相关性，结果用于教学大纲各项过程性考核形式的占比提供数据支撑。值得一提的是本项目的探索与实践为线上与线下教学的联动及过程管理提供了强有力保障，对疫情下的教学质量提升作用显著。本成果也推广至本校本专业"染料化学"课程以及兄弟院校本专业"纤维化学与物理"的教学环节。

（3）其他专业本科教学应用。除轻化工程专业外，也将本成果中的精品在线开放课程推广于纺织工程专业同源课程"化纤成形与加工"的教学实践，让学生有针对性自主学习高分子化学、物理及合成纤维的知识；推广至非织造科学与工程"有机化学"课程的教学实践中；推广至纺织类专业大四考研学生，应用精品在线开放课程，更好地对所考纺织类院校的专业课进行有效学习，提高了考研的录取率。

（4）研究生教育教学应用。纺织科学与工程专业学术型硕士"现代纺织加工导论与进展I–纺织染整非织造"课程以及材料与化工专业型硕士"现代纺织化学"课程的教学环节也应用本成果的精品在线开放课程，研究生可利用线上资源有的放矢、查缺补漏，针对重点知识点问题进行学习，进一步促进了其科学研究能力的提升，获得了广泛好评。

本研究成果在建设过程中形成的一系列实施方案和教学方法，体现出教学理念先进、教学设计合理，运用效果显著，受益对象广泛的特点，具有较高的应用推广价值。

4.2 成果应用及推广效果评价

本成果依托中国大学MOOC（慕课）网精品在线开放课程，将现代教育信息技术嵌入学习系统，配置丰富且具有特色的线上线下教学资源，在过程性考核方面形成"刚柔并济"的过程性考核体系、研究型"理论–实践"过程性考核内容创新以及"2刚+2柔"过程考评体系和持续反馈机制，全景监控线上、线下教学数据，合理利用网站大数据分析功能和问卷星小程序，评估和反馈教学效果，助力课程持续改进，实现教学效果和学生学习均显著提高。成果应用及推广效果从以下三个方面进行评价：

（1）课程目标达成情况评价：以总评成绩作为观测项，对比最近三年课程总评成绩的分布状态以及概率密度，可知在"刚柔并济"过程性考核方案实践的过程中，低分数段的学生人数呈现出明显逐年递减趋势，同时高分数段学生数占比也有了较明显的提升，证明"刚柔并济"的创新设计确实既有效鞭策了班级中的惰性学生，同时也明显拉动整体学生的学习热情，改革成效显著（图5）。

（2）学生调查分析：通过问卷星对本成果进行调查（145人），结果发现96.3%的学生认为创新的过程性考核项设置合理，并对课程学习帮助很大；96.3%的学生认为"纤维化学与物理"精品在线开放课程提高了学习效率，98.1%的学生对于精品在线开放课程的使用表示满意，认为线上作业和阶段测验正向提升了线上学习的专注度和学习积极性，研究性主题讨论和课内实验对于学习兴趣和知识应用能力也显著得到提升；从学生在网站上对于慕课课程的评价来看，大部分学生对于这种新型教学模式比较感兴趣，课程的生动性和启发性均有了很大提高，反馈较好（图6）。

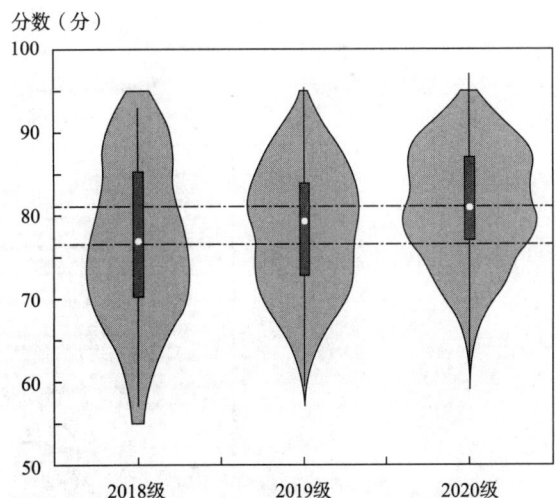

图5 近三年课程总评成绩分布状态

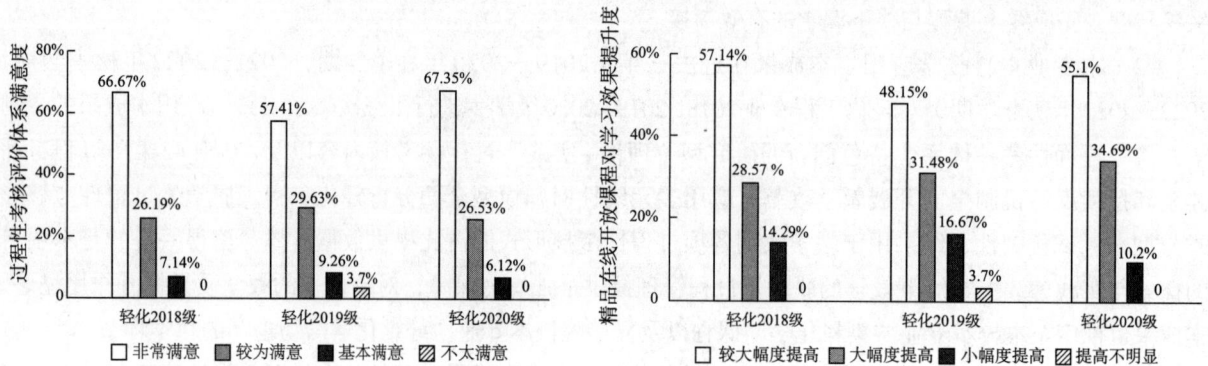

图6　近三年学生对本成果的调查分析

（3）外部专家同行认可：本成果受到授课学院、兄弟院校、同行专家和慕课平台公司一致认可，认为本成果符合现代信息化教育理念，课程教学改革成果显著，教学资源和教学模式具有较高的推广价值；本成果依托的教学改革项目2022年通过了中原工学院教学改革项目鉴定，并获得中原工学院教学成果一等奖；2021年、2022年分别认定河南省线上线下混合式一流本科课程和线上一流本科课程；2021年，立项建设河南省精品在线开放课程项目；获得河南省教育信息化优秀成果奖一等奖2项，河南省教育教学优秀成果奖二等奖1项，河南省优秀学士学位论文1项，河南省本科教育线上教学优秀课程二等奖，发表相关教改论文5篇（中文核心3篇）；学习本课程的学生屡获与纤维相关的包括全国"互联网＋"大学生创新创业大赛铜奖在内的国家级、省部级学科竞赛奖20项（图7）。

图7　教学改革成果

分阶、共建、提质：面向时尚新业态的服装设计人才产教联培改革与实践

浙江理工大学

完成人及简况

姓名	性别	所在单位	党政职务	专业技术职称
冯荟	女	浙江理工大学	服装学院副院长	教授
戚孟勇	男	浙江理工大学	无	副教授
方靖	女	浙江理工大学	无	副教授
贺华洲	男	浙江理工大学	无	讲师
祝爱玉	女	浙江理工大学	无	讲师
胡迅	女	浙江理工大学	无	教授
蒋彦	女	浙江理工大学	无	教授
周伟	女	浙江理工大学	服装与服饰设计系主任	副教授

1. 成果简介及主要解决的教学问题

1.1 成果简介

2017年以来，国家多部门联合先后出台了《国务院办公厅关于深化产教融合的若干意见》《国家产教融合建设试点实施方案》等文件，将产教融合纳入高等教育改革的核心。科技推动了产业链和创新链的深度融合，纺织服装产业向智能制造、数智时尚方向发展。人才需求的多元化与人才培养高质量成为新时尚业态下服装设计人才培养面临的机遇与挑战。服装学院是首批浙江省时尚人才培养产教融合示范基地，浙江省首批重点建设现代产业学院—时尚创新现代产业学院主体建设单位，在行业性产教融合建设中确立"产业导向、深度孵化、能力迁移、素质综合"的人才培养理念，面向时尚产业数智、文化、艺术及新业态新模式不断更迭的趋势，提出"分阶、共建、提质"的服装设计人才产教联培的改革举措，以培养适配时尚产业未来发展的艺术创意、设计创新、商业转化的"三阶"高素质人才。

以"三阶"能力培养为目标，改革产教融合教学模式、联培机制及实践体系，探索"分阶、共建、提质"的服装设计人才产教联培路径。

（1）创新教学模式，突破产教分离人才培养的制约，创建"三栖导师"教学模式，实施学校导师入理、实训导师促实、商业导师促创的产教协同育人模式，促进从知识向能力的迁移，构建学生"三阶"能力体系。

（2）创新联培机制，改变产教融合缺抓手、少路径的培养现状，创建课程共建、项目共建、团队共创"三共并举"的培养机制，夯实学生知识体系向能力体系转化路径。

（3）创新实践体系，构建服装设计人才知识体系向能力体系转化的专业链教学实践、孵化链创意实践、转化链实战实践的"三链层递"的实践体系，学生全程进行专业实习、孵化实训、商业转化实战，增强学生实践创新能力。

经过4年的改革与实践，产教联培成效显著，人才培养质量得到较大提升，毕业生受到行业认可。服装与服饰设计专业获批为国家一流本科专业建设点，《"新文科"建设背景下服装设计人才"政产学研"协同育人机制创新与实践》获批教育部首批新文科项目，打造一支产教联培师资团队，产教融合特聘教授30余人，为浙江时尚产业高素质服装设计人才培养提供坚实保障（图1）。

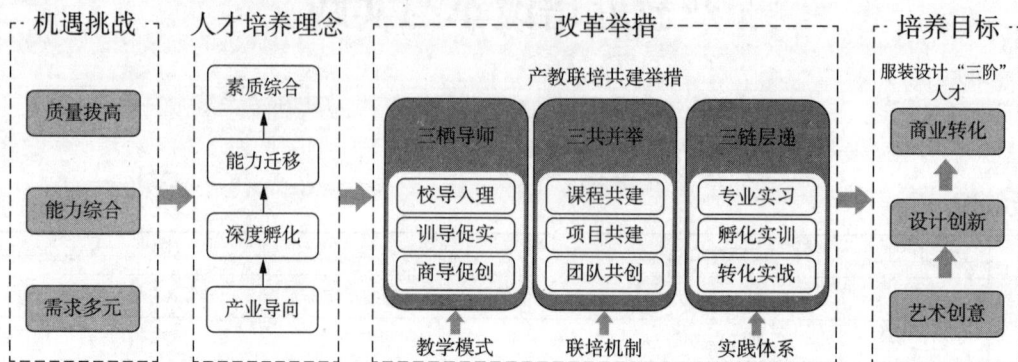

图1　分阶、共建、提质：服装设计人才产教联培模式

1.2　主要解决的教学问题

（1）产教联培教学模式创新不足。拘于传统的理实分离、产教分离，产教联培的方法和路径欠实、欠深、欠广。

（2）产教联培机制不够完善。专业教学与产业实践对接不够紧密，人才适配度不高。

（3）实践体系建设不够完备。实践教学内容缺乏层次和方法，学生能力迭代的培养不够健全。

2. 成果解决教学问题的方法

2.1　创建"三栖导师"教学模式，构建学生"三阶"能力体系

构建以学校导师、实训导师、商业导师并行的"三栖导师"教学模式，将专业知识、实训能力及商业转化等教学目标分阶、培养能力分阶、师资匹配分阶，构建学生艺术创意、设计创新、商业转化的"三阶"能力体系。

（1）校导入理，成立艺术创意、专业设计教学团队，制定培养方案、课程建设及质量评价体系。

（2）训导促实，协学校导师制定实习实训能力培养目标、教学计划及考核标准。

（3）商导促创，遴选孵化项目、搭建孵化平台、配套创业资源，为学生构建从知识向能力迁移的路径和渠道（图2）。

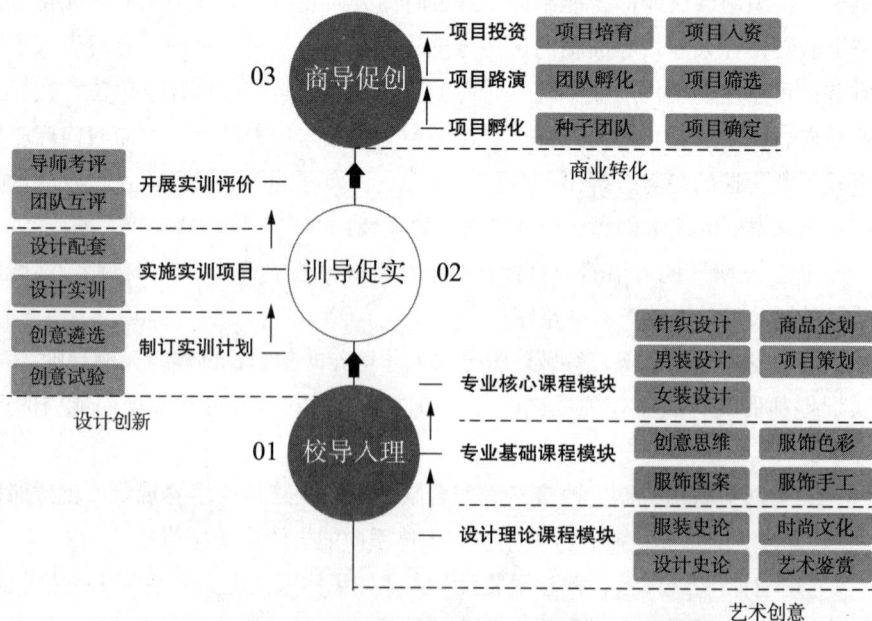

图2　"三栖导师"教学模式构建学生"三阶"能力体系

2.2 创建"三共并举"的培养机制，夯实产教联培路径

坚持共建、共管、共享的产教协同育人方针，将课程、项目、团队深度融合。

（1）课程共建，共同编撰专业理论知识、实践知识及转化能力培养的课程内容。

（2）项目共建，共同遴选项目、评估项目、实践项目，构建以项目建团队、以项目促实训路径。

（3）团队共建，以课程及项目为抓手，匹配师资、分组学生，构建教学团队、师生团队（图3）。

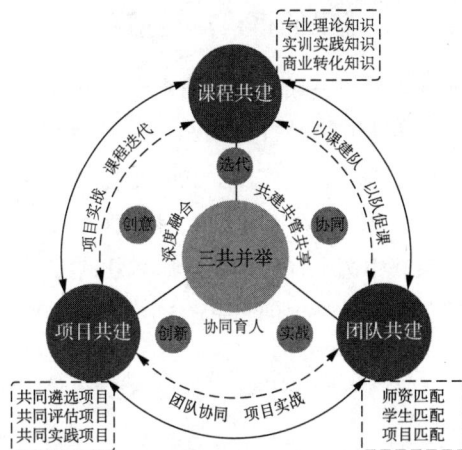

图3 "三共并举"夯实产教联培路径

2.3 创建"三链层递"实践体系，增强学生创新实践能力

构建由专业链教学实践、孵化链创意实践、转化链实战实践的"三链层递"的实践体系。

（1）专业实践，依托学院国家级实验教学示范中心、虚拟仿真实验教学中心等4个专业链衔接的教学实验平台，通过专业基础、专业模块等课程实践，培养学生综合专业实践能力。

（2）孵化实践，依托省级时尚创新现代产业学院、省级时尚人才培养产教融合示范基地、国家级众创空间——"尚加"众创空间为依托，通过学科竞赛、项目孵化进行创新孵化实践，培养学生专业知识向专业创新的迁移能力。

（3）转化实践，以三门研究院、华鼎研究院、四季青研究院等4个主要产教联培平台为主体，进行商业路演、商业孵化、商学共建的转化实践，培养学生专业创新能力向商业转化能力的进阶。

3. 成果的创新点

3.1 能力定位创新：为时尚产业人才培养确定能力定位目标，培养艺术创意、设计创新、商业转化"三阶"高素质人才

积极应对人才需求多样性、人才培养高质量趋势，确立"产业导向、深度孵化、能力迁移、素质综合"的人才培养理念，对标时尚产业对人才需求的艺术感、设计感、商业感的内涵要求，构建艺术创意、设计创新、商业转化的知识培养、能力实践体系，着力培养"三阶"高素质人才。

3.2 教学模式创新：创建"三栖导师"教学模式，形成分类合力的产教联培教学模式

发挥学校导师、实训导师、商业导师的各自优势，实行学校导师入理、实训导师促实、商业导师促创路径，汇聚合力，实现师资结构优化、知识结构立体化、能力结构进阶化的教学范式，形成具有浙理特色的服装设计教学模式。

3.3 联培机制创新：创建"三共并举"培养机制，疏通产教联培拥堵点，实现学生提能、企业储才的统一

实施课程共建、项目共建、团队共建的联培机制，将分布于学校的课程资源与实践于产业的项目资源深度融合，共建团队，为学生提供知识向能力转化资源、为企业储备人才资源、为学校迭代教学资源。并通过产教深度融合，学校明确人才培养目标、学生明白企业需求目标、企业吸纳人才储备目标，实现产教共建、共管、共享效能。

3.4 实践体系创新：创建"三链层递"实践体系，促进学生艺术感、设计感、商业感的实践转化路径

依托学院完备的专业实验平台、丰富产业实践资源、系统化商业转化平台，创建专业实践、孵化实践、转化实践"三链层递"的实践体系，引导学生在实践中消化知识、在孵化中参与创新、在转化中创建品牌，实现学校资源与产业资源互联、学生能力依次递增、产业人才需求对标。

4. 成果的推广应用情况

4.1 "三阶"人才质量提质明显

近4年约培养1000余名艺术创意、设计创新、商业转化的"三阶"人才，全体学生均经过专业实践、孵化实践、转化实践。40%左右学生参加各类专业大赛、学科竞赛，获得奖项50余项，其中互联网+省赛金奖2项、国赛银奖1项、挑战杯国赛二等奖1项，浙江省大学生服装服饰创意大赛一等奖10项；9名毕业生荣获中国十佳时装设计师称号，1人荣获中国服装设计最高奖金顶奖。承担G20峰会、世界互联网大会的服装设计；学生创业率近5%，"杭派女装"品牌中近70%由我校毕业生创立（图4~图6）。

图4 挑战杯、互联网+大赛金奖、汉帛杯银奖

图5 浙江省大学生服装服饰创意设计大赛获奖证书、互联网大会服装设计

图6　毕业生创业代表

4.2 "三栖导师"教学融合度提升，教学效果提质

近4年共聘任30余名产业导师，组建4个产教联培校内师资团队，实行引产入教、促教进产，强化师资优势配比和融合能力。产业导师100%参与课程建设、实训及实战环节，校内师资团队100%参加产教项目共建、全程跟进实训实践；90%教师参与教学改革及课程建设项目，获国家级本科一流课程1门，省级一流课程11门，十四五规划教材5本，其中产教共建课程2门，共建教材2门；承担教育部新文科项目1项（图7、图8）。

图7　第一批产教融合导师续聘、教学成果奖

图8　部分优质课程及教材

4.3　协同共建了"三阶"人才培养的实践教学平台

近4年投资4300多万建设了国家级实验教学示范中心和国家级虚拟仿真实验教学中心等14个国家级、省部级教学实验中心、教研中心；华鼎集团、卓尚集团、四季青集团等产教融合共建单位投入约3500万，共建校企产教融合实训实战基地；共建三门研究院、湖州研究院、瓯海研究院等政校企产教融合平台，地方政府投入约3500万左右。获批全国高校实践育人创新创业基地、全国创新创业典型经验高校和国家级创新创业教育实践基地等荣誉称号（图9）。

图9　部分国家级、省级及校政企实践教学平台

4.4 "分阶、共建、提质"产教联培模式影响广泛

近几年与全国纺织类兄弟院校就产教融合人才培养做广泛交流与经验分享，多次在中国纺织工业联合会、中国服装设计师协会等全国教育教学研讨会上进行汇报交流。成果在上海工程技术大学、中原工学院、河南工程学院等纺织类院校推广，并通过"慕课西行"等平台辐射至新疆科技学院等中西部高校，受益学生达3000余人。毕业季展演历年成为浙江最具影响力的专业会演，得到中国教育电视台、中国青年报、浙江省政府视频号等媒体报道。近几年产教融合项目合作经费约6000万元，约3%学生创业，年销售达到5000万以上的10余人（图10）。

图10　中国服装设计师协会交流汇报、慕课西行、毕业展演

本教学成果经过四年的持续探索和实践，形成了服装设计人才产教联培"三栖导师"教学模式、"三共并举"联培机制及"三链层递"实践体系，特色鲜明、成效显著，培养了艺术创意、设计创新、商业转化"三阶"高素质人才，为同类院校的服装设计人才培养、产教融合教学改革纵深推进提供了探索范式，总体水平处于国内领先，具有很好的推广示范效应和应用价值。

重产教·植思政：服装院校软件工程专业"三协并举"培养模式探索与实践

江西服装学院

完成人及简况

姓名	性别	所在单位	党政职务	专业技术职称
徐照兴	男	江西服装学院	大数据学院院长	教授
赵德福	男	江西服装学院	大数据学院副院长	副教授
杨志文	男	江西服装学院	无	教授
张学林	男	江西服装学院	大数据学院副院长	副教授
夏贤铃	男	江西服装学院	大数据学院教研室副主任	讲师

1. 成果简介及主要解决的教学问题

1.1 成果简介

本成果在1项中国纺织工业联合会教学改革项目、5项省级教改课题的基础上不断完善而成。成果团队是江西省高水平本科教学团队《面向纺织服装产业的软件工程教学团队》，负责人是江西省民办高校唯一的1名省级金牌教授。依托的是江西服装学院重点建设专业—软件工程，该专业在江西省第二轮高等学校本科专业综合评价中位列民办高校第一。

成果组围绕纺织服装信息支撑产业，立足新工科，以重产教、植思政为培养理念，对软件工程应用型人才培养模式改革，聚焦学生工程实践能力和职业道德素养，培养面向行业的高级软件工程师，遵循人才培养规律，构建了重产教·植思政：服装院校软件工程专业"三协并举"培养模式，如图1所示。

（1）教师威客协作：提出了威客教学模式，即教师威客一体，教学过程中把理论与实验、实训有机整合，由教师引导学生通过威客平台获得威客任务，并督促指导学生投标、竞标、完成相应的任务。其主要特点是"三真四融"。

（2）课程产品协同：提出了把课程作为产品打造促进金课建设的教学理念。以学生为中心，编撰课程的教学大纲、课程简介、教学日历时按照编撰产品的说明书、广告宣传语及生产工艺的思维去编写。同时录制受学生欢迎的微课，即从设计角度看模仿"一标杆"注重"六要素"，从学生角度看注重"六让"。

（3）能力素养协升：提出了"1主线2协升3找4式"课程思政策略。结合工学专业特点及课程主要内容，确定课程思政主

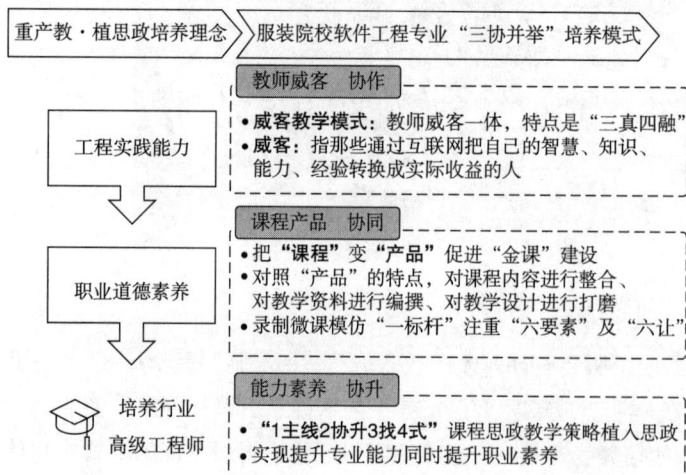

图1 基于"重产教·植思政"理念的"三协并举"人才培养模式

线（1主线）；结合课程特点和支撑的职业岗位要求，通过"3找4式"课程思政策略，挖掘并融入课程思政元素，实现提升专业能力同时提升职业素养（2协升）。

该项目取得了丰硕的成果。主编应用型教材10部；建成国家级一流本科课程1门、省级精品在线开放课程3门、省级一流课程5门、省级课程思政示范课程1门；获中国纺织工业联合会高等教育教学成果奖等7项；发表教改论文13篇；授权发明等专利24件、软著45件；高级工程师实战之路系列优质教学课堂实录视频1套，发布于腾讯课堂、51CTO学堂等平台，5年来社会学员超120万人，好评如潮；成果辐射国内130余所高校，推广示范效果显著，社会影响广泛，相关成果被中华教育网等多家主流媒体报道。

1.2 主要解决的教学问题

（1）产教融合模式传统，缺乏真实项目供课程实训灵活选择。

（2）应用型院校实战为主课程的配套优质视频资源短缺，不能满足学生弹性化学习需求。

（3）专业课教师不知道如何有效融入课程思政。

2. 成果解决教学问题的方法

2.1 采取了威客教学模式，解决了传统产教融合模式缺乏真实项目供课程实训灵活选择的问题

传统产教融合的合作内容难以就课程实训提供丰富可灵活选择的实战项目供教师用于教学。而威客网站上有很多企业或个人发布的真实需求。采用威客教学模式关键在于教师要有实战能力，必要时需聘请企业教师，具体实施步骤如下。

（1）学生分组。

（2）课前充分准备、认真筛选威客任务。

（3）教师导学、师生共同完成作品投标。

（4）评标总结、积累经验。

教学过程为项目经理带领项目团队承接并协作完成项目的过程。与传统教学的师生关系对比如图2所示。为推行威客教学模式学校出台了《江西服装学院威客教学模式改革试点管理办法》，给予了配套政策。

2.2 践行了把课程作为产品，打造促进金课建设的教学理念，解决了应用型院校实战为主课程的配套优质视频资源短缺，不能满足学生弹性化学习需求的问题

现在优质视频资源不少，但由于技术更新快，应用型院校实战为主的专业课的配套优质视频资源少，学生难以紧随教师进行课前预习或课后复习等多样化、弹性化学习需求。因此践行了把课程作为产品打造的理念。主要做法：

（1）整合课程内容，使之具有产品的价值。

（2）编撰教学基本资料，使之具有产品的美学特点。课程简介对应产品的广告语，课程大纲对应产品的说明书，教学日历对应产品的生产工艺流程。

（3）打磨教学设计，使之有趣。课程与产品核心要素对照如图3所示。

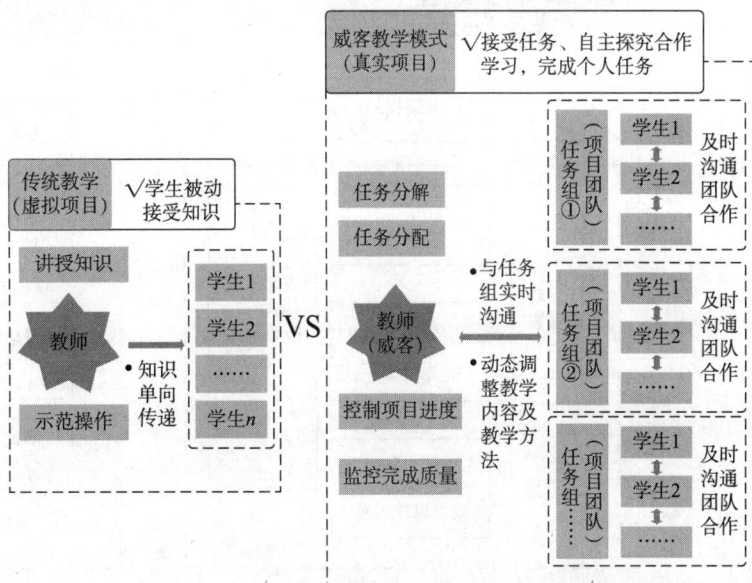

图2 传统教学与威客教学模式师生关系对比图

（4）录制受学生欢迎的微课。从设计角度来看录制微课时模仿"一标杆"注重"六要素"，从学生角度来看注重"六让"。含义如图4所示。

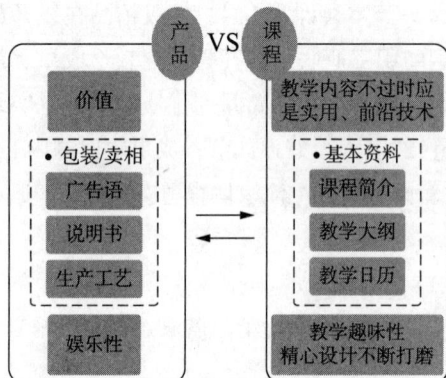

图3　产品与课程核心要素对照图　　　　　图4　"一标杆""六要素""六让"含义

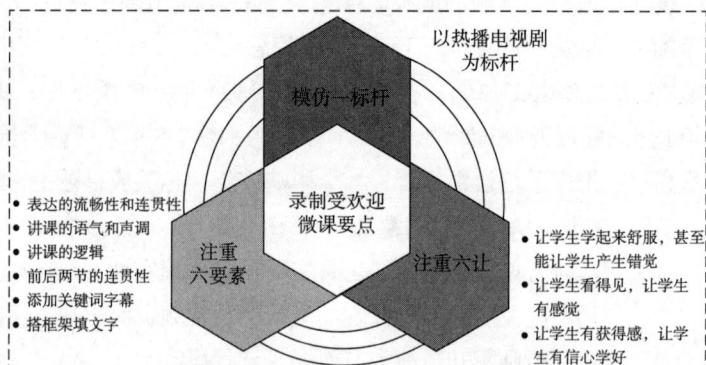

据此打造课程，把课堂教学过程实录下来，发布于各大在线教育平台，变成"产品"，满足学生多样化、弹性化的学习需求。

2.3　实施了"3找4式"课程思政策略，解决了专业课教师不知道如何有效融入课程思政的问题

问题表现为：硬融入，缺乏主线，没有结合课程定位及特点融入，没有围绕职业岗位素养需求。"3找4式"课程思政策略实施步骤如图5所示。

（1）找思政元素。首先，区分找。按工科专业特点找思政元素。其次，系统找。第一步：找标签。软件工程专业主要思政标签有科学思维、工程伦理、自主探索、团结协作、精益求精、科技报国等。第二步：定主线。根据课程支撑的职业岗位，确定思政主线。第三步：挖元素。根据职业岗位应具备职业素养，挖思政元素。最后，互补找，必要时学习同行思政案例，确定思政目标。

（2）把思政元素有机融入教学中。根据思政目标结合课堂内容，选择举证式、类比式、反思式、启发式等合适方法把思政元素有机融入教学中。

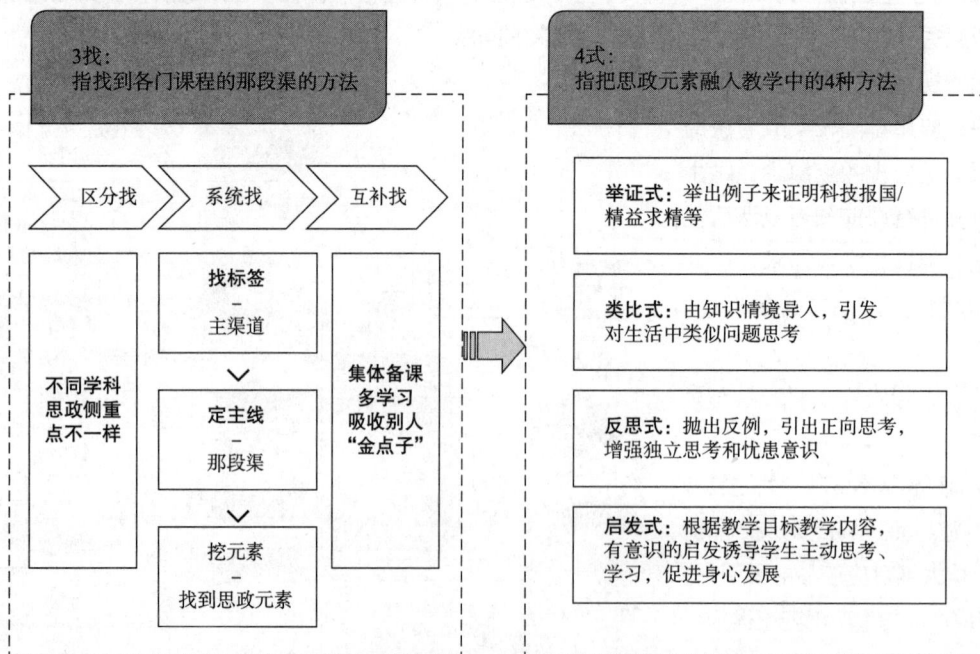

图5　"3找4式"课程思政策略

3. 成果的创新点

（1）教学模式创新。提出并证实了威客教学模式是一种值得推广的"产教融合"模式、是一种培养应用型人才的有效途径。并且给出了实施威客教学模式培养应用型人才的关键问题及具体对策。主要特点是"三真四融"。

三真指教学案例要真题真做真用。项目要来源于企业真实需求；根据企业实施开发流程去真正实现项目；开发出的项目要真切应用于企业。

四融指教学实施过程中理论与实践相融创、实训室与公司相融通、学生与员工相融合、教师与项目经理相融合。

（2）教学理念创新。提出了把课程作为产品打造促进金课建设的教学理念。即以学生为中心，编撰课程的教学大纲、课程简介、教学日历时按照编撰产品的说明书、广告宣传语及生产工艺的思维去编写，从设计角度来看录制微课时模仿"一标杆"注重"六要素"，从学生角度来看录制微课时注重"六让"。

模仿"一标杆"：指录制微课时以热播电视剧为标杆。

注重"六要素"：指表达的流畅性和连贯性、讲课的语气和声调、讲课的逻辑、前后两节的连贯性、添加关键词字幕、搭框架填文字。

注重"六让"：指让学生学起来舒服，甚至能让学生产生错觉；让学生看得见，让学生有感觉；让学生有获得感，让学生有信心学好。

（3）专业课程思政策略创新。按照习近平总书记强调的各门课都要守好一段渠、种好责任田，那么如何找到各门课程的那段渠，如何种好责任田，结合教育部印发的《高等学校课程思政建设指导纲要》文件精神，提出了"1主线2协升3找4式"课程思政策略。

1主线：结合工学专业特点及课程主要内容，确定课程思政主线。

2协升：提升专业能力同时提升职业素养。

3找：指找到各门课程的那段渠的方法。即区分找（不同学科专业思政侧重点不一样）、系统找、互补找（多学习吸收别人"金点子"）。系统找又有三部曲，即：找标签，确定主渠道；定主线，确定课程那段渠；挖元素，找到思政元素。

4式：指把思政元素融入教学中的4种方法。即举证式、类比式、反思式、启发式。

4. 成果的推广应用情况

4.1 主要成效

4.1.1 人才培养成效明显

学生综合素质显著增强，江西服装学院软件工程专业在校生规模由最初28人增至目前490人，近几年，软件工程专业学生参加各类赛事获奖人数比例比成果实施之前增加近4倍，成果实施之前参加各类赛事获奖人数均为个位数。而近2年学生参加省级及以上赛事获奖49项，学生主持并完成校级课题2项，在研校级课题2项，师生共获软著40余件，学生主要参与完成横向课题多项，经费达96万元。

学生就业竞争能力明显增强，近2年，江西服装学院软件工程专业一次性就业率比成果实施之前提高了15%，专业对口率也提高了12%，为纺织服装行业及IT行业发展培养了一批应用型人才，初次就业月薪过万的超22%。毕业生工程实践能力、职业道德素养获得用人单位的高度认可。

4.1.2 教学改革效果显著

理论成果在北大核心《实验技术与管理》等刊物发表13篇，出版教材10部，获国家级一流本科课程1门、省级精品在线开放课程3门、省级一流课程5门、省级课程思政示范课程1门；授权发明等专利24件、软著45件；获中国纺织工业联合会高等教育教学成果奖等7项，获教育部产学合作协同育人项目5项。

4.1.3 教师的影响力凸显

徐照兴老师于2020年入选首届江西省金牌教授；2021年入选江西省普通高等学校计算机类教学指导委员会委员；2022年入选教育部院校评估评估专家；2022年入选教育部职业教育教学基础专家库专家，并担任2022年职业教育国家级教学成果奖网络评审专家。

4.2 推广应用

（1）成果受媒体广泛关注。相关成果先后得到中华教育网、中华网、搜狐网、中国商报网等多家媒体的广泛关注报道，如图6所示。成果负责人徐照兴老师先后被纺织服装周刊、中国服装协会网、网易网、新浪网等多家媒体报道，如图7所示。

（2）成果获社会充分认可。社会学员认可。成果高级工程师实战之路系列优质教学视频，自2017年陆续发布于51CTO学堂、腾讯课堂、CSDN学院等，至今社会学员超120万人，受到学员高度评价。此外，在51CTO学堂还被山东财经大学等121所高校使用（图8），被招商银行使用，且反响很好。

（3）同类院校认可。成果被江西科技师范大学、南昌工学院、江西应用科技学院、南昌大学科技学院、广西师范大学等院校认可并借鉴应用，如图9所示。

（4）教材使用广泛。教材《Vue.js全家桶零基础入门到进阶项目实战》《HTML+CSS+JavaScript网页制作三合一案例教程》《网络安全技术》等，全国发行，受益面广。据不完全统计教材被江西软件职业技术大学、南昌工学院、江西工业工程职业学院、四平职业大学、德州科技职业学院、湖南广播电视大学等多所院校选用。而且《HTML+CSS+JavaScript网页制作三合一案例教程》在湖南广播电视大学2018年公开招聘教师中作为试教课程的指定教材。

图6 部分媒体报道我校"三协"培养模式

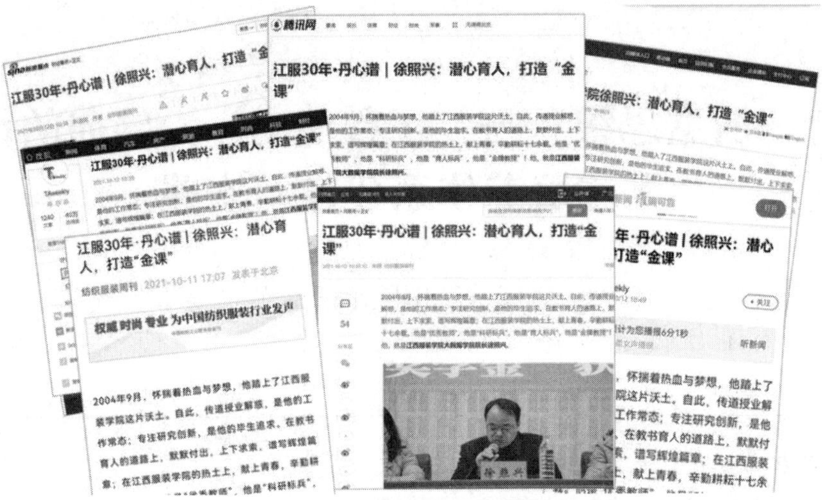

图7　部分媒体报道项目负责人

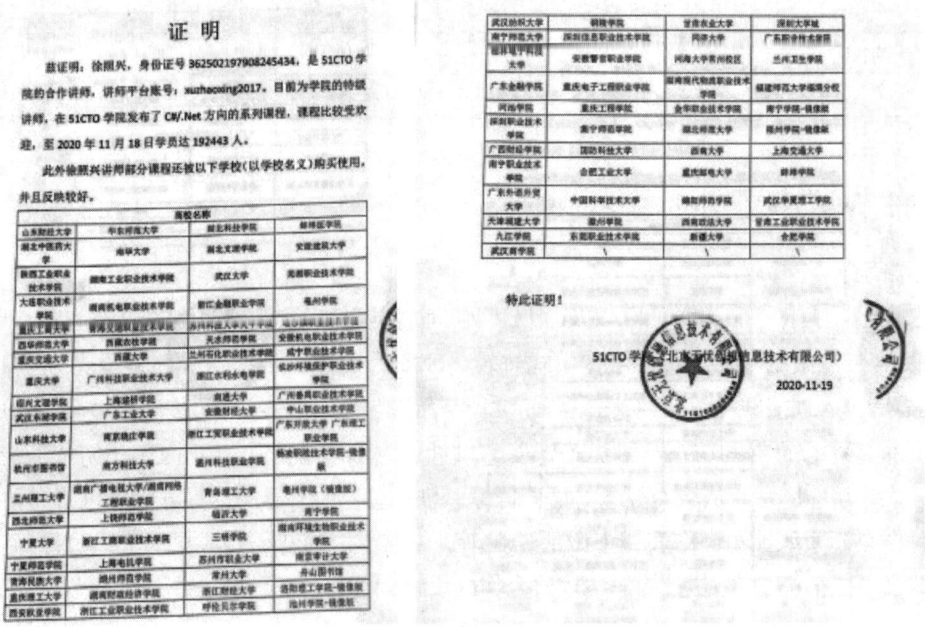

证　明

兹证明：徐照兴，身份证号 362502197908245434，是 51CTO 学院的合作讲师，讲师平台账号：xuzhaoxing2017，目前为学院的特级讲师，在 51CTO 学院发布了 C#/.Net 方向的系列课程，课程比较受欢迎，至 2020 年 11 月 18 日学员达 192443 人。

此外徐照兴讲师部分课程还被以下学校（以学校名义）购买使用，并且反映较好。

高校名称			
山东财经大学	华东师范大学	湖北科技学院	蚌埠医学院
湖北中医药大学	南华大学	湖北文理学院	安徽建筑大学
陕西工业职业技术学院	湖南工业职业技术学院	武汉大学	芜湖职业技术学院
大连职业技术学院	湖南机电职业技术学院	浙江金融职业学院	亳州学院
重庆工商大学	青海交通职业技术学院	苏州科技大学天平学院	[illegible]
西华师范大学	西藏农牧学院	天水师范学院	安徽机电职业技术学院
重庆交通大学	西藏大学	兰州石化职业技术学院	咸宁职业技术学院
重庆大学	广州科技职业技术大学	浙江水利水电学院	长沙环境保护职业技术学院
绍兴文理学院	上海建桥学院	南通大学	广州番禺职业技术学院
武汉东湖学院	广东工业大学	安徽财经大学	中山职业技术学院
山东科技大学	南京晓庄学院	浙江工贸职业技术学院	广东开放大学 广东理工职业学院
杭州市图书馆	南方科技大学	温州科技职业学院	杨凌职业技术学院-镜像版
兰州理工大学	湖南广播电视大学/湖南网络工程职业学院	青岛理工大学	亳州学院（镜像版）
西北师范大学	上饶师范学院	临沂大学	南宁学院
宁夏大学	浙江工商职业技术学院	三明学院	湖南环境生物职业技术学院
宁夏师范学院	上海电机学院	苏州市职业大学	南京审计大学
青海民族大学	湖州师范学院	常州大学	舟山图书馆
重庆理工大学	湖南财政经济学院	浙江财经大学	洛阳理工学院-镜像版
西安欧亚学院	浙江工业职业技术学院	呼伦贝尔学院	池州学院-镜像版
武汉纺织大学	铜陵学院	甘肃农业大学	深圳大学城
南宁师范大学	深圳信息职业技术学院	同济大学	广东职业技术学院
桂林电子科技大学	安徽警官职业学院	河海大学常州校区	兰州卫生学院
广东金融学院	重庆电子工程职业学院	湖南现代物流职业技术学院	福建师范大学福清分校
河池学院	重庆工程学院	金华职业技术学院	南宁学院-镜像版
深圳职业技术学院	集宁师范学院	湖北师范大学	梧州学院-镜像版
广西财经学院	国防科技大学	西南大学	上海交通大学
南宁职业技术学院	合肥工业大学	重庆邮电大学	蚌埠学院
广东外语外贸大学	中国科学技术大学	绵阳师范学院	武汉华夏理工学院
天津城建大学	滁州学院	西南政法大学	甘肃工业职业技术学院
九江学院	东莞职业技术学院	新疆大学	合肥学院
武汉商学院	\	\	\

特此证明！

51CTO 学院（北京无忧创想信息技术有限公司）

2020-11-19

图8　121所高校使用证明

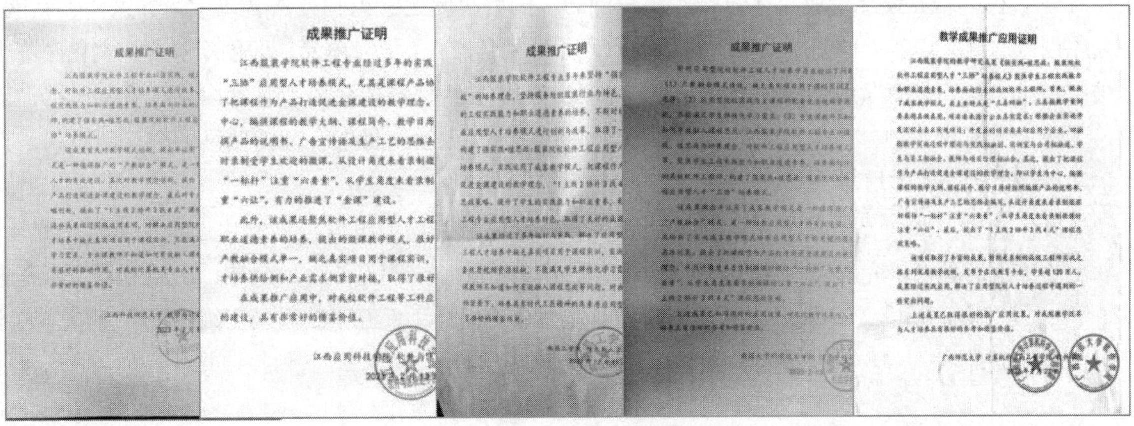

图9　同类院校认可借鉴推广证明

以融合"创意思维"与"工程能力"为导向的设计学人才培养体系建设与实践

武汉纺织大学

完成人及简况

姓名	性别	所在单位	党政职务	专业技术职称
何媛媛	女	武汉纺织大学	无	副教授
傅欣	男	武汉纺织大学	副校长	教授
刘凡	女	武汉纺织大学	艺术与设计学院副院长	教授
吕世生	男	武汉纺织大学	无	副教授
李朔	女	武汉纺织大学	无	副教授
黄龙飞	男	武汉纺织大学	艺术与设计学院视觉传达设计系主任	副教授

1. 成果简介及主要解决的教学问题

1.1 成果简介

本成果以设计学教育的创造性特征以及学科边界不断拓展的现实为背景，以湖北省教育厅教学改革项目"综合性大学与艺术专业院校人才培养模式比较研究"为支撑，依托中央财政支持地方高校发展专项"时尚文化创意能力实训实践基地""纺织品产品设计与品牌包装""艺术与服装实验教学示范中心"为平台支撑，基于我校多学科背景和纺织学科优势，以"设计创意"理念为核心，构建"创意思维与工程能力"相融合的设计人才培养体系，从培养观念、培养目标、培养过程和培养评价等方面进行研究和改革。

遵循设计学创新实践能力"在实践中激活，在渐进中培养"的特征，成果形成通过导师实践营的形式进行"并行式发展，分类型育人"，构建"校研合作的设计创造实验，校政合作的文化创意实训，校企合作的多学科创新实战"，以导师制的形式形成不同的研究方向，不同设计实践方向对应不同的培养目标。结合学生个性化差异，运用情景教学法、体验教学法、主题设计法等教学方法，将教学问题导入课程实践，立足于设计学学科，培养设计专业人才兼具"工程能力"的解决问题意识和方法，以"培养人才创新能力，培育人才创意思维，培养人才创造人格"为培养阶段，分别形成9个学习单元，即创新阶段：文化底蕴、设计思维、技术基础；创意阶段：知识转化、结构思维、技术能力；创造阶段：艺术内化、系统思维、工程能力，形成"教学资源融合、教师团队融合、教学平台融合、教学项目融合"的四维融合互动机制，支撑设计学学科特色创新人才培养。

经过九年探索实践，显著提高了设计学创新实践教育质量，增强了设计学学生创意思维和工程能力。成果取得了丰富的理论研究成果，获批国家级科研项目10余项，省部级项目20余项，出版专著、研究画册等20余部，发表高水平论文20余篇，学生创新创业能力显著提升，近五年获得国家级奖项百余项，人才培养满意度逐年提升。

1.2 主要解决的教学问题

1.2.1 扭转了"美术型"设计学人才培养观念

设计学内涵涉及广泛，三大产业的迅速发展带来诸多的行业问题需要设计学人才具备跨学科知识体系。但目前大部分高校仍采用美术教育的方式进行设计学教育，导致学生的"唯美式"的单一学习认知，缺少对科技引领下工程技术方法的了解。项目介入课程的教学实践提高了工程应用能力，为学生提供了新的创意维度。

1.2.2 细化了"三维导向"为目标的人才培养方案

设计学科的培养目标以"知识、能力和情感"为目标维度，成果以"创意思维"与"工程能力"培养为主导，以"创新、创意、创造"为内核重新诠释了"三维导向"目标维度的框架体系，细化了不同类型人才培养的任务和重点，为设计学学科不同专业的培养目标提供了思路框架的新范式。

1.2.3 转变了"灌输式"的被动教学过程

设计学学科在时代的浪潮下知识更迭的速度非常迅速，学生需要保持积极的学习主动性才可以适应时代的发展。然而，设计学人才培养在很多高校仍沿用传统的"接受式"教学模式。学生在学习过程难以主动发现问题，长此以往消减了学生学习的积极性，严重阻碍了学生创造力的挖掘。成果优化了课程环节和进度，将其分为基础阶段、专业阶段、拓展阶段，采用情景教学法、体验教学法、问题导向教学法等多种互动式教学方式，完善学生从初级到高级的学习过程，构建融合"创意思维"与"工程能力"的知识框架。

1.2.4 统筹了"自成一体"的封闭式教学内容

设计学作为边缘学科，其学科边界比较模糊，属于应用型学科。成果结合了我校纺织工学学科优势，从深层教育规律整合优势学科资源，探索从问题导向出发的跨学科协同育人的方式方法，从教学资源、教学团队、教学项目和教学平台四个方面构建融合机制，明确学科之间的专业知识联系和构架，优化专业课程内容和课程体系，打开学科边界（图1）。

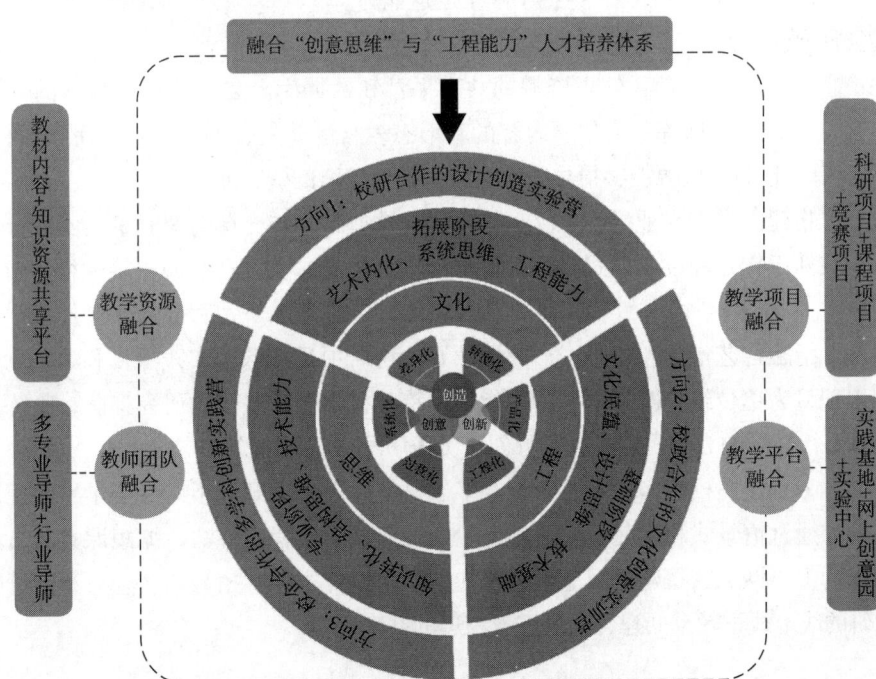

图1 设计学学科不同专业培养目标的新范式

2. 成果解决教学问题的方法

2.1 树立设计学创意思维与工程能力相互融合的培养理念

发挥我校纺织服装类综合性大学的学科优势，结合工程专业的特色，遵循设计学学生"在问题情境中激活，在渐进实践中培养"的创新能力特征，形成以创造为目标，以创意为过程，以创新为方法，结合创造阶段成果工程化、创意阶段设计工程化、创新阶段作品工程化的多学科协同育人的教学思路，树立设计学创新思维与工程能力相融合的培养理念。人才培养的理念是形成人才培养特色的前提，创意思维与工程能力相互融合已成为我校设计人才培养的主导思想。

2.2 形成以导师实践营的形式完成"并行式发展，分类型育人"的培养目标

探索以学生为主体的培养目标方式，基于"创造、创意、创新"的三维培养模式，建立以导师研究方向为主导，以"创意思维"和"工程能力"实践为核心的"校研合作的设计创造实验营""校政合作的文化创意实训营""校企合作的多学科创新实践营"，其中"校研合作的设计创造实验营"强调学生对社会和文化问题的关注，探索利用多学科知识解决问题的新方法；"校政合作的文化创意实训营"强调学生运用多学科创意思维挖掘设计概念的能力；"校企合作的多学科创新实践营"强调学生运用多学科专业技术形成实际产品的能力。三类实践营在人才培养方面更关注学生创新、创意和创造能力的挖掘，驱动学生自主学习意识。

2.3 构建"三阶式"渐进培养模式，细化人才培养的过程

更新传统设计学学科以"媒介导向"为主体的课程体系，以融合"创意思维"和"工程能力"为主线，以问题为课程导向，将"创新、创意、创造"作为课程分阶目标导入课程内容，形成9个学习单元，其中基础阶段包含文化底蕴单元、设计思维单元、技术基础单元；专业阶段包含知识转化单元、结构思维单元、技术能力单元；拓展阶段包含艺术内化单元、系统思维单元、工程能力单元。三个阶段的教学对应了同一问题导向下的教学内容、教学目标和教学的重点难点，设计学科课程中融合工程能力增加了设计创新更多的可能性，拓宽了设计创意的实现路径，挖掘了学生创造能力。

2.4 构建四维融合机制，完善设计教学实践支撑体系

教学资源融合。一是建立多学科知识资源的共享平台和数据库。二是新形态教材的开发，快速形成以"创意思维培养，工程能力训练"为教学内容的新形态教材的开发，如"任务手册式教材""融媒体教材""活页式教材"等，使教学资源能够指导教学，成为学生学习的资料库。

教师团队融合。指建立"多专业导师+行业导师"双导师制，扩充单门课时量，实行分阶段分任务的课时划定，使学生在知识构建和技术方式上打开设计学学科边界，实现在校园中接触行业前沿问题，避免闭门造车的学习方式。

教学项目融合。指融合艺术学和工学，形成以"导师科研项目、课程实践项目和学生竞赛项目"为主体的项目库，并以项目为单位组合跨学科导师为指导，跨学科学生为参与的研究梯队，凝练横向和纵向研究课题，对形成具有社会影响力的研究成果实行创新实践学分认定与抵充。

教学平台融合。一是建立校内实验中心，整合多学科实验设备，开放不同专业学生的使用权限。二是建立企业实践基地，通过情景式教学使学生学习企业开发产品的流程和方法，缩短课堂和市场的差距，明确跨专业知识融合的重要性。三是建立网上创意园支撑学生设计实践，招募知名企业和设计孵化器加入创意园，形成产学研的线上线下融合共建，推进产教渗透的共享发展。

3. 成果的创新点

本成果通过九年的实践耕耘，形成了以下特色与创新。

3.1 构建了以创意思维与工程能力为导向的设计人才培养模式

根据设计行业对人才素质的需求，以及设计学学科涉及社会、艺术、商业、技术等学科属性，针对创新型人才培养环境的特点，树立融合创意思维与工程能力为核心思想，以"创造、创意、创新"为人才培养的重要阶段，建立以导师"校研合作的设计创造实验营""校政合作的文化创意实训营""校企合作的多学科创新实践营"为主导的"并行式发展，分类型育人"的培养目标，形成"在渐进中养成，在问题情境中激活"的人才培养模式，构建"教学资源融合、教学团队融合、教学项目融合、教学平台融合"的四维融合支撑体系，推进的艺工融合的"一核心三阶式四融合"的人才培养模式，有效挖掘了设计学生创造、创意和创新能力。

3.2 探索了设计专业知识技能转化为实践能力的有效路径

针对专业知识转化为创造力和研究能力不足的问题，以培养和激活创造力为核心，通过九年的实践，探索了专业知识技能转化为创造力的基本规律，形成了三个阶段九个学习单元渐进提升，相互促进的人才培养路径，课程以问题为导向形成三阶段递进培养，即基础阶段：文化底蕴、设计思维、技术基础；专业阶段：知识转化、结构思维、技术能力；拓展阶段：艺术内化、系统思维、工程能力。

3.3 建立了跨专业知识与实践的双向融合、协同共生机制

针对创新实践与专业教育衔接不紧的问题，探索出创新实践与专业教育双向融合、协同共生的有效机制。一是强调课程双向融通。将创意实践课程模块纳入专业课程体系，在课程中实现多学科交叉融合，加强创新元素和思维的培养。二是"赛学研"一体化。通过学科专业竞赛、科研项目、创新成果等促进创新项目孵化。三是实施学生创新"双导师制"。专业教师带学生团队、设计师带项目共同创新，通过工作室制、项目制的实践，提升学生的实战能力。四是依托专业建设实践基地，与行业企业成立校企合作实体，依托政府的孵化基地，共建众创空间集群，产教政融合促进专创融合。

4. 成果的推广应用情况

4.1 增强了设计学学生创新能力

本成果经过九年研究，在八届本科学生培养过程中进行了改革、推广与验证，形成了特色鲜明的人才培养体系和自我完善机制。受益学生达4000余人，其中已毕业3500余人。受训学生创意能力和专业能力均得以显著增强。近5年来，学生荣获国家级项目174项，其中特等奖、一等奖18项；省部级100余项。获互联网+创业大赛国家级奖10项、省级55项，大学生创新创业训练计划项目立项国家级20项、省级60项。

4.2 形成了丰硕的教学成果与资源

"创意设计与精美制造"获批"十四五"省属高校特色学科群，"视觉设计与文化价值研究"获批2019年度湖北省高等学校优秀中青年科技创新团队项目，纤维艺术设计专业和视觉传达专业获批省级一流专业，第五轮学科评估排名B。

4.3 产生了显著的示范推广效应

获得了广泛的社会赞誉。出版的设计教材被20多所大学采用。本成果被湖北美术学院、江汉大学、湖北师范大学、湖北工业大学、湖北理工学院等30多所高校学习、借鉴。新华社、光明日报、教育部门户网站、湖北日报、长江日报、中国时报、工商时报等两岸多家媒体对我校设计教育体系做过专题报道，共计4000万条。在总结成果基础上发表关于艺术设计的教育论文50多篇，对艺术设计教育同行有参考价值。

一流本科专业建设背景下"针织学"课程持续改革与实践

东华大学

完成人及简况

姓名	性别	所在单位	党政职务	专业技术职称
张佩华	女	东华大学	无	教授
蒋金华	男	东华大学	针织系主任、党支部书记	教授
陈南梁	男	东华大学	工程中心主任	教授
李炜	女	东华大学	副校长	教授
李欣欣	女	东华大学	无	讲师
付少举	男	东华大学	无	讲师

1. 成果简介及主要解决的教学问题

1.1 成果简介

"针织学"是我校国家一流本科专业纺织工程专业的平台课程、国家级精品课程和国家级一流本科课程。基于纺织强国及针织行业对人才需求特点、国家一流课程质量标准，坚持"学生中心、产出导向、持续改进"，构建以基础理论、实验实训、创新设计、思政融合"四位一体"教学体系为特色的专业知识、创新能力和价值品质三方面培养的针织复合创新人才培养体系，结合渐进式实践教学模式、思政资源库、线上教学资源、产教融合、科研反哺、以赛促教等多元化立体学习教学手段，多维度、多途径提升学生学习兴趣、创新能力和职业素养。本成果通过实践应用证明，人才培养成效明显。

1.2 要解决的教学问题

1.2.1 解决面向新时代需求的多层次针织复合创新人才培养体系缺失问题

现有人体培养体系已逐渐不能支撑培养兼具宽厚基础理论、工艺应用、创新设计、职业素养的针织复合创新人才的培养需求。

1.2.2 解决高校工科专业学生思政教育同专业教育脱节的问题

针对高校工科专业学生的思政教育教学形式单一，未能聚焦课程教学目标顶层设计，进行课程思政元素挖掘和教学案例设计。

1.2.3 解决工科学生"产教融合""艺工结合"不足的问题

针对工科专业学生实践能力不足，教学过程"产教融合""艺工结合"不足，缺乏创新设计能力实训和培养。

2. 成果解决教学问题的方法

2.1 顶层设计，构建多层次"四位一体"课程教学体系和渐进式实践教学模式

构建以注重针织成形基础理论、强化针织工艺与应用、培养学生针织设计与创新、提升学生职业素养为教学重点的"四位一体"课程教学体系（图1），以及从针织机、针织物基础性实验到针织工艺调整、针织产品设计创新的渐进式实践教学模式（图2），提高学生工程兴趣。

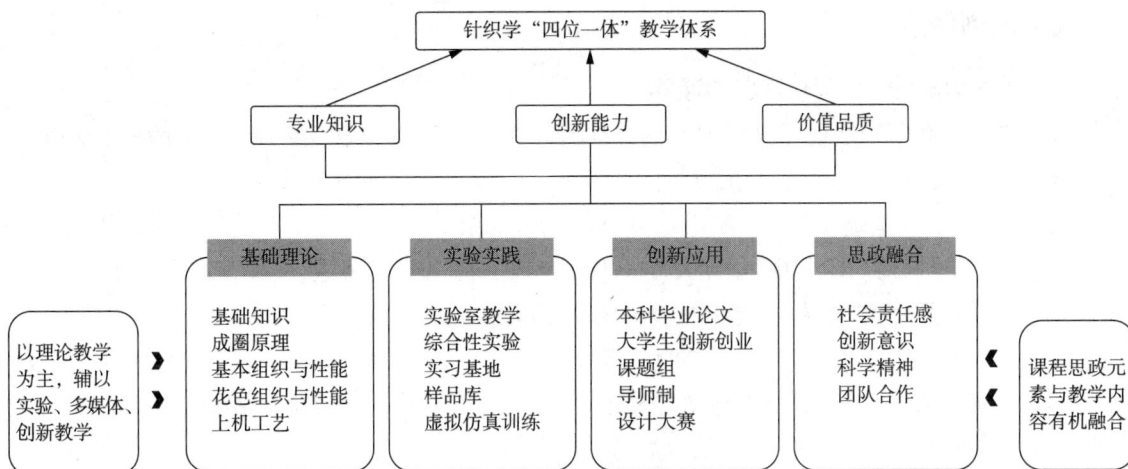

图1 "针织学"课程教学体系

图2 "针织学"实践教学体系

2.2 进行多途径教学资源建设

进行课程线上教学资源建设，建立多媒体教学、视频教学与网络资源教学的多渠道、多元化信息教学模式，建有课程主要知识点录播视频115个，总时长1500分钟以上；非视频资源67个；授课用PPT全部上网；各章节作业习题和思考题、课堂小测试题、抢答练习题等200余题。校企联动、产教融合，构建校外实践基地20余个；课堂理论教学实例来源于企业产品案例，由企业提供针织面料样片，建立产品面料库；部分学生毕业论文课题来自企业，研究成果应用于企业，为行业发展起到一定推动作用。

2.3 开展多方位教学方法改革

采用案例式、启发式、讨论式、体验式、沉浸式等教学方法与线上教学资源、线下针织样品现场展示等手段结合；主要成圈机件与工作原理等内容与教学动画、音像资料、实践现场相结合教学；针织物上机工艺配置等内容与实验室虚拟仿真、针织机与产品样品库观摩、讨论课、多选设计型实验相结合教学；建有授课班级学习通、微信群、QQ群，及时答疑解惑；本科生"导师制""创新课题组""项目组"等方式指导学生学术与创新活动；全英文、双语教学体系面向国内外学生国际化教学；持续组织、主办全国大学生针织服装设计大赛，以赛促学促教。

2.4 多维度课程思政巧妙融合

构建融入思政目标的课程教学大纲和教案；根据课程专业特征、知识特征、教学特征和教学目标，精选典型课程思政案例，建立课程思政资源库，编制课程思政教学指南；以行业发展、科研成果、智能制造、杰出人物事迹等典型案例展示纺织是具有国际竞争优势的行业，激发学生对纺织的热爱；采用案例式、启发式、影像资料/实物/实验现场展示式等教学方法把课程思政融入教学内容，体现"两性一度"（高阶性、创新性、挑战度）和"三融合"（科教融合、产教融合、课程思政与教学内容融合）；培养学生社会主义核心价值观，培养学生工匠精神、求真探索精神、科技报国信念、具有科技自信和文化自信，激发学生热爱纺织。针对课程18个章节内容，编制与专业知识点对应的思政元素与教学案例。教学过程辅以动画演示、样品辨析、图片展示、影像资料和案例分析等教学手段。

3. 成果的创新点

3.1 课程内容与时俱进，科学教育深度融合

团队教师追踪针织发展技术，及时将针织前沿技术、研究热点和成果转化到课堂内外的教学活动中；聚焦以构建全员、全程、全课程育人格局的形式，将课程与思想政治理论课同向同行，通过典型案例，厚植爱国情怀和文化自信；建立基础理论、实验实践、创新设计、思政融合"四位一体"课程教学体系，将大学生创新项目、毕业论文、科研兴趣小组、设计大赛等活动与课程内容有机衔接，培养学生国际视野及引领能力。

3.2 建设优质课程教学资源，教学方式多样化及国际性

聚焦针织原理等基础内容，融合线上成圈过程与织物组织结构视频与虚拟仿真等多媒体资源；动态引入企业新产品开发案例、组织创新创业活动与设计大赛等，建设优质课程资源、全英文及双语体系面向国内外学生，培养学生工程兴趣、国际竞争适应性。

3.3 渐进式和项目式融合，创新意识有效激发

将针织工艺技术、产品设计的基本原理融于多场景实践环节，构建从针织物结构基础实验、针织产品设计综合实验到针织技术应用创新实验的多段式、渐进式实践教学模式，结合创新课题及大赛项目，提高学生创新意识与工程应用能力。

4. 成果的推广应用情况

4.1 获批国家一流线下课程，校内外同行和学生评教优秀

基于顶层设计的"四位一体"课程教学体系、渐进式实践教学模式实施，结合教学内容的线上多媒体、思政案例库、产教融合的校外实训基地和样品库等系列教学资源建设（图3），辅以校内外创新项目、课题组、艺工结合设计大赛（图4）等教学方式推进，全英文、双语教学体系面向国内外学生开放。课程于2023年获批第二批国家一流本科课程。专家和学生评教评学结果优异，学习积极性有效提升，课程目标达成值逐年提高。

（a）校外实习基地实训

（b）校内实习基地实训

（c）课程思政教学案例

图3　产教融合的校内外实习基地与思政案例建设

（a）师生共进实验室

（b）艺工结合的全国针织服装设计大赛（朗坤杯）

图4　辅以校内外创新实训

4.2　学生受益广泛，工程实践能力和创新能力显著提高

教学团队教师指导学生积极参与创新创业等教学活动，近5年学生申获国家/市级大创项目7项、发表论文10篇、申请专利5件、参赛获奖10余项；学生毕业论文，选择校企合作针织技术与产品设计相关课题，毕业生就业面广，就业率和深造率显著提升。部分学生从事设计研发工作，经行业锻炼担任设计或技术负责人，在推动产业发展提升中起积极作用。

4.3　教学效果获业内高度评价与肯定

被中国针织工业协会分别授予"中国针织行业人才培育推动奖""中国针织人才培育行业大奖"，主编教材已在国内10余所兄弟院校使用，授课用教学资源，受兄弟院校教师观摩学习和认可。课程建设和网络教学平台，实现了教学PPT、教学动画、教学录像、授课录像等网上资源共享，达到了教学资源有机整合和有效应用，不仅在本院本科专业使用，且受到国内兄弟院校教师和学生的关注，具有资源丰富、功能性强、互动共享、有效利用的特点，获得好评。

4.4 校企合作形成良性互动

基于学生工程能力培养，在与国内企业建立本科生实习基地的同时，主讲教师指导学生为企业开展科研服务，近两年内主讲教师校企合作科研经费300万元以上，联合申报发明专利6项；近五年团队教师获省市级科研成果奖15项，在为企业科研合作和技术服务的同时，不仅提升了团队教师的学术水平，科研反哺教学，激发学生学习热情，积极参与团队科研活动。教学团队成员的科研成果，在中央电视总台（CCTV）纪录片《我们的征程》等媒体报道（图5）。

图5　中央电视总台等媒体报道

基于学科深度交叉自主培养拔尖创新人才：
天津工业大学创新学院的建设与实践

天津工业大学，中国纺织工程学会

完成人及简况

姓名	性别	所在单位	党政职务	专业技术职称
王春红	女	天津工业大学	教务处处长兼天工创新学院院长	教授
魏黎	女	天津工业大学	天工创新学院副院长	副教授
刘芳	女	天津工业大学	教务处副处长	助理研究员
陈莉	女	天津工业大学	常务副校长	教授
李静	女	天津工业大学	天工创新学院人才培养办公室主任	助理研究员
王威	男	天津工业大学	天工创新学院团总支负责人、辅导员	讲师
伏广伟	男	中国纺织工程学会	理事长	教授级高工
李尚乘	男	天津工业大学	教务处教学计划科副科长	助理研究员
王玉林	男	天津工业大学	教务处教学信息化科副科长	助理研究员

1. 成果简介及主要解决的教学问题

1.1 成果简介

新时代对人才培养质量提出了新要求，创新型人才为高水平科技自立自强提供人才支撑，是当前各高校重点培养的人才类型。落实习近平总书记提出的"提高人才供给自主可控能力""加快实现高水平科技自立自强""双一流"建设高校责无旁贷。

天津工业大学从创新人才培养的校本实践出发，把握两轮入选"双一流"建设高校契机，对接中国式现代化战略需求，开展学部制改革，优化学科专业布局，形成以纺织一流学科为龙头的优势学科群，在此基础上依据拔尖创新人才成长规律，集全校之力于2021年建成天工创新学院，招收理工科拔尖学生进行专项培养并初见成效，对于"双一流"建设高校自主培养拔尖创新人才给出了"天工答案"。

本成果主要依托2020年天津市普通本科教学质量与教学改革研究计划重点项目，吸收教育生态理论、学习理论等前沿思想，在总结校本改革成果的基础上，借鉴国内外一流高校人才培养经验，提出"以学习为中心的生态培养"新理念。通过组织再造，统筹一流学科优势资源，建设贯穿招生—培养—毕业全过程、集知识积累—能力形成—兴趣发展于一体、跨学科人才汇聚、多部门协同参与的拔尖创新人才培养生态区；以项目为牵引，打破学科专业壁垒，建立导师引领、个性培育、跨界融合的人才培养机制；以学习为中心，以课堂教学改革为抓手，构建"教—管—学"师生共同体，培养科技创新与工程领域领军人才（图1）。

1.2 主要解决的教学问题

分散的教学资源组织方式无法满足拔尖创新人才成长的环境要求，传统的人才培养机制与创新型人才培养的目标不匹配，重教轻学，课堂教学理念和方法有待更新，教学、管理与学生的学习反馈脱节。

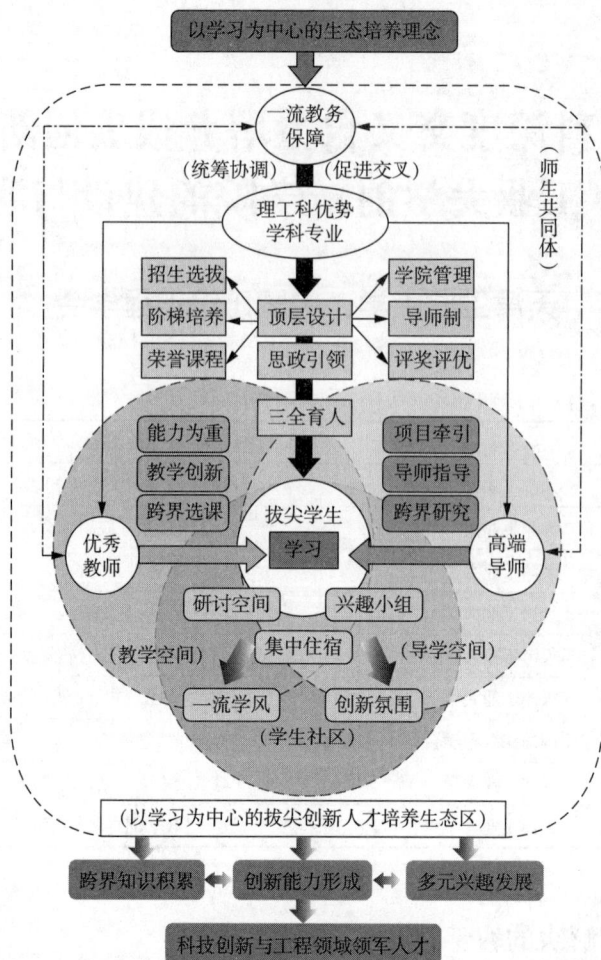

图1　教学成果结构图

2. 成果解决教学问题的方法

2.1　统筹优势资源，打造一流人才培养环境

2.1.1　开展顶层设计，建立制度框架

把创新型人才培养列入办学重点工作；制定"天工创新班"人才培养改革项目实施方案、导师制实施办法、"天工创新班"专项奖学金评定办法等重要文件。

2.1.2　精心选拔生源，打造优质学生社区

经过资格划线、自愿报名、资格审核与初筛、笔试和面试，汇聚不同理工科学院的优秀新生。学生集中住宿，安排专用研讨空间，营造一流学风和创新文化氛围，学生同学共享，建设多功能学生社区。

2.1.3　依托优势学科，招募优秀师资

选派教研组一流教师授课；建设高端人才领衔、理工科优秀教师组成的导师库，全方位指导学生；邀请校外行业专家和著名学者、竞赛指导老师及"双创"导师做报告；鼓励学生跨学科加入优秀教师团队。

2.1.4　思政引领，深化"三全育人"

实现课程思政全覆盖；举办9场创新实践活动，邀请行业专家和著名学者举办6场大师课，组织4场"学子论坛"展示交流学生成果；支持6个兴趣小组开展课外活动40余场，以品牌活动促学生全面发展。

2.2 能力目标导向，重构人才培养体系

2.2.1 构建"1+3：基础—专业—创新"梯次推进的个性化培养方案

研制《"天工创新班"指导性人才培养方案》。第一学年通识培养、集中教学；第一学年末在理工类优势特色专业中选择专业，进入专业学习阶段。学生具有通识必修课和专业核心课之外的选课优先权。

2.2.2 学科深度交叉，形成"项目牵引＋导师指导"培养模式

实行导师制，导师申报项目，师生双向选择。首年配备学业导师进行学业指导和科研启蒙；后三年配备专业导师进行专业学习指导、科研指导和生涯规划，指导学生跨界选课，形成"一人一案"。

2.2.3 学习中心，教学创新

调动任课教师积极性，推行研讨教学模式，促进学生自主学习。如《科研方法论》引导学生形成创新小组、运用尖端仪器开展研究探索；《工程与工程设计概论》邀请企业导师进课堂、引入企业案例。

2.2.4 激发潜能，追求卓越

人才培养方案设置荣誉课程模块，学生完成相关规定内容，成绩考核合格，可在取得主修专业学士学位的同时申请荣誉学位。学生还可修读辅修专业或微专业，参与本硕博贯通培养等多通道发展。

2.3 管理保障支持

2.3.1 促进交叉，由教务处牵头统筹人才培养工作

依托一流学科群，在学部制管理框架下，从专业分割推进跨界交叉融合，课程融合重组，构建"学科—专业—课程—师资"资源共享模式，拓宽学科交叉、专业融合的组织载体。

2.3.2 以创新学习为中心，搭建教与学沟通桥梁

建设跨学科基层教研室，组织召开教研活动10余场。通过问卷调查、座谈会、个别谈心谈话等方式了解学情并及时研判。开展调研和教研活动，广泛吸收任课教师、导师和学生的意见建议。

2.3.3 加大资金投入，设立"天工创新班"专项奖学金

学校设立"创新奖学金""求实奖学金""求是奖学金"三类专项，分别侧重品学兼优、创新成就和社会贡献，且"天工创新班"专项奖学金可与其他类别奖学金兼得。

3. 成果的创新点

3.1 理念创新

提出"以学习为中心的生态培养"新理念。建设贯穿招生—培养—毕业全过程、集知识积累—能力形成—兴趣发展于一体、跨学科人才汇聚、多部门协同参与的拔尖创新人才培养生态区。发挥拔尖创新人才培养的资源集聚效应与同群溢出效应。

3.2 拔尖人才自主培养的机制创新

以项目为抓手，学科深度交叉，实施导师制、阶梯式与个性化培养、研讨型课堂教学改革，重点促进教学、科研两个层面的交叉与融合，最大程度激发学生的创新思维和创造能力。

3.3 教学管理体系创新

秉承"管理即是服务"宗旨，发挥教务处和学院人才培养办公室的组织、统筹、协调作用，突破传统教学组织形式和时空限制，革新教学组织形式。形成"教—管—学"三通格局，加速教学反馈，推动教学创新。

4. 成果的推广应用情况

（1）教研成果。承担天津市普通本科教学质量与教学改革研究计划重点项目1项、"纺织之光"中国纺织工业联合会高等教育教学改革项目2项和2022年度天津市高校思想政治工作研究基地重点课题1项，并发表教改论文1篇。

参与主办2023年度植物纤维增强生物基复合材料国际交流论坛，邀请11名国内外院士、专家参加，线上线下参会3000余人；"天工创新班"全体学生到会学习，取得良好的育人效果和社会影响。项目研究成果和改革经验在第二届世界纺织服装教育大会等重要会议作经验交流，获得广泛关注。

（2）高水平人才培养。学生的学习满意度达到95%，学科竞赛参与率达100%，首次大学英语四级通过率超95%、六级通过率达30%；63人获学科竞赛奖励100项，其中国家级18项、省部级27项；获大创项目2项，其中国家级1项、市级1项。学生全部跟随导师开展荣誉科研项目计划，8项获得"大创""互联网+"立项或"挑战杯"奖项。

创新2102班获评优良学风班集体标兵（全校第一）。学院申请入党比率达到95%；首批58人推选入党积极分子11人。学生在入学时就立下了科技报国的志向，100%的学生表示未来将通过推免、本硕博贯通、考研、出国等方式深造。

（3）应用推广。学院的办学举措和人才培养效果受到高校和社会广泛关注。我院寒假期间在线组织的"早鸟计划"活动被学校官微转发，总阅读量近千。"科研方法论"课程推进线上、线下结合的分组教学创新模式（图2）取得良好收效，教学经验在全校进行推广，超过1000名教师在线观摩。

图2 "科研方法论"课程线下教学过程

《天津日报》微博和《天津日报》(图3)以"'天工创新学院'成立"为题对天工创新学院成立进行专门报道。人民网(图4)和《天津日报》(图5)多次对天工创新学院拔尖创新人才培养模式改革进行报道。

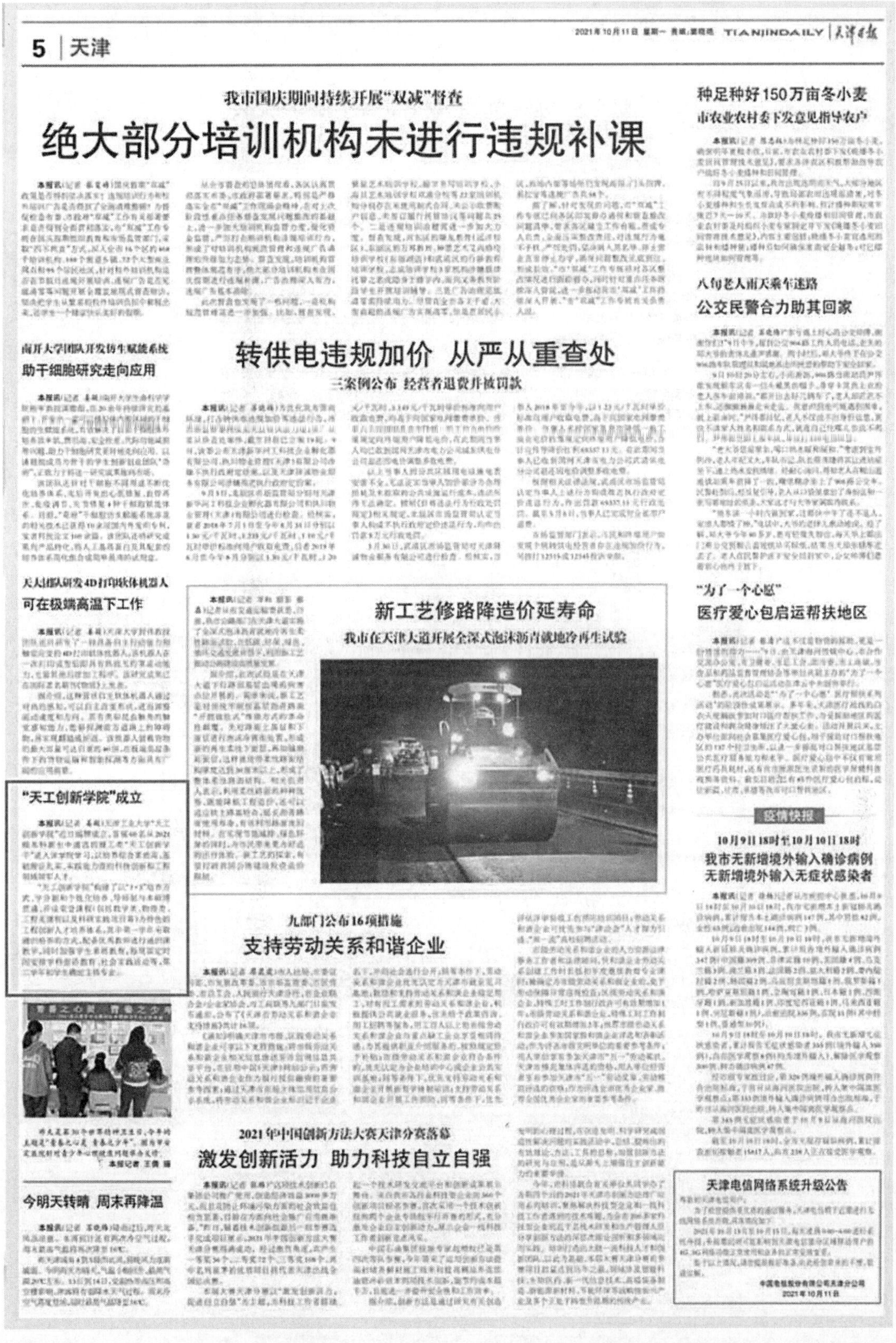

5 | 天津

2021年10月11日 星期一 TIANJINDAILY 天津日报

我市国庆期间持续开展"双减"督查

绝大部分培训机构未进行违规补课

种足种好150万亩冬小麦

市农业农村委下发意见指导农户

南开大学团队开发仿生赋能系统

助干细胞研究走向应用

转供电违规加价 从严从重查处

三案例公布 经营者退费并被罚款

八旬老人雨天乘车迷路

公交民警合力助其回家

天大团队研发4D打印软体机器人

可在极端高温下工作

新工艺修路降造价延寿命

我市在天津大道开展全深式泡沫沥青就地冷再生试验

"为了一个心愿"

医疗爱心包启运帮扶地区

"天工创新学院"成立

疫情快报

10月9日18时至10月10日18时

我市无新增境外输入确诊病例

无新增境外输入无症状感染者

九部门公布16项措施

支持劳动关系和谐企业

2021年中国创新方法大赛天津分赛落幕

激发创新活力 助力科技自立自强

今明天转晴 周末再降温

天津电信网络系统升级公告

图3 2021年10月11日《天津日报》第5版报道

图4　2022年8月4日人民网报道

图5　2022年6月24日《天津日报》第22版报道

"党建、教师、教学和管理"四位一体课程思政体系构建与实践

东华大学

完成人及简况

姓名	性别	所在单位	党政职务	专业技术职称
孙宝忠	男	东华大学	纺织科创中心副主任	教授
胡吉永	男	东华大学	无	教授
张威	男	东华大学	无	讲师
顾伯洪	男	东华大学	上海市现代纺织前沿科学研究基地主任	教授
李彦	女	东华大学	高技术纺织品系党支部宣传委员	副教授
李超婧	女	东华大学	纺织学院高技术纺织品系纪律委员	讲师
高晶	女	东华大学	副主任	教授
胡美琪	女	东华大学	无	讲师
姚澜	女	东华大学	无	副教授
蒋秋冉	女	东华大学	无	副教授

1. 成果简介及主要解决的教学问题

1.1 成果简介

习近平总书记在全国高校思想政治工作会议上强调,"要坚持把立德树人作为中心环节,把思想政治工作贯穿教育教学全过程,实现全程育人、全方位育人。"教育部印发的《高校思想政治工作质量提升工程实施纲要》也提出,"大力推动以'课程思政'为目标的课堂教学改革""实现思想政治教育与知识体系教育的有机统一",所以课程思政工作对于教书育人来讲至关重要。习近平总书记在全国高校思想政治工作会议上强调,要用好课堂教学这个主渠道,各类课程都要与思想政治理论课同向同行,形成协同效应。如何构建一个好的课程思政体系,不同的高校和专业显然要立足自身基础,融合学校历史和特色,充分发挥自身资源进行建设。在中国特色社会主义高校,构建课程思政体系,落实立德树人根本任务,必须把党建的思想融入课程思政中。以党建为基础进行课程思政改革是对落实习近平总书记对高等教育要求,持续推动高校思想政治工作改革的迫切要求。为此,积极探索课程思政的构建模式变得非常重要。课程思政如何在专业方向上和党建结合,如何发挥教师的主体作用、如何发挥教学主要功能,如何管理课程思政,如何挖掘好思政元素等是目前存在的主要问题。

1.2 本成果突出解决了以下问题

1.2.1 如何在课程思政体系中进一步加强新时代中国特色的价值引领

高校在推进课程思政中,要避免抛开党建只讲传统优秀文化和社会主义核心价值观的课程思政,要不断加强党建对课程思政的统领作用,有机融入全方位课程思政的理念和实践机制。

1.2.2 如何进一步促进教师思政水平和教学能力的提高

受传统授课方式的影响和教师个人思政水平的限制，可能是导致整体课程思政水平不高的主要原因，如何加强教师的课程思政水平，并提高整体教学能力，是课程思政发展的有待破解难题。

1.2.3 如何进一步加强课程群的思政元素整体设计、彼此促进、相互融合

课程思政在实施过程中，课程之间大多相互独立，甚至有的相互矛盾，一门课程本身的思政元素也难以相互融合，所以如何深挖课程思政元素，加强彼此融合是一个重要问题。

1.2.4 如何进一步推进课程思政的系统管理、客观评价并反馈促进课程思政的成效

课程思政的实施者相互独立，一般难以系统管理，也难做到客观评价和反馈整改等，有效的管理和评价是课程思政提升的关键。

本成果以全国样板党支部为基础，将课程思政融入教育教学改革中，以"四个正确认识"抓课程思政建设，以坚持"四个相统一"提高教师队伍建设，以坚守一个根本和两个标准评价课程思政水平。成果以党支部为核心，开展协同工作，党支部是基层工作的战斗堡垒，充分发挥全国样板党支部的模范作用，开展团队分工协作，分级分组进行纲要规划和制度建设，实行课程思政四位一体建设；将党建内容和课程思政高度融合，作为专业课程的灵魂，融入专业课程中；在党建政治统领下，强化课程教改、教师建设、管理三大块改革，进行课程思政一体化建设，分组分人完成具体任务和计划；以全国双带头人党支部书记工作室和民用航空复合材料协同创新中心为基地，做好第二课堂的思政建设和专业建设，构建多层次的课程思政体系；做好评估机制，结合课程思政建设，按照一个根本和两个标准进行课程思政评估，实现评估全覆盖。

2. 成果解决教学问题的方法

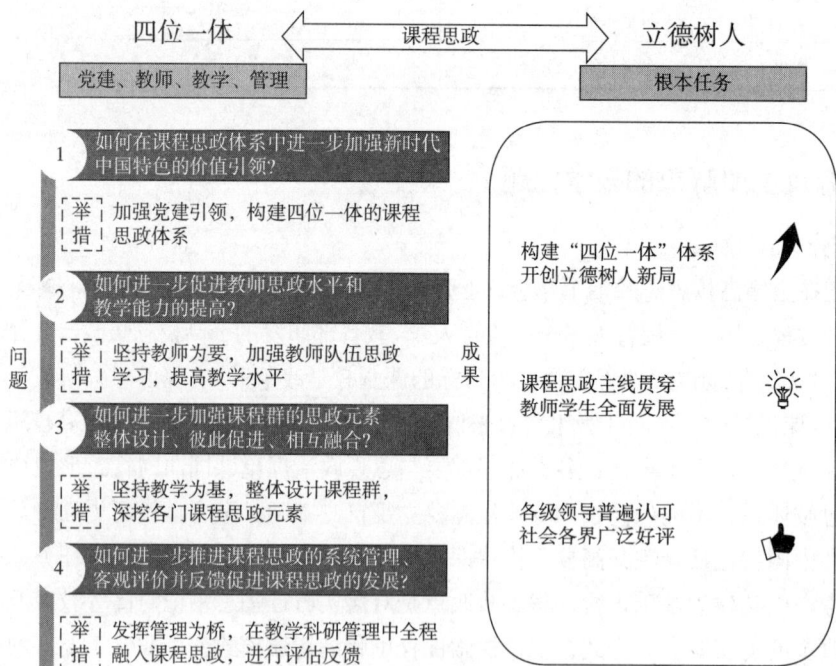

图1 四位一体课程思政的主要内容及成效

2.1 加强党建引领，构建四位一体的课程思政体系

以党支部为核心，开展协同工作。党支部是基层工作的战斗堡垒，充分发挥全国样板党支部的模范作用，开展团队分工协作，分级分组进行纲要规划和制度建设，引领教学、教师和管理工作，实行课程思政四位的一体建设。并结合党建和国有大型企业行业精神学习，厚植爱国主义情怀，坚定理想信念。通过全

国样板党支部和学生进行党建结对，在学习知识的同时，潜移默化思政教育。通过和大型企业党建结合，如中国商飞共同党建，带学生学习航天精神，厚植爱国主义情怀，培养吃苦耐劳的精神，坚定理想信念（图1~图3）。

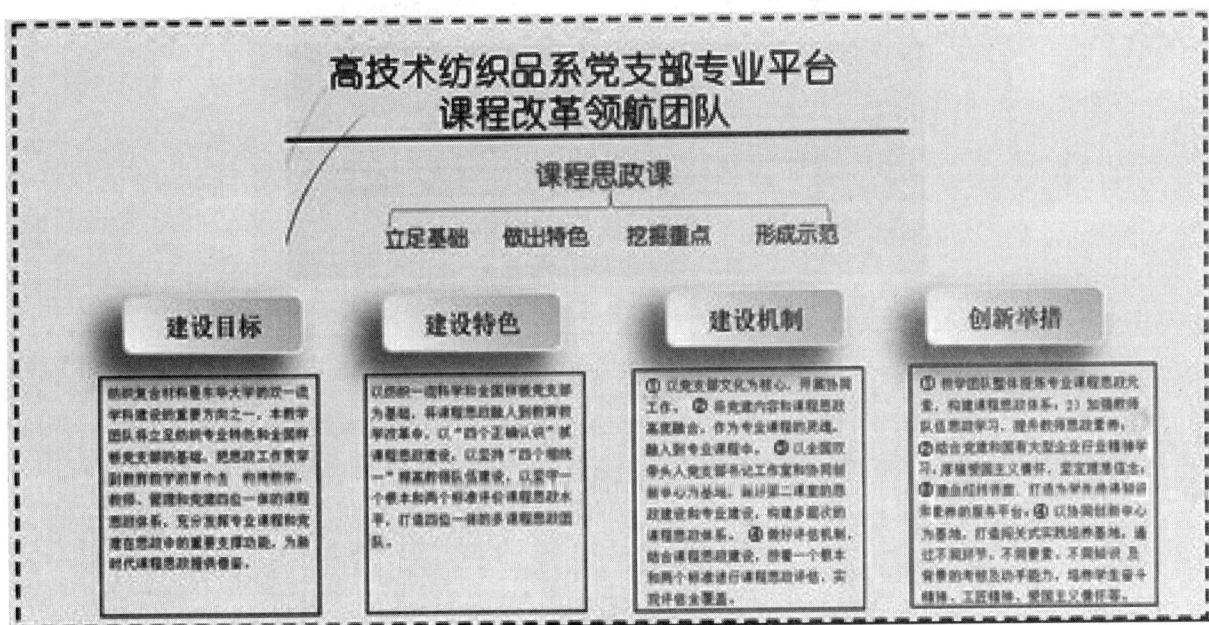

图2　课程思政团队的思路和目标

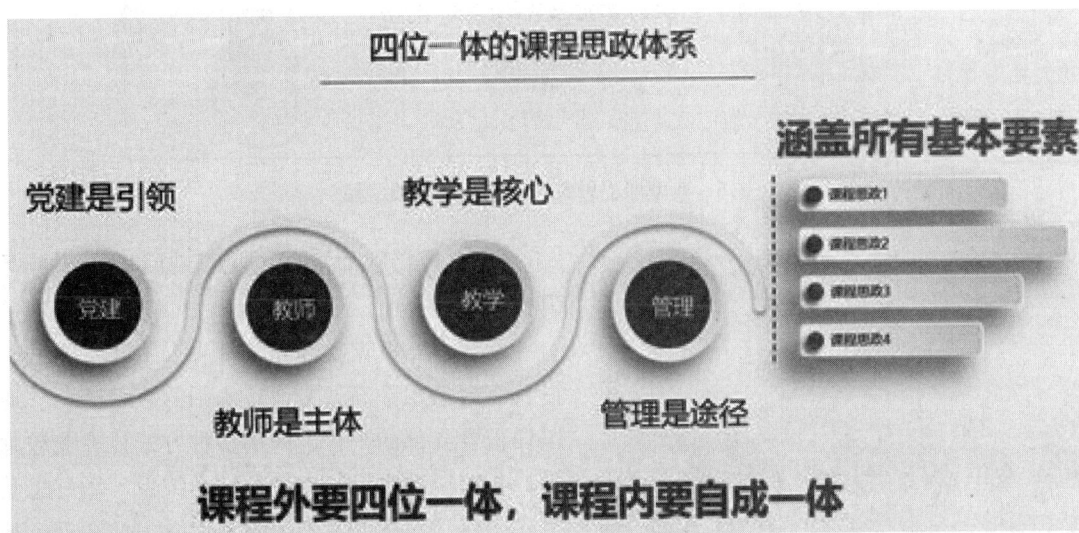

图3　四位一体课程思政的构架

2.2　坚持教学为基，整体设计课程群，深挖各门课程思政元素

在党建引领下，坚持教学为基，将党建内容和课程思政高度融合，作为专业课程的灵魂，融入专业课程中。同时系统规划课程群，梳理不同专业课程的知识点，提炼将党建、思政教育元素融入知识点的课程思政元素，构建全新的教学体系，做好第一课堂的课程思政，用好45分钟，把专业课程和思政融合高度，做到润物细无声。以全国双带头人党支部书记工作室和民用航空复合材料协同创新中心为基地，做好第二课堂的思政建设和专业建设，构建多层次的课程思政培养（图4、图5）。

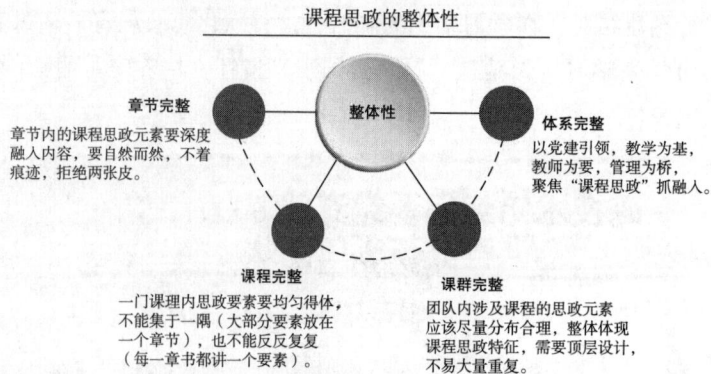

图4　课程思政群的整体性

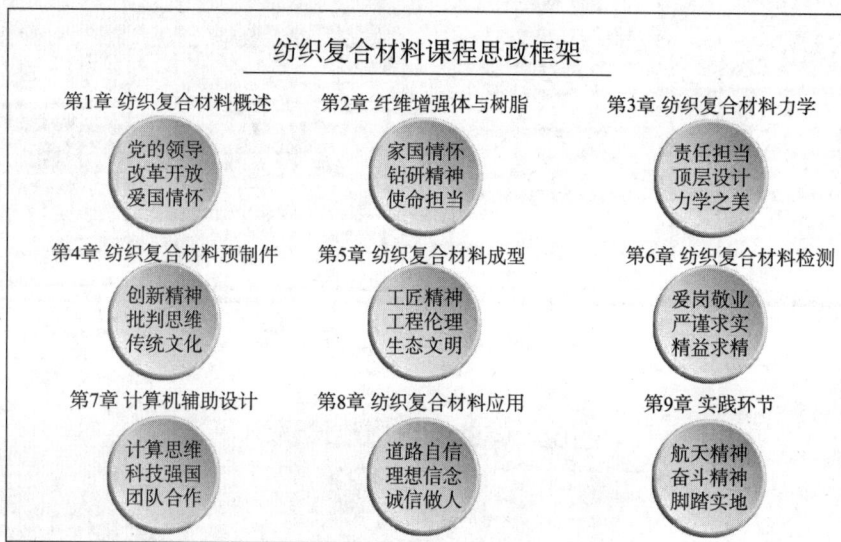

图5　典型课程思政示范课程的思政挖掘

图6　团队举行课程思政主题活动

2.3　坚持教师为要，加强教师队伍思政学习，提高教学水平

以全国样板党支部和双带头人工作室为基础，建设具有政治水平高，专业技术强的教师队伍。通过全国样板党支部的平台，采用多种方式让专业教师认真学习各项思政内容，在党建大系统系下做好思政学习工作，每学期有针对性地举办思政主题活动。从而促进了教师思政素养、教师的自信、教师教学能力等，提升了教师队伍的课程思政水平和教学能力（图6）。

2.4　发挥管理为桥，在教学科研管理中全程融入课程思政，进行评估反馈

发挥从党建到教学、教师及日常工作的管理作用，实现课程思政的全过程培养，一体化衡量课程思政。做好评估机制，结合课程思政建设，按照一个根本和两个标准进行课程思政调研评估，并反馈给教师，实现评估全覆盖。建立经纬讲堂，打造为学生传递知识和素养的服务平台。根据学生需求，开设经纬讲堂，讲堂以专业课为经，党建为纬，在根据学生知识需求

传授的同时，融入思政元素的传授，引领学生健康发展，传递正能量（图7）。

3. 成果的创新点

本成果充分发挥专业课程和党建在思政中的重要支撑功能，教学以国家一流学科核心课程为抓手，教师以"全国高校党支部双带头人工作室"和"全国高校样板支部"党员为主体，扩展到非党员教师，实施学生、教师和评价综合管理的课程思政建设，突出党建引领，增强在思政上高度责任感和使命感。

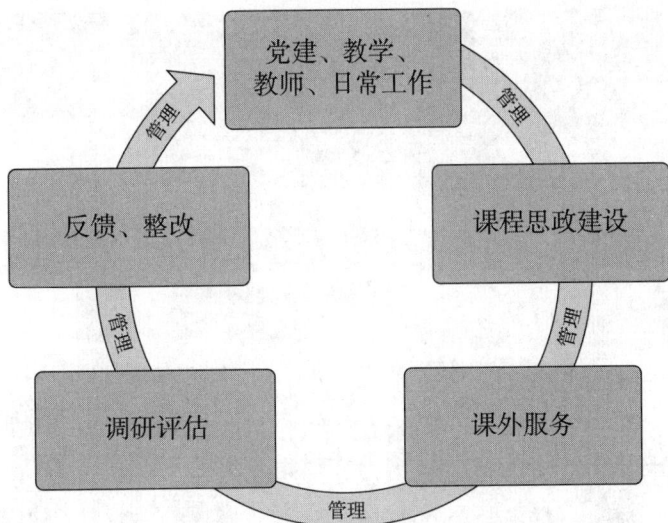

图7　发挥管理的桥梁纽带作用

3.1　构建新型课程思政理念

立足全国样本支部和全国"双带头人"党支部书记工作室，充分发挥党员先锋模范作用，先行先试，以党员带动整支教师队伍进行课程思政建设，构建四位一体的课程思政体系，充分发挥党建对课程思政的统领作用。

3.2　注重教学整体设计，构建课程思政群

建设好课程群的每门课的思政核心主线，在每一门课每一个章节上都引入思政育人要素，让学生在学习课程的同时，培养学生爱国精神、工匠精神、责任担当精神、科技精神等。同时针对专业课程进行课程示范的完整体系建设和展示。

3.3　狠抓教师课程思政素养，提高教师教学水平

发挥教学的课程思政承载功能，让教师和教学都在课程思政中发挥重要作用；通过全国样板支部的优秀案例和成果加强党员教师学习，同时扩大到非党员教师学习，实现全体教师的思政素养和教学水平。

3.4　加大管理功能，增强过程管理和效果评价

以管理为桥，发挥管理的重要纽带作用，联动党建、教师、教学、课程思政建设、课外服务、过程评价、反馈等工作，精确了解课程思政效果，反馈指导课程思政课程及体系建设。

4. 成果的推广应用情况

本成果为课程思政的课程建设、团队建设、体系建设提供良好的思路借鉴。成果的课程思政元素的挖掘方法、完整分布及有机体系为具体课程提供案例和指导思想；项目的四位一体的课程思政体系建设为课程思政团队及平台建设提供明确的思路和方法，为纺织专业及其他相关专业课程思政领航团队的开展提供参考。

4.1　人才培养思政质量全面提升，效果显著

学生在经过系列课程思政课的培育后，思政素养得到大幅度提高，主要表现在后期的实践、各类竞赛以及毕业实习中，学生综合素质不断提升，社会满意度高。学生的实践动手能力、创新创业能力得到用人单位的广泛认可，本体系培育的学生不仅具备了扎实的实践基本功，也具备对行业的明确认知和坚定的理想信念，社会及就业单位给予高度评价（图8）。

图8　学生参与各类比赛和实践活动

4.2　课程思政示范效应增加，学生受益增加

经过建设，本成果形成了多门课程思政示范课程，其中包括线下国家一流课程、实践类国家一流课程、教育部课程思政示范课（纺织学科教育部唯一一门）、上海市课程思政示范课、上海市一流课程、上海市重点课程、上海高校党史学习教育与课程相融合示范课程等，形成成群的示范效应，学生受益增加，思想政治素养得到较好的沉淀和提升，在调查评估中，其课程思政服务均为满意。同时也获得教育部教学名师及团队，上海市教学名师及团队等多项荣誉（图9）。

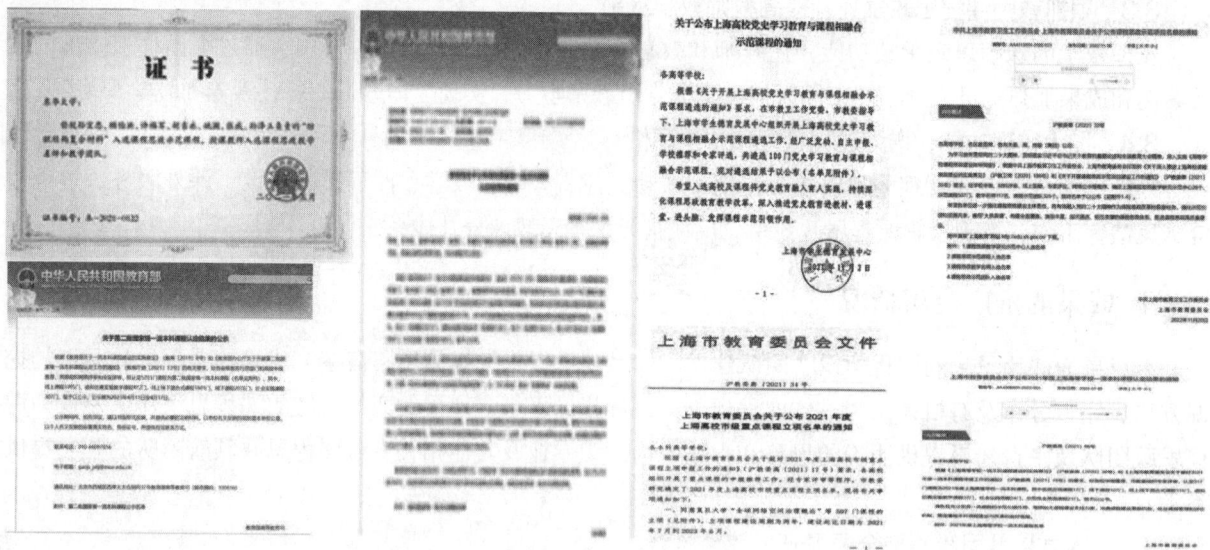

图9　多门国家级和省部级的示范课程及一流课程

4.3　教师队伍思想素质和教学能力显著提升

经过建设，教师队伍水平显著提高，建设期间，教师获中国纺织工业联合会"纺织之光"优秀教师奖3人，上海市育才奖1人，教育部教学名师1人，上海市教学名师1人，上海市教卫系统先进党务工作者1人等，省部级课程思政教学团队2个，国家级一流课程团队2个，同时获得多门示范课程，显著提升了教师的思想素质和教学能力。

4.4 引起多方面关注，辐射面广

学校积极进行宣传和推广，受到社会、教育部、高校、团体和群众的高度认可。

在新华思政网、学银平台等形成整套的学习资料和视频课程，得到宣传和推广，单门课程累计学习和浏览11万余次。针对课程思政开展了数字化转化工作，形成多门课程的教学设计、教学视频和教学案例数字资源，目前部分资源在新华思政网进行推广，单门课程累计学习23000多人。

同时在教育部、全国高校教师网络培训中心和教指委的指导下，《纺织结构复合材料》课程思政数字化资源正上线至全国教师网络培训中心平台中进行全国推广，这是纺织学科唯一被推广的课程思政示范课程。成果团队成员多次和兄弟高校及企业座谈课程思政育人主题推介会，推介在其四位一体的课程思政体系的成功经验和典型做法，并在高等教育会议中心开放线上直播和推广，其辐射面广，引起多方面关注，同时成果团队成员参与撰写的《纺织类专业课程思政教学指南》也得到全面推广（图10）。

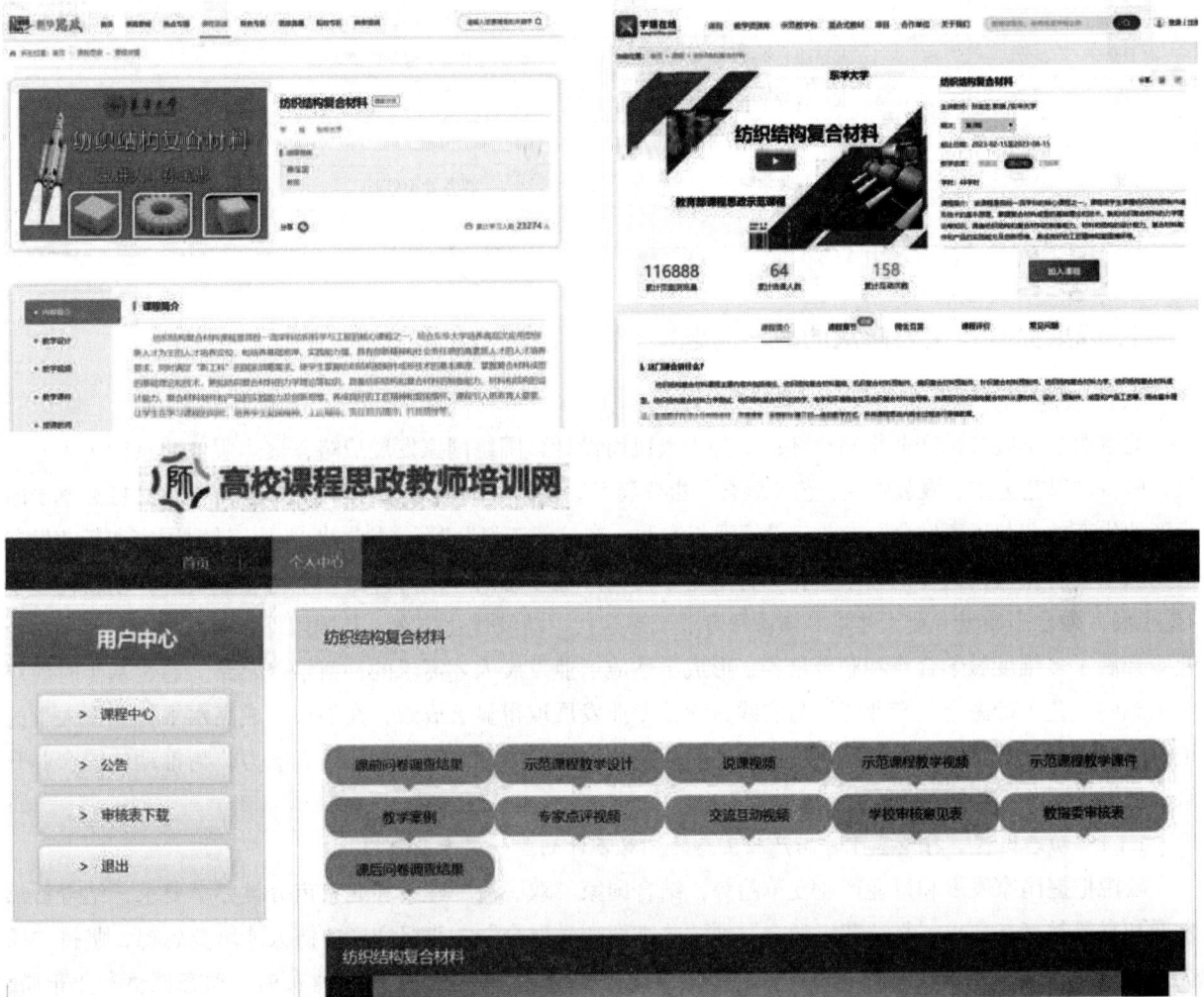

图10 典型课程思政示范和推广情况

"时尚聚能、动态迭代"：基于时尚产业生态的"艺工商融合"专业建设探索与实践

北京服装学院

完成人及简况

姓名	性别	所在单位	党政职务	专业技术职称
赵洪珊	女	北京服装学院	教务处处长	教授
衣卫京	男	北京服装学院	服装艺术与工程学院副院长	副教授
李敏	女	北京服装学院	无	副教授
田红艳	女	北京服装学院	无	副研究员
彭璐	女	北京服装学院	教务处副处长	教授
王涓	女	北京服装学院	无	副教授

1. 成果简介及主要解决的教学问题

1.1 成果简介

北京服装学院秉承产业报国情怀，坚持为人民而设计，围绕国家发展战略，聚焦服务北京四个中心建设，坚持"以艺为主、服装引领、艺工融合"办学特色，通过"时尚聚能、动态迭代"，开展了11载基于时尚产业生态的"艺工商融合"专业建设探索与实践，在"新工科""新文科"背景下，针对国家和行业发展对高质量复合型时尚人才的需求变化，打造基于时尚产业生态的"双万计划"一流专业集群，创新构建了"艺工商"融合高质量专业人才培养体系和专业动态迭代、持续优化方案，与国内外知名高校、行业领军企业等开展了多维度教学合作和联合培养，形成了适应产业发展人才需求的创新培养之路。通过基于时尚产业生态的"艺工商融合"专业建设与实践，学校专业发展取得显著成效，在加快建成高水平特色型大学的进程中，不断提升学校时尚教育供给能力、时尚文化引领能力和高素质人才培养能力，为推动传统产业升级转型提供源源不断的人才智力支持（图1）。

1.1.1 动态迭代，打造基于时尚产业生态的"双万计划"一流专业集群

敏锐把握国家发展和行业产业变革趋势，结合国家"双一流"建设和北京市分类办学要求，结合首都发展和高等教育新要求，从"艺工融合"到"艺工商产教融合"一直坚守产业链人才培养思想，坚持"扬优、支重、改老、扶新"的专业建设方针，持续优化基于时尚产业生态的专业布局。动态调整专业布局，系统推动院系调整、学科专业调整、学科专业建设优势日益凸显。

1.1.2 全要素专业内涵建设，培养基于时尚产业生态的"艺工商融合"高质量专业人才

始终把学生成长成才放在学校发展的中心位置，以人才培养方案研制、课程建设、教研教改、团队建设、教材建设、质量保障等为重要抓手，落实"五育并举"，推进"三全育人"，实施数字化教育转型，着力培养德智体美劳全面发展的社会主义建设者和接班人，筑牢学校高质量发展之本。应对全球时尚产业生态大环境对复合型专业人才的需求，在实践中探索人才培养创新路径。围绕服装服饰领域构建了本硕博人才培养体系，与国内外知名高校、行业领军企业等开展多维度教学合作和联合培养，强化艺工交叉人才培

养模式（图2）。

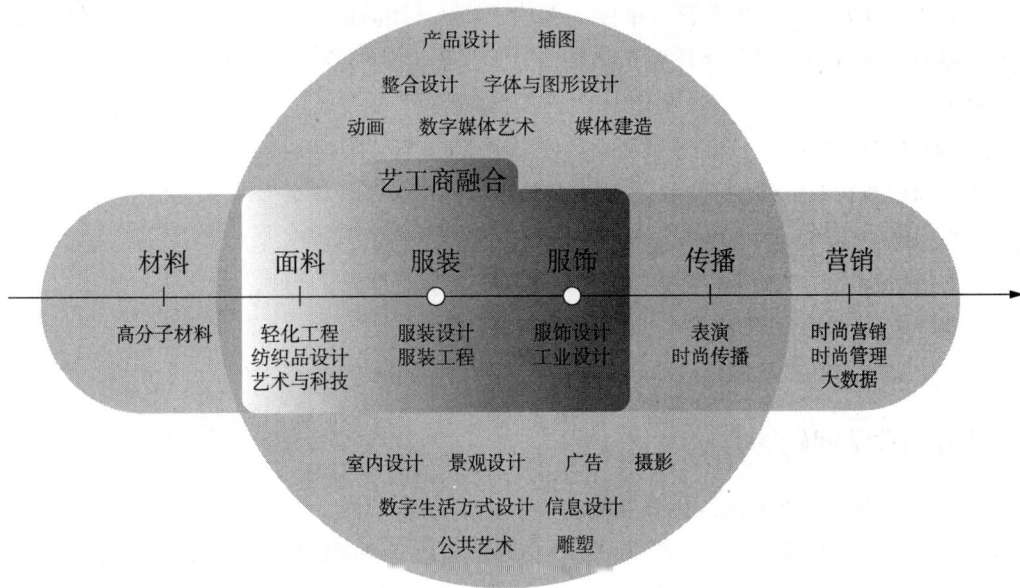

图1 基于服装产业链的"艺工商融合"专业布局

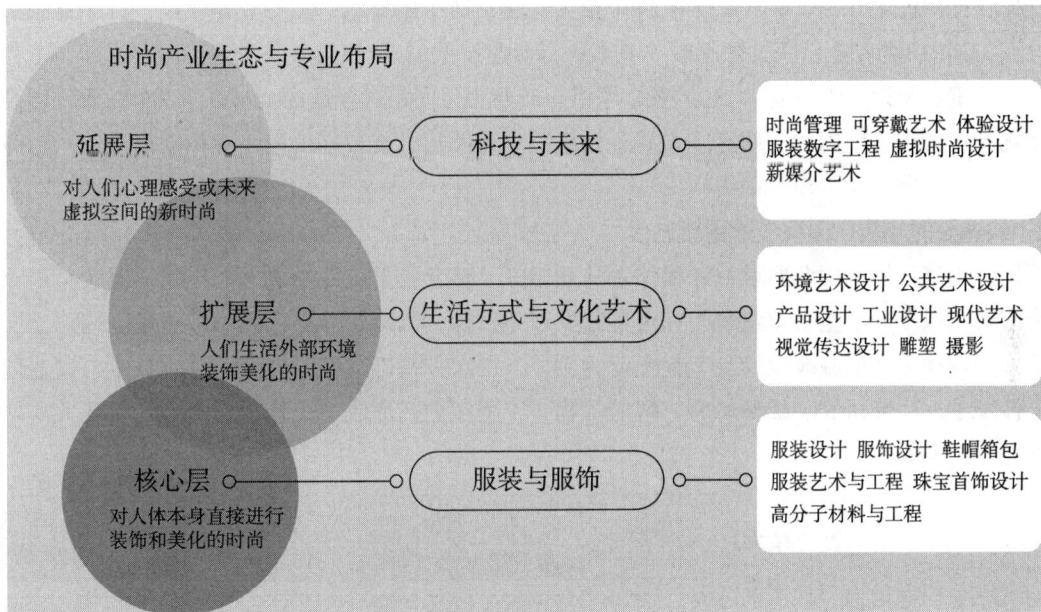

图2 时尚产业生态与专业布局

1.1.3 构建深度产教融合体系，不断提升学生创新、创意和创造能力

紧密结合经济、科技水平和时尚产业发展对创新型、复合型人才的迫切需求，基于学校在时尚教育中的全产业链优势，与产业深度合作协同育人，充分利用时尚创新园的产业汇聚作用，开设项目制课程，建设浸润式产学研融合的实践平台。面向时尚产业需求培养产业链急需专业人才，通过研究和探讨、进行产学研结合的培养方式探索，探讨与行业紧密携手的培养方式，在课程和实践环节中通过企业的深度参与，进一步缩短院校与行业的距离，使培养目标更加清晰、教学成果更加明显。

1.1.4 创新课程思政建设路径，产业报国服务国家重大需求

紧紧围绕为谁培养人的问题，形成围绕服务国家重大项目和行业发展的特色实践活动机制，在不断完

善课程思政工作体系、教学体系和内容体系的基础上，进一步创新课程思政建设路径，培养具有家国情怀的高水平特色时尚人才始终是学校的育人目标，通过师生设计团队服务国家重大任务，理想信念教育与教学、科研、实践等育人环节相结合，注重人格塑造、学术素养、创新实践、家国情怀和社会责任的培养，形成以价值引领为核心的知行合一育人文化。

1.2 主要解决的教学问题

（1）解决纺织服装行业院校如何基于学校自身特色健全完善学校铸魂育人体系，解决为谁培养人，培养什么人的核心问题。

（2）解决如何培养时尚产业快速发展需要的高质量复合型人才需求命题。

（3）解决课程建设如何适应时尚产业发展需求的问题。

（4）解决行业院校产教融合不深入，实践教学系统性不足的问题。

2. 成果解决教学问题的方法

2.1 优化专业布局，紧密对接时尚产业需求

学校基于时尚产业生态的设计、生产、营销等各环节需求，不断优化专业布局，形成"艺术教育与工程教育、管理教育相结合，民族服饰文化与现代设计理念相结合，理论教学与实践教学相结合"的特色现代时尚教育教学体系。人才培养面向纺织服装产业、时尚与文化创意产业，教学设计对标国际一流同类高校，形成了一批特色优势专业。学校现有24个招生专业，14个国家级一流专业建设点，11个北京市级一流专业建设点（其中3个专业已获批国家级一流本科专业建设点）。服装与服饰设计、服装设计与工程专业获批北京高校"重点建设一流专业"。近年来，停招与产业相关度相对较低的会计学等7个专业，增设艺术与科技、文化产业管理、中国画等新专业。并开始组织申请筹建服装数字工程、虚拟时尚设计、时尚管理等专业。

2.2 快速及时响应，课程设置更新迭代

全面构建培养目标—毕业要求—课程体系的双矩阵。整合各学院专业优势，以培养服装全产业链复合型人才为宗旨，以提升学生就业竞争力和可持续发展为目标，制定培养目标和毕业要求。构建三层次五模块的进阶式课程体系。以服装设计与工程专业为例，三层次：基础造型、专业综合、技术与商业创新；五模块：人体工学、功能研究、板型研究、智能工程、工程实训；形成十个特色课程群，实现人才培养与行业需求无缝对接（图3）。

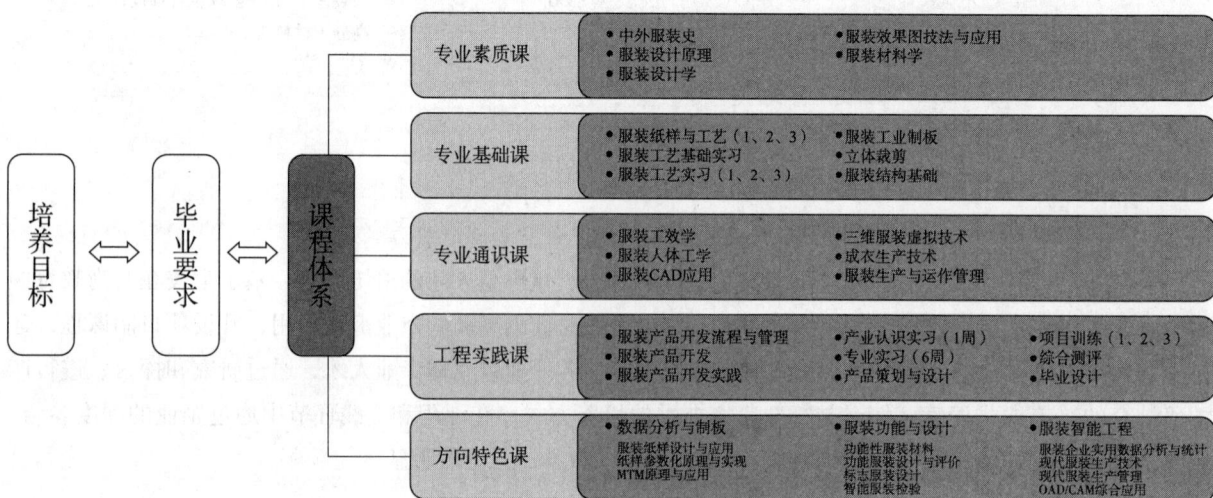

图3 服装全产业链课程体系，以服装设计与工程专业为例

2.3 产业链浸润式，实现产教融合科教协同

整合产业优质资源，满足实践教学多元化需求。建设北服服饰时尚设计产业创新园、北服容城时尚产业园、北服海宁时尚产业园、北服青岛时尚产业园；建立与北京朝阳区、深圳龙华区、江苏昆山、山东青岛等校的战略合作；深化与安踏、爱慕、李宁等百余家知名企业的校企合作。按照循序渐进的原则，打造贯穿全程、三级连锁、逐级推进的实践教学体系。将实践教学分为基础实践、专业实践和综合实践三个教学单元。建立科教协同研发机构，建立服饰文化研究院、服饰科技研究院、敦煌服饰文化研究暨创新设计中心、生活方式研究院、运动时尚创新研究院等研究机构，以科研反哺教学。

主动服务国家重大需求和北京"四个中心"建设，引导学生参与从调研、选材、设计研发到推广全过程，导入服装艺工商全产业链，锻炼学生综合能力，形成北服时装周、新时代中国乡村劳动者服装设计暨美好生活时尚工程、最美逆行者、"艺"心向党"画"谱百年、北服毕业生作品展、城市移动展等特色活动，将价值塑造、知识传授和能力培养三者融为一体，切实落实立德树人根本任务。

2.4 特色实践活动，服务国家重大需求

主动服务国家重大需求和北京"四个中心"建设，引导学生参与从调研、选材、设计研发到推广全过程，导入服装艺工商全产业链，锻炼学生综合能力，形成北服时装周、新时代中国乡村劳动者服装设计暨美好生活时尚工程、最美逆行者、"艺"心向党"画"谱百年、北服毕业生作品展、城市移动展等特色活动，将价值塑造、知识传授和能力培养三者融为一体，切实落实立德树人根本任务。

2.5 跨学科融合，卓越师资支撑高质量人才培养

学校建设了师德高尚、业务精湛的"校内教师＋行业导师"卓越师资队伍，通过加强跨学科融合教学团队、一流课程建设等支撑艺工商产教融合的高质量人才培养。多人享受国务院政府特殊津贴，多人入选国家级教学团队、北京学者、北京市战略科技人才、教育部新世纪优秀人才、青年拔尖人才、长城学者等，荣获北京市人民教师奖提名奖、教学名师等多项荣誉称号，汇集了包括"中国十佳服装设计师""中国设计业十大杰出青年""中国珠宝首饰设计大师"等纺织服装领域众多领军人才。

2.6 价值塑造引领，思政教育全程贯通

建立思政课程与课程思政同向同行机制，全面推进课程思政建设。培育7门示范课，立项18门试点课程，立项103项课程思政教育教学改革专题项目。组织开展优秀课程思政教学设计评选。4门课程入选北京高校课程思政示范课程，授课教师和教学团队认定为北京市课程思政教学名师和教学团队。面向全校教师组织开展"在课程思政中落实立德树人－课程思政教学设计与案例解读""深化课程思政建设，提升高校立德树人成效"等多次课程思政专题培训。与京内外七所艺术院校联合举办"守正创新 砥砺前行"—艺术院校市级思政系列公开课，为艺术类院校开展"艺术＋思政"模式的课程思政建设工作做了良好示范。在2021年的全国艺术院校"红色经典作品中的党史教育"系列公开课中学校党委书记周志军以"从北京服装学院发展看我国社会主要矛盾变化与文化自信"为题进行了专题讲授。

3. 成果的创新点

成果充分贯彻新发展理念，面向世界科技前沿、面向经济主战场、面向国家重大需求、面向人民生命健康，推动纺织服装高校积极主动适应经济社会发展需要，深化学科专业供给侧改革，全面提高人才自主培养质量。

3.1 理念创新：以满足国家对高水平特色时尚人才需求为根本，形成基于时尚产业生态的"为人民而设计"特色育人理念

培养具有家国情怀的高水平特色时尚人才始终是学校的育人目标，在不断的育人实践中，学校形成了"为人民而设计"的特色育人理念，在教育教学全过程中始终保持正确的育人方向。在教育教学实践活

动中，不断改进课程体系，将课程思政融入课程育人全过程，经过长期探索和实践，以立德树人为根本，以"内涵式发展、高质量培养"为主线，秉承"知行合一，求实创新"的价值导向，坚持理想信念教育与教学、科研、实践等育人环节相结合，注重人格塑造、学术素养、创新实践、家国情怀和社会责任的培养，形成以价值引领为核心的知行合一育人文化。

3.2 体系创新：动态调整专业布局，构建深度产教融合体系，培养产业急需的时尚人才

紧密结合经济、科技水平和时尚产业发展对创新型、复合型人才的迫切需求，依据《普通高等教育学科专业设置调整优化改革方案》，根据社会需求及毕业生毕业要求达成度，形成专业动态调整体系，强化优势专业建设，裁减灰色专业，不断加强新工科和新文科建设。学校自2012年本科专业目录调整以来，从21个本科专业增加到31个专业，期间停招7个专业，2023年完成5个专业撤销，截至目前学校共有24个招生专业。基于在时尚教育中的全产业链优势，学校加强与产业深度合作协同育人，充分发挥中关村科学城北服时尚产业园（国家级创新基地）汇聚产业优势资源的作用，建立一批稳定的校企联合培养基地，组建兼具学术素养和实践创新能力的艺工商协作教师团队和行业导师团队，将产业需求融入人才培养环节，在培养方案、课程体系、实训平台、毕业设计中引导企业全程参与，营造产教深度融合的育人环境，强化学生解决复杂设计与技术问题的实践能力。形成了从文化、材料、设计、工程、商业、传播全链条的人才培养，体系创新带动专业水平不断提升。

3.3 实践创新：紧紧围绕为谁培养人的问题，形成围绕服务国家重大项目和行业发展的特色实践活动机制

加强实践在思维能力、美育、劳动教育中的作用，实践过程遵循服务国家、地方经济、文化、艺术建设目标，以服务国家重大项目为引领，跨学科师生参与一线实践，培养立足国家、社会需要，解决实际问题的思维，面向未来培养学生成为国家时尚产业建设的主力军。以专业知识服务国家重大战略，依托新中国成立70周年、建党百年、冬奥服装设计等重大项目实践，培养师生家国情怀，锤炼专业技能，坚定文化自信；在毕业环节，形成北服时装周品牌，持续多年以"美好生活""为人民而设计"为主题；关爱基层劳动者，开展新时代中国乡村劳动者服装设计暨美好生活时尚工程实践活动，师生全员参与，深入基层，调研一线劳动者需求，组建跨学科、跨专业协作团队，设计美观、实用、功能、价格可及的劳动者服装，将为人民而设计，为真实的世界而设计的设计理念贯穿教育教学全过程。

4. 成果的推广应用情况

4.1 服务国家重大需求

多学科交叉融合的师生创新团队一直服务于国家重大任务。先后承担了2014年南京青奥会、2014年APEC领导人会议、2016年里约奥运会、2018年庆祝改革开放40周年大型展览、平昌冬奥会"北京8分钟表演"、2019年第七届世界军人运动会、中华人民共和国成立70周年庆祝活动、建党100周年庆祝大会、2020东京奥运会中国体育代表团入场礼仪服装和2022年冬奥会等服装设计制作，以及神舟七、九、十、十一号系列航天服饰及舱内用鞋设计制作等重要设计创新工作，工作得到社会各界的高度认可。

4.2 专业建设达到新高度

学校现有24个招生专业中，国家级一流本科专业建设点14个，覆盖全部招生专业的60%，北京市级一流本科专业建设点11个（其中3个专业获批国家级一流本科专业建设点），一流本科专业建设点在全部招生专业中的覆盖率达到92%。服装与服饰设计专业、服装设计与工程专业获批北京高校"重点建设一流专业"，形成了服装引领，艺、工、经、管、文协调发展的一流专业建设布局。这些专业的成功获批，为学校全面开展一流本科专业建设，树立专业建设新理念，推进专业建设与改革创新，实施科学专业评价，严格过程管理，完善以质量为导向的专业建设激励机制提供了示范引领作用，成功助力学校高水平特色大学

建设。

4.3 教师人才队伍迈向高水平

学校十余名教师入选北京市高层次人才，其中有北京学者、青年北京学者、百千万人才工程北京市级入选者、北京市海外高层次人才、高创计划等，北京市"四个一批"、教学名师、长城学者、青年教师、教学名师等43人。在设计相关领域也涌现了一批领军人才，如全国首位设计师大师、中国摄影金像奖、全国工艺美术大展金奖、中国设计业十大杰出青年、全国十佳设计师等称号24人。

4.4 学生培养成效显著

本科生学习实践成效得到社会业界广泛认可。获得德国国际工业设计大赛"红点奖"至尊奖、美国AOF全球时装设计大赛金奖、中国国际青年设计师时装作品大赛金奖、"互联网+"北京赛区一等奖、国家赛区铜奖等。同时，以本科生为第一作者的高水平科技论文和发明专利的数量逐年递增，成果丰硕。

毕业生就业情况良好。应届本科毕业生总体就业率达95%以上，毕业生在全国各地，尤其是纺织服装行业和文化创意产业中成为行业企业骨干，发挥了中坚作用。

毕业生创业率名列前茅。近三年应届毕业生创业率分别为7.54%、7.42%、7.41%左右，在全国高校中名列前茅；23支毕业生创业团队获"北京地区高校大学生创业优秀团队"称号；部分学生获得"全国高校毕业生就业创业之星"称号。

4.5 社会评价获得高度认可

5个专业进入软科排名前十，占全部招生专业的20.8%，以设计学为龙头的办学优势进一步凸显。学校的服装与服饰设计、数字媒体艺术、环境设计、视觉传达设计等4个专业在中国大学专业排名中均为A+，服装设计与工程、公共艺术、产品设计、动画等专业排名均为A。2016年，学校被世界权威时尚评论机构—英国《时装商业评论》评为最好的时尚高校，在全球时尚教育院校本科课程中位居前列。2020年在全球知名商业杂志CEOWORLD发布的全球最佳时尚学院排名榜上位列中国第一。

4.6 重要媒体广泛报道

学校是第一个在中国国际时装周上举办毕业生优秀作品发布会的院校，至今已举办15届，已成为媒体和行业关注的焦点，每年吸引百余家媒体追踪报道，广受好评。艺术设计学院和美术学院的毕业作品展每年也引来业界高度关注和参与，好评如潮。师生实践创新成果多次被中央电视台新闻频道、人民日报、新华社、光明日报、中国新闻社、China Daily、中国青年报、中国教育电视台、北京电视台、北京日报等媒体广泛报道，学校影响力显著提升。

4.7 国际学术影响力提升

至2022年12月，学校与近60所国际知名院校建立合作关系，连续获批"艺术类人才培养特别项目"，承办国际时尚院校联盟和国际艺术、设计和媒体院校联盟，国际时尚院校联盟年会，发起国际首饰设计高校联盟，主办高规格国际赛事、展览及论坛活动，国际学术影响力提升。

4.8 各类院校广泛推广

十几所学校的同行来学校考察交流，基于时尚产业生态的"艺工商融合"专业建设的典型经验和做法获得中央美术学院、清华大学美术学院、中国美术学院等美术类院校，东华大学、西安工程大学等纺织类院校和北京建筑大学等北京市属高校的认可与高度评价，并部分被借鉴和采用。

"一核心、双引擎、四协同"服装设计与工程国家级一流专业人才培养模式探索与实践

闽江学院

完成人及简况

姓名	性别	所在单位	党政职务	专业技术职称
王强	男	闽江学院	服装设计与工程系主任	副教授
李永贵	男	闽江学院	服装与艺术工程学院院长	教授
吕佳	女	闽江学院	服装与艺术工程学院副院长	副教授
刘运娟	女	闽江学院	闽江学院教务处副处长	教授
金娟凤	女	闽江学院	服装设计与工程系教研室主任	讲师
林瑜	女	闽江学院	服装与艺术工程学院教务秘书	研究实习员
唐诚焜	男	闽江学院	服装与艺术工程学院办公室主任	编辑
林珣	女	闽江学院	无	讲师

1. 成果简介及主要解决的教学问题

1.1 成果简介

习近平总书记在闽江职业大学（闽江学院前身）任校长时就提出了"不求最大，但求最优，但求符合社会需要"的应用型人才培养办学理念。服装设计与工程专业（以下简称服工专业）自成立以来一直是这一理念的践行者。自2010年服工专业获得国家级特色专业伊始，我们就将目标定锁为建设一流专业，提出了艺工结合、产教融合的建设思路。在建设过程中，我们遇到了培养的毕业生的能力与行业人才能力需求的变化不能产生及时的联动的问题，于是提出了以高素质应用型人才培养办学理念为核心、以课程体系建设和产教融合为双驱动引擎，紧密结合福建省纺织服装行业需求的，政府、行业协会、校、企四方协同联动的"一核心、双引擎、四协同"的育人模式（图1）以解决以上问题，并在2014年获得了福建省服装与艺术工程类人才培养模式综合改革试点项目，2018年获批为福建省应用型本科纺织服装教育类专业教学联盟牵头单位。

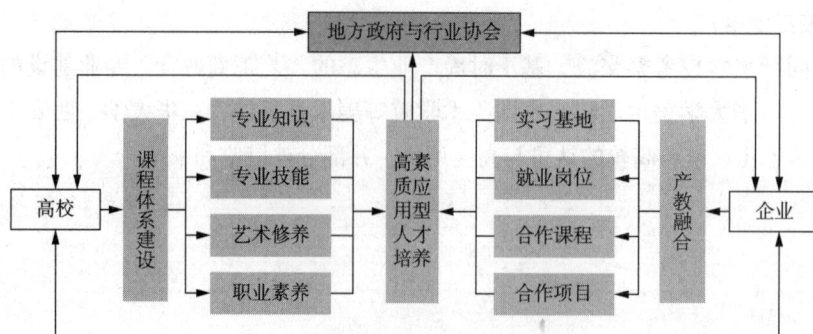

图1 "一核心、双引擎、四协同"的育人模式构架

基于以上思考和改革试点项目的实施，成果积极响应地方政府的政策和行业协会的建议，以产教融合和课程体系改革为双引擎。一方面与政府和行业协会合作，搭建产学联盟平台，接触更多的企业，并通过访企拓岗、产学研合作、双师建设等途径了解企业的需求变化；另一方面，瞄准服装行业数字化转型，以行业需求为导向，以课程体系改革为驱动，与企业协同制定培养方案等形式建立了校企产、教、研融合长效机制，建立了创新实验班和跨学科虚拟教研室，丰富了教学资源，优化了师资队伍。"一核心、双引擎、四协同"的育人模式取得了显著成效。

经过多年的探索与建设，教学质量得到显著提高，服工专业于2019年获批福建省一流专业建设点、于2022年获得国家级一流专业建设点。本专业毕业生就业率达到95%以上，近5年累计为福建省纺织服装行业输送人才714人。该成果实践过程中，建立了一套较为科学完善的聚焦应用型人才培养的教学体系，也成就了一支具备工程思维的双师型优秀省级教学团队。

1.2 主要解决的教学问题

（1）教学内容和实践环节与企业需求脱节，难以满足行业数字化转型需求。

（2）校企合作方式和途径匮乏匹配度较差，难以满足企业应用型人才需求。

（3）传统服工专业培养的毕业生能力单一，难以适应社会多元化变革需求。

2. 成果解决教学问题的方法

2.1 面向产业发展，探索人才培养新模式以适应产业数字化转型

中国服装产业智能制造时代即将到来，我们意识到教学活动必须围绕数字驱动的行业转型开展（图2），因此建立了服装智能制造创新实验班，在培养方案中加入了"服装数字科技""计算机辅助服装制版"（3D服装建模）、"计算机程序语言（Python）""服装用户体验概论""人工智能与服装"等课程，将智能服装材料、虚拟仿真、3D打印等前沿技术融入服装专业教学之中，同时加大了实验实践课程的比例，提升学生的动手能力；注重课程思政建设，通过"三全育人"方式的实施，实现德、识、能三位一体，提升人才培养质量，并取得了很好的实际效果，共计有3门课程获得优秀思政示范课程，其中省级思政课程1门。

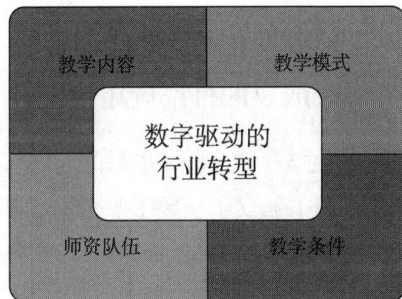

图2　行业数字化转型引领教学变革

2.2 聚焦产学合作，构建服装专业新结构以适应企业人才需求

在福建省政府部门和福建省纺织服装行业协会的指导与协助下，服工专业得以扩大了与企业的接触面，并使得校企合作的途径得以拓展。通过邀请企业、行业、政府和兄弟院校的专家学者共同参与培养方案的制定、论证，形成四方合力完善教学体系，确立培养目标明确，实际操作可行，符合企业人才能力需求，符合社会需要的服装人才培养方案。聘请企业导师来校讲座、授课；组织教师和学生每年赴企业参观实习；鼓励教师参与企业项目，校企联合申报各类课题；鼓励教师将企业的优秀案例搬进课堂，写入教材等；通过以上措施实现了与企业的精准对接，并与企业共建教材1部，获得校企合作立项10余项。

2.3 注重学科交叉，开拓学生的视野以提升毕业生综合能力

服工专业要求艺术背景的教师要了解生产过程，强化工程思维；要求工程背景的教师了解设计流程，强化美学修养，实现工程与设计的融合。鼓励教师赴企业挂职获得双师型教师资质；通过派遣教师参加各类交流活动、技能培训、访学进修等提升教师的科研能力和教学水平。建立跨学科虚拟教研室，邀请企业人员、计算机科学、自动化专业、材料学专业的教师共同加入其中，实现不同专业课程间的交叉互动；通过解构课程，由不同专业领域的教师或企业导师共同讲授一门课程的方式，集中优势教学力量为学生提供

更好的学习资源；并通过教师跨专业联合指导毕业生、企业课题引入毕业论文设计环节真题真做等方式开展多学科领域合作。

3. 成果的创新点

3.1 建立了"一核心、双引擎、四协同"的应用型人才培养模式

成果提出以高素质应用型人才培养为核心、以学科交叉和产教融合为驱动引擎，紧密结合福建省纺织服装行业需求的"校、企、协、地"四方协同联动人才培养模式，通过政府引导和监管、行业协会引领、校企联动的方式培养高素质应用型人才，进而使整个行业的人才层次和素质得到全面提升，促进行业繁荣，保障社会稳定。

3.2 建立了以毕业生出口为导向的可持续改进的人才培养联动机制

成果将人才培养的核心目标定位于学生的能力培养，培养方案设计、课程体系构建、教学内容改革、考核方式改变、师资队伍的培养都围绕这个核心目标运转。通过企业、社会、同行和学生反馈，根据行业需求适时调整培养方案，调整教学环节，形成由毕业生反馈到方案调整、方案实施、成果检验、再反馈的循环联动机制，逐步提升人才培养的水平，规范人才培养的具体实施过程，保障人才培养的可持续发展。

3.3 构建了艺工文结合、多学科交叉的应用型人才培养的新机制

成果根据服工专业艺工文结合的特色和多学科交叉的特点，建立了新的培养机制，培养的人才既要了解服装设计流程，又要熟悉工业化生产过程；既要有一定的艺术和美学修养，又要具备深厚的工程技术功底；既要熟悉服装的相关专业知识和技能，又要了解服装与其他专业间可能产生的联系，提升毕业生的综合素质和社会适应能力。

4. 成果的推广应用情况

经过5年的实践，成果的应用与推广对国内服装教育教学领域产生了积极影响。

4.1 建立了一套完善的多方联动应用型人才培养模式并产生示范作用

经过多年的积累与探索，建立了高校、企业、行业协会和政府协同的人才培养模式，解决了高校与企业、行业无法形成及时有效的联动问题，真正实现了校企合作互动，夯实了专业内涵建设，更好地服务了地方经济建设。专业社会服务方面，精准切入民族传统服饰的挖掘与传承并作出了突出贡献（图3）。此外，服工专业还多次承担了由中华人民共和国商务部主办、福建省外经贸干部培训中心承办的发展中国家教育培训课程（图4），成为中华传统服饰文化输出的纽带，并取得了很好的示范作用。

图3　兰郁颖同学畲族文创作品

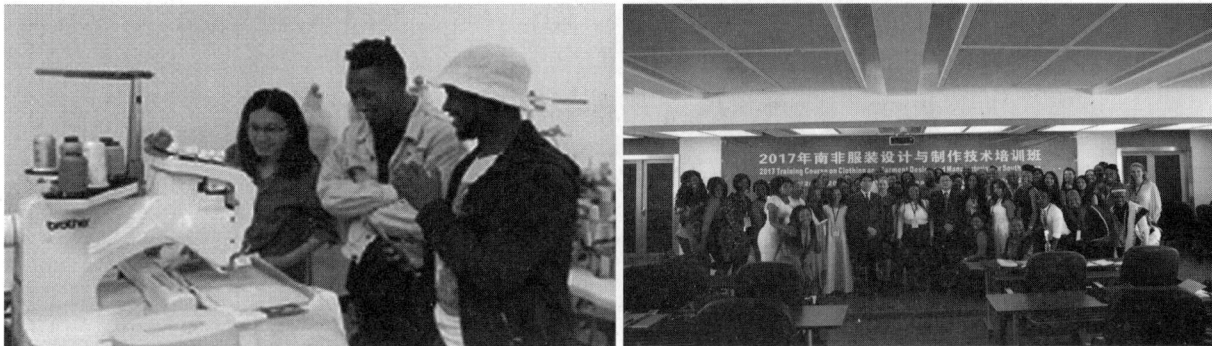

图4　发展中国家教育培训课程培训现场及参训人员合影

4.2　培养了一批具有较高职业素养的应用型人才并获得用人单位好评

成果实践期间，已向社会输送714名毕业生，其中国际生5人，就业率达到95%以上，部分就职于利郎、安踏、361°等知名企业，部分从事服装教育与管理工作，部分毕业生选择考研继续深造。学生的能力和素质得到业界和高校的一致好评。成果期间，学生共计发表论文15篇，获得专利16件，42人次在学科竞赛、大学生创新项目上取得优异成绩。

4.3　造就一支具有艺工结合特色的高水平教学团队并获得多项荣誉

成果实践过程中，构建了一致结构合理、能力突出、艺工结合的双师型教学团队，双师型教师比例达到64.7%，教学水平稳步提升，2018年获得省级教学团队，成果期间获得教育部教改项目2项，省部级教改项目3项，其他各级教改项目22项；获得省级教学成果奖9项，其中省级特等奖1项，二等奖2项；国家级精品资源共享课1门，省级一流本科课程2门，省级优秀思政示范课1门；出版部委级规划教材9部；发表教改论文100余篇，纺织服装教育收录40余篇；3名教师获得福州市教育系统先进工作者称号。成果有效推动新工科背景下服工专业建设并取得显著成效。

成果有效推动了专业建设，专业人才培养体系愈加完善，培养目标愈发清晰，并得到同行专家的认可。成果实施期间，专业建设水平得到明显提升，香港理工大学、北京服装学院等多所兄弟院校来我院交流。服工专业于2010年获批国家级特色专业建设点后，2019年获批省级一流专业建设点，2022年获批国家级一流专业建设点，成功实现三级跳，学院也成为"福建省应用型本科纺织服装类专业教学"牵头单位。服装与艺术设计专业也借鉴此成果的理念，也于2022年获批国家级一流专业建设点。2022年10月，中国人类工效学学会智能穿戴与服装人因工程分会也在我院宣布成立，该成果也得到与会专家的肯定与好评。

4.4　成果推动了服工专业的发展并获取了更多的教学资源投入

成果实施期间，服工专业所取得的成效也得到了政府和学校的认可，并为服工专业的发展建设提供了诸多便利条件和经费支持。目前，服工专业拥有专业实验室11间，教师工作室7间（图5、图6），总占地

图5　服装工艺室吊挂系统

面积12800平方米，设备总投入3800余万元。与利郎、柒牌、春晖、信泰等15家企业签署实践教学基地，为培养服装类的高素质应用型人才培养的顺利实施提供了切实有效的保障（图7、图8）。

图6　学生在丰德数码印花实验室学习

图7　服工专业赴利郎集团调研

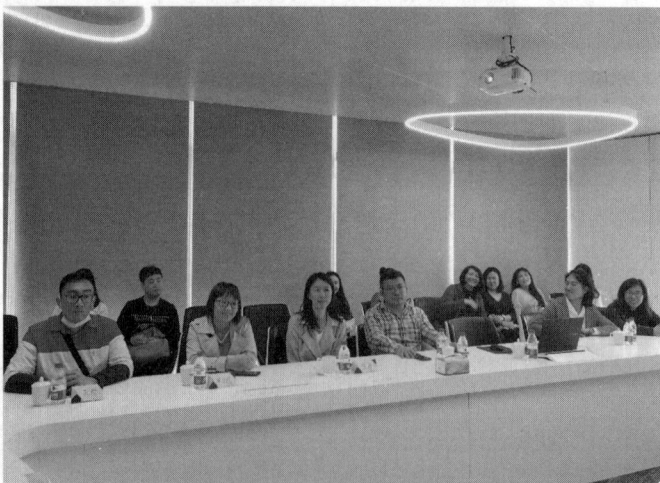

图8　服工专业与企业座谈现场

基于艺科思融合的设计美育路径建构与实践探索

武汉纺织大学，新疆科技学院，陕西科技大学

完成人及简况

姓名	性别	所在单位	党政职务	专业技术职称
钟蔚	女	武汉纺织大学	服装学院设计系支部书记	三级教授
刘宗明	男	陕西科技大学	院长	教授
胡雪敏	女	新疆科技学院	院长	教授
陶辉	女	武汉纺织大学	院长	三级教授
刘虹弦	男	武汉纺织大学	教授委员会 主任	教授
黄龙飞	男	武汉纺织大学	系主任	副教授
郭海燕	女	武汉纺织大学	无	副教授
谭维	男	武汉纺织大学	无	讲师

1. 成果简介及主要解决的教学问题

1.1 成果简介

设计学科在"新文科"背景下面临着挑战，必须变革和转型，设计美育是站在学校学科特色基础上、以社会实际问题为导向，依托国家级一流设计学专业和省级优势学科"创意设计及精美制造"学科群，提出"艺科思融合"育人理念，探索人才培养模式的改革与创新，以一流学科建设为契机，以课程建设为切入点，以学科竞赛为抓手、深化学科交叉融合力度，探讨教学教改、质量工程、服务社会等环节的应用价值，系统性构建设计美育育人效能提升路径和具体措施，经过8年实践探索突显成效（图1）。

1.2 主要解决的教学问题

武汉纺织大学以"现代纺织、大纺织、超纺织"理念为引领，结合学校特色，整合资源、凝练方向，凝聚学科交叉力量，探索和形成以"艺术＋科技＋思政"为脉络的设计学科发展方向，促进创新科研团队形成，构建"艺科思融合"育人路径和模式。

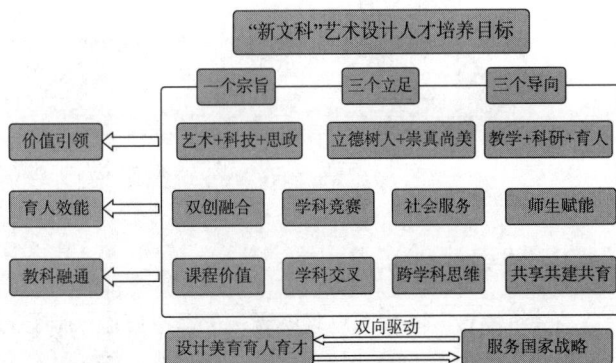

图1 "艺科思融合"设计美育与育人成效框架

1.2.1 价值导向问题

设计人才肩负服务国家战略的使命，针对学生普遍存在偏艺术轻科技、偏动手轻价值以及教师普遍存在偏科研轻教学、偏授课轻育才等问题，主动展开对策性探索和实践。

1.2.2 知识结构问题

"新文科"背景下要求设计学科必须加大学科交叉融合力度，但学生存在知识结构面窄、创新实践能力缺乏等问题。

1.2.3 育人成效问题

在学科交叉的深度融合进程中，将培育出新的学术增长点；强调将优秀传统文化、社会主义核心价值观融入课程思政、学科竞赛、服务社会中，在实践中成长。

2. 成果解决教学问题的方法

2.1 融合专业教育与思政教育、立德树人与崇真尚美，解决价值导向问题

"艺科融合"即是将内涵深厚的人文艺术学科与严谨理性的科学逻辑兼容并蓄，科技为艺术的多维度呈现提供技术支持，艺术为科技增添人所需求的精神支持。在"新文科"背景下，传统教学模式及教学内容已经暴露出较为明显的不适应性。开拓本学科的创新性、前瞻性研究，积极组建创新团队，构建良好的学术生态，在学科发展中发挥更大作用。

2.2 融合课程思政和新文科思维，实现教科融通、思政赋能育人模式

"新文科"的核心是创新跨界教育方法、强化思维训练和价值教育，推动素质教育进程。结合学校特色开展针对性的创新融合，以省级"十三五"优势学科群"创意设计与精美制造"为引领，主动思考艺术教育美育内涵、美育价值、美育功能和美育路径，将科研成果转化为教学资源，促进与融合科教互补、兼容和共振等机制。

2.3 融合设计美育于人才培养全过程，增强育人育才综合效能

坚持"五育并举"的教学方针，以培养学生审美意识与人文科学素质为目标，增强创造思维，立足行业始终坚持人民至上和创造品质生活价值取向的重要作用，以专业为主轴整合美育资源，推动美育融入育人全过程，形成多方协作、开放高效的美育新格局；以崇真尚美为核心，以陶冶高尚情操、塑造美好心灵、增强文化自信为目标，充分挖掘设计学科特色专业所蕴含的美育资源，有效提升学生欣赏美、实践美以及创造美、传承美的综合能力（图2）。

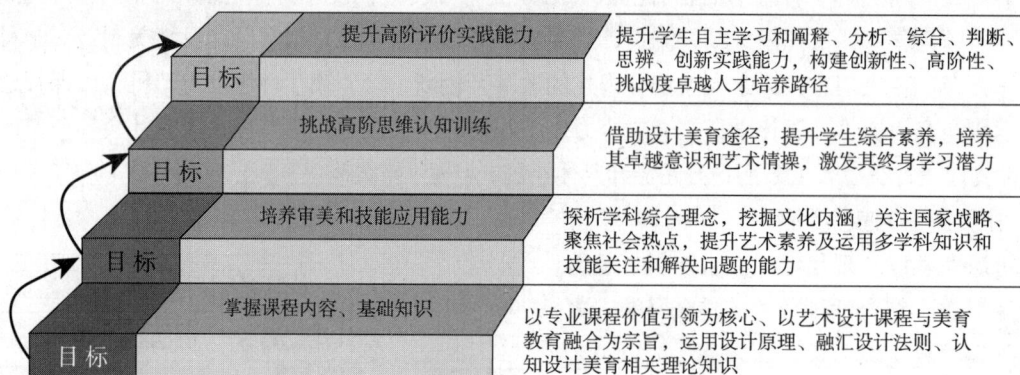

图2 设计类跨学科思维与人才培养目标

3. 成果的创新点

3.1 确立一个宗旨、三个立足、三个导向的教科融通育人格局

"一个宗旨"是围绕立德树人，发挥国家级一流本科课程示范辐射作用，推进和深化设计美育力度。"三个立足"是立足学校学科特色、立足科教融通和立足艺科思政融合。"三个导向"是问题切入导向、创新支撑导向、能力提升导向。

3.2 探索三力合一、五主一线合推的立体育人路径

"三力"是教学能力、科研能力、科教协同能力所产生的巨大合力。"五主"就是创新主线、教师主导、

学生主体、校际主载、赛事主撑。"三力""五主"从纵横和内外等方面构成了设计美育育人效能与实现路径的完整模式。

3.3 构建学生增效、教师赋能的优化协同育人新生态

重在促进教育教学与信息技术深度融合，开展校际学科交叉的教学教改育人实践，通过优质资源共享和同步课堂等形式，引导教师打破学科、学校限制，积极投身科教融通、美育育人的教师职业成长之道，发挥国家级一流本科课程的示范、引领和辐射作用（图3）。

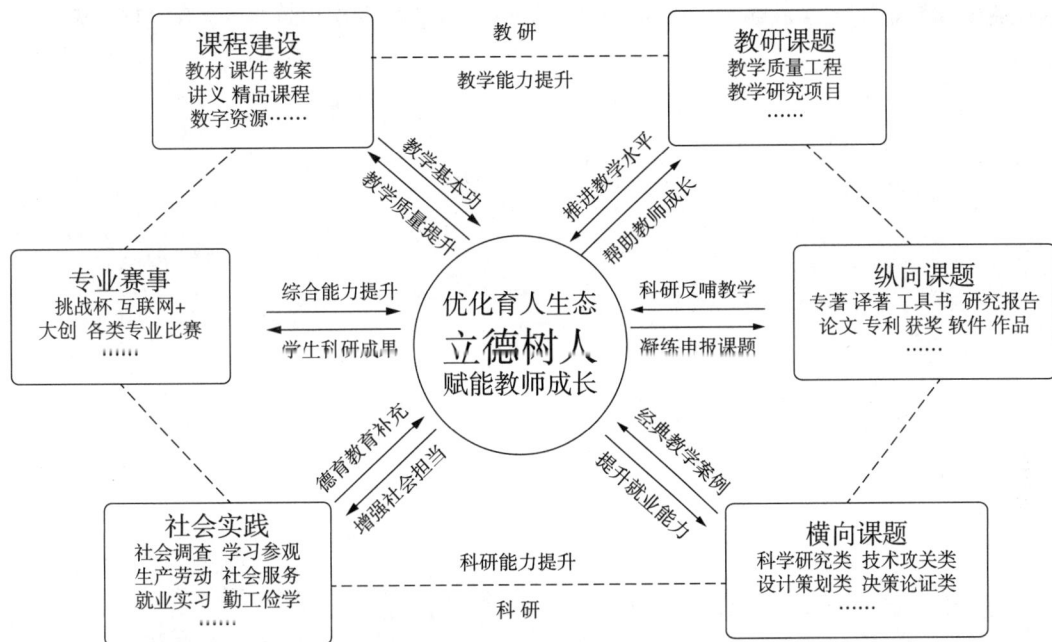

图3　教科融通育人格局

4. 成果的推广应用情况

4.1 实现国家级一流本科课程在全国范围内的示范引领辐射作用

国家级混合式学分课"完美着装"面向全国招生，首次招生为纯在线学分课程（2016年秋冬），课程上线后受到广泛好评，以首批国家级一流本科课程"完美着装"为基础，从2017年春夏至2022年秋冬学期，目前已完成15个学期的教学任务，先后服务于775余所高校40.31万学生选课，互动次数261.64万次，好评率平均96.8%以上。充分发挥课程的价值引领、思想教育功能，通过艺术知识普及推动素质教育发展，探索设计美育综合创新的有效路径，探索"以美育人，以美化人"的课程价值引领示范效应。

4.2 率先响应"慕课西行"，开启首门"同步课堂"赋能西部师生成长

率先响应"慕课西行"，开启学校首门"同步课堂"，助力西部高校师生成长。如该课程被中央组织部主管的全国党员干部现代远程教育网优秀课程，入选"湖北省远程专题培训研修成果"。教学成果先后被光明日报、中国纺织报等多家权威媒体、企事业单位邀请讲座，通过慕课西行、同步课堂等形式，提升了课程受众普及度和社会影响力。让学习者体验在多元化的学习过程中提升自身的跨学科学习和科研能力。对应国家战略，服务区域产业，培养具备创新精神、创业能力及国际视野的高综合素质能力设计人才。

4.3 "艺科思融合"实现"学生—教师—学校—社会"多层面赋能增效

学生层面：让学习时间和空间更自由，获取知识更公平。教师层面：通过虚拟教研室有效解决高校跨学科师资配置、学科交叉等问题。专业领域层面：为领域内专家教师提供一个互相讨论，不断学习进步，

不断探索共同升华的平台。学校层面：丰富校际教学资源共享交流，加强整体办学水平的提升。社会层面：全面推动大学优质教育资源的共享，增加公民接受优质教育的机会，增强设计美育服务社会的能力和价值。

4.4 设计美育"艺科思融合"成效突显，彰显育人成效美誉度

《光明日报》《中国科学报》等十余次专题报道纺大"以美育人、以美化人"文化品牌，开辟美育服务空间，多元互动拓展教育新视野针对设计美育需求，创新实践能力和就业能力需求，综合素质需求，在将设计学科优质教学成果应用于社会实践，将教学第一课堂延伸到校外空间，引导学生从受教育者转换为美育教育的体验者和传播者，"美在纺大"成为学校鲜明的文化标签，学生"尚美"文化品格凸显。

学科交叉赋能、校企深度协同，聚焦高端纺织全产业链的人才培养模式探索与实践

常熟理工学院，中国纺织工程学会

完成人及简况

姓名	性别	所在单位	党政职务	专业技术职称
陆鑫	女	常熟理工学院	纺织服装与设计学院院长	教授
何亚男	女	常熟理工学院	纺织服装与设计学院服工系主任	副教授
伏广伟	男	中国纺织工程学会，常熟理工学院	中国纺织工程学会理事长、纺织服装与设计学院名誉院长	教授级高级工程师
张技术	男	常熟理工学院	纺织服装与设计学院副院长	副教授
郭玉良	男	常熟理工学院	纺织服装与设计学院副院长	副教授、高级工艺美术师
宋来福	男	常熟理工学院	环境艺术专业负责人	教授
穆红	女	常熟理工学院	纺织服装与设计学院服工系专业负责人	教授
吴世刚	男	常熟理工学院	纺织服装与设计学院服工系副主任	副教授
温兰	女	常熟理工学院	纺织服装与设计学院服设系主任	副教授
刘雷良	女	常熟理工学院	纺织服装与设计学院纺织工程系主任	副教授

1. 成果简介及主要解决的教学问题

1.1 成果简介

本成果聚焦服务区域高端纺织产业集群，深化产教融合，深度开展校企协同育人改革，构建省属高校中唯一能系统性服务于从设计研发、技术加工、生产管理到品牌营销全产业链的高端纺织产业人才"1263"培养模式（一体两翼、两大一级学科、6个本科专业、3个专业方向模块）。以立德树人为根本目标，秉承"错位发展、融入业界、全程嵌入行业标准与创新创业教育"育人理念，以纺织科学与工程、设计学等学科为基础，以高端纺织业的人才需求为重点培养方向，培养符合现代纺织服装产业需要的，具有创新精神和创业能力的一流应用型技术人才。

1.2 主要解决的教学问题

1.2.1 解决了学科、专业条块分割的传统育人模式与新时代高新技术深度融合的创新人才培养要求不适应问题

传统的单一学科、单一专业已无法解决产业、科技发展产生的新问题。人才培养要打破传统的学科、专业边界，要从传统的"单兵作战"向"协同作战"发展，基于此，本成果从学院顶层架构，系统开展了跨学科、跨专业创新人才培养的探索和实践。

1.2.2 解决了传统校企合作中校企双方利益不一致、合作方式单一、合作可持续性弱等突出问题

由行业权威学会牵头，遴选了14余家行业内的龙头企业，组建行业企业联盟，全面开展产学研合作、教师研修、企业人员培训、学生教育实习、就业等深度合作，同时也发挥了政府、行业学会、企业、高校等不同主体的功能，兼顾各参与方利益，实现信息与资源互通，增强多主体多维度合作的黏性。

1.2.3 解决了传统教学模式中教学资源有限，学生培养方向单一的问题

产教融合的优势在于打破传统以高校为主体的物理边界，将本科教学到行业和企业中开展，拓展人才培养的物理空间，使教学资源库不断扩大并可以持续增容。构建"以学生为中心"的人才培养体系，结合各联盟企业的人才需求和企业技术资源优势，学院的6个专业分别设置了与之共建的课程分类模块，实现学生的个性化、精准化分类培养。

1.2.4 解决了高校人才培养与社会实际需求脱轨、学生就业适应期长的现实困难

传统校企合作关系主要是人才输出和人才招聘，高校不愿意走出去，企业不愿意付出培养成本，学生需要一年甚至更久的时间去培养其职业思维与岗位能力。本成果实践中，学生在校期间就能通过校企模块课程学习企业标准，将就业适应期前置，提高了学生就业的匹配度，实现了高校与企业在人才培养上"并轨"。

2. 成果解决教学问题的方法

（1）顶层架构专业链服务产业链的两大学科交叉发展路径，构建了服务区域高端纺织业人才需求的工学、艺术学人才培养体系，实现产教融合资源最优化配置。如图1所示，基于学院2大学科现状，结合区域高端纺织服装产业集群优势，顶层设计各专业人才培养都能服务于纺织服装业，除纺织工程、服装设计与工程、服装与服饰设计三个专业外，产品设计、视觉传达设计、环境设计三个专业分别设置有时尚首饰、时尚传达设计、时尚展陈等方向性课程模块，以实现产教融合资源在六个专业中都能发挥作用。

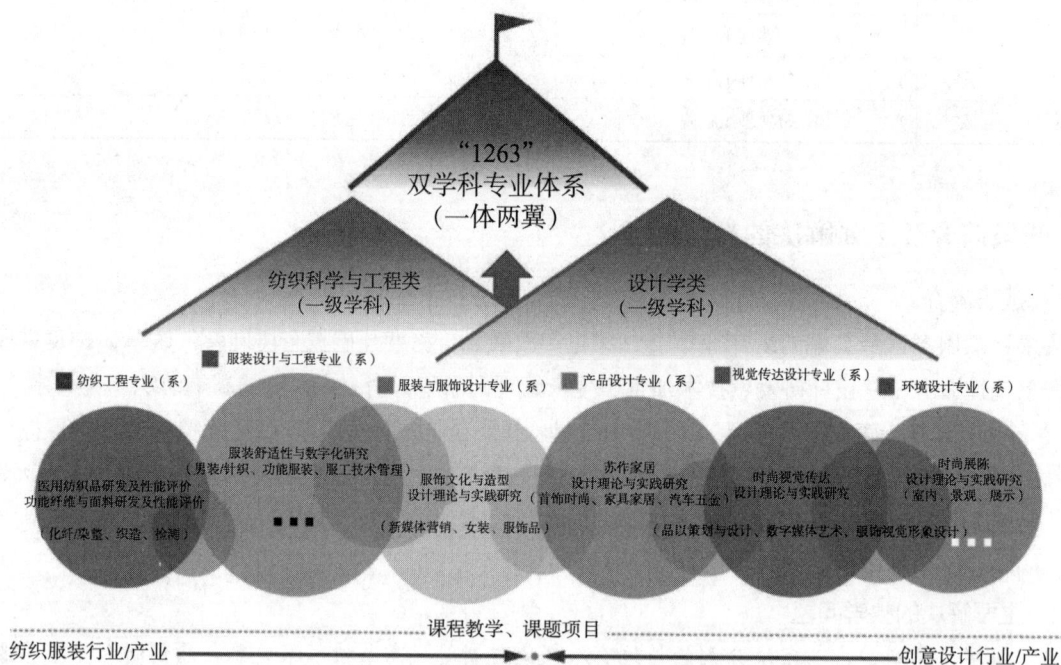

图1 "1263"学科专业布局联动图

（2）创建了多元主体（政府、行业、企业、高校）共创的专业建设组织形态，构建校企"八共同"的全程融入式人才培养机制，形成产教融合协同育人的长效机制。按照学校"注重通识，融入业界"的应用型人才培养理念，由中国纺织工程学会授权成立"纺织服装行业学院"，搭建了通过与中纺联检测集团、波司登集团、海澜集团等多家行业协会、龙头企业联合，开展深度的人才联合培养，成立理事会、专业指导委员会等现代产业学院运行监控组织，建成"政校企行"产教融合共同体，构建产教融合长效机制（图2）。

特等奖

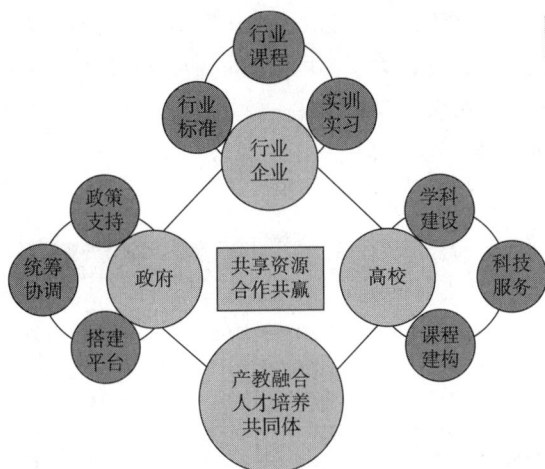

序号	合作企业名称	企业特点
1	中国纺织工业联合会检测中心	产教融合型企业、国有企业、第三方权威检测机构
2	波司登羽绒服装有限公司	产教融合型企业、上市集团，行业50强企业
3	海澜集团有限公司	产教融合型企业、上市集团，行业50强企业
4	常熟服装城集团	产教融合型企业、国有企业、政府组建
5	江苏国泰集团	产教融合型企业、上市集团
6	江苏恒力化纤股份有限公司	产教融合型企业、上市集团，世界500强企业
7	江苏盛虹控股集团有限公司	产教融合型企业、上市集团，世界500强企业
8	吴江福华织造有限公司	产教融合型企业、上市集团，省高新技术企业
9	江苏华佳丝绸股份有限公司	产教融合型企业、上市集团、省高新技术企业
10	江苏阳光集团	上市集团、国家重点扶持行业排头兵
11	江苏苏美达集团	上市集团、央企、世界五百强企业
12	浙江安正时尚集团	上市集团、服装行业百强企业
13	江苏晨风集团	上市集团、工业产品绿色设计示范企业

图2　多元主体共创模式及代表性合作企业

主动面向行业，共建行业技能实验实训基地，合作开发校企课程与教材，承载合作教育项目，建设包括行业、企事业单位技术人员和管理人员以及专职教师组成的师资库，推进了学校与行业协同发展，以此构建了校企"八共同"的全程融入式人才培养机制（图3）。

图3　校企"八共同"，企业全程、全方位参与人才培养

（3）构建了以学生能力培养为中心的教学体系，形成了按照学生特点分类培养的产教融合教学模式。以学生能力培养为中心，开展"专业认知—专业基础—专业综合—专业实践"能力的递进式培养工作，全程融入行业标准，通过赴企业开展行业认知活动、与企业共同开展分类化行业课程、行业企业专家开设行业专题讲座、参与行业发布的创新创业训练项目、与企业联合开展毕业设计等各项产教融合活动，确保培养符合行业标准的关键就业能力（图4）。

（4）全面落实"三全育人"培养理念，全程融入创新创业教育，搭建创新创业实践平台，提高了学生创新创业思维，双创成果突出。整合校内外平台资源，打通教学与科研、

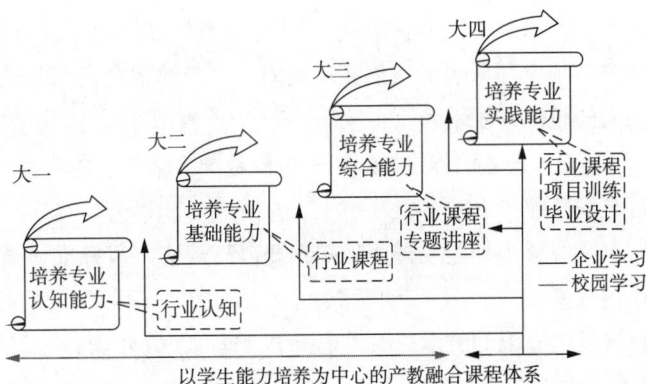

图4　以学生能力培养为中心的产教融合课程体系

189

学科与专业、学校与企业、学校与行业及政府的壁垒，搭建产学研用平台，形成了由认知实践、课程实践、实习实训一体化的校内外实践教学体系。为学生提供全过程、多维度、多层面的实践创新训练及软硬件保障，培养学生创新创业能力。目前学校学院专业层面搭建的各类国家级平台3个，省部级平台11个，学生创新创业成果逐年提升，在"2018~2022年全国新建本科院校大学生竞赛榜单"中，我校位居全国第三、江苏第一（图5）。

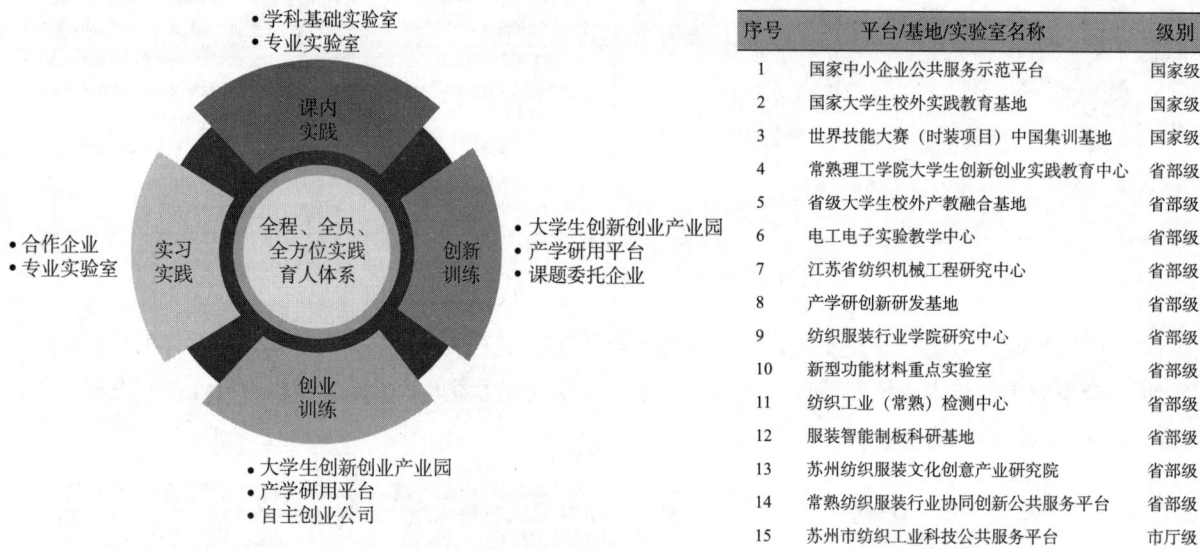

序号	平台/基地/实验室名称	级别
1	国家中小企业公共服务示范平台	国家级
2	国家大学生校外实践教育基地	国家级
3	世界技能大赛（时装项目）中国集训基地	国家级
4	常熟理工学院大学生创新创业实践教育中心	省部级
5	省级大学生校外产教融合基地	省部级
6	电工电子实验教学中心	省部级
7	江苏省纺织机械工程研究中心	省部级
8	产学研创新研发基地	省部级
9	纺织服装行业学院研究中心	省部级
10	新型功能材料重点实验室	省部级
11	纺织工业（常熟）检测中心	省部级
12	服装智能制板科研基地	省部级
13	苏州纺织服装文化创意产业研究院	省部级
14	常熟纺织服装行业协同创新公共服务平台	省部级
15	苏州市纺织工业科技公共服务平台	市厅级

图5 产教融合创新创业实践教学体系架构及支撑平台图

（5）深度协同的产学研合作全面推动师资队伍创新水平和服务水平，学科、专业发展并驾齐驱。建立校企人力资源共建共享机制，产教互补，互聘互培，专兼融合"双导师结构"，骨干教师双向交流，不断优化专业师资队伍结构。近年来聘请业界教师40余名，教师企业研修5名，教师通过开展横向课题、企业挂职、企业研修等，提升了教师团队的实践能力。通过产教融合深度协同，孵化了校企导师的产学研合作项目，近3年来，学院教师团队服务企业的横向课题经费超过6000万元，获得省级以上科技进步奖6项以上，师资团队创新水平和服务能力得到了提升。

3. 成果的创新点

3.1 人才培养定位创新——破除边界，实现跨学科、跨专业协同培养专业人才

纺织服装与设计学院是学校唯一一个跨学科的学院，拥有工学、艺术学两大学科，学院以2018届人才培养方案修订为契机，顶层规划两学科、6专业均紧密围绕江苏省高端纺织产业链设计学科链、专业链，各专业设置至少3个方向模块实施人才分类培养，创新提出了"1263"培养模式，实现了专业建设资源、平台资源、师资团队、学生创新创业团队、产教融合资源等均在两大学科中流动共享，两大学科在交叉互融中助力创新性人才培养。

3.2 人才培养主体创新——权威学会牵头、龙头企业参与，搭建高规格产教融合联盟体，服务区域高端纺织产业

该成果规划之初即明确提出要以高规格、高标准遴选产教融合人才培养的主体。遴选的合作企业均是业内权威、央企或上市集团，依托其国内、国际领先的技术水平、生产管理水平开展分类模块课程培养，拓展校内有限的教学资源到企业中，提高了人才培养的水平。

3.3 人才培养价值创新——多维、多产、高效地开展产教融合相关建设，实现高校与企业的价值共生，赋予校企合作可持续生命力

改变了传统校企合作中学校热、企业冷的局面，创新产教融合机制，开展人才培养"八共同"（图3），打造产教融合战略共同体、利益共同体和情感共同体，提高了双方的合作黏性。

3.4 人才培养出口创新——培养的学生优先在产业联盟内择业，提升行业活力

传统模式产教融合以"订单班"为主，企业挑选部分学生开展培养，培养完成后输送到本企业指定岗位中。本成果突破了订单班人才培养仅对标单个就业岗位的限制，通过模块化课程与校企合作专业实习课程的开展，学生在联盟内企业获得了符合行业标准的多维能力培养，而非单个岗位能力的培养，学生毕业的时候优先有留在培养企业的机会，但也拥有在联盟内企业流动的机会，该成果的内在动因是提升了学生的就业竞争力，同时使得各大联盟企业的技术、人才实现了流动，激发了产业的活力，整体助力行业实力的提升。

新文科视域下D_X-STEAM跨学科服装设计专业创新人才培养体系研究

大连工业大学

完成人及简况

姓名	性别	所在单位	党政职务	专业技术职称
丁玮	女	大连工业大学	服装学院院长	教授
张健东	男	大连工业大学	教务处处长	教授
王伟珍	男	大连工业大学	服装学院专业方向负责人	副教授
潘力	男	大连工业大学	学科负责人	教授
张晓丹	女	大连工业大学	服装学院党总支书记	副教授
于佐君	女	大连工业大学	服装学院副院长	教授
王军	女	大连工业大学	服装学院副院长	教授
肖剑	男	大连工业大学	服装学院副院长	副教授
孙林	男	大连工业大学	学院第二支部书记	副教授
杨菲	女	大连工业大学	教学处副处长	研究实习员
冯璐	女	大连工业大学	民建大连工业大学支部副主委	副教授
张岩松	男	大连工业大学	服装学院系主任	教授
杨典璋	男	大连工业大学	服装学院党总支副书记	讲师
赵昕	男	大连工业大学	信息科学与工程学院院长	教授
李文静	女	大连工业大学	无	助理研究员

1. 成果简介及主要解决的教学问题

国家在2019年《"六卓拔尖"计划2.0》中对"四新"建设——新工科、新医科、新农科、新文科的提出，意味着社会科学将进行全方位改革，同时为设计专业带来新的机遇。新文科建设是在传统文科的基础上进行的创新发展，是符合当下时代发展的必由之路，同时也为设计专业与前沿科技融合改革提供新背景与研究方向。在此背景下针对设计专业与科技融合进行改革探索，目的在于改革内涵和实践共存的新生态发展模式、优化设计专业体系，对设计专业的发展进行展望。

作为我国最早一批开设服装专业高等院校的践行者，大连工业大学服装学院教研团队重新审视和反思设计教育的内涵与外延，根据教育部"四新"战略部署引领示范，统筹构建了面向区域经济战略和产业转型升级需求的跨学科服装设计创新人才培养体系，旨在为服装教育寻求改革路径，实现推动艺术设计类专业教育高质量发展的研究目标，满足社会创新转型过程中对服装设计创新人才的需求。本研究相关成果曾分别获得2018年、2022年辽宁省教学成果一等奖。体现申报人教研成果核心内容的英文专著《跨学科路径下智能服装设计与教育策略研究》（中国纺织出版社有限公司，2021），为国内外跨学科服装专业人才培养提供了翔实理论依据、教学案例及设计案例参考。该专著获2021年度中国纺织工业联合会优秀出版物三等奖（设计学系列成果专著）。

1.1 成果简介

本项目根据教育部"四新"战略部署引领示范，依托大连工业大学综合性大学背景，统筹构建了面向未来新兴产业和新经济需要的以设计为核心驱动力的多学科交叉融合的"D_X-STEAM 跨学科服装设计创新人才培养教育策略"，依据OBE能力培养目标建设DPX动态模块课程组群。通过"教学范式、教学体系、社会实践"三方面的教学改革与创新，逐步实现了德智协同、师生协同、科教协同、产教协同的跨学科教学体系与多元协同育人的育人机制。同时，将科学的设计综合能力作为衡量艺术设计类学生素质的基本指标，提升学生跨学科、跨领域的集成创新能力，实现推动艺术设计类专业教育高质量发展的研究目标，满足社会创新转型过程中对服装设计创新人才的需求。培养具备国际竞争力的"设计+"跨学科服装设计创新人才，回应传统服装行业转型升级和未来时尚经济发展的人才需求与关切，将"人才培养—科学研究—社会服务"融为一体，为区域经济发展作出贡献（图1）。

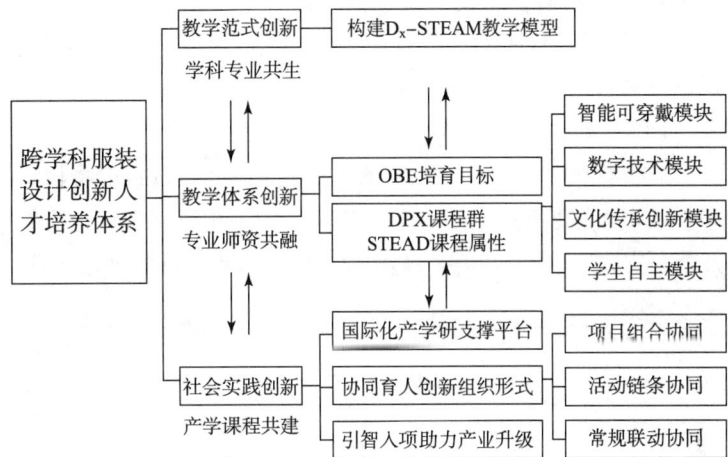

图1　D_X-STEAM跨学科服装设计人才培养体系

1.1.1 教学范式：构建 D_X-STEAM 跨学科设计教育模型

基于STEAM教育理念，研究面向未来新兴产业和新经济需要的以设计为核心驱动力的"多学科交叉融合"的设计学教育模型 D_X-STEAM。D代表设计（Design），可变量X对应不同的设计情境和场域。D_X-STEAM（科学、技术、工程、艺术、数学）设计教育模型，是用STEAM来联结设计与跨学科领域的知识，深度思考各种解决问题的方式与可能性，并在创新与创造力培育方面力求突破。

1.1.2 教学体系：组构以DPX课程模块为核心的开放互动学习系统

基于 D_X-STEAM跨学科设计教育模型，构建 Design Plus X（DPX）课程模块体系。探究服装专业基于DPX核心模块课程组的五维属性的开放互动学习系统，以全新的视角将跨学科、跨领域知识内容引入服装设计课程体系中。

1.1.3 社会实践：搭建协同创新的社会实践渠道

打通专业社会实践渠道。同时，依托辽宁区域经济战略升级中的社会服务与协同育人及国际化产学研支撑平台、协同创新组织形式、引智入项助力产业升级三种形式拓展，有序开展项目组合协同、活动链条协同、常规联动协同的产学研实践项目共建。

1.2 成果解决的主要问题

1.2.1 内涵建设层面

针对当前服装专业跨学科培养目标定位模糊的现状，如何响应快速发展的产业与社会需求，在新技术背景下构建战略性设计人才的知识体系与系统设计方法，培养面向社会转型、区域战略和产业升级需求的复合型创新人才，并使之成为技术、文化、经济和社会创新的推动者。

1.2.2 教学体系层面

如何引领学生将"艺术与技术"深度融合，深刻理解和挖掘社会创新过程中需求的设计问题与知识，改变传统的知识生成方法与技能培养的模式，形成数字化条件下、开放式的赋能互动学习系统。

1.2.3　实践创新层面

如何强化学科及产业交叉联合培养机制，搭建协同创新的社会实践渠道，从不同角度为学生营造良好的实践创新生态系统，使他们既能扎根本土文化，也能走上国际设计舞台。

2. 成果解决教学问题的方法

2.1　解决内涵建设层面问题

2.1.1　方法

借鉴国际STEAM跨学科教育理念，探索服装设计教育新范式，构建以设计为核心驱动力的D_X-STEAM多学科交叉融合的设计学教育模型（图2）。

2.1.2　路径

消除专业壁垒，在培养方案和教学大纲修订过程中将科学、技术、工程、数学、艺术等新的知识框架和愿景带入服装设计教育领域，以全新的视角将跨学科、跨领域知识引入服装设计教学体系、课程体系以及社会实践，培养学生的"艺术设计能力"与"科学研究能力"。

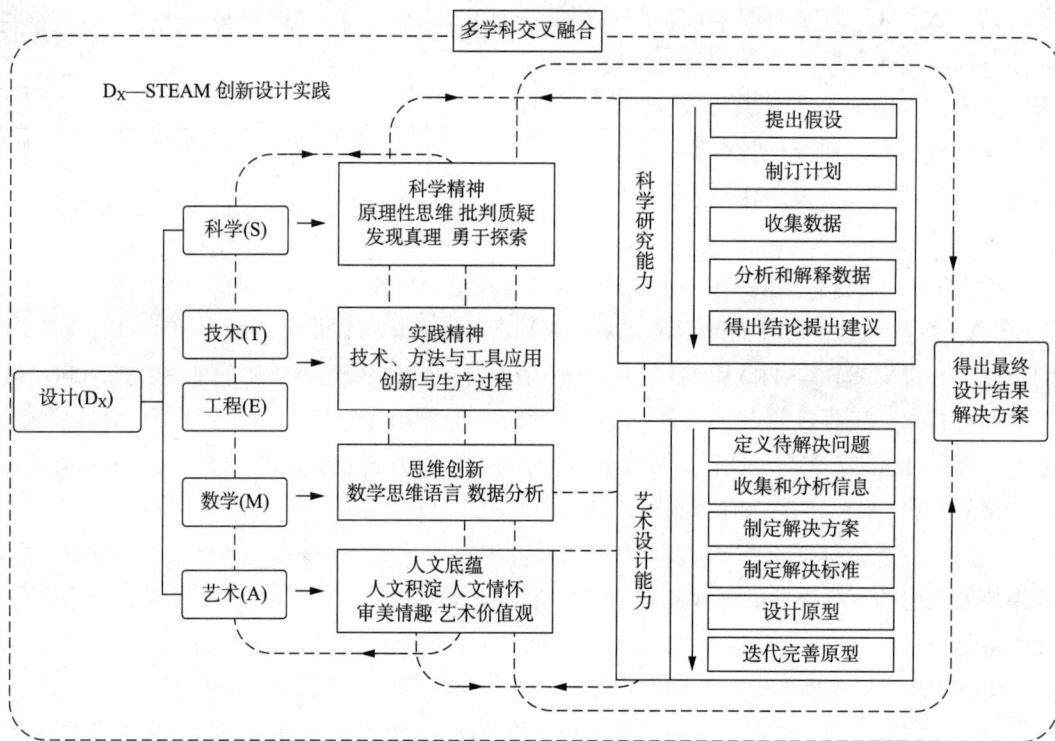

图2　D_X-STEAM跨学科人才培养路径图

2.2　解决教学体系层面问题

2.2.1　方法

基于D_X-STEAM跨学科设计教育模型，面向区域经济和产业升级战略，组建以DPX课程模块为核心的开放互动学习系统（图3）。

2.2.2　路径

重新分类整合传统设计类课程，基于以问题为导向的OBE人才培养目标，将交叉学科资源与服装专业核心课程匹配，建立若干DPX课程组，每个课程组对应一个课程群。课程群中每门课程要有对应的STEAD课程属性（科学、技术、工程、艺术和设计）与核心课程动态匹配。例如：以智能可穿戴课程组、数字化技术课程组、工艺传承课程组、智能仿真课程组等为核心，其他相关课程作为辅助内容与核心课程实行动态匹配，以组建跨学科的新型动态核心模块课程组。通过DPX课程模块重新界定服装专业领域中的文化感知与传承能力、整合思维与设计传达能力、复杂工程求解能力、信息技术赋能设计的能力。

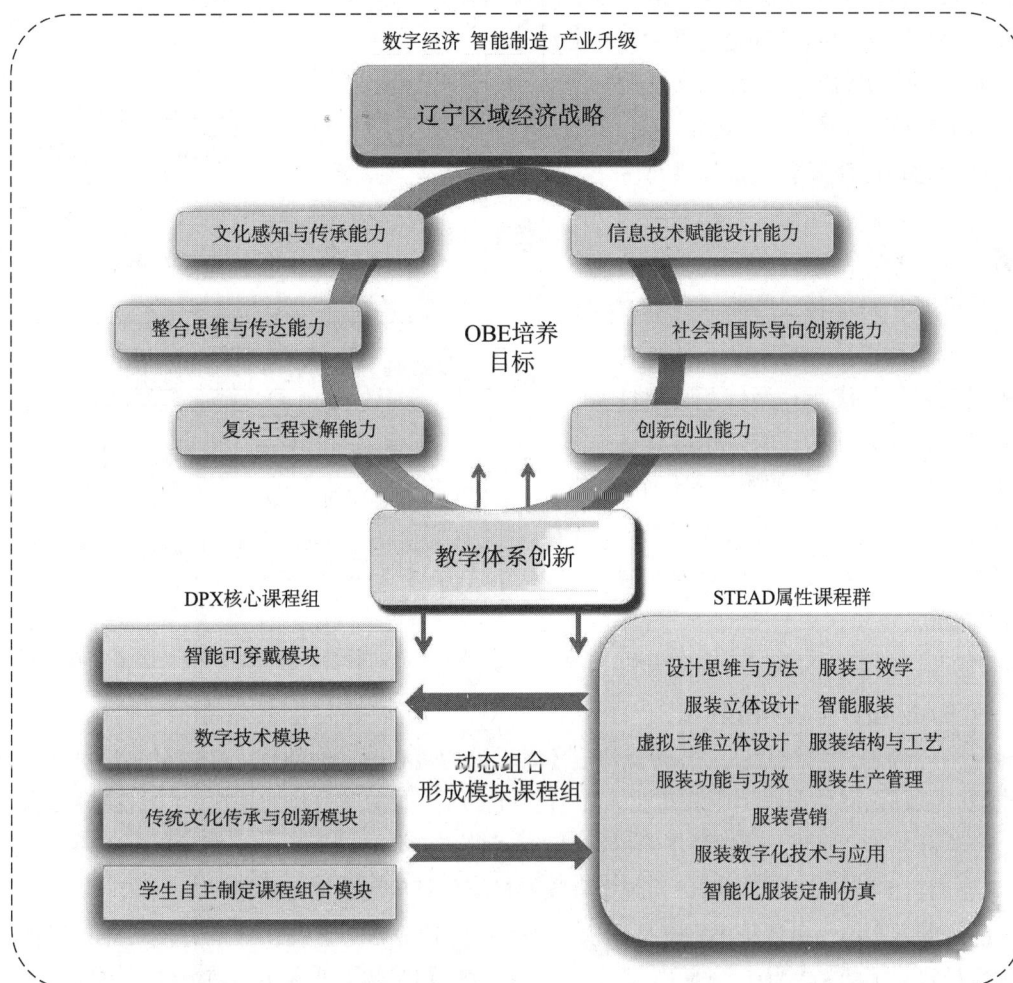

数字经济 智能制造 产业升级

辽宁区域经济战略

文化感知与传承能力　　信息技术赋能设计能力

整合思维与传达能力　　OBE培养目标　　社会和国际导向创新能力

复杂工程求解能力　　创新创业能力

教学体系创新

DPX核心课程组

智能可穿戴模块

数字技术模块

传统文化传承与创新模块

学生自主制定课程组合模块

动态组合形成模块课程组

STEAD属性课程群

设计思维与方法　服装工效学
服装立体设计　智能服装
虚拟三维立体设计　服装结构与工艺
服装功能与功效　服装生产管理
服装营销
服装数字化技术与应用
智能化服装定制仿真

图3　面向区域经济和产业升级的D_X–STEAM跨学科课程模块

2.3 解决实践层面的问题

2.3.1 方法

构建面向新经济需求的社会服务与协同育人机制（图4）。

2.3.2 路径

组建DPX多元学科学术创新团队，基于项目组合、活动链条、常规联动的三种协同模式，寻求多方主体的利益契合点构建社会服务与协同育人机制，推进成果产业转化，探索学科交叉融合教育实践，营造学科交叉融合良好生态。依托区域及行业资源校企共建产学研基地实践平台，促进教学、科研、创新创业、就业与社会服务协同发展，培养学生与企业、社会实际对接的综合创新创业能力。组织承办国际服装博览会专场发布会、展览等活动，面向高校和企业举办高级设计师培训班，建立了东西方文化SV基地、艺术与时尚融合科技基地、西柳北派服饰研发基地、兴城泳装人才实践基地、学生装研发创新中心、创意产业孵化基地等标志性的研发平台，校外实习实践基地60余家。在国际化建设方面，依托学校优质中外合作办学平台，搭建国际化产学研平台，开拓国际化视野，启发师生深度解析中国文化，增强文化自信、民族自信，最终将国际前沿与本土文化相融合，为中国时尚设计提供方案。

3. 成果的创新点

本项成果构建了面向区域经济战略和产业转型升级需求的"D_X-STEAM 跨学科服装设计创新人才培养教育策略"。通过"教学范式、教学体系、社会实践"三方面的教学改革与创新，逐步实现了德智协同、师生协同、科教协同、产教协同的跨学科教学体系与多元协同育人的育人机制。同时，将科学的设计综合能力作为衡量艺术设计类学生素质的基本指标，提升学生跨学科、跨领域的集成创新能力，实现推动艺术设计类专业教育高质量发展的研究目标，满足社会创新转型过程中对服装设计创新人才的需求。培养具备国际竞争力的"设计+"复合型服装设计创新人才，回应传统服装行业转型升级和未来时尚经济发展的人才需求与关切，同时为区域经济发展作出贡献。

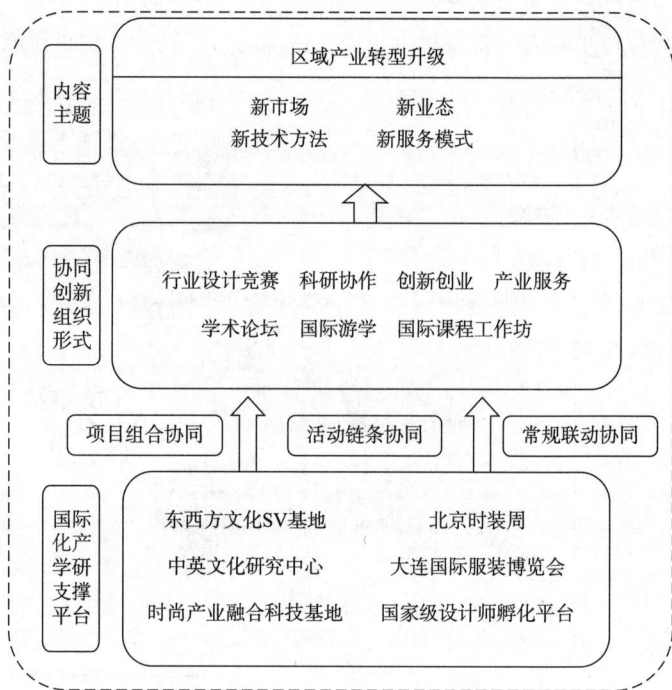

图4　面向服装产业升级的社会服务实践路径

3.1　教学理论创新：探索了一种跨学科路径的 D_X-STEAM 设计学教学模型

借鉴国际STEAM跨学科教育理念，创新构建了以设计为核心驱动力的 D_X-STEAM 多学科交叉融合的设计学教学模型，从理论层面明确了服装专业人才培养目标所涉及的学科概念层次、学科内容层次、跨学科概念层次、跨学科教学设计层、跨学科培养目标层等方面的内容。

3.2　教学内容创新：探索了一种以问题为导向的跨学科开放互动学习体系

打破传统培养方案中固定课程类别壁垒，依据OBE能力培养目标建设DPX动态模块课程组群。每个课程组分别构建相对互补的STEAD五维属性课程体系架构，重塑服装专业知识体系框架，深度思考各种解决问题的方式与可能性，并在创新与创造力方面力求突破。

3.3　社会实践创新：探索了一种回应区域经济战略与产业转型升级的社会服务与协同育人机制

围绕辽宁省服装产业数字化升级的规划战略，寻求学校、产业、社会协同育人的交叉契合点，构建基于项目组合的协同模式、基于活动链条的协同模式、基于常规联动的协同模式。同时搭建国际化产学研平台，开拓国际化视野，启发师生深度解析中国文化，增强文化自信、民族自信，最终将国际前沿与本土文化相融合，为中国时尚设计提供方案。

4. 成果的推广应用情况

4.1　科教融合、产学融合的项目矩阵示范作用显著

4.1.1　教研建设效果

国家级和省部级层次教研教改立项33项（近五年来获批教育部、辽宁省教育厅、中国轻工业联合会等部门颁发）。教研教改内容包括《新文科背景下服装专业"DPX"跨学科实践教学模式改革策略研究》《课程群的STEAD模块融合机制研究》等。国家级和省部级层次教学成果奖24项（近五年来获教育部、辽宁省教育厅、中国纺织工业联合会等部门颁发）。成果研究内容包括《基于国际协同的SWC-5IC艺术设计人才培

养模式》《服装专业实践教学平台建设》等。连续七年获得中国服装教育最高奖"育人奖"。

4.1.2　学科建设效果

近五年获批国家级一流本科示范专业1个，省级一流本科示范专业1个，国家级及省级一流本科课程5门，国家产教融合创新平台（大连服装设计师孵化平台）1项，辽宁省高校黄大年式教师团队1个；2020年以来新增校企共建学生实习基地60个；2020年新增省部级教材立项9项，2020年出版英文专著《跨学科路径下智能服装设计与教育策略研究》。

4.1.3　科教融合效果

坚持科研项目育人，近五年教师承担纵向科研项目96项、横向科研项目96项。学生获奖当中，近三年大学生创新创业训练项目91项，获得中国时装设计年度"新人奖"等服装专业赛事以及挑战杯、"互联网+"等A类赛事国家级省级获奖64项。

4.1.4　国际化教改效果

全面实施国际化发展战略，积极推动学院国际化办学水平。学院先后与英国、日本、法国、意大利、韩国、新西兰等知名院校和国际企业建立了友好合作关系。举办多场国际教育论坛、作品联合展演等学术交流活动，积极开展2+2、4+0等形式的合作办学项目，目前6名教师在国外院校读博，30余名同学在国外访学。

4.2　社会服务与影响辐射作用显著

4.2.1　教学内容与模式的应用示范作用

积极扶持兄弟院校开展教研培训，主持2020年辽宁省校际联合培养本科生项目，针对大连大学、大连外国语学院、大连艺术学院、辽东学院等学校服装专业教师和学生进行培训。参加2021年辽宁省普通本科高等学校校际合作项目，为兄弟院校承担课程教学。专业课程思政建设方面有十八个案例入编电子科技大学出版社发行的《轻工院校课程思政教学案例集》。本成果申报人丁玮教授作为特邀嘉宾参加《2022海峡两岸（绍兴）数字时尚论坛》，介绍推广数字化服装人才培养经验。项目成果核心内容《跨学科路径下智能服装设计与教育策略研究》英文版专著在2021年由中国纺织出版社有限公司出版发行，为国内外跨学科服装专业人才培养提供了翔实理论依据、教学案例及设计案例。在设计教育方面，培养跨学科的服装设计人才是新时代教育趋势的重要组成部分，这种趋势是响应新文科建设背景下社会各方对创新和创新思维的绝对需求而产生的。服装设计不仅要回应社会的需求和关切，更要力求为人类生活方式的优化转型作出贡献。本书为读者提供了一种基于多学科交叉融合的服装创新设计新策略，同时将新的知识框架和愿景带入服装设计教育领域。

4.2.2　学生的竞争能力与社会评价

教研改革的直接成效显现于自2015年以来连续七年获评对交叉知识考核最全面、最严苛的"中国时装设计新人奖"以及院校"育人奖"。"新人奖"是目前国内唯一选拔服装设计专业优秀毕业生的全国性专业评选活动，每年评奖十位，是对学生的设计能力及专业基础的综合评价，同时又是检验各服装院校教学成果和教学水平的标杆性评选。另外，近几年非服装专业的跨学科赛事大量获奖，也说明行业社会对学生的交叉知识综合能力及教学效果的高度认可。

4.2.3　学科声誉与社会服务及影响

近五年举办承办专业会议论坛10余场次，诸如艺术与时尚融合科技创新学术论坛等中国（大连）国际服装纺织品博览会活动、与国际院校联合主办2020新融合新设计中外大学校长论坛等。近五年每年均承办多场展览和发布会。诸如北京国际时装周、大连国际服装节专场发布会，中国大连国际服装博览会独立设计师展等。学院与大连市服装设计师协会联合打造的"大连服装设计师孵化平台"被工信部评为纺织服装创意设计试点国家级平台，着力服务大连服装纺织产业的同时，辐射辽宁区域经济建设，外设大连—西柳服装设计中心和大连—兴城泳装设计中心等分支机构。承办2018年、2019年"高端服装设计师培训"，面向东北服装院校和品牌服装企业培训高端设计师。承办辽宁省普通高等学校3D虚拟服装设计效果图大赛等服装专业赛事多项。社会服务及教学效果广为社会新闻媒体报道，仅2017年下半年至2019年上半年就达到80余次。媒体包括央视、学习强国、辽宁电视台、中国日报网、人民网、新浪网、搜狐网、腾讯网等。

服务纺织行业升级的应用人才培养体系迭代创新与实践

武汉纺织大学

完成人及简况

姓名	性别	所在单位	党政职务	专业技术职称
蔡光明	男	武汉纺织大学	纺织科学与工程学院院长	教授
张如全	男	武汉纺织大学	无	教授
李建强	男	武汉纺织大学	无	教授
张尚勇	男	武汉纺织大学	无	教授
柯薇	女	武汉纺织大学	纺织科学与工程学院副院长	副教授
张明	女	武汉纺织大学	纺织科学与工程学院非织系主任	副教授
徐杰	男	武汉纺织大学	纺织科学与工程学院产品系主任	副教授

1. 成果简介及主要解决的教学问题

1.1 成果简介

建设一流纺织特色高校，核心是培养一流纺织类人才。随着"纺织新材料、纺织绿色制造、纺织智能织造与装备、先进纺织制品"等纺织行业核心技术的快速发展，对纺织行业人才需求提出新要求。2009年以来，武汉纺织大学主动应对纺织行业升级对人才的需求，依托"应用型创新人才培养模式改革试验区"（教高函〔2009〕27号）和"卓越工程师教育培养计划"（教高厅函〔2012〕7号）等项目，通过将纺织、非织、轻化、机械、服装、材料等8个专业与现代纺织产业链需求一体化对接，积极探索培养具有跨专业学习能力、跨平台实践能力、跨学科解决问题能力、跨文化交流能力的"复合型应用人才"，并通过重构培养方案、优化课程体系、更新教学内容、创新教学方式，改革课程评价机制，实现人才培养体系的迭代更新，专业建设和人才培养成效显著（图1）。纺织相关专业本科教育教学实现了四个转变：从以"单一专业知识"

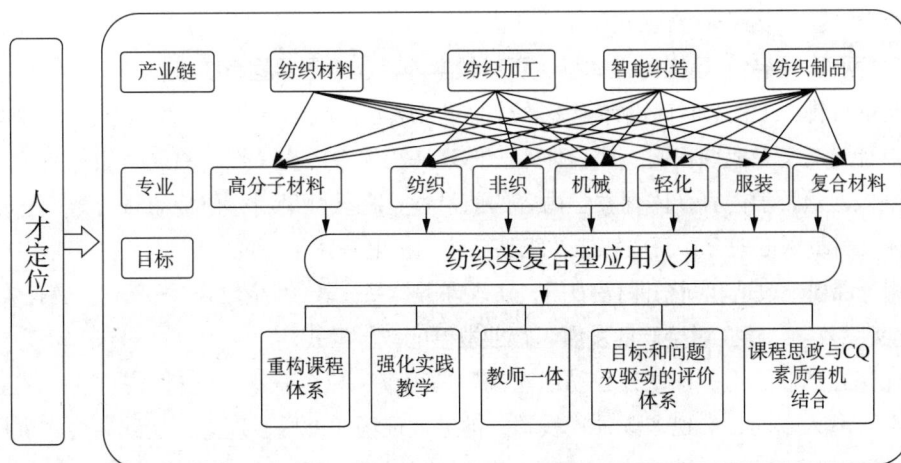

图1 纺织类复合型应用人才培养体系

199

为支柱的课程体系向"专业知识+产业发展+科技发展"为支柱的课程体系转变；从注重课本知识传授的以"教为中心"向"课本知识+实践能力+前沿科技探索能力"并重的"以学为中心"的教学理念转变；从以专业教师单独授课、45分钟的课堂教学向跨专业教师+企业导师和课堂教学+车间教学的双导师、多场景教学方式转变；从以结果为导向的终结性评价向以过程为导向的形成性评价的评价方式的转变（图2）。

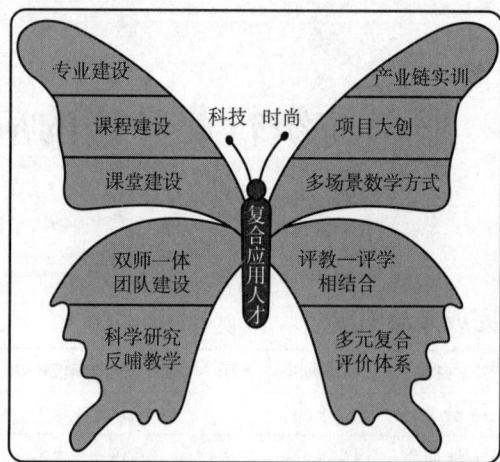

图2 复合型应用人才培养措施

通过对纺织类相关专业人才培养体系迭代创新与实践，所属学科纺织科学与工程为湖北省"国内一流学科"建设学科，学生在学科竞赛、大创项目、高水平大学深造、知名企业就业等方面成绩突出。建成了纺织新材料与绿色织造、纺织装备与智能制造、创意设计与精美制造、智慧管理与效益制造四大学科群，获批了湖北省纺织新材料与先进加工技术省部共建国家重点实验室和纺织印染国家级实验教学示范中心，获批了4门国家级课程、1个国家级教学团队和一个省级课程思政教学团队、获批了5个国家一流专业建设点专业和1个省级现代纺织产业学院，取得国家科技进步二等奖1项，纺织工程专业毕业生郭世贸荣获"纺织之光"特等奖，共培养10000余名纺织相关专业复合型应用人才。

1.2 主要解决的教学问题

（1）解决了教学内容与产业融合不深、教学内容与相关专业知识交叉不强、教学内容与最新科研成果融合不够、导致学生知识结构体系无法应对纺织产业发展需求的问题。

（2）解决了原有实践平台分离、内容割裂、学生缺乏系统化实践训练，学生在校期间缺少经历完整纺织产业链产品设计与实现的实践经历。导致学生实践能力与产业发展需要对接不够的问题。

（3）解决了传统以结果为导向的终结性评价即"期末—考定成绩"不能真实反映学生学习能力和水平、教师的教学能力和水平。导致在教学过程中无法有效评价教与学的问题。

（4）解决了课堂教学以单向知识传递为主，课程思政与教学内容的融合不足，导致学生缺乏职业素养与工匠精神、科技报国的信念情怀和科技自信不足的问题。

2. 成果解决教学问题的方法

成果解决教学问题采取具体措施如下。

2.1 基于"两性一融合"重构课程体系、更新教学内容、增强课程系统性

课程设置注重材料、工程与时尚设计等多学科的交叉融合，重点突出"两性一融合"。将智能制造、信息管理、时尚设计等交叉专业课程嵌入课程体系，体现课程体系的交叉性，将新材料、新工艺、新技术等前沿专业知识融入课堂教学内容，体现教学内容的前沿性；将教师最新科研成果进行解构、重构、解译融入教学内容，体现科教深度融合，新增智能纺织品、纺织机电一体化、现代纺织技术、现代纺织企业管理、纺织色彩与应用等课程，改造和新增课程10门，实现课程体系、教学内容与纺织产业发展有效对接。

2.2 强化实践教学，建立对接产业发展、行业发展的教学模式

按照"专业建在产业链上，课堂建在纺织车间"的思路，校企联动，通过"校企一家"的培养路径。将"45分钟课堂"移入车间，实现多场景式教学，推进"现场式讲授、理论—实践结合式讲授、讨论式讲授、互动式讲授"，建立纺织新材料与绿色织造、纺织装备与智能制造、创意设计与精美制造三大学科群，整合校内相关教学科研平台，用于专业实践教学。

2.3 健全教师实践能力培养机制、建立"双师一体"授课机制

突出教师综合能力健全教师实践能力培养机制，要求青年教师上课前需具有半年及以上工程背景和专业教师每3年一周期必须去企业实习、实训半年，积极引导、鼓励教师深入生产、科研等社会一线；建立"跨专业教师＋企业导师"的双师授课机制，建立一支"国际视野广、学术水平高、专业知识深、实践能力强"的教学团队，打造一支"课程开发能力强、课程呈现能力强、互动控制能力强、案例设计能力强、现场反馈能力强、动手实践能力强"的教师队伍，持续加强教师综合能力的培养。

2.4 优化课程思政内容，将课程思政与教学内容有机融合

将课程思政固化到教学体系中，形成融入思政目标的课程教学大纲和教案，建立课程思政资源库，以行业最新发展、科研成果、杰出人物事迹等典型案例展示纺织是具有国际竞争优势的行业，培养学生社会主义核心价值观，培养学生工匠精神，培养学生具有求真探索精神，培养学生科技报国的信念，培养学生具有科技自信和文化自信，激发学生对纺织专业的热爱。

2.5 建立问题—目标双驱动、评教—评学相结合的多元复合评价体系

建立以教与学中存在问题和达到的目标为导向的评价机制。构建教师"专业理论知识＋前沿科技知识＋实践能力＋教学方式＋教学效果"的复合评价体系，确保教师不断更新专业知识、不断改进教学方法、不断增强实践能力；学生评价—构建"理论学习考核＋企业实践学习考核"的复合型考核评价体系，打破标准答案考试，建立"校内教师＋企业导师"双方参与的考核机制，推行课堂作业、车间产品、期末考试全过程的学业评价体系。

3. 成果的创新点

3.1 创新点1："紧跟纺织产业发展"的专业培养目标准确定位快速响应机制创新

按照"专业建在产业链上，课堂建在纺织车间"的培养路径，建立了定期开展纺织企业调研、问卷、往届和应届毕业生跟踪问卷、校友回访、专业教师座谈的人才需求信息获取跟踪机制；构建企业、用人单位、毕业生、专业教师等多方参与的培养目标持续改进机制；建立企业、用人单位对毕业生的专业知识、实践能力、综合素质、国际视野等及时反馈机制，形成相关文件及时修订培养目标。

3.2 创新点2："双师一体""校企一家"的培养模式创新

采取跨"跨专业教师＋企业导师"的"双师"教学模式，双师合作创建课程、设计教学案例、确定教学内容、探究教学方式，强化学生专业实践能力培养；校企联动，构建课程体系，将"45分钟课堂"移入车间，推进"现场式讲授、理论—实践结合式讲授、讨论式讲授、互动式讲授"提高实践教学质量。

3.3 创新点3：问题—目标双驱动、评教—评学相结合的多元复合评价体系创新

建立以教与学中存在问题和达到的目标为导向的评价机制。教师评价—构建教师"专业理论知识＋前沿科技知识＋实践能力＋教学方式＋教学效果"的复合评价体系，确保教师不断更新专业知识、不断改进教学方法、不断增强实践能力；学生评价—构建"理论学习考核＋企业实践学习考核"的复合型考核评价体系，打破标准答案考试，建立"校内教师＋企业导师"双方参与的考核机制，推行课堂作业、车间产品、期末考试全过程的学业评价体系。

3.4 创新点4：融入课程思政和CQ素质的全素质培养路径创新

建立与课程教学目标有机融合的课程思政目标，形成融入思政目标的课程教学大纲和教案，注重培养学生工匠精神、求真探索精神、科技报国的信念；并提出培养学生包含能力（Competency）、自信（Confidence）、创新（Creativity）、好奇（Curiosity）、交流（Communication）、合作（Collaboration）等素质的CQ模型，将课程思政和CQ素质融入学生素质培养的全过程，形成独具特色的全素质培养路径。

4. 成果的推广应用情况

4.1 研究成果全面推进学校教育教学改革

立项并完成了多个省级教学研究项目和校级教学研究项目，获得多项中国纺织工业协会教学成果奖，发表了具有针对性的相关教研论文30余篇。学校据此对纺织相关专业予以改造提升，探索出了人才培养方法与措施。学校的基于产业导向的教学科研水平不断提升：学校全面振兴本科教育，努力开创本科教育教学工作新局面，先后制定和实施《武汉纺织大学关于深化本科教育教学改革提高人才培养质量的实施意见》《武汉纺织大学人才培养能力提升行动计划（2019—2021）》，全面深化教育教学改革，促进专业内涵式发展，不断提升专业办学水平和竞争力，纺织类相关8个专业均为湖北省一流本科专业建设点，其中5个专业进入国家级一流本科专业建设点；4门课程获国家级课程建设；4个本科专业入选国家第三批卓越工程师教育培养计划；我校材料科学、化学学科、工程学科已进入ESI全球排名前1%，迈进国际高水平学科行列。2021年科技部批准我校省部共建纺织新材料与先进加工技术国家重点实验室建设运行，标志着我校在国家级科研平台建设方面取得历史突破，将对学校的"双一流"建设及下一步发展起到重要推动作用。成果也辐射到国际合作办学的人才培养中。

4.2 研究成果成为地方高校特色发展的范例

成果通过对纺织产业转型升级把握，塑造学校办学特色，培养适应未来纺织发展的高素质的人才，成为地方高校克服同质化办学倾向的成功范例。本成果在纺织院校教育专题会议上多次进行了主题交流发言，几十所兄弟院校来校交流，充分肯定与认可本成果。东华大学、天津工业大学、青岛大学、西安工程大学等兄弟院校的大纺织专业及相近专业中借鉴应用本成果，获得了良好效果。以未来大纺织产业链的人才需求为导向，集中校内外优质教学与科研资源，着力将政府的政策优势、学校的特色优势、区域的产业优势转化为人才培养优势，已经形成了一套非常典型、可资借鉴的人才培养经验，人才培养举措得到企业认可与赞许，毕业生受到用人单位一致好评。

4.3 人才培养改革引起社会广泛关注与肯定

学校的特色办学始终受到媒体的关注与广泛报道，人民日报时评曾把武汉纺织大学重启行业校名、培养应用型创新人才称为"一种理性回归，是学校对特色专业自信的体现"。2020年12月4日，由武汉纺织大学本科生参与研制的嫦娥五号"织物版"五星红旗飞向太空。2021年5月17日天问一号成功着陆，"纺大造"耐高温弹性密封装置立大功。纺织学院本科生郭世贸荣获"纺织之光"特等奖和湖北省第十三届"挑战杯"中获特等奖。2020—2022年，学校的纺织学科主动服务卫生材料企业研发与复工复产，体现了责任担当；同时，不忘育人初心，创新"云端"育人。2021年3月，《中国教育报》发表武汉纺织大学校长访谈，肯定并推介本成果的思路和做法。2017中国纺织学术年会在武汉召开，武汉纺织大学倡导成立了"国际纺织高等教育联盟"，推进学校国际化发展战略，学校的教育特色进一步彰显。

本成果发表了多篇教研论文，仅纺织服装教育学会刊物《纺织服装教育》，近期就发表了"基于学生可持续发展的工程人才培养CQ模型及其学校环境构建"（2021年8月）工程教育专业认证视角下"纺织表征技术"课程教学改革探索（2021年6月）、"纺织材料学"课程案例教学法探索（2021年4月）、"非织造科技史"课程的开设及教学探讨（2020年4月）；另在其他专业刊物发表教学内容改革及课程思政教研论文20余篇，在国内行业院校形成巨大影响力（图3）。

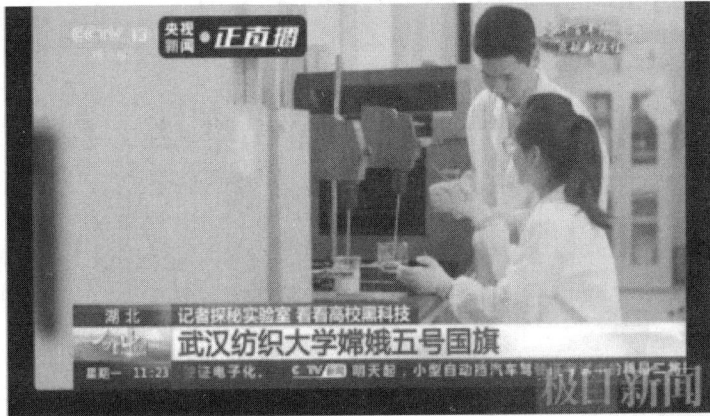

（a）嫦娥五号国旗

（b）卓越工程师培养

图3　相关媒体的关注与报道

科教融汇，赛教融合——服装专业卓越工程人才培养模式的探索与实践

苏州大学，海口经济学院

完成人及简况

姓名	性别	所在单位	党政职务	专业技术职称
卢业虎	男	苏州大学	服装设计与工程专业系主任	教授
何佳臻	女	苏州大学	研究生党支部书记	副教授
蒋孝锋	男	苏州大学	无	副教授
陈桂林	男	海口经济学院	无	教授
赵伟	男	苏州大学	学工办主任	讲师
薛哲彬	女	苏州大学	服装设计与工程专业系副主任	副教授
孙玉钗	女	苏州大学	无	教授
戴宏钦	男	苏州大学	无	副教授
戴晓群	男	苏州大学	无	副教授
潘姝雯	女	苏州大学	无	讲师
许静娴	女	苏州大学	无	讲师
张颖	男	苏州大学	无	讲师

1. 成果简介及主要解决的教学问题

1.1 成果简介

随着我国创新驱动发展、"中国制造2025""一带一路"等重大战略的全面实施，人工智能、互联网、信息技术、新材料等高新科技与服装行业深度融合。从"衣被天下"到"编织世界"，服装产业在新技术、新业态、新模式下形成新的发展动力，材料多元化、装备智能化、产品功能化、管理信息化等对服装专业人才培养提出了新挑战。

本专业依托"双一流"综合大学优势、纺织科学与工程国家重点学科、3个国家级教学科研平台，通过"双万计划""工程教育专业认证""卓越工程师教育培养计划2.0"等专业建设项目的实施，以培养"知识结构满足快速发展的新技术需求、实践能力满足智转数改的新装备需求、创新能力满足推陈出新的新产品需求"的卓越工程人才为目标，构建了"双课引领"的服装专业卓越工程人才培养体系；提出了服装专业"三融一体"双创教育新方法；打造了"四步协同"递进式工程实践能力培养路径。通过重构课程体系、创新教学方法、重建实践体系，人才培养质量显著提高，毕业生得到国内外知名高校及用人单位高度认可，就业率≥99%，80%的学生参与课外科研等创新创业活动，学生在省部级以上竞赛中获奖86项，其中在"互联网＋""挑战杯"等国家级赛事中获奖13项，承担省级以上大学生创新创业计划项目17项。在服装专业人才培养的研究与实践等方面成果突出，完成省部级教改项目16项，建设国家级课程1门、省级课程2门，出版江苏省重点教材1本，出版教学专著2部，成果在国内外30多所高校推广应用并获得社会各界充分肯定（图1）。

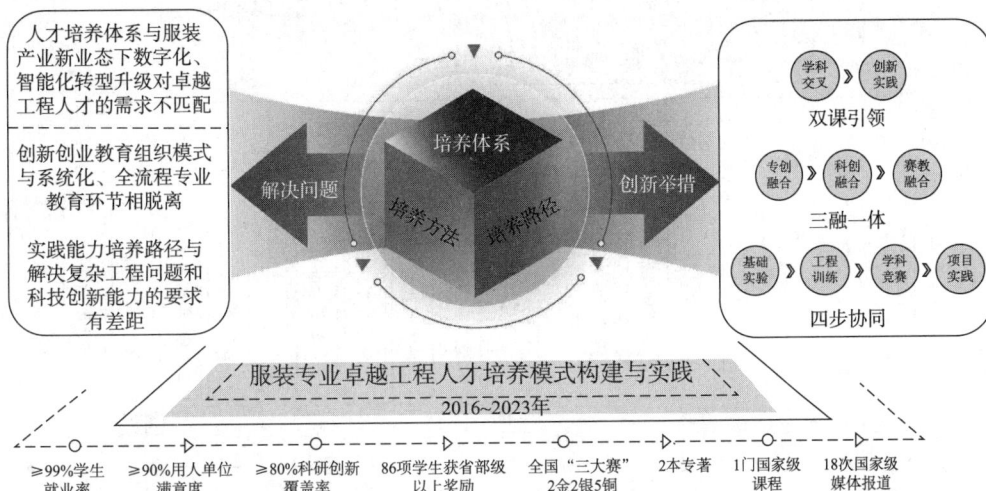

图1 成果简介

1.2 主要解决的教学问题

（1）人才培养体系与服装产业新业态下数字化、智能化转型升级对卓越工程人才的需求不匹配。

（2）创新创业教育组织模式与系统化、全流程专业教育环节相脱离。

（3）实践能力培养路径与解决复杂工程问题和科技创新能力的要求有差距。

2. 成果解决教学问题的方法

2.1 构建"双课引领"服装卓越工程人才培养体系

深入研究服装产业数字化、智能化转型升级对专业人才的知识广度与深度、工程实践与创新能力的要求，构建了"始于新生、贯通四年"的学科交叉与创新实践双模块课程，融合通识课程模块和专业课程模块形成了服装新工科课程体系，实施专业理论授课+创新创业训练+前沿技术研讨相结合的卓越工程人才教学模式，使学生的知识结构与能力素养满足服装行业"智转数改"转型升级对卓越工程人才的要求。

重构通专融合的通识课程，植入基于大工程观的专业通识课程，以专业导论、新生研讨课、产业趋势讲座等，增强学生对专业的认同度和产业发展的认知度；重建打破界限的专业课程，以大类基础课、跨专业课程等，使学生了解与掌握服装全产业链的基本知识；创建服装+数智的交叉课程，以"服装+数字经济""服装+人工智能""服装+智能制造"等为重点，将数字化、智能化基本理论与前沿成果渗透于课堂教学中；创设引领双创的实践模块，以提升学生的工程创造力为目标，融合创新创业理论课程与专业实验实训环节，探索创新创业与工程实践教育相融合的新方法（图2）。

2.2 创建服装专业"三融一体"双创教育新方法

依托苏州大学紫卿书院，通过教育部首批"一站式"学生社区综合管理改革试点，专业教育、科学研究、学科竞赛三轴驱动，学生、导师、企业三方协同，校内实验与校外实践相协同，课堂教学、实习实训、创新创业、成果转化四位一体，创建"专创融合、科创融合、赛教融合"服装专业双创教育新方法，实现学生双创能力培养模式从"碎片化"到"系统化"转化升级。"专创融合"将双创核心素养融入专业人才培养目标，开设时尚创新创业课程，发展建构主义的体验式专业课程教学方法；"科创融合"以"院、校、省、国家"多级双创项目制为抓手，让全体本科生加入教师的科研团队，接受科学精神熏陶和科学方法训练；"赛创融合"鼓励学生参加各类专业竞赛，增强学生解决复杂工程问题的能力，提高学生的工程创造能力与综合素养（图3）。

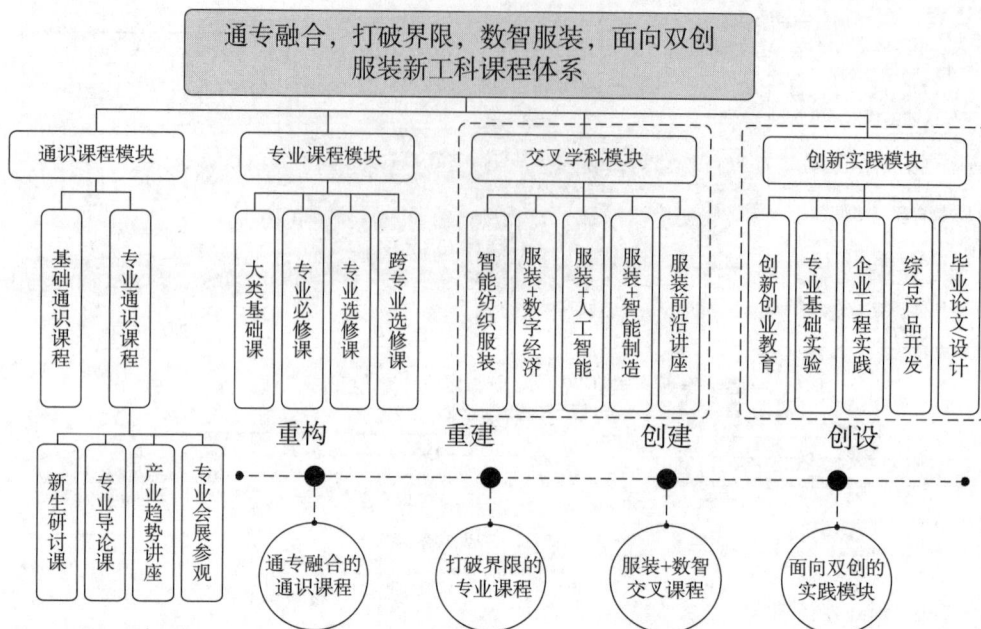

图2 "双课引领"的服装卓越工程人才培养体系

2.3 打造"四步协同"递进式工程实践能力培养路径

依托卓越工程师教育合作单位，聚焦解决复杂工程问题的能力培养，建立覆盖服装全产业链的实训平台，构建产教协同、研工促进、理实融合的工程实践教学体系；运用情境感知、情境建构、情境嵌入、融入实战的实践教学理论，通过认识入门、一线实践、实践提升、成果应用"四层次"实践教学环节；以师生下车间、项目进课堂、匠师上讲台、成果进市场"四阶段"实战式教学为手段，依托创新实验室、创意工作室、创业实训室、创新创业实践基地的"四创"实践教学载体，打造"宽厚化基础实验→阶段式工程训练→综合性学科竞赛→创新性项目实践"四步协同递进式实践能力培养路径，打通理论与实践、学校与企业、教学与科研、课堂与课外的围墙，实现科产教深度融合，有效提升实践创新能力（图4）。

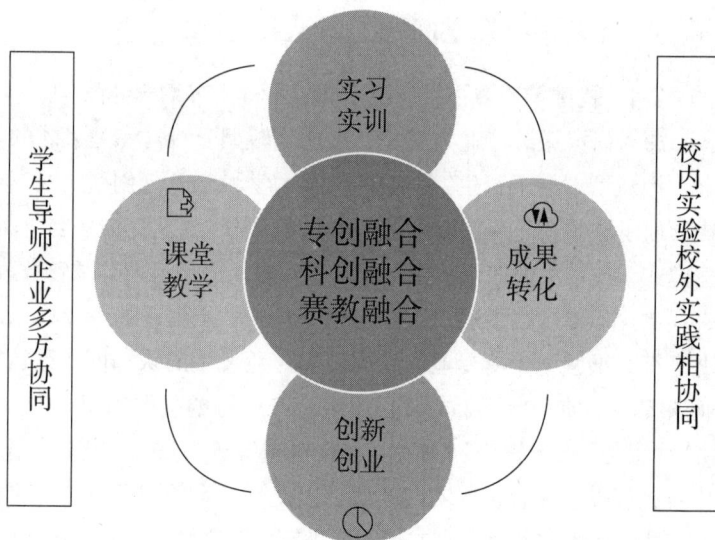

图3 "三融一体"双创教育新方法

"宽厚化基础实验"通过专业基础实验，开拓视野，使学生对专业基本概念有了初步的认识，利用企业认知实习参观国内一流研发中心和车间生产设备，提升专业认同感；"阶段式工程训练"以专业实验室和企业车间为基础，构建以创新能力培养为目标的，由"专业工程训练、先进制造技术技能训练"两阶段组成的工程训练教学体系；"综合性学科竞赛"依托创新创意实验室、创新创业基地，有序开展专业学科竞赛活动，充分挖掘学生潜力，进一步提升学生的创新创造能力；"创新性项目实践"使学生"学中做""做中学""研中思"，推动校内外互通融合的"全过程"实践教学，促进工程实践成果与市场实际需求的有效衔接。

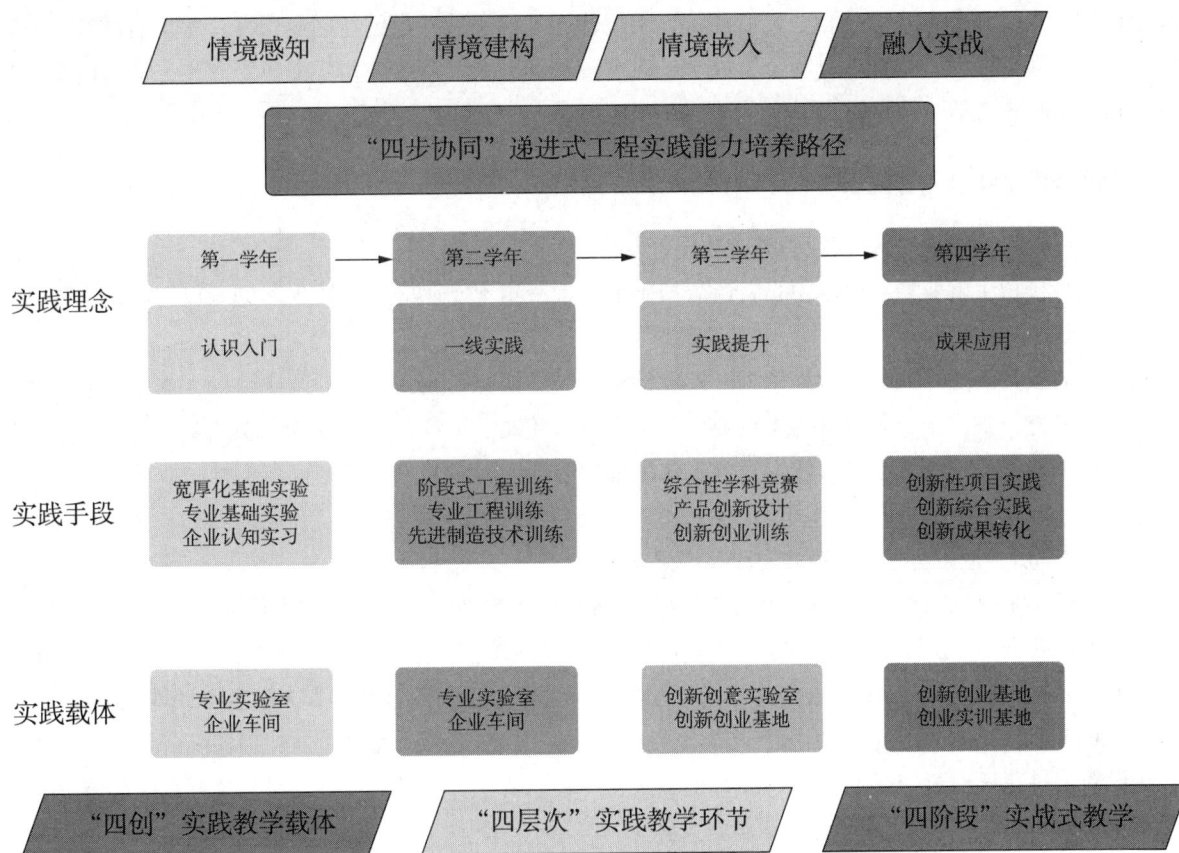

图4 "四步协同"递进式工程实践能力培养路径

3. 成果的创新点

3.1 理念创新：形成了"科教融汇、赛教融合、协同育人"服装卓越工程人才培养理念

在现代高新科技深度融合的服装产业背景下，传统服装人才的培养已难以满足行业技术和业态的快速发展对卓越工程人才的需求。本成果剖析了新工科人才的能力要素，提出"科教融汇、赛教融合、协同育人"的教育理念，推动产科教一体化人才培养模式改革，发挥学科竞赛引领作用，实现校内外、课内外、科产教协同，着力培养知识结构、创新思维、实践能力、人文素养等满足服装产业新技术革命需求的高素质创新人才。

3.2 模式创新：创立了服装卓越工程人才"二三四"培养模式

以培养具有"跨界融合能力、数智化工程能力与创新创业能力"的人才为目标，深入研究服装产业数字化、智能化转型升级对专业人才的知识广度与深度、工程实践与创新能力的要求，创设与实践了以学科交叉与创新实践"双课引领"的服装卓越工程人才培养体系，创建了专创融合、科创融合、赛教融合"三融一体"的双创教育新方法，打造了基础实验、工程训练、学科竞赛、项目实践"四步协同"的递进式工程实践能力培养路径，形成了服装专业卓越工程人才的"二三四"培养模式，打造卓越工程人才培养的"样板间"，丰富和完善卓越工程人才培养的教育理论。

3.3 方法创新：创建了"专创融合、科创融合、赛教融合"服装专业双创教育新方法

基于服装产业运营和创业的特点和规律，结合新工科人才能力要素，提出适合服装专业的卓越工程人才的双创能力目标和要求，从服装双创课程模块、专业课程双创教学方法、双创实践体制三方面创建涵盖创意、创新、创业全链条的"专创融合、科创融合、赛教融合"服装专业双创教育方法，深化双创教育改

革理论研究成果。充分考虑服装行业创业的特点和规律，建设服装特色创新创业课程，解决目前双创教材的千孔一面问题。同时，面向双创教育，改革专业课程教学方式，基于建构主义教育理论，以科研项目为载体，融合体验式教学，创设创业情境，探索"三融合"双创教育教学方法。

4. 成果的推广应用情况

4.1 人才培养质量提升，就业引航成效显著

江苏省高校招生就业指导服务中心就业数据显示，近三年本专业毕业生就业率97%以上，国内外升学率38.9%；其中90%以上学生进入国际知名高校深造。据调查，用人单位满意度90%以上。

基于服装设计、加工制造、贸易营销、检验检测、科学研究等用人单位的调研结果，本专业的人才培养质量得到了充分的肯定，普遍认为本专业毕业生综合素质高、工程基础和专业知识扎实、解决复杂工程问题和科研创新能力强、接受新事物、适应工作环境快，同时具备良好的开拓创新精神、职业素养和职业发展能力。

4.2 教学资源建设全面，教育教学改革成果丰硕

本专业近年来获批国家一流本科专业建设点、江苏省品牌专业、江苏省卓越工程师教育培养计划2.0专业，通过工程教育专业认证。面向卓越工程人才培养的教学改革获批教育部新工科建设项目1项、江苏省教学改革项目2项、中国纺织工业联合会高等教育教学改革项目14项，建设江苏省大学生实训基地1个。建设国家级课程1门、省级课程2门，出版江苏省重点教材1本、部委级规划教材9本；面向新经济和新产业需求，建设新工科课程8门，出版教学专著2部。

4.3 双创实践成果丰富，学生荣获竞赛大奖

近三年，80%的学生参与课外科研等创新创业活动，累计获得国家及省部级奖86项，其中国家级13项。在中国国际"互联网+"大学生创新创业大赛获金奖1项、银奖1项、铜奖5项，"挑战杯"中国大学生创业计划竞赛获金奖1项、银奖1项；在省级三大赛中获特/一等奖8项，二等奖10项。承担省级以上大学生创新创业计划项目17项，其中校企合作项目占2/3（图5）。

三大赛国家级金奖2项银奖2项

图5 三大赛部分获奖证书

4.4 社会各界高度评价，各级媒体密切关注

苏州大学服装设计与工程专业在科教融汇、创新创业人才培养方面的成效获得国内35所高校领导和专家的一致好评。

2019年5月，教育部翁铁慧副部长视察苏大期间充分肯定了纺织类学生的创新实践成果及其产业化应用成效。

《中国教育报》《中国科学报》《新华日报》等国家级媒体报道本成果18次。2019年7月，教育部网站介绍了本成果的校企校地协同育人模式；2020年8月，CCTV 13报道了以新工科为核心的书院制人才培养工作；紫卿书院第一课堂与第二课堂育人模式在全国高校思想政治工作网专题推送（表1）。

2019届学生迪丽胡玛尔创立的德鲁纳婚纱，引领疆苏共进新模式，受央视两次跟踪和专题报道，受到投资机构多次青睐（图6）。

表1 部分国家级媒体报道统计

序号	媒体/刊物	时间	标题
1	中国纺织报	2017/9/11	三大举措助力行业转型升级——记苏州大学纺织与服装工程学院培养高质量纺织行业人才
2	教育部官网	2019/7/26	苏州大学探索推进卓越工程人才培养
3	中国科学报	2019/7/31	苏大师生暑期"援疆"铺就"新丝路"
4	新华日报	2019/11/15	苏州大学成立紫卿书院培养纺织人才
5	央视CCTV-13	2020/7/27	苏州大学紫卿书院探索"新工科"培养模式
6	全国高校思想政治工作网	2022/2/23	聚焦铸魂逐梦推进"一站式"学生社区综合管理模式建设
7	扬子晚报	2022/4/29	三维协同二制融合三进并行，苏州大学探索多维度工程类专业创新人才培养
8	新华网	2022/5/5	聚焦"新工科"探索人才培养新模式

图6 2019届新疆学生创业实践受央视新闻频道重点报道

服装创新人才"四链、四融通、四特色、三环"培养体系改革与实践

西安工程大学

完成人及简况

姓名	性别	所在单位	党政职务	专业技术职称
邓咏梅	女	西安工程大学	高等教育与质量评估研究中心主任	教授
吕钊	男	西安工程大学	服装与艺术设计学院院长	教授
刘凯旋	男	西安工程大学	服装与艺术设计学院副院长	教授
任军	男	西安工程大学	服装与艺术设计学院党委委员/服装工程系系主任	副教授
冯哲文	男	西安工程大学	高等教育与质量评估研究中心科员	助理工程师
袁燕	女	西安工程大学	服装与艺术设计学院副院长	副教授
薛媛	女	西安工程大学	无	副教授
刘静伟	女	西安工程大学	无	教授

1. 成果简介及主要解决的教学问题

1.1 成果简介

2011年，服装与艺术设计学院召开"卓越工程师教育培养计划"教学工作会议，面向中国纺织服装产业"质量强国、品牌强国、时尚强国"发展新战略，明确了对高层次应用型创新人才的培养新要求和内涵，持续依托国家"卓越工程师教育培养计划""工程教育专业认证""双万计划"等20多项省教育教学建设项目，开展了教育教学改革。到2018年形成了服装高层次应用型创新人才培养体系改革成果。面向服装时尚创意产业，以培养具有红色人格品德、具备国际视野、掌握智能化服装技术、具有时尚产品创新素养和开发能力的服装高层次应用型创新人才为中心，以一流专业和一流学科建设为驱动，构建了服装创新人才"四链四融通四特色三环"培养体系，主要内容包括："创新创业教育对接产业链、实践基地引入工程链、学科成果融入教育链、优质资源支持创新链"的"四链"专业建设范式，"课程、创新创业教育、第二课堂、校企实践"的"四融通"课程体系，"思政、智能、创意、国际"的"四特色"课程群，"校外循环、校内循环、课内循环"的"三环"质量保障体系。取得了国家/省部级教学成果奖等15项，以及一大批课程、教材、学生学科竞赛等奖项。此后4年开展了成果应用与完善。在国家一流专业建设中取得显著成效，人才培养效果显著。

1.2 主要解决的教学问题

通过人才培养目标、课程体系、课程内容、质量保障体系、教师队伍、教学资源建设与改革，解决四个突出问题：

1.2.1 传统专业建设模式单一单薄，不能适应产业发展对创新人才的要求

传统专业建设对"立德树人"任务落实不够，人格品德、创新素养培养有所缺失，国际视野不够宽广，学科底蕴不足，与产业链脱节，对创新支持不足。

1.2.2 传统课程体系和教学内容过度强调知识传授，相对忽视创新实践能力培养

传统教学内容以显性知识为主要内容，以传递—接受为主要教学特征。学生缺乏学习兴趣和自主学习驱动，缺少学习探究和批判、社会化协作沟通、国际视野。"创意、创新、创业"融合的教育理念还未形成。对学生的创新意识、创新思维方法、时尚创意能力、创新实践等内涵的培养方式单一、割裂。不利于学生的创新意识塑造、实践能力培养和个性发展。

1.2.3 传统人才培养效果评价模式单一，"以学生为中心、产出导向、持续改进"的质量保障体系还不健全

传统课程教学效果的评价方式以终结考试为主，培养方案中毕业五年培养目标、毕业要求、课程体系、课程目标和课程学习成效之间的逻辑关系缺失，质量管理未形成有效闭环，内部质量保障体制机制未能有效构建。

1.2.4 传统教师队伍和教学资源建设有限，建设水平难以保障创新人才培养

专业建设与学科建设没有形成有效的系统性、同向性。教师队伍的规模和质量、教学能力不能满足创新人才培养要求。课程、教材、训练实践平台建设相对薄弱，应用型创新人才的培养缺乏有效的条件保障。

2. 成果解决教学问题的方法

2.1 对标服装高层次应用型创新人才培养内涵，构建"四链"专业建设范式

紧密对接服装时尚创意产业所需，构建了"以人格品德为引领、以创新素养为托举、以创新能力为关键"的"三元结构7+8+9模块"服装高层次应用型创新人才内涵模型。以此为培养目标，采取产业、学科、专业、课程"四位一体"的实施方案，构建"创新创业教育对接产业链、实践基地引入工程链、学科成果融入教育链、优质资源支持创新链"的"四链"专业建设范式，促进专业建设目标更精准、发展增动力、内涵有深度、保障有力量（图1）。

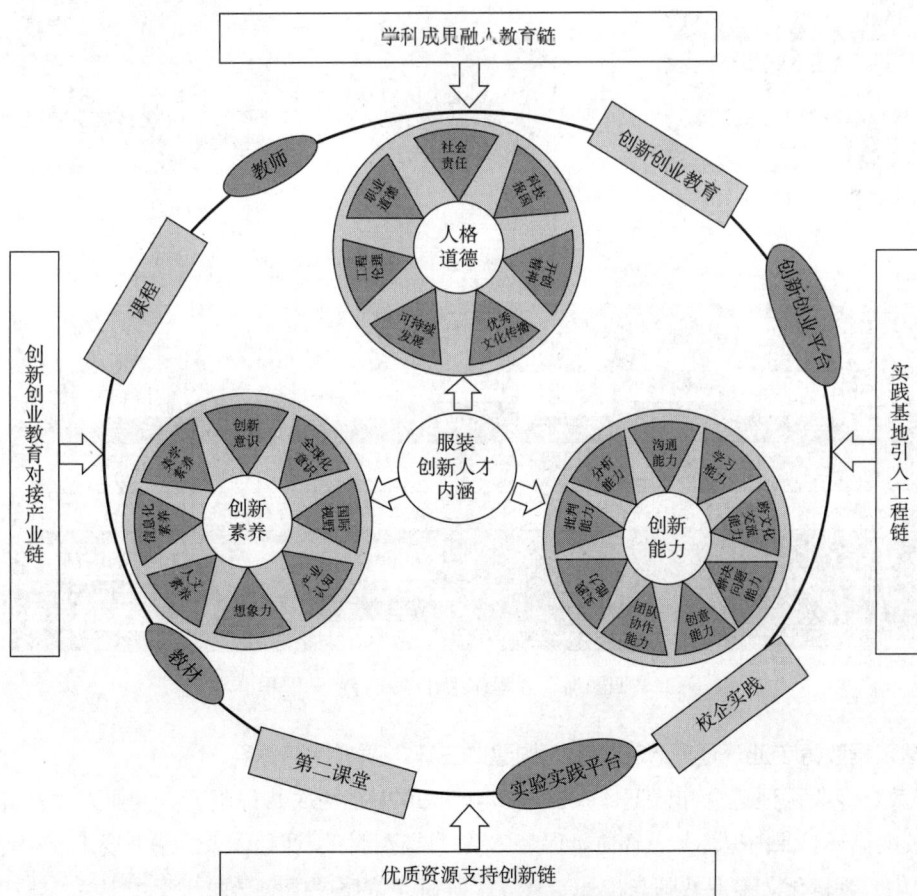

图1 "四链"专业建设范式

2.2 改革课程体系和课程内容，形成"四融通"课程体系和"四特色"课程群

围绕"时尚产品"创新，形成"课程、创新创业教育、第二课堂、校企实践"四融通课程体系。推进专业、课程、教师、教材"+思政"的课程思政建设体系，在专业课程中实现课程思政教学全覆盖。以"三全育人导师团"为抓手，对学生开展全过程、多元化育人。"自然科学、人文社会科学"通识教育课程学分在总学分中占比大于40%，加强基本素质和创新素养培养。加强"分析、综合、评价"等课程高阶教学目标设计，有效运用研讨式、体验式、案例式、项目式、信息化、社会化等教学模式，培养学生自主学习动力和习惯，加强讨论、探究、评价、反思，培养创新意识和思维。不断健全校企协同、校地协同育人新机制，搭建政产学研用协同育人平台，独立实践学分大于22%。以创新创业项目、企业项目和学科竞赛训练为抓手，通过项目策划、论证、实施、评价，发展学生创新能力。重视人格品德养成，聚焦智能化赋能，吸纳学科发展新内涵，面向国际化，建设"思政课程+课程思政""智能通识+智能专业课程""创意素养+思维方法+技术课程""外语通识+外专引智时尚设计系列+双语+国际联合培养项目"等多层次、多元化、多模态的特色课程群，构建"思政、智能、创意、国际"四大课程特色（图2）。

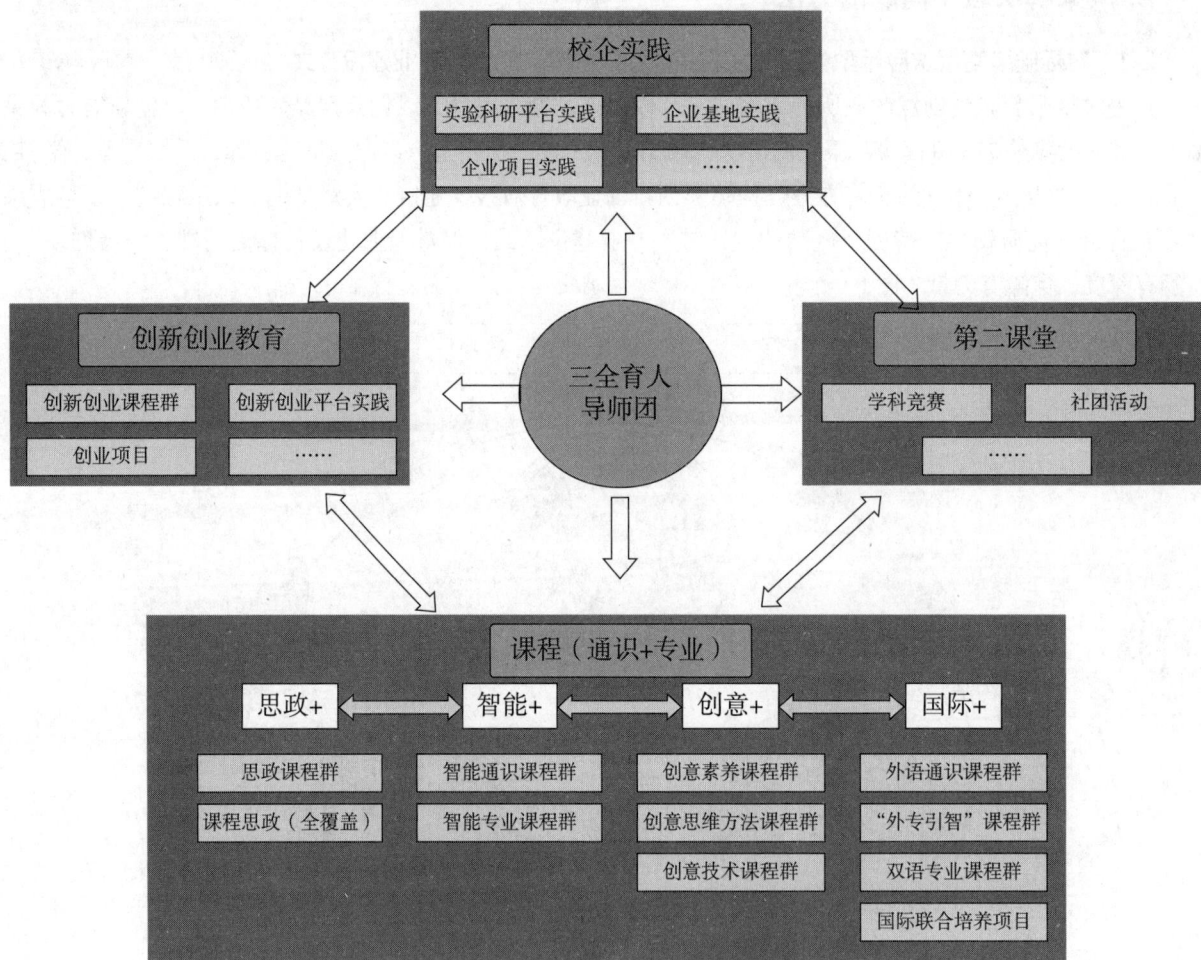

图2 "四融通"课程体系和"四特色"课程群

2.3 贯彻工程教育专业认证理念和体系，构建"三环"质量保障体系

基于工程教育专业认证理念和认证体系，2017年和2020年两次修订服装类专业人才培养方案，构建"校外循环、校内循环、课内循环"三环质量保障体系。课程目标、课程体系、毕业要求、毕业目标的设计体系化、可量化、逻辑化。专业教师与校外专家多次研讨，依照"国家导向、学校定位、学生发展、产业

需求"原则，共同确定服装高层次应用型创新人才培养目标。从评"教师教什么"转变为评"学生学得怎么样"。加强过程性评价，丰富评价方式，与结果评价有效结合，建立"评价—反馈—改进"机制，推进教学质量持续改进（图3）。

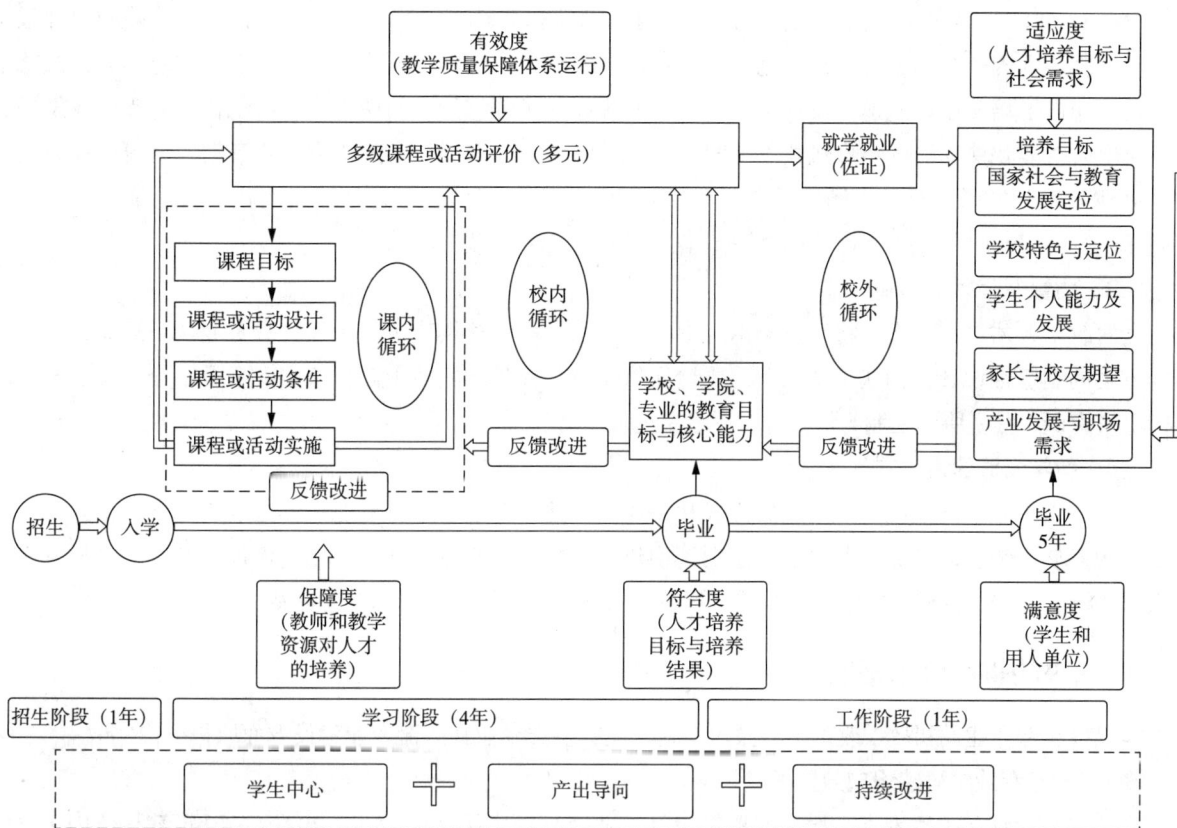

图3 "三环"质量保障体系

2.4 推进学科专业一体化建设，提升教师队伍和教学资源质量

树立学科专业一体化建设理念。在学科建设引领下，教师、课程、教材、科研实践平台等资源建设协同推进。对标纺织科学与工程、设计学一流学科和博士学位授权点建设标准，精准引进青年博士，大力提高教师博士比例。柔性引进高层次人才，凝聚研究和教学特色优势。有效优化教师学科职称等结构。优化基层教学组织和教师发展机制，建设虚拟教研室、教师课程组和课程思政教学团队等教学组织，强化以老带新，推进集体备课和考核，加强教学理念和教学方式研讨。加强教材建设，推进思政内容、学科发展内容及时进教材。通过政府、企业、学校、学院协同创新，大力推进众创空间、文化基地、产业示范基地、创业孵化基地、校企研究院等多形式创新实践平台建设。

3. 成果的创新点

凝练"厚育人、重创新、强实践"人才培养理念，对标"三元结构7+8+9模块"人才培养目标，构建了"四链四融通四特色三环"人才培养体系，深刻揭示了服装类专业的内在教育规律。

3.1 专业建设范式创新

突破传统"就专业论专业"建设范式，紧密对接"服装强国"国家战略对创新人才的需求，将专业建设置于产业发展和学科发展的宏观体系中。通过创新创业教育、实践基地、学科成果、优质资源建设与融入路径探索，构建了"产业链、工程链、教育链、创新链"的四链融合专业建设范式，形成了专业建设的四梁八柱。

3.2 课程体系和课程内容创新

紧扣时尚创意产品开发，以逐层建构的方式，通过"通识课＋专业课""课程＋实践""创新＋创业""课内＋课外"等融通路径建设，形成"课程、创新创业教育、第二课堂、校企实践"四融通课程体系。对标服装强国产业创新发展在红色化、创意化、智能化、国际化方面的突出要求，构建了人格品德培养模式；建设了培养创意兴趣、设计思维、设计方法、时尚创意能力的课程群；将学科成果和产业发展成果及时融入智能化课程群；多形式建设了国际化教育课程群。形成"启发式讲授、互动式交流、探究式讨论、兴趣激发"的课堂教学内涵。以企业项目和学科竞赛为载体，以多种形式实践平台为依托，构建了"创意激发、创新创业训练、创新创业实践、创业孵化"创新实践教学内涵。

3.3 质量保障体系创新

全面改革人才培养方案，将"以学生为中心、产出导向、持续改进"工程教育专业认证理念，内化为培养方案的制度性设计，构建了"三环"质量保障体系，在教学实践中深化落实。全员、全过程、全环节贯彻质量意识、落实质量控制，形成专业质量文化。

3.4 教学资源建设模式创新

有效探索了教学研究型大学的发展模式和路径，构建并实践了学科专业一体化建设的发展范式。以一流学科为发展引领，以一流专业为建设蓝图，构建双向协同的双轮驱动力，创新建设了开放、多样、协同的教师队伍、课程、教材、实践平台等教学资源和教学环境，以优质资源支持创新培养。

4. 成果的推广应用情况

本成果在专业建设和教学改革中的深入实施，使服装类专业在一流专业建设方面取得突出实效。

4.1 一流专业学科建设成效显著

我校服装设计与工程专业、服装与服饰设计专业获批国家级一流专业。2021~2022年软科《中国大学专业排名》服装与服饰设计专业为A级、服装设计与工程专业为B+级。服装设计与工程专业工程教育专业认证进入专家进校评估环节。获得省部级教育教学成果奖15项。服装类专业所属纺织科学与工程学科成功获批博士学位授权点，一流专业和一流学科形成良性支撑和发展，有力支撑了我校教学研究型大学的建设。12届近6000名服装类专业本科生受益。

4.2 学生创新素质能力显著提高

教学改革成果在我校"特色专业""卓越计划""一流专业"等人才培养方案中实施。麦可思《毕业生就业质量年度报告》中，2019~2022年服装设计与工程毕业生对该专业的教学满意度均在85%以上，2022年满意度为100%；2019~2022年服装与服饰设计毕业生对该专业的教学满意度均在85%以上，2022年满意度为97.78%。2019~2022年用人单位调研满意度均在90%以上，2022年满意度为99.26%。相关课程学生评分达95.5分。毕业生人均获得面试机会3个，人均获得用人单位聘用书2个。近半学生在毕业后3~5年成为单位的骨干，发展潜力较大。学院在"中国国际大学生时装周"上连续6年获得"人才培养成果奖"。学生在"'挑战杯'大学生创业计划竞赛""互联网＋创新创业大赛""梅赛德斯奔驰中国国际时装周""米兰设计周中国高校设计学科师生优秀作品展""全国纺织大学生工程训练综合能力竞赛""中国国际内衣创意设计大赛""'红绿蓝'杯中国高校纺织品设计大赛"等诸多赛事中屡创佳绩。近三年学院学生获得国家级竞赛奖励30余项，获得各类省部级竞赛奖励30余项。

4.3 教师队伍和教学资源建设水平显著提升

精准引进高层次人才和博士10余人，博士比例显著提高。入选省级教学名师5名、博士研究生导师2人；省"千人计划"项目2人；省高校"青年杰出人才"支持计划、省"青年科技新星"各1人，省青年科技创新团队各1个；省级教学团队3个、省课程思政教学团队各1个。教师教学素质和能力显著提升。

"服装结构设计"等3门课程获批省级一流课程。"服装物流与供应链管理"获批省级课程思政示范课程，"服装材料学"等5门课程获得校级课程思政示范课程。主编了《设计思维》《时装设计：从创意到实践》20多部省部级教材、专著和译著。《服装材料学》《女内衣材料与设计》《服装号型标准及其应用》等6部教材获得省部级优秀教材奖。建设科技部、省、市三级众创空间，省文化和科技融合示范基地、省普通高校中华优秀传统文化传承基地、省"十百千"工程重点文化产业示范基地、市文化产业示范园区、市创业孵化示范基地等创新创业基地等。建设了省级服装智能设计与计算重点实验室、省哲学社科基地"一带一路服饰文化研究中心"、服装智能设计与制造科研基地等科研平台。建设校级创新设计实验室、服装模拟实验室、丝绸之路服饰文化考古研究中心、柔性电子和智能纺织研究院等。建设时尚创意产业园、深圳汇洁内衣研究院、石狮研究院等产学研协同育人研究院等。各级各类育人平台发挥育人作用显著。

4.4 专业建设成效社会影响不断扩大

本教学成果在全国20余所服装类高校人才培养中产生示范作用。项目负责人在2019年全国纺织服装教育大会上面向100多所纺织服装会员单位做教育教学改革成果主题报告。东华大学、浙江理工大学、西安美术学院、北京服装学院、丹东学院、西安工业大学、中原工学院、嘉兴学院、陕西服装工程学院等30所高校来校交流学习。在CSSCI期刊和世界纺织服装教育大会等会议上发表、宣讲30余篇教学研究论文。

纺织类专业学位研究生"经纬纵横"贯通式培养模式的创新与实践

天津工业大学

完成人及简况

姓名	性别	所在单位	党政职务	专业技术职称
刘雍	男	天津工业大学	纺织科学与工程学院常务副院长	教授
王瑞	男	天津工业大学	无	教授
马崇启	男	天津工业大学	无	教授
肖志涛	男	天津工业大学	研究生院常务副院长	教授
钱晓明	男	天津工业大学	无	教授
陈利	男	天津工业大学	复合材料研究院院长	教授
陈汉军	男	天津工业大学	研究生院培养办主任	副教授
巩继贤	男	天津工业大学	纺织科学与工程学院副院长	教授
王春红	女	天津工业大学	教务处处长	教授
康卫民	男	天津工业大学	纺织科学与工程学院非织造材料与工程系主任	教授
何釜	女	天津工业大学	无	副教授

1. 成果简介及主要解决的教学问题

1.1 成果简介

当前，我国纺织工业已由传统的"劳动密集型"产业模式向"技术密集与知识密集"方向发展，被央视《焦点访谈》称为从"衣被天下"到"编织世界"的重要产业。但与产业发展不匹配的是，我国纺织类研究生培养大多停留在服务"衣被天下"的传统范式，无法适应现代纺织产业由大向强、由规模扩张到质效提升的时代要求。

为解决上述问题，本成果依托教育部专业学位研究生培养模式改革项目等，以"胸怀经纬、面向未来、服务产业、世界一流"为目标，重构培养方案；构建"一核三环六簇"课程体系，提出"穿梭课堂"教学模式；首创校内"纺织微工厂"实践平台，创办研究生创新与应用能力大赛，形成"课程—项目—基地—能力"的进阶式培养。按照学科研究方向设置六大校外实践基地群，以项目为牵引实施"方向制"特色培养，构建了"方向制+进阶式"人才培养路径，形成了纺织类专业学位研究生"经纬纵横"贯通式培养新模式，助力中国纺织高等教育实现从"跟跑"到"并跑""领跑"的历史性跨越。

1.2 主要解决的教学问题

（1）解决了纺织类专业学位研究生培养目标、课程体系和知识结构滞后，导致人才培养供给侧与需求侧错位的问题。

（2）解决了部分纺织类专业学位研究生本科阶段实践不足，研究生阶段应用能力与岗位适配训练需耗费大量时间和精力，导致创新能力与跨界能力不足，无法适应新一轮技术革命和产业变革的问题。

（3）解决了纺织类专业学位研究生培养同质化严重、育人特色不鲜明、服务国家重大需求能力不强的问题。

2. 成果解决教学问题的方法

2.1 目标导向，重构培养方案，重塑"一核三环六簇"课程体系

加强顶层设计，邀请多学科专家和企业导师参与培养方案和课程体系改革，确定"胸怀经纬、面向未来、服务产业、世界一流"的高层次纺织应用人才培养目标，围绕知识、能力与素质要求，改革培养过程与考核评价机制，解决原有目标定位、培养方案不适应产业发展的问题。构建"一核三环六簇"课程体系（图1），课程更新率达100%，围绕培养目标这一核心，打造思政类、基础类、特色实践类三个课程环，将纺织服务航空航天、科技冬奥等案例融入授课过程，校企合作开设特色实践课"纺织工程领域案例教学"，引入典型案例57个、实践项目121个；瞄准国家重大需求和世界纺织科技前沿，设置纺织与"国防军工""绿水青山"等6个前沿类、交叉类课程组，强化跨界知识融合，让人才供给侧与产业需求侧精准对接。

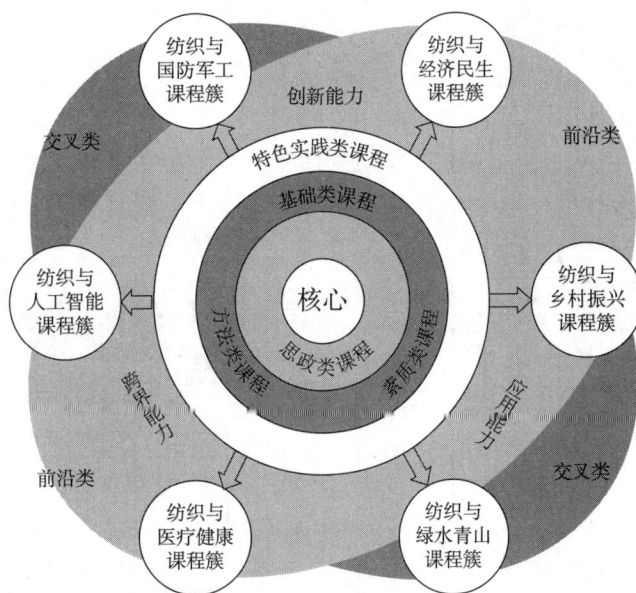

图1　本成果构建的"一核三环六簇"课程体系

2.2 能力导向，创新教学模式，首创"纺织微工厂"实践平台

围绕研究生能力培育，将课堂设在教室、实验室、车间、虚拟空间，打造1/3校内课堂、1/3校内实验室、1/3校外基地的"穿梭课堂"教学模式，牵头成立全国纺织虚拟仿真实验教学产教融合联盟，共享共建纺织虚拟仿真实验项目17项，实现课堂内外、校园内外、虚拟训练与现实实践间"穿梭"。通过自主研发和校企合作，首创了由20余台套智能化信息化小样纺织设备组成的"纺织微工厂"平台，结合特色实践课与实践项目，在校即可满足工厂实践训练和产品研发。

2.3 产出导向，革新培养路径，构建纺织类专业学位研究生"经纬纵横"贯通式培养模式

根据纺织面料"经纬纵横、编织牢固"的特点，提出"方向制+进阶式"人才培养路径，构建纺织类专业学位研究生"经纬纵横"贯通式培养模式（图2）。

（1）横（纬）向：结合学科特色，围绕国家发展需求调整培养方向，严格遴选校外基地组成"纺织与国防军工""纺织与绿水青山"等六大方向基地群，结合研究生意愿，分类培养某一领域专精深知识。

（2）纵（经）向：研究生先在校内"纺织微工厂"进行实践训练和基础研发，再进入"方向制"校外基地进行工程训练和产品开发，最后依托国家工程研究中心优化升级，实现"样品—产品—商品"的蝶变；与企业、纺织教育学会联合创办全国纺织类研究生创新与应用能力大赛，结合项目与基地实践，形成"课程—项目—基地—能力"的进阶式培养。

3. 成果的创新点

3.1 培养方案与课程体系创新

面向未来，重构研究生培养方案，强化多学科融合、校企导师跨界指导、校内外产教协同作用，注重导师遴选、培养实践、考核评价等关键过程的改革；构建了"一核三环六簇"的"纺织+"课程体系，突出

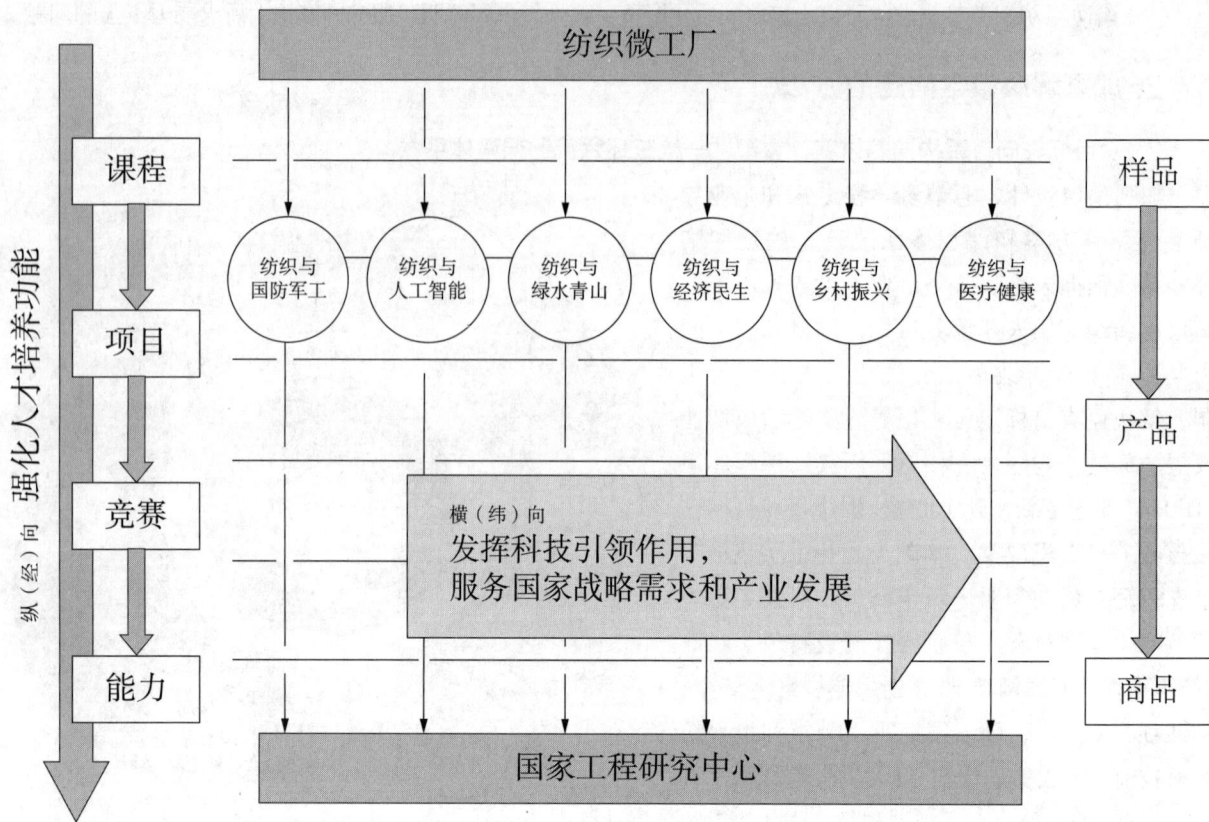

图2 纺织类专业学位研究生"经纬纵横"贯通式培养模式

多学科交叉和"全产业链"知识融合，形成了"信仰坚定、基础夯实、素养提升、跨界融合"的研究生培养新格局，为解决纺织高层次人才供给侧与需求侧错位的问题提供"天工方案"。

3.2 教学模式与实践平台创新

提出并实施了"穿梭课堂"教学模式，跨越教学时空限制，实现课堂内外、学科内外、校内校外、线上线下、虚拟与现实间"穿梭"，为激发教学活力，促进"教"与"学"，"研"与"用"有效衔接，贡献"天工智慧"。

首创了"纺织微工厂"平台，具有投资少、占地小、原料省、速度快等特点，目前已覆盖全国近80%知名纺织院校。学生在校即可满足原本在工厂车间3~6个月才能完成的技能与岗位适配训练，同时可进行项目预研，有效节省应用能力训练时间，将更多精力投入基地科创训练与成果转化、迎战新一轮技术革命和产业变革，为解决研究生教育产教融合不紧密，提升创新、应用与跨界能力提供"天工平台"。

3.3 培养路径与培养模式创新

创新性提出了"方向制＋进阶式"人才培养路径，构建了纺织类专业学位研究生"经纬纵横"贯通式培养模式。横向对研究生进行六大方向分类培养，精准提升研究生服务国家重大需求的知识与能力，充分发挥高校科技引领作用。纵向根据研究生成长规律，建设"纺织微工厂"→"方向制基地"→"国家工程中心"一站式实践平台，打通"课程—项目—基地—能力"的进阶式培养链条，强化高校人才培养功能。通过横纵交错、经纬贯通培养，为解决研究生教育同质化严重、育人特色不鲜明等问题输送"天工模式"。

4. 成果的推广应用情况

4.1 研究生培养质量显著提升

成果为高层次纺织人才提供了富有生机的成长路径，培养效果显著。研究生申请和授权专利数由原来的生均不足0.2项增加到0.8项，近年来在行业和省级及以上竞赛中获奖100余项。众多毕业生成为单位技术骨干或领军人才，如2015届研究生马计兰现任北京京兰非织造布公司研发经理，获北京市"时尚工匠"称号，2020年带领团队获评全国纺织行业创新型班组，2021年获评全国纺织工业劳动模范。镇垒现任天鼎丰公司执行总经理、德州市人大代表，开发的聚丙烯长丝针刺隔离层土工布为北京大兴机场、引江济淮工程、柬埔寨暹粒机场、孟加拉国帕拉玛铁路等国内外超大型工程提供了中国标准无纺布和中国施工标准。

4.2 服务国家急需和产业发展能力显著增强

成果实施以来，专业学位研究生取得了系列重大科研成果：为神舟系列载人飞船返回舱定制耐高温多向编织增强材料，护航航天员安全回家；研发同质增强型中空纤维膜材料，广泛应用于工业废水处理，助力"绿水青山、美丽中国"建设；智能控温服装应用于2022年北京冬奥会5个类别运动队，科技部和国家体育总局发来感谢信；蕲艾纤维和植物靛蓝染色技术，服务脱贫攻坚和乡村振兴"主战场"……相关事迹受到央视新闻、人民日报、中国日报、科技日报等20余家权威媒体关注报道。

4.3 影响及推广示范效应明显

成果支撑了纺织类高校中唯一的国防共建高校、首批和第二批国家"双一流"学科入选与建设，纺织学科获评A+学科；建成国家级创新人才培养示范基地、全国示范性工程专业学位研究生联合培养基地、国家地方联合工程研究中心等；研究生招生报录比达5.5∶1，就业率98%以上，为行业输送了大批优秀人才。

近年来获天津市研究生优秀教学成果奖特等奖1项、中国纺织工业联合会教学成果奖特等奖1项、天津市工程专业学位研究生优秀教学成果奖一等奖1项、中国纺织工业联合会教学成果奖一等奖2项、省级优秀课程及课程思政示范课5门、优秀教材4部、课程思政教学名师和教学团队1个，优秀导师12名，优秀学位论文20篇。

课程体系改革成果列入国务院学科评议组《纺织科学与工程学科研究生课程建设报告》；4项成果获评"新时代天津市研究生教育改革发展典型案例"，被天津市教委推广。多次在全国工程类专业学位研究生培养交流会、第二届世界纺织服装教育大会、2023年全国纺织服装相关专业研究生教育大会等会议进行交流分享，受到与会专家认可，已在10余所院校应用。

自主研发的"纺织微工厂"被60余家国内外高校和企业应用，覆盖全国近80%纺织类知名院校。创办的行业竞赛为研究生培养提供了"检验场"，引领了纺织类研究生培养的变革方向。

国家级"平台＋专业＋课程"引领下轻化工程新工科教育生态体系的构建与实践

武汉纺织大学

完成人及简况

姓名	性别	所在单位	党政职务	专业技术职称
朱君江	男	武汉纺织大学	化学与化工学院院长	教授
王栋	男	武汉纺织大学	校党委常委、研究生院院长、纺织纤维及制品教育部重点实验室主任	教授
李沐芳	女	武汉纺织大学	无	教授
何志艳	女	武汉纺织大学	无	讲师
吕少仿	男	武汉纺织大学	无	教授
李明	男	武汉纺织大学	无	教授
于志财	男	武汉纺织大学	无	特聘教授
张艳波	男	武汉纺织大学	化学与化工学院实验教学中心主任	高级实验师

1. 成果简介及主要解决的教学问题

1.1 成果简介

（1）成果构建了轻化工程新工科教育生态体系，主要包括工程伦理意识课程思政体系、理论知识讲授课堂教学体系、实践能力培养实验教学体系、创新创业协同育人体系、大数据支撑多元评价体系等，形成了一种平衡、完整和融洽的教育氛围。

（2）成果整合了国家级纺织印染实验教学示范中心、国家级一流本科专业轻化工程、国家级一流本科课程"纺织材料学"等资源，构建了国家级"平台＋专业＋课程"的人才培养模式，培养面向轻化工程及其相关领域的"新工科"人才（图1）。

（3）成果发挥了信息技术和大数据建构的优势，采集多层次、多样化、多元化的教学评价数据，在理论知识、实践能力、创新创业和工程伦理等方面进行多方评价，帮助管理者用数据来进行管理决策、提升决策水平和效率。

1.2 主要解决的教学问题

（1）教育工具化：把教育的内容、对象、过程看成一种机械的工具化流程。学生工程伦理意识淡薄，职业道德和职业规范认知有待提高。

（2）内容疲软化：知识内容要求标准偏软，注重理论知识教育，创新创业氛围不浓，校企协同育人机制不畅，学生工程实践能力较弱、工程意识不足。

（3）就业功利化：学生参与项目研究机会不多，导致学生团队协作精神不强，缺乏特长发展的空间及创新能力，不利于就业后与企业的对接。

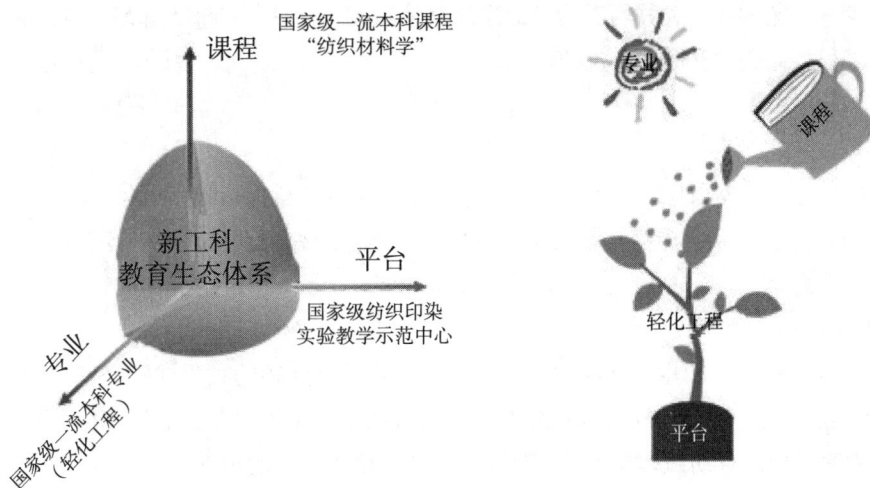

图1 支撑轻化工程专业的国家级"平台+专业+课程"

2. 成果解决教学问题的方法

（1）教学资源协同化：充分发挥国家级纺织印染实验教学示范中心、省部共建纺织新材料与先进加工技术国家重点实验室、纺织纤维及制品教育部重点实验室等国家级、省部共建实验和实践教学平台以及13个校企合作应用创新型人才培养平台的资源和智力优势，有计划地安排轻化工程专业学生到工程实践第一线，将知识传承与社会需求有机结合，将学业与就业紧密联系。

（2）核心课程体系化：修订并完善轻化工程专业本科培养方案，制订轻化工程伦理章程，在"轻化工程导论"中主要讲授轻化工程学科发展史、工程问题解决的途径和方法、团队合作技巧等；改革轻化工程专业毕业论文（设计）的评定方法，强调工程伦理意识和规范原则；充分利用网络化平台和智能教育等先进信息技术，以及跨领域跨界的优质教学资源，形成符合轻化工程"新工科"建设要求的工程伦理、职业道德和职业规范等的咨询报告或行业技术标准。

（3）培养过程自纠化：经过多年的教育教学改革和质量文化积淀，建立了立体化多层次的"一、五、N"本科教育教学自查自纠及改进机制，即围绕"一套"教育教学质量标准，开展"五评"质量监控工作（评教、评学、评课程、评专业、评管理），并引入"N"个第三方机构开展质量评价。探索建立大数据环境下开展"五评"工作的机制，形成全员参与、全过程监督、即时反馈的质量监控体系；建设由管理部门自上而下地推动，师生自下而上的参与相结合的"自省、自觉、自信"的质量文化。

3. 成果的创新点

3.1 构建了国家级"平台+专业+课程"轻化工程专业人才培养体系

成果依托国家级纺织印染实验教学示范中心、省部共建纺织新材料与先进加工技术国家重点实验室、纺织纤维及制品教育部重点实验室等平台，以及国家级一流本科专业和国家级一流本科课程等资源和智力优势，充分考虑纺织印染产业链的实际情况，紧密结合产业转型升级发展契机，面向企业发展需求，吸纳社会资源，校企联合共建纺织产业链创新型人才培养平台和"轻化工程卓越工程师"孵化摇篮，完善"校企协同"育人机制，实现真正意义上的产教融合。

3.2 构建了新工科建设背景下轻化工程教育生态体系

成果聚焦"新工科"建设和发展需求，从理论知识、实践能力、创新创业和工程伦理等诸多方面进行教学改革，提升了学生的理论水平和实践动手能力，培养了学生的道德自律意识，提高了学生对道德问题的敏感性和处理伦理问题的能力和技巧，为湖北省战略性新兴（支柱）产业人才培养基地建设提供了支撑，为推动我国轻化工程教育的发展做了有益的尝试。

4. 成果的推广应用情况

成果始终坚持以育人为本，以学生为中心，将国家级"平台+专业+课程"的智慧资源整合，并运用到轻化工程新工科教育生态体系的构建与实践中。既培养了学生的综合素质，又训练了学生的创新思维，还增强了学生的创新能力。

4.1 工程伦理意识课程思政体系

成果培养了学生道德自律的意识和能力，提高了学生对道德问题的敏感性和处理伦理问题的能力和技巧，推动了我国纺织服装工程教育的发展；为湖北省战略性新兴（支柱）产业人才培养基地建设提供了支撑，为社会培养更多面向现代纺织印染的应用创新型人才作出了应有的贡献。

4.2 理论知识讲授课堂教学体系

成果立足培养目标与毕业要求，不断修订完善人才培养方案，优化课程体系，建设"工程伦理+理论知识+实践能力+创新创业"课程群，在教学成果奖、教学名师与教学团队、专业建设、课程与教材、实验和实践教学平台、教学改革项目等"质量工程"建设中发挥了积极的作用，培养了面向社会发展需求的有理论知识和实践能力、有社会责任、有国际化视野的创新型轻化工程人才。

4.3 实践能力培养实验教学体系

国家级纺织印染实验教学示范中心和湖北省纺织印染虚拟仿真实验教学中心长期服务于我校4个学院的化学和近化学类共12个专业，承担着这些专业相关专业基础课和部分专业课的实验教学任务。与此同时，还承担了部分校企合作项目、企事业单位人员技能培训以及青少年科普教育等任务。在不影响教学的情况下，积极为社会各单位和个人提供技术服务，体现了高等学校的社会服务职能。目前，化学与化工学院已建立33个校外实践教学基地，设立18项企业奖学金，金额累计达50余万元，获奖学生人数覆盖面达到70%左右。

4.4 创新创业协同育人体系

成果激发了学生的学习兴趣，培养了学生的创新能力，夯实了学生的创业基础。近年来，学生在课外科技活动中，取得了一系列科技创新成果，在2022年第十七届"挑战杯"全国大学生课外学术科技作品竞赛中，《月面国旗研制技术及衍生功能化制品的开发》斩获全国特等奖，《氧空位有序调控光生载流子的增强机制》获全国二等奖，另外获第三届全国大学生绿色染整科技创新竞赛一等奖、湖北省第十二届"挑战杯·中国银行"大学生创业计划竞赛银奖、"互联网+"（第八届中国"互联网+"大赛）铜奖等。

4.5 大数据支撑多元评价体系

成果坚持以师德师风作为教师素质评价的第一标准，以立德树人为根本任务，充分发挥教育数字化的优势，使得课程评价结果更加客观、公正和真实，从而提高了教师的教学积极性、教学水平和教学质量。

4.6 轻化工程专业学生毕业达成度

毕业五年左右的毕业生中有65%的毕业生仍在纺织印染相关企业工作，其中从事工艺设计和产品研发等与专业密切相关岗位的比例为51.3%，"毕业五年左右学生就业岗位、职位、发展成就"与学生发展实际吻合，培养目标"达成"，毕业生对专业的教学满意度为96%。

轻纺行业特色高校构建立体化本科教学质量保障体系的研究与实践

大连工业大学

完成人及简况

姓名	性别	所在单位	党政职务	专业技术职称
张健东	男	大连工业大学	教务处处长	教授
杨菲	女	大连工业大学	教务处副处长	研究实习员
吴海涛	女	大连工业大学	食品学院副院长	教授
陈晓艺	女	大连工业大学	生物工程学院副院长	副教授
王军	女	大连工业大学	服装学院副院长	教授
张锋	女	大连工业大学	轻工与化学工程学院副院长	副教授
赵建	男	大连工业大学	纺织与材料工程学院副院长	副教授
游春	女	大连工业大学	教务处质量科科长	研究实习员
张伟钦	女	大连工业大学	教务科科长	讲师

1. 成果简介及主要解决的教学问题

1.1 成果简介

本成果于2011年起，以轻纺类个别专业为试点，探索运用OBE理念构建成果导向的教学质量保障体系，经过12年的反复验证和改进发展，学校已形成立体化教学质量保障体系，共包括三个层级的质量保障闭环，如图1所示。其中基础层级闭环，突出学生为中心，构建课堂教学质量动态监控机制，打出课堂教学评价"组合拳"；中间层级闭环，由教师评价、课程评价、专业评价、部门评价组成，使出多维度教学质量评价"连环招"；外层级闭环，是面向易产生人才培养偏差的关键点位，布下利益相关方参与的人才培养质量评价"关键棋"。三个质量保障闭环，环环相扣，向内发力，向外辐射，养成良好的教风和学风，形成浓郁的质量文化，提高人才培养质量，扩大专业影响力，增强服务行业能力，提升学校声誉。

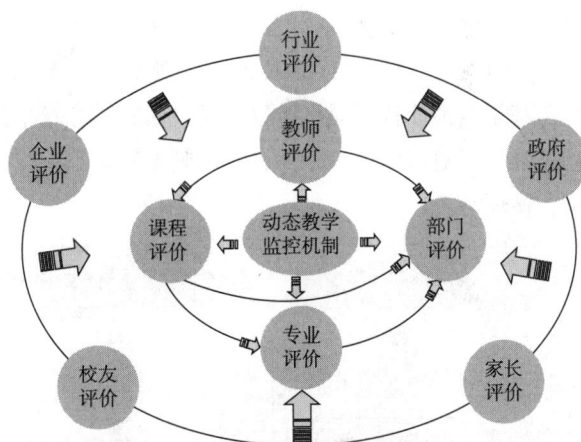

图1　立体化教学质量保障体系

1.2 主要解决的教学问题

传统教育质量保障体系在践行"以学生为中心、成果为导向、持续改进"的OBE教育理念上还存在如学生中心不显著、成果导向不明显、持续改进弱化等显著问题，也存在联动性不足、参与度不高等不良现象。基于此，如何构建良好的教学质量保障体系，形成浓郁的质量文化，成为高校人才培养的研究热点。因此，本成果主要解决以下教学问题：

1.2.1 解决学生中心不显著、评价机制不合理的问题

传统的课堂教学评价，从评价内容来看，更侧重考评。如教学态度、内容、方法等教师教学行为，对于学生的学风、学情和学习效果评价较为弱化，甚至缺失，学生为中心的导向不明显。从评价主体来看，通常包括督导、同行和学生评价，但每个评价维度关联度不足，缺乏运行畅通的联动机制。从评价方式来看，对于职称和授课能力不同的教师，均采取相同的评价方法，导致评价合理性和指导性不足。从评价的结果反馈来看，常出现只反馈量化的分数，而缺少质性的问题反馈，并不利于问题的有效整改。

1.2.2 解决统筹协调性不佳、质量文化不凝聚的问题

"校级强化、院级薄弱""注重期初、期中、期末质量检查，而缺乏长期持续性的教学质量监控""职能部门联动性不足，甚至工作推诿""责任分工不明确"是教学质量保障体系中易出现的问题，这些问题归根结底是教学质量保障体系顶层设计规划不足，运行机制不够完善，由此导致工作的统筹协调性不佳，更不能将质量的理念转化为行动自觉，形成质量文化。

1.2.3 解决利益相关方参与度不足，成果导向不明显的问题

传统的教学质量保障体系，主要聚焦校内教学质量保障，而非全视角面向整个人才培养链，更忽视人才培养外延链—外部评价的导向作用，缺失或弱化行业、企业、校友等外部评价内容，未将外部评价介入校内人才培养各环节，则导致不能及时发现人才培养与行业需求发展脱节的问题，更无法推进持续改进。

2. 成果解决教学问题的方法

2.1 基础性闭环—课堂教学评价"组合拳"

课堂教学是高校人才培养主渠道和主阵地，守好课堂教学质量，就是守好高校人才培养质量的底线。本成果基础性教学质量保障闭环，是创新性构建课堂教学质量动态循环监控机制，并从评价方式、内容、人员、反馈方法、配套条件等方面各施良策，打出课堂教学评价"组合拳"，促进评价结果更加科学合理，具备指导性。

2.1.1 第一拳：构建机制（课堂教学质量动态循环监控机制）

基于教师职称及同行评价差异，同时追踪学生的听课状态（出勤率、前排率、抬头率）和学生评教的动态数据，对课堂进行分类，实施侧重不同的跟踪监控方式（图2），再根据监控结果动态调整课堂分类组别，循环监控，持续改进。

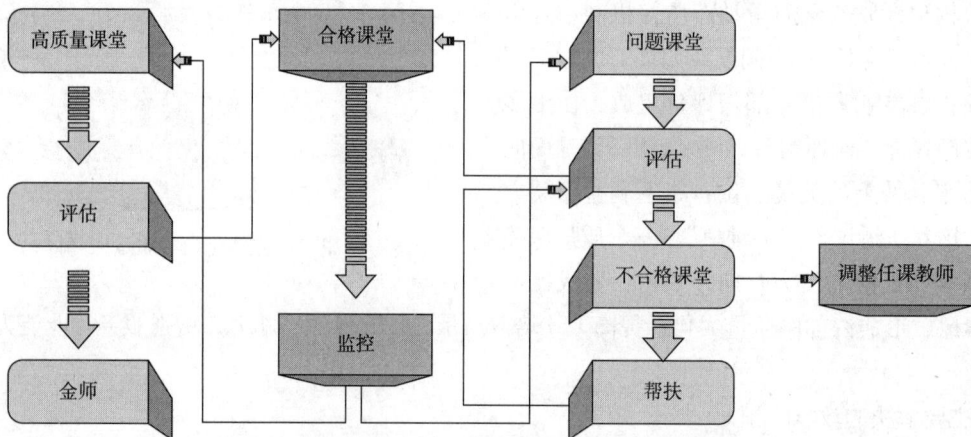

图2　以学生为中心的课堂教学质量动态监控机制

2.1.2 第二拳：实施分类评价

组1：高质量课堂，授课教师为"三高一好"教师，即职称高、同行认可度高、学生评价高、学生学习状态好的课堂，采取教学督导倾向性听课评价，重点考察教师课堂育人能力、教学理念和方法的示范引领性等，从中选树"教学名师"等"金师"，适时开展课堂观摩，组织全校教师学习，引导全校形成优良教风。

组2：合格课堂，除高质量课堂和问题课堂之外的课堂，由监控评价中心人员常规巡课监控和校院两级教学督导随机抽查听课评价，从中再次筛选高质量课堂和问题课堂。

组3：问题课堂，学生评价成绩位居本单位后5%或学生听课状态不佳的课堂，采取教研室主任、校院两级督导高频听课评价的模式，重点评价教师的教学能力，并持续安排监控评价中心人员和学工队伍监控学生课堂听课状态。

2.1.3 第三拳：丰富评价队伍

该机制运行的监控评价中心设在学校教务处，负责调配校院两级教学督导、教学管理人员、学生信息员三支课堂教学质量监控队伍，同时和学生管理队伍联动，从课堂教学秩序、课堂意识形态、学生学习状态、教师授课能力、课前准备、课后答疑等方面，开展课堂教学监控。疫情防控期间，监控队伍深入本科线上课堂，为线上教学平稳推进和优秀线上教学案例遴选提供了支持。强而有力的监控队伍，有效保障机制的平稳运行。

2.1.4 第四拳：双渠道反馈和持续改进

对于学生学习状态不佳的课堂，不仅开课单位需要查、摆问题，监控评价中心也需要反馈给学生管理部门和学生所在单位，由学校学工队伍加强学风教育，督促学生调整学习状态。教师学生双向调整，改进效果翻倍叠加，课堂教学质量加速提高，教风学风相得益彰。最后针对整改效果，监控评价中心进行"再回头"监控，若问题解决，则动态调整课堂组别，若问题仍存在或产生新问题，监控评价中心则持续跟踪监测并反馈问题。对于长期的问题课堂，监控评价中心上报学校，在本成果构建的中间层级质量保障闭环的部门评价、专业评价、课程评价、教师评价中给予相应处理。

2.1.5 第五拳：科技赋能教学评价

以信息化和可视化手段，增强线上线下教学监控效果，科学分析评价结果。一是建立可视化课堂监控评价中心。为全部教室安装高清课堂监控设备，完整记录师生上课状态，并储存线下课堂监控视频，设立专门课堂监控场所，设有监控屏幕，随时可调取课堂实录，为跟踪教师教学状态和学生学习状态，提供保障。二是引进智慧教学工具和信息化教学管理平台，依托该平台，开展学生评教，并对评价数据分析统计，为跟踪教师的学评教变化趋势提供保障。同时平台记录课前准备、课后答疑、线上线下课堂互动等过程数据，为中间层级保障闭环的教师教学能力评价和课程评价提供数据支撑。

2.2 中间层级质量闭环——多维度教学质量评价"连环招"

本成果搭建的多维度教学质量评价体系，是在学校党委和行政大力支持下得以顺利完成，近十年校党委和行政1号文件，持续聚焦本科教学，为多维度教学质量评价体系搭建做好了责任分工和政策保障。整合校内25个单位（部门），组建教学工作委员会，并围绕专业、课程、实践教学、学业发展和创新创业组建专家指导委员会，建立课程思政研究中心，他们与校院两级教学督导组协同工作，共同为教学质量评价提供指导服务，承担实际评价工作，为体系平稳运转提供人员保证。本体系根据本科人才培养相关环节，针对教师、课程、专业和部门，分别建立专项质量评价闭环，实施立体化的评价手段，同时环内循环，环间互联，是保障本科教学质量的"连环招"。

2.2.1 第一招（第一环）：教师教学能力评价

立体化手段：分赛道评价。

（1）新教师：新进教师试讲、助课考核、任新课试讲、新星杯教学大赛。

（2）普通教师：中层干部听课考核、校院两级教学督导听课考核、教学评价优秀奖评选、菁苑杯教学大赛。

（3）资深教师：校领导听课考核、校级教学督导听课考核、教学名师遴选。

组织部门：教务处、人事处。

参与人员：校院两级教学督导、全校党政副处级以上领导、教研室主任、全校教师。

2.2.2　第二招（第二环）：课程评价

立体化手段：多角度评价。

（1）规范性评价：课程评估。

（2）效果性评价：教师评学、学生满意度调查。

（3）质量性评价：一流课程评选、课程思政示范课程评选。

组织部门：教务处、教育教学评估处。

参与人员：课程建设咨询专家委员会、教学督导、课程所在单位领导、课程负责人、任课教师。

2.2.3　第三招（第三环）：专业评价

立体化手段：按类别评价。

（1）新专业评价：新专业评估。

（2）工科专业评价：工科专业认证评估。

（3）文科专业评价：文科专业评估。

组织部门：教务处、教育教学评估处。

参与人员：专业教学指导委员会、专业建设相关机关职能部门负责人、专业所在单位领导、专业负责人、专业教师。

2.2.4　第四招（第四环）：部门评价（教学单位及教学相关行政部门人才培养水平和管理水平评价）

立体化手段：据职能评价。

（1）教学单位：本科人才培养水平评价、本科教学管理水平评价。

（2）行政部门：目标责任完成情况评价、对本科人才培养贡献程度评价。

组织部门：教育教学评估处。

参与人员：全校本科教学相关教职工。

2.2.5　第五招（动态环）：环内循环与环间互联

环内循环，分为两种循环模式，即流动循环和参照循环。流动式循环以课程评价为例，将规范性评价的课程评估结果，作为质量性评价的一流课程评选的依据，将一流课程评选结果，作为下一轮课程评估参评基础，以此产生流动式循环。参照式循环以专业评价为例，工科和文科专业评估，根据参评专业类型，依据评价周期，各自循环评价，但两类专业评估的体系、操作模式和周期相互参照，评估结果对应奖励和整改措施同样相互参照，以此产生相互参照式的各自循环。

环间互联，分为两种互联模式，即结果互用和共振牵引。结果互用以教师教学评价与课程评价为例，教师任新课试讲通过，方能作为课程主讲，只有具备主讲资格的老师，才能申报课程评价。而课程评价结果，作为教师参与教师教学能力大赛的依据，两个维度的评价做到结果互用。共振牵引以教师教学能力、课程和专业三个维度评价与部门评价关系为例，部门评价的指标来自前三个维度评价的考核要点，尤其是对于学校发展的底线和贡献指标，会特设为部门评价的加分和减分项，以三个维度考核结果牵引出部门评价结果，再以部门评价结果，引导三个维度建设良性提升，以此做到三个维度与部门评价互相共振牵引的关系。

2.3 最外层级闭环——外部参与的专业人才培养质量评价"关键棋"

人才培养不是高校的"独角戏",而是利益相关方与高校互利共赢的"一盘棋"。尤其对于我校这类具有轻纺行业特色,以培养应用型本科人才为主的地方高校,应以行业、企业需求发展为导向,构建以利益相关方共同参与的评价体系,以评价结果拉动人才培养各环节持续改进,是完善质量保证体系的重中之重。本成果分析本校人才培养基本链和外延链,梳理出易产生培养偏差的四个环节(关键点位),如图3所示(即点位1:行业发展需求与人才培养顶层设计。点位2:人才产出与行业发展需求。点位3:人才培养顶层设计与教学实施。点位4:教学实施与人才产出)。布局人才培养质量评价体系关键之棋,共包含四项专项评价,均采取利益相关方(行业、企业、政府、校友、家长)与学校共同评价的模式,并立足学校轻纺行业基因,尤其关注轻纺行业企业的参与和评价,再以利益相关方评价结果为导向,从培养方案修订、教学大纲制定、招生政策、教学内容实施、就业方向选择等优化本科人才培养各环节,实施持续改进。

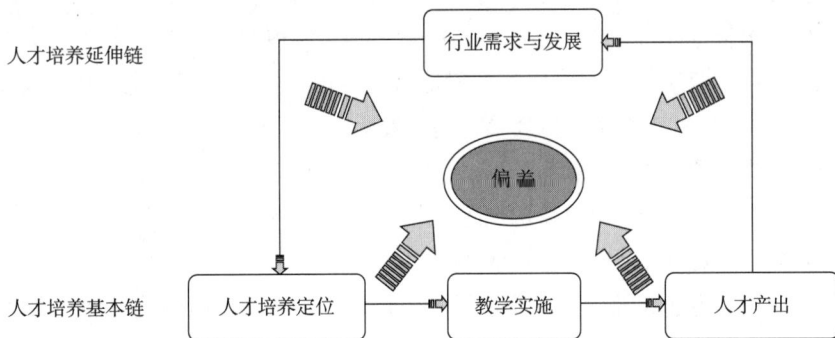

图3 人才培养链与发生培养偏差环节(四个关键点位)

2.3.1 关键棋1:培养目标评价(每四年开展一次)

培养目标评价分为合理性评价和达成性评价。

合理性评价指的是专业培养目标与学校定位、专业具备的资源条件、社会需求和利益相关者的期望等内外需求和条件的符合度。

达成性评价指的是对毕业五年的学生开展跟踪,并对用人单位和行业组织等相关利益方的调查工作,依据跟踪和调查得到的信息对培养目标达成情况进行综合分析与评价,形成培养目标达成情况的总体判断。

2.3.2 关键棋2:毕业要求达成情况评价(每年开展一次)

毕业要求达成情况评价是指检验学生毕业时应掌握的知识和能力是否达成设定的毕业要求。采取课程目标达成值的分析法和调查问卷两种方法。

课程目标达成值的分析法。分析数据来源于专业课程体系中所有支撑毕业要求的所有教学环节,在课程结束后进行课程目标达成评价,据此评价结果及各课程目标与毕业要求指标点的对应关系,获得该专业毕业要求达成情况。

问卷调查法。针对应届毕业生、校友、行业企业、家长,发放调查问卷,开展毕业要求的达成情况评价,之后进行结果分析。

2.3.3 关键棋3:课程体系合理性评价(每四年开展一次)

以专业培养方案中设置的课程体系为评价对象,评价包括课程体系的科学度、与专业质量标准的符合度、对毕业要求的支撑度、行业对其的认可度等。评价方法包括问卷调查、访谈调研等。

2.3.4 关键棋4:课程目标达成度情况评价(每学期开展)

以课程大纲和学生考核结果为依据,开展课程目标达成度定量计算,并辅以访谈、问卷调查等定性评价,以分析结果客观反映课程目标达成情况。

3. 成果的创新点

本成果构建了立体化的教学质量保障体系，共包括三个层级的质量闭环，每个层级指向明确，措施得当，三个层级相互作用，相得益彰，形成了有机的整体，有效保障本科教学质量，创新之处共包含三个方面：

（1）创新性构建课堂教学质量动态循环监控机制，突出学生为中心的理念，实施分类评价指导的原则，统筹教学质量监控人力资源，并借助科技赋能教育的手段，打出课堂教学评价"组合拳"，教风和学风互促共进，课堂教学效果显著提升。

本成果整合校院督导、教学管理和学生管理队伍、学生等人力资源，实施课堂教学质量动态监控，不仅关注教师教得好，评价教师的教学能力和育人能力，更关注学生学的好，以学生学风、学情、学习效果为依据，综合运用督导评价、同行评价、学生评价、课堂监控结果，对课堂进行分类，实施侧重不同的监控、评价和反馈措施，再根据改进效果，动态调整课堂类别，实现课堂监督—评价—改进—提高—再监督的良性循环，教风学风得以互促共进。更以科技赋能教育，以信息化和可视化手段，丰富教学监控内容，分析评价结果数据，增强线上线下教学监控效果，提高教学评价结果的科学合理性。

（2）从四个维度建立专项质量评价闭环，环内循环，环间互联，形成保障本科教学质量的"连环招"。体系覆盖本科教学各环节，涉及全校单位（部门）、基层教学组织和教师个人，形成了全员全过程全方面聚焦本科教学质量，从制度约束到行动自觉的质量文化。

本成果从教师、课程、专业和部门四种维度搭建质量评价闭环，环内以流动性和参照性两种模式实现循环，环间以结果互用和共振牵引两种模式实现互联，体系有效整合学校多个职能部门工作内容，实施横向协作联动，并将评价结果与全校单位（部门）绩效考核、教师职称晋升挂钩，实现了从教师个人、教研室、学院到学校的纵向贯穿拉动，形成了全员全过程全方面聚焦本科教学质量，从制度约束到行动自觉的质量文化。

（3）纵观人才培养内涵和外延，梳理人才培养与行业企业需求产生偏差的关键点位，布局利益相关方参与的人才培养质量评价关键棋，充分发挥成果导向作用，有效促进人才培养与行业企业需求接轨。

本成果针对易产生培养偏差的四个关键点位，即点位1：行业发展需求与人才培养顶层设计；点位2：人才产出与行业发展需求；点位3：人才培养顶层设计与教学实施；点位4：教学实施与人才产出，布局人才培养质量评价体系关键之棋，分别是人才培养目标评价、毕业要求达成评价、课程体系合理性评价、课程目标达成度情况评价，采取利益相关方（行业、企业、政府、校友、家长）与学校共同评价的模式，并立足学校轻纺行业基因，尤其关注轻纺行业企业的参与和评价，充分发挥行业企业需求的导向作用，再以利益相关方评价结果为依据，优化本科人才培养各环节，实施持续改进。

4. 成果的推广应用情况

本成果构建的立体化教学质量保障体系，自2011年起先在轻纺类个别专业试运行，经过12年的反复验证和改进发展，学校最终形成立体化教学质量保障体系，并在全校各专业中推广。从应用推广总体效果来看，收效非常显著。良好的教风和学风蔚然成风，浓郁的质量文化盛行传播，而最早推广该模式的轻纺类专业获得了发展先机，建成了优势特色专业，形成人才培养高峰，并以高峰带动高原，促进了交叉学科专业的良性发展。良好的人才培养生态环境，提升人才培养质量，增强服务行业经济发展的能力，具体推广效果详见以下方面。

4.1 人才培养设计更加优化

本成果构建和实践过程与学校人才培养方案修订工作同步开展，共计经历了3轮人才培养方案修订工作，有效促进人才培养顶层设计更加优化，人才培养优势更加显著（表1）。

表1 人才培养方案

序号	培养方案版本	重点改革内容	改革范围
1	2012版人才培养方案修订	鼓励轻纺类专业试点成果导向原则，修订内容如下： 1.校企合作：高分子材料与工程等专业探索校企合作卓越试点班，以3年校内+1年企业等模式，固化入培养方案。 2.行业需求：服装设计与工程专业试点探索模块化培养，针对女装、男装、服饰品等方向，分别设置特色模块化课程，由学生根据兴趣选择方向。 3.精英培养：从轻纺类工科专业中选拔高考成绩名列前茅的优质生源，单独组建教学改革实验班，采取2+2的模式，2年基础段打通轻纺类专业，实施基础大类培养，2年专业段，提前匹配专业导师制，开展专业研究	轻纺类专业
2	2016版人才培养方案修订	全校专业推行人才培养质量评价，修订内容如下： 1.培养目标，学校与利益相关者共同评价和论证，全校专业定位均为应用型。 2.毕业要求，全校工科专业按照成果导向原则，与教育部工程认证12项毕业要求完全对应，并细化毕业要求各项分指标点。 3.课程体系，探索合理性评价，梳理形成课程体系配置流程图。 4.课程设置，建立毕业要求与课程设置对应关系，探索课程达成评价	全校专业
3	2020版人才培养方案修订	总结前两轮培养方案修订带来的培养效果，凝练推广至第三轮培养方案修订，修订内容如下： 1.压缩学分，全校专业均大幅度压缩学分，约为10~15学分。 2.五育并举，将原体系中不显著的劳动教育，写入毕业要求，开设劳动必修课程。 3.轻纺特色，每个专业设置至少1门具备轻纺特色必修课程。 4.校企合作，每个专业至少设置3门校企必修课程。 5.服务行业，每个专业至少设置3门双语必修课程，且应为专业课，工科专业全部开设工程伦理必修课	全校专业

4.2 人才培养成效显著

4.2.1 考研率攀升明显

优良的学风促进学生回归常识，努力学习，提高学生考研的积极性，拉动学校的考研率。近四年学校考研率不断提升，而以轻纺类为代表的优势专业，考研率更是增长的龙头（图4）。

4.2.2 创新创业成果丰硕

好的学风带动了学生的创新能力，大学生创新创业训练学生参与度和竞赛获奖人数提升显著，学生发表学术论文数量呈上升态势（图5~图7）。大学生科创竞赛成绩尤其喜人，仅2022年获批省级及以上"大创计划"150项，省年会一等奖获奖数量位列全省第二；在科创竞赛中获国家级奖项近350项，其中国家级一等奖9项；与大连市科技局、市创促会等保持长期合作，孵化创业项目10余项。2020~2021年在机器人竞赛等多项国家级、省级竞赛中，我校参赛团队均有上佳表现，获省级以上奖项累计1700余项次（含A、B类竞赛）。

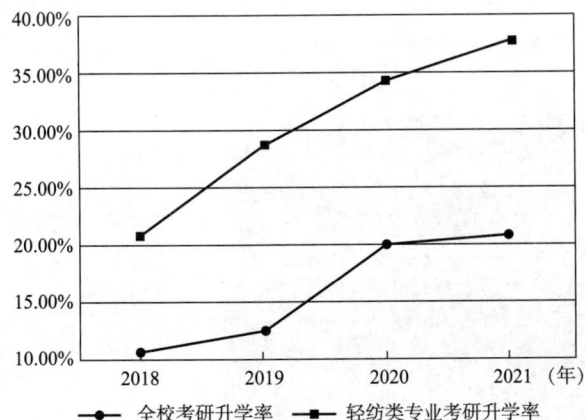

图4 毕业生考研升学率

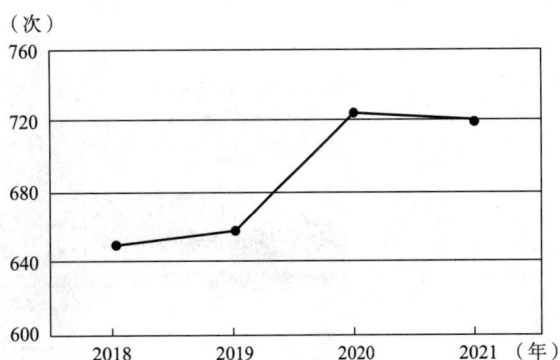

图5 学生参加省部级以上大学生创新创业训练情况

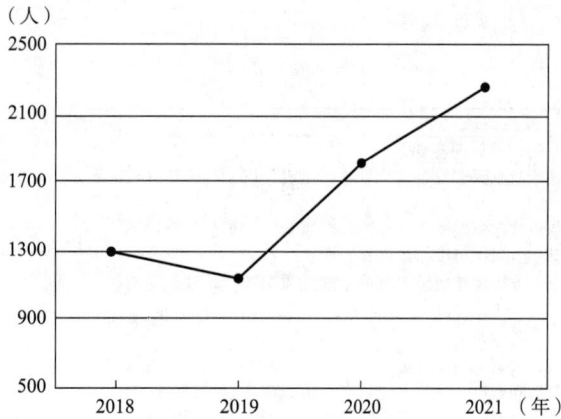

图6 学生获得省级以上竞赛奖励人数

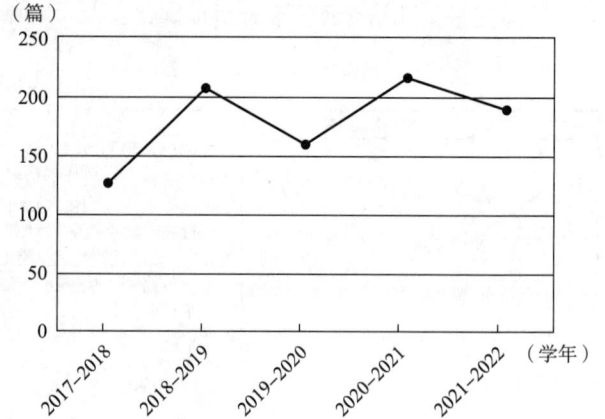

图7 近年学生发表学术论文数量

4.2.3 就业优势稳固

学校毕业生就业情况好，即使疫情影响之下，全国就业形势严峻之时，学校总体就业率仍高于省内平均水平，且毕业生在综合素质、思想素质、专业素质等方面得到用人单位的高度评价（图8、图9）。

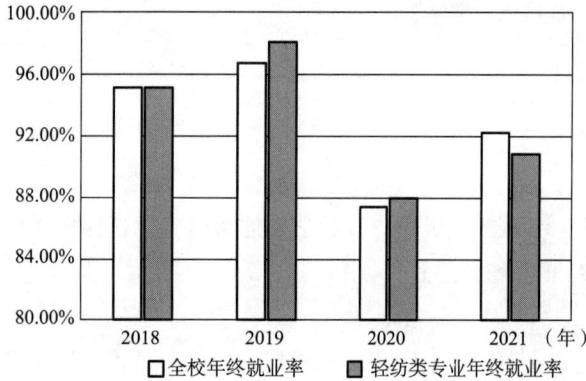

图8 毕业生年终就业率

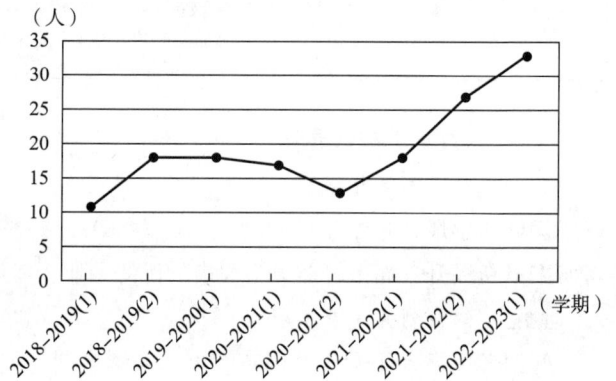

图9 全校近8个学期教学评价优秀奖获奖人数

全校教师坚持"立德树人"根本任务，立足轻纺行业高校特色，努力挖掘课程思政案例，专业课教师和思政课教师通力合作，共同钻研课程思政教学改革项目，切磋研究经验体会，并凝练出丰硕成果，共同编写出版《轻工行业院校"课程思政"教学案例集》，涉及"高分子化学与物理""服装营销"等17门轻纺行业特色课程，总结了《从穿补丁衣服到化纤生产大国》《中华民族服饰技艺传承与表现》等77个具备推广性的课程思政案例，真正做到了同向同行，协同育人（图10）。

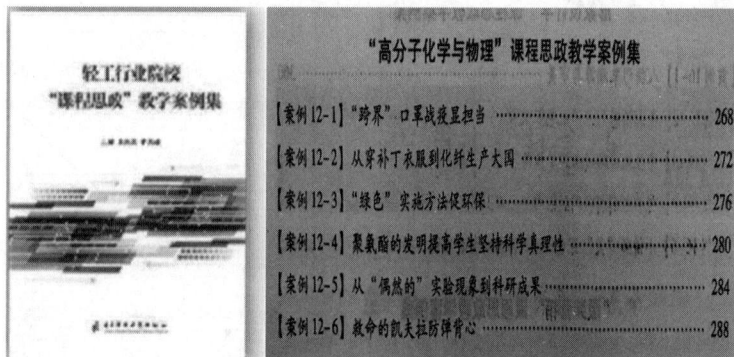

图10 《轻工行业院校"课程思政"教学案例集》

疫情防控期间，课堂教学迎来了前所未有的冲击，全校教师努力钻研、勇于改革，涌现了很多可推广、可复制的优秀线上教学案例，形成了疫情防控中的本科教学新常态。期间，学校评选出线上教学优秀组织单位6个，线上教学优秀教师36人，线上教学优秀教学团队16个，推广优秀教学案例42个，教师们总结了线上教学"新五步法""三结合式"等线上教学设计方法，内容渗透法、案例教学法及现代师徒模式等线上课程思政模式等，被学校官方微信公众号推文，并得到社会媒体报道，为疫情期间的线上教学提供了宝贵的经验（图11）。

图11 "停课不停学"系列报道

4.3 专业优势突出显著

轻纺类专业凭借自身优势及为本成果试点带来的发展先机，取得了显著成绩，形成了人才培养高峰。纺织工程等11个专业入选国家级一流本科专业建设点，无机非金属材料工程等13个专业入选省级一流本科专业建设点，学校通过教育部工程教育专业认证的专业均为轻纺类专业。轻纺类专业还获得了国家级教学成果奖、国家级一流课程、国家级实验教学示范中心、教育部黄大年式教师团队多项荣誉称号和项目，实现了国家教学奖项"大满贯"。

学校发挥轻纺专业优势，以高峰带动高原，促进交叉学科专业发展，形成良好的人才培养生态环境，设计学类专业联合申请并获批教育新义科研究实践项目，管理学院通过BGA金牌国际认证，机械信息类专业联合组建智能制造现代化产业学院，外语类专业探索微专业建设特色发展等。良好的人才培养环境，提高了专业的吸引力，根据近三年招生情况，学校在辽宁省普通本科批次理工类专业的录取最低分逐年升高（图12）。

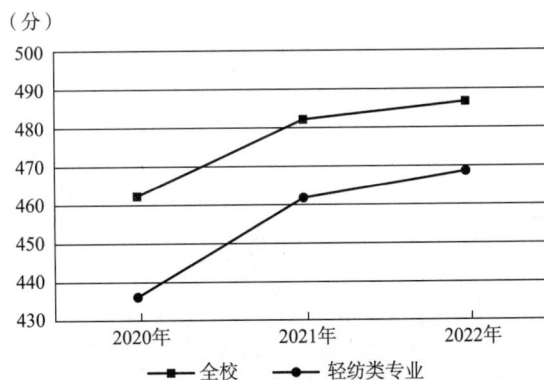

图12 我校辽宁省普通本科批次录取最低分

4.4 社会声誉逐渐增强

学校人才培养和科技创新有效服务行业发展，提高了学校办学声誉。学校获批教育部"卓越计划"试点院校，跻身国家发改委"产教融合转型发展试点高校"行列，获批辽宁省向应用型转型试点高校及示范高校、首批"三全育人"综合改革示范基地和首批劳动教育示范校。近年来，学校牵头组建轻工纺织产业校企联盟、辽宁时尚文化创意产业联盟暨东北亚服装文化研究与交流中心、大连服装设计师孵化基地等，学校人才培养效果和振兴行业发展的能力得到社会广泛好评，在辽宁省高等学校年度绩效管理考核结果显示，在理工类高校中，近5年我校人才培养指标始终名列前茅（4次第一，1次第二）。在软科中国大学排名中，近6年学校排名提升明显，从333名提升至235名，提升近100名（图13）。

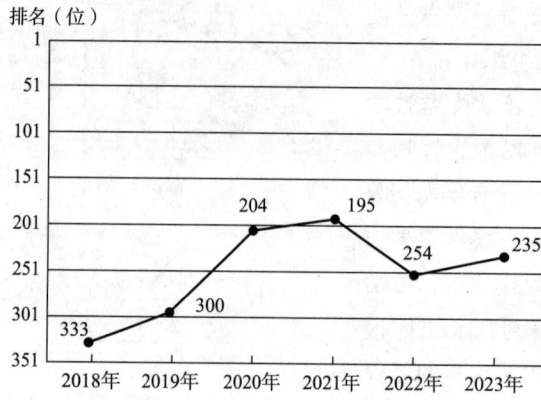

图13　我校软科中国大学排名

强内涵、筑生态、固平台，依托纺织优势构建工程创新能力导向的机械类卓越人才培养新范式

浙江理工大学

完成人及简况

姓名	性别	所在单位	党政职务	专业技术职称
胡明	女	浙江理工大学	教务处副处长	教授
陈本永	男	浙江理工大学	无	教授
严利平	女	浙江理工大学	无	教授
杨金林	男	浙江理工大学	国家级机械基础实验教学示范中心副主任、机械工程实验教学中心主任	高级实验师
周健	男	浙江理工大学	无	讲师
郭亮	女	浙江理工大学	无	教授
赵德明	男	浙江理工大学	无	讲师
王丙旭	男	浙江理工大学	无	讲师
马善红	女	浙江理工大学	无	实验师
杨骉	男	浙江理工大学	无	讲师
高兴文	男	浙江理工大学	无	讲师
胡建新	女	浙江理工大学	无	讲师
王梅宝	女	浙江理工大学	无	讲师

1. 成果简介及主要解决的教学问题

1.1 成果简介

新工科建设是高等工程教育主动适应新技术、新业态、新模式、新产业发展的战略举措，也是地方高校服务国家战略发展需要和地方经济发展的重要途径。面向新工科"工程技术人才要求新范式"，结合机械类人才培养的实践性、综合性、创新性基本特征，立足专业认证底线，遵从国际通用标准，突出纺织综合学科优秀和一流示范领跑，进行工程创新能力导向的机械类卓越人才培养探索实践。自2014年起，机械类专业以"知识结构满足快速发展的新技术需求、实践能力满足转型升级的新装备需求、创新能力满足推陈出新的新产品需求"，培养具有国际竞争力的"德、智、体、美、劳"全面发展的卓越人才为目标；践行教（改革教学方法）、学（重视理论基础）、做（强化工程实践）、创（提升创新能力）"四位一体"工程教育理念，到2018年，形成了新工科背景下工程创新能力导向的机械类卓越人才培养实践路径（图1）。

本成果研究实践通过解构机械类卓越人才培养目标及素质模型，建设校企深度融合的课程模块和实践平台，优化以课程体系、双向师资、实践载体等为核心的工程创新教育"微生态"，探索与实践新工科背景下工程创新能力导向的机械类卓越人才培养新体系，在学生的工程实践能力和工程创新能力培养方面取得了显著成效。

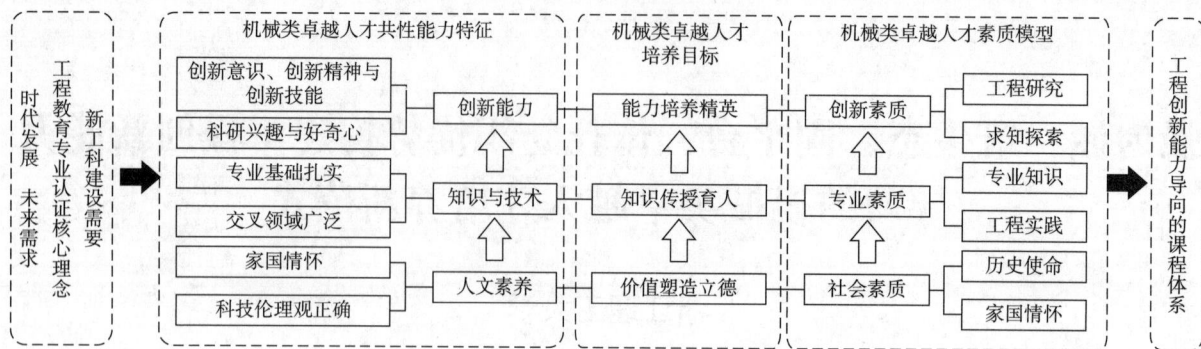

图1 工程创新能力导向的机械类卓越人才培养探索实践路径

近5年，本科生在国家级学科竞赛获奖62项、省级竞赛中获奖270余项；建成1个国家级实验教学示范中心、1个国家级虚拟仿真实验教学中心、1个国家级一流专业/工程教育专业认证通过专业，建设国家级一流课程2门、省级一流课程5门，出版教材6本；支撑了机械设计制造及其自动化专业的认证复审（认证通过，有效期6年），获批3项教育部新工科研究与实践项目（参与）、1个教育部智能制造中外人文交流基地；作为中国机械行业卓越工程师教育联盟理事单位，通过10余场大会主题报告和50余次校际交流进行宣传，成果示范作用显著，为机械类乃至地方高校工科专业卓越人才的培养作出了有益的探索与贡献（图2）。

1.2 主要解决的教学问题

（1）如何强化内涵，通过聚焦纺织新经济对机械类专业人才培养的新要求，构建多学科交融个性化课程体系，满足"中国制造2025""互联网+""人工智能"等国家级战略对机械类人才知识体系的要求。

（2）如何构筑生态，构建机械类人才培养跨领域协同育人机制和师资团队，支撑学生团队精神、解决复杂工程问题等能力的培养。

（3）如何巩固平台，创建多主体工程创新实践载体，满足以智能制造、增材制造、互联网+、物联网等为代表的高新技术对机械类人才工程创新能力的需求。

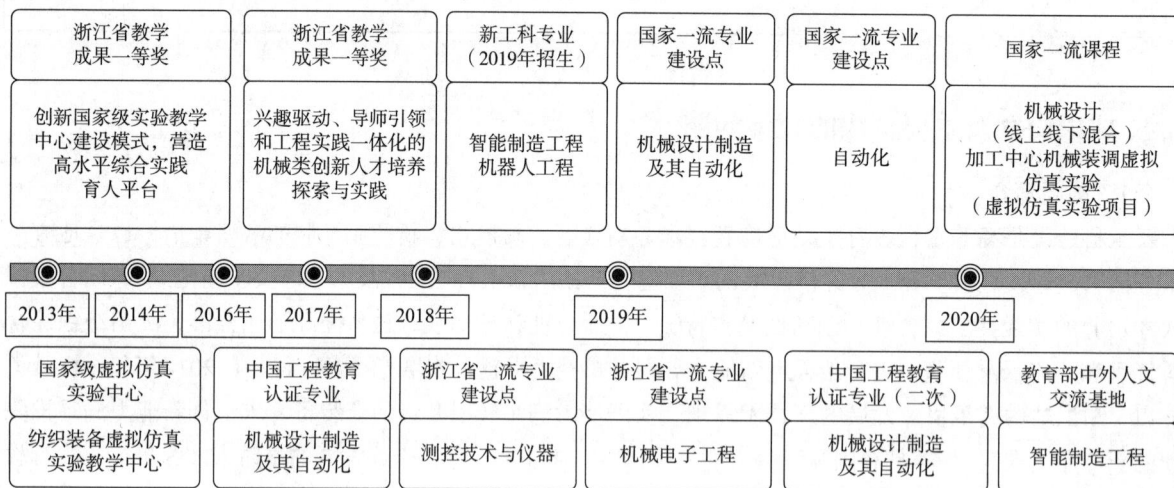

图2 成果主要内容和实施路线图

2. 成果解决教学问题的方法

2.1 提出工程创新能力导向的机械类卓越人才培养模式的建设路径

聚焦于对学生工程创新能力的培育，通过深入分析新工科建设的人才需求，确立机械类卓越人才共性能力特征及人文素养、专业知识与创新能力并重的培养目标，建立以社会素质、专业素质、创新素质为核心的机械类卓越人才素质模型。社会素质重在激发历史使命感和责任担当精神；专业素质重在强调专业知识和工程实践；创新素质重在培养工程研究能力和求知探索精神。通过建设校企深度融合的课程模块和实践平台，构建"专业认证标准/新工科人才需求→能力特征→培养目标→素质模型→课程体系"的工程创新能力导向的机械类卓越人才培养模式，支撑培养目标的实现。

2.2 构建工程创新能力导向的机械类卓越人才培养课程模块

以学生为主体，理论与实践有机融合，课程项目为基础，专业综合项目为核心，项目实施为主线，全过程构建和实施工程创新能力导向的机械类卓越人才培养的课程体系，构建6类课程模块：

（1）通识基础课程模块：通过对时事政策和国家战略的学习和了解，唤起学生的历史自豪感和时代使命感。

（2）行业前沿课程模块：由前沿案例牵引唤醒学生的家国情怀、社会责任感与求知探索精神。

（3）专业基础课程模块：通过经典工程事件培养学生的工程责任心和担当精神。

（4）案例贯穿课程模块：以工程实例贯穿系列课程，在工程实践中理解专业知识，在案例研究中运用专业知识。

（5）任务驱动课程模块：以创新任务作为牵引，在企业进行责任担当教育，在课堂拓展专业能力。

（6）全英文课程模块：采取开放的国际化培养模式和机制，培养能够在未来成为活跃于国际竞争与合作舞台的卓越人才。

通过6类模块建立社会素质与专业课程的联系，满足专业素质对知识体系的需求，提高创新素质与工程能力的融合。

2.3 构建培育工程创新素质的高水平多元化导师团队

创新跨领域协同育人机制，强调多学科多元化教师协同、高校企业导师融合、跨校专兼教师结合、教书育人导师整合，组建以长江学者、省青年科学家和企业高级工程师为校企双导师，专业教师和思政教师为校内双导师（图3）。课程思政与思政课程同向同行，校企深度合作提高学生的实践能力、创新能力和创造性思维，促进工程创新能力的培养与提升，锻炼学生解决工程技术问题的创造能力；思政教师大学四年全程渗入培养学生人文素质和创新情感，进而实现学校与企业导师的融合、校外名师与本校教师的结合、教书与育人导师的配合。设立教师在教学过程中多种角色，加强师生互动交流，达到教学相长的和谐效果。

2.4 建设校企深度融合培育工程创新素质的实践平台

为实现工程创新能力的连续培养和渐进提升，依据空间上校内外协同，时间上贯穿四年，校企深度融合参与人才培养全过程，建设跨行业校企协同实践教学体系，形成四类实验实践平台：校企协同实践平台；工业级实验平台；科教融合实践平台；自主创新实践平台（图4）。

3. 成果的创新点

（1）强内涵，坚持智能化引领，提出并构建了以社会素质、专业素质、创新素质为核心的工程创新能力导向的素质模型，培养机械类卓越人才应对新技术与未来新变化的工程发现力与严谨性。

面向未来的新工科人才需求，确立机械类卓越人才共性能力特征及人文素养、专业知识与创新能力并重的培养目标，提出并构建以社会素质、专业素质、创新素质为核心工程创新能力导向的机械类卓越人才素质模型，通过建设校企深度融合的多类课程模块和实践平台，解析素质模型，培养机械类卓越人才应对新技术与未来新变化的工程发现力与严谨性。六类课程模块有效支撑了人文素养（核心价值塑造）、专业知识（多维知识探究）与创新能力（综合能力培养）并重的机械类卓越人才培养目标的实现。

（2）筑生态，构建专业教师—企业导师—思政教师协同的育人新机制，培养机械类卓越人才解决复杂工程问题的批判性思维与工程创造力。

构建以知名教授和企业专家为校企双导师、专业教师和思政教师为校内双导师的深度融合协同育人机制，推行专业导师和思政教师协同实施工程创新能力导向的机械类卓越人才培养，培养解决复杂工程问题的批判性思维与工程创造力。

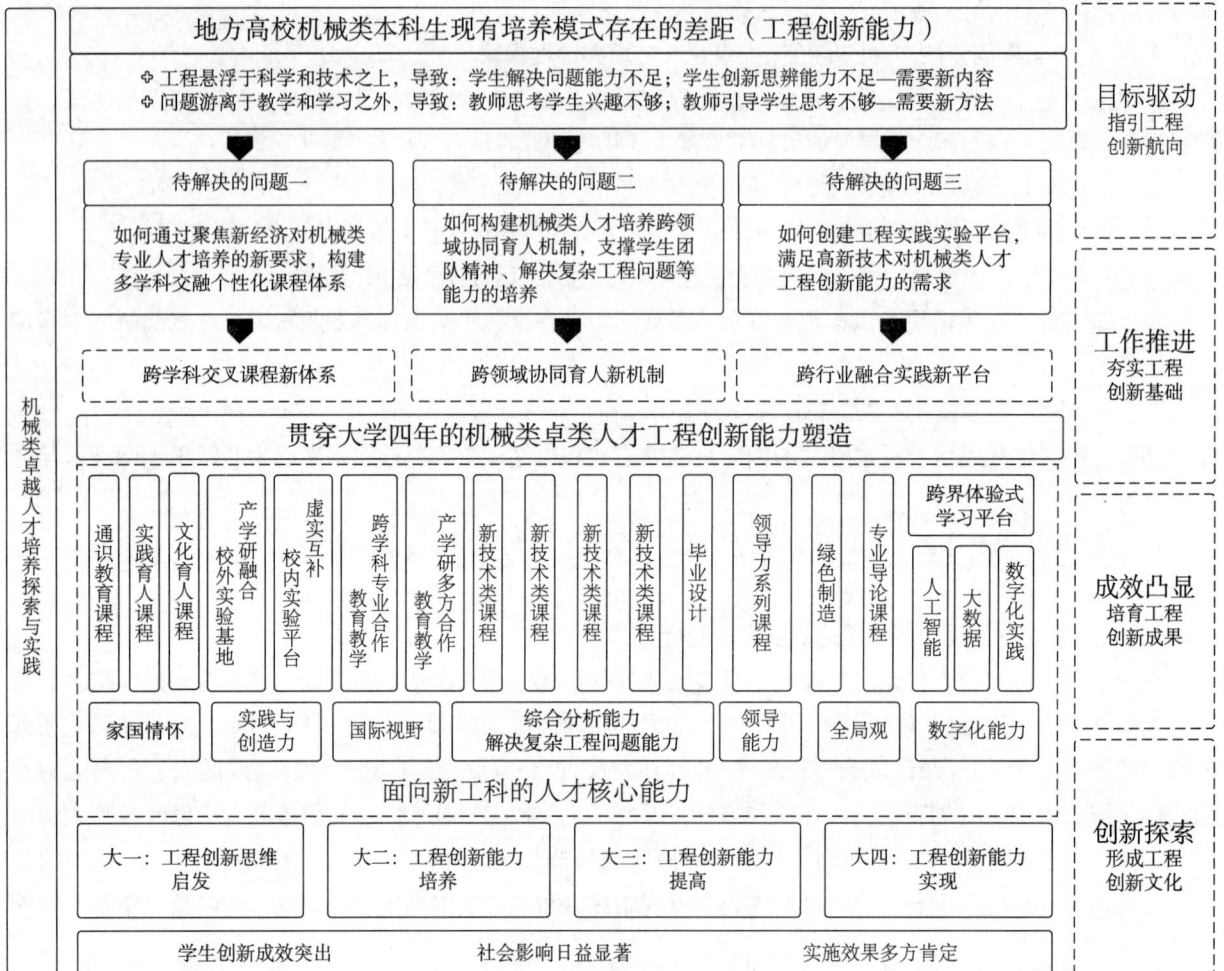

图3　机械类卓越人才的导师团队和协同育人机制

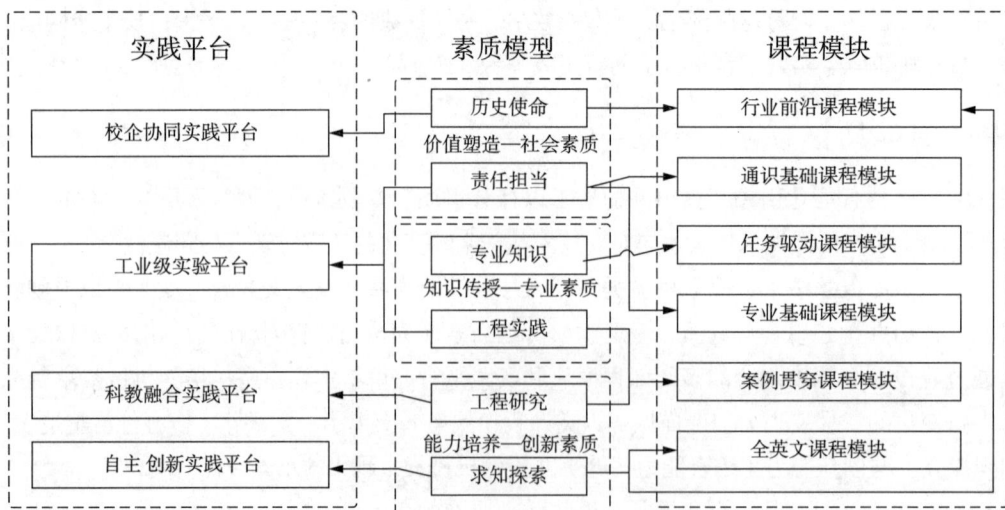

（a）实践教学方法与体系

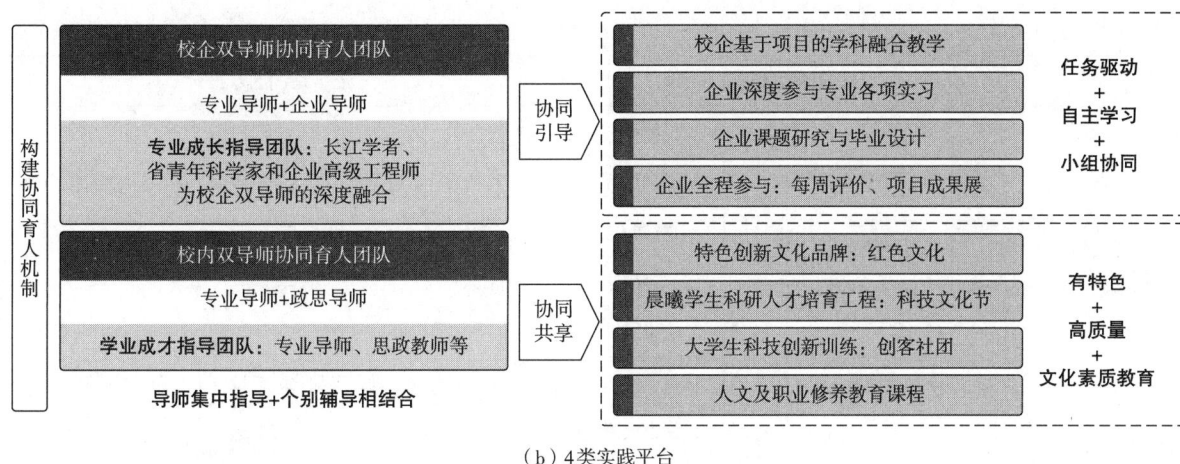

（b）4类实践平台

图4 机械类卓越人才培育工程创新素质的实践平台

（3）固平台，构建连续培养与渐进提升、空间上校内外协同、时间上贯穿四年的系统性实践新途径，培养机械类卓越人才的工程创新能力与综合素质。

拓展校企政资源协同培养条件，强调学生学习的理论与实践相结合，提供真实的技术创新和企业实践环境，以科技项目及科技竞赛和工程实践为创新活动载体，四类平台实现以工程创新能力为导向的校内外协同和四年贯穿的机械类卓越人才社会素质、专业素质和创新素质的连续培养和渐进提升，培养机械类卓越人才的工程创新能力与综合素质。

4. 成果的推广应用情况

4.1 依托建成的6大课程模块和4类实践平台，学生工程创新能力明显提升

近5年，6大课程模块和4类实践平台应用于机械类及相关专业，年受益学生达1000余人次；学生在省级及以上竞赛获奖320余项；学生毕业设计100%来自企业实际产品开发项目；以第一作者身份发表论文20篇，授权发明专利35项、实用新型专利78项；机械类专业学生深造率逐年上升，近五年平均考研率为35%；203人参加"卓越计划"班、106人参加全英文授课班；41人参加高雄第一科技大学暑期研修；45人参加南洋理工大学暑期研修；35人参加美国奥克兰大学暑期研修。毕业生在各领域发挥重要作用，用人单位满意度评价持续提高（表1）。

表1 6大类课程模块

序号	课程模块及代表课程名称		面向的专业
模块1	通识基础课程模块	文史哲法类	机械（大类）：机械设计制造及其自动化、机械电子工程等
		工程技术类	
		自然科学类	
		艺术与经管类	
		计算机信息类	
		体育与健康类	
模块2	专业基础课程模块	机械制图	机械（大类）：机械设计制造及其自动化、机械电子工程等
		工程材料与热处理	
		互换性与技术测量	

序号	课程模块及代表课程名称		面向的专业
模块3	行业前沿类课程模块	机械学科导论	机械设计制造及其自动化、机械电子工程、智能制造工程
		现代机械工程师启蒙	
		机器人技术	
模块4	案例贯穿课程模块	机械原理	机械设计制造及其自动化、机械电子工程、智能制造工程
		机械设计	
		机械原理课程设计	
		机械设计课程设计	
		机械基础实验	
模块5	任务驱动课程模块	金属削原理与机床	机械设计制造及其自动化、智能制造工程
		机械制造工艺学	
		机械系统设计	
		机械创新设计与实践	
模块6	全英文课程	机械系统仿真技术	机械设计制造及其自动化、机械电子工程、智能制程工程

建成了一批高质量的校外实践教育基地，示范引领效应已经形成。校企协同已成功搭建了2个工业级实验教学平台；已建成了15个行业龙头企业作为生产实习基地；已系统建成了8个"卓越计划"本科生校外实践教学基地；特聘企业工程师为生产实习和毕业设计联合指导教师，已达30余人（表2、图5、图6）。

表2　4大类实践平台

实践平台及代表性建设内容		面向的专业
校企协同实践平台	面向理论课程的实践环节	机械（大类）：机械设计制造及其自动化、机械电子工程、智能制造工程电气（大类）：自动化、电气工程及其自动化、测控技术与仪器、机器人工程
	以解决实习企业现场工程问题为导向的生产实习模式	
	企业专家集中授床与校内导师分散指导相结合的毕业设计模式	
工业级实验平台	面向五金行业制造的国产机器人实验平台	
	以全开放智能制造微工厂为代表的先进制造实验平台	
	以虚拟加工和交互式学习系统为代表的加工中心机械装调虚拟仿真工程训练平台	
科教融合实践平台	以开放式PPCNC系统为代表的机械加工类平台	
	以机械产品整机设计和仿真技术为代表的机械设计类平台	
	以机械工程测试、振动测试，纺织和农机等系统为代表的机械测试类平台	
自主创新实践平台	慧鱼创新实验室	
	"探索者"机器人创新实验室	
	3D打印实验室	
	机械创新中心	

图5 机械类卓越人才培养工程创新实践教学基地（校内）

图6 机械类卓越人才培养工程化现场教学基地（校外）

4.2 专业建设成效显著，获批国家级一流专业建设点和一流课程，智能制造教育部中外人文交流基地，机械行业教育联盟理事单位

机械设计制造及其自动化2019年通过工程专业认证复评（有效期6年）；为国家一流专业建设点；2门国家一流课程；1项国家虚拟仿真实验教学项目、3项教育部新工科研究与实践项目、1个教育部智能制造中外人文交流基地，为中国机械行业卓越工程师教育联盟和CDIO理事单位；机械电子工程获批省一流专业建设点；获批产学合作协同育人项目20项；省级虚拟仿真教学项目2项、教改项目8项；校级教改重点项目20余项，发表教研论文20余篇；出版教材5部。

4.3 通过国家级行业教育联盟及其毕业设计大赛推广示范建设经验

机械类卓越人才培养工作出色，2016年成为中国机械行业卓越联盟理事单位，通过参加联盟毕业设计大赛9人次获佳作奖，毕业设计入选《机械类毕业设计大赛优秀作品案例集》；2017年成为CDIO工程教育联盟理事单位，向国内高校（如：宁波大学、温州大学、山东建筑大学等）和企业（如：吉利集团、爱仕达集团有限公司等）进行推广，得到了国内同行认可（表3）。

表3 中国机械行业卓工联盟毕业设计大赛佳作奖

毕业设计题目	实习企业	学生姓名
环形轨道上的载物运输车设计	北京精雕机床有限公司（云实习）	吴建国，2020届机制专业
小型高频变压器绕线机机械手设计及强度和刚度分析	杭州专业汽车有限公司	庞佳丽，2019届机制专业
基于ROS的移动机器人路径规划	杭州新松机器人自动化有限公司	马培峰，2019届机制专业
姿态可调式变刚度软体末端执行器设计与研究	杭州新松自动化有限公司	李梦雪，2019届机制专业
基于图像识别的智能搬运机器人设计	杭州新松机器人自动化有限公司	麻文克，2018届机制专业
电梯载重测试用配重自动小车的设计	杭州西奥电梯有限公司	聂从辉，2018届机制专业
基于激光干涉仪的机床几何精度误差测量研究	浙江五洲新春集团股份有限公司	楚晓扬，2017届机制专业
基于Leap Motion的手感控制智能小车设计	杭州正强万向节有限公司	魏小松，2017届机制专业
高层玻璃清洗装置设计与分析	浙江悍马光电设备有限公司	王健，2017届机制专业

"中国纺织文化"混合式慕课的改革与实践

武汉纺织大学，外国语学院

完成人及简况

姓名	性别	所在单位	党政职务	专业技术职称
庞爱民	女	武汉纺织大学	无	教授
生鸿飞	男	武汉纺织大学	无	教授
柯群胜	男	外国语学院	无	教授
杜利珍	女	武汉纺织大学	系主任	副教授

1. 成果简介及主要解决的教学问题

1.1 成果简介及主要解决的教学问题

武汉纺织大学"中国纺织文化"课程是以纺织文化为特色的国家一流课程，拟对选课学生培养具备宽泛的纺织通用知识，拥有较强科技常识能力，养成良好的人文素养与，能够掌握一定的纺织科技史，对纺织专业产生浓厚的兴趣。

教学实践中发现：学生对纺织行业认可度不高，对"纺织史"缺乏兴趣，从业意愿低，导致学习动力不足，学习质量差，严重影响了纺织人才的培养质量。针对这个问题，本成果构建了纺织文化传播精品视频公开课（2015年国家精品视频公开课）和中国纺织文化精品（2021年国家一流课程）在线开放课程。通过专业"思政"帮助学生树立正确的人生观和价值观，让学生充分认识到"纺织文化"是中国传统文化的重要组成部分，提高学生学习意愿（立德）；利用生动有趣的课堂与网络教学，提高学生对中国纺织文化的兴趣；以学生科技人文通识能力的培养为导向，提升学生学习质量；通过线上教学与网络见面课等教学环节引导学生进行中国纺织文化的思考，体会纺织文化对中国传统文化成果发展的价值，实现自我价值和人格升华。

通过该课程申报获批的海外项目"中国—塞尔维亚文化通识类网络课程建设调研"已完成，项目完成过程中对留学生、塞尔维亚诺维萨德大学的本科生进行双语授课，对弘扬中国传统文化、让一带一路沿线国家了解中国起到很好的"润物细无声"的宣传作用。

1.2 本成果解决教学问题的方法

1.2.1 科技人文通识的融合、显隐合一的专业思政方法

"思政"教育中通过大量的中国纺织史嵌入，把中国文化与纺织技术、知识传授有机融合，实现显性与隐性教育的有机结合，增强学生人文素养和文化自信，促进学生学习意愿的提高。在思政教育中，坚持思政教育可评价，能持续不断改进。在显性专业知识背后，隐含着中国传统文化和社会发展的理念，体现出中国文化博大精深的发展观。通过教师课程的讲授指导，将爱国主义从抽象转化为现实，落实到专业教学的细微之处，实现"润物细无声"。在思政施政评价环节，使用选择题和简答题（网络题库有1000道题目）对专业知识进行考评，实现思政教育可评价、可持续改进。思政教育能打开社会不良思潮对学生心灵的桎梏，提高学生学习意愿。

1.2.2 纺织文化兴趣培养三步法

根据意识深度，兴趣可分为感官兴趣、乐趣和志趣三个层次。"中国纺织文化"课程通过"机杼巧织素纱衣""丝路迢迢传文化""衣被天下源流长"等教学内容，生动形象地给学生展示中国纺织文化，通过感官刺激使学生产生纺织文化的学习兴趣。通过"中国纺织文化"学习目标和结果的介绍，让学生对纺织文化产生理论认知，培养学生纺织的"乐趣"，培养学生的文化自信心，让学生对纺织文化产生"志趣"。应用纺织文化兴趣培养三步法能显著提升学生学习动力。

1.2.3 结果导向的课程质量评价方法

根据社会需求制定培养方案和课程体系，课程大纲明确建立课程目标与结课的对应关系，课程内容和教学方式能够有效实现课程目标，课程考核方式、内容和评分标准能够针对课程目标设计，考核结果能够证明课程目标的达成。

2. 成果的创新点

"纺织文化传播"为我校首门国家精品视频公开课（2014年），"中国纺织文化"线上课程在此基础上升级而来，以纺织文化研究为基础，以中国各地纺织遗迹为线索，理性诠释纺织文化的内涵；从传播学的角度出发，透过纺织文化通识教育的传播途径，通过对古代文学作品的解读及对相关历史事件的介绍，使学生对纺织文化的内涵有更深的感悟；课程贴近生活，为非纺织类学生以及社会受众提供一种了解纺织文化、提升人文素养的平台。通过纺织文化的境外留学生授课，将中国文化传播到国外高校。

本课程具有以下三方面的优势：

（1）本课程将科技史和人文融合为一体，将思政内容融入科技文化通识课中，为高校思政教育提供一种新模式。

（2）从教学活动、学生体验和学术交流的多角度出发，构建三位一体的高校人文素质培养机制。

（3）搭建海外文化交流合作平台（中国—塞尔维亚文化通识类网络课程建设调研），提炼人文交流中丝路关联文化的共性，实现纺织文化慕课的境外移植，对境外学生起到润物细无声地文化传播作用，巧妙传播中国文化。

3. 成果的推广应用情况

校内为公选课，已开设8年，每年两学期两个校区各有150人选课，共4800人次。目前校外累计选课人数高达18622人次（2014~2023年）。

校外累计选课高校86所（数据由智慧树平台提供），分别为：武汉纺织大学、宁夏医科大学、成都工业学院、南通大学、泉州纺织服装职业学院、江西服装学院、四川轻化工大学、武汉城市职业学院、四川科技职业学院、山西青年职业学院、桂林理工大学、四川美术学院、温州医科大学、大连民族大学、安阳工学院、盐城工业职业技术学院、山西大学、河南科技学院、南京工业职业技术大学、苏州高等职业技术学校、新疆工程学院、昭通学院、青岛大学、辽宁传媒学院、山西交通职业技术学院、山西医科大学晋祠学院、三亚城市职业学院、浙江工业职业技术学院、西南科技大学城市学院、西安明德理工学院、喀什大学、黑龙江工程学院、浙江水利水电学院、延安大学西安创新学院、中山大学新华学院、河北科技大学理工学院、广州中医药大学、河北女子职业技术学院、安徽职业技术学院、福建艺术职业学院、武汉设计工程学院、渭南职业技术学院、泰山学院、广州铁路职业技术学院、武汉生物工程学院、临沂职业学院、贵州民族大学、河北师范大学、山东外贸职业学院、武汉纺织大学外经贸学院、南京晓庄学院、西北师范大学知行学院、湖北汽车工业学院、河北大学、西南医科大学、东莞理工学院城市学院、广西医科大学、贵州大学、北京第二外国语学院中瑞酒店管理学院、广东外语外贸大学、江汉艺术职业学院、鄂尔多斯应用技术学院、新疆天山职业技术学院、苏州工业园区职业技术学院、星海音乐学院、西安航空职业技术学院、河北大学工商学院、天津外国语大学、太原理工大学、武昌首义学院、山西财经大学、安徽中医药大学、河北中医学院、仰恩大学、江苏商贸职业学院、安徽理工大学、甘肃林业职业技术学院、济南工程职业技术学院、成都银杏酒店管理学院、海南外国语职业学院、云南中医药大学、东北石油大学、济宁医学院、晋城职业技术学院、内蒙古医科大学、广西培贤国际职业学院；对17个国家的留学生授课，成效显著。

"高端纺织品及应用"线上一流课程体系多维度创新教学改革与实践

浙江理工大学

完成人及简况

姓名	性别	所在单位	党政职务	专业技术职称
冯建永	男	浙江理工大学	无	中级
赵连英	女	浙江理工大学	纺织工程系支部副书记	教授级高工
吴莹	男	浙江理工大学	无	特聘副教授
黄志超	男	浙江理工大学	无	工程师
武维莉	女	浙江理工大学	无	讲师
钱建华	男	浙江理工大学	无	教授
翁鸣	女	浙江理工大学	无	副教授

1. 成果简介及主要解决的教学问题

1.1 成果简介

（1）针对纺织专业理论教学重视知识传授，忽视思政融合的教学现状，将课程内容体系按照基础知识传授模块、思政融合模块进行重组，并且将世界观、价值观、人生观的培养，科学精神的培养，家国情怀的培养分别融入"高端纺织品及应用"线上课程、线下课程及线上线下混合式课程体系的三大类型纺织专业课程教学实践中，促进育人、育才、育德的有机统一。通过三个维度在"高端纺织品及应用"一流课程建设中融入育人元素，引导学生"专业成才，精神成人"，促进价值塑造，拓宽纺织类课程学习深度和广度。依托纺织工程系"全国党建工作样板支部"形成了富有特色的"党建引领，产教融合"人才培养新模式，把思想政治内容贯穿本课程体系的纺织工程专业教育教学全过程，实现全程育人、全方位育人，形成富有特色的思政融合线上课程、线下课程及线上线下混合式课程体系的三大类型纺织专业课程教学改革新机制。

（2）围绕纺织类课程"两性一度"的建设要求，课程团队对教学内容进行了重构，紧跟时代前沿，倾力打造"金课"标准，录制课程视频，形成"高端纺织品及应用"线上一流课程体系，引导学生展开对前沿纺织科技与理论学习的深度思考和对实际应用的深入探索，实现学生的全面发展。确立了面向工程认证理念的课程学习目标和毕业要求对应关系，打造"协同+融合"型教学内容体系，不断丰富和优化课程教学资源，以OBE成果导出理念为宗旨，以提升学生能力为目标。

（3）在信息化和数字化背景下，开展以慕课（MOOC）、小规模限制性在线课程（SPOC）教学、"项目式教学"的教学改革，按照"二线三段四环"的教改思路，创新教学模式，改革考核方式，形成以学生为中心的教学方式变革及评价体系。把传统的面对面课堂教学与网络学习有机融合，以实现学习目标的最优化，打造"高端纺织品及应用"课程体系的线上、线下、线上线下混合式教学的一流课程体系及三大类型课程评价体系改革，促进高素质卓越纺织类人才的培养目标实现。

1.2 主要解决的教学问题

（1）传统纺织类课程的思政融入不够深入，课程目标"重教书，轻育人"，教学目标多定位于知识传授，对政治认同、品格修养、科学精神等价值的引领导向不够深入。针对纺织类课程相关内容及知识体系的教学现状，将课程内容体系按照基础知识传授模块、思政融合模块进行重组，依托纺织工程系"全国党建工作样板支部"，通过多元化思政融入实践促进价值塑造，形成了富有特色的"党建引领，产教融合"人才培养新模式。围绕课程的思政内涵，录制线上一流课程，通过三个维度在"高端纺织品及应用"线上一流课程体系建设中融入育人元素，引导学生"专业成才，精神成人"，拓宽了纺织类线上课程、线下课程、线上线下混合式课程体系的学习深度和广度，实现知识、能力、素质培养目标及德育要求（图1）。

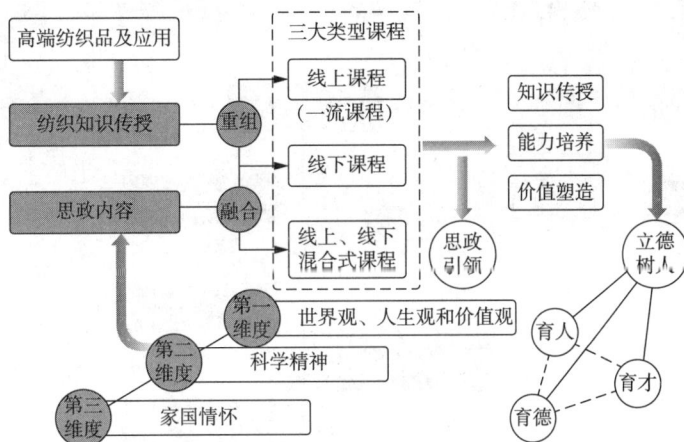

图1 多元化思政融入纺织类三大类型课程教学实践及知识、能力、素质培养目标

（2）现有教学内容多聚焦于传统纺织理论与方法，部分新型内容较为薄弱，传统教材大都未涉及。围绕纺织类课程"两性一度"的建设要求，结合纺织学科的前沿技术及新领域、新内容，课程团队对教学内容进行了重构，倾力打造"金课"标准，设计及开发了相关教学资源，精心录制"高端纺织品及应用"线上一流课程，打造"协同+融合"型教学内容体系。聚焦于高端纺织品的具体应用，如过滤分离、土工建筑、生物医用、安全防护、交通运输、军事国防、航空航天、纺织智能制造、智能穿戴等领域的最新研究进展及成果。紧跟时代前沿，引导学生展开对相关纺织知识学习的深度思考和对实际应用的深入探索，形成以OBE成果导出为宗旨及提升能力为目标的"纺织+X"教学体系改革，促进学生全面发展（图2）。

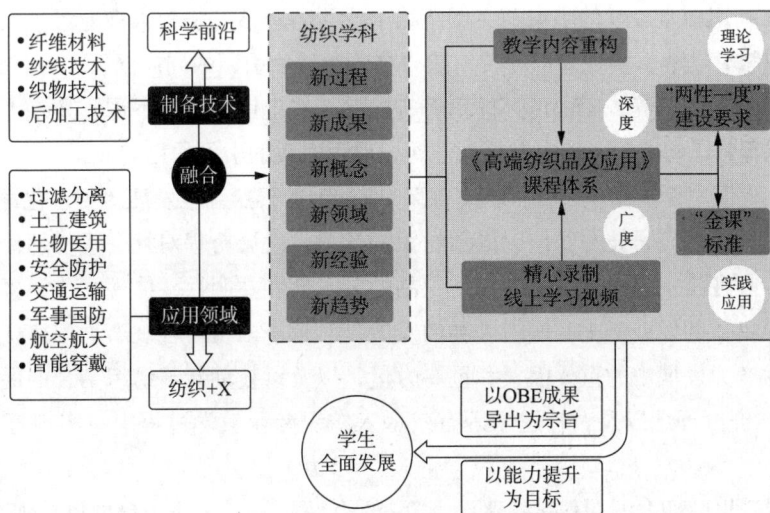

图2 以OBE成果导出及能力提升为目标的学生全面发展示意图

（3）针对传统纺织类课程的课堂教学囿于时间、空间以及教学技术和手段的限制；"教师→学生"的单向传导，"学生→教师"的交流渠道不通畅，师生之间难以进行有效交流与互动；不能充分调动学生的主动性和能动性的教学现状。"高端纺织品及应用"课程体系运用现代信息技术手段，开展MOOC、SPOC教学、"项目式教学"为主的教学改革。通过课前导学、线上自主学习、课堂重点难点讲解、线上线下深度讨论、过程性考核等方式，创新教学模式，改革考核方式，按照"二线三段四环"的思路组织实施教学环节，以实现学习目标的最优化。分别对线上课程、线下课程及线上线下混合式课程体系的三大类型课程进行了相关的教学模式及评价体系改革，实现高素质卓越纺织人才体系的培养目标（图3）。

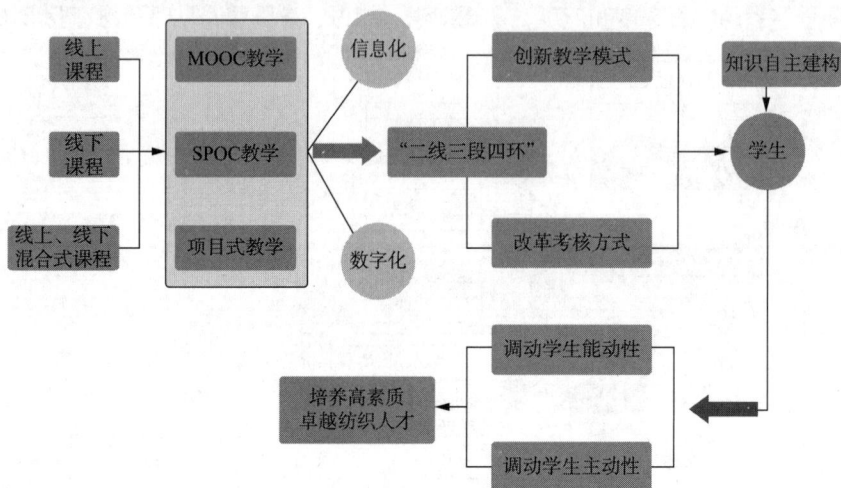

图3　纺织类三大类型课程的教学创新改革及培养高素质卓越纺织人才体系

2. 成果解决教学问题的方法

2.1　录制、完善"高端纺织品及应用"线上一流课程内容及教学资料，形成思政融合的线上教学内容体系建设

2.1.1　线上教学视频内容及思政融合情况

已录制完成课程视频43个，总时长约500分钟，符合精品课程的2学分480分钟时长的要求。完成题库数11个，拓展资料16个，非视频课件20个，线上视频资源丰富（表1）。以"立德树人"为根本宗旨统领线上课程内容建设，利用课堂教学的主渠道，围绕线上学习各环节，将育人功能渗透其中，发挥"高端纺织品及应用"的思政教育功能，实现知识传授、能力培养和价值引领的同向同行。并且将世界观、价值观、人生观的培养，科学精神的培养，家国情怀的培养有机融入线上课程、线下课程及线上线下混合式课程体系的三大类型纺织课程教学实践中，着力发挥党建融合课程思政的引领作用。

（1）依托纺织工程系"全国党建工作样板支部"，通过讲述天然纤维发展历史、化学纤维发展历史、织物发展历史、纺机发展史、高科技与纺织，揭示纺织的认识、发展历程对社会进步的促进作用。以丝绸为例，人们崇尚自然，高度重视生态环境，揭示纺织品的艺术性和文明性，体现文化、素质、修养、思想精神等内涵。通过纺织机械的发展历史，融入人类的发展是对自身以及对客观事物规律认识的发展。科学技术是推动现代纺织生产力发展中的重要因素和重要力量，以及科技创新与纺织结合的促进作用。将思想政治教育的理论知识、价值理念以及精神追求等有效融入纺织专业教学过程中，实现育人、育才、育德的统一。

（2）三个维度促进思政融合的课程体系建设。第一个维度，培养学生正确的世界观、人生观和价值观。采用学生喜闻乐见的方式和感兴趣的案例、事迹，着重于青年学生道德素养的熏陶培养，通过学习高端纺织品的理论、方法以及职业道德规范，帮助学生树立正确的世界观、人生观和价值观。第二个维度，培养学生的科学精神。即在纺织基础内容科学性的基础上，进行有效的创造性、创新性拓展，通过课程思政，培养学生的科学精神，实事求是、严谨求真的务实态度；对待学科专业的一丝不苟、精益求精的工匠精神；分析问题的唯物辩证、反复求证的研究素养；解决问题的理性实证、脚踏实地的探索精神。在学习过程中完善和发展高端纺织品的理论、方法，追求更高层次的科学性、技术性与艺术性的统一。第三个维度，培养学生的家国情怀。加强正确的价值观引导，弘扬爱国主义、集体主义和社会主义思想，崇尚英雄、尊重模范，发扬奉献精神和创新探索精神。依托纺织劳动模范、纺织工匠的事迹，弘扬劳模精神、劳动精神、工匠精神教育，激发学生投身纺织、热爱纺织、奉献纺织、扎根纺织。借助我校的丝绸博物馆，传承百年丝绸历史及文化育人，弘扬以丝绸为特色的中华优秀传统文化教育，已成为"高端纺织品及应用"课程的思政教育典型案例，实现中国传统文化与时代主题的有机融合，积极培育和践行社会主义核心价值观。

表1 "高端纺织品及应用"线上视频课程及时长分配

序号	知识点名称	时长
1	概述（课程导论）	15分钟
2	高端纺织品分类	15分钟
3	发展趋势	15分钟
4	与普通纺织品的区别	15分钟
5	高端天然纤维	15分钟
6	高端化学纤维	15分钟
7	高性能纤维	15分钟
8	功能纤维	15分钟
9	纤维材料制备方法	15分钟
10	纱线制备方法	15分钟
11	绳索制备方法	10分钟
12	带制备方法	10分钟
13	机强物制备方法	10分钟
14	针织物制备方法	10分钟
15	非织造布制备方法	10分钟
16	复合材料制备方法	10分钟
17	高端纺织品的后加工方法	10分钟
18	土木建筑用纺织品加工方法	10分钟
19	土木建筑用纺织品制备方法	10分钟
20	土木建筑用纺织品设计案例	10分钟
21	农林水产用纺织品概述	10分钟
22	农林水产用纺织品制备方法	10分钟
23	农林水产用纺织品设计案例	10分钟
24	医疗卫生用纺织品概述	10分钟
25	医疗卫生用纺织品制备方法	10分钟
26	医疗卫生用纺织品设计案例	10分钟
27	过滤分离纺织品概述	10分钟
28	过滤分离纺织品制备方法	10分钟
29	过滤分离纺织品设计案例	10分钟
30	交通运输纺织品概述	10分钟
31	交通运输纺织品制备方法	10分钟
32	交通运输纺织品设计案例	10分钟
33	军事国防纺织品概述	10分钟
34	军事国防纺织品设计案例	10分钟
35	航空航天纺织品概述	10分钟
36	航空航天纺织品设计案例	10分钟
37	安全防护纺织品概述	10分钟
38	安全防护纺织品制备方法	10分钟
39	安全防护纺织品设计案例	10分钟
40	休闲娱乐纺织品概述	10分钟
41	休闲娱乐纺织品制备方法	10分钟

2.1.2 线上课程学习的成绩评定

"高端纺织品及应用"线上学习是通过学生与平台之间的交互过程完成的，按照学生接受知识过程，将课程线上教学划分为3个阶段（图4），即课前预习模块、课堂教学模块和课后练习复习模块。每个模块中侧重点又各有不同，其中课前预习模块中理论知识点预习和课程内容练习并重；而课堂教学模块以知识点讲解为主、知识点练习为辅；课后练习模块以学生自主学习探索为主、教师答疑为辅。线上学习采用的平台为浙江省高等学校在线开放课程共享平台及"在浙学APP"。

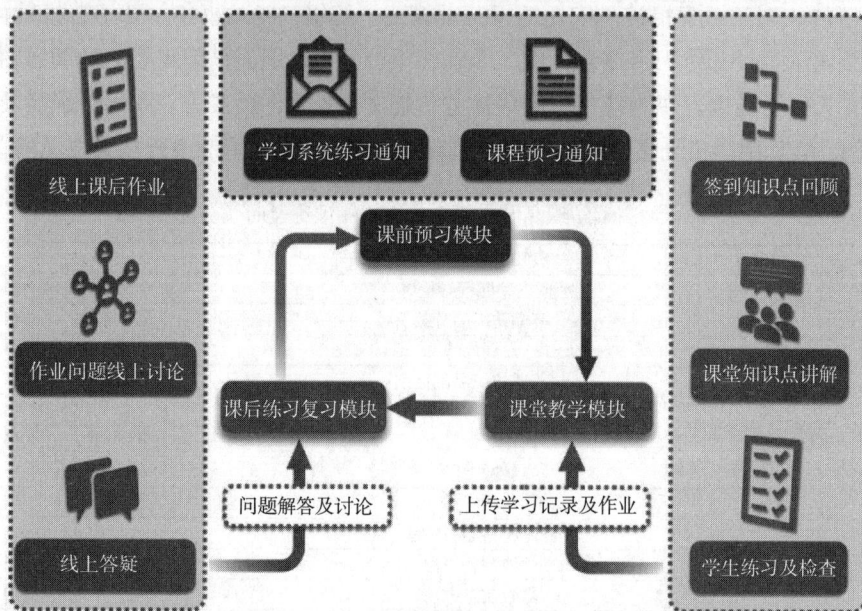

图4 教学设计

（1）课前预习模块。通过学习系统的"内部通知"功能，提前发送下次课理论学习知识点和练习题，并通过课程交流群及时督促学生完成。该模块要求学生兼顾理论知识点预习和练习题，会提前将理论知识点课件上传到线上学习资源库，并设置自学任务点，以便统计学生课前预习情况；学生在预习练习过程中及时记录出现的问题，并在下次课程开课前发表到线上讨论区，教师在教学模块中进行重点讲解，做到知己知彼、有的放矢。

（2）课后练习模块。按照学生自主学习及思考探索求知为主、教师答疑指导为辅的模式，在每周线上课程结束后，采用在线学习系统和课程交流群两种方式，发放课程理论知识点和练习通知。任课教师及团队会及时将线上学习内容要点上传到线上学习资源库，并设置复习任务点，将课程知识点对应的教学内容以作业形式下发给学生，并要求学生通过录屏、截图、拍照、做笔记等多种方式记录学习笔记，并上传，以便教师及时掌握每个学生的学习程度与进度。此外，学生将预习、练习、复习过程中出现的问题及时发送至课程讨论区，激发学生之间的探讨精神和动力，形成师生教学相长的讨论式教学模式，开展在线答疑和师生互动，鼓励学生养成发现问题、探索问题、解决问题的习惯和能力。

（3）成绩评定方法。成绩评定方法采用三个方面的程度综合给定。

①课程自学成绩：学习系统会自动记录学生自学比例及评定其课前的表现成绩。

②课堂表现成绩：包括课堂签到完成度和课堂讨论与练习表现，其中课堂签到依照每次线上课程的2次签到总数给予成绩；课堂讨论与练习表现，依据每名学生每堂课参与讨论或练习内容展示的情况，即1人/次课记为1分，参与讨论完成10次可评定为满分。

③课后成绩：分为复习完成度、课后作业完成度和课程大作业完成度3个部分。就复习完成度而言，其

成绩评定依据为线上资源库中课堂教学视频的自学比例，全部完成记为满分；课后作业完成度主要根据教师下发的教学题库和标准进行评定，同时，为了发现学生学习过程中存在的问题，还要考量学生录屏、截图、照片、笔记、查阅的文献资料等，进而综合评定其课后作业成绩；对于课程大作业完成度而言，设定好题库，学生在题库中作答，教师依据学生完成情况综合评定课程大作业成绩。采用上述线上课程考核方法，有效督促学生完成3个模块的学习内容，会加深对"高端纺织品及应用"课程的认识和理解，切实培养学生发现问题、探索问题和解决问题的能力。

2.2 结合工程认证理念的线下教学综合改革实践，多元化思政融合促进价值塑造，拓宽纺织类课程学习深度和广度

2.2.1 线下课程内容及教学目标

本课程是纺织科学与工程专业的学科基础选修课，主要介绍各种高端产业用纤维原料及其性能、高端产业用纺织品（机织、针织、非织造）的生产技术和各类高端纺织品的性能、制备、测试及应用。结合课程思政内容及相关案例，落实立德树人任务，将思政内容融入教学的各个环节，弘扬社会主义核心价值观，培养学生的高度责任感及服务国家、社会及人民的工匠精神，形成严谨求实的科学探索精神，遵守职业道德和法律意识，自觉维护国家利益，将所学专业知识积极投身社会主义现代化建设中。

（1）课程目标1。掌握常规纤维、高性能纤维及功能纤维的结构及性能与制备技术；掌握纤维、纱线、绳索、带、纺织品的制备方法。

（2）课程目标2。熟悉高端纺织品的具体应用，如过滤分离、土工建筑、生物医用、安全防护、交通运输、军事国防、航空航天、智能穿戴等领域。

（3）课程目标3。以专业知识为主，结合课程思政，培养学生具有产品设计、工艺技术与管理；勤于思考、深入研究的习惯和求实、创新能力，实现立德树人的根本任务。

2.2.2 线下课程教学内容及融合思政、高科技纺织元素的学时分配

"高端纺织品及应用"是一门实践性较强的纺织专业课程，采用理论与实践并重的教学设计原则。采用启发式和案例式教学，培养学生思考问题、分析问题和解决问题的能力，引导和鼓励学生通过实践和自学获取知识（表2）。

表2　课程的教学内容及课时分配

课程内容（知识单元）	理论讲授学时	学时小计
知识单元1：高端纺织品概述	2学时	2学时
知识单元2：高端纤维材料概述	2学时	2学时
知识单元3：高端纤维材料的制备方法	2学时	2学时
知识单元4：线、绳、带的制备方法	2学时	2学时
知识单元5：机织物的制备方法	3学时	3学时
知识单元6：针织物的制备方法	3学时	3学时
知识单元7：高端纺织品的后道加工技术	2学时	2学时
知识单元8：过滤分离用纺织品	2学时	2学时
知识单元9：土工建筑用纺织品	2学时	2学时
知识单元10：生物医用纺织品	2学时	2学时
知识单元11：安全防护用纺织品	2学时	2学时
知识单元12：交通运输用纺织品	2学时	2学时
知识单元13：军事国防及航空航天用纺织品	2学时	2学时
知识单元14：纺织智能制造	2学时	2学时
知识单元15：课程实践	2学时	2学时
总计	32学时	32学时

（1）在课程教学过程中，教学内容不局限于课本。将一些新的高科技纺织品作为案例或者研讨主题引入课堂。拓宽了专业知识学习的广度和深度，并且结合当代大学生的个性及心理需求，不断提升其对纺织专业的学习兴趣。

（2）在课程教学过程中，及时引入新领域、新内容。比如融入了2022年冬奥会的纺织科技案例，智能保暖羽绒服、速滑比赛服、碳纤维编织耐高温火炬、中国传统桑蚕丝织奖牌绶带、奥运防护口罩、高性能纤维复合材料滑雪头盔和滑雪板及可降解餐具等最新成果，可以让学生深切感受到冬奥会的纺织科技，向世界展示中国式的浪漫和纺织特色。

2.2.3　梳理及确立了面向工程认证理念的课程学习目标和毕业要求对应关系

确立了面向工程认证理念的课程学习目标和毕业要求对应关系，对应的指标点分别为1.3、3.1、6.1（表3）。

表3　面向工程认证理念的线下课程学习目标和毕业要求对应关系

毕业要求	毕业要求指标点	课程内容及教学目标	支撑强度
毕业要求1（工程知识）	1.3 能将纺织工程专业的知识应用于纺织工程的过程设计、控制、优化和改进	课程目标1：掌握常规纤维、高性能纤维及功能纤维的结构及性能；掌握产业用纤维、纱线、绳索、带、纺织品的制备方法	Mi
毕业要求3（设计/开发解决方案）	3.1 能了解纺织工程前沿技术和发展趋势，熟悉新技术、新产品、新工艺、新设备研究开发的基本流程，在解决复杂工程问题中具有创新的态度和意识	课程目标2：熟悉高端纺织品的具体应用，如过滤分离、土工建筑、生物医用、安全防护、交通运输、军事国防、航空航天、智能穿戴等领域	Mi
毕业要求6（工程与社会）	6.1 具有到纺织类企业工程实习和社会实践的经历，能够把生产实践和纺织工程的相关理论相结合	课程目标3：培养学生具有产品设计、工艺技术与管理能力；勤于思考、深入研究的习惯和求实、创新能力，结合课程思政，实现立德树人培养要求	Hi

注　Mi–中等相关程度，Hi–高等相关程度。

2.2.4　结合信息技术的多元化考核方式及评定

考核是引导学生学习、检查教学效果的重要环节，也是体现课程要求的标志。本课程为考查课程，按照综合考查方式考查学生的学习情况。按优、良、中、及格、不及格五级评定学生的成绩。总成绩分以下两部分：

（1）平时成绩（包括作业成绩、上课出勤率、课堂表现等）：40%。借助线上学习系统签到、笔记、讨论等方式。

（2）期末笔试或课程论文成绩：60%。结合课程目标及成绩比例如表4所示。

表4　课程学习目标与成绩

课程目标	平时成绩占比（%）	课程专题报告占比（%）	课程分目标达成度评价方法
课程目标1	80	80	分目标达成度=0.6×（专题报告分目标平均成绩/分目标总分）+0.4×（分目标平时成绩/分目标总分）
课程目标2	20	20	

2.2.5　制定了面向工程认证的线下课程OBE理念评分体系

针对三个课程教学目标，实行四档评分依据，实现对学生知识、能力及素质的考察（表5）。

表5　课程教学目标及评分标准

课程教学目标	评分标准			
	90~100	80~89	60~79	0~59
	优秀	良好	中/及格	不及格
课程目标1：掌握常规纤维、高性能纤维及功能纤维的结构及性能；掌握纤维、纱线、绳索、带、针织品及其他纺织品的制备方法	深入了解高端纺织品前沿技术；能准确地将理论与新技术、新产品、新工艺及新设备结合起来	熟悉高端纺织品前沿技术，能熟练地运用理论知识于新技术、新产品、新工艺及新设备	基本了解高端纺织品前沿，熟悉新技术、新产品新工艺、新设备研究开发的基本流程	部分了解高端纺织品前沿技术，对机织工程新技术、新产品、新工艺及新设备基本不熟悉
课程目标2：熟悉高端纺织品的具体应用，如过滤分离、土工建筑、生物医用、安全防护、交通运输、军事国防、航空航天、智能穿戴等领域	能够熟练掌握纺织品在产业方面的应用领域及要求	熟悉纺织品在产业方面的应用领域及要求	基本了解纺织品在产业方面的应用领域及要求	对纺织品在产业方面的应用领域及要求不太清楚
课程目标3：培养学生具有产品设计、工艺技术与管理能力；结合课程思政，勤于思考、深入研究的习惯和求实、创新能力	具备独立从事高端纺织品设计、工艺技术与管理；能运用所学知识进行创新	具备一定的高端纺织品设计能力，能协助技术人员进行工艺技术和生产管理	基本具备高端纺织品设计、工艺技术和管理能力	不具备高端纺织品、工艺技术与管理等基本能力；不具有创新能力

2.3　线上线下混合式教学改革实践

结合"高端纺织品及应用"的相关课程视频，主要应用于"现代纺织品鉴赏"课程的教学需求，进行了线上线下混合式教学改革，使学生达到知识、能力和素质的培养要求。

线上线下混合式课程的教学目标：

（1）知识目标：掌握纺织品的基础理论知识；熟悉纤维、纱线、织物的定义、性能要求、分类及应用；明确纺织品在服装、装饰及产业方面的三大应用领域。

（2）能力目标：对各种不同纺织品具有一定的鉴别能力，能够区分纺织品的不同种类、性能要求及应用领域。

（3）素质目标：培养学生强烈的社会责任感，分析问题、解决问题的能力，追求新知、不断探索的创新意识，以及团队精神、工匠精神和主人翁精神，提高学生学习纺织知识和探索未知领域纺织奥秘的兴趣。该课程的总学时为32学时，其中线上教学16学时，线下教学16学时，各部分的教学内容、学时安排如下：

2.3.1　线下教学部分

主要鉴赏纤维、纱线、织物、功能纺织品、服装用及装饰用纺织品，总共16学时。线下教学过程中，主要结合案例教学、研讨式教学、企业实践内容及产品展示、实物接触、视频观看、互动交流等教学方式。线下教学内容及学时安排如表6所示。

表6　线下教学内容及学时安排

教学模块	主要内容	学时
鉴赏纤维	天然纤维、化学纤维、功能纤维、高性能纤维	3
鉴赏纱线	纱线定义、分类及应用	3
鉴赏服用织物	机织物、针织物、编织物、非织造布	3
鉴赏装饰织物	床上用织物，窗帘织物，地毯，挂毯织物，壁挂织物，家具用织物，餐厅、厨房、浴室、卫生盥洗用织物	3
鉴赏功能纺织品	抗菌、除螨、防霉、抗病毒、防蚊虫、拒水拒油、远红外、抗紫外、抗褶皱、夜光及反光、温度调节、防电磁辐射、负离子保健纺织品	4

2.3.2 线上教学部分

主要借助浙江省高等学校在线开放课程共享平台进行线上教学，总共16学时，鉴赏高端纺织品及应用领域，如在过滤分离、土工建筑、生物医用、安全防护、交通运输、军事国防、航空航天、智能穿戴等领域的应用。通过视频观看、发帖、笔记、签到、作业、在线答疑、测试及考试，学生进行线上教学内容的学习。线上教学内容及学时安排如表7所示。

表7　线上教学内容及学时安排

教学模块	主要内容	学时
过滤分离纺织品	过滤用纺织品概述，过滤材料的分类及性能，过滤纺织品的设计开发案例"口罩及防护服"	3
土工建筑纺织品	土工织物的定义与分类，土工织物的国内外现状，土工织物的功能，土工织物原料及加工方法，土工织物性能的测试方法，土工织物设计开发案例	3
生物医用纺织品	生物医用纺织品概述，移植类纺织品，非移植类医用纺织品，体外医疗装置用纺织品	3
安全防护纺织品	生化防护，物理防护，智能防护纺织品	3
交通运输纺织品	交通运输用纤维制品分类，装饰遮盖类纤维制品性能，碰撞防护类纤维制品加工	2
军事国防和航空航天纺织品	军用服装，降落伞，单兵装具，军工装备和武器用具，地面军事目标伪装，航天航空用纺织品案例	2

2.3.3 线上线下混合式课程考核方式

该课程的考核采用线上与线下相结合的方式。课程总成绩由平时成绩和期末成绩组成，平时成绩占40%，期末成绩占60%。平时成绩由线上成绩和线下成绩组成。平时成绩中，线上成绩占70%，线下成绩占30%。期末成绩为学生课程论文成绩。

（1）线上成绩。线上成绩由视频观看（80%）、讨论发帖（10%）、在线笔记（10%）成绩组成。成绩计分准则和课程要求如表8所示。

表8　线上成绩计分准则及要求

线上成绩	视频观看（80%）	讨论发帖（10%）	笔记（10%）
成绩计分准则	视频观看时长/视频总时长*单项满分	普通帖子1分/个，精华帖子2分/个	普通笔记1分/个，精华笔记2分/1个
课程要求	总共观看24个视频，全部观看完即得满分	发帖10次，每次课要求根据学习内容发帖1次，达到要求得满分	做笔记10次，每次课要求根据学习内容完成课程笔记并上传，达到要求得满分

（2）线下成绩。线下成绩主要是课堂签到、教学互动、课堂作业、思考题，案例教学与研讨式授课过程中参与情况及个人表现。

（3）课程论文成绩。课程结束时，学生撰写与课程内容相关的小论文，课程论文主题需要查阅相关资料，体现该课程的知识目标、能力目标和素质目标三个层次要求，培养学生独立思考、创新思维、分析问题、解决问题能力。学生在浙江省高等学校在线开放课程共享平台提交课程论文，根据评分依据，如表9所示，在线批阅，系统统计学生最终成绩。

表9　课程论文评分依据

课程论文	内容（60%）	格式（40%）
课程要求	结合课程内容，体现课程的知识目标、能力目标和素质目标三个层次要求，具有独立思考、创新思维、分析问题、解决问题能力	学生按课程论文的统一模板撰写，包括封面、参考文献、图、表、段落、论文字数等都要符合要求
评分依据	所写主题与课程内容吻合，内容正确、选题合理、表达准确为满分	完全按照模板及格式要求撰写。格式不符合、没有封面、论文字数不够、缺乏参考文献、没有图表等均会扣分。抄袭或雷同论文为0分

3. 成果的创新点

（1）三个维度着力发挥课程思政的引领作用，实现"高端纺织品及应用"线上课程、线下课程及线上线下混合式课程内容体系的思政融合重组及教学实践，促进知识传授、能力培养及价值塑造，形成知识、能力、素质并重的复合型纺织人才培养体系。

针对纺织专业理论教学重视知识传授，忽视立德树人思政融合的教学现状，将课程内容体系按照基础知识传授模块、思政融合模块进行重组，并且将世界观、价值观、人生观的培养，科学精神的培养，家国情怀的培养有机融入"高端纺织品及应用"线上课程、线下课程及线上线下混合式课程体系的三大类型纺织类课程教学实践中。依托纺织工程系"全国党建工作样板支部"，着力发挥课程思政的引领作用。围绕课程的思政内涵，在"高端纺织品及应用"—流课程建设的三个维度中融入育人元素，引导学生"专业成才，精神成人"，促进价值塑造。把思想政治内容贯穿纺织工程专业教育教学全过程，实现全程育人、全方位育人，不断拓宽纺织专业课程改革的深度和广度，实现育人、育才、育德的有机统一。

（2）围绕纺织类课程"两性一度"的建设要求，倾力打造"金课"标准，录制课程视频，形成"高端纺织品及应用"线上—流课程体系，紧跟时代前沿，打造"协同+融合"型教学内容体系，以OBE成果导向为宗旨，以提升学生能力为目标，实现学生的全面发展。

课程团队对教学内容进行了重构，不断丰富和优化"高端纺织品及应用"课程教学资源，把纺织学科前沿研究新进展、新成果、新技术、实践发展新理念、新经验、社会需求新变化、新趋势及时纳入课程内容，录制了线上—流课程视频，解决课程内容陈旧单一的问题。聚焦于高端纺织品的具体应用，如过滤分离、土工建筑、生物医用、安全防护、交通运输、军事国防、航空航天、纺织智能制造、智能穿戴等领，引导学生展开对理论学习的深度思考和对实际应用的深入探索。同时，确立了面向工程认证理念的课程学习目标和毕业要求对应关系，以OBE成果导出理念为宗旨，以提升学生能力为目标，实现学生全面发展。

（3）在信息化和数字化背景下，开展以MOOC、SPOC教学、"项目式教学"的教学改革，按照"二线三段四环"的思路，创新教学方法，充分调动学生的主动性和能动性，显著提升教学效果，为培养高素质卓越纺织类人才提供支撑。

形成以学生为中心的教学方式改革，把传统的面对面课堂教学与现代的网络学习有机融合，以实现学习目标最优化的教学模式变革，打造"高端纺织品及应用"线上、线下、线上线下混合式教学的—流课程体系，改革传统考核模式，形成综合评价体系，为学生自主学习提供时间和空间，让学生结合自身的专业兴趣、特长和志向，构建知识与能力结构。相关教学改革效果评价好，课程内容及教学方式深受学生欢迎及用人单位好评，为培养高素质卓越纺织类人才提供支撑。

4. 成果的推广应用情况

4.1 "高端纺织品及应用"线上—流课程建设资源丰富，教学改革持续深入，着力发挥课程思政的引领作用

课程团队对教学内容进行了重构，及时更新课程内容，录制相关课程视频，把纺织学科前沿研究新进展、新成果、新领域、新技术、实践发展新理念、新经验、社会需求新变化、新趋势及时纳入课程内容，解决课程内容陈旧单一的问题。课程体系聚焦于高端纺织品的具体应用，如过滤分离、土工建筑、生物医用、安全防护、交通运输、军事国防、航空航天、智能穿戴等领域。已录制完成课程视频43个，总时长约500分钟，完成系统的题库数11个，拓展资料16个，非视频课件20个。将课程内容体系按照基础知识传授模块、思政融合模块进行重组，并且将世界观、价值观、人生观的培养，科学精神的培养，家国情怀的培养有机融入线上课程、线下课程及线上线下混合式课程体系的三大类型课程教学实践中，着力发挥课程思

政的引领作用。

4.2 以MOOC课程为基础，融合现代信息技术手段，形成纺织专业线上一流课程体系的优质教学资源，为卓越纺织人才培养提供基础支撑

"高端纺织品及应用"的线上一流MOOC课程共开设6期，每学期均会开设，累计选课1309人次，累计学校40所，累计互动3.58万，累计访问50.97万。选课学校为纺织类兄弟院校及材料类的高校，深受学生好评，促进了学生知识、能力和素质目标的全面达成（图5）。

图5 "高端纺织品及应用"MOOC线上课程展示图

4.3 以学生全面发展为宗旨，着力优化课程体系，促进线上线下混合式教学改革实践

结合"高端纺织品及应用"的相关课程视频，主要应用于"现代纺织品鉴赏"课程的教学需求，进行

了线上线下混合式教学改革。优化了线上、线下教学内容及课时比例结构。通过优化整合，把思政元素及内容分别有效融入线上、线下的教学过程中，使得课程的每部分教学内容的配置更加科学，课程设置的逻辑结构得到进一步优化；为学生自主学习预留充足的时间和空间，让学生结合自身的专业兴趣、特长和志向构建知识与能力目标，促进学生全面发展。线上线下混合式教学主要以SPOC方式进行，分别进行了4期的教学实践，累计选课人数1100人，教学效果评价好，课程内容及教学方式深受学生欢迎（图6）。

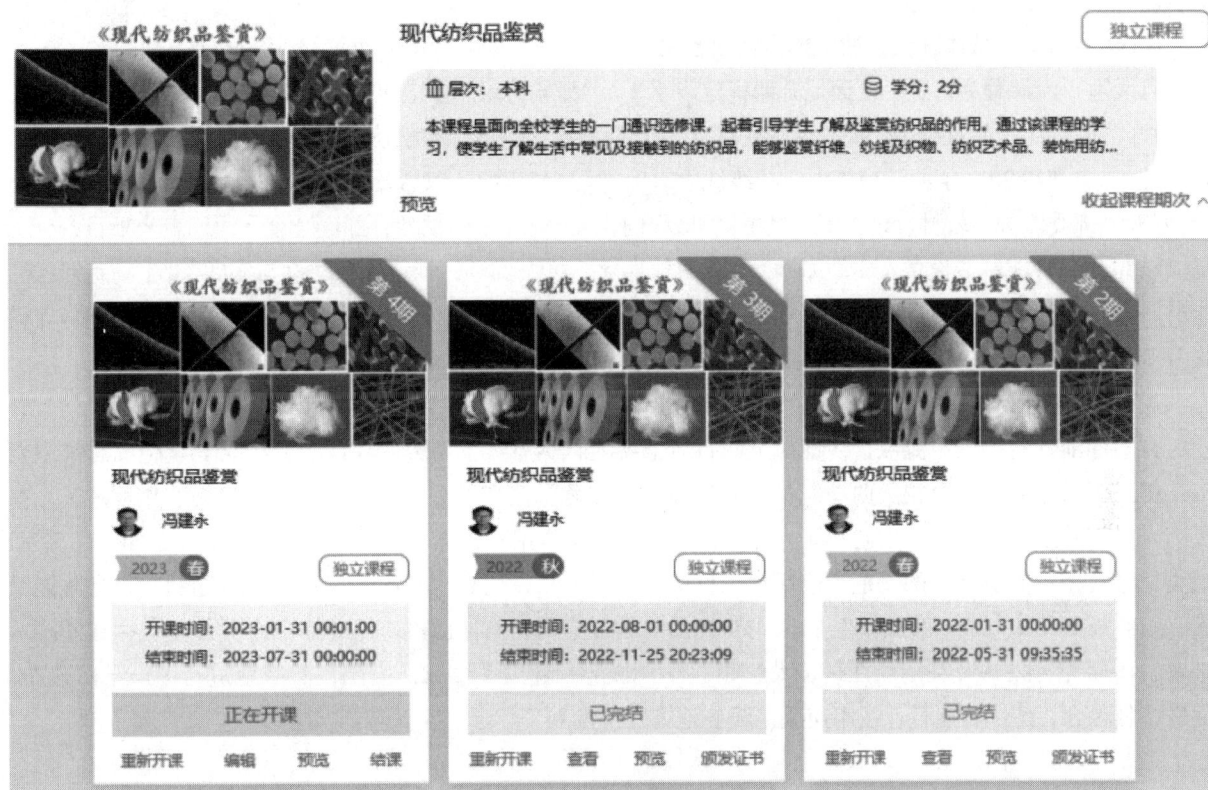

图6 "现代纺织品鉴赏"课程展示图

4.4 以OBE成果导出为宗旨，以提升学生能力为目标，着力加强线下课程体系改革

本课程是纺织工程专业的学科基础选修课，结合工程认证理念的线下教学综合改革实践，多元化思政融合促进价值塑造，拓宽纺织类课程学习深度和广度，学生的实践动手能力提升显著。学习该课程的学生，纺织工程2016级本科生徐新雨（2020级硕士研究生）的基于界面"微雕"构筑多级有序结构"智造"柔性生理信号传感器的研究获得第十七届"挑战杯"全国大学生课外学术科技作品竞赛一等奖。其他的学生获奖分别有"金三发·兰精·安德里茨"杯全国大学生非织造材料开发与应用大赛三等奖、浙江省第十三届"挑战杯"大学生创业计划竞赛浙江省金奖、浙江省第四届"瑞美杯"大学生服装服饰创意设计大赛二等奖、浙江省第八届"互联网+"创新创业大赛金奖、"红绿蓝杯"第十二届中国高校纺织品设计大赛三等奖、第六届中国纺织类高校大学生创意创新创业大赛校赛一等奖、2022未来之星杭州美丽新势力评选银奖、全国针织技术交流会二等奖及三等奖、全国大学生纱线设计大赛二等奖及三等奖等。本科生发表SCI&EI论文6篇，本科生申请发明及外观设计专利14项，实现了OBE成果导出宗旨和提升学生能力为目标的培养要求。

4.5 课程体系的校内教学效果及用人单位评价

近五年的学评教结果分别为4.96分、4.95分、4.87分、4.93分、4.85分（满分为5分），学生对本课程的教学方法手段、知识和技能获得感等方面的满意度达99%以上。近三年教师教学业绩均为优秀。纺织科学与工程专业培养的毕业生在思想素质、专业能力、适应社会方面具有较强的竞争力，主要体现在工作踏实、爱岗敬业、专业水平较高、实践动手能力强、科研创新能力突出、发现和解决问题能力较强、组织与管理能力较强，以及具有很好的团队合作与协调能力，受到用人单位的青睐。近三年纺织科学与工程专业毕业生就业率都在97.96%以上，就业情况良好。并且学校对我校毕业生毕业后的就业情况进行了质量跟踪调查，企业对本专业的毕业生评价优秀，部分学生在毕业2~3年较快走上技术领导岗位，成为企业的中坚力量。

4.6 课程教学成果获奖、教学项目及教改论文

以线上一流课程为支点，全面提升课程建设水平。"高端纺织品及应用"课程获得2022年浙江省线上一流课程，"高端纺织品及应用"视频课程获得2021年浙江省高校教师教学技术成果一等奖（唯一的纺织类课程获奖），也获得2021年浙江理工大学校级线上一流课程。"高端纺织品及应用"的教材被列为纺织服装类"十四五"部委级规划教材目录（第二批）。该课程的相关内容获得3项教育部产学合作协同育人项目，分别是"纺织化纤智能制造设备及实践基地""新工科背景下纺织新材料产教融合建设与实践""生物基针织功能材料与产品"。也获得1项浙江省产学合作协同育人项目，"交叉学科背景下高端纺织人才校企协同培养模式及实践"及1项浙江省教育科学规划课题。发表与课程内容相关的教改论文5篇。

4.7 辐射示范效应及服务地方经济建设能力

在参加浙江省线上一流课程认证时，同行专家鉴定认为本线上课程的建设有利于培养学生的思维和能力，提高了教学效果，对相关的纺织类课程建设具有显著示范作用。该人才培养模式取得了显著效果，在提高人才培养质量、促进学生创新能力提升方面具有显著作用。目前学习该课程的学校累计达40所，在纺织类兄弟院校中具有重要的示范和应用推广价值。并且深入调研象山针织、兰溪纺织智能制造，高性能纤维、航空航天纺织材料、化纤、生物医用纺织品、智能穿戴、新能源汽车用纺织品企业及行业存在的技术难题，团队充分发挥及利用浙江理工大学相关学科优势，建立了多家研究院，有效地进行了产学研合作，促进产教融合，解决企业行业技术瓶颈，服务地方经济发展。

磨砺廿载、嬗变成蝶——东华大学自主培养纺织行业高层次拔尖创新人才的实践

东华大学

完成人及简况

姓名	性别	所在单位	党政职务	专业技术职称
丁明利	男	东华大学	研究生院副院长	副研究员
张翔	男	东华大学	学位办公室主任	讲师
陈晓双	女	东华大学	支部委员	助理研究员
郭琪	女	东华大学	无	助理研究员
孙增耀	男	东华大学	学位办公室副主任	助理研究员
杨超	男	东华大学	无	讲师
查琳	女	东华大学	研究生招生办公室副主任	中级编辑
单丹	女	东华大学	支部委员	助理研究员
匡思颖	女	东华大学	无	助理研究员
俞昊	男	东华大学	研究生院常务副院长	研究员

1. 成果简介及主要解决的教学问题

1.1 成果简介

习近平总书记指出："全面提高人才自主培养质量，着力造就拔尖创新人才"。博士生教育是拔尖创新人才培养的顶端，创新能力是其培养质量的重要体现。东华大学于2003年设立博士生创新基金项目，并于2014年和2022年根据时代要求优化升级，资助前30%且具有科研潜力的优秀博士生，磨砺廿载，投入2500万元，资助1277名博士生，通过不同要素组合，培养了拥有纺织行业技术突破能力的高层次拔尖创新人才。

1.1.1 以评价体系改革为动力，以立德树人为本，持续激发师生的家国情怀

围绕博士生科研能力评价，因时而变，着力破除"唯论文"等不科学的评价导向，对博士生成果进行综合评价；聚焦导师的精力投入、科研训练和育人实效，改进结果评价；健全分类多元化质量评价体系，引导师生扎根纺织行业。

1.1.2 以国家战略需求为导向，以找准小切口为要，培养博士生的"问题"意识

紧密对接纺织科技发展中的难题，培养博士生通过真问题找到小切口的"问题"意识，依托973、国家自然重点及国家重点研发计划等近百个科研"大项目"，于大任务中凝练科学问题，强化博士生自主探索的意识和水平。

1.1.3 以创新基金项目为抓手，以综合素质为鹄，全流程训练独立科研能力

在导师指导下，对博士生进行独立制定研究计划、开展项目申报、依据计划开展科学研究的全流程训练、提升其科研综合素质。

培育了一批高层次拔尖创新人才，受资助博士生荣获国家科技三大奖、"互联网+"和"创青春"大赛金奖等共计32项，为纺织强国建设提供了科技和人才支撑。

1.2 主要解决的教学问题

（1）如何改进博士生教育的评价体系，引导博士生树立服务国家需求的意识？

（2）如何遴选优秀博士生，把好进口关并培养在"小切口"中找到真问题的能力？

（3）如何通过全流程科研训练博士生，扎实掌握纺织强国建设所需技术的素质？

2. 成果解决教学问题的方法

2.1 立德树人，在评价改革体系中引导博士生树立科研报国之情

坚持育人导向，强化综合评价，健全与完善博士生教育评价分类多元化质量评价体系。招生时聚焦培养目标，明确选拔评价标准；培养和学位授予时，聚焦博士生科研能力评价，着力破除"唯论文"等不科学的评价导向，明确学位授予科研成果要求，构建完善学术积分体系，对博士生成果进行综合评价，积极引导博士生参加科研训练，产出高质量学术成果，提升知识创新和实践创新能力，服务纺织强国建设。

2.2 大师育人，在优秀的导师团队和国家重大项目中锻造博士生的创新能力

建设动态调整的多学科交叉前沿课程，鼓励"大先生"将最新科研成果转化为课程知识，通过课堂教学开展，保障创新人才培养的知识快速获取，提高发现问题能力。紧密对接纺织新材料、国防军工高性能纤维和智能制造等国家大任务，在973、国家重点研发计划等"大项目"中，凝练其中的科学问题，培养博士生找准"真问题"能力。

2.3 真刀真枪，在创新基金项目的训练中塑造博士生解决复杂问题的综合素质

设立专门科研项目，采用项目申报制，经个人申请、学院审核、专家评审、跟踪检查、结项等全流程训练，培养博士生独立自主制定研究计划、开展科研申报、安排经费预算等综合素质。采用院校两级管理体系，分别负责项目初审与跟踪管理，依靠专家评审给予定额资助，对优秀项目进行跟踪培养和追加资助、形成长周期育人机制，对于不合格或存在困难的博士生给予精准指导与改进建议，合力突破困难和瓶颈。

3. 成果的创新点

3.1 理念创新，培养博士生发现"问题"的意识

通过科技最前沿课程的学习，保障创新人才培养的知识快速获取，提高其分析问题能力；针对国家战略需求，训练博士生找到适合自主创新研究的"小切口"，并配套设置创新基金项目，形成了"大项目、真问题、小切口"的培养方式，"导师引领＋自主探索"的"大项目"提供领军人才培养的问题供给，鼓励服务急需与自由探索相结合。

3.2 模式创新，夯实博士生的科研能力

为确保创新基金项目成效，构建全流程动态跟踪管理机制，定期组织学院和专家组进行交流指导、中期检查和结题检查，掌握阶段性成果，经博士生自检、学院初审、博士生现场汇报、专家评审合议等环节，对创新基金项目进行分类指导，以实现项目资助者健康成长的初衷。

3.3 评价机制创新，引导博士生的全面成才

坚持以创新能力培养为核心，激发评价改革新动能、建立评价新标准，形成优良创新氛围。坚持破"唯论文"倾向，鼓励博士生根据科研兴趣发表各类型的成果；坚持破"唯数量"倾向，引导博士生发表高质量成果；坚持育人为本，聚焦导师的精力投入、科研训练和育人实效，鼓励导师在一线培根铸魂、启智润心，激发导师育人活力。

4. 成果的推广应用情况

东华大学在高层次拔尖创新型人才培养中，因时而变、因需而变，通过开展系列改革，设立博士创新基金项目，现已进入3.0阶段，改革了高层次拔尖创新人才评价体系，培养了博士生发现和提出"问题"的

意识，提升了博士生独立科研和解决问题的能力，营造了良好创新氛围，取得了显著成效。

4.1 培育了支撑与引领"纺织强"和"强国家"的人才资源，实现了立足国内自主培养高层次人才的战略目标

据统计，全国纺织类高校，纺织学科师资近四分之一来自东华培养的研究生，如东华大学纺织学院院长、长江学者覃小红，首批全国高校"双带头人"教师党支部书记工作室负责人孙宝忠，天津工业大学纺织科学与工程学院常务副院长刘雍，武汉纺织大学研究生院院长王栋等均为项目资助人员。

2011年以来，纺织领域新增的4位院士中的3位为东华培养的研究生，俞建勇院士和朱美芳院士更是以"大先生"的身份指导博士生开展创新基金项目，培养了大批优秀人才。据不完全统计，累计有36人次项目资助人员获长江学者、国家四青人才计划等支持，为壮大我国纺织科研实力，建设纺织强国奠定了坚实的人才基础。

21世纪以来，77项纺织相关的国家科技三大奖中，有21项第一完成人为东华培养的研究生，其中9名获创新基金项目资助博士生获得了国家科技三大奖，如覃小红以第一完成人获国家技术发明奖二等奖1项等，为我国纺织科技强国初步建成提供了坚强的科技支撑。

博士生创新基金项目在促进学位论文质量提升，为各类优秀论文产出提供人才储备，起到积极推动作用。项目启动以来，全校博士生年均授权发明专利增长了64倍；项目资助人员荣获"互联网+"金奖等国家级科技竞赛奖项32项，如丁若垚获第十二届"挑战杯"全国大学生课外学术科技作品竞赛一等奖、第十三届挑战杯全国大学生课外学术科技作品竞赛"累进创新金奖"；赵兴雷获第七届中国国际"互联网+"大学生创新创业大赛金奖等；博士生年均发表高质量学术论文[1]数量增长了39倍，SCI中科院一区论文占比由2012年的5.7%增至2022年的30.1%，二区论文占比相应地由11.5%增至31.8%；近5年获得资助的博士毕业生人均发表学术成果4.1篇，其中高质量学术论文1.3篇，相较未获得资助博士生多62.5%。以高质量学术成果为支撑，2006~2013年学校6篇全国百篇优秀博士学位论文获奖或提名的作者均为项目资助对象。2005~2015年期间，学校共有44人荣获上海市优秀博士学位论文，其中项目资助博士生40人，占比90.9%。

4.2 形成了支撑国家战略所需人才培养的高水平学科平台，实践了深化学科专业内涵建设的发展路径

高层次拔尖创新人才的脱颖而出促进了学校学科水平的持续提升。学校聚焦纺织全产业链的源头、过程和终端全流程，构建了拥有博士、硕士双层次，学术、专业双通道的高层次拔尖创新人才培养学科平台，纺织科学与工程和材料科学与工程两个学科入选了国家"双一流"建设学科，工程学等7个学科入围ESI前1%，材料科学为前1‰。

学校担任历届国务院纺织学科评议组组长单位和材料学科评议组成员单位，主导或参与完成学位点授权审核标准、核心课程体系和学位标准等制定与推广，持续推动我国纺织研究生教育健康发展。

4.3 深度服务纺织行业的一流研究生教育影响深远，推广示范效应显著

改革项目保持高水平，先后承担教育部、上海一流研究生教育项目等45项。

改革经验报道高频次，高层次拔尖创新人才培养探索经验"东华大学打造卓越而有灵魂的一流研究生教育"被中新网、上观新闻、广州日报等20家媒体专题报道；围绕"三大一长"人才培养模式改革和拔尖创新人才培养等在《学位与研究生教育》等权威期刊发表了30余篇研究生教育研究论文；编著出版《奋进——追求卓越的东华大学研究生教育》等著作4部。

改革成果交流高水准。在中国学位与研究生教育学会评估委员会、国家留基委交流培训会、上海市研究生教育领域举办的会议和论坛等交流活动中进行研究生教育的经验成果分享60余次。中外60多所院校来校交流研讨；连续12年举办国际纺织博士生学术论坛和暑期学校。牵头组建由全球26个国家127所高校参加的"一带一路"世界纺织大学联盟，成功举办首届世界纺织服装教育大会，引领全球纺织高等教育发展。

---

[1] 指 SCI 中 Top 期刊、SSCI、A&HCI 检索论文和人文社科的 CSSCI 论文。

服装可持续设计与管理课程群建设的探索与实践

苏州大学

完成人及简况

姓名	性别	所在单位	党政职务	专业技术职称
洪岩	男	苏州大学	系副主任	副教授
戴晓群	女	苏州大学	无	副教授
杨勇	男	苏州大学	无	副教授
冯岑	女	苏州大学	无	副教授
孙玉钗	女	苏州大学	无	教授

1. 成果简介及主要解决的教学问题

1.1 成果简介

目前，服装行业已经成为除石油以外第二大的污染产业，服装行业践行可持续教育有望从人才角度提升行业可持续发展水平，能够推动实现《纺织行业"十四五"发展纲要》所提出的纺织服装行业成为"国民经济与社会发展的支柱产业、解决民生与美化生活的基础产业、国际合作与融合发展的优势产业"的新定位。服装行业的可持续设计和管理是围绕服装全产业链展开的可持续探索与实践。

1.2 主要解决的教学问题

目前我国高校服装可持续教育方面的人才培养主要存在以下三个问题：可持续研究相对薄弱，难以为人才培养提供丰富的教学资源；尚未形成系统的服装可持续设计与管理课程体系；服装可持续设计与管理人才的培养方法不明确。

针对上述问题，本成果针对基于可持续发展教育理念，结合服装可持续发展和企业绿色职业需要，依托中国纺织工业联合会高等教育教学改革项目（2021）、江苏省高等教育教改研究（2021）等项目的支持，对服装可持续设计与管理的教育资源建设、课程体系建设、教学团队建设和培养方法建设等四个方面对人才培养要素进行探讨，重点从实验室、教材、课程建设、师资、培养方法等五个角度提出了相关建设思路，旨在将可持续理念融入服装设计与工程专业人才培养中，面向高质量服装产业，建立系统的可持续时尚创新人才培养体系。建设思路如图1、图2所示。

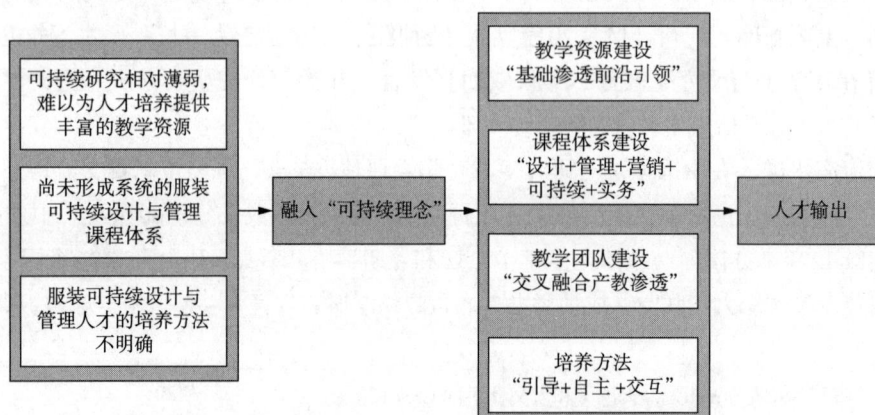

图1　服装可持续设计与管理人才培养体系建设思路

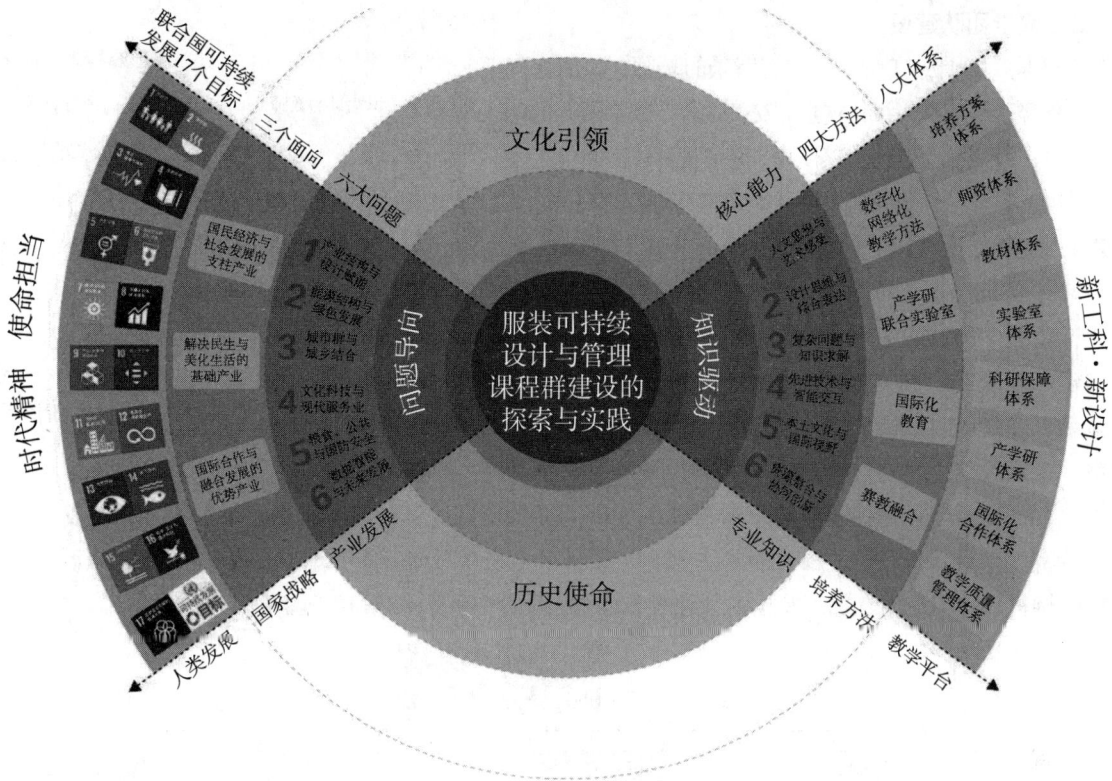

图2　成果解决的整体思路框架

2. 成果解决教学问题的方法

2.1　教学资源建设

申请并获批了江苏省高校可持续纺织材料与工程国际联合实验室，以前沿研究扩展教学资源；新增了《服装可持续设计与管理》等三本教材，构建"基础渗透、前沿引领"教材体系建设。

2.2　课程体系建设

以"服装可持续设计与管理"课程为核心，将可持续发展理念与服装专业课程紧密结合，形成"设计+管理+营销+可持续+实务"四阶五维递进式的课程体系设计（图3），有效适应了服装可持续设计与管理人才的培养需要。

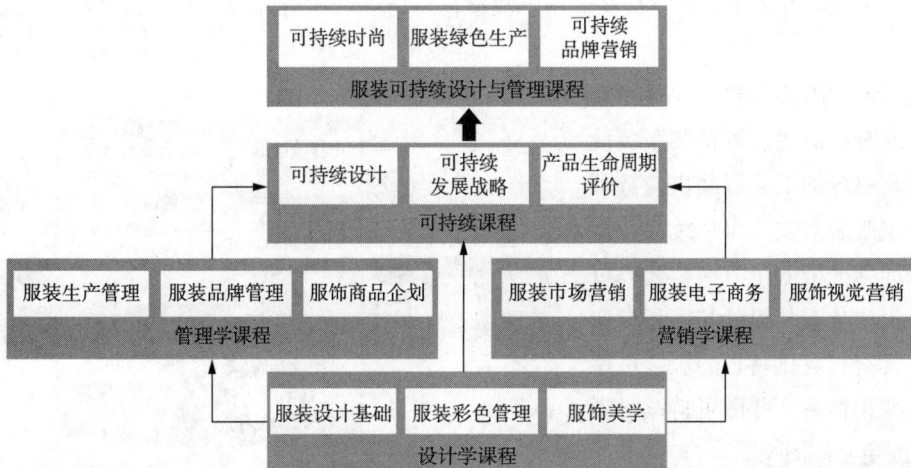

图3　服装可持续设计与管理课程建设

2.3 教学团队建设

整合环境、设计、工程三个知识背景的教师，兼顾海外背景、工作经验、职称等级，构建"交叉融合产教渗透"的师资队伍体系；开展校企合作培养模式，聘请校外优秀企业人才任校外导师，有针对性培养学生的可持续知识和技能（图4）。

2.4 培养方法建设

申请并获批国家虚拟仿真实验中心，创建了数字化、网络化特色教学方法，为学生提供了可持续教育的实践平台；构建了涉及纺织服装全产业链的完整的虚拟仿真实验教学体系；通过建设"校、院、企"产学研联合创新创意实验室，探索为企业培养一线服装可持续设计与管理人才

图4 "交叉融合产教渗透"师资队伍体系

基本规律；与法国等国家签署联合培养协议，为学生提供更好的可持续教育平台，并打通国际交换学习渠道；坚持赛教融合，鼓励学生参加材料、面料、设计、实务等涵盖服装产业链的四类比赛，以赛代练，围绕可持续材料设计与应用、加工及运输管理等方面加强学生的可持续素养（图5）。

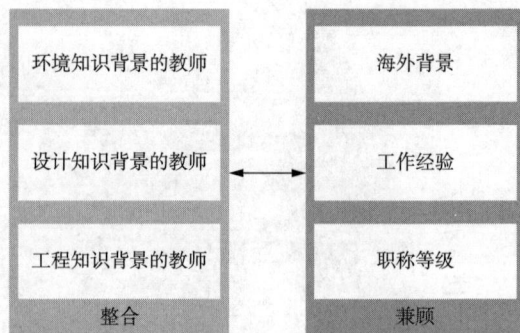

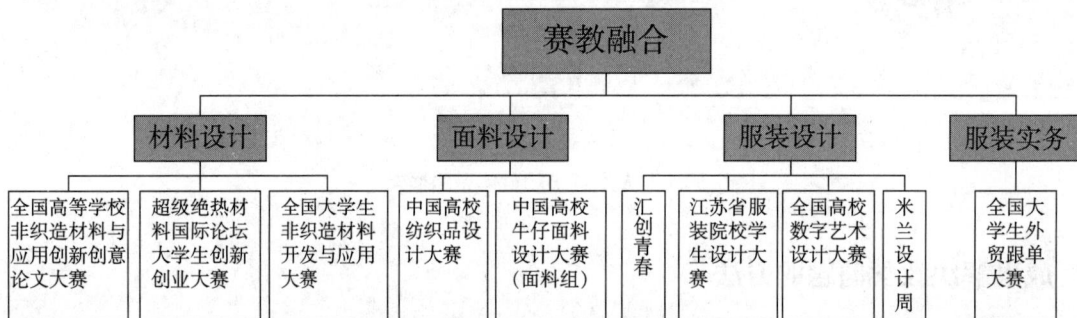

图5 "赛教融合"各项专业赛事

3. 成果的创新点

3.1 可持续教育资源和平台的建设与持续完善

从培养方案、师资、教材、实验室、科研保障、产学研、国际化合作和教学质量管理等八个维度进行可持续教学链优化，实现教学模式协同创新；建立虚拟仿真实验室及江苏省高校可持续纺织材料与工程国际联合实验室，实现先进技术和智能交互应用于教学，可持续教学资源与平台不断完善，复杂问题和知识得以求解。

3.2 可持续教学内容的建立并不断更新

围绕可持续时尚消费、可持续服装设计、可持续服装材料加工、服装供应链可持续管理、纺织服装回收、可持续品牌营销、产品生命周期分析七个方面构建以可持续为特色的集成化服装设计与工程专业方向，形成了具有行业化特色的服装可持续设计与管理课程体系，并随可持续时尚概念的发展不断更新（图6）。

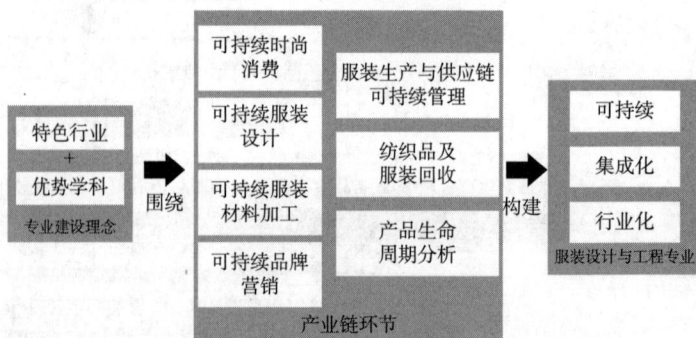

图6 可持续教学内容的建立并不断更新

3.3 可持续培养规律和体系的探索和多维实践

重视学生人文思想与艺术感受的培养及可持续设计思维的综合表达。以国际化为特色，立足本土，培养学生可持续发展的国际视野。对面向产业需求的服装可持续设计与管理人才的培养规律进行探索，以产学研为载体，进行多维实践。

4. 成果的推广应用情况

经过实践与完善，项目在提高学生服装可持续设计与管理综合素质与应用创新能力的培养方面取得了显著成效。服装设计与工程专业成功通过国家工程教育专业认证，获批国家级一流本科专业点和江苏省卓越工程师教育培养计划，获"十四五"规划教材3部，省重点教材1部，获批江苏省高校国际合作联合实验室，发表5篇相关教改论文，其中SCI教改论文2篇。学生参加创新创业大赛获省部级奖项100余次，同时，毕业生综合能力不断提升，就业适应期逐步缩短，初次就业率达95%以上，岗位素质能力受到用人单位好评。

"纺纱原理""四重、四融、耦合育才"的教学模式创新

天津工业大学

完成人及简况

姓名	性别	所在单位	党政职务	专业技术职称
张美玲	女	天津工业大学	宣传委员	副教授
张淑洁	女	天津工业大学	系主任	教授
周宝明	男	天津工业大学	实验室主任	实验师
李凤艳	女	天津工业大学	系副主任	副教授
李翠玉	女	天津工业大学	无	副教授
赵立环	女	天津工业大学	组织委员	副教授
胡艳丽	女	天津工业大学	纺织学院党委书记	正高级工程师
王建坤	男	天津工业大学	无	教授

1. 成果简介及主要解决的教学问题

1.1 成果简介

依托国家级线上线下一流课程的建设及"'纺纱原理'金课的建设及教学改革"项目，凝练形成了既有特色又能推广应用的教学模式。

1.1.1 凝练教学理念，重塑育一流人才的教学目标

我国纺织行业基本实现纺织强国，国家对人才提出迫切需求，重新审视课程和学生特点，凝练"人人成才，人尽其才"的教学理念。重塑教学目标，以知识为基础，融入科学思维和工程实践能力，融入家国情怀和责任担当素养，育新时代一流纺织人才，承担新时期纺织强国重任。

1.1.2 重构多元化的教学内容

线上内容重构，制作微视频。线下以关键科学和行业需求为问题等引出，创造性地使用纸质教材，融数字资源、实验项目和讨论专题，更新多媒体课件。多学科交叉融合，通过纺纱关键科学，解决纺织行业实际需求。

1.1.3 重设多样化的教学方法

融线上自学、线下问题或案例展开、综合运用线上知识点，逐层次解决问题；融层次性问题和匹配性活动的课堂互动；融理实及虚实分组实践、小老师角色和抽查等，重设教学方法。

1.1.4 重置多维度的教学评价

融弹性制形成性考核与多角度题型的总结性考核，重置教学评价。

1.2 主要解决的教学问题

（1）课程内容抽象、理解难度大，学生感觉兴趣低。

（2）课堂活动多、参与质量低，学生感觉获得感弱。

（3）理想模糊、动力不足，学生感觉课程用处不大。

2. 成果解决教学问题的方法

以"人人成才，人尽其才"为教学理念，构建了"四重四融耦合育才"的教学模式。

2.1 重塑育一流纺织人才的教学目标

在新工科背景下，新一轮科技革命和产业变革深入发展，结合纺织产业和课程职责，重塑教学目标。以知识为基础，融入科学思维和工程实践能力，融入家国情怀和责任担当素养，育新时代一流纺织人才，承担新时期纺织强国重任，如图1所示。

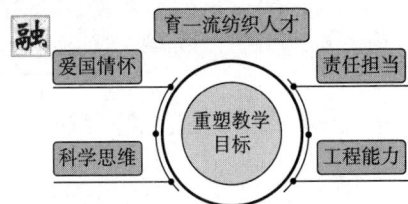

图1 重塑育一流纺织人才的教学目标

2.2 重构多元化的教学内容

线上内容重构，制作了微视频60个。线下以关键科学和行业需求为案例或问题等引出。以纸质教材为基础，融入多种教学资源，如国家智慧教育平台的大学慕课MOOC和优秀企业和期刊的数字资源、层次性实验项目、与新时代技术发展紧密相连的讨论专题，集图片、动画和视频于一体，更新了多媒体课件，如图2所示。与多学科交叉融合，学期初，提出行业需求的综合性问题，由于学生专业知识欠缺，将该问题分解为章节子问题，逐步解决了纺纱关键科学和行业需求，体会原理之美。将知识图谱，发布平台，使学生学习脉络更清晰。

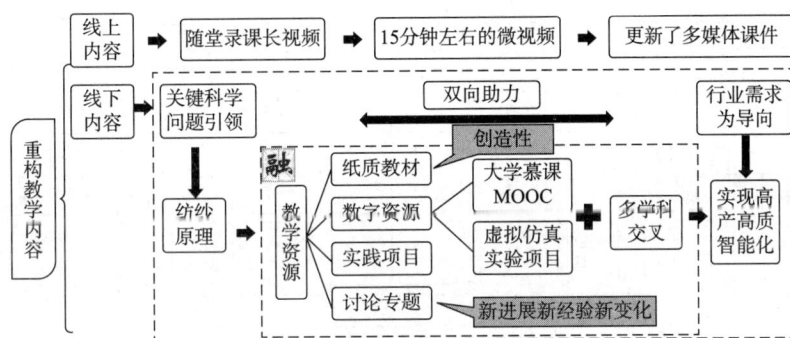

图2 重构多元化教学内容

2.3 重设多样化的教学方法

构建多重学习情境，提高学生的获得感。线上自学模块化内容的知识点，完成习题自测和检测。线下解决关键问题和行业需求，综合运用线上所学知识点。多样化课堂互动，弹性考核，层层把关。现场分组实践与虚拟仿真结合，小老师角色和抽查配合，以赛促学，如图3所示。

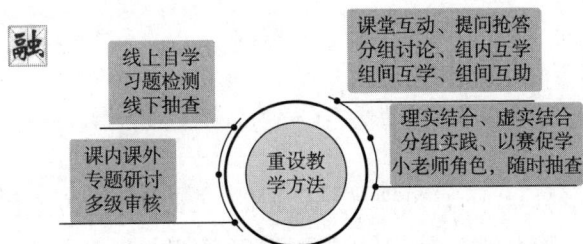

图3 重设多样化的教学方法

2.4 重置多维度的教学评价

采用"线上绩效、平时考核成绩、实验成绩与期末考试成绩"相结合的全过程评定方式，如图4所示。及时完成小目标，实现心中大目标，体会课程乐趣。

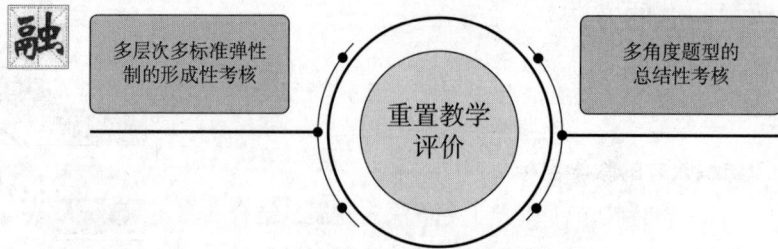

图4　重置多维度的教学评价

在教学中，融入辩证思维、古今人物故事、大数据及人工智能等，显隐结合，增强学生的学习动力，形成多维的教学体系，如图5所示。

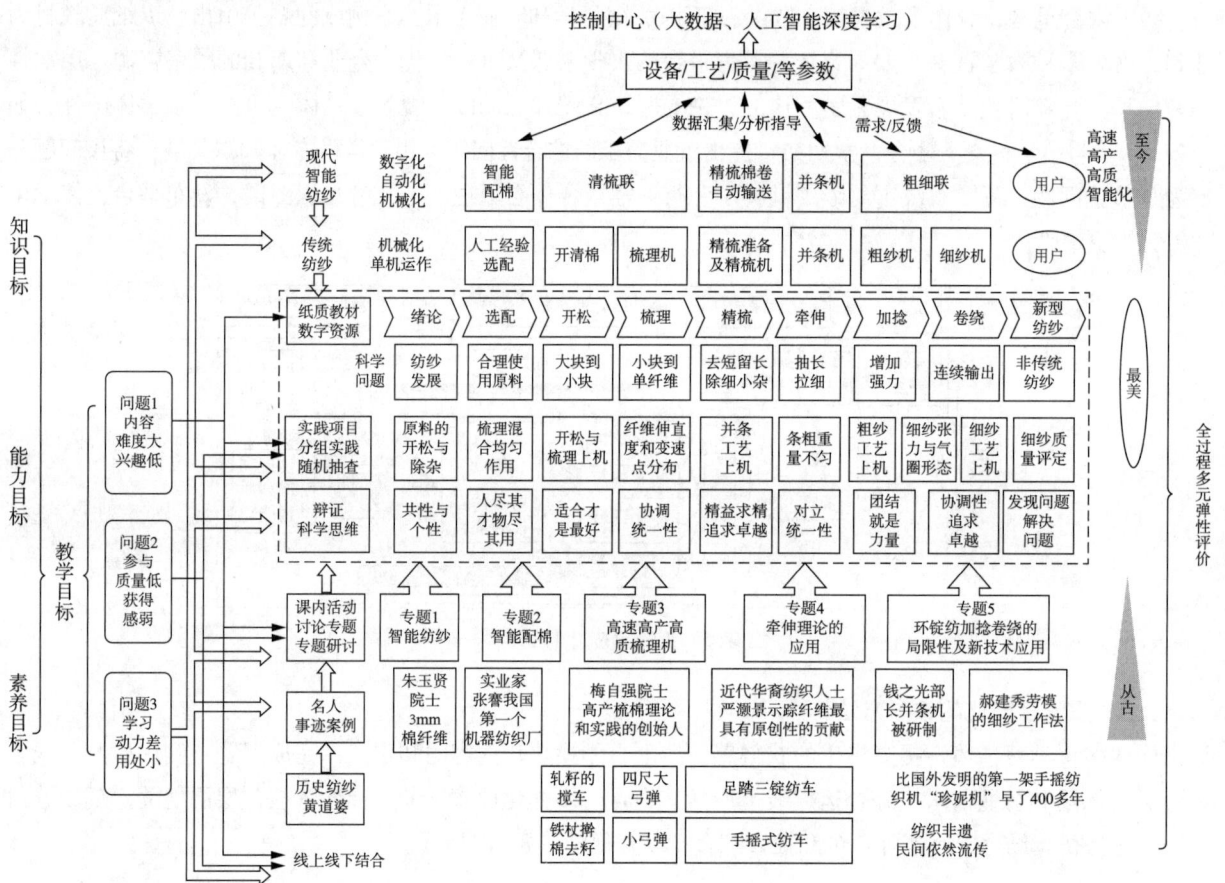

图5　多维教学体系的形成

3. 成果的创新点

（1）理念引领，重塑教学目标。创新设计"人人成才，人尽其才"的教学理念。重塑教学目标，融入以科学思维和工程实践为主的能力目标，融入以家国情怀和责任担当为重的素养目标，育新时代一流纺织人才。

（2）重构线上线下教学内容，丰富教学资源。线上重构微视频；线下以关键科学和行业需求为案例或问题等引出。创造性地使用纸质教材，融入数字资源、实践项目和讨论专题等。将经典原理与多学科交叉融合，通过关键科学解决行业需求。将学期初提出的综合问题分解为学期中的章节子问题，逐层次解决，体现科学思维和课程中关键科学的重要性。

（3）重设教学方法，构建多样化教学环境。融入线上线下，线上自学模块化内容的知识点，完成习题自测和检测。综合运用线上所学知识点，线下解决关键问题和行业需求。融入课堂互动和教学实践，小老师角色和老师抽查相结合，提高了学习效率。重新设置多元化的教学评价，融入弹性制形成性考核和总结性考核。

通过"四重四融耦合育才"的创新教学模式，课程与思政协同育人，形成了点线面结合的多维教学体系。

4. 成果的推广应用情况

该项目取得了以学生为中心的显著效果。

4.1 一流课程的建设

课程组在获得国家级一流课程后，持续改革，带动了系列课程获市级一流课程1门。

4.2 教材和教研项目建设

为了让课程体系完整，紧跟时代步伐，主编国家级规划教材1部，主编部委级规划教材4部，分别获市级高校课程思政优秀教材和部委级优秀教材一等奖。加强教学改革，主持和参与市级教研项目10项，主持和参与校级教改项目5项。

4.3 教学成果奖

在理论和实践教学方面形成了一定的教学模式，凝练了省部级教学成果奖6项。

4.4 学生认同率高

课程组老师热爱教学，热爱学生，评教平均99分以上。对两届学生进行了问卷调查，大部分学生喜欢采用线上线下混合式教学，问题引导学习。利用教学平台进行主题讨论、随堂练习、提问、答题等方式。认为查找新技术的发展对学习帮助很大。

4.5 产学研融合好

4.5.1 学生获奖

（1）2020年获第六届中国国际"互联网+"大学生创新创业大赛的国家银奖。

（2）近五年，学生参加全国大学生纱线设计大赛近200人，提交作品近220份，获奖作品59份，获特等奖3项、一等奖11项。我校参赛与获奖人数均名列前茅。

4.5.2 教改论文及其他

为了有效推广教学模式，发表教改论文13篇。依据工程认证的OBE理念，近三年课程的四个目标达成度平均都在80%以上。2017年结缘超星平台，2022年学习通的年度称号为"玩转课堂的互动高手"，超过97.05%的老师。

该成果在纺织工程专业进行了推广应用，取得了显著成果。

以虚促实，融合创新——基于全流程虚拟仿真平台构建的纺纱学数字化教学改革与实践

东华大学

完成人及简况

姓名	性别	所在单位	党政职务	专业技术职称
王新厚	男	东华大学	机械工程学院党委书记	教授
李志民	男	东华大学	无	实验师
陈长洁	女	东华大学	无	讲师
孙晓霞	女	东华大学	无	副教授
郁崇文	男	东华大学	无	教授
陈玉洁	女	东华大学	无	高级工程师
陈文娟	女	东华大学	无	实验师
郭建生	男	东华大学	无	教授
李卫东	男	东华大学	无	教授级高级工程师

1. 成果简介及主要解决的教学问题

1.1 成果简介

本项目以目前国内外市场应用最广泛的新型纺纱—转杯纺纱生产工艺流程为基础，构建了全流程纺纱工艺虚拟仿真实验平台，包括了《棉纺清梳联设备与工艺虚拟仿真实验》《自调匀整并条机虚拟仿真实验》《全自动转杯纺纱机虚拟仿真实验》，形成了从纤维的准备、开松、除杂、梳理成条、并合牵伸、到最终成品细纱的全流程在线虚拟仿真实验。通过虚拟现实技术构建虚拟化的实验场景、纺纱设备及专件、工艺设计和在线逐步骤考核系统等纺纱全流程虚拟仿真实验平台，实现了三维全景演示实验设备结构及工作原理、在线工艺设计及实验操练、实时在线考核等教学环节，并进一步与课堂教学、线下实习实践相结合，形成了"以虚促实、虚实融合创新"纺纱全流程虚拟仿真实验的教学模式。优化了教学质量和学习环境，提升了学生主动学习兴趣，开辟了新工科背景下纺纱学实验教学新路径，在学生工程实践能力培养以及实践创新能力的提升等方面取得了显著效果，其中《全自动转杯纺纱机虚拟仿真实验》已于今年获得国家级虚拟仿真实验教学一流课程公示。

1.2 主要解决的教学问题

（1）解决了因纺纱原理和智能化技术不可视导致学生对纺纱专业知识掌握不够的问题。

（2）解决了因纺纱设备贵、原料消耗多、试验场地大等因素导致绝大部分高校学生无法利用常规纺纱设备开展学生实验和动手实践的问题。

（3）解决了纺纱实践教学中与思政教育有机融合困难的问题。

（4）解决了新冠肺炎疫情期间无法开展线下实践教学的问题。

2. 成果解决教学问题的方法

（1）秉持"以虚促实、虚实融合创新"实践教学理念，培养创新型卓越纺织工程人才。

工艺设计和动手实践是纺纱新工科人才培养中非常重要的一个环节，然而纺纱设备贵、用料多、需场地大等多因素导致大部分院校无法配置，不能满足学生动手实践要求。虚拟仿真实验不仅可以清楚地展示纺纱设备及专件，还提供了仿真实践的平台，共享高校的学生可以模拟真实场景随时进行实验，反复操练，为线下实验打好基础。

（2）构建纺纱全流程虚拟仿真实验平台和课程，促进课堂教学、提升实践创新能力和水平。

选择新型纺纱全流程中代表性的自动化设备，对其结构、原理和工艺设计进行虚拟仿真，将不可视的高速运转过程分解，将不可及的高端设备置于每个学生的面前，每个人都能自由地、方便地、反复地进行演示和学习，并可以快速地分享给兄弟院校或相关企业，不仅实现了教学资源的高效利用，也能促进学生将创新性的想法变成虚拟的实验成果，通过对结果的筛选优化线下实践的方案，形成创新设计的可靠路径，提升学生的实践创新能力。

（3）以纺纱全流程虚拟仿真实验课程为补充，夯实纺纱专业知识基础，锻炼动手能力。

全流程纺纱虚拟仿真实验平台全面展示了从纤维的开松、除杂、混合、梳理，并条到转杯成纱的全部过程及智能化纺纱设备。学生们通过全流程虚拟仿真实验课程学习，巩固专业基础知识，锻炼了动手实践能力。

（4）运用"过程评价""结果考核""实时反馈"相结合的考核方法，构建形成性评价体系。

在虚拟仿真平台中建立自测考核模块，并分散到整个纺纱流程的不同环节。统计分析每个学生在全流程纺纱虚拟仿真系统中的停留时间、关注点、测试情况，形成每个学生的自画像，给老师线下教学方案的规划提供参考，帮助学生们及时查缺补漏，不断提高实验技能和专业知识的学习。

3. 成果的创新点

3.1 提出了"以虚促实、虚实融合"相结合的教学新理念

初次接触纺纱的学生在课堂学习难以掌握纺纱专业知识，通过虚拟仿真实验，学生们能方便观察纺纱设备及纺纱专件，容易理解纺纱原理，通过内置案例学习纺纱工艺基础知识，对课堂学习和动手实践等方面具有重要的支撑。

3.2 搭建了从纤维到最终成纱全部纺纱工序可在线共享的虚拟仿真实验平台

以目前最先进的智能纺纱设备作为虚拟仿真模型，建立了《棉纺清梳联虚拟仿真实验》，展示了纤维开松、除杂、混合、梳理成条的生产过程与设备；《自调匀整并条机虚拟仿真实验》，展示了条子并合牵伸及自调匀整的工艺过程，《全自动转杯纺纱机虚拟仿真实验》展示了条子分梳、集聚加捻成纱的生产过程。

3.3 形成了体现工程认证理念的"过程评价""结果考核""实时反馈"等适应虚拟仿真实验课程的考核方法

虚拟仿真实验内设置了工艺操练模块，学生们可以进行模拟真实场景进行实验操练，同时系统对学生的操作进行逐步骤判断，并对失误实时提示，帮助学生们查缺补漏，并最终给出实验考核结果。

3.4 将思政元素有机融入虚拟仿真实验课程

发掘思政元素融入纺纱全流程虚拟仿真实验课程中，构建课程思政内容体系，使学生体会到社会主义优越性，坚定社会主义道路自信，还可以极大提高民族自豪感和为纺织业未来发展添砖加瓦的专业责任感。

4. 成果的推广应用情况

4.1 在线教学成果显著

虚拟仿真实验平台投入使用以来，每学期超过1800人次使用《全自动转杯纺纱机虚拟仿真实验》《自调

匀整并条机虚拟仿真实验》《棉纺清梳联虚拟仿真实验》，学生们反馈通过线上学习，对复杂抽象的原理更容易理解，在家、在宿舍都能随时线上无限次实验操作，通过丰富的案例，进行在线工艺设计，在线完成实验，不仅获取率专业知识，还提高了学习兴趣。在线案例的不断改进不仅弥补了实践教学中设备机台有限、原料供应不足、更新不及时等问题，还能给予学生不限时空的学习平台。在线教学案例的改进，更有利于开拓教师的教学方法和学生的设计思路，还可以让学生参与进其中。通过教师与学生共创共建，不仅提高了教学效果，还能培养学生的创新创业能力，扩展学生们的就业创业空间。纺织专业毕业生的实践能力也得到用人单位的普遍认可。部分虚拟仿真实验界面及使用场景况如图1所示。

图1 部分虚拟仿真实验界面及使用场景

4.2 已产生有效的示范和辐射效果

本教学成果可广泛应用于国内纺织高校。从2020年开始上线，并已被新疆大学、青岛大学、浙江理工大学等高校共享使用，尤其在新冠肺炎疫情期间的线上授课中，纺纱全流程虚拟仿真实验解决了线上实验课程教学无法开展的问题。通过纺纱全流程虚拟仿真实验平台，保质保量地完成时间教学任务，激发了同学们对纺纱实验的兴趣，提高了学生实践的创新能力，为广大师生提供了便利。虚拟仿真实验平台在我校纺织学院和机械工程学院共享使用，解决了细纱在线检测和自动化控制等方面研究学生对纺纱基础知识薄弱和纺纱设备不熟悉的问题。山东正凯新材料公司在2023年引进本虚拟仿真实验平台，开始用于对新进职工的专业基础培训，解决了他们专业人手不足问题，缩短现场培训时间，减少了培训成本（图2）。

4.3 将课程思政教育融入虚拟仿真实验取得成效

利用先进的信息技术形成自适应的智能虚拟场景，是对传统线下教学课程思政的有效补充。将课程思政的素材立体化和全流程虚拟仿真平台进行融合，既显著提升了学生的学习兴趣，又增强了对国家、纺织产业和纺织专业的信心和自豪感，促进了课程思政与实践教学的融合。

4.4 学生实践创新能力显著提升

以往在纺纱学的课程教学中对于机械设备的介绍常常是照本宣科，学生也很难想象设备的结构，尤其是设备内核心部件及工作原理很难理解透彻，给后续的工艺学习与设计带来了很大的困难。全流程虚拟仿真平台的搭建使学生能够轻松地进行课前预习，再也不觉得设备和工艺的讲解使枯燥无趣的，课堂上能主动分享仿真平台使用的体验以及工艺设计的虚拟结果。学生很多创新想法在仿真平台中得到了验证，形成了完善的线下实践方案，并完成小样试纺。近年来，学生获"新澳杯"第十三届全国大学生纱线设计大

全自动转杯纺纱机虚拟仿真实验使用评价

我校大二、三本的纺织专业学生自2020年3月份其开始使用"全自动转杯纺纱机虚拟仿真实验"系统，并获得了很好的教学效果。该虚拟仿真实验软件包括了整体介绍、机构及原理、工艺与操作练习、自测考核四个模块，15个实验步骤。学生们反馈内容完整新颖、结构合理有序、练习案例丰富真实，有效解决了转杯纺纱过程不可视、操作危险等问题，极大地帮助了学生对专业知识的学习。在线虚拟技术为学生们提供了一人一机的操练条件，丰富的教学案列和互动的教学模式提供了在常规转杯纺纱教学过程中不可能有工艺参数验证的机会，提高了学生的实战能力，自测考核可在线自我检查学习的效果。通过这四个模块，同学们从认知设备、掌握机构及工作原理、便捷的操练条件、工艺参数的实战演戏和及时的自我检查等方面，由浅及深、理论结合实际，逐层掌握转杯纺纱先关专业知识。

此外本虚拟仿真实验以目前世界上技术最先进的全自动转杯纺纱机为仿真模型，展示了最先进的转杯纺纱技术和最高的纺纱智能化水平，开阔了同学们的眼界，增强了对纺纱行业的信心。

新疆大学 纺织与服装学院

2020年11月6日

全自动转杯纺纱机虚拟仿真实验使用评价

我校部分大二、大三的纺织工程专业学生试用了东华大学开发的全自动转杯纺纱机虚拟仿真实验教学课程。学生们在使用Google浏览器和火狐浏览器时均可以流畅地运行该虚拟仿真实验教学课程，画面清晰流畅，系统反应迅速。

学生们普遍反映：实验内容完整逼真、结构合理有序、练习案例丰富真实，有效解决了转杯纺纱过程不可视、操作危险等问题，非常助于我们更准确地理解自由端纺纱原理和智能纺纱知识。在线仿真技术为学生们提供了一人一机的操练条件，丰富的教学案列和互动的教学模式解决了以往转杯纺纱工艺学习过程中"纸上谈兵"的问题，自测考核可实时验证本课程的学习效果，受到师生的普遍赞许。

此外，本虚拟仿真实验以目前世界上技术最先进的全自动转杯纺纱机为仿真模型，展示了最先进的纺纱技术和最高的纺纱智能化水平，既开阔了同学们的眼界，又增强了他们对纺纱行业和纺织专业的信心。

邢明杰（教授、副院长）

青岛大学纺织服装学院

2020.11.10

全自动转杯纺纱机虚拟仿真实验使用评价

自2020年3月，我校纺织专业的新型纺纱实验课使用了东华大学开发的"全自动转杯纺纱机虚拟仿真实验"系统，并获得了很好的教学效果。

该虚拟仿真实验以目前世界上技术最先进的全自动转杯纺纱机为仿真模型，展示了最先进的转杯纺纱技术和纺纱智能化的最高水平，具体包括整体介绍、机构及原理、工艺与操作练习、自测考核四个模块，15个实验步骤。学生们反馈内容完整新颖、结构合理有序、练习案例丰富真实，不仅对同学们理解复杂的成纱原理和陌生的工艺部件提供了极大的帮助，而且互动的教学模式提供了在传统教学过程中不可能有工艺参数验证的机会，提高了学生的实践实战能力。通过这四个模块学习和实践，同学们从认知设备、掌握机构及工作原理、便捷的操练条件、工艺参数的实战演戏和及时的自我检查等方面，由浅及深、理论结合实际，逐层掌握转杯纺纱相关专业知识，极大地提高了学生的学习热情和兴趣，有效地提高了教学质量。此外，先进的纺纱设备和智能化技术也开阔了同学们的眼界，增强了他们对纺纱行业的信心。

浙江理工大学

纺织科学与工程学院（国际丝绸学院）

2020年11月[illegible]

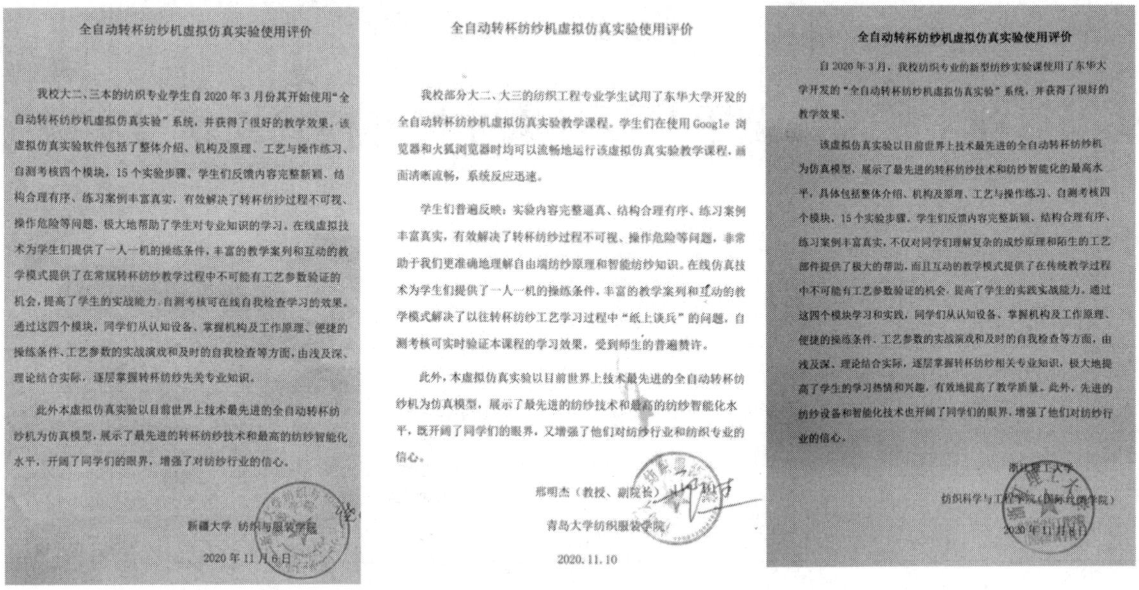

图2　教学成果被国内纺织高校共享使用

赛特等奖2项，其他等级奖项5项，第二届汇川杯纺织智能大赛"二等奖"1项，全国大学生机器人大赛RoboMaster超级对抗赛获奖3项，全国大学生机器人大赛Robocon大赛获奖3项，全国三维数字化创新设计三等奖1项等。获奖材料附件中，其中部分截图如图3所示。

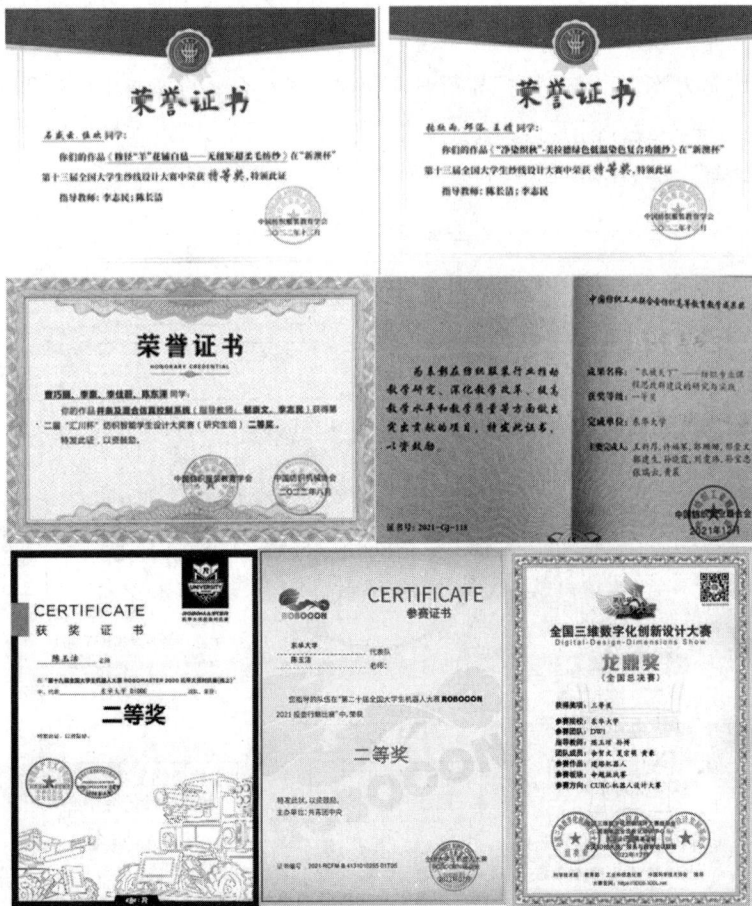

图3　部分获奖证书截图

基于行业学院的锦荣服装设计人才培养模式创新与实践

河南工程学院

完成人及简况

姓名	性别	所在单位	党政职务	专业技术职称
张巧玲	女	河南工程学院	服装学院院长	教授
孙有霞	女	河南工程学院	无	副教授
郭锐	男	河南工程学院	服装学院副院长	副教授
丁梦姝	女	河南工程学院	无	副教授

1. 成果简介及主要解决的教学问题

1.1 成果简介

基于中国经济新常态背景下服装产业转型升级对高层次应用型人才需求的分析，进一步深化地方本科应用型高校高质量人才培养，2016年我校校企共建行业学院锦荣服装学院，开启了校企融合的人才培养模式的创新构建与践行之路，经过7年的探索、实践与检验，形成了以学生发展为中心、以服务与就业为引领、以创新实践能力培养为核心、培养目标与行业企业需求相结合、教学与工作过程相结合、理论与实践相融合的"DIO"人才培养模式，创建了"项目合力，平台＋项目＋团队＋实践一体化教学"的校企联合培养机制，确定了"四融合"多维度协同培养的人才培养途径，如图1所示。

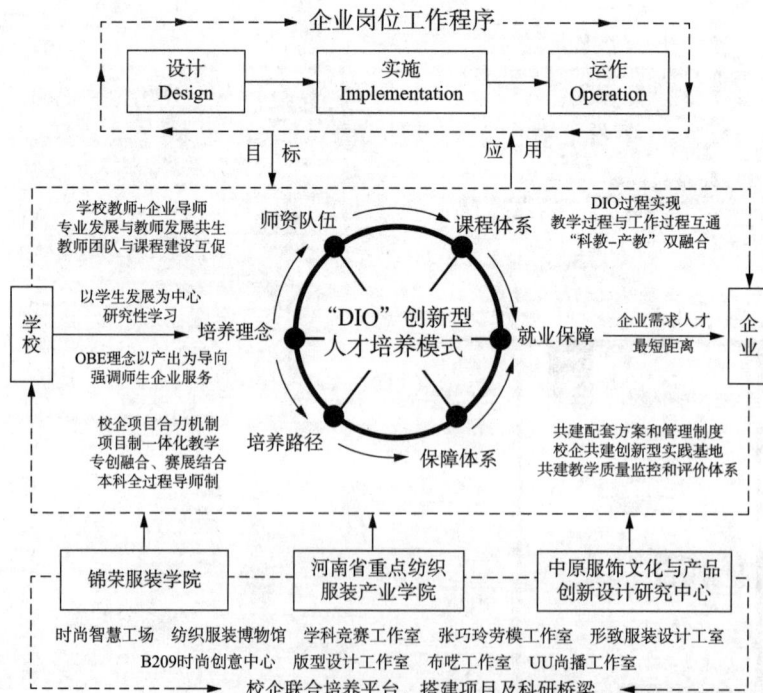

图1 "DIO"创新型人才培养模型

目前成果经过3届培养周期的检验，成效明显，学生创新能力不断提升，学生在"互联网+"创新创业大赛、挑战杯，及全国学科竞赛中获奖比例达76%，毕业生质量得到了显著提升，一次就业率达到100%，专业获批为国家级一流专业建设点。

1.2 主要解决的教学问题

（1）解决协同育人、产教融合不够深入的问题。

（2）解决专业知识、能力体系与服装产业转型升级对接不够的问题。

（3）解决学生创新能力、持续发展能力不断适应未来服装经济发展需求的问题。

（4）解决忽视学生社会责任感与综合素养培养的问题。

2. 成果解决教学问题的方法

2.1 搭建校企合力平台——深化协同育人与产教融合

成立行业学院，即锦荣服装学院，构建校企责任共担机制，共建专业建设委员会，搭建起校企合力平台。行业学院不断促进校企合作项目的供给，由此打造校企融合师资队伍，提升企业的教育情怀与技术人员教学水平，提升教师企业服务水平和实践能力。

2.2 建构"产教—科教"双融合课程体系——适应服装产业转型升级

突出人才对企业的适用性和就业导向，以设计、实施、运行三个环节为主线，以模块化、项目化设置专业课程群。通过成立中原服饰文化与产品创新研究中心，将学术研究、产品开发与学科建设、人才培养进行链接，科研团队与教学团队共生，实现教学与科研互促，如图2所示。

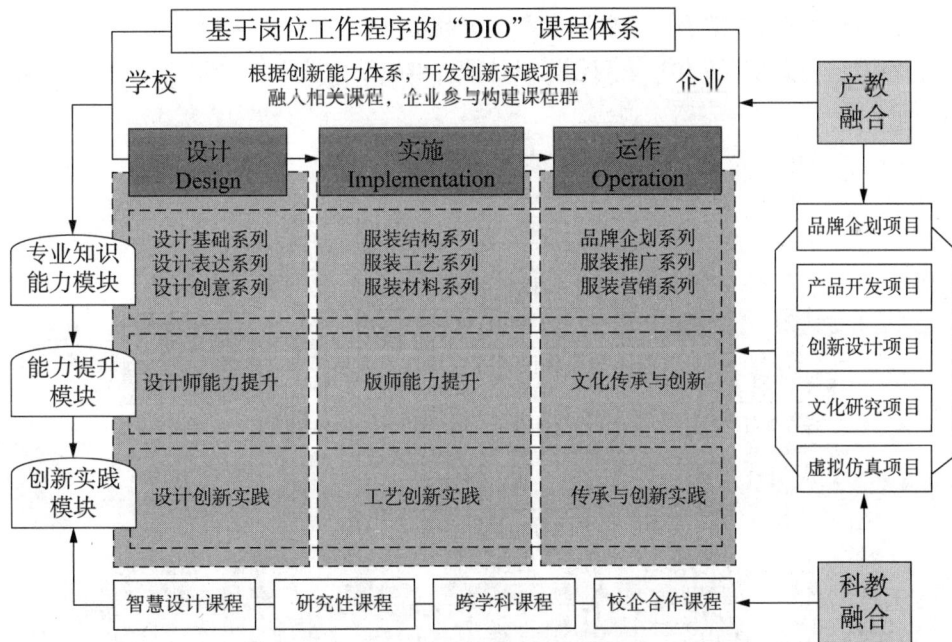

图2 "DIO"课程体系框架

2.3 实施一体化研究性教学——提升学生创新能力与持续发展能力

基于项目打通课程与企业需求、企业导师之间的联系，构建"平台+项目+团队+实践"的一体化教学。打造科研与教学团队，多领域、多维度协同育人；采用研究性学习，实施"学习—研究—创作—展示"的教学过程；运用信息化技术，推广翻转课堂、混合式教学；"以赛促学"，将创新创业大赛与学科竞赛项目导入教学。我校完整的实践教学平台为人才培养提供了有力保障，如图3所示。

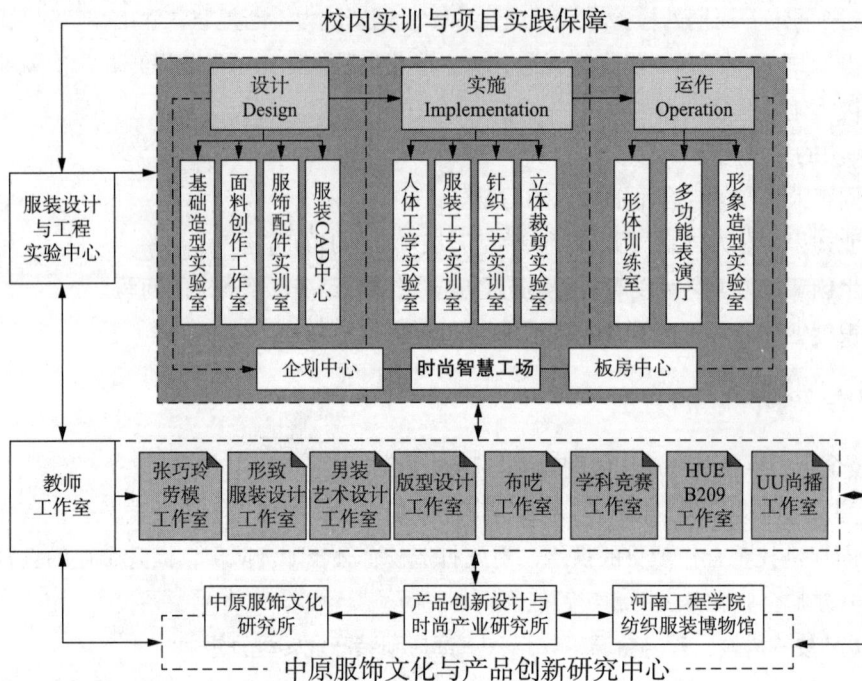

图3　校内实训与项目实践保障

2.4　专业思政与课程思政整体规划——提升学生社会责任感与综合素养

建设成为河南省纺织服装类课程思政特色化教学研究示范中心，构建了专业思政目标纲要，建设了纺织服饰博物馆，打造了一支服饰文化传承与创新设计课程群思政育人团队，研究多元化、多环节联动育人途径，如图4所示。

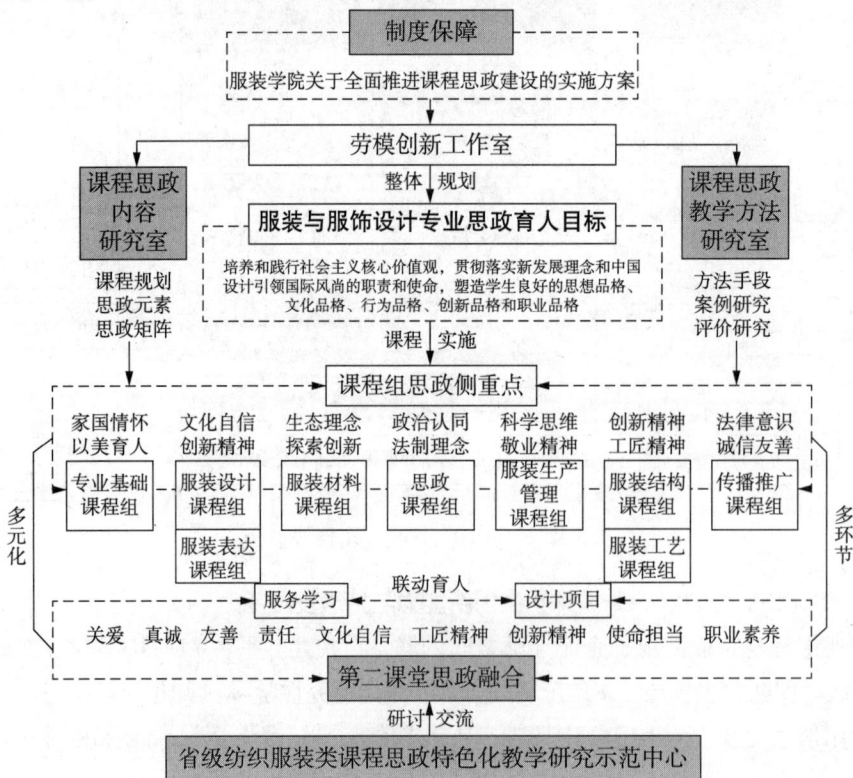

图4　服装与服饰设计专业课程思政整体设计

3. 成果的创新点

3.1 育人模式创新

适应地方服装经济文化与新常态背景下服装行业转型升级的需求,构建了基于行业学院的校企联合"DIO"人才培养模式,全面提高学生的应用实践能力、创新能力与自主发展能力。

3.2 培养机制创新

创建行业学院与中原文化创新研究中心,构建形成"项目合力,平台+项目+团队+实践一体化教学"的校企联合培养机制,以产出为导向,实施项目教学,打造形成服装设计、服装表达、服装结构、服装工艺、服装营销5大课程群教师团队,对应形成服饰文化研究、产品创新研究、服装结构研究、数字化设计、品牌文化与企划5大研究团队。

3.3 培养途径创新

着力打造"四融合"人才培养途径,专业教育与思政教育融合、本科教学与教师科研融合、学校教学与产业实践融合、专业教育与双创教育融合,多维度协同培养,践行"学习—研究—创作—展示"的教学过程,以教学质量工程提升项目促进"以学生为主体,以学生发展为中心"教学理念的达成。

4. 成果的推广应用情况

4.1 教育改革成效显著,学生实践创新能力明显提升

2017年至今,锦荣服装学院已完成3届"锦荣服装人才培养模式创新班"毕业生的培养,共72名学生,教学成效显著。获中国"互联网+"大学生创新创业大赛、"创青春"中国创新创业大赛、"挑战杯"全国大学生系列科技学术竞赛,以及专业类学科竞赛等5项国家级奖项、50余项省级奖项,获奖率高达76%。2022年开始,"锦荣服装人才培养模式"已经在服装与服饰设计专业全面开展。

4.2 研究成果全面推进专业教育教学改革

1项河南省高校教育教学改革重点项目、1项河南省高等教育教学改革研究与实践项目、5项校级重点教育教学研究项目立项,发表相关教改论文20余篇,获得河南省教学质量工程12项。学校对本成果予以支持和推广,对全校11个行业学院建设予以改造升级,形成示范效应。

4.3 研究成果成为地方高校特色发展的范例

成果通过对本科高校应用型转型升级,塑造专业办学特色,成为地方高校克服同质化办学倾向的成功范例,多次在兄弟院校中进行主题交流,给予充分肯定和认可,已经形成一套非常典型、可借鉴可复制的人才培养模式,受到兄弟院校的高度关注和社会的普遍赞誉,得到企业支撑和赞许,毕业生受到用人单位的一致好评。成果得到惠州学院、河南科技学院的借鉴应用,效果良好。

4.4 人才培养改革引起社会广泛关注与肯定

专业的特色办学受到媒体的关注和广泛报道,社会影响力不断扩展,专业影响力明显增强。《纺织服装周刊》于2018年5月发表《深化产教融合、推动特色发展——河南工程学院锦荣服装学院示范校建设纪实》推介本成果,2018年6月以《将产业与人才对口做到极致——河南工程学院锦荣服装学院示范校发展纪实》为题,再次专版报道并给予很高评价;2022年5月河南省教育厅官方公众号以《校企融合,服务时尚产业提质增效》为题对我校纺织服装产业学院进行了报道;《新华网》《人民网》《光明网》《凤凰网》等多家媒体报道了本专业的特色办学,产生强烈的社会反响。

基于"大思政"理念的"一体、两翼、四维、四融"人才培养体系构筑及其在纤维特色材料类专业中的实践

浙江理工大学

完成人及简况

姓名	性别	所在单位	党政职务	专业技术职称
张明	男	浙江理工大学	高分子材料与工程系主任	副教授
金达莱	女	浙江理工大学	材料科学与工程系主任	副教授
傅雅琴	女	浙江理工大学	研究生院院长	教授
陈世昌	男	浙江理工大学	高分子材料与工程系副主任	副教授
仰滢	女	浙江理工大学	材料科学与工程学院党委书记兼副院长	副教授
张姗姗	女	浙江理工大学	学院学工办主任	讲师
董余兵	男	浙江理工大学	高分子材料与工程系副主任	副教授
童再再	男	浙江理工大学	高分子材料与工程系副主任	副教授

1. 成果简介及主要解决的教学问题

进入新时代，培养什么人、怎样培养人、为谁培养人成为中国高等教育必须回答的根本问题。浙江理工大学高分子材料与工程专业、材料科学与工程专业，针对"大思政"人才培养要求，结合专业全优培养模式，开展了"一体、两翼、四维、四融"为理念的人才培养体系建设，从专业层面完善课程思政建设。以思政为引领，学术为桥梁，依托区域产业背景，深耕"科教融合、产教融合"，形成思产教研学一体化的课程思政教学模式，践行习近平总书记提出的"各门课都要守好一段渠、种好责任田"，使各类课程与思想政治理论课同向同行，形成协同效应。

1.1 成果简介

通过近4年的实践，取得了以下代表性成果。

（1）专业建设不断提升。专业入选国家一流专业，材料科学与工程专业与高分子材料与工程专业分别于2021年和2022年被教育部批准入选国家一流本科专业。

（2）学生能力发展全面。本科生实践创新能力显著提高，四年间本科生第一作者发表SCI论文69篇，获得挑战杯国赛一等奖，互联网+国赛金奖。结合专业特长，在各地开展公益活动32场，被多家媒体报道。

（3）思政建设成果丰硕。专业思政建设成果丰硕，第一批浙江省课程思政示范课程1门。浙江省思政教学研究项目1项。浙江省"十四五"教改项目1项。国家级一流课程1门，省一流课程6门。

1.2 主要解决的教学问题

（1）课程思政的顶层设计。如何解决课程思政目标定位不明确，系统性不强，课程之间无法形成协同效应，课程思政需要从专业层面进行顶层设计。

（2）课程思政的专业特色。如何结合专业特点推进材料类课程育人建设，发展具有纤维材料特色的课程思政实施策略。

（3）课程思政与思政课程。如何打破课程思政与思政课程之间的壁垒，使课程思政与思政课程同向同行，将专业知识运用到思政育人实践中去。

2. 成果解决教学问题的方法

基于上述关于课程思政的教学问题，需要以专业课程思政思维从更高的维度打造课程思政教学体系。浙江理工大学材料类两个专业，以"一体、两翼、四维、四融"全面开展专业层面的课程思政建设（图1）。

一体、两翼、四维、四融

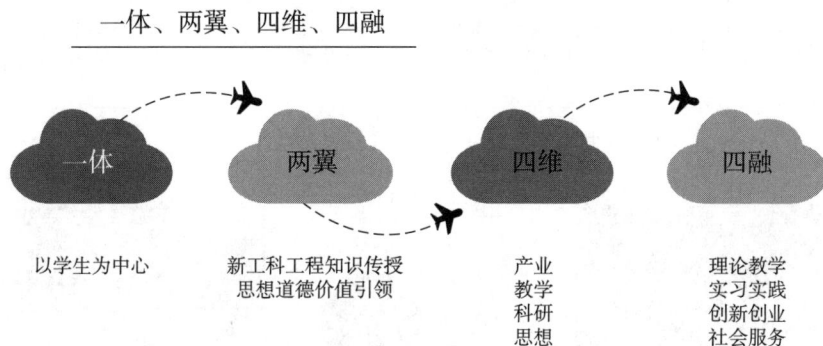

一体	两翼	四维	四融
以学生为中心	新工科工程知识传授 思想道德价值引领	产业 教学 科研 思想	理论教学 实习实践 创新创业 社会服务

图1　材料类专业课程思政建设理念

2.1　以专业思政思维打造课程思政教学体系（课程思政专业顶层设计）

我校高分子专业与材料专业在推进思政育人与专业教学相融合过程中，以专业育人的顶层设计、统筹规划、系统推进课程建设，实现课程育人的全覆盖，强化了思政教育与新工科专业教育的融合。专业从思政角度做好顶层设计，完善教学体系，凝练材料类专业课程体系的课程思政十二条目标，作为材料类专业课程体系思政实践的基本指南，修订专业培养方案，使各门课程实现同频共振，协同育人（图2）。

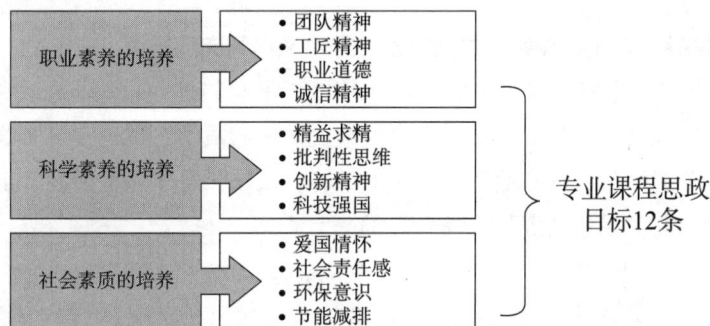

图2　材料类专业课程思政目标

2.2　纤维特色材料专业课程思政育人建设（纤维特色课程思政实施）

（1）建设纤维特色课程思政课程群。结合专业课程实际，确定"高分子物理""高分子化学""高技术纤维"等8门课程为纤维特色"课程思政"交互建设群，在此基础上进一步建设了4门校级课程思政示范课和1门省级课程思政示范课。拓展课程思政教学资源，完善纤维特色专业课程思政案例库（图3）。

（2）"全优培养"落实纤维特色创新能力培育。以"全优培养"模式培养学生的科学素养与创新能力，将课程思政落实在学生的科研创新实践活动中。我校材料类两个专业是浙江省省属高校中以"纤维材料"为特色本科专业，培养纤维材料的专业人才需要将专业能力与社会发展需求相结合。创新实践活动是学生将课程思政与国家、社会、行业相连接的最佳方案。"全优培养"一个本科生配备一个专业导师进行科研创新实践，寓教于研，促进学生创新能力提升，实现科研、教学、思政的深度融合（图4）。

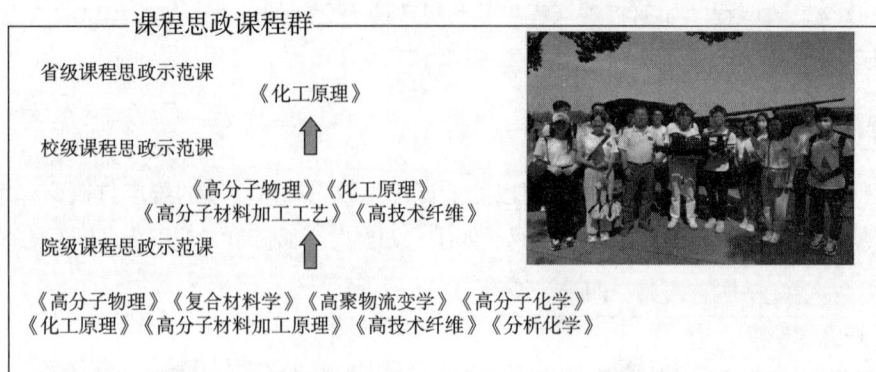

图 3　材料类专业纤维特色课程思政课程群建设

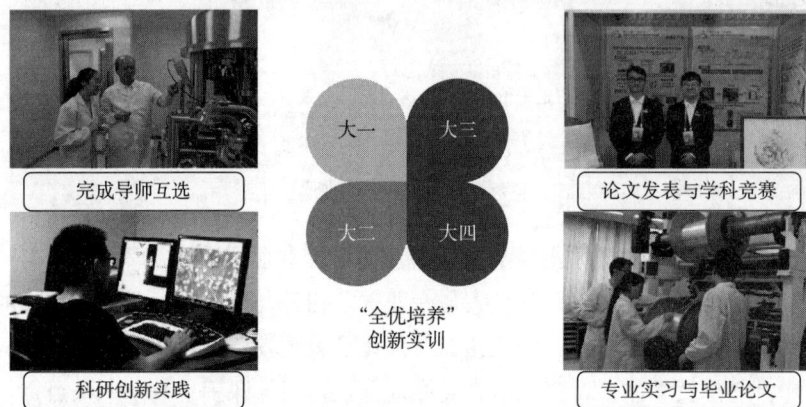

图 4　材料类专业课程思政"全优培养"创新实训

2.3　全面推动实践育人与社会服务（课程思政与思政课程同向同行）

引导和帮助广大青年学生上好与现实相结合的"大思政课"，将课程思政与思政课程相连接，在社会实践中发挥专业优势，依托社会实践基地，重点组建了党史学习实践团、理论宣讲实践团、乡村振兴实践团发挥专业特长，在各地开展绿色低碳专题宣讲、知识竞赛、校园科普小课堂活动，走进千村观察，助力乡村生态振兴，推动当地乡村"绿色经济"发展（图5）。

图 5　材料类专业课程思政社会实践

3. 成果的创新点

3.1 专业课程思政理念创新

基于"大思政"思维，以"一体、两翼、四维、四融"教学理念构筑人才培养体系。以专业为依托，以学生为中心，新工科专业知识传授与思想道德价值引领相结合，从专业思政、课程思政、全优培养、社会服务四个维度，凝练形成具有纤维特色的课程思政教育核心内容，并纳入人才培养方案，实现课程思政教学全覆盖。

3.2 课程思政教学体系创新

专业从思政角度做好顶层设计，完善教学体系，凝练材料类专业课程体系的课程思政十二条目标，作为材料类专业课程体系思政实践的基本指南，使各门课程实现同频共振，协同育人。

3.3 课程思政教学实践创新

实施本科生导师制"全优"培养和思政社会实践，突出以学生为主体的创新教育和个性化培养，推进全员全过程全方位育人，以思政为引领，学术为桥梁，依托区域产业背景，深耕"科教融合、产教融合"，形成思产教研学一体化的创新实践教学模式。

4. 成果的推广应用情况

4.1 课程思政人才培养，效果显著

（1）举措。材料专业实施"本科生导师制培养"模式（即一个本科生配备一个导师），专业教师担任本科生导师，导师对本科生的思想、生活、学业、科研创新、毕业设计（论文）、精准就业、求学深造、成才等进行全过程、全方位指导，为本科生参与科研创造条件，让本科生早进实验室、早进课题、早进团队，培养本科生具有文献查阅、实验设计、实验操作、团队合作等方面的科研素养，将科技前沿和创新训练融入教学，目的是因材施教，专任教师全员参与研究型教学，寓教于研，激发学生学习兴趣，促进学生个性化发展和创新能力提升，实现科研、教学、思政的深度融合。

（2）成效。本专业100%的学生受益。本科毕业生升学率连年提升，2022年达到61.4%。近四年，专业本科生获各级各类竞赛奖项共计86项，其中共获得浙江省及以上"挑战杯"22项，包括第八届中国国际"互联网+"大学生创新创业大赛全国总决赛金奖。获省级以上科研及创新实践活动立项51项，其中"国家级大学生创新创业训练计划项目"20项、浙江省新苗人才计划31项。以第一作者发表论文共73篇，其中SCI、EI收录的共69篇，论文发表在Top期刊"*Small*"（IF 15.153）、"*ACS Applied Bio Materials*"（IF 10.102）、"*ACS Appl. Mater. Interfaces*"（IF ）、"*ACS SUSTAINABLE CHEMISTRY & ENGINEERING*"（IF 8.198）等。以第一作者获得授权的专利4项，其中发明专利2项（图6）。

4.2 专业课程思政建设，成果丰硕

（1）举措。根据"课程思政"基本指南，修订完善专业培养方案，充分体现"课程思政"的导向和元素，最终实现100%的课程都明确德育功能，100%的教师都明确育人职责，100%的课程都体现育人效果，实现"课程门门有德育，教师人人讲育人"目标，真正落实"立德树人"使命。开展课程思政观摩听课和经典案例观摩学习与讨论，凝练形成具有本专业特色的课程思政教育核心内容。以专业为单位开展课程思政集体备课活动，发挥团队合力，凝聚集体智慧，提升课程思政教学效果。开展课程思政观摩听课和经典案例观摩学习与讨论，凝练形成具有本专业特色的课程思政教育核心内容。重点培育优秀教学团队和教学优师。

（2）成效。2021年专业必修课"化工原理"获第一批浙江省课程思政示范课程。吕汪洋老师"思政元素在《高技术纤维》案例式教学中的应用研究"获第一批浙江省思政教学研究项目。张明老师的"思政

第八届中国国际"互联网+"大学生创新创业大赛全国金奖　　　　第16届挑战杯国家级二等奖

图6　材料类专业课程思政人才培养

元素融入《化工原理》课程的探索与应用"获浙江省"十三五"教改项目。专业挖掘与培育并举，积极打造"金课"，多门课程入选一流课程。"化工原理"课程被认定为国家级线下一流课程；"分析化学（材料类）""高分子化学""材料学科导论""热工过程"等六门课程被认定为省级一流课程。

4.3　师资队伍协调发展，师德高尚

（1）举措。建设一支思政能力与教学、科研、工程实践能力全面协调发展的高水平师资队伍。专业课教师是教学实践中的主体，为确保课程思政与专业课程教学有机结合，对专业课教师的思政水平和专业能力需要较高的水平。为此，专业开展了"材俊思享荟""教学老帮青"科研一人一规划、一人服务一企业等政策措施、帮助青年教师全面提升思想、教学、科研和实践能力。确立师风师德第一评价标准。建立课程思政教学效果评价体系。使德育元素成为"学评教"重要内容。

（2）成效。现专业拥有包括中国工程院院士1人、日本工程院院士1人、教育部"长江学者和创新团队发展计划"1个在内的高水平师资队伍，专任教师105人，半数有海外留学访学1年以上经历，博士学位教师占比90%，70%以上专任教师有工程实践经历，另聘请企业兼职教师18人，保障学生工程实践能力的培养。多位教师获得获"纺织之光"教师奖、桑麻奖教金、浙江省师德先进个人、浙江省三育人先进个人、省三育人岗位建功一等奖。为课程思政教育和新工科知识传授提供了重要的保障。

4.4　专业建设成效突出，辐射广泛

（1）专业。通过该成果的不断深入，专业不断迈上新台阶。2019年通过工程教育认证，材料科学与工程专业与高分子材料与工程专业分别于2021年和2022年被教育部批准入选国家一流本科专业。建有国家级实验教学示范中心、浙江省材料工程实验教学示范中心，建设体系获得专家认可。

（2）辐射。结合专业特色实施德育实践获得广泛好评。改革吸引了省内外十余所高校前来交流学习。依托校地共建的大学生社会实践基地、实践实习基地等平台开展的课程思政实践活动受到新华网、学习强

国、浙江新闻网、浙江教育在线、衢州电视台等国家级、省级、市级媒体报道。浙江教育报、浙江在线、浙江日报等媒体报道了专业本科生的创新实践事迹和创新成果（图7）。

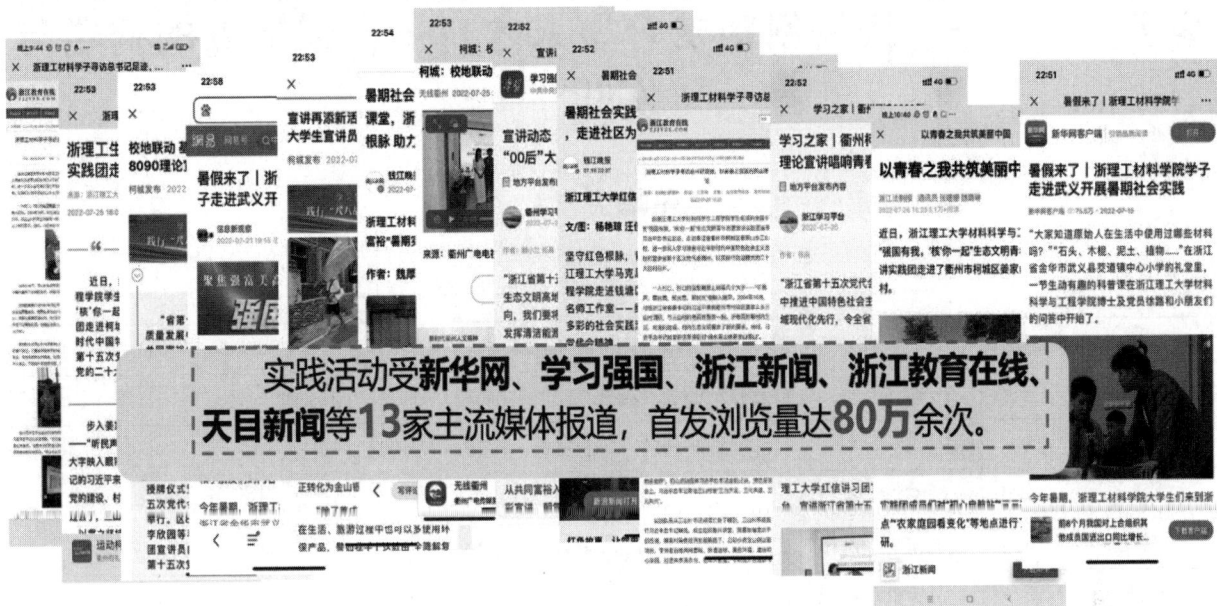

图7　材料类专业课程思政社会实践新闻报道

基于"专业+"拔尖创新复合型人才自主自强培养的构建与实践

东华大学

完成人及简况

姓名	性别	所在单位	党政职务	专业技术职称
杨旭东	男	东华大学	教务处处长、钱宝钧学院常务副院长、教师发展中心主任	教授
姬广凯	男	东华大学	教务处教学实践科科长、钱宝钧学院办公室主任	副研究员
刘冰	女	东华大学	教务处办公室主任	助理研究员
马敬红	女	东华大学	材料学院副院长	教授/博导
周卫平	男	东华大学	人文学院系主任	副教授
陆嵘	女	东华大学	教务处副处长、教师发展中心副主任	副研究员
周其洪	男	东华大学	机械学院副院长	教授
王永林	男	东华大学	发展规划处副处长	副研究员
施美华	女	东华大学	教师教学发展中心办公室主任	副研究员
黄朝阳	男	东华大学	复材中心副主任	讲师

1. 成果简介及主要解决的教学问题

1.1 成果简介

党的二十大报告明确指出，到二〇三五年，要实现高水平科技自立自强，进入创新型国家前列；建成教育强国、科技强国、人才强国、文化强国、体育强国、健康中国。面对这一宏伟蓝图，作为教育部直属高校、国家"双一流"建设高校，东华大学重任在肩、责无旁贷，必须充分发挥自身特色优势，为国家重大战略目标实现供给更多高素质专门人才。

1.2 主要解决的教学问题

然而，同国家经济社会发展的需求相比，学校人才培养上仍存在如下问题：

（1）在我国高等教育已步入普及化的时代，如何在确保整体教育质量的前提下，培养行业产业急需的"高精尖缺"拔尖创新复合型人才需要重新谋划和定位。

（2）多数高校长期遵循的"学院—系—专业"学术组织设置，不利于跨学院、跨专业、跨学科协同培养人才，导致育人模式固化，学生综合素养与能力偏低。

（3）人才培养过程中教育、科技、产业等要素各自为战，多方资源协同育人的合力不足，群集效应不显著。

针对以上问题，本项目通过推进"专业+"复合型人才培养改革，建设钱宝钧学院、国家新材料现代产业学院等重大举措，破除人才培养壁垒，将教育、科技、产业等资源"由三条线拧成一股绳，激发教育活力、增强科技动力、挖掘人才潜力"，产教协同、科教融汇，服务国家高水平科技人才自立自强培养。

具体措施是：

（1）自2013年始，在全校范围内面向纺织、材料、机械、化工等4个专业的学生，以复材协同中心为依托，整合中国商飞、上汽集团、金山石化等校内外优质资源，多方位立体化培养拔尖创新人才。

（2）根据社会和产业发展需求，增设尚创创新创业、材料智能制造、人工智能、知识产权、智能制造与机器人、机械设计与机器人智能制造、国家新材料现代产业学院等7个拔尖创新人才实验班，以交叉融合为特色，项目驱动、创新赋能、引导师生协同创新。

（3）2020年应时所需专门成立钱宝钧学院，根据"改革实验田、新专业孵化器、人才培养新标杆"的发展定位，开启人才培养实验班的升级2.0版，十年磨一剑，服务国家科技自立自强人才培养实践。

项目实施10余年来，已培养学生1500名，其中学生深造率超过80%，远高于学校平均水平。2021届材料智能制造班的沈佳悦同学只是其中的一个个案，其入选第十四届全国大学创新年会，同时拿到北大、清华的保研通知书，最后选择去北大跨专业到"物理电子学"专业深造。

2. 成果解决教学问题的方法

（1）秉持"双一流"建设高校使命，着力培育拔尖创新复合型人才。聚焦高等教育普及化背景下的精英人才培养，立德树人，构建思政课教师、专业课教师、校内外专家协同联动的大思政育人体系。面向经济主战场、面向高科技前沿，做好强基和拔尖两方面文章，近年来东华大学招生均在各省市重点本科分数线80~100分以上，属于高考排名前10%的学生，保障了拔尖创新人才的生源质量，实施"学生自主选择课程、自主选择专业、自主决定学习进程"完全学分制教育教学改革，激发学生潜能、为"高难度、高挑战性"的教育教学奠定了坚实的制度基础。

（2）破除协同育人壁垒，探索"四跨式"人才培养模式。对标党的二十大关于上海市国际科技创新中心和国际消费中心城市的新战略定位，结合《东华大学一流本科教育建设方案》，以学生成才与发展为中心，坚持价值引领、知识传授、人格养成相统一，以重大教学改革项目为依托，破除"学校、学院、学科、专业"培养壁垒，汇聚校内外多方资源，推动钱宝钧学院、国家新材料现代产业学院改革向纵深发展，推动名师金课建设，设置本科教学示范岗，首批建设了荣誉课程12门、产教融合课程12门，做实人才培养的核心单元，探索自主自强培养交叉复合型高科技人才新路径。

（3）立足产教融合科技融汇，构建人才协同培养机制。针对人才培养中教育、科技、产业等要素各自为战的现状，建设校外优秀实践基地，协同中国商飞、之禾卡纷等优质资源，把相互隔离的三方面育人要素整合聚焦于人才培养。2021年底新材料现代产业学院获国家首批现代产业学院，入选长三角现代产业联盟副理事单位，2022年学院面向2021级、2020级学生遴选45名同学组建了首批现代产业学院拔尖人才实验班。通过重构知识体系、重组产教双导师授课团队、重视工程实践难题，建设了"新材料概论"等12门高质量、交叉型、创新型的专业基础类和综合实践类课程，促进产教融合，科教融汇，项目驱动，汇聚多方资源，服务学生成才与发展，发挥人才培养示范引领作用。

3. 成果的创新点

（1）完全学分制为教育教学改革保驾护航。2003年来实施的"学生自主选择课程、自主选择专业、自主决定学习进程"的完全学分制教育教学改革，为"高难度、高挑战性"的复合型拔尖创新人才培养奠定了坚实的制度基础，使得教育教学的深层次变革成为可能。

（2）实施"专业+"人才灵活分层培养。积极稳妥地推进教育教学改革，学生可以基于自身职业和学业发展定位、能力和潜力，确定是否参加"专业+"人才培养，并且友好地为学生保留了"退出机制"，人才实验班的培养不影响其第一专业毕业和学位的获得。

（3）破壁垒跨校产教研融合促优质资源共享。与中国商飞、东方国际、之禾卡纷、上海农科院共建实践教育基地，依托国家大学生创新创业训练计划，教育部社科和自科基金项目，上海市教委、科委等重大课题，教育部产学协同育人项目等，创新赋能、产教融合、科教融汇，对接产业和行业需求，高质量协同培养拔尖创新人才，持续提升东华大学教育的影响力。

（4）实践与理论兼重，形成了拔尖创新人才培养的新路径。借鉴国内外先进教育理念，依托东华办学优势特色，深入推进教育教学改革，项目组成员在复合型人才培养、产教融合、双创教育、分层次教学、卓越工程师、文创生态系统构建等方面发表相关论文12篇，丰富了教育教学理论，形成了实践与理论兼重的人才培养改革新阵地。2017年、2019年受高等教育学会创新创业教育分会论坛邀请做报告；2023年4月接受新华社采访，介绍学校教育教学改革经验；获得省部级以上教学成果奖20余项，其中国家级二等奖1项。

4. 成果的推广应用情况

（1）发挥引领示范作用，为自主培养拔尖创新人才贡献东华方案。结合学校改革实践，阐释党的二十大关于教育、科技、人才"三位一体"的精神，用"三条线拧成一股绳"来更形象生动地阐释三者关系，增加"挖潜力"表述，丰富了上海市的"激活力、强动力"模型。"三条线拧成一股绳"由东华大学在2022年12月教育部调研报告中首次提出，到2023年4月获得上海市高度认可，在2023年4月23日由东华大学承办的第八届汇创青春文化作品展示活动开幕式上由上海市教委副主任孙真荣重点介绍推介，学习强国平台以"激发教育活力 增强科技动力 挖掘人才潜力，第八届'汇创青春'——上海大学生文化创意作品展示活动开幕"（图1、图2），中国新闻网以"上海探索'教育、科技、人才'拧成一股绳 造就高层次创新人才"进行报道（截至2023年4月30日，浏览量84万），锐意进取，精于实践，担当了中国教育教学改革的先行者，为高等教育的高质量发展贡献了东华方案（图3）。

（2）"专业+"自主人才培养初具规模，社会美誉度高。项目实施10余年来，各实验班发挥先行先试改革首创精神，师生协同创新，形成了大飞机班的"赛教结合"参加、人工智能班的"项目驱动"、尚实创新班的"双创赋能"、国家新材料现代产业学院班的"产教融合"等办学特色模式，为中国高等教育人才培养

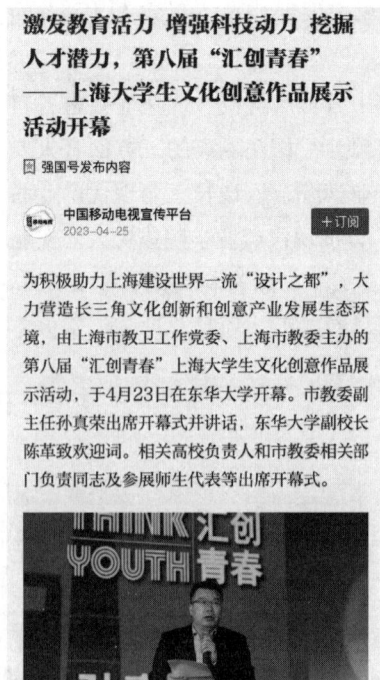

激发教育活力 增强科技动力 挖掘人才潜力，第八届"汇创青春"——上海大学生文化创意作品展示活动开幕

强国号发布内容

中国移动电视宣传平台 2023-04-25 +订阅

为积极助力上海建设世界一流"设计之都"，大力营造长三角文化创新和创意产业发展生态环境，由上海市教卫工作党委、上海市教委主办的第八届"汇创青春"上海大学生文化创意作品展示活动，于4月23日在东华大学开幕。市教委副主任孙真荣出席开幕式并讲话，东华大学副校长陈革致欢迎词。相关高校负责人和市教委相关部门负责同志及参展师生代表等出席开幕式。

图1 学习强国平台推送"激活力、强动力、挖潜力"改革模式

第八届"汇创青春"上海大学生文化创意作品展示活动正式开幕

2023-04-25 11:16:03　　浏览量：71.6万
来源：新华社

新华视频　　　　　　　　查看详情

4月23日，为积极助力上海建设世界一流"设计之都"，大力营造长三角文化创新和创意产业发展生态环境，由上海市教卫工作党委、上海市教委主办的第八届"汇创青春"上海大学生文化创意作品展示活动，在东华大学开幕。活动通过展示学生的创意，加快

图2 新华社报道上海市教学改革成果

中国新闻网 WWW.CHINANEWS.COM　　　　打开

上海探索"教育、科技、人才"拧成一股绳 造就高层次创新人才

2023-04-23 21:36:40 中国新闻网 ⊙ 84万

第八届"汇创青春"上海大学生文化创意作品展示活动23日开幕。　上海市教委供图

中新网上海4月23日电（记者 陈静）第八届"汇创青春"上海大学生文化创意作品展示活动23日开幕。上海市教委副主任孙真荣表示，"汇创青春"活动，把"教育、科技、人才"由"三条线拧成一股绳"，激发教育活力、增强科技动力、挖掘人才潜

图3 中国新闻网报道教育、科技、人才"由三条线拧成一股绳"

改革注入了新鲜血液。学校开展"专业+"人才自主培养实践,量质齐升,8个人才实验班已培养学生1500余名,其中学生深造率超过80%,远高于学校平均水平。项目组成员姬广凯老师在接受新华社媒体采访,介绍学校创新赋能、产教融合方面的改革经验(截至2023年4月30日,播放量已达66.5万)(图4)。

(3)现代产业学院建设有序推进,示范引领和辐射互鉴作用显著。作为2021年全国首批50家现代产业学院之一,东华大学国家新材料现代产业学院2021年底又入选长三角现代产业联盟副理事单位(图5)。2022年学院遴选45名同学组建了首批现代产业学院拔尖人才实验班。通过重构知识体系、重组产教双导师授课团队、瞄准工程实践难题,建设了"新材料概论"等12门高质量、交叉型、创新型的专业基础类和综合实践类课,其

第八届"汇创青春"上海大学生文化创意作品展示活动正式开幕

新华社新媒体
2023-04-25 11:16 新华社官方账号 关注

4月23日,为积极助力上海建设世界一流"设计之都",大力营造长三角文化创新和创

图4 新华社采访项目组成员分享成果经验

主动参加区域现代产业学院联盟,积极贡献建设经验。2021年12月参加在常州大学举行的长三角现代产业学院建设高峰论坛,入选长三角现代产业联盟副理事单位,马敬红教授担任联盟副理事长。联盟驱动,互学共进,积极学习借鉴其他高校的先进建设经验。参展了2022年夏天在西安举办高等教育博览会,交流产业学院办学理念。2023年4月20日接待了石河子大学的国家现代产业学院专题调研会(图6、图7)。

图5 2021年12月在长三角现代产业学院建设高峰论坛上入选副理事单位

图6 2023年4月石河子大学来东华大学调研现代产业学院

图7 2023年4月石河子大学赴东华大学专题调研的公函

基于"校、企、院、所"合作基础的"纺织+"跨学科协同创新型人才培养研究与实践

江南大学

完成人及简况

姓名	性别	所在单位	党政职务	专业技术职称
马丕波	男	江南大学	副院长	教授
蒋高明	男	江南大学	主任	教授
董智佳	女	江南大学	无	副教授
丛洪莲	女	江南大学	副主任	教授
万爱兰	女	江南大学	无	副教授
张琦	男	江南大学	无	副教授
夏风林	男	江南大学	无	教授

1. 成果简介及主要解决的教学问题

1.1 成果简介

纺织工业是国民经济和社会发展的民生与支柱产业，当前正处于行业转型升级阶段，相应技术装备数字化、智能化程度不断提升，新材料、新工艺技术迭代更新速度也显著加快。为适应纺织强国发展目标，突破学科边界的协同创新型人才培养具有显著现代教育推动意义。本成果着眼于培养适应跨行业市场需求的高素质复合型"纺织+"人才，在充分调研市场人才需求导向基础上，依托纺织工程国家一流专业，针对纺织工程平台教学引入"纺织+"跨学科协同创新培养理念，借助良好的跨领域校企合作关系构建了"纺织+航空航天""纺织+生物医用""纺织+计算机"等专业交叉融合课程体系。完善教学多元化内容，通过线上线下混合式教学、专业教材修订完善、多媒体信息化教育技术建设等，将跨学科专业知识多层次、多维度地展现给学生，增进学生学科交叉学习兴趣的同时也提升了学生学习效率和质量；开创新型实践体系，通过校内校外资源整合与人才互补，搭建了科学高效的系统化"纺织+"实践教学保障平台，在教师引导下使学生能够将不同学科的理论知识学以致用，动手能力和创新思维显著提升。

本项目在实施中完成教改论文2篇，与全国30余家跨领域企业院所成立合作关系并建成校外实践基地和产学研研发中心。以大学生为主体，完成大学生创新创业课题项目20余项，获得全国各类纺织专业竞赛一、二等奖10项，本科生以第一作者发表中英文学术论文10余篇，获得江苏省优秀本科毕业论文4篇。相应成果辐射纺织工程学生约150人/年，对其他工科专业教学也具有良好借鉴参考价值。

1.2 主要解决的教学问题

（1）专业教学以纵向维度为主，跨学科横向维度教学空缺或与主专业联系不紧密，教学模式单一且无法吸引学生兴趣。

（2）学科交叉实践环节空缺或与社会需求脱节，学生知识巩固难以保障，学生综合素质与专业技能与社会需求存在一定程度的差距。

（3）校内跨学科教学资源不足，实践条件基础薄弱，校企合作多处于单领域、浅层次、低水平状态，学校与企业院所之间缺少对交叉学科的融会整合。

（4）学生考核评价内容和方式单一，评价指标缺乏科学性。

2. 成果解决教学问题的方法

2.1 精准定位，研究先导，做好跨学科校企合作背景调研

采用企业院所实地调研方式了解纺织行业对专业人才知识和能力的需求。调研校企合作在实践教学方面研究的现状和发展趋势、新形势下社会对人才的需求，特别是对人才在工厂实际环境下动手能力和综合素质方面的需求，为建立创新的跨学科校企合作实践教学模式提供目标和方向；同时调查跨学科校企合作实验和实习教学时间、教学内容、成绩评定等项目内容，制定出切合社会对人才的需求和发展趋势的教学内容和模式，使得研究的起点与企业需求同步。

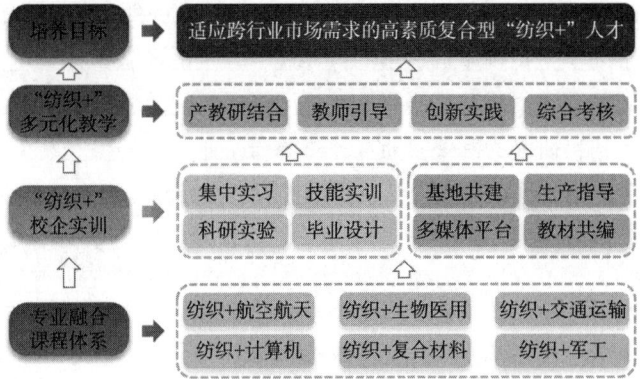

图1　纺织工程跨学科交叉融合教学改革路径

2.2 紧扣学科交叉与纺织前沿，优化多元化教学模式与资源

聚焦跨学科背景与最新前沿，强调产教研融合教学模式，实施理论与实践相结合、线上线下相结合、课内课外相结合、比赛与课题设计相结合的教学方式，建立了理论教学、实践教学、创新实训递进式的教学体系，激发学生产生不同学科领域的学习兴趣并长期保持。通过案例教学、项目驱动，以工程研发过程为引导促进学生思考、资料查阅、小组讨论、总结汇报，调动学生互动学习积极性。建设在线开发课程和虚拟仿真实验教学项目，并录制不同领域企业生产工艺视频，使学生能够全方位、多维度掌握学科交叉知识。实行校内校外双导师教学制，由校内教授、学者担任学生学术导师，并聘请不同领域企业专家担任学生企业导师，开展"纺织+"深度联培。联合企业技术人员与行业专家，协助制订和修订教学方案工作并优化完善专业教材，增添新技术、新材料、新技术等学科交叉知识，使教材能够与时俱进，服务行业转型升级需求（图1）。

2.3 强化校企院所合作深度，打造跨领域、协同创新的长效实践教学体系

充分发挥校企院所合作效应，探索基于回归工程理念和协同创新理论的纵向进阶、横向融通学科教育体系。强化合作深度，通过人才互补、资源互补，在校内实践教学平台基础上打造具有高质量、高度融合、可操作性强的"纺织+"企业实践基地和产学研研发中心，重组成立"纺织+"校企院所合作实践教学保障平台。利用校内实践平台帮助学生完成理论教学的初步知识巩固，并提供模拟企业研发生产过程的体验式实践环境；企业实践基地为学生提供先进的实战型实践环境，通过认知/毕业实习、课程设计等方式，培养学生跨学科协同创新思维和锻炼动手技能；在产学研研发中心通过参与横向科研项目方式，提升学生运用跨学科知识解决工程复杂问题的创新能力（图2）。

综合利用校内校外实践平台，开展系列化创新实训。让学生全面参与学科竞赛、大创项目、创新

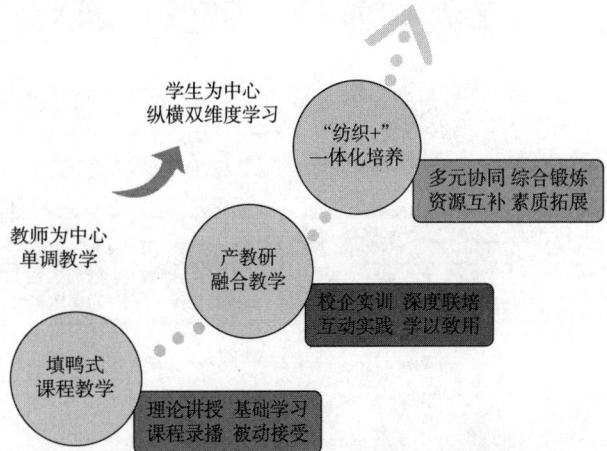

图2　教学资源建设与教学模式改革路径

创业项目、企业项目、科研课题等活动，进一步将学生的跨学科创新思维转化为创意能力和科学研究能力，帮助学生正确掌握科学的世界观、方法论，弘扬社会主义核心价值观。同时，开展校企院所跨领域人才之间的深入交流和思维碰撞，协同探索实践教学过程中的设备管理和维护以及新型产品开发方式，充分将高校的科研能力和高素质人才资源与企业完善的生产装备相结合，提升专业教师一线生产研发经验和工程实践能力的同时为企业共享开放式跨学科资源，为企业的发展提供高校力量，实现长效合作共赢目标（图3）。

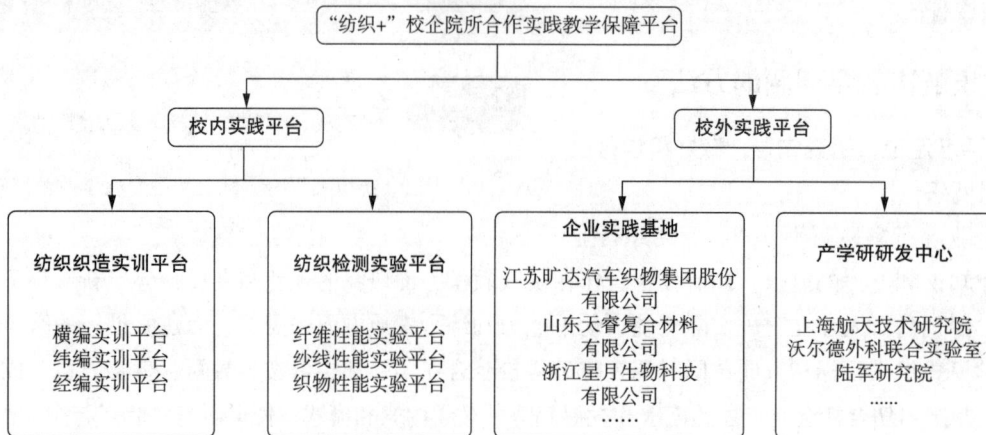

图3 "纺织+"实践教学保障平台建设

2.4 以生为本，构建科学性考核评价体系

以学生为本，充分认识到学生才是学习主体，在教学过程中尊重学生主体意愿，充分发挥学生主观能动性和积极性。本成果建立了由教学管理人员、专业教师、在校学生、企业导师等多方共参的全过程、多元化教学考核评价体系，重点关注学生实践过程中发现、分析复杂工程问题与运用多学科知识解决问题的能力，考察评价教学过程中协同创新思维培养方案的实际成效。根据培养目标设定和循序渐进式全过程教学，合理分配考核占比。对理论教学，强调学科交叉理论知识掌握程度的基础考核；对实践教学，强调跨学科协同创新思维的锻炼和素质拓展；对创新实训，强调协同创新能力的持续培养。在综合考核评价过程中注意过程性评价，并通过毕业调查、学生座谈等方式及时发现教学过程的薄弱环节，有针对性地提出改进措施，形成科学合理的考核评价体系闭环通路（图4）。

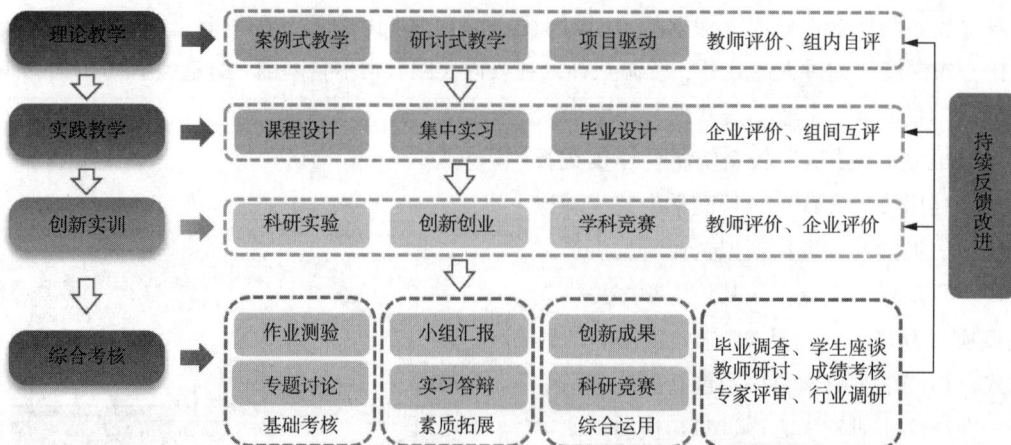

图4 纺织工程跨学科全过程教学考核评价体系

3. 成果的创新点

3.1 教学理念创新：需求牵引，形成"纺织+"跨学科协同创新型人才培养理念

深入研判纺织产业与学科发展趋势，提出"纺织+"人才培养理念，从教学模式、资源改革入手，将和纺织相关的航天航空、生物医用、计算机、复合材料、交通运输等跨领域产业与纺织工程教育深度融合。以前瞻性意识，面向纺织未来，培养跨学科协同创新型人才。

3.2 教学模式创新：产教研融合，开展理论和实践一体化跨学科教学

优化教学资源，通过多元化设计，将理论教学、实践教学和创新实训紧密结合在一起。构建了多层次产教研融合实践教学保障平台，利用跨学科合作企业专业设备和领域先进技术，为纺织工程本科生跨学科学习与发展提供条件，创造良好的跨学科实践教学环境。

3.3 教学考评创新：以学生为中心，构建跨学科全过程教学考核评价体系

结合跨学科协同创新培养目标和方向，建立了一套科学、系统、实用的全过程教学考核和学生创新能力评估体系。对毕业生进行跟踪调查，根据企业对毕业生动手能力素质的评价以及毕业生自身评价来检验"纺织+"教学改革效果，不断地对考核评价体系进行改进完善。

4. 成果的推广应用情况

本项目通过了江南大学组织的教学成果验收，验收委员会一致认为：该教学成果通过依托校企合作关系和现有的跨学科领域良好的实习条件，全面改革实践性教学，为高等院校提高纺织工程专业本科生的综合素质和能力提供了有益的探索与实践经验，对培养出适合跨领域企业需求的"纺织+"类人才具有重要的现实和未来意义

4.1 探索出一个科学、系统、实用的跨学科全过程教学考核评价体系，用于培养符合社会需求的动手能力强的高素质纺织工程本科生

依托与航空航天研究所、生物医用企事业单位、计算机专业院校等跨学科合作关系，为纺织专业本科学生在"纺织+"大背景下更好地学习和利用专业理论知识、完成专业课程和实践操作学习提供了强有力支持，提高了跨专业实践教学。逐步建设和完善了本科纺织课程的教学，建立多元化跨学科实践校企合作教学模式和一整套围绕"纺织+"的跨学科全过程教学考核评价体系。经"纺织+"教学模式开展以来，本科生综合素质显著提升，近年来在全国各类纺织专业竞赛获一、二等奖10项，以第一作者发表中英文学术论文10余篇，获江苏省优秀本科毕业论文4篇。

4.2 建成一批管理完善，设备先进，指导教师一流的国内优秀实习基地

我校自2001年与德国卡尔迈耶纺织机械有限公司进行合作成立"江南大学—卡尔迈耶集团经编研究中心"以来，先后通过产品开发与技术服务等"产学研"形式，建成了"江南大学—常州润源经编机械有限公司经编机械研发中心""江南大学—广州新生实业有限公司针织产品研发中心""江南大学—江苏聚杰超细纤维针织产品研发中心"等30余家校企合作研发中心。此外，我校2012年起与上海航天技术研究院、中国运载火箭研究院、浙江大学医学院、无锡宇寿医疗器械有限公司、杭州星月生物材料有限公司、深圳市沃尔德医疗外科器械有限公司、上海之源科技有限公司、国家高性能医疗器械创新中心等航空航天、生物医用与计算机领域研究院所及企业建立了合作关系。这些合作单位都要求在学生培养与产品开发时，在纺织材料基础上能与企业的领域进行有机结合。同时在与这些企业合作过程中，安排本科生在结束专业课程学习后由专任教师带领下经常参观企业，由于学科的跨领域发展，使得学生对其他学科领域有了深刻的认识，从而在后期学习与就业上有了更多的选择。此外，高校的科研能力和高素质人才资源与跨行业单位完善的生产装备的相结合，也为跨领域合作企业提供了旧设备升级和新产品开发的新途径。

4.3 撰写有关实践性教学改革论文2篇，总结项目过程经验，以达到和同行交流的目的

在该教改项目资助下，课题组发表相关教改论文2篇：

[1] 马丕波，陈晴，万爱兰，等.基于校企院所合作基础的"纺织+"跨学科协同创新人才培养模式研究[J].教育教学论坛，2019（13）：14–16.

[2] 董智佳，蒋高明，丛洪莲，等.《针织服装工艺》课程教学内容的设计与实践[J].轻纺工业与技术，2018，47（9）：60–62.

4.4 全面吸收最新专业技术，进一步丰富教学资源

截至目前，教学团队已获批国家级线上线下混合式一流课程1门，开设市级在线开发课程1门，校级虚拟仿真实验教学建设项目2项以及涵盖了"纺织+"跨学科课程体系内容的网络共享学习网站，相应成果辐射纺织工程学生约150人/年。同时，出版"Tensile damage mechanisms of CWK composites in frequency domain""Advanced composite materials: properties and applications"《互联网针织CAD原理与应用》《经编针织物生产技术》《现代经编工艺与设备》《现代经编产品设计与工艺》等省部级规划教材及其他中英文专著，还参加了普通高等教育"十一五""十二五""十三五"国家级规划教材《针织学》部分章节的编写。本成果为研究纺织工程跨专业校企合作教学最优模式奠定了良好基础，并能够推广至整个工科专业本科生的跨学科校企院所合作教学与人才培养。

智能辅助与虚拟仿真在服装类复合型人才培养中的探索与实践

西安工程大学，武汉纺织大学，大连工业大学

完成人及简况

姓名	性别	所在单位	党政职务	专业技术职称
刘凯旋	男	西安工程大学	服装与艺术设计学院副院长	教授
樊威	男	西安工程大学	西安工程大学柔性电子与智能纺织研究院院长	教授
张俊杰	男	武汉纺织大学	无	教授
梁建芳	女	西安工程大学	无	教授
孙林	男	大连工业大学	无	副教授
朱春	女	西安工程大学	无	工程师
彭东梅	女	西安工程大学	无	副教授
张蓓	女	西安工程大学	无	讲师

1. 成果简介及主要解决的教学问题

1.1 成果简介

在人工智能和虚拟仿真基础上建构的智能时代的教育新秩序和新形态是未来高等教育教学发展的必然趋势。服装专业智能教育的最终目标就是培养服装工程学生的高级思维能力和服装设计学生的不断创新能力，这就要求服装类专业教师和学生在教与学的过程中必须将教学和学习的着眼点由服装专业知识理解和记忆转向在服装领域基本知识内容的深入探索，并向创新方面发展，这样才能落实到创造、创新层面。

本成果起始于2015年，结合西安工程大学、武汉纺织大学、大连工业大学三所国内知名纺织服装类院校的优势教学资源，利用人工智能和虚拟仿真技术实现更加开放灵活的服装类专业教学体系，推动人工智能、虚拟仿真与教育教学系统性融合，实现人工智能与虚拟仿真教学模式的相互融合，将教学模式重心转移到关注"人"本身，解决服装类专业院校人才培养教学手段单一，教学方法陈旧等问题。本成果在教学实践中紧紧抓住"45分钟课堂"主战场，以"智能化、仿真化"课堂改革为突破口，实施"课程体系、教学方法、学业评价、教学激励、质量评价与反馈"的服装类专业全要素课堂教学改革，打造"高阶学习"课堂，以"兴趣结合实践的考试模式"为牵引，开展关注学生自主学习的全过程教学质量合理性评价与反馈，通过构建智能化和仿真化的服装款式设计、结构设计、工艺设计以及史论课程体系，加强服装类专业教师的学科交叉背景，牢固科研辅助教学、教学反哺科研的教研理念，全方位加大服装教学中学科的深度交叉融合，打造高科技含量的教学环境。

近六年的真抓实干，服装类本科教育教学实现了六个转变：从注重知识点传授的以"教学为中心"向"培养发散思维和知识创新"并重的"以学为中心"教学模式转变；从"填鸭式"向引导式、沉浸式的培养方式转变；从重"死记更背"向重独立思考、"兴趣结合实践的考试模式"的学业评价转变；教师从"知识传播者"到激发学生创意创新的"引导者"的角色转变；学生从被动学习向主动学习的行为转变。形成了

教师"因材施教"，学生"勤学会学"的良好气氛，产生了较好的引领和示范作用。

1.2 主要解决的教学问题

本成果"智能辅助与虚拟仿真在服装类复合型人才培养中的探索与实践"有效解决了如下教学问题（图1）。

（1）以人工智能和虚拟现实技术推动数字化的服装类课程的教学方法改革，解决学生个性化，自主化教学不足，及探究式、互动式、交互式、沉浸式教学欠缺等问题。

（2）应用虚拟仿真技术构建服装类课程完整的智能型虚拟仿真教学体系，解决服装类课程教学手段单一、教学环境较简陋、教学内容较陈旧等问题。

（3）应用人工智能技术服装类课程教学质量合理性评价模型，解决目前服装类课程教育教学评价方法缺乏有效性、科学性不足、人为因素影响较大等问题。

（4）确立合理、有效的服装类课程教学质量合理性定期评价、反馈与修订机制，解决目前服装类课程教学教育教学反馈机制效率低下，修订机制不完善等问题。

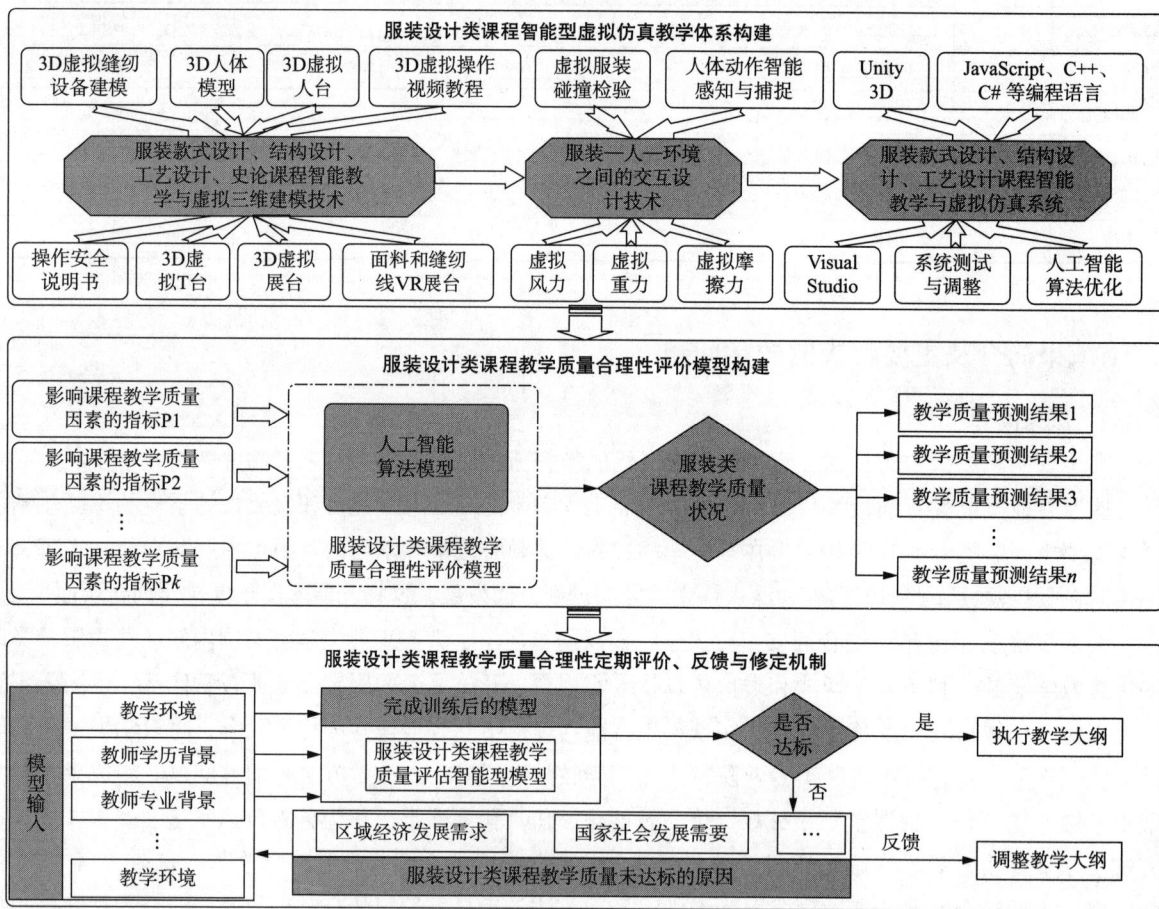

图1 智能辅助与虚拟仿真在服装类复合型人才培养中的成果简介

2. 成果解决教学问题的方法

2.1 服装类课程智能型虚拟仿真教学体系总体解决方案

服装专业课程教学中大多采用纸质教材，课程经验性知识多，理论性知识少。教学方法以线下实践性教学为主，线上教学为辅。课程内容的科技含量低，较难培养出服装高科技人才。运用人工智能、虚拟仿真和人机交互技术重构服装款式设计、服装结构设计、服装工艺设计、中国服饰史、西方服装史课程教学与实践方法，探究如何构建3D交互式服装设计课程教学体系，进而整合服装款式设计与结构设计课程，下一步实现服装工艺设计与史论课程全程虚拟仿真教学，师生可以通过沉浸式的教学方法传授相关知识，最终实现服装类课程智能化、自动化和虚拟化教学（图2）。

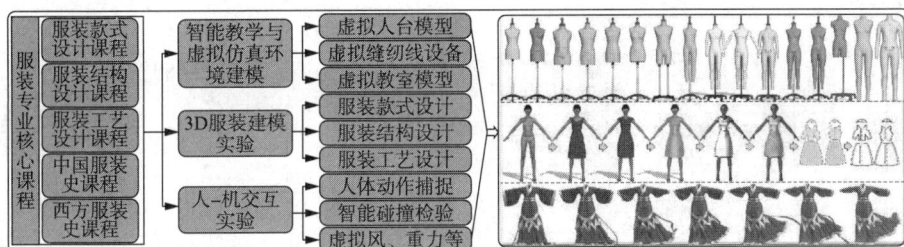

图2　服装类课程智能型虚拟仿真教学体系解决方案

2.2　服装结构设计类课程虚拟仿真实验教学解决方案

"服装结构设计"课程是服装专业的学科基础必修课程，运用人工智能和虚拟仿真技术构建服装结构设计课程虚拟仿真课程体系，通过虚拟仿真实验教学，使学生了解服装与人体的关系，掌握各式服装衣身、衣袖、衣领、裙装等局部的结构设计方法，为从事服装设计、生产与研究具备一定的理论知识和技巧。本课程是根据人的体型特征研究服装内部结构，分析服装的立体结构和平面结构之间关系，是将立体款式造型转化成平面结构制图。通过本课程的学习，使学生能把服装结构知识与工艺知识结合起来，为学生今后从事服装制作提供理论与方法支持，为毕业生从事服装设计、生产、管理等打下坚实的基础（图3）。

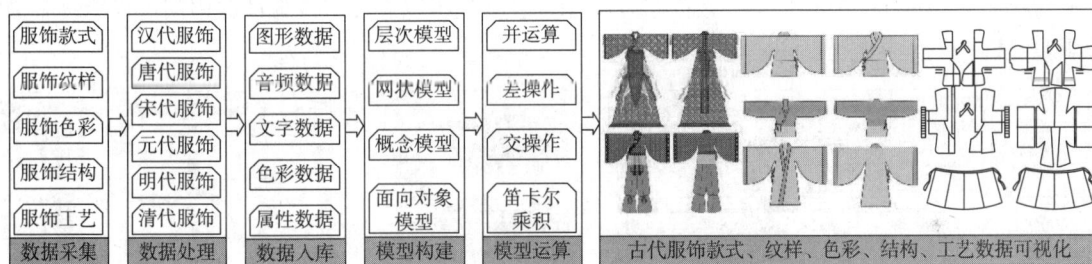

图3　服装结构设计类课程虚拟仿真实验教学解决方案

2.3　服装款式设计类课程智能实验教学解决方案

"服装款式设计"课程的核心是创意与设计。应用人工智能技术开发"基于素材的服装智能设计系统"，并训练该系统根据不同的目标和背景解决学生服装设计类课程教育教学所面临的各种创新创意问题。学生在上课过程中通过输入设计需求和创意要求，设置系统参数、约束和目标，并生成其期待的设计方案，供学生选择和修改，较高地提高了学生上课的积极性和兴趣（图4）。

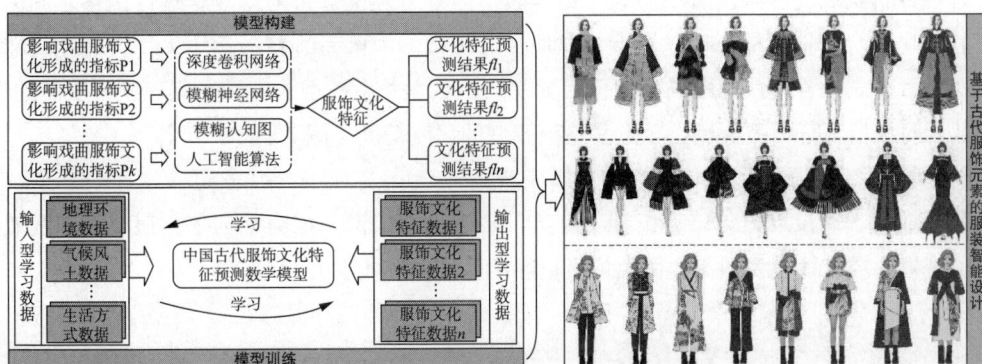

图4　服装款式设计类课程智能实验教学解决方案

2.4 服装史论类课程虚拟仿真实验教学解决方案

运用虚拟仿真和人工智能技术，对"中国服饰史"课程中所涉及的古代服饰进行三维动态仿真建模，开发历代服饰三维动态型数据库，按不同的朝代、身份、服饰用途等进行服饰分类，实现对中国历代服饰的动态展示（图5）。

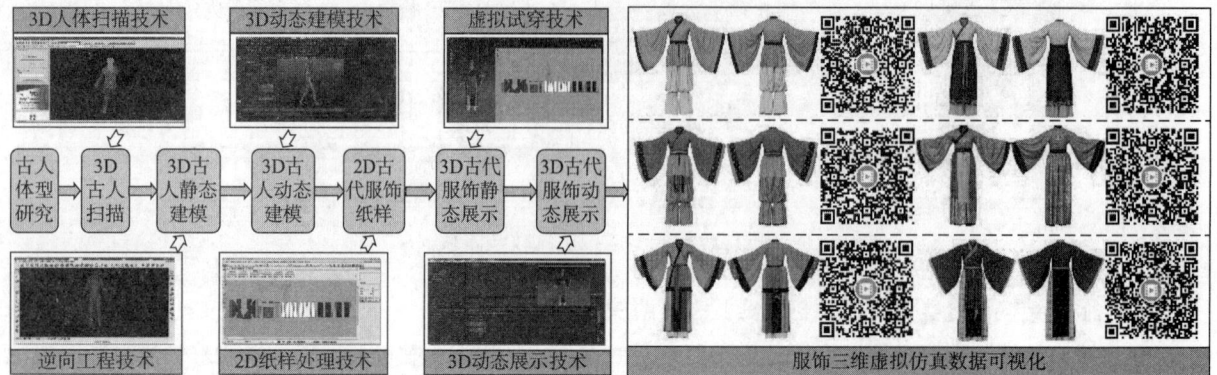

图5 服装史论类课程虚拟仿真实验教学解决方案1（可以用手机微信扫描二维码）

运用高清图片、文字说明、声音解说、高清视频、360度全景、三维交互等多种手法真实还原中外历史服饰文化，内容涵盖汉、唐、明、清等具有代表性的朝代特色场馆，以及西洋中世纪、西洋近代等重要时期的西洋场馆，将服装史教学与历史服饰文化、非遗文化与前沿科技有效融合。在此基础上，开发"交互体验下的中国古代服饰 VR/AR/MR 静、动态展示"系统，学生可以更加沉浸地体验中国古代传统服饰的魅力，传承和发扬中华优秀传统服饰文化（图6）。

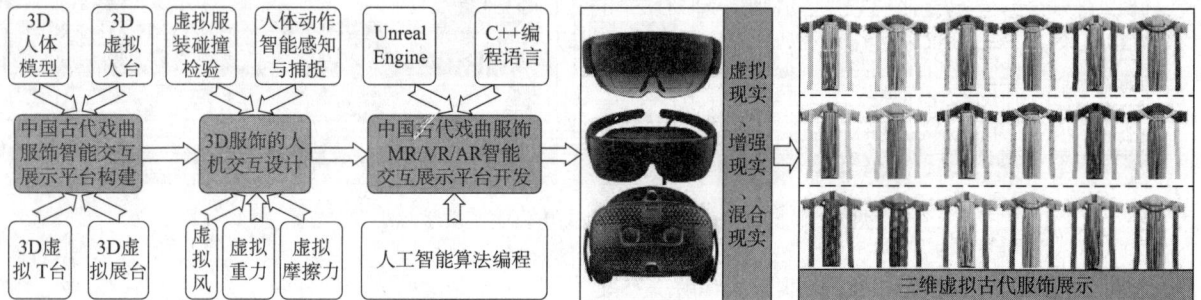

图6 服装史论类课程虚拟仿真实验教学解决方案2

2.5 服装类课程教学质量合理性评价解决方案

服装专业教学体系大多针对传统教学方式，从宏观角度倡导构建教学质量评价体系的重要性，缺乏对教学质量合理性评价机制的实践。分析服装类课程教学质量合理性评价与影响合理性因素之间的关系，探讨如何量化教学质量合理性指标，确立影响教学质量合理性的因素有哪些。运用人工智能和机器学习算法构建服装类课程教学质量合理性与影响合理性因素之间的数学关系模型，实验采集该模型所需的学习数据，运用收集的数据对模型进行训练，最后测试和验证模型的预测精度（图7）。

2.6 服装类课程教学质量反馈与修订机制解决方案

目前服装专业教学质量反馈与修订机制不完善且缺乏科学依据。探究如何依据服装类课程教学质量合理性定期评价结果，修订教学大纲，使得教学质量逐渐呈现螺旋式上升趋势。

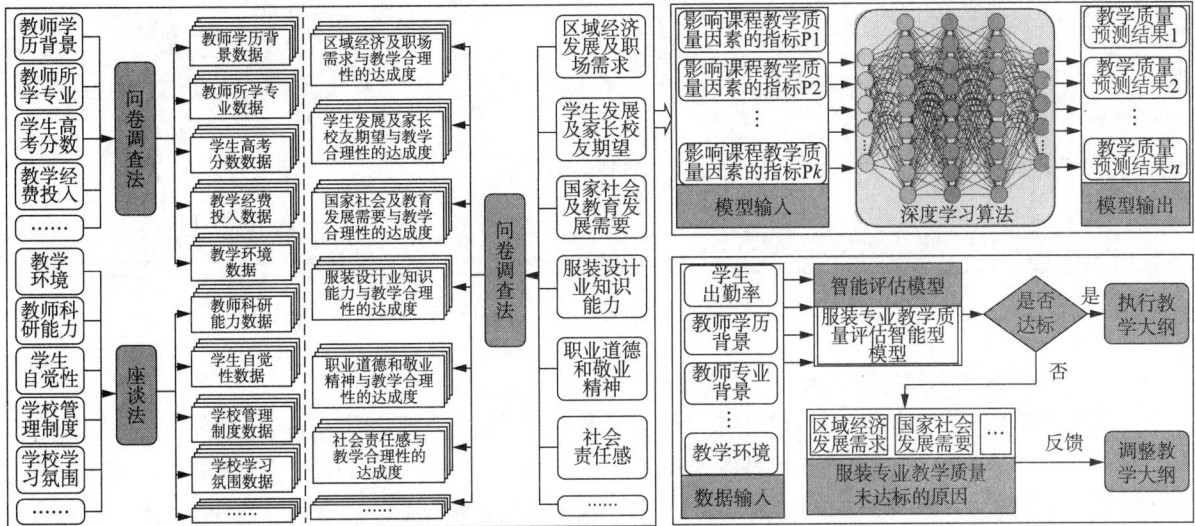

图7　服装类课程教学质量合理性评价、反馈与修订机制解决方案

3. 成果的创新点

（1）应用人工智能与虚拟仿真技术构建服装类课程智能型虚拟仿真教学模式，实现交互体验下的服装类课程全程虚拟仿真，为服装类课程数字化和智能化教学体系的形成提供新的理论和方法。

（2）应用人工智能技术构建服装类课程教学质量合理性评价非线性、智能型数学模型，摒弃了传统教学质量评价所采用的线性、机械型数学模型，实现自动化和智能化的教学质量合理性评价手段，为服装类课程教学质量监控体系的形成提供新的理论和方法。

（3）依据本项目所提出的服装类课程智能型教学质量合理性评价模型，确立服装类课程教学质量合理性定期评价、反馈与修订机制，解决服装类课程教学质量持续改进的难题，最终实现服装类课程教学质量呈现逐步螺旋式提升。

4. 成果的推广应用情况

本成果针对目前服装类创新型人才培养中所面临的新兴技术涌现，如何使学生快速适合社会需求和科学技术发展等问题，在服装类课程中融入人工智能和虚拟仿真技术，使得学生能及时掌握最新的信息技术，并将其应用到服装领域。具体应用介绍如下：

4.1　成果在西安工程大学服装与艺术设计学院应用情况

通过实践和改革教学体系建设，成果分别应用到"女装结构设计与工艺（A）""纸样设计（Ⅳ）""服装产品研发实践""数字化服装技术""服装纸样设计""服装研究方法应用（双语）""服装产品研发"等，将课程中的服装设计与产品开发、服装生产与销售、服装纸样设计与开发、服装样衣制作等环节，实现服装智能设计和虚拟仿真教学。

例如，"服装结构设计"是服装专业的核心课程之一。该课程传统教学方法以教师现场在牛皮纸上绘制服装结构图并辅以语音讲解为主，知识点多，学生学习难度高，兴趣不高。通过创新教学方法，运用人机交互技术重构"服装结构设计"课程教学方法，学生以"所见即所得"的方式绘制服装结构图，显著降低了学习该课程的难度，提高了学生的兴趣，提升了该课程的科技含量（图8）。

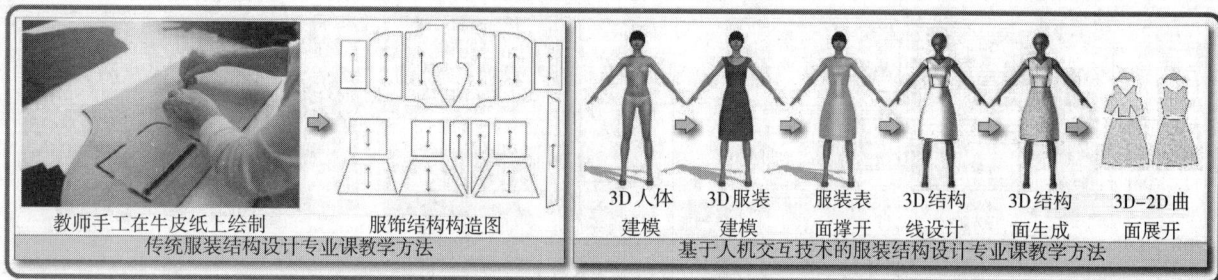

教师手工在牛皮纸上绘制	服饰结构构造图		3D人体建模	3D服装建模	服装表面撑开	3D结构线设计	3D结构面生成	3D-2D曲面展开
传统服装结构设计专业课教学方法			基于人机交互技术的服装结构设计专业课教学方法					

图8　"服装结构设计"传统教学方法与基于人机交互技术教学方法比较

4.2　成果在大连工业大学服装学院应用情况

通过实践和改革教学体系建设，大连工业大学"智能化西装定制虚拟仿真教学实验"获国家级虚拟仿真实验教学一流本科课程，近年教学成果应用到"服装设计学""创新概念设计""服装设计管理""男装设计""服装综合设计""中国服装史""西方服装史""中西方服装史"等本科课程，并指导大连工业大学本科生获得80余项服装设计大奖。

例如："中国服装史"是服装专业的核心课程之一。该课程的传统教学方法中师生互动较少，知识枯燥乏味，学生学习积极性不高。通过创新教学方法，运用虚拟仿真技术重构"中国服装史"课程教学方法，实现该课程全程虚拟仿真教学，师、生可以通过VR眼镜沉浸式地传、授服饰文化知识，并将传统服饰礼仪的思政内容融入专业教学，极大地提高了学生课堂教学的参与度和学习积极性（图9）。

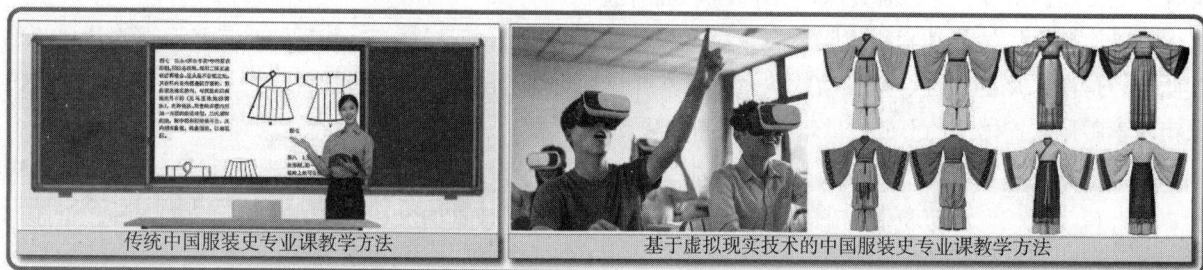

传统中国服装史专业课教学方法	基于虚拟现实技术的中国服装史专业课教学方法

图9　"中国服装史"传统教学方法与基于虚拟现实技术教学方法比较

4.3　成果在浙江理工大学服装学院应用情况

通过教学调研、教材建设分享交流等活动向浙江理工大学服装学院服装专业相关师生重点介绍了《智能辅助与虚拟仿真在服装类复合型人才培养中的探索与实践》，通过构建智能化和仿真化的服装款式设计、结构设计、工艺设计以及史论课程体系，打造高科技含量的教学环境，给予相关专业的人才培养提供了新思路和新方法，对于培养学生的绿色发展思维以及创新能力提升均具有明显的指导和促进作用。

4.4　成果在坚持"四个相统一"，做"四有"好老师，当好"四个引路人"等方面取得的成效

（1）在坚持"四个相统一"方面：利用服装专业特点潜移默化地教育学生，以服饰文化与中国传统道德、礼仪为载体，培养学生高尚的人格和道德情操，使增强学生思想觉悟和政治素养，最终达到育人的目的。

（2）在做"四有"好老师方面：结合中国传统服饰的人文精髓，弘扬社会主义价值和中华传统美德，去引领学生把握好人生的方向，通过不断深造，提升学术造诣，将传统服饰文化与人工智能深度交叉融合，为国家培养一批高水平的中华优秀传统文化创造性转化和创新性发展人才。

（3）在当好"四个引路人"方面：润物细无声地把思政教育融入课堂教学，锤炼学生优秀的品格；在教学中融入最新信息技术，通过挖掘教材，将与时代发展相适应的新知识、新问题引入课堂，提升学生的知识水平，努力引导学生争做时代接班人、检验追梦人、社会答卷人。

4.5 成果在立德树人融入思想道德教育、文化知识教育、社会实践教育等方面取得的成效

（1）立德树人融入思想道德教育：将中国传统服饰文化体现的孝道礼仪、天人合一、公平正直、持之以恒等立德树人精神，通过VR沉浸式体验等学生喜闻乐见的形式，融入思政课程，取得了显著的教学效果。

（2）立德树人融入文化知识教育：从专业技能传授和思政教育任务双重角度出发，挖掘"中国服装史""服装三维设计""服装研究方法"等专业课程中所蕴含的思政教育元素，有机融入课堂教学中，通过价值观培育和塑造，让专业课程突出育人价值，让立德树人潜移默化，取得较好的教学效果。

（3）立德树人融入社会实践教育：带领学生扎根服饰考古一线，传承文明薪火；参观历史博物馆，体验传统文化；改造破旧服饰，实现循环利用；捐献服装鞋帽，资助贫困地区等，培养学生的责任感和使命感。

厚基础、强实践、重创新，纺织智能制造复合型人才培养

东华大学

完成人及简况

姓名	性别	所在单位	党政职务	专业技术职称
孟婵	女	东华大学	无	教授
陈玉洁	女	东华大学	机械工程实验教学中心副主任、机械实验中心支部书记	高级工程师
张玉井	男	东华大学	无	副教授
孙以泽	男	东华大学	纺织科创中心主任	教授
季诚昌	男	东华大学	产学研合作处处长	研究员
徐洋	女	东华大学	机械工程学院工会主席	教授
李培波	男	东华大学	无	副教授
盛晓伟	男	东华大学	机电系副主任、机电党支部书记	讲师

1. 成果简介及主要解决的教学问题

1.1 成果简介

随着中国制造2025不断推进，纺织行业面临产业升级和智能制造技术发展的挑战和机遇，而纺织生产中作业对象柔性、作业空间狭小等行业特殊性对从业人员提出了更高的要求。因此，突破机械工程、自动化、材料等学科边界，建立以纺织智能制造为核心的复合型创新人才培养体系，培养出具有深厚专业知识、综合实践能力与系统分析能力的复合型人才十分必要。

项目团队结合多年的研究生培养经历和纺织智能制造项目的实践经验，以加强研究生知识储备为首要教学目的，系统优化设计了高端纺织装备与机器人课程体系，实施"课程体系重构、科研案例融入、实验条件保障"的全要素课程教学改革；以提升研究生综合实践能力为导向，结合产教融合项目需求，搭建实验平台、建设实践基地，形成满足纺织企业智能制造转型升级需求的校企深度耦合协同育人培养模式；立足纺织装备科研优势，创建了以国家重要战略需求、重要民生应用为导向的素质融合与能力贯通型拔尖创新人才高效培养方法。

经过近八年的探索与实践，在研究生教育教学中实现了五个转变：在课程教学中实现了从单一课程教学向复合型课程和交叉学科教学模式转变，在研究生培养中实现了从培养科研型人才向围绕企业需求培养复合型定制人才模式转变，参与改革的教师从"知识传播者"到激发研究生创新创造"引导者"的角色转变，企业从"问题的提出者"到研究生培养的"协同者"的行为转变，研究生从入学时的"萌新"到职场"工程师"的能力转变。形成的成果已在上海工程技术大学、内蒙古工业大学、成都工业学院等高校推广，起到了引领和示范作用。

1.2 主要解决的教学问题

（1）通过机器人学、高端纺织装备与机器人等研究生课程改革，解决了研究生在纺织装备方面基础知识薄弱、从事纺织工业智能制造和机器人研究入门困难的问题。

（2）通过校企深度耦合协同育人培养模式，解决了研究生课题脱离企业实际需求，研究成果从理论到实践转化效率低等问题。

（3）通过不断发掘纺织在国家重要战略需求、重要民生领域的高端应用，打破了研究生对纺织工业落后、低廉的固有印象，提升了研究生参与课题研究的热情，使其加速成长为纺织行业智能制造领域的紧缺人才。

2. 成果解决教学问题的方法

（1）围绕纺织智能制造特征，系统优化相关课程体系，实施"课程体系重构、科研案例融入、实验条件保障"全要素课程教学改革。

以培养纺织智能制造专门人才为目标，围绕高端纺织装备与机器人技术，梳理了相关课程内容和关键知识点，明确课程层级、关联性和先后顺序，形成了兼具学科特色和机器人基础理论的系列课程，如图1所示。

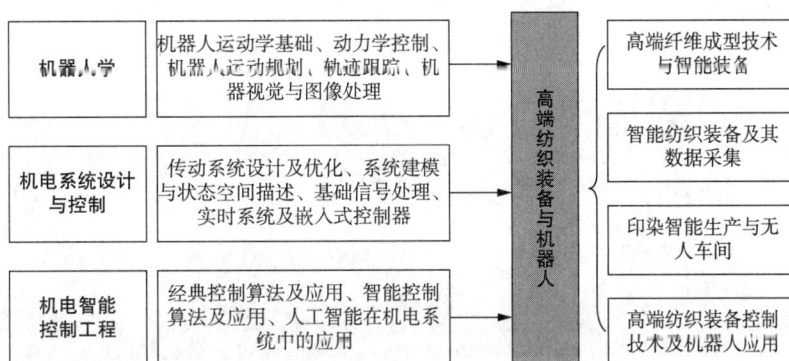

图1　高端纺织装备与机器人系列课程知识图谱

在课程教学过程中，始终坚持科研反哺教学的理念，将教师在项目研究过程中遇到的具有挑战性和实际应用价值的问题整理成教学案例融入课程教学，使研究生在课程学习阶段对科学前沿理论、行业先进技术、生产一线问题等有直观认识，加强研究生知识储备。部分教学案例如表1所示。

表1　教学案例

课程名称	教学案例	所属科研成果
高端纺织装备与机器人	特种编织技术与装备	国家科技进步二等奖
	数字化经编机及智能生产	中国纺织工业联合会科技进步一等奖
	纺织面料印花智能装备	中国纺织工业联合会科技进步二等奖
	挂纱机器人及智能整经系统	国家重点研发计划项目
机电系统设计与控制	数字化簇绒地毯织机机电系统建模	国家发改委新型纺织机械重大技术装备专项
	编织机多电机系统协同控制	江苏省科技成果转化专项
	经编机数控系统	工信部智能制造新模式应用项目
机器人学	柔性轻质面料自动上下料机器人	国家重点研发计划项目
	冷粘运动鞋技能作业机器人	国家重点研发计划项目
	基于机器视觉的面料瑕疵检测	工信部智能制造新模式应用项目
	基于3D视觉的运动鞋信息提取	国家重点研发计划项目
	三维编织多牵引机器人协同控制	国家发改委重大技术装备攻关工程项目

　　围绕课程教学需求，不断丰富课程实验教学资源。结合上海市重点课程开发了"高速无梭织带机虚拟仿真实验"、引入上海市一流课程"全自动转杯纺纱机虚拟仿真实验"、针对机器人技术，建设了"机械臂虚拟仿真实验平台"，如图2所示。建设了多种不同类型的机器人实验教学系统，如图3所示。基本涵盖了纺织智能生产中使用到的机器人种类，通过开展机器人运动学、轨迹规划、流程控制等基础实验为研究生参与科研奠定基础。

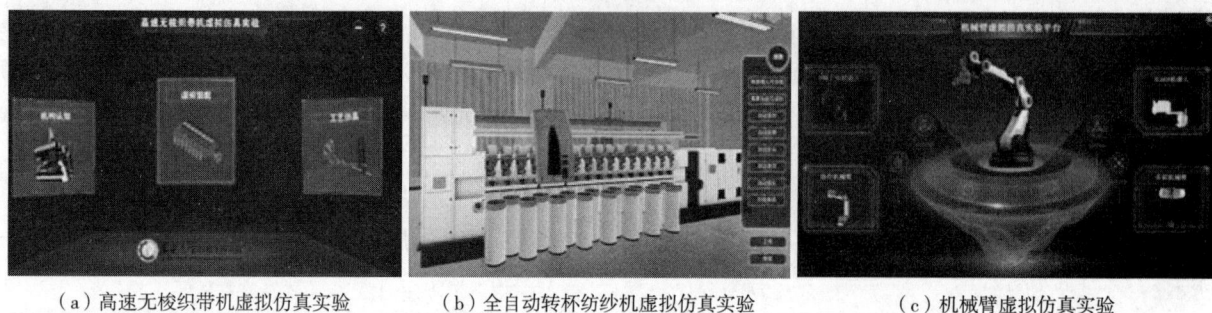

| （a）高速无梭织带机虚拟仿真实验 | （b）全自动转杯纺纱机虚拟仿真实验 | （c）机械臂虚拟仿真实验 |

图2　虚拟仿真实验平台

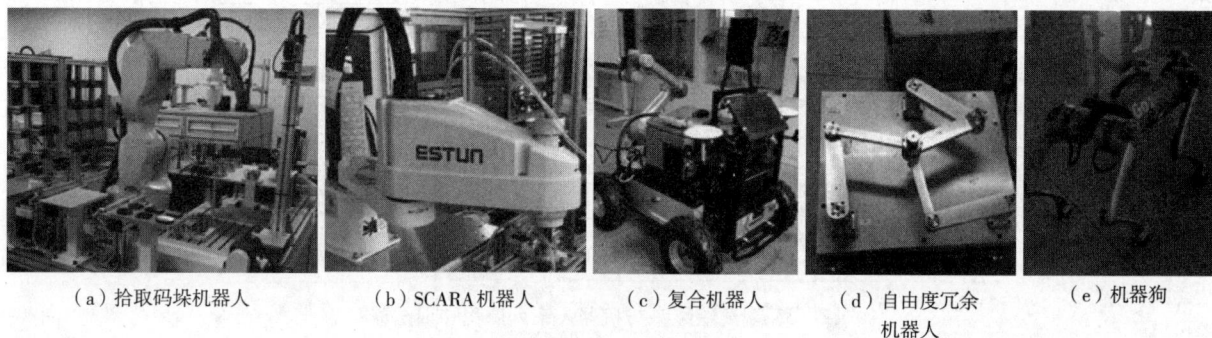

| （a）拾取码垛机器人 | （b）SCARA机器人 | （c）复合机器人 | （d）自由度冗余机器人 | （e）机器狗 |

图3　机器人实验教学平台

　　（2）以产业需求为导向，结合产教融合项目需求，搭建实验研究平台、建设实习实践基地，形成满足纺织企业智能制造转型升级需求的校企深度耦合协同育人培养模式。

　　将团队在高端纺织装备研发、机器人柔顺控制等方面的科研优势资源与企业的技术、产品等优势资源融合，形成具有实际应用价值的研究课题。

　　围绕企业的具体需求，在校内搭建了相关装备或产线关键技术实验研究平台，如图4所示，使研究生在校内即可完成理论研究和实验验证。如用于运动鞋三维信息提取及机器人跟踪控制的3D视觉与关节机器人实验平台，针对柔性、轻质、高弹纺织面料自动上下料实验平台，多伺服电机协同控制实验平台，整经系统挂纱机器人实验平台等。

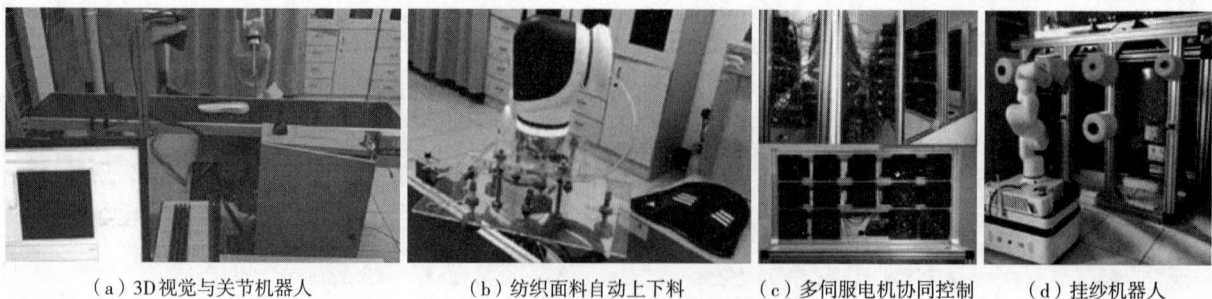

| （a）3D视觉与关节机器人 | （b）纺织面料自动上下料 | （c）多伺服电机协同控制 | （d）挂纱机器人 |

图4　装备或产线关键技术实验研究平台

建立了福建屹立"运动鞋服生产智能化成套装备实习实践基地",江苏高倍"复合材料装备实习实践基地",徐州恒辉"特种编织装备研究生工作站",如图5~图7所示。研究生结合在企业基地的实践的经验,快速找准课题关键点和难点,实践基地为研究生配置企业导师,深度参与研究生课题研究的指导。通过校企协同,多措施并举,使课题研究更具实际应用价值,科研成果可直接转化为生产力,应用于企业。

图5　运动鞋智能化生产成套装备　　　　图6　复合材料编织装备　　　　图7　特种织物编织装备

（3）立足纺织装备科研优势,创新以国家重要战略需求、重要民生应用为导向的素质融合与能力贯通型拔尖人才高效培养方法。

打破研究生对纺织工业落后、低廉的固有印象,转变思维观念,在研究生入学之初,组织研究生观摩和学习纺织工业在国家重要战略需求、重要民生应用中的案例,组织参观纺织龙头企业,聆听重大科研项目杰出人才报告等。培养研究生爱国情怀、雄心壮志、担当意识和科研精神。

团队还积极拓展科研成果推广应用,让研究生参与项目成果转化成国家重要战略需求、重要民生应用的实际产品。例如团队2名博士生、5名硕士生在导师的指导下全程参与了2022北京冬奥火炬外壳（外飘带）的研发任务,如图8所示。

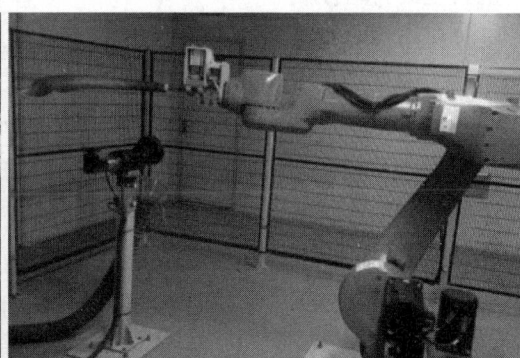

（a）理论计算　　　　　　　（b）编织机调试　　　　　　　（c）机器人打磨

图8　研究生参与冬奥火炬外飘带研制全过程

学做合一、学以致用的模式为研究生提供了理论与实践相互转化的载体,研究成果的工程应用与产业化提升了学生的自信心和自豪感。在实战课题中的锻炼使研究生成为团队的科研主力,实现了由学生到纺织智能制造领域拔尖创新人才的蜕变。近3年团队研究生课题及应用情况,如表2所示。

表2　近3年团队研究生参与科研课题及学位论文课题情况（列10人）

研究生姓名	参与课题名称	学位论文名称	所属科研项目	产业应用
杜诚杰（博士）	超高强度碳纤维编织装备技术攻关与产业化	多环锭子变轨编织关键技术研究与应用	国家发改委重大技术装备攻关工程项目	冬奥火炬外飘带、轨道列车转向架
李克（硕士）		面向异形结构件的环形编织工艺控制策略研究		
扈昕瞳（博士）	特种编织技术与装备研发及产业化	碳纤维编织锭子在端面立式编织中的结构优化与状态调控	江苏省科技成果转化专项	特种海工绳缆，用于深水浮式平台和981钻井平台
姚灵灵（博士）		多环编织装备关键问题分析与多电机系统控制研究		
苏柳元（博士）	经编运动鞋面制造数字化工厂	双针床经编机系统动力学分析及优化设计	工信部智能制造新模式应用项目	助力企业HAPTIC鞋面全流程智能生产，产品获国际三大运动品牌认证
刘月刚（博士）		经编鞋面增材印花机理研究及工艺参数优化		
刘诗敏（硕士）		面向经编数字化车间的信息系统和生产调度优化研究		
胡俊辉（硕士）	面向运动鞋服行业的机器人自动化生产线	冷粘制鞋线机器人喷胶作业研究	国家重点研发计划	助力企业自主品牌运动鞋智能生产
何帆（硕士）		经编鞋面上下料机械手末端执行器设计与应用研究		
邢礼源（硕士）		基于3D视觉的运动鞋底信息提取研究		

3. 成果的创新点

（1）教育环节创新：以理论课程改革为牵引，实验环境建设为支撑，推动研究生形成学习与研究相结合的自主成长能力。

优化高端纺织装备与机器人课程体系，将科研创新思想形成与实施方法融入课程教学，扩宽研究生知识范畴，激发其从事科学研究的志向。结合国家和行业需求，校企共建理论实验平台、工程验证平台和实习实践基地，使研究生的科研成果快速转化为生产力，应用于企业、服务于行业。

（2）培养模式创新：围绕产业转型需求，形成校企深度耦合协同育人的培养模式。

以纺织产业转型升级需求为导向，形成了"顶层设计—基础培养—项目提升—效果反馈"的研究生培养体系，实施学做合一、学以致用的研究生能力培养方法，使人才培养模式从单一学科背景下的专业对口教育向学科交叉与综合背景下的宽口径专业教育转变。

（3）育人理念创新：提出了培养纺织智能制造领域复合型创新人才的育人理念。

引导学生注重纺织在战略性新兴产业领域的技术应用，衔接学科发展与技术前沿，对接国家重大需求，以科学前沿与生产一线的实战课题贯穿研究生培养全过程，使研究生得到科研创新与工程实践能力的训练与提升，成长为满足国家和行业需求的复合型技术创新人才。

4. 成果的推广应用情况

4.1　团队教师全身心投入研究生培养，成绩显著

在教学改革方面，团队教师积极参与教学培训，开展教学研究，将具有丰富性和延展性的科研案例嵌入课堂，"基于案例教学的机械工程专业研究生培养探索和实践"获批中国纺织工业联合会"纺织之光"高等教育教学改革项目，"高速无梭织带机虚拟仿真实验"获评上海市重点课程。

在实验平台建设方面，围绕纺织装备与机器人技术，团队创建了纺织工艺与装备虚拟仿真实验教学平

台、机器人共性技术实验教学平台等，结合企业实际课题建立了特种编织机多电机群控实验系统、3D视觉与关节机器人实验系统等，建设了3个纺织装备校外实践基地，实施后产生了辐射作用。福建华峰获批"福建省级企业技术研究中心"和国家博士后科研工作站，徐州恒辉获批"江苏省特种编织机工程技术研究中心"和"江苏省研究生工作站"，江苏高倍获批"东华大学专业实践培育基地（A类）"等。

通过多年团队建设，2016年获批教育部"纺织装备技术与系统"优秀创新团队，这是国内纺织装备领域唯一的教育部创新团队，2019年获评上海市"教育先锋号"，2022年入选第二批"全国高校黄大年式教师团队"，团队教师获评上海市教卫工作党委系统优秀共产党员、师德标兵，"宝钢"优秀教师奖，团队青年教师获东华大学青年岗位先锋、巾帼建功标兵、"五四"青年奖章等荣誉。

4.2 研究生科研与工程能力显著提升，综合能力发展实效明显

在科学前沿与生产一线课题的实战中，研究生的科研与工程能力得到了有效培养，充分激发了其创新潜质。近年来团队研究生在多方面取得优异成绩，研究生综合能力得到明显提升。

在科研方面，团队研究生发表课题相关SCI论文100余篇，研究生获得国家和省部级科技成果奖11人次，授权发明专利70余项，研究生在读期间获得东华大学研究生创新基金10余项，学位论文获评纺织优秀博士学位论文。团队研究生积极参与各种科创竞赛，如纺织智能学生设计大奖赛、研究生数学建模竞赛、全国大学生机器人大赛等，取得了优异成绩。

通过研究生阶段的培养，团队研究生的个人综合能力发展实效明显，近20人获评上海市或东华大学优秀毕业生，1人获评上海市大学生年度人物，被上海教育电视台、光明网等多家媒体报道。研究生毕业后大多就职于大型国企、世界500强企业，研究生在企业也获得很多表彰，如青年"五四"奖章、优秀员工、科研创新先进等。

4.3 企业获得了科技攻关的支持及人员技能的提升

以研究生培养为契机，团队与纺织细分行业龙头企业建立了长期紧密合作的模式，指导企业技术攻关，为企业解决生产难题。近八年来，团队与合作企业共同开展科研项目30余项，包括国家重点研发计划、工信部智能制造新模式应用项目、国家发改委重大技术装备攻关工程项目、江苏省科技成果转化专项等，通过项目研究，徐州恒辉获得国家科技进步二等奖和江苏省"双创计划"，福建华峰获得中国纺织工业联合会科技进步一等奖和福建省运动鞋鞋面重点实验室，福建屹立获得中国纺织工业联合会科技进步二等奖和福建省"双创计划"，江苏高倍获评国家高新技术企业和江苏省科技型中小企业。

4.4 形成的研究成果具有推广价值

纺织智能制造复合创新人才培养可操作性好，研究生受益大，不局限于纺织机械类，对工科专业的研究生培养具有普遍意义。已在东华大学、上海工程技术大学、上海电机学院、天津工业大学、哈尔滨理工大学、内蒙古工业大学、成都工业学院、盐城工学院等10余家高等学校的相关学院推广，团队带头人孙以泽、孟婵教授等受邀在上海工程技术大学、上海电机学院、天津工业大学、成都工业学院等就研究生培养做主题交流。

融合纺织非遗和课程思政的纺织工程专业课程体系改革与创新人才培养探索与实践

浙江理工大学

完成人及简况

姓名	性别	所在单位	党政职务	专业技术职称
祝成炎	男	浙江理工大学	无	教授
张红霞	女	浙江理工大学	无	教授级高级工程师
金肖克	男	浙江理工大学	无	教授级高级工程师
田伟	女	浙江理工大学	系主任	副教授
鲁佳亮	女	浙江理工大学	支部书记	讲师
李启正	男	浙江理工大学	杂志社社长	副编审
苏淼	女	浙江理工大学	学院副院长	教授
陈俊俊	女	浙江理工大学	无	讲师
马雷雷	男	浙江理工大学	无	工程师
李艳清	女	浙江理工大学	无	讲师
周赳	男	浙江理工大学	无	教授
金子敏	男	浙江理工大学	丝绸设计与工程系系主任	教授
王雪琴	女	浙江理工大学	无	副教授
张爱丹	女	浙江理工大学	无	副教授
范硕	女	浙江理工大学	无	讲师
汪阳子	女	浙江理工大学	无	讲师
洪兴华	男	浙江理工大学	支部副书记	副教授

1. 成果简介及主要解决的教学问题

1.1 成果简介

基于学校在纺织丝绸专业百余年的深耕，团队在几年的探索和实践中，坚持以纺织工程专业课程为教学改革对象，以融合纺织丝绸非遗和课程思政为途径，进行建设纺织工程专业课程体系的改革与创新人才培养的探索实践。坚持以纺织丝绸传统文化与技艺贯穿教育全过程为核心的培养目标，结合文旅部、教育部、人社部织锦非遗研修班和相关企业，与非遗传承人和专家深入交流教学思路和教学内容，在教学设计和实践过程中，紧扣新时代非遗技艺在高等教育体系中的传承创新，建立了"纺织非遗＋课程思政＋现代织造"的艺工融合创新教学模式。在教学中以此为切入点，以技艺传承、文化自觉、国际视域、创新视角为基点，从专业课程教学大纲的修订入手，在纺织工程领域做到全覆盖，完成纺织工程、纺织材料、纺织品设计、丝绸设计方向专业课程的教学大纲制定修改，在课堂教学内容、课程作业、课程相关调研实践中融入纺织丝绸传统文化与技艺的相关内容，建立富有特色的"全过程"育人格局和"课程思政"教学深度融合的课程教学体系，将纺织丝绸非遗和进课堂、进论文、进社会实践、进科技竞赛等环节相结合，创新"可持续"纺织工程人才培养体系。

通过成果的探索和实践，融合纺织丝绸非遗和课程思政进行纺织工程专业课程建设，建立了"全过程"育人格局和"课程思政"教学深度融合的课程教学体系，以"织锦非遗"为载体的"艺工融合"教学模式，"非遗走进来，学生走出去，专家进课堂"的创新教学方法，所培养的纺织工程专业学生基础扎实、创新能力强、适应纺织丝绸产业传承发展、有文化、有正确思想价值观，在社会实践、学科竞赛、学术研究等方面均取得了优异的成绩，在交叉知识、实践能力和文化素养上得到了全面的培养。

1.2 主要解决的教学问题

（1）高校纺织丝绸类专业课程教育中课程思政教学形式单一、教学内容贫乏，纺织丝绸非遗文化与技艺的渗透在培养体系和培养环节中不流畅，普通高校教师在纺织丝绸传统文化和技艺教育中的传统技艺知识、工匠精神储备不足，无法有效解决当前学生对优秀传统文化认知程度低、文化和民族自豪感不足的问题，传统的培育过程在教学中诠释传统文化并融入课堂与实践方法陈旧，在丰富课堂教学内容、完善培养体系、促进教学与实践接轨、发展"全过程"育人格局上有很大进步空间。

（2）面向新时代需求的多层次纺织复合创新人才培养体系缺失，现有人才培养体系已逐渐无法支撑培养"既有宽厚学术基础理论，兼具全方位创新设计、富有创新视野以及优秀中国文化思想内核"的"复合创新"型人才培养需求，人才培养同中国优秀的传统文化和技艺结合不够紧密，学生未从中获得创新的素材与灵感。

（3）学生知识、能力和品格的培养局限于校内，同企业、社会的联系和协同不够紧密，课内外实践方式无法覆盖学生全方位培养的需求，现有产学研结合协同教学的形式已在众多院校中得到多年应用，但产学的结合深度和广度仍未达到目标，校外实践的企业多是生产型企业，社会对学生成长实践大课堂的作用未得到全面发挥，学生培养过程中没有全面以社会需求为导向。

（4）纺织丝绸非遗技艺在高校的传承媒介与现代化创新宣传不足，纺织丝绸作为一种古老的非遗技艺，大众对其的了解具有一定局限性。在拓宽纺织丝绸非遗的宣传渠道，对其进行更广泛、更深层的推广模式上的创新有所不足，未能发挥更好的传承保护作用。

2. 成果解决教学问题的方法

2.1 以发挥非遗文化思政属性同纺织专业课程的协同作用丰富教学内容

教学团队全程参与课程教学改革工作，在专业课程的授课过程中，结合纺织丝绸的文化思政属性以及在非遗保护和传承中的系列工作和所取得的成果，对课程教学大纲进行修订并编写非遗相关教材。通过丰富的课堂教学内容帮助学生了解织锦技艺发展，更好地掌握现代纺织中的专业知识，增强学生学习的主观能动性，潜移默化地传播非遗所蕴含的思想政治教育元素，使学生产生正向的民族自豪感和文化认同感。专业教育、文化教育及思政教育三者有机结合，为培养出具有高素质高能力的纺织学科人才打下坚实的基础。

2.2 构建多点融合的纺织专业课程建设模式和多层次纺织人才培养体系

针对纺织丝绸专业课程的教学结构与课程模式，进行教学大纲的制定修改，围绕着纺织丝绸非遗的背景、织造原理、织造技艺、色彩图案、设计审美、传统手工艺等多个维度，将其以恰当的方式融入课堂教学与课程作业之中。根据不同性质课程的异同，进行知识以及教学形式的点对点匹配。将成果中的论文、专利等应用在课堂教学中。同时始终把课程思政作为主线之一进行课程设计，在专业课程教育中潜移默化地融入非遗相关的思政元素，提高学生的接受度与课程的趣味程度，为全过程育人、培养具有良好纺织背景、纺织素养的纺织专业人才提供思想保障（图1）。

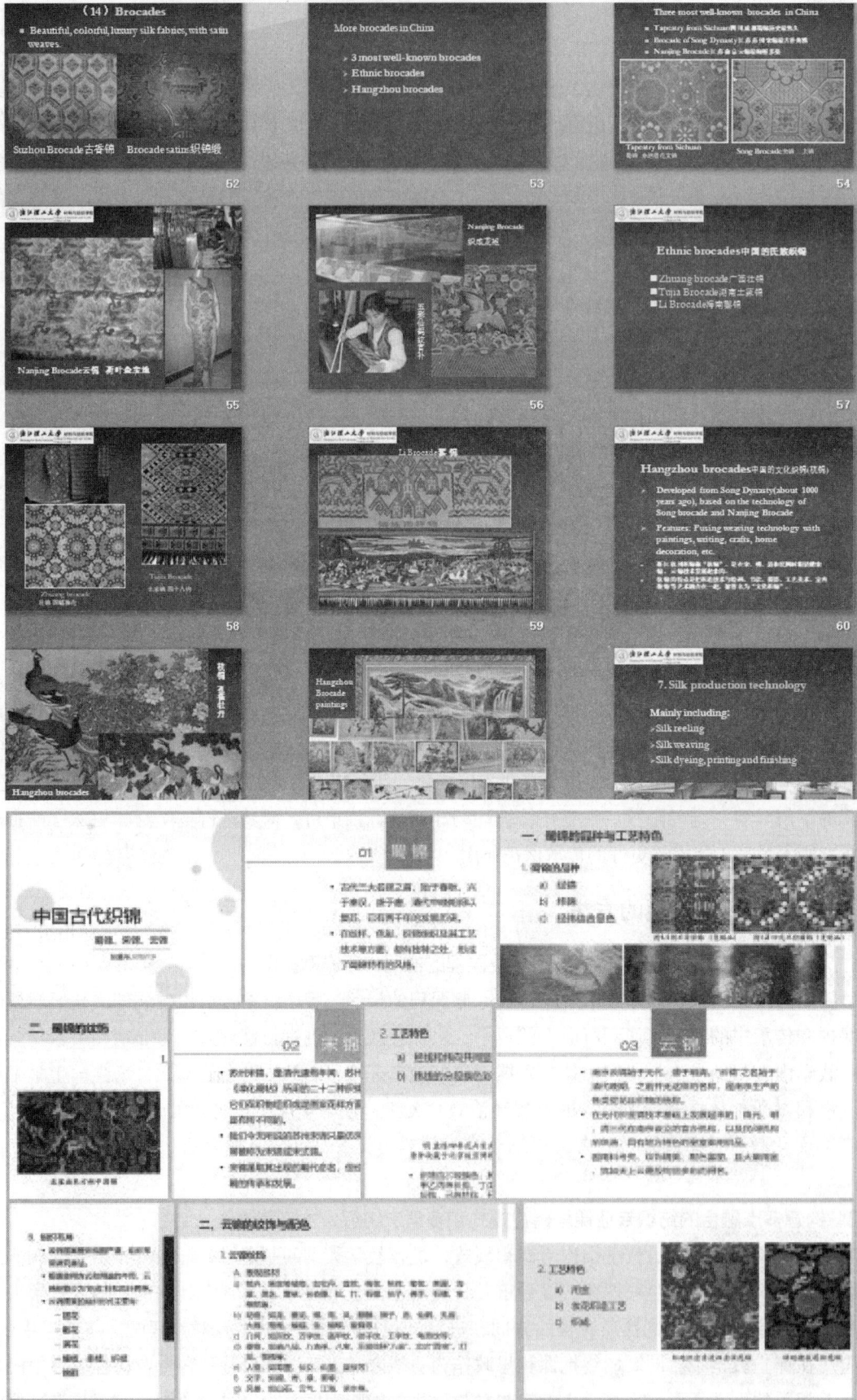

图1　课程教学融入非遗

2.3 创新校内外实践、校企合作新体系

串联培养体系，发展"全过程"育人格局，将课程的教学同校外的实践、实地考察参观结合起来。通过课内外实践的方式，如在参加创新、创业、公益、设计类竞赛时融入纺织非遗元素，丰富、补充和验证课堂的理论知识，全方位多角度地对学生进行非遗文化的熏陶教育，丰富教学形式的同时大大提升课程实效。同时创新搭建校企合作新体系，牵线搭桥相关企业，带领学生进行企业实地走访，生产参观以及了解行业业态，避免学校教学脱离社会生产的弊端，进一步帮助学生了解纺织丝绸产业，促使学生在充分了解行业现状的基础上能力得到全方位的提升，反哺非遗文化的传承、融合和创新发展，提出更具实际价值的纺织丝绸非遗技艺传承方式（图2）。

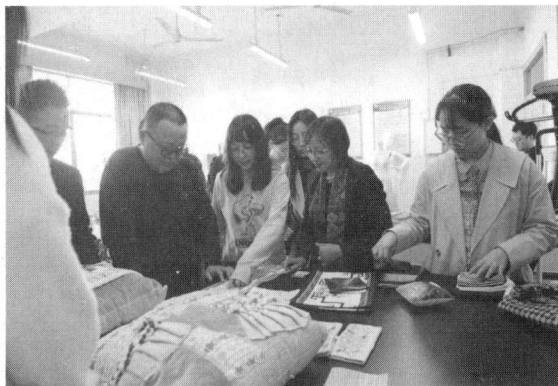

图2 非遗相关企业专家与学生交流

2.4 探索融入新方式、搭建非遗交流宣传新平台

非遗的传承与保护进入了数字化时代，教育形式和教育媒介的创新改变在丰富教学形式的同时，构建了"纺织丝绸非遗技艺"传承发展的现代化创新模式。设立"纺织丝绸非遗技艺"相关公众号，对非遗进行更深层次地推广传播，通过文章推送形式，简化非遗知识教学与传播的环节，实现更好的传承保护作用的同时，也为"纺织丝绸非遗技艺"的创新延续提供了新的可能。结合课程设计需要，开展相关"非遗进校园"活动，搭建学生同非遗传人面对面接触讨论机会，帮助学生对非遗保护传承有更清晰的了解，更加认可纺织丝绸专业和政府相关工作的意义，提升学生的思想政治素养、理论知识基础、实践能力及创新能力（图3）。

图3 "纺织非遗"公众号

3. 成果的创新点

成果紧紧围绕"纺织丝绸非遗"主题，紧扣非遗技艺的传承，突出在新环境下非遗技艺的创新与创意，引导非遗走进高校课堂，以课程教学大纲的修订为出发点和教学改革为指导，以纺织丝绸非遗技艺为思政引领，融合纺织非遗进行纺织工程专业课程建设，探索创新人才培养实践。

3.1 理论创新

建立"全过程"育人格局和"课程思政"教学深度融合的课程教学体系。聚焦以构建"全过程"育人格局的形式将各类课程与思想政治理论课同向同行，从教学大纲的修订出发，将"立德树人"作为教育的根本任务的综合教育理念，针对国家综合实力提升背景与"文化认知"和"价值认同"提升不同步的问题，根据纺织专业根据其自身的学科特色与历史背景，从"非遗传承与保护"思政维度切入，将"纺织丝绸非遗"以交流分享、课堂实践、校外调研等多种方式植入高校专业课程教学中，将学生专业能力的培养与价值观导向的树立结合起来，做到"德""术"共同发展，在学科教育与思政引领方面发挥最大优势。

3.2 实践创新

（1）建立以"织锦非遗"为载体的"艺工融合"教学模式，将传统纺织非遗融入现代教学。在教学大

纲的制定和修改上，在课堂教学内容、课程作业、课程相关调研实践当中融入纺织丝绸传统文化与技艺的相关内容，通过在课堂及校内外实践等各环节中引入非遗教学，较好地将传统纺织技艺的传承与创新和课程思政相结合，形成了以织锦非遗等为载体的纺织丝绸传统文化和技艺进课堂、进论文、进社会实践、进科技竞赛的"全过程"课程思政教学体系，以学生"全程参与""全面提升"为核心，积极引导学生融入非遗传承保护、研修培训教学、校外实践、学术研究中。

（2）构建"非遗走进来，学生走出去，专家进课堂"的创新教学方法。结合文旅部、教育部、人社部织锦非遗研修班，向高校教学中引入非遗传承人从业者及企业人才，通过完善的培养体系和培养环节，使学生从中国优秀的传统文化和技艺获得创新的素材与灵感，以培养适应纺织丝绸产业传承发展、具有创新视野的有文化、有思想的创新型复合人才。

4. 成果的推广应用情况

（1）成果将纺织丝绸非遗和课程思政全面融合入纺织工程专业课程，通过系列教学改革和课程的建设激发学生的文化自觉和爱国情怀。

成果进行期间完成了纺织工程专业十几门课程大纲制定修改，补充纺织非遗相关内容。"织造学"和"家用纺织品设计学"获批省级课程思政示范课程，"融合纺织丝绸非遗技艺 建设纺织工程课程资源""纺织工程专业实践类课程思政建设路径研究""融入织锦文化的'纺织学'课程思政教学实践"3个项目分别入选省部级规划重点项目和省部级教改项目，并将入选浙江省普通本科高校"十四五"四新建设重点教材的《扎染艺术与文创设计》《现代织造原理与应用》《现代纺织企业设计》《图案设计》《纺织品设计学》《纺织品CAD》应用于更广泛的教学，在教学过程中激发学生对传统纺织丝绸非遗技艺的热爱和爱国主义情怀，道路自信和职业自信等。在本科生毕业设计（论文）和研究生课题研究中设置非遗相关课题，项目建设实施期间共计开展74项与非遗相关的学生毕业设计（论文）课题研究。

（2）成果借助"织锦技艺传承及创意设计研修班"，实现学生角色由倾听者向参与者和建设者的转变，在此过程中实现全方位素养的综合培养。

项目协助2017~2021年浙江理工大学"中国非物质遗产传承人群研培计划—织锦技艺传承及创意设计研修班"第1~9期开展，期间学生以助教、记者、志愿者或研讨学生代表等身份全程参与，人民日报、中国青年报、中国教育报、浙江日报、"非遗传承人群研培计划"等媒体对研修班进行了采访报道（获省级及以上媒体报道5次，本单位和市级报道100多次），通过采访报道和课堂体验，同学们对非遗技艺有了更深的了解，也因此激发对专业的兴趣和认同。组织学生通过走访调研、当地协同授课、非遗工坊产品联合开发实践等方式加强了和纺织非遗项目的结合深度，在带领"学生走出去"上不断前行与创新：团队分别在2020—2022年假期组织师生走访广西、海南等地，采访调研当地非遗保护情况及对当地织娘进行培训；2020年9月，在项目成员努力下，与西双版纳聚匠非遗文化传播交流中心合作成立浙江理工大学—西双版纳聚匠纺织工程实践教育中心，开展学生实践和非遗研究活动；2021年6月组织师生团队前往海南进行黎锦调研，2022年7月组织师生团队前往云南西双版纳傣锦合作社给当地织娘进行培训（图4）。

图4　2022年组织学生前往云南西双版纳傣锦合作社进行调研和培训

通过这一人才培养模式的创新，学生们在人才品格、交叉知识和多维能力方面均得到了有效培养，获"互联网+""挑战杯"和暑期社会实践风采大赛等竞赛获奖9项，创新设计的产品获"红绿蓝杯"中国高校纺织品设计大赛等奖项56项，发表《漳缎在现代服饰设计中的传承应用》《傣族织锦的艺术特征及其应用分析》等非遗科研论文8篇，本科生获授权非遗相关专利12项，体现了学生全方位的提升（图5）。

图5　非遗研修班媒体报道

（3）成果充分调动全国各地非遗资源，开展非遗大师、企业专家进课堂活动，学生近距离感受非遗技艺和大师的魅力之余能够思考大学生在非遗保护和传承中发挥作用的着力点。

期间国家级丝绸专家、宋锦织造技艺国家级代表性传承人钱小萍和国家非遗枫香染技艺传承人杨兰受邀举办专题讲座；校内首期"非遗文化进校园"主题沙龙活动邀请了在非遗传承方面颇有造诣的五位嘉宾，40余名本科生、研究生来到了活动现场，腾讯会议全程在线直播，引导学生们直观地感受了中国传统纺织非遗技艺的复杂以及非遗大师们的工匠精神，思考自身作为经过现代纺织专业教学的学生如何将知识和技能更好地服务于纺织非遗传承和保护中（图6、图7）。

（4）成果强化多媒介宣传和推广在非遗保护和传承中的功能，项目成果和经验得到更为广泛地分享和传播。

项目系列成果的总结、宣传和推广在提高纺织非遗项目知名度以及使更多高校和相关组织分享产学研培成功经验上有着明显的现实意义，项目坚持以更广的媒介、更多的媒体、更专业的内容等形式扩大成果的影响力，提高辐射作用的发挥。在非遗公众号建设方面，团队搭建纺织丝绸交流平台浙江理工大学"纺织非遗"微信公众号，组织学生开展纺织丝绸非遗研究，期间共发布相关宣传报道100余篇，其中专访10余篇，专家观点10余篇，因选题角

图6　第九期非遗研修学员壮锦非遗传承人朱韵羽给同学们分享

图7 宋锦传承人钱小萍在浙江理工大学举办非遗专题讲座

度新颖，文章质量高，"非遗传承人群研培计划"对织锦非遗研修项目赞誉极高，已录用稿件10余篇，研修班活动也被多家门户网站广泛转载传播，增强了学校在全国纺织非遗领域的新媒体影响力（图8）。在项目实施期间，项目组祝成炎教授在中国工艺美术学会织锦专业委员2020年年会暨全国织锦技艺学术研讨会上介绍了我校举办非遗研修班的概况并总结成果，为织锦技艺的传承与创新搭建了交流合作的平台，专家学者相互交流、了解前沿研究技术，共享研究成果、开拓研究思路，提升织锦行业文化软实力；此外祝成炎教授还在2020海南锦·绣世界文化周专题论坛上，作了主题为"发挥高校专业优势，推动海南黎锦传承与创新"的专题报告，获得了广泛关注（图9）。

图8 "纺织非遗"微信公众号相关宣传报道

图9 祝成炎教授在2020海南锦·绣世界文化周专题论坛上作专题报告

"韧性"驱动的工程型非织造人才培养探索与实践

浙江理工大学，浙江省轻工业品质量检验研究院

完成人及简况

姓名	性别	所在单位	党政职务	专业技术职称
刘国金	男	浙江理工大学	非织造材料与工程系系主任	副教授
于斌	男	浙江理工大学	纺织科学与工程学院院长	教授
雷彩虹	女	浙江理工大学	无	讲师
李祥龙	男	浙江理工大学	非织造材料与工程系副主任	特聘副教授
余厚咏	男	浙江理工大学	纺织科学与工程学院副院长	教授
朱斐超	男	浙江理工大学	无	特聘副教授
叶翔宇	男	浙江省轻工业品质量检验研究院	科技发展部主任	高级工程师
郭玉海	男	浙江理工大学	非织造材料与工程系副主任	研究员

1. 成果简介及主要解决的教学问题

1.1 成果简介

材料产业是"大国工业"的基石，是先进制造业的根本。作为材料"明珠"，非织造材料是大纺织行业公认的朝阳产业，我国产业优势较为显著。培养合格的工程型人才是非织造产业发展的迫切需要。然而，当前工程型非织造人才培养却普遍存在以下"刚性"问题：面对产业变革冲击，学生思想素养和转变意识较为淡薄；面对产业新技术要求，既有知识体系亟须更新和扩展；面对社会对工程型人才的需求，培养的学生不仅要具备过硬的专业能力还要有良好的交流和适应能力。

本成果依托浙江理工大学"纺织科学与工程"学科，以国家级一流本科专业建设为载体，针对当前人才培养"刚性"问题，立足非织造专业教育及社会、经济发展的现实，探索具有意识韧性、学习韧性、能力韧性的"韧性"工程型非织造人才培养体系。主要内容如图1所示。

（1）树立一个主题："韧性"工程型非织造人才培养。

（2）聚焦两个特色：地方产业集群特色——杭州/绍兴水刺材料生产基地、湖州卫生材料生产基地等产业集群；专业方向特色——浙江省内第一个非织造

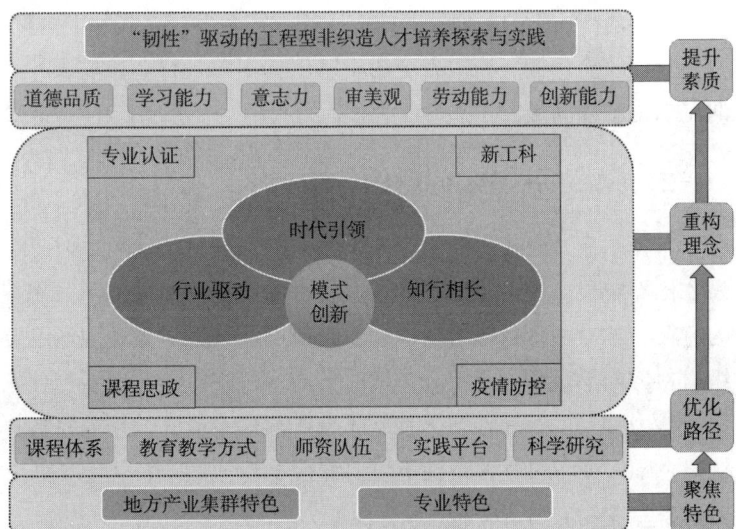

图1 人才培养新模式

材料与工程专业，在过滤与防护方向形成特色。

（3）顺应三个维度：时代引领——专业发展越发注重多学科交叉，创新是发展的灵魂；行业驱动——现代非织造科技向原材料创新、绿色制造、多学科交叉等方面重点发展；知行相长——理论联系实际，将专业所长与实践、社会需求相结合。

（4）结合三大背景：国际工程教育专业认证、新工科、课程思政。

（5）聚力五大模块：课程体系建设、教育教学方式、师资队伍建设、实践平台建设、科学研究。

（6）培养六大素质：道德品质、学习能力、意志力、审美观、劳动能力和创新能力。

本成果成效显著，成果丰硕，实现了高素质非织造人才的培养，行业和社会影响广泛，辐射示范作用显著。非织造材料与工程专业获批国家级一流本科专业建设点，专业教师获教育部长江学者特聘教授、浙江省"杰青"、浙江省教书育人楷模、"纺织之光"教师奖等系列荣誉和奖励，专业学生在各类学科竞赛、社会服务活动崭露头角，毕业生受到企业的一致好评，多年就业率和深造率稳居学校各专业前列，其中2022年就业和深造率达到100%和65%。

1.2 主要解决的教学问题

本成果所要解决的教学问题如图2所示。

（1）培养定位同非织造产业多样性需求不协调，忽略"韧性"培养。

原有专业人才培养定位受传统教育观念影响，落后于现代非织造产业发展新形势，忽略学生意识韧性、学习韧性和能力韧性的培养。

（2）专业教育教学体系与产出导向理念匹配性不足，缺乏知识韧性。

课程体系及教学内容较陈旧，尤其缺乏面向非织造产业新业态相关的课程，学生缺乏对既有知识体系的更新能力与知识延展能力。

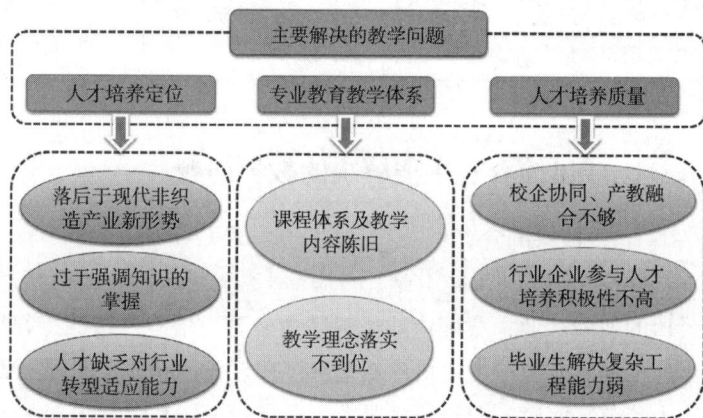

图2　主要解决的教学问题

（3）培养质量与当前社会的应用需求契合度低，欠缺能力韧性。

专业校企协同、产教融合的机制创新不够，行业参与人才培养的积极性不高，导致社会和企业对人才的需求也难以满足。

2. 成果解决教学问题的方法

（1）顺应"时代引领+行业驱动+知行相长"三个维度，聚焦产业集群特色和专业特色，提出"韧性"人才培养定位。在产业形态和行业技术快速变革的冲击下，现代非织造产业对人才的需求也呈现出多样性的特征。本专业深入分析浙江省非织造产业集群对人才内涵的要求，立足过滤与分离材料和医疗卫生用纺织材料方向形成的专业特色，提前布局，科学定位非织造专业人才培养规格，提出具有意识韧性、学习韧性、能力韧性的"韧性"工程型非织造本科专业人才培养目标，其中意识韧性体现在思想上有韧性、具有忧患意识；学习韧性体现在不仅要掌握本专业知识，还应了解交叉学科知识；能力韧性则要求培养的学生要具备专业能力、适应能力和交流能力。

（2）依托专业认证、新工科、课程思政三大背景，优化专业课程体系和教育教学方式，构建"韧性"人才培养机制（图3）。

①基于非织造行业不断出现的非织造新经济、新业态，针对传统课程"老、旧"、实践教学弱等问题，对课程体系全面改革。更新传统教学大纲、创新授课模式、完善评价方法，提升工程实践课程、前瞻性课程和拓展性课程在课程体系中的比例，促进学生意识韧性、学习韧性和能力韧性的全面提升。

②组建由专业教师和行业专家等组成的课程团队，对教学内容进行更新，在专业课程教学内容中，有机融入课程思政和劳动教育内容，实现打造基于知识与能力并重的一流课程。

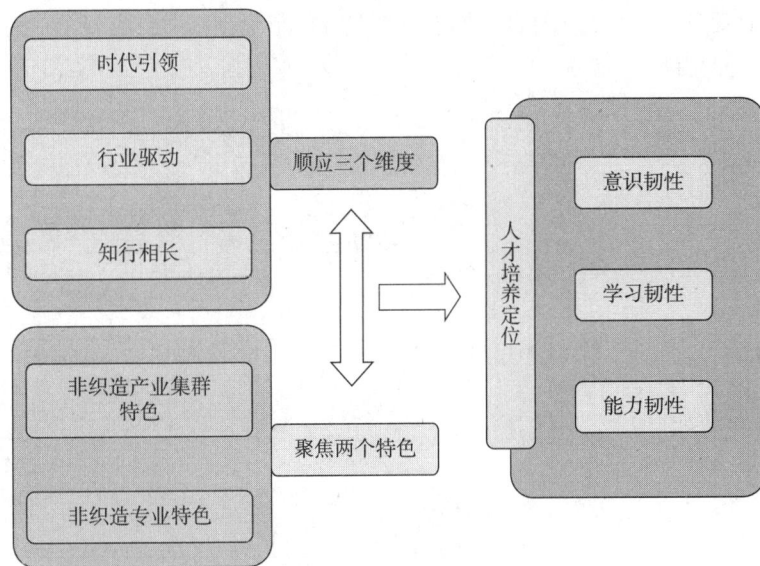

图3 "韧性"工程型非织造人才培养定位

③充分利用线上教学平台和互联网，构建基于"互联网+"的线上、线下以及线上线下混合的多元教学方式，多维度创造学习时间和空间，引导学生主动学习。

（3）紧扣社会和企业需求，深化校企协同、产教融合，切实提升"韧性"人才培养质量。

①依托学校与地方政府共建的产业研究院和产业学院，发挥协同作用，突出人才培养过程中企业参与度，提升学生解决非织造复杂问题以及原料和成品出入库质检等诸多能力。打造"专仟教师+行业导师"相融合的双师双能型高水平师资队伍，提升教师队伍的教学科研以及工程实践能力。

②搭建新型纤维材料、非织造后处理、过滤材料等具有非织造特色的校内外实践平台，鼓励学生参与各类学科竞赛活动。

③通过实施教授工作室制和全员全程导师制的"全优培养"，构建起专业知识、科研训练、创新项目联动的教学体系，提升学生的道德品质、学习能力、意志力、审美观、劳动能力和创新能力（图4）。

3. 成果的创新点

在新时代引领下，针对当前产业、行业和企业对非织造工程型人才的需求和质量要求，重新构建培养理念和方式，提倡知行相长，培养"韧性"工程型非织专业人才。主要创新如下：

3.1 顺应三个维度，审时度势，构建了"韧性"工程型非织造人才培养新理念

面对新时代非织造产业不断转型、行业新技术层出不穷、企业更加注重知行相长的工程型人才等局面，提出培养"韧性"工程型非织造人才；经过全方位的探索，专业学生在面对产

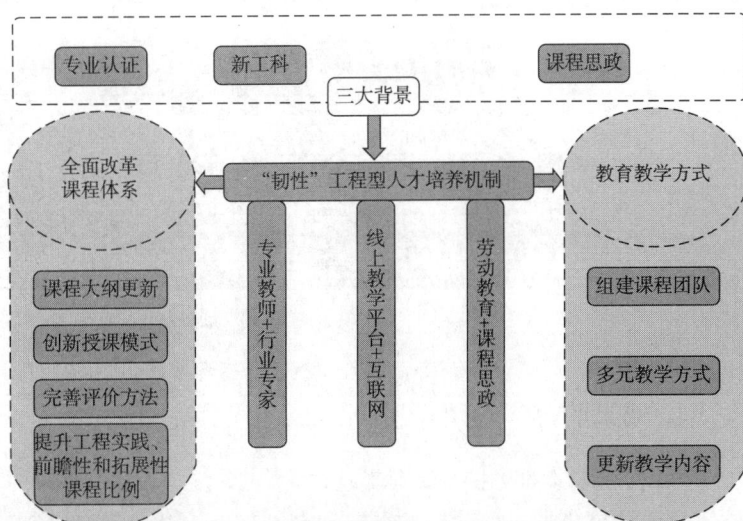

图4 "韧性"工程型非织造人才培养机制

业变革时具有意识韧性，面对日新月异的行业新技术具有轻松应对的学习韧性，面对企业多重需求表现出了能力韧性（图5）。

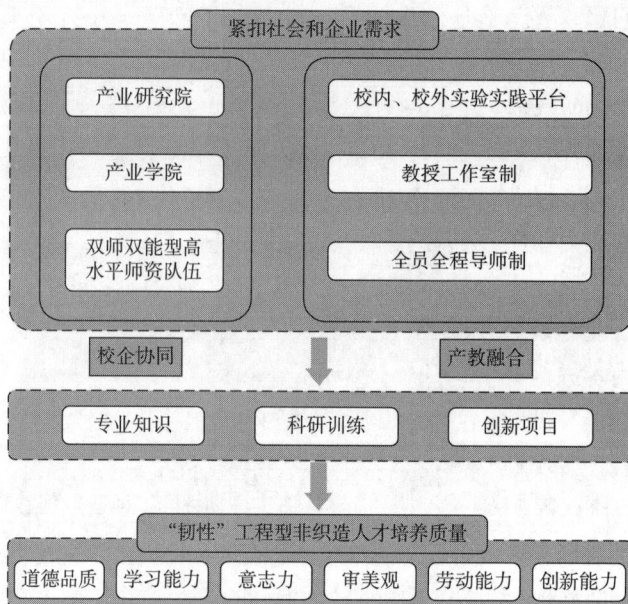

图5 "韧性"工程型非织造人才培养质量

3.2 紧密结合两大特色，服务地方需求，提出了"韧性"工程型非织造人才培养新定位

作为浙江省内第一个非织造材料与工程专业，本专业在过滤与分离材料和医疗卫生用纺织材料方向形成的专业特色。通过深入分析杭州/绍兴水刺材料生产基地、天台工业滤布生产基地、湖州卫生材料生产基地、温州纺黏材料生产基地等非织造产业集群特色对人才内涵的要求，提出培养能够机密结合地方需求的"韧性"工程型非织造人才培养新定位。

3.3 聚焦三大背景，全面引导，确立了全方位的"韧性"工程型非织造人才教学新体系

在国际工程教育专业认证、新工科、课程思政三大背景下，提出从课程体系建设、教育教学方式、师资队伍建设、实践平台建设、科学研究等五个模块确立全方位的"韧性"工程型非织造人才教学新体系；通过优化五大模块，成效显著，涌现出了浙江省教书育人楷模，培养的学生道德品质、学习能力、意志力、审美观、劳动能力和创新能力等六大素质出色，受到企业的广泛好评（图6）。

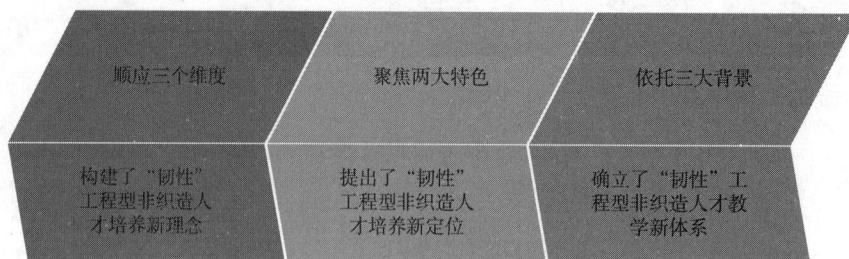

图6 成果创新思路

4. 成果的推广应用情况

4.1 "韧性"助力提升专业影响力

专业于2020年入选国家"双万计划"一流本科专业。2019年，于斌教授撰写的非织造人才培养产教融合案例受到了国务院副总理孙春兰的肯定性批示，有力提升了专业影响力。

2020年初，本专业师生团队研发的纳米纤维膜口罩材料得到了科技部的感谢信，相关事迹受到了光明日报、中国新闻网、学习强国等媒体的报道，专业教师还积极参与了科技成果科普发布会（图7）。

图7　专业师生研发的纳米纤维膜口罩材料引起关注

本成果参与单位的浙江省轻工业品质量检验研究院叶翔宇博士（本专业特聘企业导师）积极参与专业建设，在CCTV1（中央电视台综合频道）等央视普及非织造过滤材料质检标准；与专业在职教师共同参与制定团体标准《儿童口罩》，指导专业学生开展毕业论文（题目：《个人防护用品标准体系构建研究》），扩大非织造材料与工程专业的影响力（图8）。

图8　成果承担单位积极扩大专业影响力

4.2 "韧性"引领雄厚师资队伍

自成果实施以来，专业累计引进青年教师12人，其中外籍专任教师1人；聘任20余位企业、科研院所技术人员充当学生导师。专业教师获教育部长江学者特聘教授、国家"万人计划"领军人才、浙江省"杰青"、浙江省"万人计划"科技创新领军人才等称号；获首届浙江省教书育人楷模称号（郭玉海，2022年，浙江省19人，浙江理工大学唯一）1人，"浙江省五一劳动奖章"1人，"纺织之光"教师奖1人，浙江省纺织工程学会成果转化奖2人，校"三育人"先进个人1人，校十佳班主任1人，院教学名师托举计划1人，院"春蚕奖"班主任2人（图9）。

图9 本专业教师获奖

4.3 "韧性"孵化突出教育教学改革成果

专业获省级一流课程2门，各类教学科研成果奖20余项，教学改革研究项目10余项，发表教改论文10余篇，学生以第一作者发表论文5篇；专业教师参与撰写课程思政教学指南，编写各类教材5部，第一完成人获浙江省教学成果二等奖1项、中纺联教学成果奖特等奖1项、一等奖3项；由专业教师牵头，获批浙江省首批本科高校省级虚拟教研室1个。

4.4 "韧性"彰显非织造人才实力

本成果实施以来，共培养"韧性"工程型非织造人才五届，就业率、深造率、社会满意度稳居学校各专业前列，其中2022年就业和深造率达到100%和65%。2019级本科生张耘箫以第一作者在*Textile Research Journal*发表论文1篇，参与发表SCI论文4篇，并报送至中科院宁波材料所攻读研究生。培养的学生涌现了多名创业典型，如2015级学生余航创办"浙理时光·新华书店"，事迹受到了时任浙江省副省长冯飞的赞许和鼓励。近5年，学生获"互联网+"、国家级大学生创新创业训练计划、全国大学生非织造产品设计及应用大赛等各类科研及创新实践活动立项20余项（图10）。

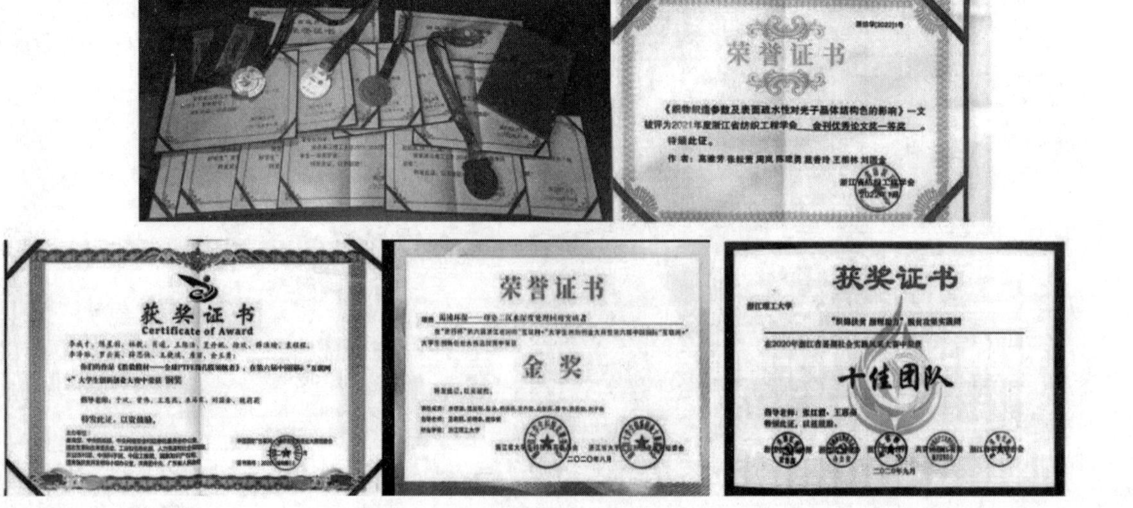

图10 专业学生获奖展示

基于"价值塑造、绿色引领、创新驱动"的服装专业人才培养模式改革与实践

西安工程大学

完成人及简况

姓名	性别	所在单位	党政职务	专业技术职称
梁建芳	女	西安工程大学	系主任	教授
吕钊	男	西安工程大学	服装与艺术设计学院院长	教授
刘凯旋	男	西安工程大学	服装与艺术设计学院副院长	教授
李筱胜	男	西安工程大学	服装与艺术设计学院党委书记	副教授
袁燕	女	西安工程大学	服装与艺术设计学院副院长	副教授
周捷	女	西安工程大学	系主任	教授
冀艳波	男	西安工程大学	无	副教授
姜茸凡	男	西安工程大学	无	讲师
刘洁	女	西安工程大学	无	讲师
马飞	男	西安工程大学	无	讲师

1. 成果简介及主要解决的教学问题

1.1 成果简介

建设纺织强国是适应我国制造业由大变强的新要求，需要纺织服装工业创造人才队伍的新优势。针对传统服装专业教育中人才培养创新能力不足的问题，率先提出服装专业本科教育中要树立"开放·融合·创新"的新思维，即新形势下服装高等教育要打破封闭式、单一化的人才培养体系、而代之以开放式的人才培养体系（一开放），通过工程、艺术和管理（三融合）学科间的深度融合，培养服装专业毕业生在行业可持续发展中的使命感，以及创新意识、创新思维、创新素质和创新能力（四创新）的进一步提升。基于人才适配性理论，通过构建基于校、院、系涉及课程、课程体系、教学团队、三全育人导师团、社会实践团队以及学术前沿论坛、校友企业家励志讲座等"开放式""七层次"的育人体系，建设以"立德树人"为中心、以"能力培养+素质内化"为"二元驱动"、实现"工程、艺术和管理"三域融合、"学生、高校教师和企业专家"三维一体、"课前、课中、课后""三段协同"以及"基础、综合、应用、创新"的"四步进阶"的教学模式（简称"123·334"型教学模式），以及聚合校内外资源、组建跨区域、跨专业的虚拟协作教师团队、学生团队以及课程聚合群等的"八聚合"实施方案，真正实现了基于"价值塑造"、开放式的"全员、全方位和全过程"协同育人，有效提升了服装专业学生的创新能力。

本成果基于5个省部级高等教育教学改革课题及教学研究项目而形成，自2010年9月开始，2017年12月完成。在西安工程大学服装专业成功实践五年，取得良好应用效果，并在国内服装院校广泛推广。

1.2 主要解决教学问题

（1）服装专业教育和思政教育各自独立，造成毕业生创新素质不足，难以胜任新时代服装行业对人才

素质的新要求。

（2）服装专业人才培养体系封闭，造成学生知识结构单一、创新思维受限，难以应对新时代服装行业转型升级所带来的新挑战。

（3）传统"重知识传授轻创新能力培养"的模式，导致人才培养与行业人才需求相脱节，难以承担新时代服装行业可持续发展的新使命。

2. 成果解决教学问题的方法

该成果解决问题的主要思路为：针对现存问题，该成果通过理论研究和实证分析，从培养理念、育人体系、教学模式和实现路径等四方面提出了相应的解决办法，形成了四个创新点，并提出了相对应的实施举措。如图1所示为该成果解决教学问题的技术路线图及其逻辑关系图。

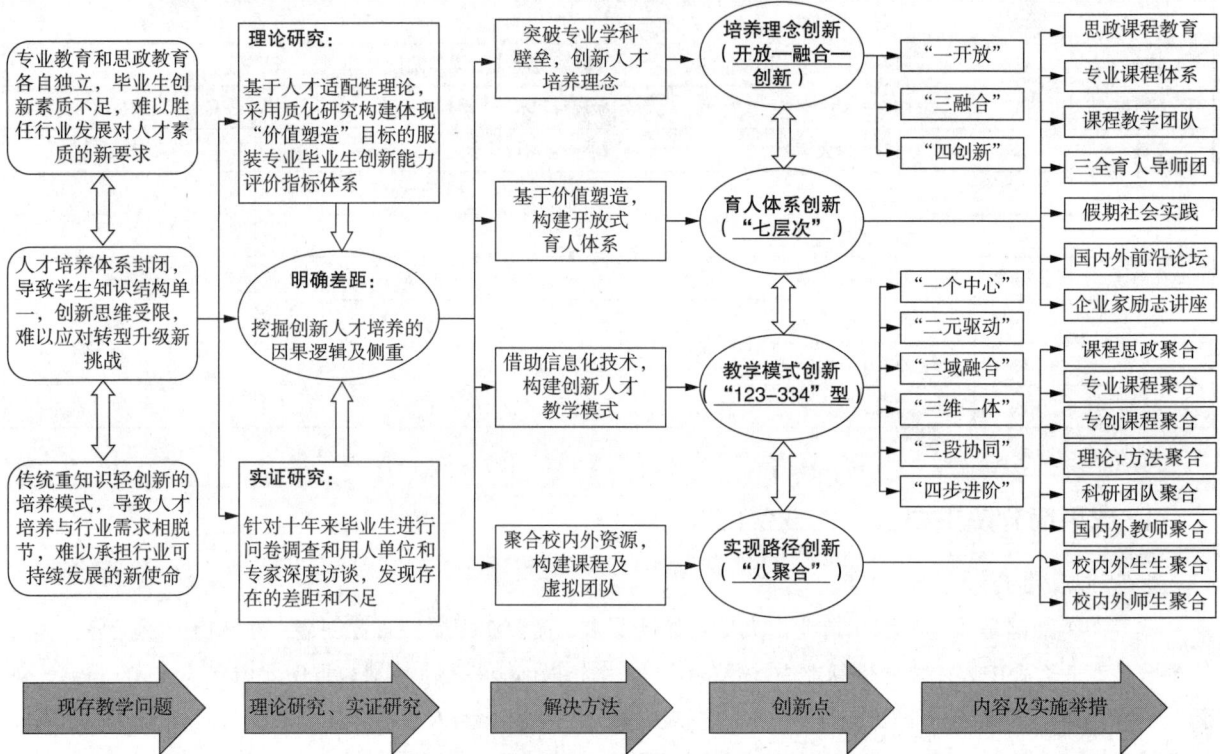

图1　成果解决教学问题的技术路线及其逻辑关系

具体如下：

（1）基于人才培养的适配性理论，通过理论研究和实证研究，利用扎根理论和数据挖掘方法，经质化研究构建了包含素质、思维、技能以及知识四维度的服装专业毕业生创新能力指标体系，明确了服装专业教育创新能力培养方面的薄弱环节及其因果逻辑。

（2）基于实证研究结果，提出服装专业教育中首先要重视"育人为先"，确立了服装专业教育"一开放·三融合·四创新"的创新理念，形成了以立德树人为中心、确保学生在知识获取—能力培养—素质内化—创新创业能力提升等各阶段创新意识、创新思维、创新素质和创新能力全链条无缝链接的功能定位。

（3）基于认知规律以及专业学习活动，构建了基于校、院、系涉及思政课程、课程体系、教学团队、三全育人导师团、社会实践活动以及学术论坛、企业家励志讲座等"开放式"的"七层次"育人体系（图2），实现了专业教育与思政教育相融合的、基于"价值塑造"的"全员、全方位和全过程"育人。

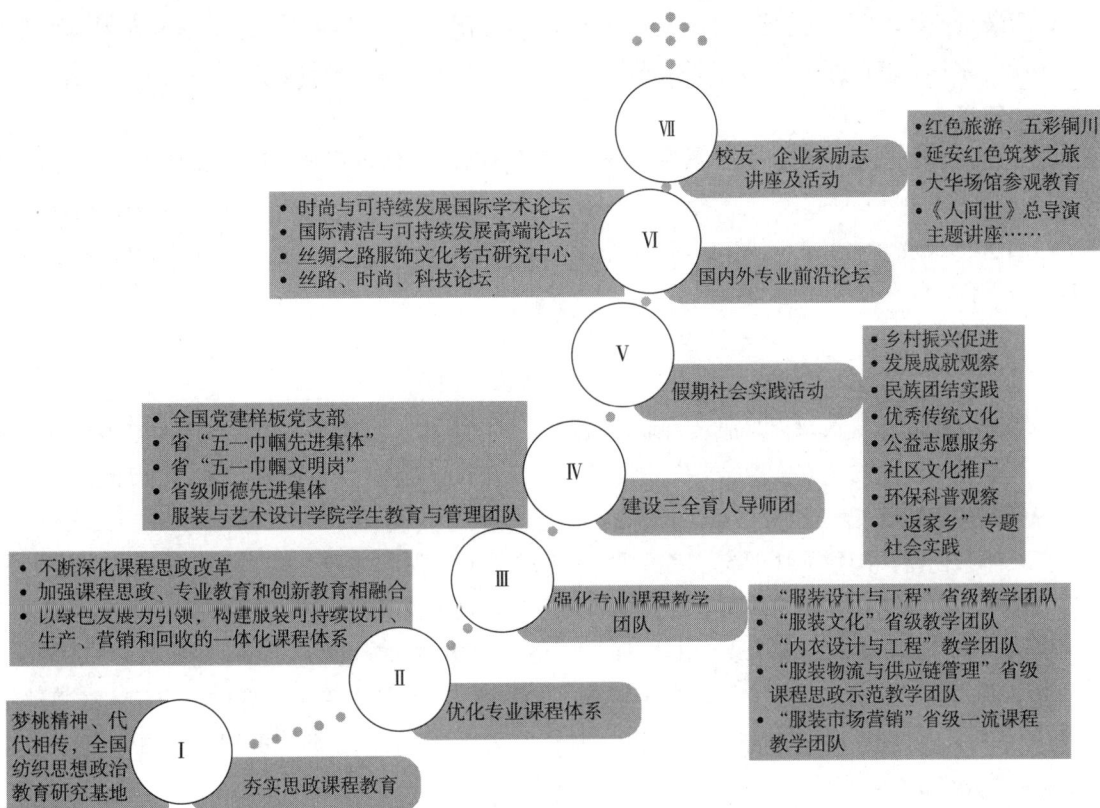

图2　基于"价值塑造"的"开放式""七层次"育人体系

（4）基于人才适配性理论，根据行业发展及人才素质要求，综合考虑需求方（服装行业人才需求）和供给方（高校人才培养输出）的协同效应，从课程目标、课程内容、教学过程组织及培养效果等方面，构建了以"立德树人"为中心、以"能力培养＋素质内化"为"二元驱动"、实现"工程、艺术和管理"三域融合、"学生、高校教师和企业专家"三维一体、"课前、课中、课后""三段协同"以及"基础、综合、应用、创新"的"四步进阶"的教学模式（简称"123·334"型教学模式）（图3）。

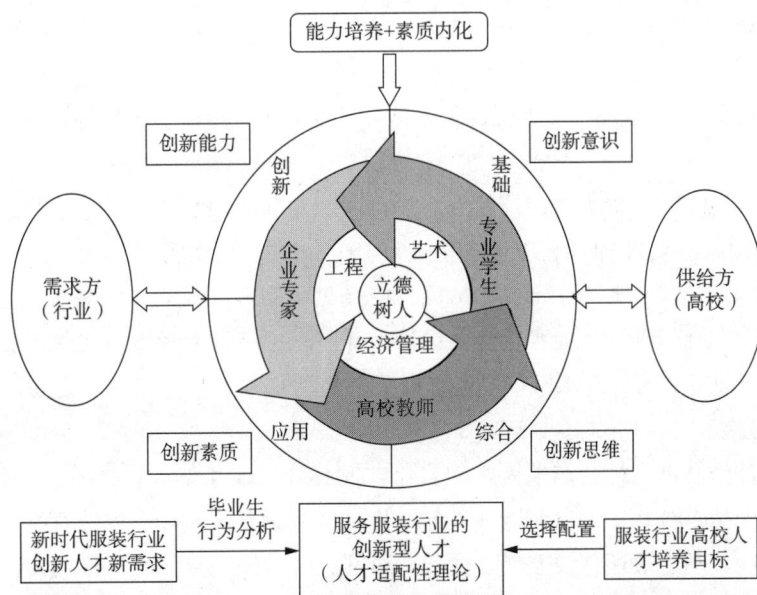

图3　服装专业"123·334"型创新人才教学模式逻辑关系图

（5）以服装行业绿色发展为引领，根据基础、综合、应用和创新实践四个层次，重构课程和实践体系，以达到学生综合掌握服装产业从绿色设计、绿色材料、绿色生产、绿色营销及其回收利用等专业知识的建构和创新能力的培养。

（6）通过采取国内外、校内外的"教师聚合""生生聚合""师生聚合"以及课程的"理论+方法聚合""课程思政聚合""专业课程聚合""专创课程聚合""科研条件聚合"的"八聚合"方法，建设了5个教师虚拟协作团队、20余个学生虚拟协作团队、8个课程资料库、8个政、产、校、院相结合的服装专业学生协作培养实践平台。

3. 成果的创新点

（1）培养理念创新：该成果立足服装行业，突破了不同学科、不同领域、不同技术方法之间的隔离，着眼于服装行业创新人才的全方位培养，率先提出了"一开放、三融合、四创新"的创新理念，对于服装专业人才培养具有重要意义。

（2）育人体系创新：构建了基于校、院、系涉及思政课程、课程体系、教学团队、三全育人导师团以及学术前沿论坛、校友企业家励志讲座等融合专业教育与思政教育于一体的、"开放式""七层次"的育人体系，实现了基于"价值塑造"和"绿色引领"的"全员、全方位和全过程"育人。

（3）教学模式创新：基于"开放·融合·创新"的思维，提出服装专业教育中要重塑人才培养目标，构建了"一个中心、二元驱动、三域融合、三维一体、三段协同和四步进阶"的"123·334"型教学模式，突出创新能力的培养。

（4）实现路径创新：基于项目/任务导向，通过校内外资源的"八聚合"方法，拓展协作育人虚拟团队建设、课程资源建设和实施举措，形成了服装专业学生创新能力培养的实现路径和方案。

4. 成果的推广应用情况

4.1 立德树人效果增强，创新能力得到有效提高

（1）立德树人效果增强。自2018年以来，服装专业19名学生荣获"纺织之光奖学金"、24名学生荣获"国家奖学金"、196人荣获"国家励志奖学金"、36名学生荣获"桑麻奖学金"；学生评价"不仅学会了专业知识，还懂得了职业道德，增强了专业自信、文化自信，做到了学以致用，培养了踔厉奋发的持续性动力和意识"；根据近五年毕业生用人单位反馈和评价，毕业生总体上以"踏实勤奋、创新能力强、爱岗敬业、基础知识扎实，工作认真""实践动手能力强、肯吃苦"等受到用人单位的一致好评，并涌现出一批优秀学生代表。

（2）大创项目、"互联网+"等大赛成绩斐然。2018—2022年，服装专业学生荣获大学生创新创业训练计划项目50项，其中国家级项目19项，省级支持项目19项。在"互联网+""大广赛"等国家级大赛中累计获奖73项，其中国家级奖项3项、省级奖项36项，校级奖项38项；先后在中国纺织类高校大学生创新创业大赛全国总决赛、中国针织设计师大赛、全国设计大赛、全国高校大学生服装立体造型创意大赛和魅力东方中国国际内衣创意设计大赛等高水平学科竞赛中荣获奖励15项，教师荣获"优秀指导老师"12项。取得了有史以来的最好成绩。

（3）学生毕业设计作品展在社会产生良好反响。自2018年，学生毕业设计超过50%有企业导师指导，结合企业真实项目比例达20%以上。服装专业一年一度的学生创新作品展已连续举办6届。2020年改为线上展览。不论是静态展、动态展还是线上展，受到搜狐网、亮宝楼（微信）平台、共青团西安工程大学委员会官方平台等多家媒体报道，学生作品受到了社会和行业人士的高度关注和认可，并由此提升了专业的知名度，扩大了学生的就业区域，并加强了就业基地和实践基地的工作开展。

（4）学生社会实践成绩突出，社会反响良好。2018—2022年，服装相关专业学生共组建10支团中央专项计划实践队、31支校级重点实践队，专业指导教师带队占比超50%，本科生暑期社会实践队占比70%，累计覆盖学生人数超15000人次。学院暑期社会实践工作连续4年获得西安工程大学"暑期社会实践优秀组织单位"，获评国家级优秀实践队1支、省级优秀实践队5支、地方优秀实践队1支、校级优秀实践队15支；产出校级"优秀成果"26篇。1名教师获评省级"先进个人"，16名教师获评校级"优秀指导教师"，263名学生获评校级"先进个人"。其中，2021年服装相关专业12名同学赴陕西省安康市平利县八仙镇开展的"乡村振兴述脱贫，红色传承育新人"主题社会实践，被中国青年网（国家级媒体）、群众新闻网（省部级媒体）、三秦网（省部级媒体）等多家知名媒体及平台报道，社会反响良好。

（5）学生就业率和就业层次略有提升，就业范围和岗位增加。学生就业范围、就业率、就业层次略有提升。自2018年至今，服装专业学生从事信息化、智能化及管理类岗位数量有所提升，学生就业率稳步提升，依次为85%、87%、91%、88%、82%，就业率下降问题在2023年春季有了较大的突破。

4.2 教学成果、教学奖励及教育科学研究项目成果累累

（1）教学成果和教学奖励：在2017—2022年，获得省部级以上的教学成果奖励11项，其中特等奖4项；2020年吕钊教授荣获陕西省教学名师、2022年刘凯旋教授荣获陕西省先进工作者、侨联贡献奖，梁建芳教授荣获陕西省教学名师；梁建芳参与完成陕西省教育教学成果奖特等奖、梁建芳、刘凯旋分别荣获中国纺织工业联合会纺织高等教育教学成果奖特等奖和一等奖，梁建芳荣获陕西省课堂教学创新大赛优秀奖等，取得了有史以来最好的成绩。

（2）一流专业、课程、教材、平台及其团队：2020年，我校服装专业荣获国家级一流专业建设单位。自2017年至今，服装专业获批省级课程思政示范课程1项、省级一流课程5项、省部级课程思政示范课程3项、省级创新创业课程建设项目1项、校级课程思政示范课程3项；省级优秀教材3项、校级优秀教材1项，校企合作开发教材9部；建设课程资源库8个、协作实践平台8个、教师虚拟团队5个、学生虚拟学习团队20余个。

（3）教育科学研究项目、教改项目：自2017年起，教师获得教改项目和科研项目的数量和级别明显提升。其中，获得各级各类教育科学研究项目5项、教改项目15项；国家级科研项目6项、省级科研项目12项；省部级科技成果奖5项。

4.3 校内成果推广，加速了服装相关专业的交叉和融合

该教学成果经过在服装设计与工程商学方向探索，后推广到服装成衣、内衣方向、服装艺术设计、针织艺术设计、服装与服饰设计卓越计划、服装表演等多个专业和方向，实现了不同专业资源的共享及有效利用。此举不仅有效解决了学校教学过程中设备、资金、师资等不足的问题，实现了不同专业资源的共享及有效利用以及学生培养与社会需求的有效接轨，而且加速了服装相关专业间的交叉和融合，提升了服装专业毕业生的竞争能力。

4.4 研究成果发表及国内推广，引起广泛关注和采用

（1）研究成果受到高等教育研究专家和行业的一致肯定。梁建芳教授主持完成的省级重点教改项目《基于"传承·融合·创新"思维的服装专业人才培养体系的构建与实施》在结题答辩中受到评审专家的一致肯定，成为当年陕西省377个结题项目中唯一一个服装类的教改项目，名列49项"优秀"项目之列；内衣系荣获中国纺织品商业协会内衣委员会"中国内衣教育贡献奖"。

（2）在纺织服装行业高水平专业教育期刊上发表研究成果论文15篇。其中《"服装供应链管理"课程专创融合教学模式探索》《课程思政实施状况调查与改进对策研究——以服装专业类课程思政实践为例》《服装专业人才创新能力评价体系的构建及其实证研究》《基于"传承·融合·创新"思维的服装专业创新人才培养模式探索》《基于社交媒体的服装专业"三段式"协同教学模式的构建》等论文下载量已达500余

次，引起业界关注和认可。

（3）教学思想和教学模式被广泛采用。梁建芳教授与山东舒朗服饰有限公司合作编写的《服装市场营销》教材中实施了该成果中的教学思想和模式设计，受到教育部高等学校物流管理与工程专业教学指导委员会委员龚英教授、教育部高等学校纺织类专业教学指导委员会委员王永进教授等的一致肯定，先后被青岛大学、西南大学、武汉纺织大学、闽南理工学院、安徽城市管理职业学院、中原工学院等多所高校采用或服装行业培训使用，应用效果良好。其发行量已突破15000册。

（4）国内院校间交流提升了我校服装专业的吸引力。该成果第一负责人曾在西南大学、武汉纺织大学、陕西服装工程学院、南京金陵科技学院等展开成果交流活动，吸引相关专业教师来校交流学习8次，吸引外校学生考取我校研究生27人。尤其是在2018世界纺织服装教育大会上通过论文重点推广了该成果，受到业界的广泛认可和采纳。

（5）实践成果展反哺专业产学研教学体系。该成果的实践成果在亮宝楼展出，受到搜狐网等多家媒体报道，引起业界的众多企业关注，进一步推进了校企合作和产学研教学体系的拓展。

（6）与国外知名院校合作，实现深耕细作。自2018年起，先后与美国北卡罗来纳州立大学、美国加州大学北岭分校、德国洛特林根大学、香港知专等建立交流和合作渠道，提高我校在国际范围内的行业影响力，为专业教师和学生拓宽视野和提升创新能力提供了更大的施展空间。

产教融合、高阶赋能、打造一流——纺织类"产品创新设计"课程改革与实践

苏州大学，江苏阳光集团有限公司，苏州市纤维检验院

完成人及简况

姓名	性别	所在单位	党政职务	专业技术职称
魏真真	女	苏州大学	纺织工程系副主任、教工二支部副书记	副教授
眭建华	男	苏州大学	无	教授
陈健亮	男	苏州大学	无	助理实验师
王国和	男	苏州大学	无	教授
李媛媛	女	苏州大学	无	副教授
曹秀明	男	江苏阳光集团有限公司	技术中心主任	研究员级高级工程师
周小进	男	苏州市纤维检验院	院长	研究员级高级工程师
刘丽艳	女	江苏阳光集团有限公司	面料研发中心主任	研究员级高级工程师

1. 成果简介及主要解决的教学问题

1.1 成果简介

"产教融合、协同育人"是培养高水平应用型人才、实现高等教育质量提升的内涵式发展新路径。为培养高素质创新型卓越工程技术人才，"产品创新设计"实践课程依托纺织工程国家一流专业，以立德树人为目标，以产教融合为手段，通过校企联合指导、多元化课程资源、高阶训练实践专题、思政教育、"先引→中导→后评"三段式结合线上线下教学、强化过程评价及持续改进等一系列建设举措，切实提高了学生创新创造积极性，锻炼了学生综合应用专业知识的能力，培养了学生的实践技能与创新思维。在近年来的实践中，学生创新能力显著增强，实践成果受到行业、企业高度认可；课程教学模式深受学生喜爱并受到同行推广，同时形成了鲜明的产教融合教学特色，荣获江苏省产教融合型一流课程（图1）。

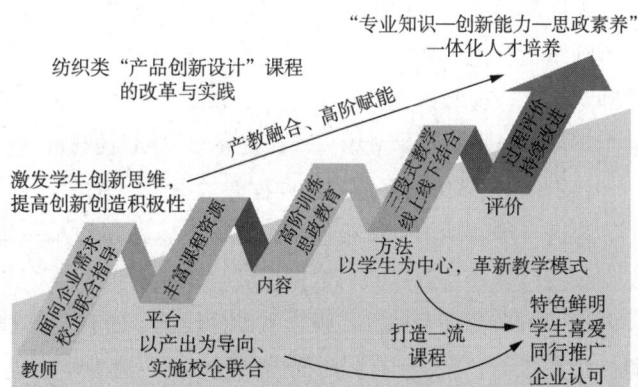

图1 "产品创新设计"课程建设成果简介示意图

1.2 主要解决的教学问题

1.2.1 创新设计缺乏应用导向，不能有效激发学生创新思维，提高学生创新创造能力

"产品创新设计"实践课程仅以创新设计为任务，因实践时长有限、教学资源单一、缺乏全面引导及灵感刺激、应用导向不明确等多种因素造成学生思维局限、课程参与积极性不高、实践成果缺乏创造性与市

场应用性。

1.2.2　传统教学模式已不能实现"专业知识—创新能力—思政素养"一体化的培养目标

课程传统教学内容上基础织造内容多于学生创新设计内容，方法上多数采用教师灌输式线下指导以及学生含糊式、短暂式上机操作，评价上存在主观与片面性。该模式下的教学致使培养目标单一，不符合以产出为导向的人才培养理念，不能满足集"专业知识—创新能力—思政素养"为一体的综合目标的培养。

2. 成果解决教学问题的方法

为解决学生创新创造积极性差以及传统教学模式与人才培养目标不匹配问题，培养学生综合应用纺织专业理论知识的能力，锻炼学生创新思维与实践技能，课程实施产教融合、校企联合，在"教师团队—教学资源"的基础建设以及教学"内容—方法—评价"的核心建设两大方面开展了改革实践（图2），具体解决方法简述如下：

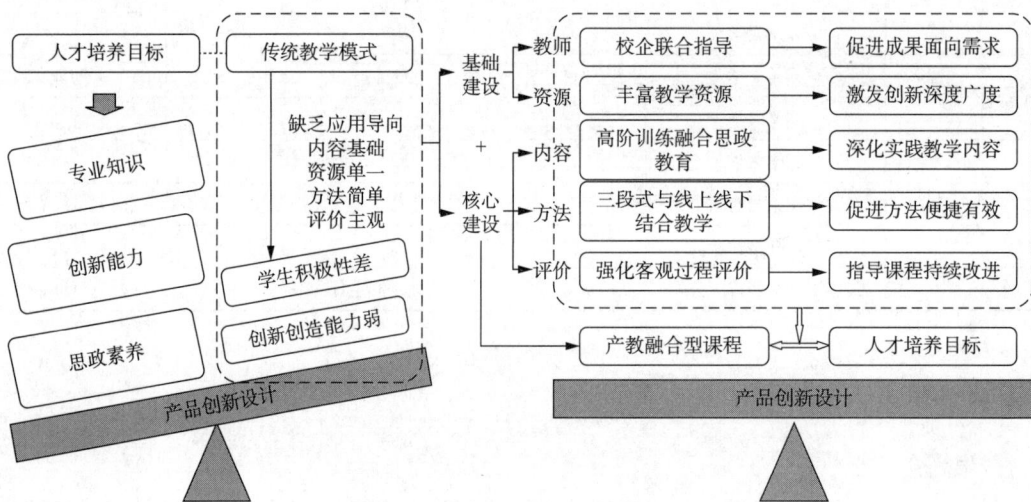

图2　课程建设解决的教学问题及所采用的方法

2.1　建立校企联合指导教学团队，开设企业课堂，促成学生成果面向企业需求

为提高学生参与积极性，同时提高学生实践成果的市场应用性，课程联合江苏阳光集团有限公司、苏州市纤维检验院、盛虹集团有限公司等纺织相关企业，邀请企业专家，组建了学校教师与企业导师联合的教师队伍，校企教师充分结合行业、市场及企业需求安排实践内容，开设企业第二课堂，让学生近距离接触生产环节与真实感受市场需求，提高学生创新创造积极性，促成学生成果面向企业需求。

2.2　丰富多维度多层次的课程教学资源，激发学生成果创新的广度与深度

为进一步调动学生积极性，拓宽学生思路并均摊一些教学内容，课程通过引进多种先进织造设备，研发创新设计软件，创建面料数据库管理系统及典型案例图库，创建虚拟仿真实验系统，以及制作教学视频并创建网站平台等多种方式强化软硬件设施，不仅为实践教学的顺利开展提供充实的多维度多层次课程资源，而且有利于学生在有限时间内高效学习，激发学生成果创新的广度与深度。

2.3　设置高阶训练实践专题，融合思政教育，深化实践教学内容

课程结合企业需求，设立内容丰富、层次分明的"模拟改进设计""机（针）织面料创新设计""纺织品花形设计"三个实践项目，开展案例启发、专题导向、设计试制的高阶训练，提升学生专业知识综合运用与实践创新能力；同时从内容中充分挖掘所蕴含的思政元素，向学生倡导诚信设计、团队合作意识、传播中国文化自信，提高学生的职业素养和思政素养。

2.4 实施三段式与线上线下结合教学，促进产教融合教学方法便捷有效

紧密配合教学内容并结合教学平台资源，教学实施过程中，开展前期技术培训与信息引导，中期实践阶段灵活指导，后期评比参赛企业推广的"先引→中导→后评"三段式教学，激发学生创新意识，促使实践成果学以致用，促进学生获得更多成就感；同时，结合所建设的教学资源，开展线上线下结合的培训学习、校企导师答疑交流、开展网络评价等互动活动，促进产教融合教学方法便捷有效。

2.5 创建客观与过程强化评价、定量与定性评价结合机制，指导课程持续改进

丰富评价主体，实施校企指导教师团队评价与非本班师生评价相结合的客观评价方法；将实践过程中的操作、团队配合情况以及实践中的劳动意识、安全意识、节约意识作为实践表现的依据，强化过程评价；给予学生自评自省机会，提高评价机制的公平公正公开性；综合课程目标计算达成值和学生自评达成值形成课程的教学质量内部评价意见，与课程教学质量外部评价意见结合，指导课程的持续改进。

3. 成果的创新点

3.1 理念创新：形成了产教融合、高阶赋能的人才培养新理念

课程坚持以学生为中心，坚持产出导向的人才培养理念，通过强化校企联合师资队伍，创建共享互利的校企及线上线下教学资源，围绕企业、产业需求设立课程实践内容，开展案例引导、专题实践、创新设计的高阶训练教学，结合教师、学生、企业综合评价实践成果等一系列产教融合、校企联合的实践教学举措，切实提高了学生创新创造积极性，锻炼了学生综合应用专业知识的能力，培养了学生的实践技能与创新思维，形成了产教融合、高阶赋能的人才培养理念，助力于培养高素质创新型卓越工程技术人才。

3.2 培养模式创新：创建了产教融合型一流实践课程的教学模式

课程将产教融合有机融入"教师团队—教学资源"的基础建设和教学"内容—方法—评价"的核心建设中，通过围绕企业需求制订教学计划，采用校企联合教学，实施案例启发、专题导向、设计试制的高阶训练教学内容，实施培训引导、设计实践指导、评价推广三段式教学方法，推行线上线下结合教学，强化过程化评价管理，持续改进等一系列具体改革实践，形成了特色鲜明的产教融合型一流实践课程教学模式，为提升学生专业实践技能、激发学生创新思维与能力提供课程建设经验，助力于学生服务企业、服务社会、服务地方经济的实践创新能力培养（图3）。

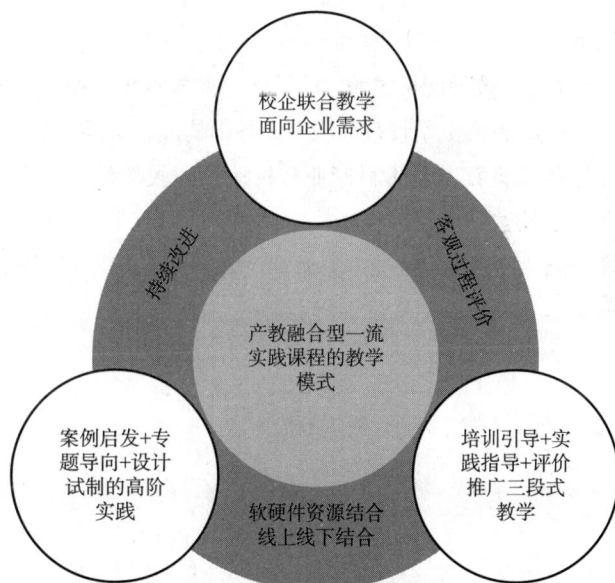

图3 建设形成的产教融合型实践课程教学模式

4. 成果的推广应用情况

自采用产教融合、校企联合开展"产品创新设计"课程建设以来，团队完成了教学内容、方法和评价手段的改革与实践、线上线下教学资源建设、校企联合教学团队建设、课程思政融入等内容，在教书育人、专业发展和教师成长方面成效显著。

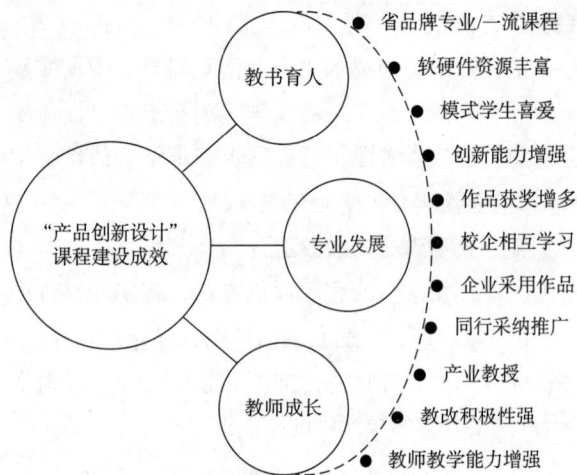

图4　"产品创新设计"课程建设成效

4.1　学生成长显著：学生实践创新能力显著提升，实践成果广受认可

课程通过实施产教融合以及革新的教学模式，学生的专业理论知识在实践应用中不断夯实，创新思维与实践能力持续提升。在近四年来的全国高校大学生纺织品设计赛事中，学生作品屡获嘉奖，其中一等奖13项，二等奖达40项，与课程改革建设前相比，学生实践成果获奖数量明显提升，同时多个设计方案被吴江鼎盛丝绸有限公司采纳，经技术改进应用于宋锦面料的实际生产中。

4.2　助力专业发展：资源建设丰富，教学特色鲜明，深受学生喜爱及同行推广

成果实施期间，苏州大学纺织工程专业获批江苏省产教融合品牌专业，"产品创新设计"课程获批江苏省产教融合型一流课程。同时，课程建立了包括先进制样设备20件，创新设计Wcad软件1套，典型案例图库1个，学习资源网站1个，虚拟仿真实验系统1套等在内的齐全的软硬件资源，形成了一套产教融合特色鲜明的实践教学模式，不仅夯实了学生的专业知识、实践能力及思政素养，提高了学生学习效果，受到学生喜爱好评，而且教学模式及线上资源得到齐齐哈尔大学轻工与纺织学院、安徽工程大学等高校的推广应用。即课程的建设路径能够为纺织专业人才培养提供课程建设经验，共同助力于纺织专业发展和人才培养（图4）。

4.3　教师成长显著：团队教师教学水平提高，教学改革能力增强

团队成员由学校教师与企业导师构成，成果实施期间，团队获批为苏州大学课程思政教学团队，1名企业导师获批江苏省本科产业教授；教师教学教改能力得到显著提高，承担中国纺织工业联合会教改项目2项，学校教师获江苏省高校微课教学竞赛三等奖1项，苏州大学青年教师课堂教学竞赛一等奖1项、教师教学创新大赛一等奖1项，思政课堂教学竞赛三等奖1项，多人荣获优秀指导教师荣誉称号。

重基础、强交叉、拓视野、树情怀——基础化学系列课程教学改革与实践

天津工业大学

完成人及简况

姓名	性别	所在单位	党政职务	专业技术职称
臧洪俊	女	天津工业大学	化学学院副院长	教授
王兵	男	天津工业大学	无	教授
刘义	男	天津工业大学	校党委常委，副校长，化学学院院长	教授
严峰	男	天津工业大学	无	教授
安会琴	男	天津工业大学	纪委委员	教授
宋立民	男	天津工业大学	无	教授
贺晓凌	男	天津工业大学	无	教授
张建新	男	天津工业大学	无	副教授

1. 成果简介及主要解决的教学问题

1.1 成果简介

基础化学课程主要由无机化学、有机化学、分析化学、物理化学和相应的实验课程、综合实验课等10门课程组成，是我校10个化学相关专业的重要基础课，该课程贯穿了纺织一流学科群的几乎所有专业，是我校"双一流"建设的重要支撑。本成果在依托市级精品课程建设、化学市级实验教学示范中心建设项目、天津市高等学校本科教学质量与教学改革研究项目、中国纺织工业联合会高等教育教学改革项目、校级教改项目等教研项目和成果基础上，为适应新工科背景下新时代人才培养的基本需求，根据学情分析，针对教学痛点问题，积极进行相应教学改革。

通过基础化学课程的教学改革，教学内容得以精简，既减少了学时，又精炼了内容，在有限的学时内使学生获得了最大量系统的知识，能够为不同专业学生提供学科交叉学习的系统化服务，教学效果显著提高。教学手段得以丰富，教师之间通过互相交流，互相借鉴，丰富了课堂的教学方法，增加了学生们的学习兴趣。同时也促进了教师的不断学习，提高了业务水平，培养高素质人才，托举我校"双一流"建设快速发展。

近年来，我们不断进行教学改革与实践，课程教学形成了一定的特色，也获得了一些成果，"有机化学""物理化学"两门课程获批国家级一流本科课程；建设了"有机化学""物理化学""无机化学"三门市级一流本科课程；建立了一支基础化学市级教学团队；获批市级化学实验教学示范中心；获得省部级以上教学成果奖励20余项；主持完成教改项目26项，发表教改论文27篇，出版教材5部，指导学生获得省部级以上奖励40项。

1.1.1 重构基础化学课程体系，创建了面向能力培养的"四融合"基础化学理论教学新的课程体系和"三联动、四层次"实验教学体系

随着现代科学技术的发展，学科间的交叉、渗透，基础化学课程含有与多个学科交叉的特点。根据专

业方向整合，建立融合专业方向、科研成果、化学前沿、思政元素"四融合"的不同专业方向的理论课程体系，将基础化学课程与传统文化、现代生活和科学前沿相结合，以文化育人；同时秉承科研和创新的理念，更新了沿用多年的实验课体系，建立"课内课外、基础创新、线上线下"三联动和"基础—综合—创新—科研训练依次递进式"四层次实验教学体系。

1.1.2 不断改进教学组织方式方法，以学生为本，建立"多元化"教学模式

将师生间互动强的启发式、设问式、讨论式等开放式教学方法灵活穿插应用，将呆板的"一言堂"式的封闭型教学转变为开放型教学。结合线上线下教学，采用案例教学、参与式教学、翻转课堂等实施面向能力培养的多元化教学模式，使学生由"被动的接受"过渡为"主动的学习"，提高课程高阶性。

1.1.3 赓续深化基础化学系列课程立德树人格局，建立"三维度"基础化学课程群思政育人体系

坚持立德树人，多措并举，为学生能力提升和价值塑造提供保障；深入挖掘课程思政案例，建成了丰富的课程思政教学资源库，实现基础化学课程"课程思政"全覆盖；充分利用课堂主阵地，实施课程思政，分别从培养学生的爱国情怀、科学素养、创新意识、职业素养、社会责任感、辩证思维和绿色发展理念等多个维度在教学过程中融入思政教育，达到"春风润物"般效果，切实做到了基础化学课程与"思政课"同向同行，形成了协同育人、立德树人效应。

1.1.4 建立丰富的网络资源库，打破时域限制，实现网络课程随身带，搭建第二课堂，实现教学和学习三维空间互动

针对课程涉及知识面广泛，内容多，难度大，难以在有限课堂教学中得到反复练习与实践体验的问题，建立丰富的网络资源库，提供丰富且多元化的教学资源，打破时域限制，实现网络课程随身带，搭建第二课堂。建有物理化学、有机化学、无机化学市级一流课程网站，天津市实验教学示范中心—化学实验中心网站和大学生化学化工与环境综合创新实验室网站及综合与创新实验课程网站，利用现有的硬件资源设立服务器平台，将实验课内容（课件、视频、动画等）移植到平台上，同时制作有机化学实验手机App。学生利用网络就可以随时随地的访问教学资源，提高了教学的便利性，也可以极大地丰富教学资源，有助于提高教学质量和效率。

1.1.5 "多元"评价持续优化提升，建立友好互动的"课内课外、线上线下"多元化的评价方式，注重过程考核，拓展考核方式，改变传统的终结性评价模式，实现客观评价

建立过程化考核全面提升学生主动学习能力，充分发挥考核评价在理念转变、能力提升和创新思维培养等方面独特的引导作用。

1.2 主要解决的教学问题

（1）解决课程内容多，学时少，课程学科交叉内容引入不足，化学前沿、科研成果、专业特色等由于学时数的限制引入困难，枯燥的学习内容使学生学习兴趣不高等问题。

（2）解决单一的教学模式和手段难以激发学生学习兴趣问题。

（3）解决育人水平薄弱、思政引领不足、教书和育人没有深度融合的问题。

（4）解决课程涉及知识面广泛，内容多，难度大，难以在有限课堂教学中得到反复练习与实践体验的问题。

（5）解决考核评价模式单一的问题。

2. 成果解决教学问题的方法

2.1 创建"理实融合"的基础化学课程体系

首先，以"够用、实用"为原则，针对不同专业进行基础化学课程体系优化整合，精简教学内容，将课程内容进行系统化梳理，要根据专业方向整合理论内容，分别设立为不同方向的理论课程，建立融合专

业方向、科研成果、化学前沿、思政元素"四融合"的新理论课程体系。

针对传统实验课程内容陈旧、模式单一,验证性实验过多,课程体系缺乏创新力的问题,实验课程存在验证性实验多,创新性实验少的问题,建立"基础—综合—创新—科研训练依次递进式"四层次实验教学体系,将科研成果和学科前沿转化为综合、创新性实验,使其具有了先进性和现代的气息,使基础教学和科学研究相结合,把学生的眼界引领到科学研究的前沿。线上线下联动实现了个性化学习,有助于提高实验教学的质量和效率。不同层次联动,通

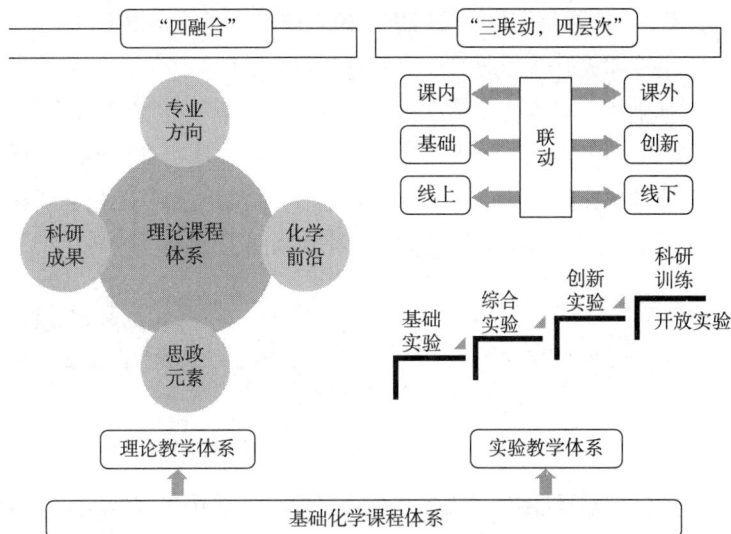

图1 "理实融合"的基础化学课程体系重构图

过基础→综合→创新→科研训练的实验课程逐层递进,能够较好地体现现代化学学科知识、技术和发展趋势,更好促进化学和相关学科知识交叉融合,实现了为不同层次学生提供发展舞台,培养学生扎实的化学实验操作技能和创新能力,新的课程体系激发了学生创新灵感,提升了学生创新能力,如图1所示。

2.2 建立"多元化"教学模式

将师生间互动强的启发式、设问式、讨论式等开放式教学方法灵活穿插应用,将呆板的"一言堂"式的封闭型教学转变为开放型教学。建设基于互联网的课程资源平台,结合线上线下教学,建立"微课视频模块",把教师讲授、多媒体课件演示、视频充分结合起来,采用案例教学、参与式教学、翻转课堂等实施面向能力培养的多元化教学模式,使学生由"被动的接受"过渡为"主动的学习",使学生成为课堂的主人,他们以小组为单位进行深入的交流和探讨;或以辩论的方式对问题进行深入的剖析,着力培养学生的探究能力和创新意识。

实验教学采用课前问题式、课中启发式等灵活多样的互动式实验教学模式,以"问题"为导向,通过师生和生生相互讨论(有时伴随着实验演示),在指导实验课的过程中以手机和投影仪联网的方式,进行智慧化教学,实验课上教师通过手机照相功能及时对不规范的操作进行投屏讲解、演示,高质量的实施"课堂翻转"模式,如图2所示。

图2 基于"新工科"的多元化教学模式和教学方法

2.3 构建基础化学课程思政育人体系，实现立德树人

培养和提升教师的"育德能力"和教学创新能力，打造一支思想过硬、业务能力强的高水平教学团队；编写基础化学课程思政教学大纲，确定课程思政教育目标，建立丰富的课程思政教学资源库，潜移默化中培育学生的世界观，强化同学们的爱国情怀、社会责任感等；增加课程思政教育的评价，将课前自学能力、课中的过程评价和课后问题分析能力等，切实做到基础化学课程与"思政课"同向同行，形成了协同育人、立德树人效应，基础化学课程思政架构如图3所示。

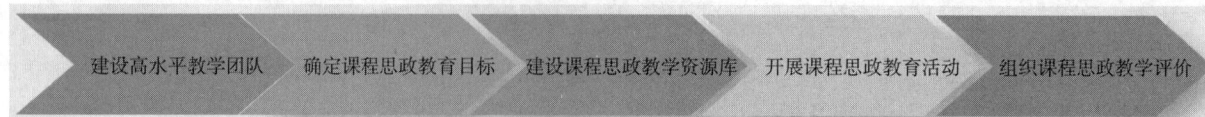

建设高水平教学团队　确定课程思政教育目标　建设课程思政教学资源库　开展课程思政教育活动　组织课程思政教学评价

图3　立德树人，建立基础化学课程思政育人体系

2.4 充分利用信息技术，积极打造"互联网+"教学模式，建设丰富的网上教学资源，搭建第二课C堂

系统开展网络教学与资源建设，建设高水平的课程网站，实验中心网站及下辖各四大化学及实验网站全年正常运行；有机化学实验智能手机App平台及局域网服务器全年正常运行；编写有机学习指导App，有机智能练习App，学生可以进行自主性学习和预习，给学生创造不受课堂教学时间、地域限制的自主学习空间。

化学实验教学示范中心拥有丰富的教学资源，如图4所示。

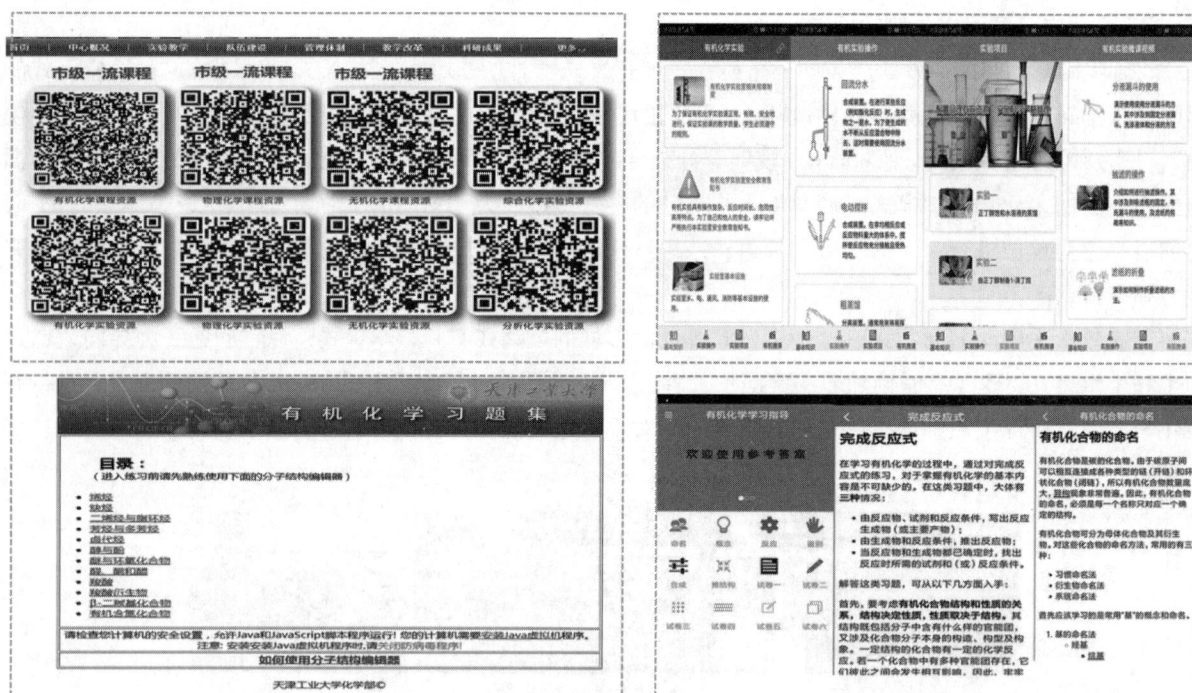

图4　建立丰富的教学资源库

2.5 建立友好互动的"课内课外、线上线下"多元化的评价方式

针对传统评价方式单一的问题，注重学习的积累和构建过程，摒弃传统的"平时表现+末考成绩"及"一考定成败"的评价方式，不断探索"过程性、多元化"考核方式，不仅能更加客观、全面地反映学生学习效果和对知识的掌握程度，也是对新形势下教情、学情的有效验证。他们只有在课堂上高度集中注意力、课下认真完成相应的自学内容才能完成好课程学习。"多元化"评价体系全面提升学生主动学习能力，充分

发挥考核评价在理念转变、能力提升和创新思维培养等方面独特的引导作用。课内考核包含课堂表现，测试成绩、实践能力考核等，课外包含如雨课堂、QQ群学习通的互动及线上资源的预习等，通过"课内课外、线上线下"多元化的评价方式调动学生学习的积极性，具体措施如图5所示。

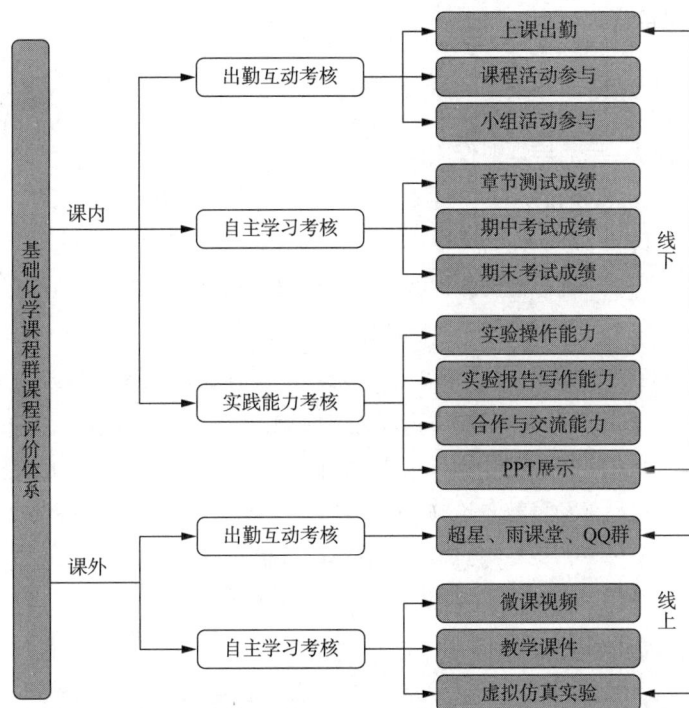

图5 "新工科"背景下，建立多元化评价体系

3. 成果的创新点

3.1 重基础，强交叉，拓视野，树情怀，构建了"四融合"理论课程教学体系和"三联动，四层次"实验教学课程体系

融合专业方向、科研成果、化学前沿、思政元素"四融合"的新理论课程体系，将实现基础性与前沿性、理论性与实践性的结合，加深了学科之间交叉融合，拓宽学生视野。同时实现课程与育人协同效应，树立家国情怀，塑造健康人格，培养具有创新意识、爱国情怀和国际视野的高素质人才，并为高层次后续学习和终身学习奠定基础。

3.2 突出以学生为主体，构建了"多元化"教学模式

课程教学以学生为主体，创新教学方法，开设研讨课和学术讨论课，不断拓展讲授内容的广度与深度，激发了学生的创新意识。

3.3 建立以基础化学课程为基础的全程全方位育人的教育教学体系

从师德师风建设、思政教学目标设计、思政教学资源库建设、教学模式设计等多方面入手，凝练成涵盖"家国情怀""科学家/大国工匠""科技创新（理论/技术和方法创新）""社会责任/职业素养""真诚协作的团队精神"五大主题的基础化学课程思政案例库，结合多样的教学模式，多途径强化教师"育德"能力，充分发挥基础化学课程育人功能，将社会主义核心价值观教育贯穿于课程始终，润物无声，立德树人。

3.4 构建了移动教学资源库，通过线上线下混合式教学模式，实现网络课程随身带，搭建第二课堂

充分利用信息技术，积极打造"互联网+"教学模式，建设丰富的网上教学资源，搭建第二课堂，给学生创造不受课堂教学时间、地域限制的自主学习空间。

3.5 构建"多元化"考评体系，实现客观评价

以灵活多样的考核方式，形成更加合理科学的考评体系。包括课前线上预习、课中的活动参与程度，课后包括期中、期末考试成绩、实验报告撰写和口头报告能力等进行综合评价，多角度、多侧面考查学生，解决了教学评价模式单一的问题。

4. 成果的推广应用情况

4.1 教学建设成果丰硕，示范与辐射作用明显

（1）课程建设成效显著。在项目研究与实践过程中形成"二门"国家级一流本科课程和"三门"市级一流本科课程。2003年"有机化学"获批天津市首批精品课，2007年"物理化学"获批天津市精品课程；2019年"有机化学""物理化学"获首批天津市线下一流建设本科课程；2021年"无机化学"获批天津市线下一流建设本科课程；2023年，"有机化学""物理化学"两门课程获批国家级一流本科课程；相关课程资源已全部上网共享。获得省部级以上教学成果奖励20余项，课程建设成果以教改论文和教材的形式得以固化并发挥辐射作用，编写了《有机化学实验》《物理化学实验》《无机化学实验与学习指导》《普通化学实验与学习指导》等5部教材，其中1部入选"十二五"规划教材，1部入选"十四五"规划教材，部分教材在国内高校广泛使用，如图6所示，发表教改论文27篇。

图6　出版的教材

（2）建成的市级化学实验教学示范中心在天津市有一定影响。实验中心网站及下辖四大化学及实验网站全年正常运行，总点击量89278次；有机化学实验网站17900余人访问；有机化学实验APP将近有90余个班级，2000多名学生进行使用。该网络平台资源丰富，功能性强，许多学生共享教学资源，受到省内外院校的关注，获得广泛好评。

（3）自2015年起我校市级化学实验教学示范中心每年承办天津市大学生化学竞赛，为增进天津市高校化学实验教学经验交流，提高大学化学实验教学质量，探索创新人才培养新途径起到积极作用。

（4）建设了一支高水平基础化学市级教学团队。目前基础化学教学团队已发展成为教学水平高、学术造诣深、能满足各层次综合需求的创新教学师资队伍。主要成员都有明确的科研学术方向，既是教学骨干，又是科研骨干，同时为学科带头人或学科建设骨干，形成了以国家杰出青年科学基金获得者和天津市教学名师领衔的天津市级教学团队。刘义教授获教育部高校青年教师奖、国家杰出青年科学基金获得者、百千万人才工程国家级人选、国家有突出贡献中青年专家；王兵教授为物理化学国家级一流课程负责人，天津市教学名师；成果负责人臧洪俊教授为国家级一流课程"有机化学"课程负责人，天津市化学实验教学示范中心主任，主持获得天津市教学成果二等奖，天津工业大学教学名师；严峰教授获得校级教学名师、全国多媒体课件大赛优秀奖、天津市青年教师教学基本功大赛二等奖及纺织工业联合会教学成果三等奖等荣誉；宋立民教授为天津市一流本科课程"无机化学"课程负责人，获得校级教学名师；安会琴教授获得

天津市青年教师基本功大赛一等奖，严峰教授获得二等奖；贺晓凌教授获得天津市大学生课外学术科技作品竞赛一等奖优秀指导教师、天津市第二节凝胶产品开发和设计大赛二等奖优秀指导教师及校级优秀思想教育工作者称号等荣誉；张建新副教授进行网络资源的建设。

4.2 人才培养效果显著

（1）本成果覆盖我校化学相关的四个学院10个专业每年1000余名大一、大二学生，毕业生表现出实验能力突出，综合素质优秀，考研率逐年上升，用人单位评价满意率高。

（2）本科生多次参加学科竞赛，成果丰硕；本科生科技成果逐年提升，协同育人促进学生全面发展效果显著。近年来，指导学生获得省部级以上奖励28项，发表论文150篇，申请专利97项，承担省部级以上大学生创新创业类项目共18项。

（3）国际辐射：服务国家"一带一路"重大战略，积极承担化学工程与工艺留学生的四大基础化学实验课程，为亚洲、非洲、南美洲、欧洲的10多个国家培养了多名人才。

4.3 有机化学实验教学改革内容被国外高校采纳

在设计性、综合性实验部分创新地开设了绿色氧化实验—以多氧钼酸盐为催化剂催化过氧化氢由苯甲醇制备苯甲醛设计实验，该成果被美国 Garden 学院引入实验教学中。该研究成果先由我校材料专业应用，继而应用推广全全校其他专业，每年受益学生约900余人。

数字中国范式下服装专业三层改革架构和五维优化进路的教育教学机制研究

大连工业大学，西安工程大学

完成人及简况

姓名	性别	所在单位	党政职务	专业技术职称
王伟珍	男	大连工业大学	服装学院系主任	副教授
丁玮	女	大连工业大学	服装学院院长	教授
潘力	女	大连工业大学	服装学院学科负责人	教授
房媛	女	大连工业大学	工创中心教师	副教授
曾慧	女	大连工业大学	服装学院学术带头人	教授
孙林	男	大连工业大学	服装学院系主任	副教授
费飞	男	大连工业大学	艺术设计学院教师	副教授
刘凯旋	男	西安工程大学	纺织服装学院副院长	教授
张岩松	男	大连工业大学	服装学院系主任	教授
王曼倩	女	大连工业大学	服装学院教师	讲师

1. 成果简介及主要解决的教学问题

新一轮科技和产业变革对艺术设计类专业人才培养提出新的要求，以新技术、新产业、新业态和新模式为特征的新经济下，互联网、大数据、人工智能等全新技术引发了科技融于艺术设计教育的范式变革。作为辽宁省传统支柱产业相关应用型学科的服装专业高等教育面临进入新发展阶段、贯彻新发展理念、构建新发展格局的多重使命。

近日，教育部《普通高等教育学科专业设置调整优化改革方案》提出服务国家发展、突出优势特色、强化协同联动的改革思路和原则。新文科、新工科相融合的服装专业需要打破困囿于"艺术圈"的学科专业壁垒，围绕《数字中国建设整体布局规划》深化学科交叉融合，创新学科组织模式，推进专业数字化改造，探求跨界能力培养的新理念、新方法，做到价值塑造、知识传授、能力培养相统一，打造面向人工智能时代服装专业人才培养的中国范式。

作为"国一流"专业建设点、国家级特色专业建设点、国家级人才培养模式创新实验区的支撑教研项目，该成果相关内容曾获国家级教学成果二等奖、辽宁省教育厅教学成果一等奖、纺织之光教学成果特等奖以及研究生类教学成果奖等多项荣誉，并有相关教研论文发表于纺织服装专业期刊，示范引领作用和效应显著。

1.1 成果简介

针对设计类专业的新文科跨学科特质，结合艺术与科技融合尤其是人工智能设计逐步渗入艺术设计领域的趋势，以面向人工智能时代前瞻性需求的跨学科复合型设计类人才培养产出导向（Outcome—based Education，OBE）为理念，实现了服装专业三层次改革架构与五维优化进路的教育教学机制（图1）。

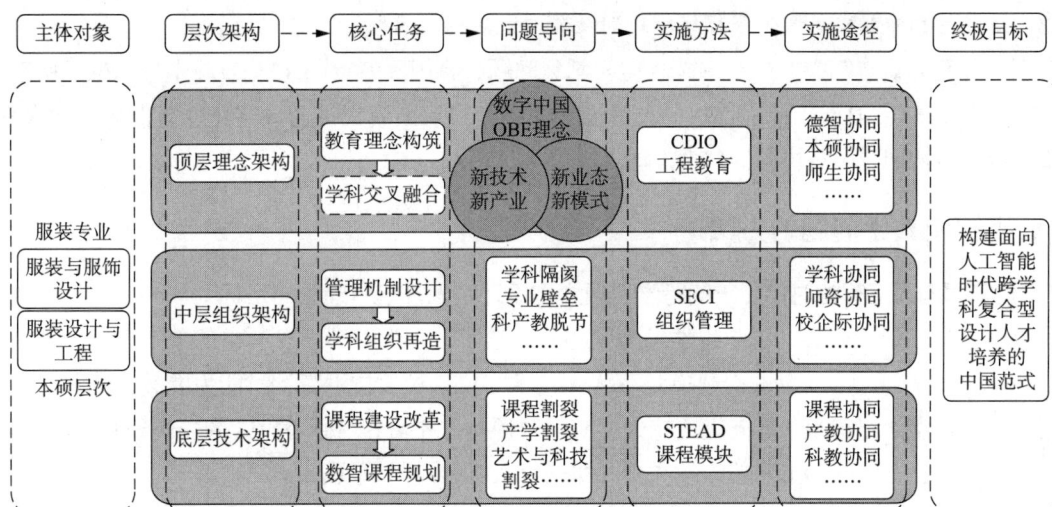

图1　成果总体架构

1.1.1　三层次改革架构包括顶层理念架构、中层组织架构、底层技术架构

（1）顶层理念架构即数字中国新教育理念构筑环节，依据CDIO工程教育方法（Conceive、Design、Implement、Operate）注重汇聚数字时尚教育资源，着力于构建德智协同、本研协同、师生协同等多元学科交叉融合的协同育人理念与机制。

（2）中层组织架构即新管理机制设计环节，采用SECI管理法（群化S—外化E—融合C—内化I）构建学科协同、师资协同、校际协同等组织管理机制，形成各基于学科专业之间相互融合的组织形式再造。

（3）底层技术架构即新课程模块规划及教学方法创新环节，将前沿人工智能技术及设备介入传统的设计类专业课程规划与教学，探究设计类专业课程群的STEAD（科学、技术、工程、艺术和设计）五维课程模块协同构建机制问题，同时兼顾数字中国背景下OBE理念的目标（想让学生取得的学习成果是什么）、需求（为什么让学生取得这样的学习成果）和过程问题（怎样能够让学生取得这样的学习成果）。

1.1.2　五维优化进路包括层次架构、核心任务、问题导向、实施方法、实施路径

上述三个层次架构为依托，根据每个层次的特定任务，制定针对性的研究方法，采取特定的问题解决实施途径。

1.2　主要解决的教学问题

成果解决了在教育思想和教育观念的创新人才培养模式、学科融合组织模式、课程规划与教学方法研究等方面诸多创新建设问题。

1.2.1　顶层结构即学科交叉融合的新教育理念构筑问题

针对交叉学科培养目标定位模糊的问题，教育理念层面注重汇聚数字中国规划布局所需要的教育资源，围绕面向人工智能时代前瞻性需求的跨学科复合型设计类人才培养目标，按照CDIO实施人才培养的OBE战略，逐步构建了以学科交叉融合为基础的德智协同、本研协同、师生协同等多元协同育人理念。

1.2.2　中层结构即新型学科组织模式的管理机制设计问题

针对学科隔阂问题、授课师资单一问题、科研视野拓展等问题，借助学校的多学科优势，强化学科交叉联合培养以建立学科间相互联系的枢纽，创造知识获取的新途径，克服既往单一学科知识传授模式的弊端，从而提高学生的综合素质和能力。依据SECI模型原理方法，构建学科协同、师资协同、校际协同的管理机制，推进广域合作的学科组织模式。

1.2.3 底层结构即新兴数智化课程模块规划及教学方法创新问题

针对系列课程知识点割裂、产学割裂、科教割裂问题，将国际盛行的STEAD教学理念融于服装专业教学，重新规划形成STEAD五个课程模块的技术架构，各个模块全流程贯通数字化、智能化教学内容改革，同时注重形成科教协同、产教协同的教学方法。

2. 成果解决教学问题的方法

2.1 构筑面向人工智能时代需求的跨学科复合型设计类人才培养理念与目标

真正以学生的发展为中心、以学生学习为中心、以学习效果为中心、以学生的未来需求为导向的艺术设计类OBE人才培养理念，汇聚整合所有培育人文艺术与信息科学技术跨学科能力的教育资源，打破传统教学管理壁垒，借鉴学习日本北陆先端科技大学院大学硕博人才培养与管理模式的先进经验，制定全要素、全过程、全方式、全方位的OBE实施方案和多元协同育人机制（图2、图3）。

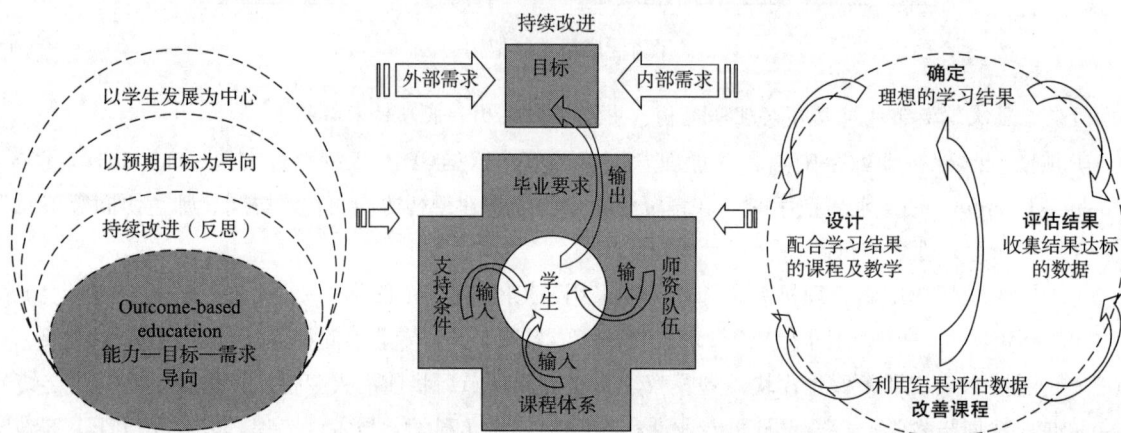

图2 以学生为中心汇聚教育资源的OBE理念

2.2 以适合交叉学科的培养条件建设提升人才培养的高度

硬件条件即实验室建设方面，筹资一百万元建立国内领先的"服装人因与智能设计研究中心"，同时借助相关服装人因智能设备公司企业提供的教学与科研资源扶持，邀请参与课程建设及学生培育的实际进程。

软件环境建设方面，招收计算机、互联网、自动化等专业的跨学科学源生，跨学院邀请跨专业教师组建课程团队，围绕"服装人因工效"课程群以及"计算思维与程序设计"等跨学科课程群的协同建设、教材建设等环节推进教研（图3）。

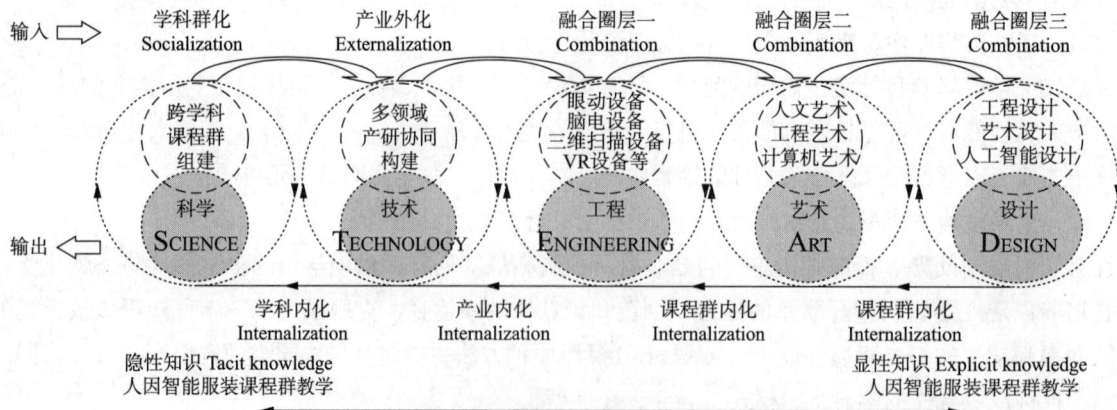

图3 汇聚资源条件及STEAD架构内容与方法

2.3 打破学科壁垒加强交融

诸如传统的工效学与设计类相关课程存在割裂断层现象。如图4所示，改革课程教学形式需要与现代信息技术相融合、与其他学科交叉融合、与相近专业集群和企业需求相融合，可以借助相关人因智能设备活化教学。否则会因为图中两条竖向虚线一样造成学科课程群的割裂，而无法达成OBE人才培养目标。

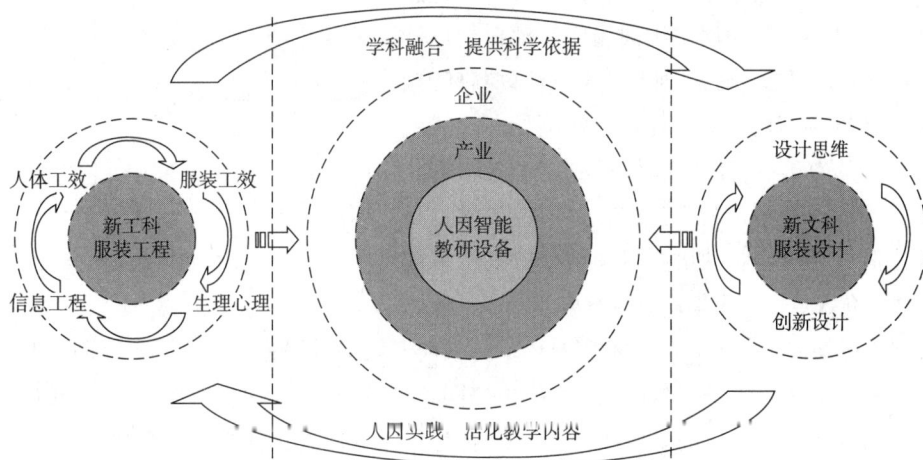

图4　以人因研究为纽带强化学科交融

2.4 服装人因智能相关课程群构建

秉承多学科交叉范式，从科学视角的跨学科课程群组建，到技术视角的多领域产研协同机制导入，围绕系列课程产学协同育人流程中各环节的隐性知识和显性知识，创建一个以先进人因设备为纽带牵引产学兼容、课程交互的协同教学育人模式，探索符合学科发展、人义科技趋势的服装专业课桯体系构建机制（图5）。

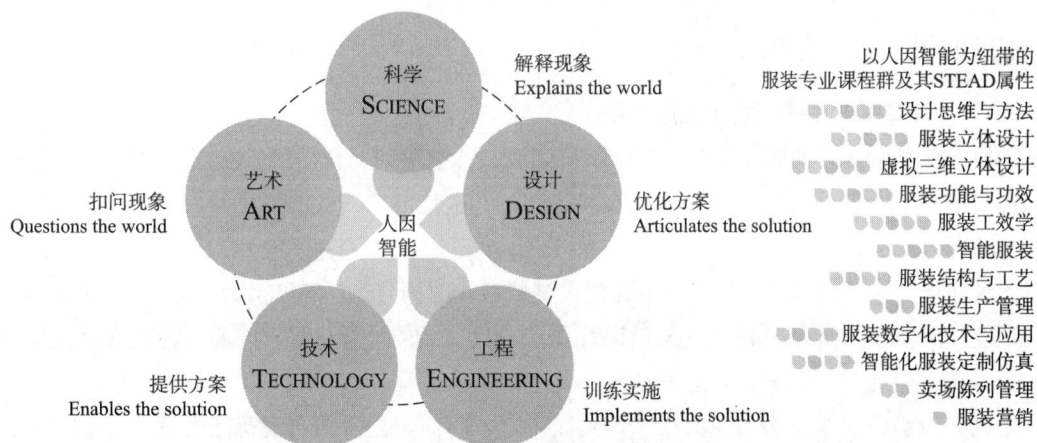

图5　人因智能+服装系列课程群与知识体系构建框架

2.5 以"科教与产学矩阵"引领人才培养的高度

打造科教融合矩阵，通过先端科研项目培养学生的学术竞争力、科研创新力、知识学习力。打造产学融合矩阵，通过产业现实需求实践培养学生的职业胜任力、实践创新力、知识迁移力（图6）。

3. 成果的创新点

3.1 三层架构与五维进路的教研思路创新

如前文图1所示，本项成果的研究思路与实施路径依据三层架构和五维空间搭建策略。三层架构包括顶层理念架构的教育理念构筑环节、中层组织架构即管理机制设计环节、底层技术架构的课程模块规划及教学方法创新环节。五维优化进路包括层次架构、核心任务、问题导向、实施方法、实施路径，其中包括将国际盛行的STEAD教学理念融于艺术设计类专业课程群的教学规划，并形成科学、技术、工程、艺术和设计五个模块的技术架构，以人工智能应用为课程群建设介入点，各个模块全流程融于教学流程。

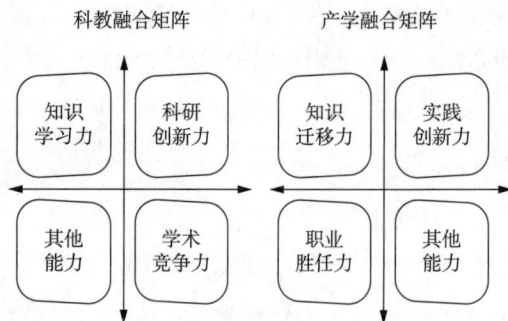

图6 矩阵合力育人

通过理念层面的横向三层架构与技术实施环节的纵向五维空间搭建，形成了一套创新的教研思路。在实施过程中逐步实现了德智协同、本研协同、师生协同、科教协同、产教协同等多元协同育人机制和教学方法。把研究能力而非艺术设计的表象能力作为衡量艺术设计类学生素质的基本指标，提升学生跨学科、跨领域的集成创新能力，实现推动设计学类、艺术设计类课程教育高质量发展的研究目标。

3.2 CDIO和SECI研究方法应用与创新

理论研究采用CDIO工程教育法和SECI管理法。针对服装学院所属各学科方向均具有艺术与工程相交融的新文科特性，因此借鉴CDIO指导思想即由MIT等四所高校创立的工程教育模式构思（Conceive）、设计（Design）、实现（Implement）和运作（Operate）流程与方法。同时采用依据SECI模型原理的"学科群化（Socialization）、产业外化（Externalization）、融合（Combination）、内化（Internalization）"方法。实施过程中注重广泛汇聚教育资源，逐步构建了学科协同、师资协同、校际协同的管理机制。

4. 成果的推广应用情况

4.1 STEAD课程体系的搭建与应用效果

依据学科专业重新修订的课程体系，注重学科交叉、师资协同、课程形成性评价方法等多方面的变革。首先是课程群建设，由孤立的单一课程向课程群转变；其次是考核方式的变化，由单一任课教师独自考核评分向团队教师合作考评转变。

前沿课程建设。在国内服装学科院校率先建设"数字化时尚导论""智能设计与方法导论"课程，将于2022级本科生二年级和三年级开课。这两门课程属于最具前沿的计算机科学与服装时尚设计交叉的学科导学课程，也是当前智能时代的大学生通识教育文化基本素质课程。本系列课程主要研究数字时尚、智能创新方法与规则以及综合解决问题的能力。课程涵盖科学、时尚与艺术的宏观智能设计的思想理念、智能技术的交叉学科探索、智能产品服务生态系统设计等。课程面临艺术、科技、时尚的学科交叉的挑战和学术魅力，也是探索创新设计本质的价值意义。

课程群与课程衔接建设。诸如"服装功能与功效"课程与产业衔接、与先进实验室条件的课后训练衔接，"计算思维与程序设计"课程对学生提升跨学科研究能力等均体现出显著作用。

专业课程思政建设方面有十八个案例入编电子科技大学出版社于2021年发行的《轻工行业院校课程思政教学案例集》。

教研论文：王伟珍，房媛，杜博.新文科视阈下服装设计专业课程成绩评价模式改革探究[J].山东纺织科技，2022（6）：40-43.

教研论文：房媛，赵秀岩，王美航，等.智能时代高校计算机公共课混合教学模式研究[J].计算机教育，2020（6）：114–118，123.

教研论文：王曼倩，郑辉.三维数字化技术在"宝玉石饰品设计"课程教学中的应用[J].纺织服装教育，2020，35（2）：158–161，165.

4.2 团队多维性建设与跨校合作对项目实施与成果推广的保障

课题组成员来自国内外多所有艺术类专业的相关综合性大学院校（大连工业大学、西安工程大学、华南农业大学、日本北陆先端科技大学院大学），成员分属纺织科学与工程、设计学、艺术设计和信息科学与工程、人类生活设计等多个学科专业，跨校、跨学科以及国际院校合作利于项目研究的科学性和实践性。成员学源的学科多维性，也利于借助第三方评价主体的视角对人才培养模式指标加以遴选和确定。基础成果研究取得成效后，相应的教育思想、教育观念和人才培养理念以及教学方法研究与教育技术创新成果快速推广至相关学校。

4.3 产学融合的赛事成果丰硕

2021年辽宁省"互联网+"大学生创新创业大赛省级银铜奖2项，辽宁省教育厅；2020年"挑战杯"大学生创业计划大赛省级银铜奖2项，辽宁省教育厅、科技厅；2018年以来获得教育部国家级大学生创新创业训练项目10项及省级项目多项；2021微软创新杯东北赛区二十强及最佳人气奖。

2018年以来学生获得由中国服装设计师协会、中国纺织服装教育学会、教育部高校计算机教指委等机构部门主办的各类国家级、省级服装专业赛事金奖、一等奖等奖项数十项。

2018年有两名学生在英国和马来西亚参加国际学术会议发表研究成果。两年来多名学生发表SCI收录论文，实现了学院学生培养在国际学术交流方面的突破。

成果申报人获得国际学术奖项，论文获杰出学者和最佳评价奖Highly Commended Paper in the 2019 Emerald Literati Awards for Excellence、2019 Emerald Literati Awards、2019AIFT第二届时尚纺织人工智能国际学术会议最佳论文奖。

4.4 科教融合、产学融合的项目矩阵示范作用显著

团队针对产研、学研融合的指导方针，积极申报纵向课题并引入课程教学，近两年取得了突破性进展，推进了以"项目矩阵"开展课程教学和人才培养。

近两年内获批国家社科基金项目《基于东北地区传统服饰历史文化的创新设计应用研究》、教育部社科规划基金《人工智能服装设计思维与生成机理研究》；还包括省教育厅、省社科联项目《人工智能设计助力辽宁泳装产业擘画创新链路径研究》《基于时空相关性的智能交互服装CPCS系统开发与设计研究》《人工智能与设计创新驱动下辽宁传统文化产业转型升级路径研究》等一系列人工智能相关项目8项。

近两年获批教研项目：2021年和2022年获批教育部、省教育厅等教研项目《虚拟智能服装应用研究》《基于OBE理念的人因智能+服装专业课程群构建范式研究》等4项。

教研成果：两年内相关教研成果荣获中国纺织工业联合会教学成果特等奖、一等奖和二等奖4项，辽宁省教育厅教学成果一等奖2项。项目组成员在2022年海峡两岸服装学科数字时尚教育论坛主旨发言介绍相关教改成果经验；多篇教研论文发表于专业期刊。

学科建设效果：近五年获批国家级一流本科示范专业1个，省级一流本科示范专业1个，国家级及省级一流本科课程5门，国家产教融合创新平台（大连服装设计师孵化平台）1个，辽宁省高校黄大年式教师团队1个；2020年以来新增校企共建学生实习基地60个。

社会服务及教学效果广为社会新闻媒体报道，仅2017年下半年至2019年上半年就达到80余次。媒体包括中央电视台、学习强国、辽宁电视台、中国日报网、人民网、新浪网、搜狐网、腾讯网等。

基于OBE理念的"纺织材料学"课程混合式教学创新改革与实践

河南工程学院

完成人及简况

姓名	性别	所在单位	党政职务	专业技术职称
贾琳	女	河南工程学院	纺织工程学院副院长	副教授
张海霞	女	河南工程学院	实验室管理处处长	教授
王西贤	男	河南工程学院	学生支部书记	讲师
孔繁荣	女	河南工程学院	无	副教授
刘杰	女	河南工程学院	纺织工程学院院长	教授
边立然	女	河南工程学院	纺织工程学院针织服装与纺织贸易系主任	讲师
汤小龙	男	河南工程学院	无	讲师
甘润生	男	河南工程学院	教务办主任	讲师

1. 成果简介及主要解决的教学问题

1.1 成果简介

河南工程学院作为具有纺织特色的地方应用型本科高校，纺织工程专业的人才培养目标是为建设纺织强国培养高层次应用型人才。"纺织材料学"课程是纺织工程本科专业的基础核心课程，课程经过多年的建设，已经形成了一支河南省优秀教师为核心，中青年博士为骨干的教师队伍，在教学内容、教学方法和评价方式上形成了一套结构完整且创新务实的课程体系。课程于2019年被评为河南省高等学校精品在线开放课程，2020年被评为河南省本科教育线上教学优秀课程一等奖，2021年被评为河南省一流本科课程和河南省本科高校课程思政样板课程（图1）。

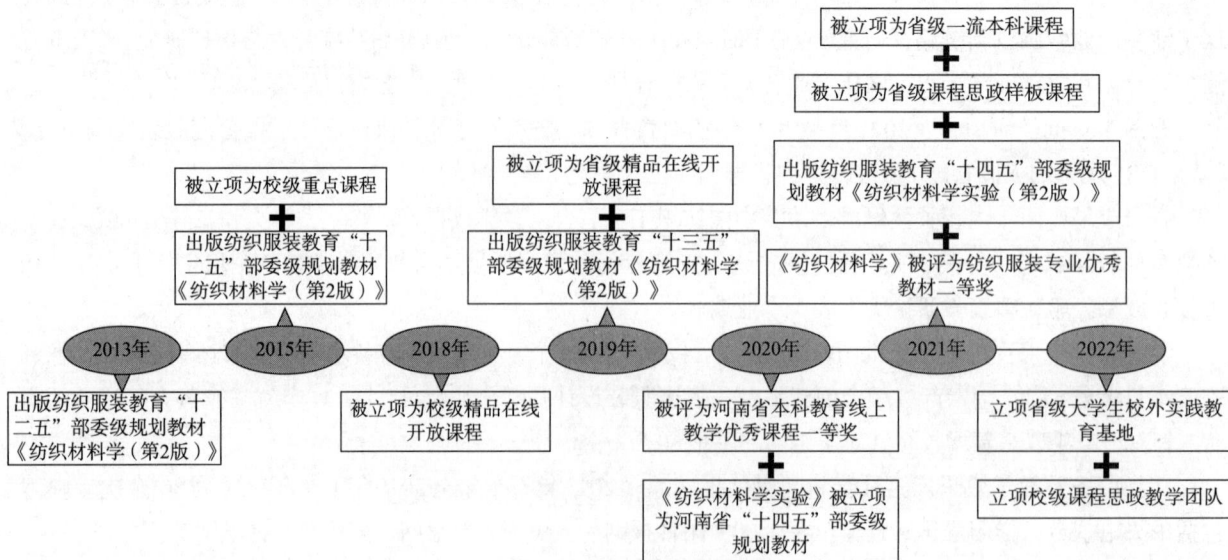

图1　纺织材料学课程建设历程图

本成果依托本校纺织工程省级一流本科专业，以纺织行业创新驱动、转型发展的人才需求为导向，结合学校人才培养定位和纺织工程专业人才培养目标，针对"纺织材料学"课程建设过程中存在的问题及课程特点，基于"三个阶段、四个交互、五个环节"的线上线下混合式教学模式，探索形成了围绕立德树人根本目标，以学生为中心、产出导向、持续改进的OBE理念指导下的三维一体教学结构，打造"二书、二群、三平台"的线上线下教学资源，从而达到知识传授、能力培养、价值塑造"三位一体"的专业课程教学目标（图2）。

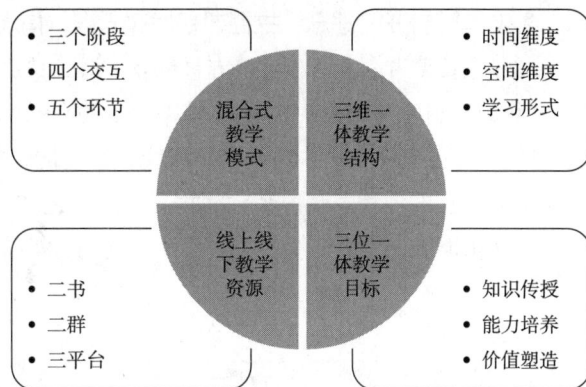

图2　纺织材料学课程教学思想

1.2　主要解决的教学问题

（1）课程教学目标主要突出知识传授，能力培养和价值塑造不足，与创新驱动、转型发展下的纺织行业发展对高层次应用型人才需求融合不够。

（2）传统的线下教学以教师为中心，教学手段比较单一，教学互动较少，教学过程中以学生为中心不突出。

（3）课程优质的教学资源比较匮乏，课程思政元素挖掘不充分，互联网嵌入教学不足。

（4）课程传统评价方式重视期末测试评价，不注重过程性考核，评价方法局限，课程考评机制有待完善。

2. 成果解决教学问题的方法

2.1　重视能力培养和价值塑造，重设课程目标

立足纺织行业转型、升级改造的发展需要和学校培养应用型人才的定位，根据纺织工程专业人才培养目标和毕业要求关键指标点，重设"纺织材料学"课程目标。以培养出既掌握扎实的专业知识，又具有坚定的理想信念的纺织专业学生为目标，旨在通过以"纤维—纱线—织物"理论知识为主线，以"纺织材料性能检验"实践知识为支线的知识架构，达到知识传授、能力培养、价值塑造"三位一体"的课程教学目标（图3）。

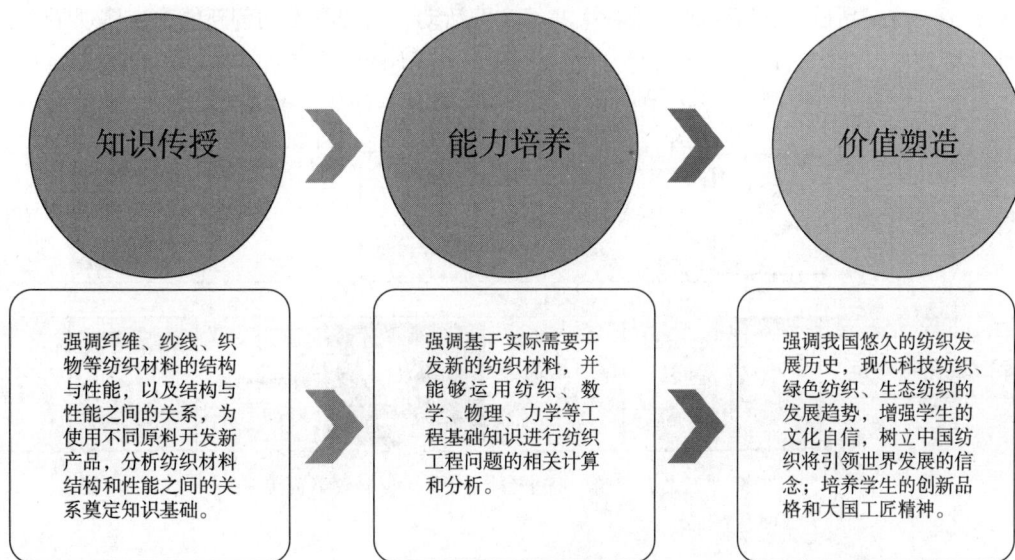

知识传授	能力培养	价值塑造
强调纤维、纱线、织物等纺织材料的结构与性能，以及结构与性能之间的关系，为使用不同原料开发新产品，分析纺织材料结构和性能之间的关系奠定知识基础。	强调基于实际需要开发新的纺织材料，并能够运用纺织、数学、物理、力学等工程基础知识进行纺织工程问题的相关计算和分析。	强调我国悠久的纺织发展历史，现代科技纺织、绿色纺织、生态纺织的发展趋势，增强学生的文化自信，树立中国纺织将引领世界发展的信念；培养学生的创新品格和大国工匠精神。

图3　三位一体的课程教学目标

2.2　坚持OBE理念，挖掘课程思政元素，构筑优质教学资源

2.2.1　教学内容与课程思政有机融合，形成"明暗"两条教学线

"纺织材料学"课程在教学过程中深入挖掘思政元素，坚持立德树人根本目标，形成"明暗"两条教学线（图4），明线以课程本身纤维、纱线、织物的结构及性能检测的知识点内容串联，用以传道授业解惑，暗线彰显丰富的课程思政内容，润物无声的传递纺织历史文化的博大精深和社会主义核心价值理念。明暗交织、互相推进，实现知识传授与价值引领的有机结合。

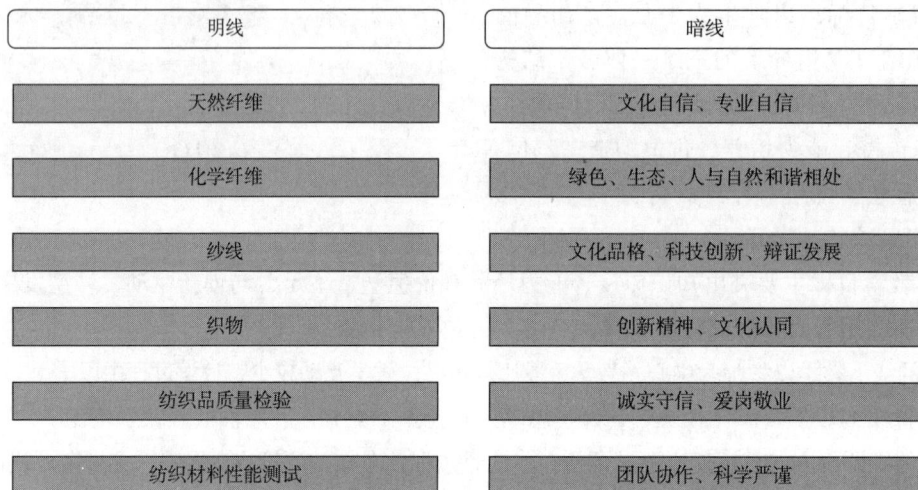

明线	暗线
天然纤维	文化自信、专业自信
化学纤维	绿色、生态、人与自然和谐相处
纱线	文化品格、科技创新、辩证发展
织物	创新精神、文化认同
纺织品质量检验	诚实守信、爱岗敬业
纺织材料性能测试	团队协作、科学严谨

图4　课程明暗两条教学线

2.2.2　推进互联网＋课程的系统学习体系，构筑"二书、二群、三平台"线上线下教学资源的建设

坚持立德树人根本目标，充分发挥"互联网＋课程""理论＋实践"的混合式教学模式，构筑"二书、二群、三平台"优质的线上线下教学资源（图5）。线上资源为中国大学MOOC平台和超星学习通平台上线的"纺织材料学"课程资源，包括理论学习视频、实践学习视频、作业库、单元测试、讨论题、课程思政资源等，可供学生课前预习，课后讨论和答疑。线下资源为《纺织材料学》和《纺织材料学实验》两本纺织服装高等教育部委级规划教材，课堂教学群以及纺织材料实验平台，可供学生课后进行深度学习，将纺织理论知识应用于纺织品设计竞赛和创新创业大赛等实践活动，培养学生的创新能力，体现了课程的高阶性，创新性和挑战度。课程微信群可以随时发放一些纺织材料类的时事新闻，供学生讨论，并及时反馈给学生，让学生及时了解纺织材料发展新趋势，提高学生建设科技强国的信念（图6）。

图5　"二书、二群、三平台"的线上线下教学资源

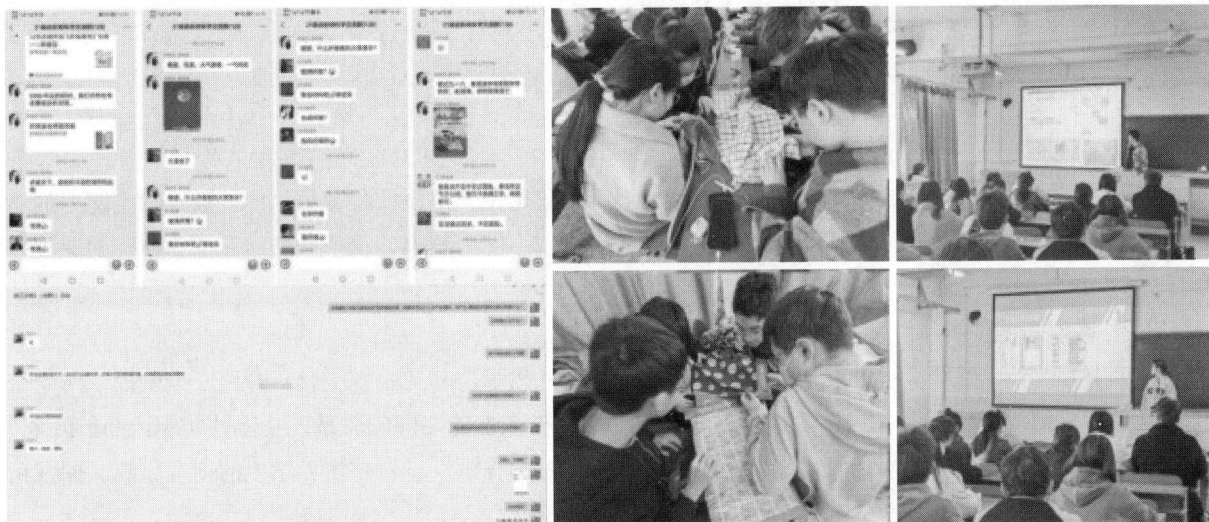

图6 微信群发布与时事结合的讨论以及课堂教学群学生小组讨论和汇报

2.3 以学生为中心，开展三个阶段，四个交互，五个环节的线上线下混合式教学

借助于两平台（中国大学MOOC和超星学习通）上的"纺织材料学"线上教学资源，关联的慕课堂，以及线下课堂教学群和纺织材料实验平台，将在线开放课程与线下教学活动有机结合，通过三个阶段（课前预习、课堂活动、课后提升），四个交互（课前导学交互、课堂讨论交互、时事探究交互、课后知识巩固交互），五个环节（课堂重难点讲解、小组讨论、体验探究、展示点评、知识总结）的线上线下混合式教学，有效地激发学生自主学习的积极性，着重培养学生的创意思维、探索精神和团队协作意识（图7）。

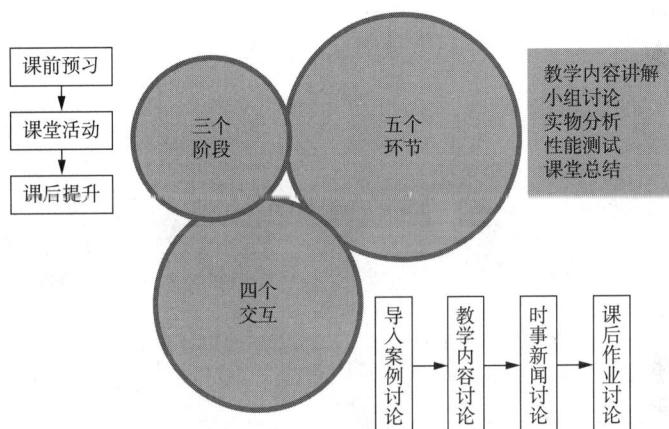

图7 线上线下混合式教学模式

2.4 严格把控教学质量，创立"4过程，1期末"的多元化评价体系

在教学过程中，重视过程性评价，采用过程评价与期末评价结合相结合的评价体系。基于线上教学资源，构建"4过程，1期末"的评价体系（图8），同时采用学生自评、互评、教师评价结合的多主体模式，评价的形式不仅有线上资源的学习情况，测试情况，还包括纺织新材料专题研讨汇报环节，对学

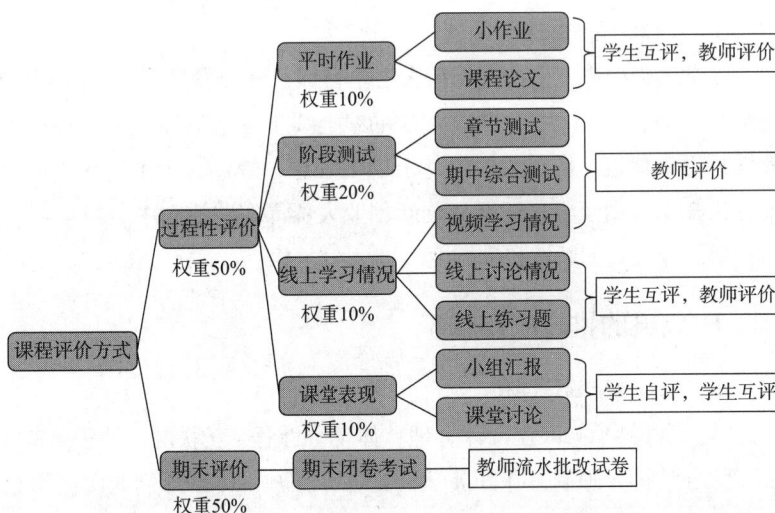

图8 "4过程，1期末"的课程评价体系

生解决问题的能力以及自我学习的能力这一高阶性目标进行了合理评价。

3. 成果的创新点

3.1 重设"三位一体"课程教学目标

坚持立德树人根本目标，立足纺织行业转型发展及学校定位，重设课程教学目标，重视学生能力的培养和价值观塑造，以专业知识、技能为载体，达到知识传授、能力培养、价值塑造"三位一体"的课程教学目标。

3.2 教学方法创新

以学生为中心，借助于线上教学资源，以及线下的课堂教学群和实验室平台，开展三个阶段，四个交互，五个环节的线上线下混合式教学，有效解决"纤维结构与性能之间的关系，功能性纺织产品的开发"等复杂应用性问题，以习题库和讨论平台激发学生自主学习的积极性，着重培养学生的创意思维、探索精神，增加课程的高阶性和创新性。

3.3 教学结构创新

通过课程＋互联网、高校＋企业、理论＋实践的教学模式，提高教学效果，形成"时间—空间—学习形式"三维一体的教学结构。通过自主学习，合作学习，创新学习的体系，最终实现深入学习和创新应用（图9）。

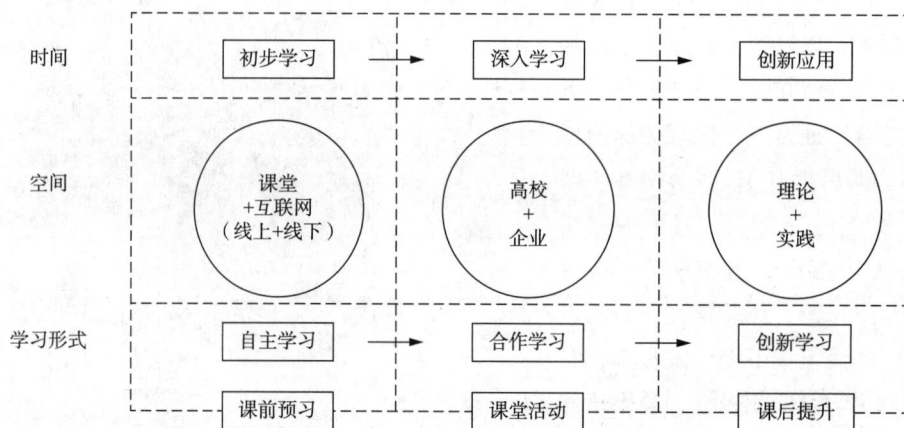

图9　教学结构创新举措流程图

3.4 教学理念创新

以学生为中心，坚持立德树人根本目标，充分发挥"互联网＋课程""理论＋实践"的混合式教学模式，构筑"二书、二群、三平台"优质的线上线下教学资源，丰富课程教学手段，克服时空限制，实现信息化教学师生全覆盖。实践活动中基于OBE理念，聚焦大学生创新创业大赛和纺织品设计大赛，鼓励学生将纺织理论知识应用于学科竞赛和创新创业大赛等实践活动中，以学习成果为起点进行反向设计，开展教学活动，增加课程的创新性和挑战度。

4. 成果的推广应用情况

4.1 学校及同行评价

"纺织材料学"课程设计合理，体现"课程＋互联网、课程＋实践、理论＋实物"的信息化、实践化特点，配合学科导师制，并开展学科竞赛、三融一体创新创业团队等第二课堂的教学，突出人才培养的应用型。教学过程中"坚持以学生为主体，诚信教学；以发展为目的，育知育人"的教学理念。教学实施中坚持线上与线下相结合，理论与实践相结合，MOOC与慕课堂相结合；教学方法灵活多样，善于运用现代信息技术，体现以学生为主体，将立德树人根本任务贯穿教育教学全过程的培养理念。近三年学院督导评分均在92分以上，同行评分均在95分以上。

4.2 学生评教

学生对课程的总体评教较高，对课程教学内容和教学方法满意（图10）。课程内容充实，能结合当前热点知识更新教学内容；教学方法不断创新，根据中国大学MOOC平台及关联的慕课堂实施翻转课堂教学，学生接受度较高。任课教师具有德育意识，注重启发式教学，师生互动频繁，能及时解答疑问并组织讨论，教学效果得到了学生一致好评，近三年团队成员学生评教成绩均在92分以上。

图10　部分学生对课程的评价截图

4.3 学生创新能力得到提升

课程教学创新成果在本校"纺织材料学"课程中实施，受益学生约350人/年，通过课程的教学改革，极大地提高了学生的学习兴趣，培养了学生的科学精神、创新能力、职业道德及团队协作意识，课程改革的有效实施，达到了突出的育人效果。近年来，学生在全国纺织品设计大赛、全国大学生外贸（跟单）+跨境电商职业能力大赛等学科竞赛中获得一等奖、二等奖、三等奖60余项。成果团队教师指导学生获得国家级大学生创新创业项目2项，省级大学生创新创业项目1项，"挑战杯"河南省大学生创业计划竞赛银奖1项，铜奖1项；全国大学生外贸（跟单）+跨境电商职业能力大赛二等奖2项，三等奖4项；中国高校纺织品设计大赛二等奖1项，三等奖3项（图11）。学生在以"纺织材料学"为初试课程的硕士研究生考试中成绩提升，近年来学生研究生录取率接连提升，2021届毕业生研究生录取率27.4%，2022届毕业生研究生录取率

38.8%，2023届毕业生研究生录取率42.7%。多名学生考入东华大学、天津工业大学、苏州大学、江南大学等知名纺织类高校。2022年学校主页河工榜样栏对纺织工程学院纺织工程1842班"考研明星班"进行了宣传报道（图12）。

序号	竞赛名称	项目名称	等级	学生姓名	指导教师
1	"挑战杯"河南省大学生创业计划竞赛	高效低阻驻极复合纳米纤维口罩的研究	银奖	张艺文，贾孟涵等	贾琳，张海霞
2	河南省高校大学生创新创业训练计划项目	高效低阻纳米纤维口罩的研究与开发	国家级	时祥，秦智慧等	贾琳，张海霞
3	2022河南省高校大学生创新创业训练计划项目	耐高温聚酰亚胺纳米纤维气凝胶过滤材料的研发	国家级	郭天光，严传豪等	贾琳
4	2022年河南省高校大学生创新创业训练计划项目	PAN纤维基双MOFs材料的可控构筑及快速去除重金属离子的应用研究	省级	牛帅，李海心等	边立然
5	第八届全国大学生外贸跟单（纺织）+跨境电商职业能力大赛	个人二等奖	二等奖	韩永祥	孔繁荣，贾琳
6	第八届全国大学生外贸跟单（纺织）+跨境电商职业能力大赛	个人二等奖	二等奖	刘贤	孔繁荣，贾琳
7	第八届全国大学生外贸跟单（纺织）+跨境电商职业能力大赛	个人三等奖	三等奖	甘粤发	孔繁荣，贾琳
8	第十一届全国大学生纺织贸易与商业策划创新能力大赛	个人三等奖	三等奖	张佳寘	贾琳，孔繁荣
9	第十二届全国大学生纺织贸易与商业策划创新能力大赛	个人三等奖	三等奖	张欣	孔繁荣，贾琳
10	第十二届全国大学生纺织贸易与商业策划创新能力大赛	个人三等奖	三等奖	邱宝军	孔繁荣，贾琳
11	第十届中国高校纺织品设计大赛机织服用织物设计组	晶莹 雪寂 真林	二等奖	李乐乐，金凤华	刘杰
12	第十届中国高校纺织品设计大赛家纺服饰用织物设计组	暗香剪影	三等奖	金凤华，李乐乐	刘杰
13	第十一届中国高校纺织品设计大赛机织服用织物设计组	夏夜的梦	三等奖	刘亚楠，李梦	刘杰
14	第十一届中国高校纺织品设计大赛家纺服饰用织物设计组	童真岁月	三等奖	李梦，刘亚楠	刘杰
15	"挑战杯"河南省大学生创业计划竞赛	"豫"见"纹"创—中原文化的创新传承	铜奖	崔佳琪等	刘杰

图11　团队成员指导学院参加学科竞赛获奖列表

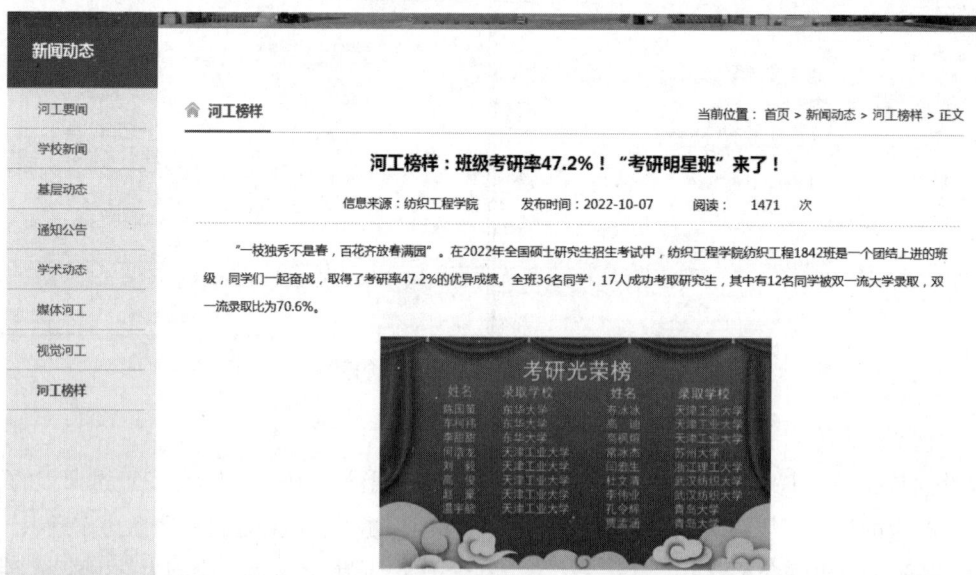

图12　学校主页河工榜样对纺织工程学院考研明星班的宣传报道

4.4　课程的社会影响

"纺织材料学"课程在2019年10月获得了河南省高等学校精品在线开放课程的立项，课程相关资源如课程大纲、课程简介、课程目录、授课视频、测试题目、讨论专题等已经于2019年11月在中国大学MOOC上线，目前已开设8个学期，累计选课人数超过7000人，学生覆盖到东华大学，上海工程技术大学，南通大学等20余所高校。

本成果依托的教学改革项目2023年通过了河南工程学院校级教学改革项目结项，2021年立项中国纺织工业联合会高等教育教学改革项目，近年来发表教研论文8篇，主编出版《纺织材料学》《纺织材料学实验》《纺织品检测技术》三本纺织服装高等教育"十四五"部委级规划教材，2021年《纺织材料学》教材获得纺织服装专业优秀教材二等奖。"纺织材料学"课程2020年获得河南省本科教育线上教学优秀课程一等奖1项，2021年课程又被立项为河南省线上一流本科课程和河南省本科教育课程思政样板课程。成果负责人贾琳2022年获批校级课程思政教学团队，作为校内负责人获批河南省新工科（纺织工程）大学生校外实践教育基地。

教研论文列表：

（1）贾琳，王西贤，张海霞，等. 基于MOOC和慕课堂的"纺织材料学"课程线上线下混合式教学模式探讨[J]. 轻纺工业与技术，2020，49（8）：160-162.

（2）贾琳，王西贤，张海霞，等. "纺织材料学"教学过程中课程思政的探索与实践[J]. 纺织服装教育，2022，37（4）：329-332，368.

（3）贾琳，王西贤，张海霞，等. 微课在"纺织材料学"课程教学中的应用实践[J]. 纺织服装教育，2017，32（4）：316-318，324.

（4）孔繁荣，贾琳，张海霞. 微课在"纺织材料学"课程教学中的应用[J]. 纺织服装教育，2017，32（3）：246-247，251.

（5）刘杰，张海霞. 基于纺织企业人才需求调研的人才培养对策[J]. 轻纺工业与技术，2019，48（4）：92-94.

（6）张海霞，刘杰，贾琳. 新建地方本科院校应用型人才培养实践教学改革与实践[J]. 轻纺工业与技术，2019，48（7）：110-113.

（7）刘杰，贾琳. 新工科背景下基于OBE理念应用型人才培养研究——以河南工程学院纺织工程专业为例[J]. 轻纺工业与技术，2022，51（3）：114-116.

（8）王西贤，贾琳. "国际纺织品贸易"课程教学改革新思路[J]. 纺织服装教育，2022，37（1）：67-69，81.

4.5 专家外部同行认可

（1）本成果以学生为中心，坚持立德树人根本任务，利用混合式教学模式，在教学过程中融入课程思政，有效地提高了学生的专业自信心，培养学生的创意思维、探索精神，增加课程的高阶性和创新性，受到了同行院校和专家的一致认可，成果在中原工学院、嘉兴学院和德州学院得到了广泛应用（图13）。

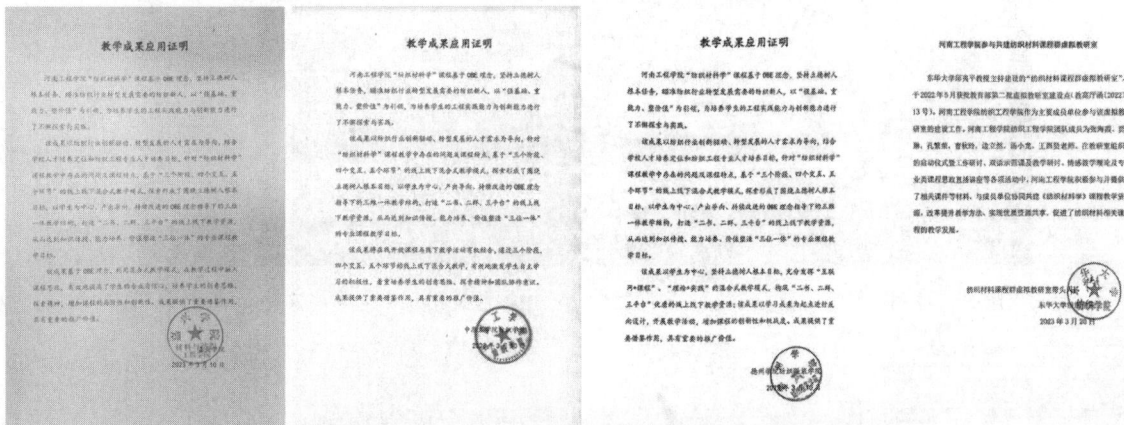

图13　成果应用证明及成果团队参与共建纺织材料课程群虚拟教研室

（2）2022年我校的"纺织材料学"教学团队加入了教育部《纺织材料学课程群虚拟教研室》在虚拟教研室研讨会中，成果负责人介绍了混合式教学和课程思政改革的内容及思路，将课程建设过程中的一些经验分享给了其他兄弟院校的纺织材料学课程组（图14）。成果负责人的发言资料，发表的教研论文，都公开放在了虚拟教研室的教研资料里面，供其他纺织类院校的专业教师进行学习，有效地扩大了成果的应用范围。

图14　成果负责人在研讨会上的发言及相关论文在教育部《纺织材料学课程群虚拟教研室》教研材料中

（3）团队教师基于中原文化和纺织材料的课程思政建设，与郑州市君友纺织品织造有限公司共同开发的"豫锦"项目，在郑州电视台文化中原栏目进行了题为《锦绣襄邑，罗绮朝歌——中原豫锦再现古老中原文化》的报道（图15），更进一步扩大了成果的影响范围。

图15　郑州电视台《锦绣襄邑，罗绮朝歌——中原豫锦再现古老中原文化》的报道

"夯基础，强创新，重育人"：新时代纺织专业拔尖创新人才培养体系的构建与实践

东华大学

完成人及简况

姓名	性别	所在单位	党政职务	专业技术职称
许福军	男	东华大学	纺织学院副院长	教授
李成龙	男	东华大学	组织部部长	副教授
郁崇文	男	东华大学	无	教授
郭建生	男	东华大学	无	教授
孙宝忠	男	东华大学	党支部书记	教授
陈志刚	男	东华大学	党委书记	讲师
寿晨燕	女	东华大学	纺织学院党委副书记	讲师
郭珊珊	女	东华大学	纺织学院办公室党支部宣传委员	助理研究员
关颖	女	东华大学	无	助理研究员

1. 成果简介及主要解决的教学问题

1.1 成果简介

纺织工业是国民经济重要支柱产业，其快速发展亟须大量高素质创新人才。十年来，以培养新时代纺织专业拔尖创新人才为目标，东华大学纺织学院构建了"夯基础，强创新，重育人"的人才培养新体系（图1）。

（1）夯基础。夯实纺织专业基础，以纺纱学、纺织材料学教育部虚拟教研室为抓手，深化纺织核心基础课程建设。构建以纺织材料学、纺纱学、针织学为核心的新工科纺织知识图谱，推动纺织专业、课程、教材全面发展。

（2）强创新。强化创新实践，贯彻纺织新工科建设理念，构建创新能力导向的人才培养模式和教学体系，促进学生实践能力、创新能力、综合素质全面发展。

（3）重育人。着重育人体系建设，坚持目标导向、问题导向和价值导向相统一的纺织课程思政设计理念，构建"三圈层"课程思政育人体系，"三个全覆盖"课程思政育人模式，"三抓实"课程思政工作机制。

经过近十年探索实践，纺织专业人

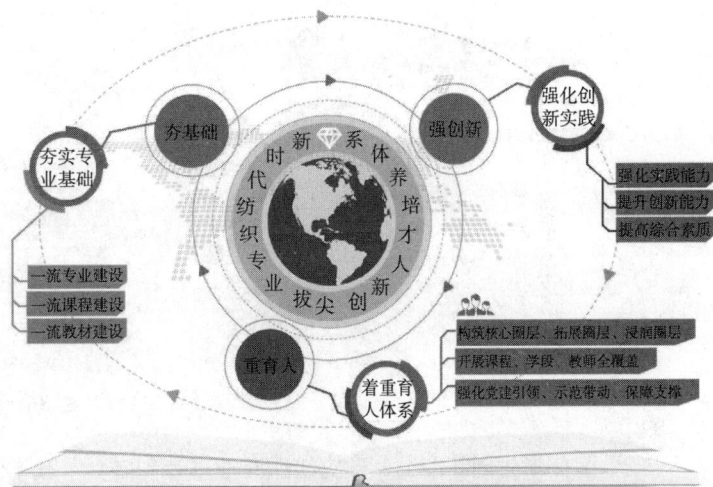

图1 "夯基础，强创新，重育人"的人才培养新体系

才培养取得丰硕教学成果。70%以上毕业生进入A类企业，积极投身全球纺织工业建设和纺织科技创新，用人单位对毕业生评价优秀率超过96%，在双一流建设成效评估中，人才培养获评第一档。纺织工程、非织造材料与工程、功能材料专业先后被评为国家级一流专业，实现纺织学院国家级一流专业百分百全覆盖；获批教育部纺纱学和纺织材料课程群虚拟教研室2个；获批首批国家级一流课程3门，第二批国家一流课程4门（公示中）；举办2022世界纺织大学联盟年会，为"一带一路"世界纺织高校贡献"东华方案"。

1.2 主要解决的教学问题

（1）解决如何在新时代背景下进一步夯实纺织专业学生专业基础的问题。

（2）解决如何提升纺织专业学生知识运用与创新能力的问题。

（3）解决如何有效落实价值引领，深度融合专业教育与思政教育的难题。

2. 成果解决教学问题的方法

2.1 夯实纺织专业基础，深化推进纺织一流专业、课程、教材建设

（1）深入推进纺织工程认证和新工科建设，修订纺织工程和非织造材料与工程专业培养方案，强化纺织专业基础课程建设。

（2）全面开展纺纱学、纺织材料学教育部虚拟教研室建设，以7门国家级一流纺织专业课程为引领，夯实12门纺织核心基础课程和20余门专业方向必修课程。

（3）构建纺织材料学、纺纱学、针织学等基础课程的纺织知识图谱，深度挖掘理工科知识和纺织专业知识的关联内容，先后出版一流纺织专业教材20余本，建立夯实专业基础的纺织专业（方向）、课程/教材体系（图2）。

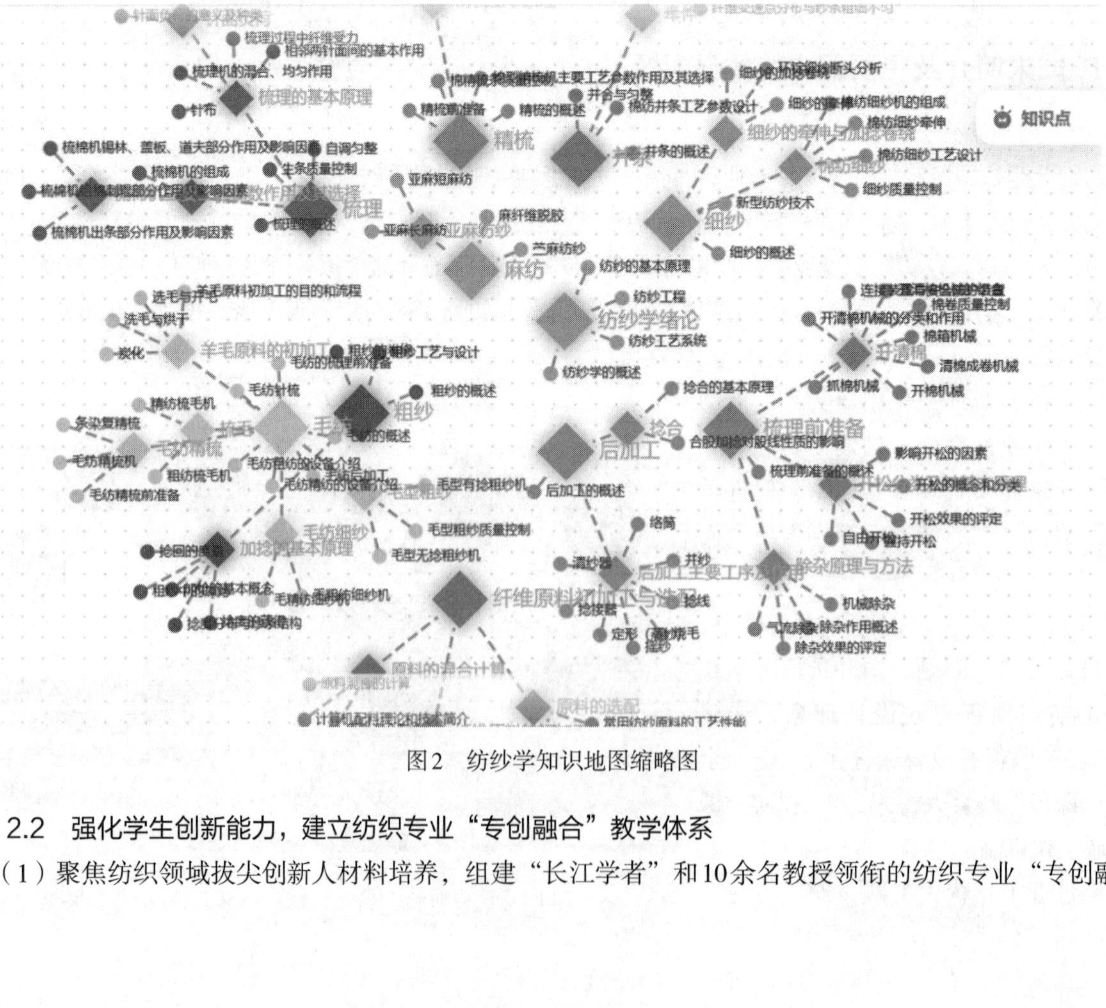

图2 纺纱学知识地图缩略图

2.2 强化学生创新能力，建立纺织专业"专创融合"教学体系

（1）聚焦纺织领域拔尖创新人材料培养，组建"长江学者"和10余名教授领衔的纺织专业"专创融合"

课程群师资团队。

（2）构建涵盖"创新思维与方法""纺织品设计创新与创业"等创新理论课，"可穿戴技术与智能纺织品""生物医用纺织品"等创新专业课和"高级针织结构与花型设计""纺织品图案设计与实践"等创新实践课，共20余门立体多元化的纺织专业"专创融合"课程体系。

（3）依托国家级现代纺织实验教学示范中心和一流纺织大学生科创中心，组织学生参加产教融合项目与大学生创新项目，举办纺织类学科竞赛，以赛促学、以赛促练，全面提升纺织专业学生知识运用与创新实践能力，建立强化创新实践能力培养的"专创融合"实践体系。

2.3 "三个全覆盖"，提升课程思政课程及教学水平

（1）课程全覆盖，建设涵盖纺织专业核心课程、学科基础课程、职业生涯导航课程和社会实践课程的"纺织+"课程思政群，建成4门课程思政示范课程和包含21门课程的纺织专业思政课程群，实现课程思政教育的全覆盖。

（2）学段全覆盖，推进课程思政资源共享、融合延展，构建本硕博一体的课程思政课程体系，贯通人才培养主渠道。

（3）教师全覆盖，注重提升教师育德意识和育德能力，努力做"经师"和"人师"的统一者。充分发挥知名教授、优秀教师示范带动效应，开展课程思政主题研讨，邀请名师分享课程思政心得，切实提升教师思政觉悟和育人水平（图3）。

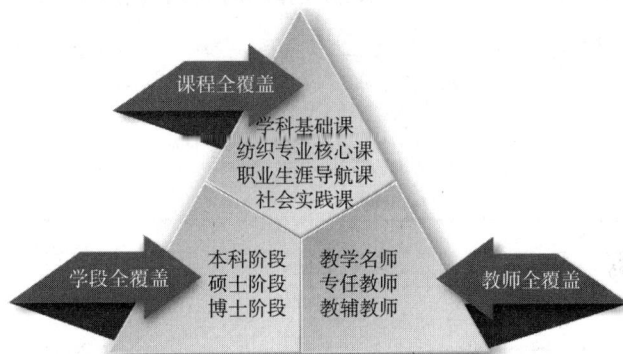

图3 "三个全覆盖"课程思政教学体系

3. 成果的创新点

3.1 构建基于纺织核心课程知识图谱的纺织知识体系

紧密对接国家对纺织产业转型升级新要求，秉承新工科建设理念，制定《纺织专业培养方案建设与修订规范》；以教育部虚拟教研室为抓手，构建纺织材料学、纺纱学等纺织专业基础课程知识图谱，深化知识内涵，建立专业知识更新机制，出版系列教材，拓展了纺织专业知识体系深度、厚度和广度。

3.2 建立创新能力培养的纺织专业"专创融合"课程与实践体系

立足新时代纺织领域高端创新人才培养，提出并践行"课程+实践+竞赛"的全要素协同的纺织"专创融合"教学新理念，将工程实践能力和创新能力培养贯穿纺织专业教育全过程；依托国家级现代纺织实验教学示范中心，全面提升完整的纺织技术链工程装备，深化系列创新课程和实践课程，建成了高质量创新课程与实践能力培养体系。

3.3 创建"三圈三全三强化"的立体式全覆盖课程思政新模式

紧扣"三个圈层"，构建课程思政育人模式，筑牢"核心圈层"，辐射"拓展圈层"，涵养"浸润圈层"；抓牢"三个全覆盖"，提升课程思政育人质量，抓牢课程全覆盖，学段全覆盖，教师全覆盖；坚持"三个强化"，推动课程思政机制赋能强化党建引领，强化示范带动，强化保障支撑，以教学大纲修订为抓手，要求所有课程教师结合中央精神、党史教育、国家战略、红色传承等进行"立德树人"内涵设计，推动课程思政全面落地，构建立体式全覆盖课程思政新模式。

4. 成果的推广应用情况

4.1 取得课程、教材与专业建设新成果

基于夯实专业知识基础的系统工作，纺织学院取得系列教学成果，获批"纺织材料学"等国家精品课程、国家级双语教学课、国家级资源共享课程等12门，出版国家级规划教材5本。2020年"纺纱学""社会实践""生物医用纺织品"3门入选首批国家级一流本科课程，2021年"纺织材料学""针织学""纺织结构复合材料""全自动转杯纺纱机虚拟仿真实验"4门获批第二批国家级一流本科课程。2021年郁崇文教授入选首批全国教材建设先进个人。2021、2022年连续获批教育部纺纱学课程群和教育部纺织材料课程群虚拟教研室。2019、2020、2021年纺织工程、非织造材料与工程和功能材料专业入选"国家一流专业建设点"，纺织学院国家级一流专业百分百覆盖（图4）。

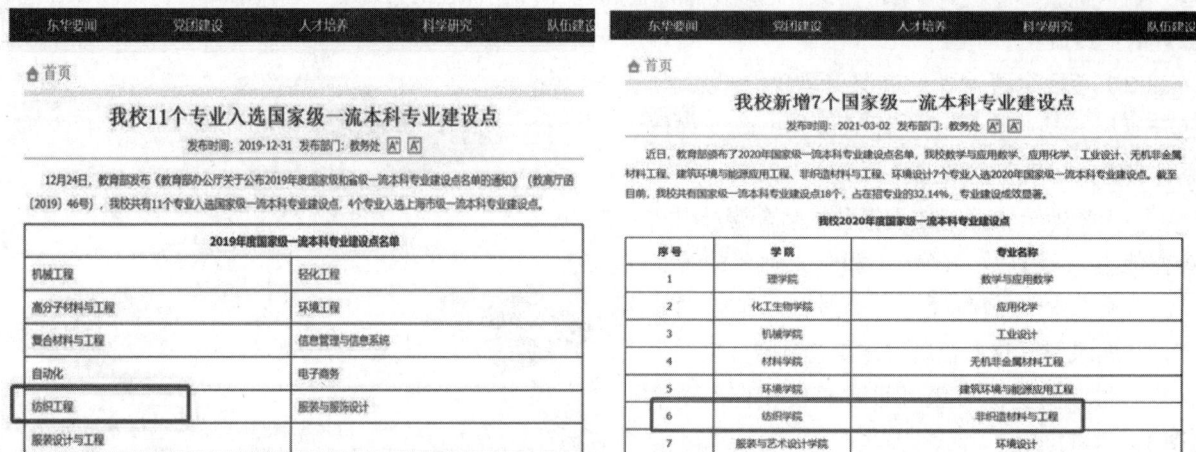

图4 国家级一流专业百分百全覆盖

4.2 实现纺织专业课程思政建设新进展

在"重育人"的系列举措下，纺织学院构建了"三圈三全三强化"的纺织专业课程思政育人体系。入选首批全国党建工作标杆院系、上海高校"三全育人"综合改革市级示范学院和上海市"课程思政重点改革领航学院"。2021年获批教育部课程思政教学团队，2022年获批"全国纺织类专业课程思政虚拟教研室"，获批上海市课程思政项目示范课程3门、教学名师1名、课程示范团队3个，课程思政教育实现了全覆盖。2021年组织编写出版全国首部《纺织类专业课程思政教学指南》（图5）。

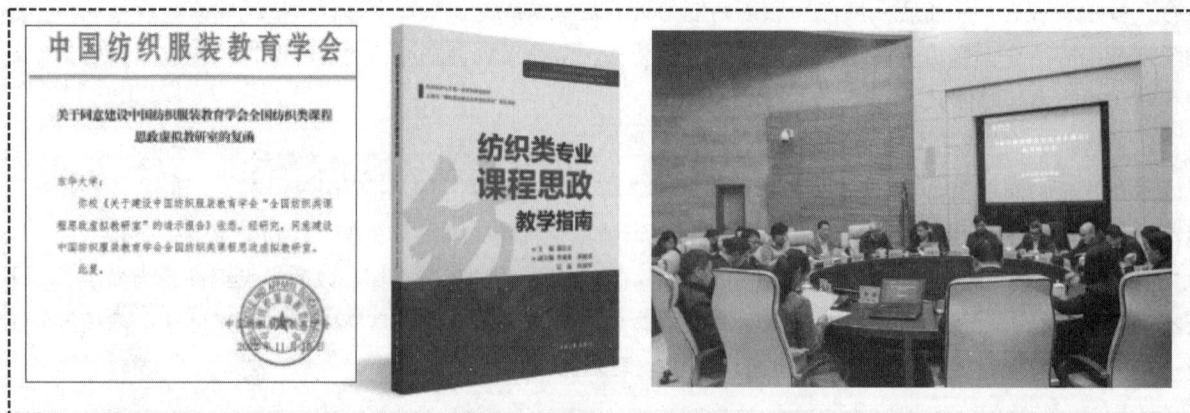

图5 出版全国首部《纺织类专业课程思政教学指南》

4.3 达到纺织拔尖创新人才培养新高度

近十年直接进入纺织产业一线及相关领域就业学生1800余名，70%以上进入A类企业，逐渐成为纺织行业领军人才。学生参与科研覆盖率100%，主持国家级/省部级大学生创新创业项目205项，发表学术论文300余篇，获"互联网+"大赛全国金奖等学科竞赛奖励113项，涌现出小平科技创新团队、中国大学生自强之星、福布斯"30位30岁以下创业精英榜"等创新创业人才。毕业生深造率从2012年的25%递增到58%。毕业生的社会美誉度保持较高水平，用人单位评价优秀率超过96%。在2021年双一流建设成效评估中，人才培养获评第一档，成效显著（图6）。

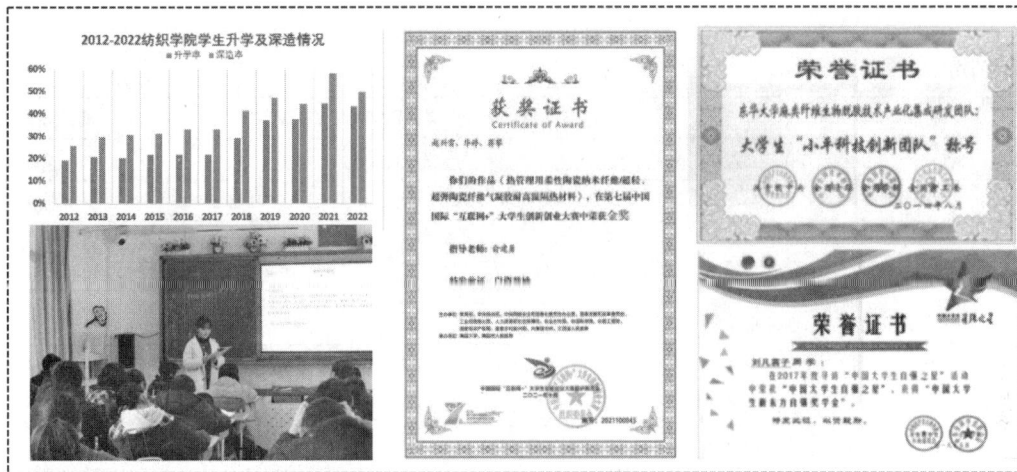

图6　学生竞赛获奖和升学及深造情况

4.4 社会影响与辐射作用明显

牵头制定并由教育部颁布实施纺织类专业本科教学质量国家标准，成为纺织类专业首个国家标准。2021年举办第一届朗坤杯全国针织设计大赛和第四届全国纺织类专业创新创业创意大赛，2022年举办"新澳杯"第十三届全国大学生纱线设计大赛，为全国40余所纺织高校的3千多名学生提供科创交流平台。依托教育部虚拟教研室和纺织专业知识图谱建设，"纺纱学""纺织材料学"等课程群和教材资源对接全国50余所纺织类高校，辐射数百名教师及万名学生。牵头成立世界纺织大学联盟，举办世界纺织服装教育大会，将先进教学理念辐射"一带一路"沿线国家。2022年举办首届世界先进纺织大会和国际纺织联盟论坛，为世界纺织教育提供"东华方案"（图7）。

图7　社会影响

高校专业类课程思政建设之实践——以"纺织材料学"课程为例

大连工业大学

完成人及简况

姓名	性别	所在单位	党政职务	专业技术职称
吕丽华	女	大连工业大学	学院总支委员	教授
周兴海	男	大连工业大学	无	讲师
高原	男	大连工业大学	无	讲师
王迎	女	大连工业大学	无	教授
熊小庆	女	大连工业大学	无	副教授
魏菊	女	大连工业大学	无	副教授
魏春艳	女	大连工业大学	无	教授

1. 成果简介及主要解决的教学问题

1.1 成果简介

该教学成果基于辽宁省教改项目（工科类专业课程中融入课程思政教育的探索——以"纺织材料学"为例）、中国纺织工业联合会教育教学教改项目（基于创新型人才和产学研联合培养理念下的"纺织材料学"教学模式的改革）和大连工业大学教改重点项目（"纺织材料学"课程的思政教育思考与探索）等，大连工业大学"纺织材料学"教学团队聚焦新时代新使命，全面推进课程思政建设，对标能力达成度，深度挖掘提炼"纺织材料学"知识体系中所蕴含的思想价值和精神内涵，调整课程定位与教学大纲，科学合理拓展课程的广度、深度和温度。

结合纺织行业和工程应用实际对人才需求，在高校专业类课程思政建设的课程教学中独创了适用、有效、切实可行的专业类课程思政建设的教学方法。建立以专业知识为核心，以学科前沿和工程实践为延伸的知识体系，增加课程知识性、人文性；深入挖掘"纺织材料学"中的经典思政元素，以专业知识、专业方法和专业实践为重点，培养学生知识运用能力、工程意识和综合创新能力，培养学生精益求精科学精神；协同学校和专业人才培养目标，以课程思政为抓手，用专业原理和专业思维引领学生价值观和人生观，提升引领性、时代性和开放性，实现了课程在知识传授、能力培养和价值引领三位一体的育人功能（图1）。

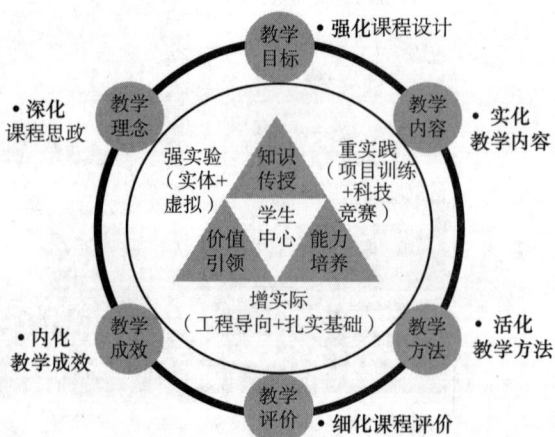

图1 课程特点

1.2 主要解决的教学问题

面对立德树人根本任务、新工科建设和数字化智慧教学的新时代三大背景，大连工业大学"纺织材料学"教学团队对专业类课程（纺织材料学）课程思政的指导思想是：以习近平新时代中国特色社会主义思想为指导，贯彻落实党的二十大精神，落实立德树人根本任务，提高立德树人成效，深入挖掘专业类课程中蕴含的专业思维、科学方法和创新精神等思政元素，建设线上线下课程，使课程教学与课程思政同步推向"两性一度"的新阶段，构建高水平人才培养体系。该教学成果构建了专业类课程思政教学执行和实施方案，如图2所示。按此方案，重点解决了三个传统的教学问题。

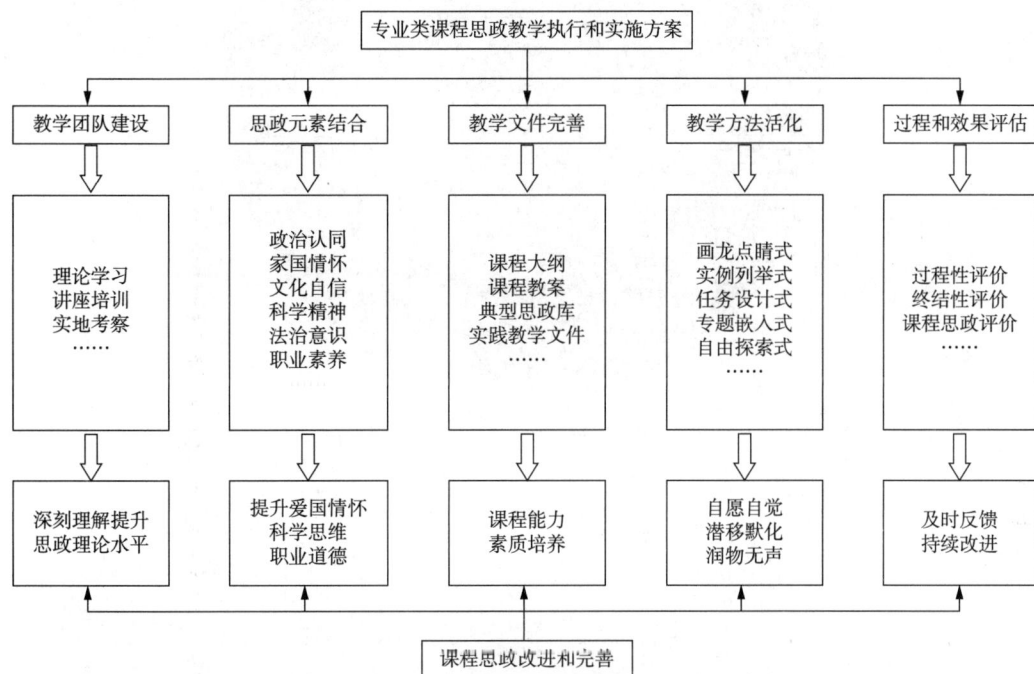

图2　专业类课程思政教学执行和实施方案

教学问题1：专业教师错误传统观念问题，大部分专业课教师认为学生思政教育的问题应该在思想政治理论课中讲解，而专业课的核心就是传播专业知识和专业技能。

教学问题2：专业课程思政与专业知识未能有效融合的问题，部分专业教师为了课程思政，刻意进行思政教育，把一些不相关的内容硬性插入专业课程中，形成了为思政而思政的尴尬局面。

教学问题3：专业课程"思政"评价指标体系不健全、不完善的问题，专业课程"思政"评价指标体系不健全、不完善，使专业课程思政建设不能规范发展，且不能充分调动专业课教师投身课程思政建设的积极性和内生动力，不能保障、监督、诊断、改进专业课程思政建设质量，不能促进专业课程内涵式发展。

2. 成果解决教学问题的方法

2.1　教学问题1解决方法

通过"三集三提"的思想，通过集中研讨提问题，强化教学中的问题意识、问题导向；通过集中培训提素质，补齐短板，精准培养教师的理论素养；通过集中备课提质量，统一教学目标，创新教学载体和教学方式，着力增强教学效果。课程教师通过理论学习、讲座培训、实地考察等方式，建立一支"以德立身、以德立学、以德施教"的课程教学团队（图3、图4）。

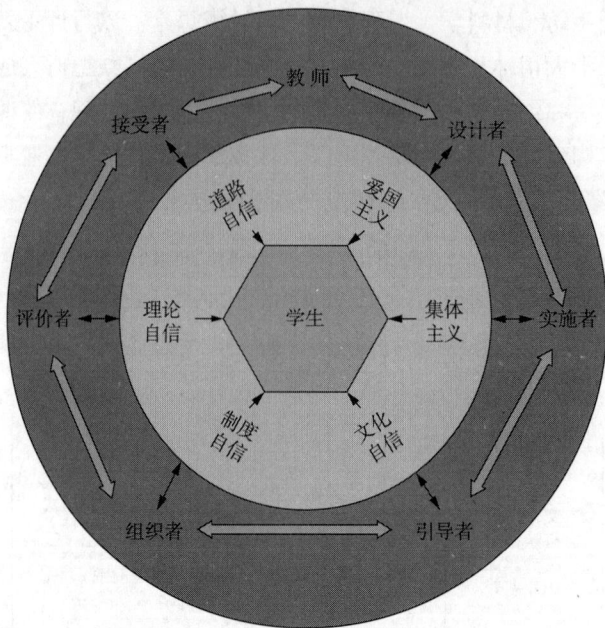

图3　教师在专业课思政教育方面的定位

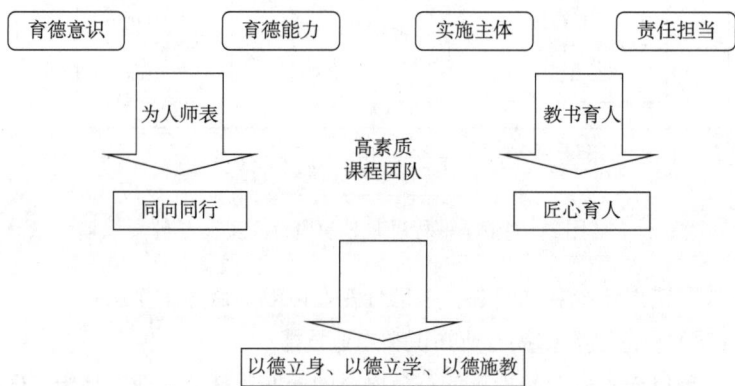

图4　"以德立身、以德立学、以德施教"的课程教学团队

2.2　教学问题2解决方法

（1）针对"纺织材料学"课程思政建设做顶层设计，总体布局。

结合课程特点、思维方法和价值理念，深入挖掘课程思政元素。按照工程认证要求，对应支撑指标点，对授课内容进行修订和完善，修改课程教学目标，教师对于课程的定位、教学目标、教学效果、教学内容、教学方法及教学评价等进行重新审视，充分融入课程思政元素，体现课程专业知识和思政元素的互相促进和协同作用（图5）。总之，通过加强"纺织材料学"课程目标的强化、教学内容的实化、教学方法的活化、教学成效的内化、课程评价的细化等教学内容环节的工作，建设优质教学资源，全融入课程思政建设要求，打造全时空的课程育人学习环境。如：电子课件、课程网站、多媒体教学、视频课程、线上教学（MOOC）等，建设立体化的教学资源和课程思政资源。

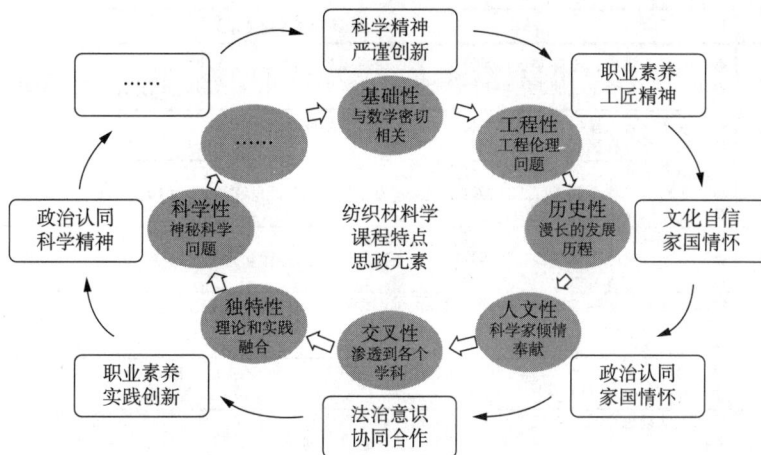

图5 专业知识和思政元素的互相促进和协同作用

"纺织材料学"课程，其蕴含的思政元素归为六大维度：政治认同、家国情怀、文化自信、科学精神、法治意识和职业素养，实现课程思政教学目标。

（2）构建实践教学体系，提高育人效能。

深入梳理课程实践教学内容，建立起由浅入深、层次明晰的实践教学内容体系，即通过"强实验（实体+虚拟）、重实践（项目训练+科技竞赛）和增实际（工程导向+扎实基础）"的方法（图1），构建"金字塔"形的实践教学内容体系（塔基、塔身和塔尖）；同时，借助超星、智慧树、虚拟仿真实验等平台模拟，实现了"线上线下""虚拟与实做"相结合，强化实践环节，如图6所示。通过实践，学习体验科学精神和中华文明为人类文明所作出的伟大贡献，激发学生的学习兴趣、爱国热情，培养学生的科学精神和社会责任感。

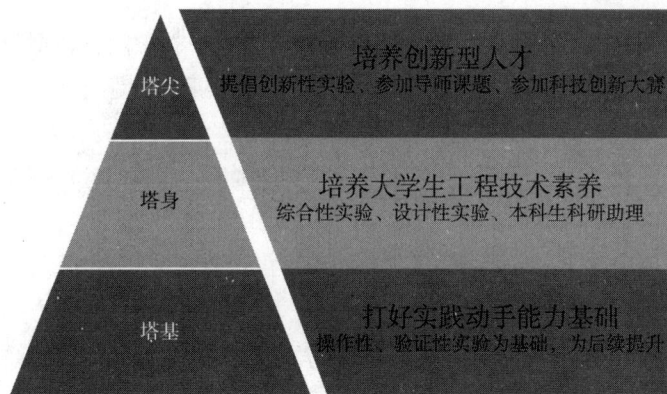

图6 "金字塔"形的实践教学内容体系

2.3 教学问题3解决方法

评价遵循育人与自育相结合，思政教育与专业教育有机融合，量化评价与质性评价相结合，过程性评价与结果性评价相结合的原则，系统构建"5个一级指标、11个二级指标、27个观测点"的课程思政建设评价指标体系（图7）。采用教师自评、专家评议、学生测评等多元化评价主体，合理选择档案资料查阅、问卷调查、现场考察等方法，给出评价结论和改进措施，从而驱动课程目标达成。

一级指标	二级指标	观测点（导向要求）	备注
1.育人目标	1.1专业目标	●结合专业特点，设计专业育人目标，体现价值引领，有效支撑人才培养目标 ●注重科学思维方法的训练和工程伦理教育，注重培养学生科技报国的家国情怀和使命担当	
	1.2课程目标	●围绕专业育人目标，根据课程特点，制定课程思政教学目标 ●绘制专业课程思政建设的路线图	
2.课程团队	2.1主讲教师	●政治立场坚定，师德师风正，育人意识好，育人能力强 ●业务精湛，综合素质好，积极进行课程建设和教学改革，思路清晰，积极探索课程思政建设新路径 ●有院校级（含）以上教学成果奖获奖项目	
	2.2教学团队	●具备课程思政意识和能力，积极参与课程思政教学改革 ●建立课程思政集体备课和教研制度，建立课程思政建设"传帮带"工作机制 ●有院校级（含）以上的课程思政研究课题	
3.教学内容	3.1课程资源	●深入挖掘与课程紧密相关的课程思政资源，梳理绘制课程思政知识图谱 ●建设丰富的课程思政资源案例库 ●编写或选用高质量配套教材	
	3.2课程设计	●教案编写规范，要素齐全，课程思政内容有效融入，避免"两张皮""贴标签" ●内容注重体现"三性一度"，注重能力培养，反映新理论、新技术、新应用	
4.教学实施	4.1方法手段	●注重课程思政教学方法多样化，有效运用各种教学资源、教学工具、信息化手段辅助教学 ●推动课程思政教学手段与现代教育技术深度融合，创新课程思政元素展现方式，增强课程思政内容的亲和力和针对性	
	4.2课堂组织	●授课思路清晰，注重问题牵引，课堂安排合理、紧凑 ●有效开展课堂互动，学生学习兴趣浓厚，课堂气氛活跃	
	4.3课程考核	●注重形成性考核和终结性考核相结合 ●注重能力素质考核，考核难度适中，有一定挑战度	
5.教学效果	5.1教师角度	●课程思政教学理念先进，方法多样有效，实施效果好，课程思政方法手段有辐射作用和推广价值 ●注重教学反思和自我评价，适时开展课程思政总结分析，提出改进措施 ●把脉学生的思想动态，解惑答疑，积极帮助学生解决相关问题	
	5.2学生角度	●学生课程学习的总体情况好，提高课程考核优良率 ●有效掌握课程的知识和技能，课程思政教学目标达成度高 ●热爱专业和课程，学习专业和课程的动力足，思想政治素质有效提高	

图7　专业课程思政建设评价指标体系

3. 成果的创新点

（1）全员参与，教学育人团队建设水平高、成效好，建立一支"以德立身、以德立学、以德施教"的课程教学团队。

教学团队教师全员参与，人人有案例，全员讲育人，将高水平教学团队转型为优秀的育人团队。通过"三集三提"的思想，通过集中研讨提问题，强化教学中的问题意识、问题导向；通过集中培训提素质，补齐短板，精准培养教师的理论素养；通过集中备课提质量，统一教学目标，创新教学载体和教学方式，着力增强教学效果。课程教师通过理论学习、讲座培训、实地考察等方式，建立一支"以德立身、以德立学、以德施教"的课程教学团队。

（2）课程思政建设做顶层设计，总体布局，打造全时空的课程育人学习环境。

通过进一步加强"纺织材料学"课程目标的强化、教学内容的实化、教学方法的活化、教学成效的内化、课程评价的细化等教学内容环节的工作，建设优质教学资源，全融入课程思政建设要求，打造全时空的课程育人学习环境。"纺织材料学"课程，其蕴含的思政元素归为六大维度：政治认同、家国情怀、文化自信、科学精神、法治意识和职业素养。

（3）构建课程思政建设实践教学体系，提高育人效能。

深入梳理课程实践教学内容，建立起由浅入深、层次明晰的实践教学内容体系，即通过"强实验（实体+虚拟）、重实践（项目训练+科技竞赛）和增实际（工程导向+扎实基础）"的方法，构建"金字塔"形的实践教学内容体系（塔基、塔身和塔尖）；同时，借助超星、智慧树、虚拟仿真实验等平台模拟，实现了"线上线下""虚拟与实做"相结合，强化实践环节，提高育人效能。

（4）细化课程评价，构建"课程思政"评价体系，驱动课程目标达成。

评价遵循育人与自育相结合，思政教育与专业教育有机融合，量化评价与质性评价相结合，过程性评价与结果性评价相结合的原则，系统构建"5个一级指标、11个二级指标、27个观测点"的课程思政建设评价指标体系。采用教师自评、专家评议、学生测评等多元化评价主体，合理选择档案资料查阅、问卷调查、现场考察等方法，给出评价结论和改进措施，从而驱动课程目标达成。

4. 成果的推广应用情况

4.1 教师主动创新，课程教学中自然渗透

教师更新了教学观念、教师重新审视自己的价值观，教育者先受教育。师生关系更加融洽，教师更加关心的学生的成长与全面发展。提高了教学质量，高质量教学与高水平育人互相支撑，同步发展。在课堂教学、实践教学和线上教学中，将课程思政元素和案例融合到教学中，对学生起到润物细无声的默化教育，达到课程教学与课程思政教育的同步同行。

4.2 注重学生体验和课程思政实效

深入探索课程思政与课程教学的融合方法，找到师生"共情点"，使学生爱听、能引起学生的思考，起到价值引领的作用。学生认为："毫无违和感地融入思政教育""巧妙融入思政，受益匪浅"。以课程研讨和创新研究课题为基础，本科生参加挑战杯、大学生创新创业训练项目、"互联网+"大学生创新创业大赛等，在创新创业领域，2017~2022年学生参与教师科研项目100余人次，其中获得国家级和省部级以上项目和获奖20余项。

4.3 课程教学与课程思政建设相互支撑、同步并进

课程教学与课程思政建设相互支撑、同步并进，教学团队成员迅速成长，取得一系列教学成果。省部级教学成果2项；校级教学成果1项。项目负责人荣获2022年"纺织之光"教师奖；2022年，大连工业大学"立德树人"先进个人称号；2019年，大连工业大学"校园先锋示范岗"；2021年，中国化学纤维工业协会恒逸基金——优秀青年教师等称号。教学团队教师参编"十三五"普通高等教育本科部委级规划教材《纺织材料学》3部（其中于伟东教授主编的《纺织材料学》2021年荣获首届上海高等教育精品教材）；"纺织材料学"荣获"第十五届全国多媒体课件大赛"三等奖等。

4.4 以教学论文、报告等形式，与国内同行进行广泛交流，共同进步

公开发表教改论文7篇；积极参加东华大学主持建设的教育部获批的"纺织材料课程群虚拟教研室"建设，积极参与课程思政直播讲座等各项活动；团队教师参加2018、2019和2021年全国"纺织材料学"教学与研究年会，且在年会上做了"'纺织材料学'教学模式改革的探究与实践"的专题报告和经验分享，教学研究成果能够为国内同类院校在"纺织材料学"课程思政建设以及高校专业课程思政建设上提供参考，为推动中国纺织高等教育专业课程思政教学改革起到积极的作用。

时尚纺织智能数字平台创新——"产、学、研、用、销"一体化

天津工业大学，珍岛数字科技有限公司

完成人及简况

姓名	性别	所在单位	党政职务	专业技术职称
王海霞	女	天津工业大学	无	副教授
荆妙蕾	女	天津工业大学	院长	教授
段金娟	女	天津工业大学	党员	教授
李罡	男	珍岛数字科技有限公司	技术总监	高工
杨秀丽	女	天津工业大学	党员	副教授
张艳波	女	珍岛数字科技有限公司	运营总监	高工
王晓云	女	天津工业大学	服装设计与工程系系主任	教授
何天虹	女	天津工业大学	党员	副教授
张旭	男	天津工业大学	党员	助教
马彧	男	天津工业大学	党员	教授

1. 成果简介及主要解决的教学问题

1.1 成果简介

纺织是人类永恒的需求，纺织产业是我国国民经济支柱产业、重要的民生产业、国际竞争新优势产业、战略性新兴产业的重要载体。培养面向世界新优势的高水平纺织专业人才是新阶段纺织产业可持续发展的首要任务。天津工业大学按照新时代人才培养要求，加强纺织专业升级改造，提升创新实践，时尚+，纺织+，"互联网+"，为导向的新体系。时尚纺织行业智能数字化转型不断推进，新商业模式不断涌现。高校主动服务纺织企业转型升级。

1.2 主要解决的教学问题

本成果深度合作方是国内智能数字云平台的龙头企业，珍岛信息技术股份有限公司专注人工智能、大数据、云计算企业数字化智能化领域的创新与实践，本成果依托天津互联网协会，珍岛智能数字云平台，中国高等教育数字营销人才认证体系，校企协共同体打造"产、学、研、用、销"一体化创新平台。

（1）构建校企协的"产、学、研、用、销"一体化共建天津工业大学智能数字云平台建设，企业成立联合实验室。

（2）依托中国高等教育数字营销人才认证体系，转化人才培养成果，助推中小企业互联网快速发展。与天津互联网协会成立认证合作网络营销师认证，推进成果应用，整合资源带动时尚产业升级。

（3）独著四部时尚智能数字系列"十四五"规划教材，助力企业合作成果转化。

2. 成果解决教学问题的方法

2.1 交叉融合：时尚+纺织+智能数字

基于智能贯通、跨界合作、学创融合的理念。

纺织对接新科技革命，产业变革和纺织产业转型升级迫切需求、升级改造纺织专业，建立多学科交叉融合：纺织+时尚、纺织+互联网、纺织+智能科技、纺织+数字科技、构建新内涵、新机构、新载体、新形式、新评价、促进多学科融合复合型人才培养。解决人才市场急需，如图1所示。

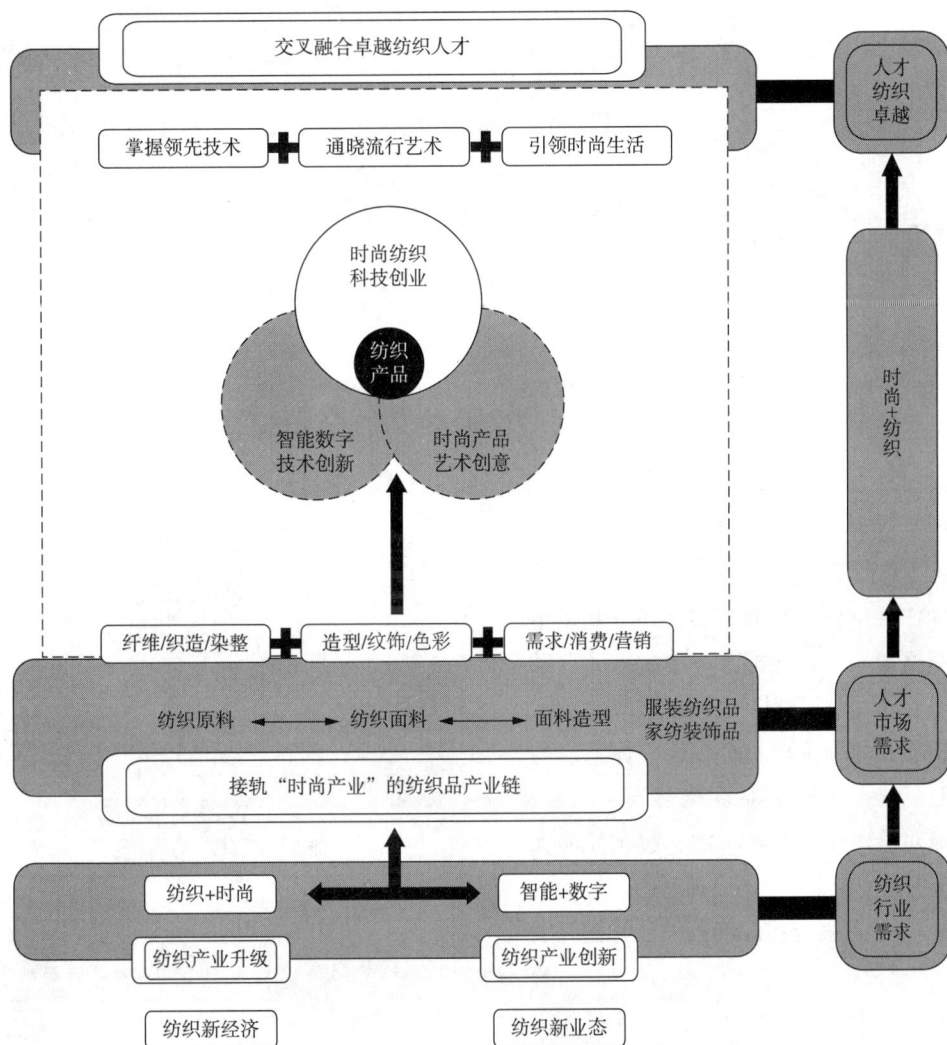

图1　多学科交叉融合

2.2 打造"产、学、研、用、销"一体化平台育人

以技术服务为核心，建立企业技术与服务联合机制。通过打造纺织专业与智能行业龙头企业建成技术研发市场服务以突破点到纺织服装中小企业。构建"产、学、研、用、销"一体化育人，对接智能数字珍岛企业需求，依托时尚纺织专业建设，找准双方利益共同点，建立企业与学校合作动机，形成多类型利益共同体，推行时尚纺织—行业协会—科技企业共同参与育人机制，引导企业参与到时尚纺织专业人才培养方案中，共同研发智能数字云平台，共同开发智能数字实践课程、共同出版《时尚数字营销》教材为智能云平台指定教材，深受企业欢迎。申请企业研发项目进行深层次合作，在此基础上推动行业智能数字人才培养，实效成果并推广到国内其他高校，如图2所示。

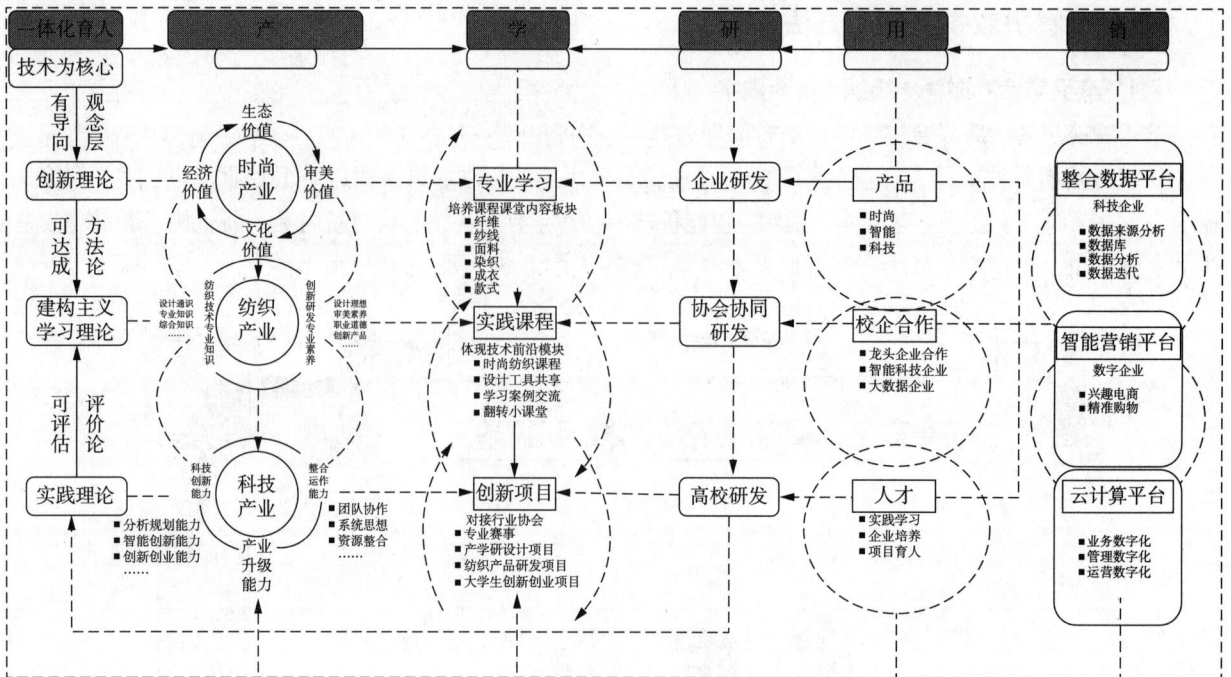

图2 "产、学、研、用、销"一体化平台

2.3 赛、课、证互联式

依托中国高等教育数字营销人才认证体系，技能竞赛与课程认证融合互联，将参赛组织、选手培训、参赛作品培育等与教学实训任务紧密结合。优化"资格证书—行业标准—卓越人才"动态化培养方案，人才培养目标由构建以赛、课、证互联杰出技能人才为主要目标的课程体系。与协会校企共建行业性合作办赛。构建国家、省、行业、校四级对接融通的竞赛机制，校企技能大赛实现时尚纺织专业覆盖，如图3所示。

2.4 课程升级开发与校企实践同步配套开发实践云平台

联合企业珍岛智能云平台 All—in—one AI SaaS 智能数据开发课程、规划课程实践性、校外实训基地等，搭建以企业项目为载体的时尚智能数字课程

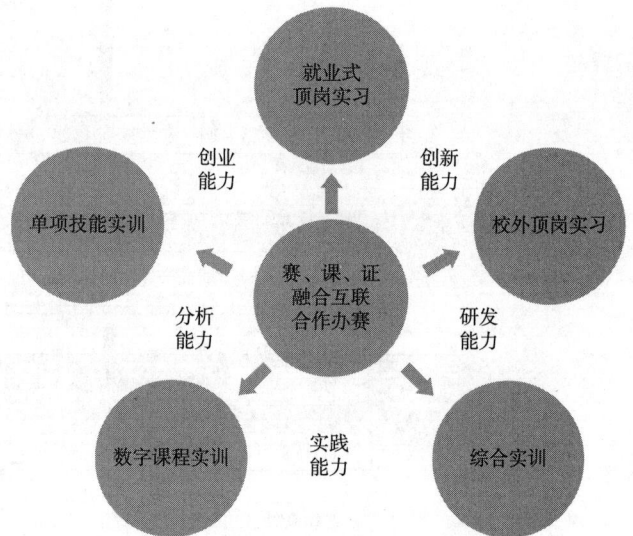

图3 赛、课、证互联式

和教材，创建重构"产、学、研、用、销"一体化育人。课程相辅相成、互为补充，课程奠定基础，创新实践，构建学生学习智能数字云平台，为人才培养提供有力技术支撑。同步与企业开发配套教材，如图4所示。

3. 成果的创新点

（1）构建校企协一体化育人体系，构建校企协的"产、学、研、用、销"一体化育人模式校企共建天津工业大学智能数字云平台建设项目，开启一体化创新的深度合作，建立学科与行业、企业之间的专业链段机制，技术创新与服务联合机制。

（2）创新校、企、协、合作模式，中国高等教育数字营销人才认证体系成立数字人才认证体系，转化

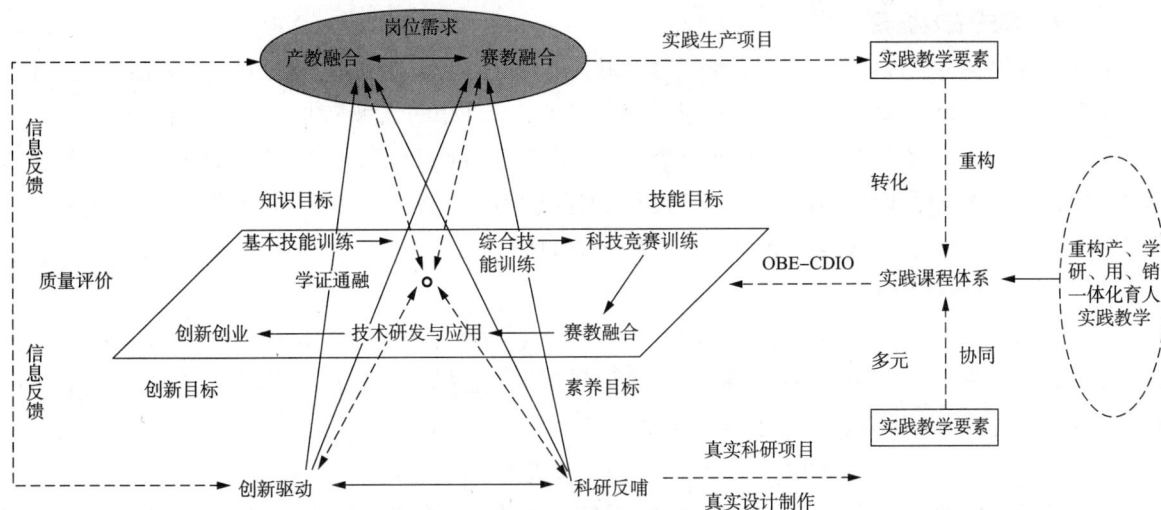

图4 实践云平台

人才培养成果，助推中小企业互联网快速发展。在一体化的基础上与天津互联网协会成立认证合作，积极推进应用合作成果，进一步整合社会资源带动时尚产业转型升级。

（3）赛、课、证互联模式，技能竞赛与课程，考证融合互联，将参赛组织、选手培训、参赛作品培育考证等与教学实训任务紧密结合。"交互式教育"指各个教学模式中每个要素多层次多角度全方位的结合。成果具有模式多样、涵盖面广、可操作性强、可推广的显著特点。

4. 成果的推广应用情况

4.1 多元协同模式成效突出

研发实践能力培养服务于天津时尚之都，规划打造时尚科技策源地。对此纺织服装开展产教融合、校企合作，发挥"产、学、研、用、销"一体化平台的优势。

以专利支撑将科研团队研发的智能数字关键技术转化并应用于实践教学。通过创新项目驱动，分阶段实施"创新、创意、创业"一体化课程协同培养创新能力，支持平台研发成果转让和学生创业，多种形式服务于产业。重组高水平科研创新平台等实践教学载体，如图5所示。

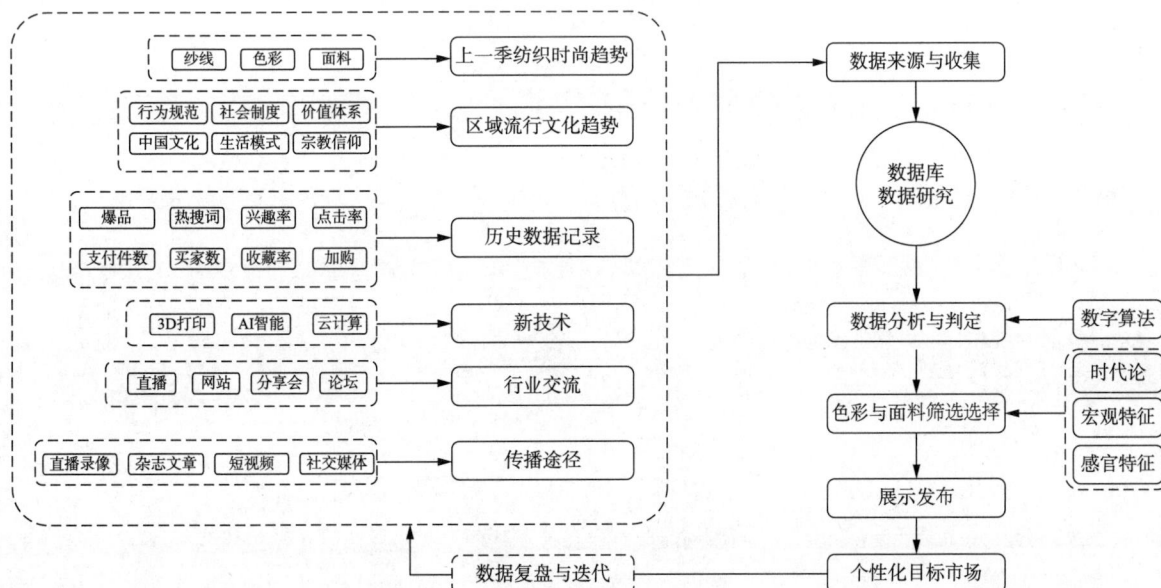

图5 多元协同模式

363

4.2 育人模式成效显著

以天津行业协会为平台，深化"产、学、研、用、销"一体化育人模式，对接珍岛的智能数字云平台，新旧动能转化于天津市行业协会。纺织服装协会考核基地，天津市纺织服装协会合作培训基地，与企业行业合作成立"时尚发展促进会，"依托行业协会、产业联盟主动对接互联网"十强"产业，增强新旧转换能力，为时尚产业提供更加有力的人才保障和技术支撑。学生时尚智能数字专业知识和创新能力显著提升，组织学生参加全国专业大赛，获奖百余项，人才认证百余项。

4.3 就业模式成效凸显

"产、学、研、用、销"一体化育人就业模式，招生、就业优势明显，媒体同行认可度高，就业优势明显成果实施以来，学生学习兴趣、创新能力和专业素质得到显著提高。通过课程引导，企业实战进入课题考核，人才认证的实践，后续学生达到100%就业率。

（1）每位学生拥有一本就业护照，大学四年级时直接进入认证联盟企业实习。

①2019年天津工业大学全国高校排名TOP3，数字人才认证一个班级通过22位学生，通过率95%，毕业时全班高质量就业。

②2018年头条学院就业实践认证100%通过，学生全员通过头条实习考核。

（2）学生优先权。作为特邀嘉宾，受邀免费参与数字商学院组织的一系列活动及会议。

（3）学生加入联盟企业人才库。获得数字就业认证证书学生免费加入猎头公司，头部企业无门槛选择。2020年加入企业联盟的头部企业上百家，其中行业大企业都在其中，跨国企业业务有50家。

（4）深度了解全国高校参与认证学生的综合实践能力，探讨前沿创新案例。

"四维一体、育人至上"——全程化生涯教育体系的构建与实践

东华大学

完成人及简况

姓名	性别	所在单位	党政职务	专业技术职称
严军	女	东华大学	学生就业服务中心主任、创新创业学院常务副院长	副教授
纪静	女	东华大学	学生就业中心科员	讲师
胡国英	女	东华大学	学生就业服务中心主任科员	副教授
张仕	女	东华大学	理学院学生工作办公室主任	副教授
高加加	女	东华大学	旭日工商管理学院学生工作办公室主任	讲师
袁海源	女	东华大学	纺织学院学生工作办公室主任	讲师
唐菲菲	女	东华大学	计算机学院学生工作办公室主任	讲师
杨柳	女	东华大学	服装与艺术设计学院专职辅导员	讲师
卢文芸	女	东华大学	理学院专职辅导员，学生支部书记	副教授
何慧丽	女	东华大学	信息学院专职辅导员，学生支部书记	讲师

1. 成果简介及主要解决的教学问题

1.1 成果简介

东华大学"弘毅"全程化生涯教育体系围绕落立德树人根本任务，基于东华大学"诚信弘毅、尚实创新"就业文化，将马克思主义人才观与中华优秀传统文化相结合，以"提升学生规划内驱力、加强学生职业胜任力、增加学生目标达成率"为目标，以"课程、指导、咨询、实践"四维一体生涯教育体系、"知识、方法、动力、实践"四阶生涯教学模式、"高中低年级全覆盖、校内外体验全过程"矩阵式生涯实践模式、"课程教学、自主测评、生涯人物、就业实习实践基地"四大校本生涯教育资源系统为方法，通过打造"金课"（国家级就业创业金课）、建设"金室"（全国首批职业生涯咨询工作室）、培养"金师"（就业创业师资队伍）、构建"金牌"（全程化生涯实践活动），形成了育人至上、特色鲜明、优势突出、机制创新的生涯教育体系。经过十五年发展，取得较好成果，在国内有较强影响力。

1.1.1 建立"四维一体"全程化生涯教育体系

学校经过多年实践与研究，2017年提出"课程、指导、咨询、实践"四维一体全程化生涯教育体系（图1），面向全体学生实施全程化生涯教育，从价值引领、知识传授、能力提升、氛围营造四方面，培养"服务国家战略、满足社会需要、符合企业需求"的高质量人才。

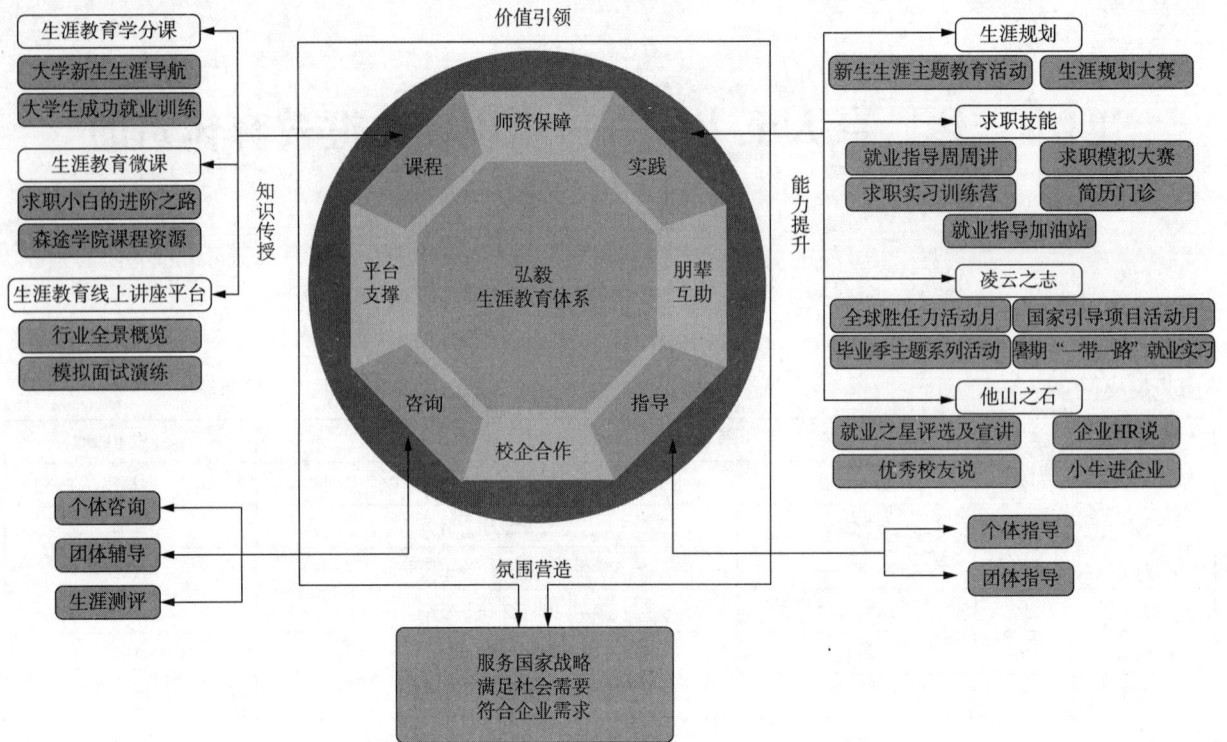

图1 全程化生涯教育体系

1.1.2 首创"知识、方法、动力、实践"四阶生涯教学模式

多年来，学校注重生涯教育的沉浸式、个性化体验，通过"授之以YU"四阶生涯教学模式，从传授生涯理论知识，提供生涯工具和探索方法，促进学生思考、提升行动力，打造"知识、方法、动力、实践"四阶生涯教学模式，从内在提升学生规划内驱力，从外在锻炼学生职业规划和就业技能，帮助学生正确认识国家发展与自我职业发展之间的关系，树立正确价值观和就业观（图2）。

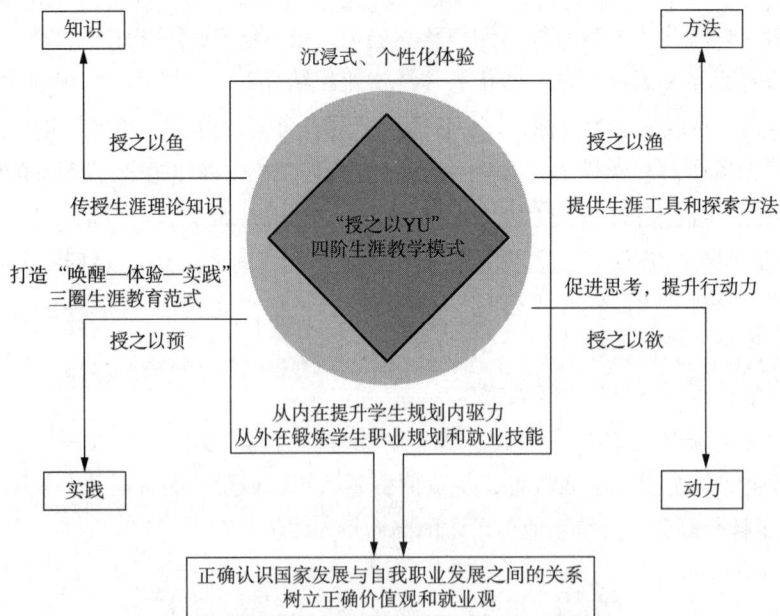

图2 "知识、方法、动力、实践"四阶生涯教学模式

1.1.3 建设"高中低年级全覆盖、校内外体验全过程"矩阵式生涯实践模式

多年来，学校打造纵向全学段活动，横向校内外体验的矩阵式生涯实践模式，每年召开两次毕业生代表座谈会，听取意见建议，不断完善实践模式，建设符合学生需求的生涯实践活动品牌，不断提高生涯教育的吸引力和影响力（图3）。

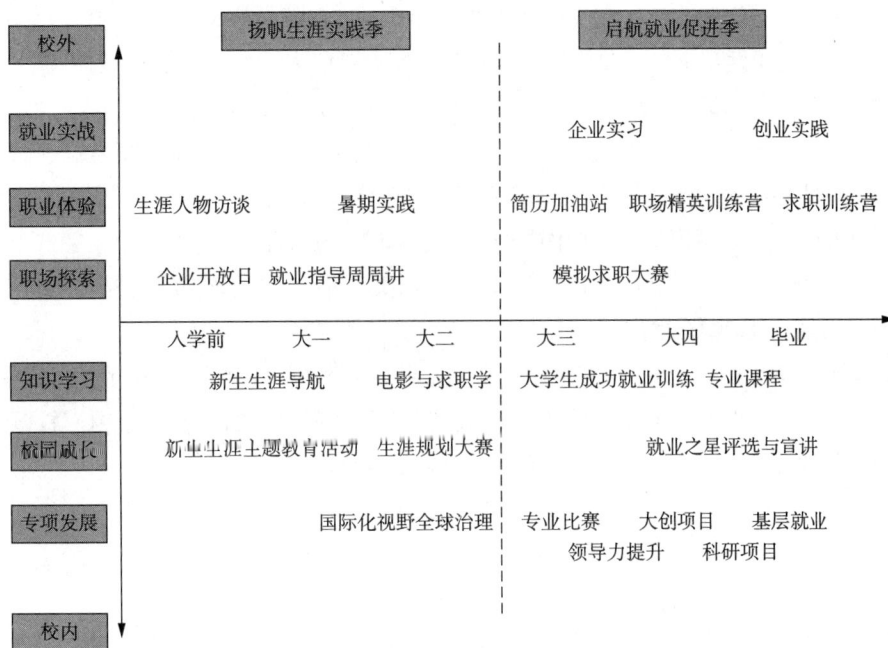

图3　矩阵式生涯实践模式

1.1.4　开发校本化生涯教育资源系统

学校在实践中研发独具特色的生涯教育资源系统，整合基于"课程教学""自主测评""生涯人物""就业实习实践基地"四大校本生涯教育资源系统，为落实"以学生为中心"的生涯教育理念，提供有效的资源支撑（图4）。

1.2　主要解决的教学问题

（1）实现将思想政治教育与生涯教育有机结合，破解生涯教育缺失或生涯教育与思政教育两张皮的现象。

（2）实现生涯咨询专业化、团辅模块化、工作室集群化，破解职业咨询工作室服务小众的局面。

（3）通过夯基、聚力、领跑三层次梯度培养，破解就业工作队伍产生专家难的困境。

（4）构建矩阵式生涯实践模式，破解生涯教育实践广度、深度、效度难以同频的状况。

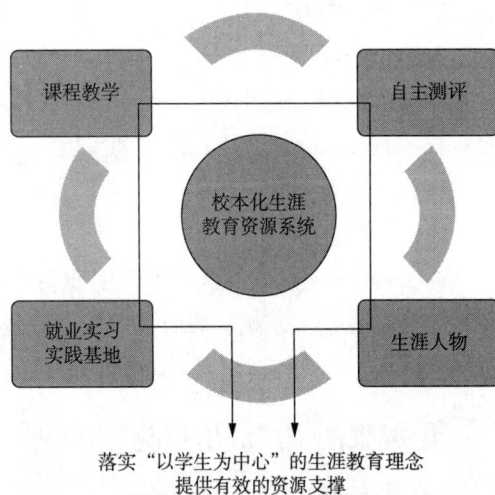

落实"以学生为中心"的生涯教育理念
提供有效的资源支撑

图4　校本化生涯教育资源系统

2. 成果解决教学问题的方法

2.1　打造生涯教育"金课"

学校紧紧抓住课堂主阵地，以"马克思主义人才观"和"克朗伯兹社会学习理论"作为课程思政建设理论基础，以"大学新生生涯导航"（2022年全国就业创业金课）为一体，"大学生成功就业训练""电影与

求职学"为两翼，打造生涯教育优质课程群。通过课堂主渠道，构建自我知识、职业知识、信息加工技能、元认知四大核心教学模块，强化学生生涯理论知识和运用知识的能力。

2.2 建设职业咨询特色"金室"（工作室）

学校于2011年起，不断建立和完善集个体咨询、团体辅导、生涯测评为一体的覆盖面广、有特色、有影响力的职业咨询工作室—灯塔职业咨询工作室（2021年全国首批职业咨询特色工作室），面向学生开展精准化、个性化、全程化的生涯咨询与就业指导，加强学生职业胜任力。

2.3 培养就业创业"金师"队伍

学校制定并实施学生就业创业师资培养"灯塔"计划，打造了一支政治理论素养高、视野开阔、业务熟练、有所专长的学生就业创业专家队伍。师资队伍中校内课程教师53人，副教授占比17%，咨询师38人，校外生涯导师359人。教学团队开展集中内训、教学研讨，近五年培训721人次。骨干教师于2023年3月出版《课程思政：大学生生涯规划》一书，为国内较早出版课程思政类教材的高校。

2.4 建设生涯实践"金牌"活动

开展面向中低年级学生的"扬帆"生涯实践季和高年级学生的"启航"就业促进实践季两个"金牌"活动，包含"生涯规划、求职技能、凌云之志、他山之石"四个模块，打造知识学习、校园成长、专项发展、职业体验、就业实践全程化生涯矩阵实践范式，提高学生就业目标达成率。

3. 成果的创新点

3.1 理论创新

立足新时代新使命，将马克思主义人才观与中华优秀传统文化相结合，将生涯教育与思政教育有机融合，构建"四维一体"全程化生涯教育体系，发挥课程、咨询、指导、实践中的优势促进学生生涯发展动力，结合国情社情，把握就业育人要义，夯实社会主义核心价值观导向，致力于培养怀抱梦想又脚踏实地，敢想敢为又善作善成的德、智、体、美、劳全面发展的新时代大学生。

3.2 模式创新

充分认识和了解当代大学生成长环境和内在需求，实施"授之以YU"四阶生涯教学模式，正确把握生涯教育本真要义，让学生在体验和反思中探清方向，提升内驱力和行动力，引导学生有梦想、有激情、有本领地实现人生价值。

3.3 实践创新

在实践中构建矩阵式生涯教育实践模式、"课程教学、自主测评、生涯人物、就业实习实践基地"四大校本生涯教育资源系统，着眼校内外全方位、依托专业教师、就业师资、企业导师、朋辈友师全员参与，贯穿全学程，持续拓展育人功能和育人内涵。

4. 成果的推广应用情况

4.1 生涯课程教学成效显著

生涯教育课程自2007年起经过15年的发展和积累，于2013年获评教育部首批"全国高校职业发展与就业指导示范课程"，2022年获评教育部"全国就业创业金课"（全国共40门，上海唯一）、东华大学一流本科课程。15年课程建设周期中，累计开设450班次，覆盖18000人次。学生对授课教师评价均超过93分，课程前后测验显示，课程对于学生生涯决策、生涯成熟度、解决生涯困难方面有明显提升。

4.2 生涯咨询服务精准到位

学校依托"灯塔"全国职业咨询特色工作室，在校内培育出11个特色鲜明的校级培育生涯教育工作室，分别针对困难生、少数民族学生、创业学生、有意愿从事中小学教师职业学生、有意愿基层就业学生、有意愿"一带一路"沿线城市就业学生、有需求生涯指导学生开展咨询、团辅、培训、指导、就业推荐等工作，精准化服务学生个性需要。每年平均为近百名线上预约的学生提供个性化、专业化的生涯咨询，为超过1500人次开展12个主题的团体辅导工作访50余次，为所有有就业意愿的毕业生修改简历，1000名学生使用职业规划测评系统。

4.3 生涯师资专业水平较高

学校现有生涯课程教师53人，咨询师38人（上海市国际生涯发展讲师2人，上海市中级职业咨询师12人，全球职业规划师13人，全球生涯教练7人）。教研团队出版校本教材《大学新生生涯导航》教师用书和学生用书，2020年由北大出版社出版业界第一本创新创业课程思政教材《大学生创业基础教程》，2023年3月由北大出版社出版业界第一本生涯课程思政教材《课程思政：大学生生涯规划》，用于新版校本教材。团队成员连续两年（2022、2021年）获上海高校"就业创业课程微格教学大赛"一等奖，近三年获得市级就业创业教学比赛奖项累计7项。纪静老师代表学校在教育部24365就业公益直播平台开设讲座，我校是截至目前上海唯一一所在该平台授课的高校。

4.4 生涯实践育人功能凸显

学校开展"扬帆""启航"生涯实践品牌活动建设，将能力提升与价值引领贯穿全程，切实提升学生职业胜任力。平均每年开展生涯发展类讲座55场，参与3.9万余人次。开展就业指导类活动30场，覆盖学生1万人次。

学校近五年毕业生去向落实率平均96%以上，2022年上海就业毕业生服务上海五大中心建设占比38%，毕业生在制造业领域就业比例接近40%，"一带一路"经济带就业比例接近85%，近五年毕业生创业420余人，近三年去往国际组织实习学生35人，用人单位对我校毕业生总体满意度超过98%。

"双核引领、三阶递进、多元协同"智能纺织科教融合课程体系建设

青岛大学

完成人及简况

姓名	性别	所在单位	党政职务	专业技术职称
田明伟	男	青岛大学	纺织服装学院副院长	教授
王航	男	青岛大学	无	副教授
刘红	女	青岛大学	无	助理教授
陈富星	女	青岛大学	无	助理教授
李煜天	男	青岛大学	无	助理教授
苗锦雷	男	青岛大学	无	助理教授
朱士凤	女	青岛大学	无	副教授
郭肖青	女	青岛大学	无	副教授

1. 成果简介及主要解决的教学问题

1.1 成果简介

智能纺织是纺织学科与柔性电子学科的新兴交叉领域，预计2025年全球智能纺织市场规模将超过50亿美元。美国、德国已相继提出"智能纺织计划"国家战略，我国将"智能纺织"列入中国工程院《全球工程前沿》规划，我省亦将智能纺织列入山东省重大科技创新工程。但是，我国智能纺织研究生培养起步晚，师资队伍匮乏、课程体系未成形，与智能纺织科研严重脱节，制约了智能纺织科教与产教融合快速发展。

本成果经四年实践检验，依托山东省高峰学科、国家级一流本科专业等学科优势，开展了山东省优质课程、省研究生教改项目等课题研究，围绕智能纺织科技前沿，面向智能纺织研究生培养的紧迫需求，凝练了先进材料与智能纺织、智慧服饰与智能纺织、体育运动与智能纺织、医养健康与智能纺织等四大特色课程模块。开展了系列课程建设与改革：构建了"双师型"学科交叉师资培选计划、面向行业需求的同轨制教学体系的"双核"教学机制；打造了沉浸式课堂"强"学科基础能力、科研项目"强"专业创新能力、科研平台"强"实践创新能力的"三阶"培养模式；形成了教学与思政、教学与竞赛、教学与产业的"多元"协同育人体系，走出了一条"双核引领、三阶递进、多元协同"智能纺织科教融合课程体系建设成功路径（图1）。本成果产生良好影响，构建了以中国纺织工业联合会教师奖获得者、山东省"青创科技计划"创新团队带头人为核心的教学团队10人，培养纺织学科研究生70余人/年，获中国"纺织之光"学生奖1项、山东省优秀硕士论文3篇、省研究生优秀成果奖2项，在Science等期刊发表高水平论文70余篇，获中国纺织工业联合会教学成果一、二、三等奖各1项，山东省"互联网+"大赛铜奖等学术竞赛10项。在苏州大学、安徽工程大学等高校推广和应用，对推动我国智能纺织研究生培养的高质量发展具有示范价值。

1.2 主要解决的教学问题

本成果实现了智能纺织课程模块的建设与创新，主要解决的教学问题有：

（1）借助综合型大学优势，解决了智能纺织课程师资队伍中智能纺织教学经验少、教学背景单一、交叉学科协同育人效果不理想的问题。

（2）面向"智能纺织"世界科技前沿的需求，解决了我国智能纺织课程少、课程内容课严重落后于科技前沿发展的问题。

（3）依托山东省纺织万亿级产业优势，面向"山东纺织"经济主战场，解决了产业与教学融合差、研究生实践平台欠缺研的问题。

（4）坚持"以学生为中心"理念，解决了研究生培养"重结果、轻过程"的评价模式、课程评价反馈调控机制脱钩的问题。

2. 成果解决教学问题的方法

研究生教育肩负着高层次人才培养和创新创造的重要使命，是国家发展、社会进步的重要基石，是应对全球人才竞争的基础布局。本成果具体从下述几个方面展开，全面解决上述研究生培养中的教学问题（图2）。

2.1 "双核引领"组建学科交叉师资队伍，构建"双师型"选培机制

2.1.1 做强师资队伍"主力军"

针对智能纺织课程建设薄弱、教师教学经验少、学科单一等"卡脖子"问题，依托纺织、服装、材料、电工、计算机等多学科优势，组建了一支专业理论丰富、实践能力强、学科知识涵盖面广的博士教师团队10人。教师均从事智能纺织前沿科学研究，承担国家自然科学基金等科研项目40余项，获山东省科技进步二等奖、中国纺织工业联合会一等奖等奖励20项，在Science等期刊发表学术论文60余篇，促进高水平科研向教学渗透。

2.1.2 做大纺织业界"增援军"

聘请校外纺织相关企业老总及研发总管10余人作为实践课教师，全程参与科研与教学、思政与教学的教学环节50次，形成了一支专业理论丰富、实践能力强的"双师型"教学团队。

2.2 "三阶递进"打造新型课程体系，建立面向行业需求的同轨制教学

2.2.1 聚焦课程模块"内涵建设"

面向智能纺织行业需求，将六门研究生课程贯通，围绕先进材料与智能纺织、智慧服饰与智能纺织、体育运动与智能纺织、医养健康与智能纺织四个方向，打造"前后贯通、上下融合"的课程模块，实现了材料、智能服装、运动健康的全产业链课程体系，也包含了柔性电路设计、传感组装等实践环节10个，实

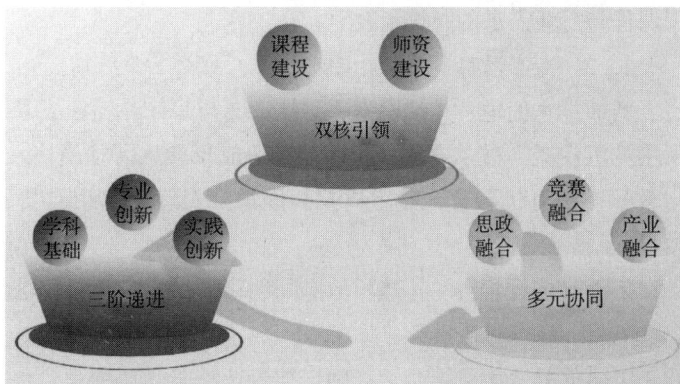

图1 "双核引领、三阶递进、多元协同"智能纺织科教融合课程体系建设

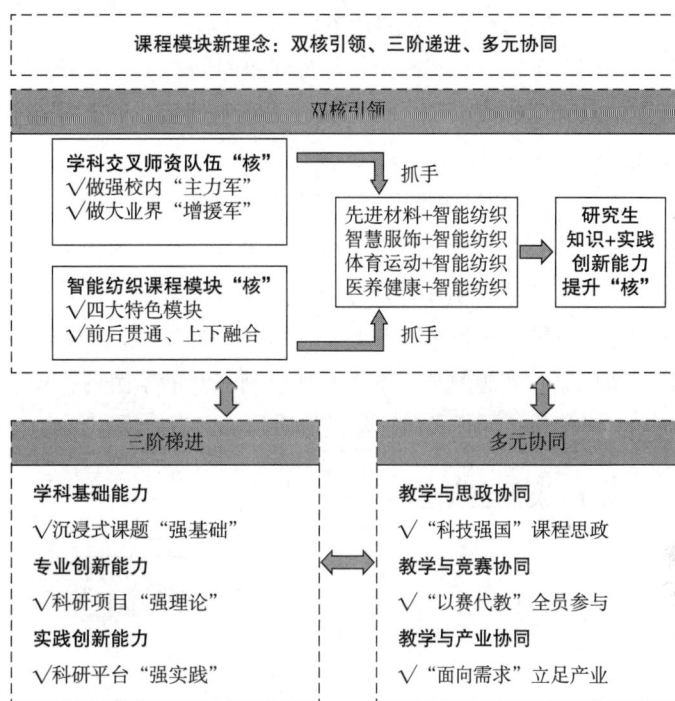

图2 教学问题解决方法示意图

现课程与行业需求的同轨制教学。

2.2.2 丰富课程模式"外延发展"

增加学术伦理、文献检索、科技论文与写作、创新成果展示等环节，提升研究生学术道德与创新能力；采用"沉浸式"教学方法，将前沿科研成果融入课程模块。构建"德智思"一体教学理念，强化课程思政与教学方法有机融合，着重讲授我国学者对智能纺织科技的贡献，全过程贯彻"科技强国"的课程思政教育。

2.3 "多元培养"构建科教协同创新平台，探索科教融合新体系

2.3.1 瞄准科研项目"强理论"

以研促教，教研结合，教师根据专业特长，以课程模块为线索建立自主成果案例库30余项，打造实战型课堂教学。引入翻转式教学法，每位研究生必须完成"三个一"环节，即做一次课堂汇报、参加一次科技创新大赛、完成一篇综述论文，真正实现"全方位"课堂教学。

2.3.2 依托科研平台"强实践"

将校内国家重点实验室、教育部协同创新中心、青岛市智能可穿戴工程研究中心等10个科研平台"无缝"融入课堂教学资源；依托校外山东省研究生教育联合培养基地（3个）及智能纺织产学研基地（5个）开展行业实践环节。

2.4 推进研究生培养"多维评价"，建立课程评价与反馈机制

以培养具有智能纺织创新能力的研究生培养为核心，构建了具有一线企业技术评价、多学科实践理论完善评价、学生教学环节评价等多层次、多维度的课程评价体系。由单纯的学生课堂成绩"一维评价"转变为课业成绩、创新实践能力、应用实践能力等全方位的"多维评价"。进一步建立课程评价档案和学生跟踪反馈机制，实施教师与学生互评机制，开展学生课程思政大讨论，从教学手段及课程思政实现了课程的动态实时优化，保证了课程建设的质量，学生对课程评价满意度达99%，就业学生企业满意度达100%。

3. 成果的创新点

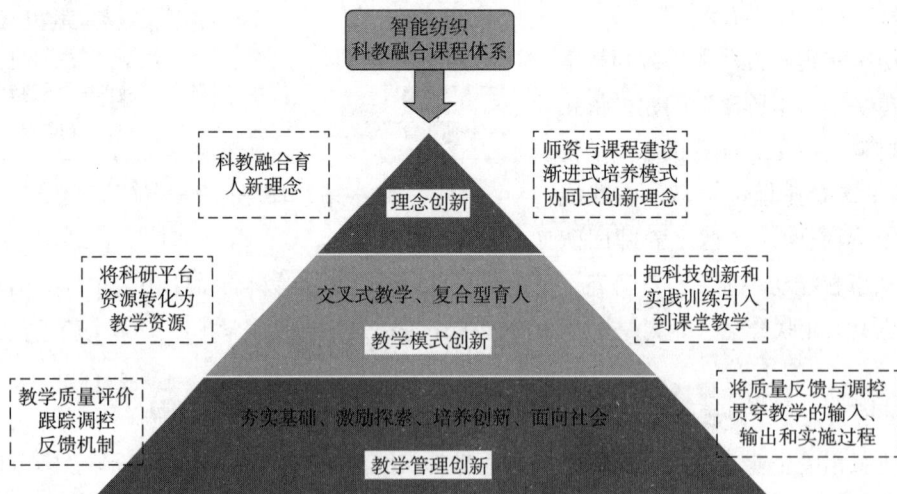

图3　创新点示意图

3.1 理念创新："双核引领、三阶递进、多元协同"智能纺织科教融合研究生育人新理念

（1）"双核引领"理念创新：智能纺织课程建设、学科交叉师资建设为"双核"，以驱动智能纺织课程和学科交叉师资两大"原动力"，实现研究生创新能力提升。

（2）"三阶递进"理念创新：打造了学科基础能力培养、专业创新能力培养、实践创新能力培养"多阶

级"递进式培养模式；形成了课堂—实验室—实训企业的创新"闭环"体系。

（3）"多元协同"理念创新：推动了教学与思政协同、教学与竞赛协同、教学与产业协同"多元"教学改革，助力研究生德智体美劳的全面发展。

3.2 教学模式创新：以研促教、教研融合研究生课程新模式

（1）以"多元化师资"促"交叉式教学模式"创新：根据智能纺织研究生育人需求，组建了纺织、服装、材料、电子等多元化师资队伍，教师均从事智能纺织前沿科学研究，承担国家、省部级科研项目。聘请行业协会领导、纺织企业家担任实践环节教学任务，形成了一支专业理论丰富、实践能力强的"双师型"教学团队。

（2）以"科研平台"促"复合型育人实践"创新：背靠山东省万亿级纺织产业，依托国家重点实验室、教育部生态纺织协同创新中心等国家平台资源，提升课程创新实践能力。

（3）以"科研项目"促"行业需求育人导向"创新：面向智能纺织行业需求，开展国家自然科学基金、山东省重大科技创新工程等科技攻关，把科技创新和实践训练引入到课堂教学中，培育研究生科教融合新模式，研究生100%参与教师科研项目。

3.3 教学管理创新："多维式"教学评价体系与管理技术创新

结合"夯实基础、激励探索、培养创新、面向社会"的课程理念，以培养具有优秀综合素质人才的课程体系建设为中心，建立研究生教学质量全方位评价、跟踪调控和反馈机制，将质量反馈与调控贯穿教学的输入、输出和实施过程，从而实现了学生的全面评价及课程环节的动态实时优化，保证了课程建设与学生培养的质量（图3）。

4. 成果的推广应用情况

4.1 研究生课程模块实践成效显著

（1）多元化师资队伍交叉互补特色鲜明。建立了一支结构合理、多学科交叉、科研实力强劲的博士师资团队10人，年龄均在40岁以下，85%具有海外求学经历。聘请了中国纺织机械协会侯曦会长、潍坊佳诚集团泰山学者王冰心董事长等行业专家20余人"双师型"师资，师资队伍"原动力"强劲。

（2）课程模块辐射面广泛。所建立了先进材料与智能纺织、智慧服饰与智能纺织、体育运动与智能纺织、医养健康与智能纺织等四个特色课程模块，已覆盖学硕、专硕、博士、留学生培养，并推广到学院内纺织工程、"科技与时尚"纺织工程创新班及服装设计与工程等本科专业3个，学院内受益研究生70名/年，本科生500名/年。部分课程面向校内本科生、研究生任选课程中推广示范，相关学院选课人数达80余人。

4.2 研究生科研创新与理论能力全面提升

（1）教改项目助力研究生科研创新明显。教学团队承担了山东省研究生优质课程项目、山东省研究生教育教学改革研究项目、中国纺织工业联合会高等教育教学改革研究项目等教改项目8项。研究生科研及创新成果持续取得突破，在 *Science*、*Advanced Materials* 等期刊发表高水平论文60余篇，获中国纺织之光学生奖1人、山东省优秀硕士学位论文3人、国家奖学金10人、各类奖学金20余人。毕业研究生以"专业基础扎实、创新能力优异、实践动手能力强"等优势深受用人单位和社会好评，就业率持续接近100%。

（2）研究生实践创新能力大幅提高。在全国大学生纱线设计大赛、全国大学生非织造产品设计及应用大赛、中国纺织类高校创意创新创业大赛、"互联网+"大学生创新创业大赛等科技竞赛中，研究生在智能纺织品设计与开发相关领域取得优异成绩，获山东省"互联网+"创新创业大赛铜奖等奖项80余项。

4.3 校外推广示范与应用效应凸显

本成果中"智能纺织品结构与设计""智能纺织品与可穿戴技术"等课程以及课程模块化教学方法在苏州大学、安徽工程大学得到了推广和应用，得到了学校师生的一致好评，累计受益本科生640人、硕士研究

生292人、博士研究生5人。

4.4 育人成效受社会反响热烈

"双核引领、三阶递进、多元协同"研究生课程的新理念得到官方媒体报道与宣传，得到了经济日报、学习强国等官方媒体的正面报道与宣传，引起了社会的广泛关注。中国研究生教育学会赵瑜秘书长评价本成果"提出了智能纺织研究生的产教融合育人新思路，为我国智能纺织研究生教育提供了重要实践依据与方法借鉴"。山东省纺织服装行业协会会长刘建国认为本成果"加快了我省智能纺织研究生教育建设，开拓了纺织工程学科研究生教育与培养的新方向"。

基于产业转型升级背景下的"纺纱学"课程体系构建与实践

德州学院

完成人及简况

姓名	性别	所在单位	党政职务	专业技术职称
张梅	女	德州学院	无	教授
张赛	女	德州学院	无	副教授
徐静	女	德州学院	党委委员、副校长	教授
杨帆	男	德州学院	无	副教授
冯逢逢	女	德州学院	无	讲师
白茹冰	女	德州学院	无	讲师
张会青	女	德州学院	无	副教授
姜晓巍	女	德州学院	无	副教授
朱莉娜	女	德州学院	无	副教授

1. 成果简介及主要解决的教学问题

1.1 成果简介

本成果聚焦国内纺纱产业转型升级,以"纺纱学"课程为载体,围绕"一聚焦、两融合、三模块、四能力"的教学理念,制定适应企业发展的课程目标,优化教学内容,改善教学结构,丰富教学活动(图1)。通过重构课程体系、推动全员创新、鼓励成果应用等举措,在学生的科研创新与工程实践能力培养、促进企业员工学历和专业技能提升、助力企业产品升级等方面取得了显著成效。发表教学论文10篇,教材与专著8部;申请省部、市厅级教改项目5项,获得省部和市厅级教学成果奖15项;全国大学生纱线设计大赛获奖55项,"互联网+"大学生创新创业大赛、"挑战杯"创业计划竞赛等省部级获奖2项。为恒丰集团、德州

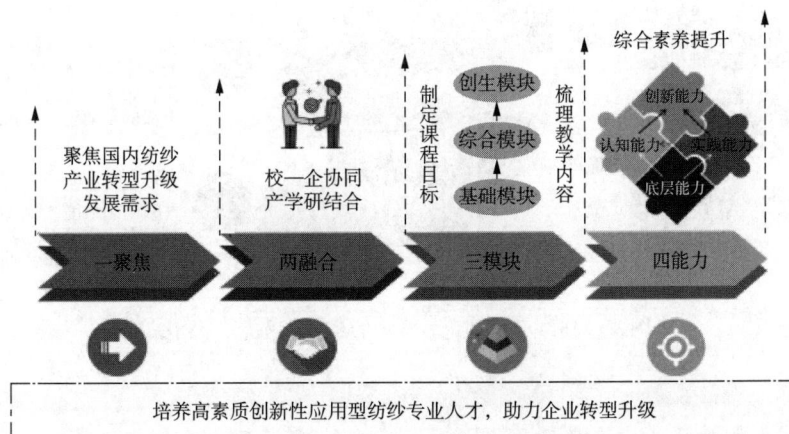

图1 "纺纱学"课程教学理念

华源生态科技有限公司、陵县盛泽特色纺织品有限公司职培训工千余人，解决企业难题500多项；研发产品为企业带来经济效益近1亿元。

1.2 主要解决的教学问题

（1）课程内容与企业转型升级中出现的新设备、新工艺、新产品、新材料不能接轨，部分内容老化陈旧，不适应新时代企业发展需求。

（2）课程结构单一，不能够满足学生全面发展并成长为高素质创新性应用型纺纱专业人才的需求。

（3）课程活动的深度、广度、维度和与服务企业相融合关联度不够，不能够满足新形势下企业转型升级的创新实践要求。

2. 成果解决教学问题的方法

2.1 深入纺纱企业调研，了解企业在转型升级中的发展需求，优化课程内容

项目组成员调研了国内经过转型升级的纺纱企业，涵盖龙头企业、规上企业以及中小微企业近200家。调研内容涉及纺纱原材料、纺纱工艺参数、纺纱设备及纱线质量控制等，了解企业对"纺纱学"课程的关注点，结果分析如图2所示。针对企业需求，对课程内容进行了优化，构建了理论教学内容"四关联"（图3）和实践教学内容"五同步"（图4）的课程内容体系，使学生毕业后能较快适应企业转型升级的发展变化。

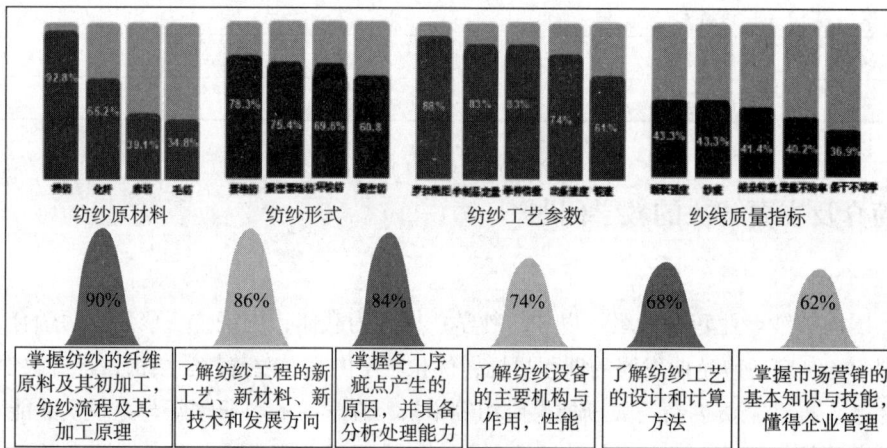

图2　纺纱企业需求分析

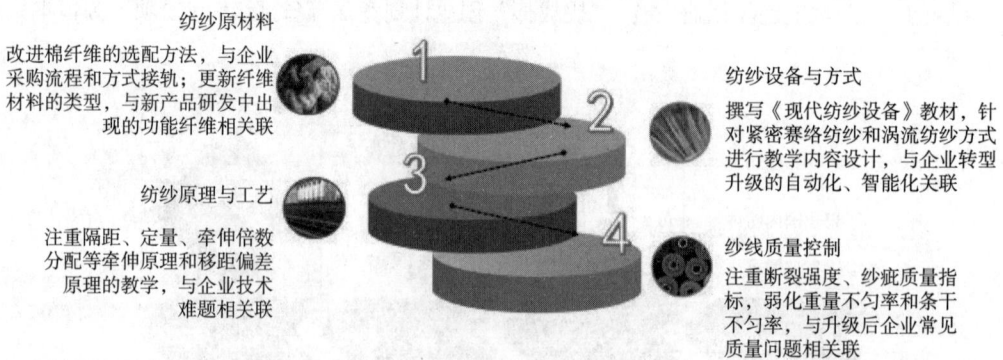

图3　"纺纱学"理论教学内容的"四关联"优化

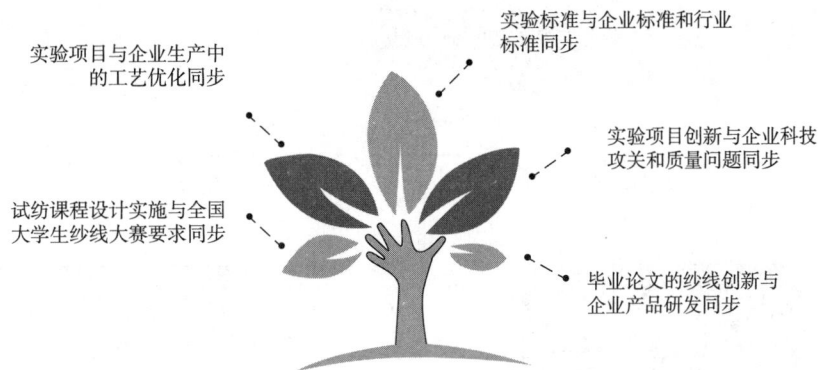

图4 "纺纱学"实践教学内容的"五同步"提升

2.2 围绕产业转型升级,确定课程目标,构建多元化、科学化的课程结构体系

以纺纱学赋能企业转型应用为背景,以构建纺纱学课程结构为途径,分析企业转型升级的需求情况,培养和需求相对接,制定课程目标,构建了"三模块,五递进,两提升"(图5)的多元化、科学化课程结构体系,提高学生发现问题、分析问题和解决问题的能力,激发学生创新思维,挖掘学习潜力,培养具有扎实纺纱理论知识和产品研发能力,适应企业发展需求的高素质创新性应用型纺纱专业人才。

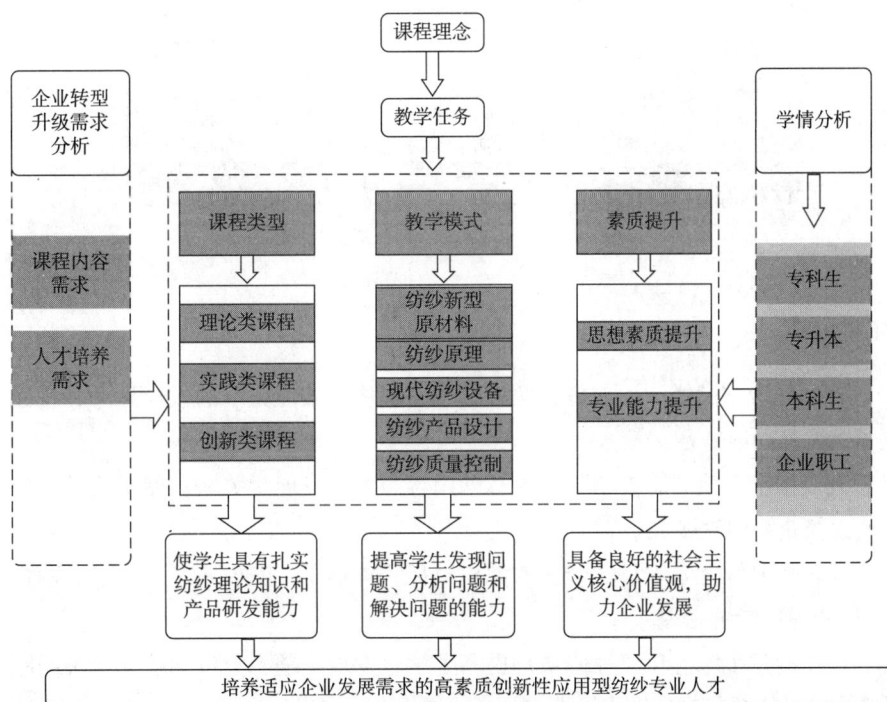

图5 课程结构体系

2.3 依据企业转型升级的创新实践要求,对课程活动进行梳理,实现"三度一融合"

以企业转型升级对人才培养的需求为导向,以学生为主体,遵循学生的认知规律,构建"三度一融合"课程活动体系,从"深度、广度、维度"三方面进行课程活动改革,全面提升教师教学水平、挖掘学生学习潜力,开展多层次多模块的实践教学活动和多平台多模式理论教学活动,与企业转型升级创新实践要求相"融合"(图6)。

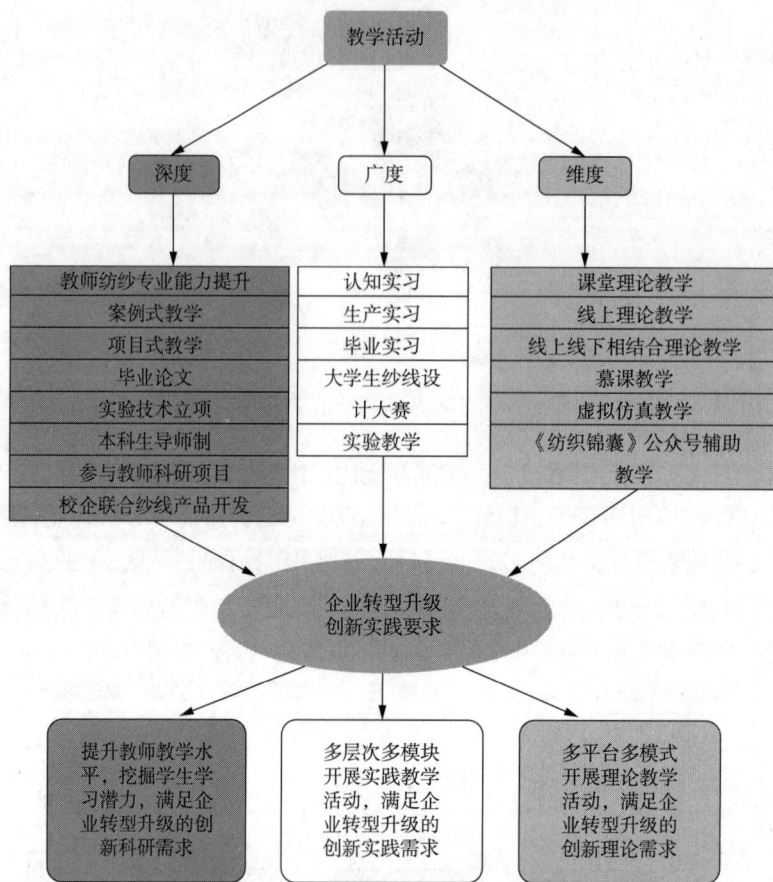

图6 "三度一融合"课程活动体系

3. 成果的创新点

（1）立足产业转型升级，围绕"一聚焦、两融合、三模块、四能力"的教学理念，构建了校企协同的"四关联""五同步"课程内容体系。

围绕产业转型升级需求，使"纺纱学"理论教学内容与产业发展相关联；使实践教学内容与企业生产实际保持同步，实现校企协同发展。

（2）确定了产业转型升级背景下科学合理的课程目标，构建了"三模块，五递进，两提升"的课程结构体系，保障了课程顺利有效的实施。

以课程目标为依托构建了多元化课程体系，提高了学生发现问题、分析问题和解决问题的能力，使学生具备良好的社会主义核心价值观，助力企业发展。

（3）有机结合校内外实践教学优势，构建"三度一融合"课程活动体系，提升了学生的创新实践能力，助力产业实现转型升级。

梳理"纺纱学"课程活动，在理解、掌握、运用纺纱知识的深度，纺纱知识的覆盖面和教学活动多样化方面进行改进，构建使学生具有创新实践能力的活动体系，并为企业转型升级提供支持。

4. 成果的推广应用情况

4.1 教学建设成效

（1）编撰教材：编撰《现代纺纱设备》《实验指导书》等教材与专著8部。这些教材资源应用辐射范围广泛，影响较大，在校内，已经培养6届纺织工程专业、服装与服饰设计专业和服装设计与工程专业的学生，达到500多人，教学成果反映很好；在企业培训职工过程中，使用人数大约1500余人，获得良好的企业评价（图7）。

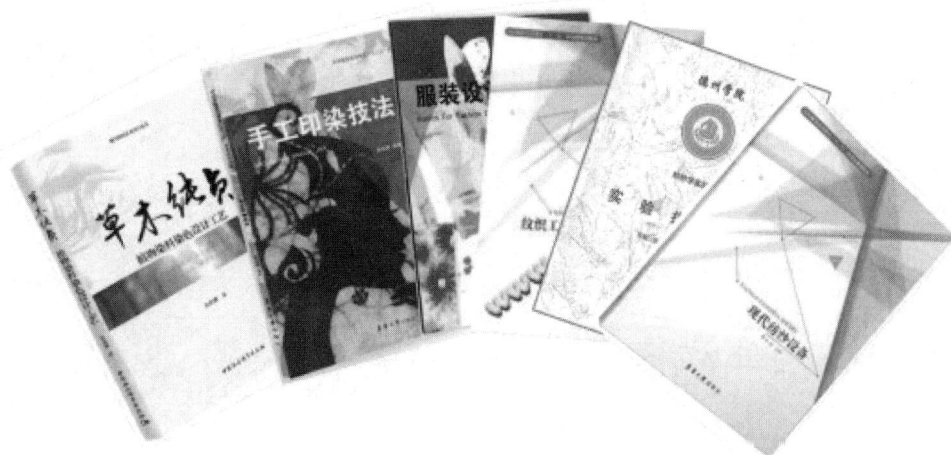

图7　编撰的部分教材

（2）教学教改项目及教学获奖：立足产业转型升级发展需求，参与省部级、市厅级教改项目5项，获得省部级教学成果奖15项（图8）。

图8　部分获奖证书

（3）教学科研论文：通过对纺织学科教育教学现状、问题、原因进行调研和分析，提出合理可行的具体措施和建议，进而推动教育教学形态的改善和进步，发表教学论文10篇（图9）。

图9　发表的部分教研论文

4.2　学生培养质量成效

（1）学科竞赛：2016~2022年，纺织专业学生在全国大学生纱线设计大赛、"红绿蓝杯"中国高校纺织品设计大赛、"互联网+"大学生创新创业大赛和"挑战杯"创业计划竞赛等多项高水平学科竞赛中获奖100余项（图10、表1）。

图10　学生竞赛部分获奖证书

表1　全国大学生纱线设计大赛获奖名单（部分）

奖项	序号	作者姓名	作品名称
一等奖	1	张亭亭、由资、王美芳	基于涡流纺技术的原液着色莫代尔/蛋白石花式纱
	2	赵文涵、伊光辉	超细木代尔/超细干法腈纶/丝光羊毛50/40/10 11.8tex混纺赛络紧密纱
	3	韩琐娟、隋成玲、于丹	18.5tex天茶纤维/原液着色黏胶多色彩嵌入式紧密段彩纱
	4	马勇、于丹、刘翠翠	生态抗菌除螨牛角纤维/蚕蛹蛋白/Aircell多功能混统纺针织纱

奖项	序号	作者姓名	作品名称
二等奖	1	张馨儿、李铭、杨梦彤	棉纱上的彩虹桥——扎经多色段染纱的设计
	2	杜秋萍、孙晓凡、李铭	太极石纤维保健抗起球涡流针织纱
	3	邹蒙、颜雪凝、熊建宏	紫植染粘胶/莫代尔/抗纤维生态抗菌美容混纺渐变纱
	4	赵文靖、陈妤、宋仪佳	再生羽毛蛋白纷纷混纺纱线的设计开发
	5	马梦琪、张志萍、崔祥青	一种清凉抗菌环保纱
	6	沈文艳、张亭亭、张雨晨	基于粗纱竹节技术珍珠纤维/丽囊纤维涡流花式纱
	7	韩瑞娟、杨梦彤、张馨儿	涡流纺黏胶滤尘的再利用·天丝/羊绒/黏胶涡流点子纱的设计
	8	张馨儿、张馨儿、王晓均	生物基聚酰胺/再生涤/二酯酶紧密集络纺纱——二酯酶纤维的"新征程"
	9	于丹、韩缤、张鹏习	低碳减排牛角瓜绒/有机海藻纤维/咖啡碳除螨抑菌保暖功能浅灰纱
	10	杨光玉、叶玉清、吴天昊	原液着色莫代尔/蛋白石纤维/不锈钢纤维抗静电保健紧密段彩纱
	11	吴传芬、赵文靖、石孟鹭	一种仿兔纱线的设计开发
	12	窦梅冉、马梦琪、魏悦	具有暖感抗菌效应的有机棉/暖姜纤维/金黄连纤维涡流纱
	13	史善静、任晓萌、范琳琳	生态多功能性汉麻/有机棉/icctouch冰凉触感混纺纱

（2）创新训练项目：立足产业转型升级发展需求，开展省级大学生创新训练项目4项。

（3）论文发表及专利申请：本科生参与发表相关专业论文近30篇，申请专利十余项（表2、图11）。

表2 学生参与发表学术论文（部分）

论文名称	参与学生	出版年份	期刊名
艾草/莫代/Airce局快时的开发	于丹、李苏文	2022	上海纺织科技
莫代尔天系/面荷纤维统蔺凉感器朽纱的开发	王文淑、张馨儿、孔云	2022	上海纺织科技
机棉暖姜纤维金黄连纤维喷气涡流炒的生产	窦梅冉、马梦琪、魏悦	2021	棉纺织技术
苏木红/栀子黄/靛盖染色天丝水刺非织造布初探	杜秋萍、张馨儿、王晓均	2020	国际纺织导报
钢纤维混纺防静电纱的开发	陈凯	2020	棉纺织技术
热风复合非织造医卫材料的开发及其性能	姬厚强、张馨儿	2020	上海纺织科技
牛角瓜纤维/咖啡碳纤推纺针织纱开发	史善静、郭亭、马勇、王玲铸、于丹	2019	上海纺织科技
海藻甲壳素聚乳酸纤维医用赛络紧密纱线的开发	胡家豪、吴可	2019	上海纺织科技
走架纺天地醋青纤维/羊绒相仿高支纱的工艺设计	杜秋萍	2019	毛纺科技
并条牵伸工艺对棉结的影响	黄文武、吴传芬	2018	棉纺织技术
ZrO_2纤维增强环氧树脂复合材料的摩擦学性能研究	王文康、靳珊珊	2018	纺织导报
兔毛/功能性粘胶/棉涡流混纺纱的开发	岳俊玲、张媛媛	2018	毛纺科技
基于粗纱机改造的羊绒花式色纺纱线开发	张玉、冯旭珉	2017	棉纺织技术
蚕蛹强白质纤维/玉石纤维/丝光毛半精纺保健性AB	张玉	2017	毛纺科技
Viloft/钛远红外1椰灰改性涤纶保健环保面料的开发	刘霞	2017	上海纺织科技
红苋菜色素的提取及真丝染色	张玉	2017	印染
功能性弹力小提化面料的设计	贺欣欣	2016	毛纺科技

图11 学生参与申请的部分专利

（4）毕业生就业及考研：自2016年至今，纺织专业毕业生一次性就业率均在95%以上，毕业生3年之后开始在企业担任技术骨干。多名优秀学子考入东华大学、天津工业大学、江南大学、青岛大学等，博士毕业后进入高校工作。

（5）用人单位评价：根据德州恒丰集团、华源生态科技有限公司、鲁泰纺织股份有限公司等多家用人单位反馈和评价，纺织专业毕业生"踏实勤奋、爱岗敬业、基础知识扎实、创新能力强"，这些突出优点受到企业的一致好评，并涌现出一批优秀学生代表。

4.3 企业及社会反响成效

4.3.1 相关新闻报道

纺纱学服务地方，对企业培训职工进行了学历、岗位、工龄等学情分析，制定出符合企业实际的课程和授课方式。培训内容包括"纺纱工艺""纺纱质量控制""现代纺纱设备""纺织品检验""纺纱原材料"等课程。培训形式包括课堂教学、企业现场讲解、线上线下结合式和公众号"纺织锦囊"（图12）。

图12 纺纱学服务地方

4.3.2 企业员工反馈

经培训，企业75%员工培训考试合格，15%优秀；培训合格员工成为技术骨干比例：华乐集团80%，盛泽纺织有限公司50%，恒丰集团60%，华源生态科技有限公司40%，企业技术得到提高。

4.3.3 成果采纳和经济效益

（1）鲁泰纺织股份有限公司使用该教学体系进行职工教育，从深度、广度、维度加强学习，实现与服务企业相融合的教学目标。职工利用"纺织锦囊"公众号进行学习，为职工学历提升打好基础；通过线上答疑解决企业难题100余项；应用项目中的纺纱学教程，在天然染料染色新工艺和天然助剂在染色中的应用方面进行项目研发，创造经济效益2824万元。

（2）德州华源生态科技有限公司应用教学体系教材《现代纺纱设备》进行学习，聘请项目组成员张梅教授等专家对200余名职工进行培训，为职工学历提升打好基础。专业知识能力的提升，使劳动生产力大幅增强，次品率降低共同制定纱线企业标准20项，共同获得中国纺织工业联合会科技进步奖二等奖和优秀奖，德州市科技进步二等奖，促进了企业产品升级为我单位创造经济效益5400万元。

（3）德州恒丰集团应用教学体系教材《现代纺纱设备》进行学习，教材中的设备与企业转型升级中的设备相契合，反应良好。聘请项目组成员张梅教授等专家对300余名职工进行培训，50%以上员工获得了大专以上学历。应用项目中的纺纱学教程，在纤维染色及色纺纱线方面进行项目研发，促进了企业产品升级，创造经济效益3000万元。

（4）吴忠德悦纺织科技有限公司应用教学体系教材《现代纺纱设备》进行学习，聘请项目组成员张梅教授等专家进行线上线下职工培训，为职工学历提升打好基础。专业知识能力的提升，使劳动生产力大幅增强，次品率降低，促进了企业产品升级，共同申报专利一项，共同申报并获批"宁夏回族自治区新型纱线及面料创新联合体"。

（5）陵县盛泽特色纺织品有限公司应用教学体系教材《现代纺纱设备》进行学习，教材中的设备与企业转型升级中的设备相契合，反应良好；聘请项目组成员张梅教授等专家对300余名职工进行培训；现场解决生产难题100余项。

（6）夏津仁和纺织科技有限公司应用教学体系教材《现代纺纱设备》进行学习，教材中的设备与企业转型升级中的设备相契合，反应良好；聘请项目组成员张梅教授等专家对300余名职工进行培训；现场解决生产难题100余项（图13）。

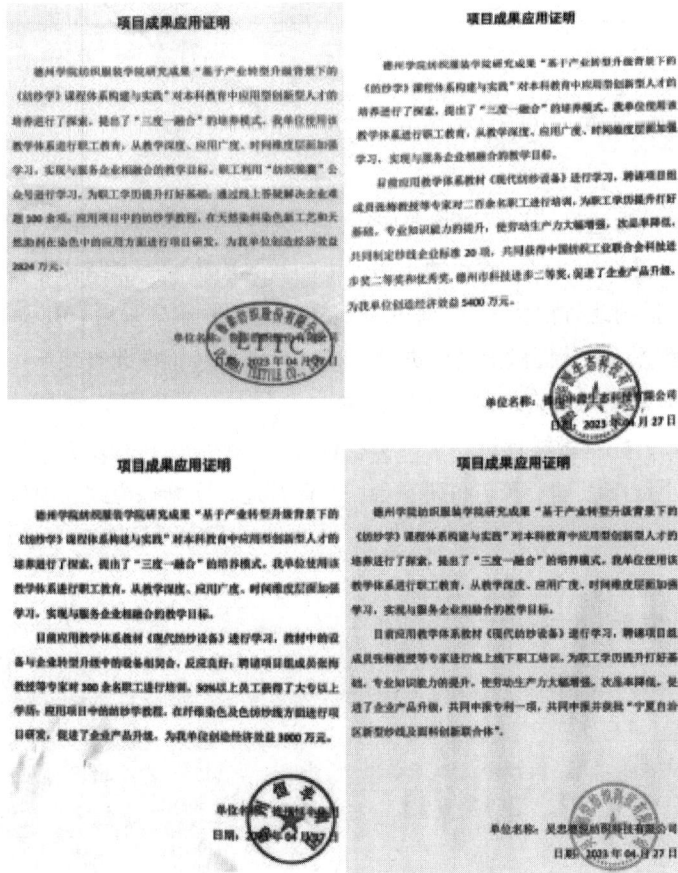

图13　项目成果应用证明

"纺纱学"国家一流课程创新体系的构建与实践

武汉纺织大学

完成人及简况

姓名	性别	所在单位	党政职务	专业技术职称
夏治刚	男	武汉纺织大学	纺织科学与工程学院副院长	教授
黎征帆	男	武汉纺织大学	无	讲师
饶崛	女	武汉纺织大学	无	副教授
张尚勇	男	武汉纺织大学	无	教授
陈军	男	武汉纺织大学	无	副教授
刘可帅	男	武汉纺织大学	无	副教授
凌文漪	女	武汉纺织大学	无	副教授
沈小林	男	武汉纺织大学	无	副教授
叶汶祥	男	武汉纺织大学	无	副教授

1. 成果简介及主要解决的教学问题

1.1 成果简介

武汉纺织大学是纺织特色鲜明的高水平大学，为建设纺织强国培养应用创新人才。为推动新工科、新制造人才培养，"纺纱学"课程经多年的建设，形成了一支以中青年博士为骨干的教学团队、一套结构完整且创新务实的课程体系。在2007年"纺纱学"获批湖北省精品课程的基础上，2016年课程率先采用OBE理念教学，为2017年纺织工程专业通过中国工程教育专业认证做出突出贡献；2021年课程获批湖北省线下一流课程（鄂教高函〔2021〕14号）、2023年获批国家线下一流课程（已公示）。

"纺纱学"不断丰富教学体系、改革教学模式、完善教学评价，增设纺纱新技术、新应用、新发展、新思政的教学案例和专业设计大赛，融合SPOC线上线下教学资源、科研平台、产业基地，实施探究式、项目化教学，获得如下成果：

（1）国家一流课程。

（2）国家级教学成果奖1项、省级教学成果奖5项。

（3）教学比赛及质量奖励4项。

（4）主编专著及参编出版教材5部。

（5）大学生比赛获国家级特等奖1项、省级3项。

（6）全国大学生纱线设计大赛特等奖1项、一等奖7项、二等奖6项。

（7）获省部级科技奖励4项。

1.2 主要解决的教学问题

（1）课程思政缺乏、学生厌学和糊学的问题。

（2）纺纱工序长、知识点多、学时少，教师易满堂灌、学生参与度低的问题。

（3）理论教学与生产实际严重脱节，难以在课堂内学精、学活、学用的问题。

（4）课程学习过程中跟踪、评估与评价单一的问题。

2. 成果解决教学问题的方法

2.1 创建融通互嵌式课程体系，突出思政引领式辅学

教学嵌入科研（柔洁纺等），形成探索引导式案例教学；教学嵌入产业（智能纺、嵌入纺等），形成实践体验式教学；教学嵌入思政（纱构之父、3毫米故事、月面国旗用纱等），形成启发互动式教学，构筑高阶性、创新性、挑战性的纺纱学课程体系。将思政、工程伦理与教学目标、内容、方法、督评互融互通，思政引领式辅学，提升学习热情、树立学习目标，从而塑造品格、立德树人。

2.2 革新导向、全面融入锁嵌的课程教学实践新方式

基于OBE理念，以解决问题、产出反哺为导向，创建校企双导师制、提升师资水平、消除满堂灌现象，借助"学习通"SPOC、虚拟仿真资源，创新实施课前资源推送助学、课中问题引导—教学互动—案例启发式促学、课后调查—作业—答疑评价式督学的教学模式，精准安排课程知识基础自学、重点讲学、难点研学、拓展探学，因材施教，提升学生自主性和参与度。

2.3 理论与实践、线下与线上"双结合"的课程实践方式

教学团队中有六位教师任科技副总服务企业，引入课堂实践案例照片、视频和虚拟动画等；企业高工走入课堂，载入实践工艺和经验，开展理论与实践、线下与线上的"双结合"课程实践，促进纺纱学的学精、学活、学用，实现大学生成长和纱线竞赛获奖（图1）。

2.4 过程评学、以评促学、学评共进的循环优化式综合性评价方式

丰富过程评学，创建"课程评价和持续改进的双机制"闭环体系，实现了循环优化式综合、定量、精准评价。

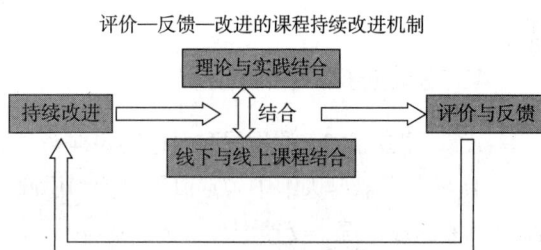

图1 课程实践方式

3. 成果的创新点

以OBE理念为导向，完善课程工坊、纺纱实验室、实践基地的教学平台，实施教学实践新模式，构建科教、产教、思政融合的课程新体系，创新点如下：

3.1 融通互嵌式课程体系创新

教学嵌入科研，形成探索引导式教学；教学嵌入产业，形成实践体验式教学；教学嵌入思政，形成启发互动式教学；将科研、产业、思政、工程伦理与教学内容、案例、方法、督评互融互通，构筑高阶性、创新性、挑战度的纺纱学课程体系。

3.2 "两导向、双结合"的课程实践模式创新

以解决问题为导向，实施项目牵引式教学，培育纺纱学师资、人才和成果；以产出反哺为导向，将教研科研竞赛成果反哺纺纱教学内容，不断优化课程资源、平台和团队建设。创建校企双导师制，开展理论与实践、线下与线上的"双结合"课程实践。

3.3 课程评价体系创新

创建了持续提升"纺纱学"课程质量的"课程评价和持续改进的双机制"闭环体系，实现了"评价—反馈—改进"循环优化式综合性评价，定量定性评学，形成持续改进的课程目标达成评价机制，并成为本专业的示范课程（图2）。

课程目标达成评价

课程目标	平时成绩比例（%）		期末考试成绩比例（%）	课程成绩比例（%）
	讨论、随课测试等	线上任务及作业		
课程目标1	4	10	18	32
课程目标2	4	7	30	41
课程目标3	4	11	12	27
合计	12	28	60	100
	40			

表2 课程教学目标支撑专业毕业要求指标点权重分配

毕业要求指标点（课程支撑度）	课程目标			课程支撑的毕业要求指标点权重系数
	1	2	3	
1-3 能将数学、自然科学、工程基础和纺织工程专业相关知识和教学模型方法用于纺织工程专业领域工程问题的推演、分析。	√			0.2
3-1 掌握纺织工程设计和产品开发全周期、全流程的基本设计开发方法和技术，了解影响设计目标和技术方案的各种可能因素。		√		0.2
4-1 能够基于纺织材料结构与性能、纺织品成形加工等科学原理，通过文献研究相关方法，调研和分析纺织领域纺织复杂工程问题的解决方案。			√	0.3

课程目标1 达成情况分布图

课程目标2 达成情况分布图

课程目标3 达成情况分布图

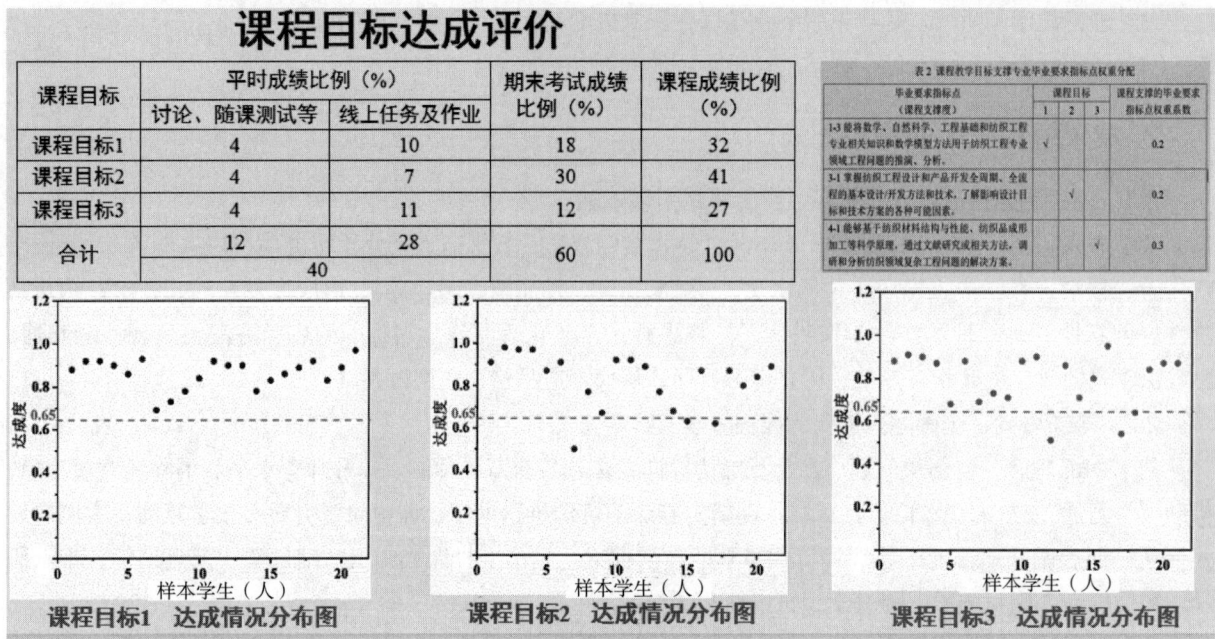

图2 课程目标达成评价分析

4. 成果的推广应用情况

4.1 建立了融入课程思政目标的课程考核机制

"纺纱学"教学大纲中确定课程目标和思政目标及考核方式，制定考核内容，通过考核结果，分步评价课程目标达成情况，反馈课程目标达成评价结果给团队教师，通过持续改进课程教学内容和方式，保障课程目标和思政目标的双达成。

4.2 校内外同行和学生评价情况

（1）本课程获批为第二批国家一流课程，夏治刚和张尚勇代表课程组在全国纺纱虚拟教研室交流会及全国纺织类专业认证工作培训会（2023.3.17，西安）上进行交流，受到校内外同行的一致好评，要求交流课件。

（2）本课程学生评教结果一直保持在95分以上。

4.3 课程体系改革成效

（1）形成一套完整的"纺纱学"课程研学、产学、思政资源库，特别形成了融入课程思政的教学大纲、课程教案。

（2）构建三学（课前助学、课中促学、课后评学）、三查（开课检查、期中检查、期末检查）及五评（领导评教、督导评教、学工评教、学生评教、教师评学）的校内自我审核的课程思政质量保障体系（图3）。

（3）项目化研学和产学结合，巩固了学生的专业知识和思想，学生竞赛获国家级特等奖1项、国家行业级竞赛特等奖1项、一等奖多项。

听课督导：刘晓洪			统计日期 2017年4月20日	
序号	学院	教师姓名	课程	得分
1	纺织学院	邹汉涛	非织造学Ⅱ	94.5
2	纺织学院	李建强	纺织材料学	95.6
3	纺织学院	张尚勇	纺纱学	95.1
4	纺织学院	周阳	表面化学	89.3
5	纺织学院	肖军	装饰织物的设计	94
6	纺织学院	徐杰	香港财政的发展与沉浮	91.9
7	纺织学院	武继松	织物组织与结构	93.9
8	纺织学院	潘郁蓉	针织学（经纬） 服装跟单管理	平均分 90
9	纺织学院	邓中民	无课	
10	纺织学院	徐安长	现代纺织技术 纺织品染整	平均分 86
11	纺织学院	刘延波	现代非织造技术	92.8
12	纺织学院	柯薇	针织学 针织学	平均分 89.1
13	纺织学院	沈小林	机织学	92.9
14	纺织学院	陶丹	纤维与纺织品检验	91.8
15				
16				
17				
18				
19				
20				

图3 督导评教

（4）纺纱教学团队发表了系列教研论文、立项2项国家级、3项省级教研项目，凸显了基于武汉纺织大学研究特色的课程教学内容。

4.4 课程建设的示范辐射情况

（1）近五年，"纺纱学"2次获武汉纺织大学本科教学质量一等奖，在全校进行大会表彰。

（2）教学团队坚持常规每2周1次答疑课、每学期3次教学研讨，在学院和学校内都做出表率（图4）。

图4　课程建设研讨会

（3）夏治刚和张尚勇代表课程组在全国纺纱学课程建设会（湘潭）、全国纺纱虚拟教研室研讨会（线上）及全国纺织类专业认证工作培训会（2023.3.17，西安）上进行交流，形成示范效果（图5）。

图5　研讨会

"知行合一"视域下服装与服饰设计专业学生创新创业能力培养与提升的路径探索与研究——以专业实践类课程为例

西安工程大学

完成人及简况

姓名	性别	所在单位	党政职务	专业技术职称
袁燕	女	西安工程大学	服装与艺术设计学院副院长	副教授
刘静	女	西安工程大学	服装设计系系主任	讲师
吕钊	男	西安工程大学	服装与艺术设计学院院长	教授
刘冰冰	女	西安工程大学	无	副教授
田宝华	男	西安工程大学	侨联副主席	教授
梁建芳	女	西安工程大学	无	教授
戴鸿	男	西安工程大学	副校长	教授
刘凯旋	男	西安工程大学	服装与艺术设计学院副院长	教授
张睿	女	西安工程大学	无	讲师
单凌	女	西安工程大学	服装与艺术设计学院服装设计系副系主任	讲师

1. 成果简介及主要解决的教学问题

1.1 成果简介

明代思想家王阳明先生提出了心学。阳明心学的核心理念是"心即理""明德亲民，止于至善""格物致知""知行合一"。2015年两会期间，习近平总书记说道："王阳明的心学正是中国传统文化中的精华，是增强中国人文化自信的切入点之一，作为中国人，不可不知王阳明。""知"，主要指人的道德意识和思想意念。"行"，主要指人的道德践履和实际行动。因此，知行关系，也就是指的道德意识和道德践履的关系，也包括一些思想意念和实际行动的关系。"知之真切笃实处即是行，行之明觉精察处即是知。"

本成果主要以阳明心学为文脉，以"一带一路"国策及文化自信的指导思想，秉承着"中学为体、西学为用"的理念，将"心即理""明德亲民止于至善""格物致知""知行合一"，与专业实践类课程的各环节能力的培养一一对应、深度契合。本成果尤其强调"阳明心学"中的"知行合一"并将相关理念统合在一起，创新性地融合于学生的"脑、心、口、眼、耳、鼻、舌、手、脚"等感知觉能力培养，为"新文科"背景下服装与服饰设计专业实践类课程教学提供启发与指导，进一步完善中国服饰话语体系的建构（图1）。

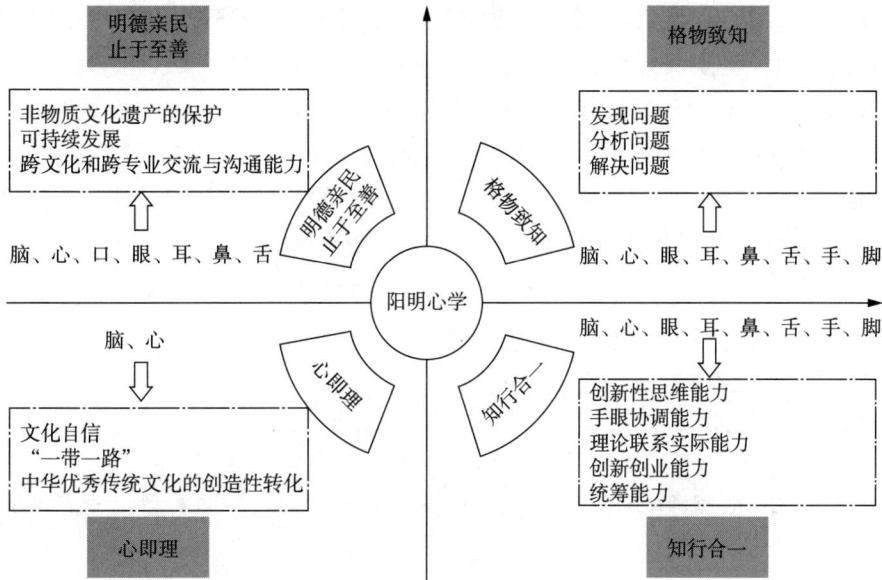

图1　阳明心学与学生能力培养的对应关系

1.2　主要解决的教学问题

随着"一带一路"方针政策和文化自信的倡导，学生可以通过专业实践类课程关注社会问题、关注文化问题、关注环保与可持续发展问题等途径，来体现对本民族历史文化和地域文化的关注、对非物质文化遗产保护的关注、对环保和可持续发展的关注，从理论到实践，都迫切地需要探寻中华传统文化与世界文化的对接与融合，需要建构中国自己的服饰话语体系。

1.2.1　"中学为体，西学为用"中"中学"体现薄弱

中国是如此重视"衣以载道"的"礼仪之邦"，还未能建立起在各种场合下穿着服装的完整的礼仪规范以及话语体系，无论是理论教学还是实践教学都显得有些薄弱。

1.2.2　学生能力培养常见问题

学生缺少深入的调研与考察，缺少发现问题与解决问题的能力、缺少文化保护意识、创造性思维能力、统筹能力，甚至还存在日常生活能力欠缺、缺少跨文化和跨专业的交流能力。这些都是专业实践类课程中学生能力培养常常遇到的问题。

1.2.3　学生实践动手能力还存在"眼高手低"的现象

很多学生缺少绘图能力、缺少想象力、缺少细节把控能力、缺少面料知识和辨别能力、缺少服装二维与三维互为转化的能力，缺少深层次挖掘，结合应用过于表面化的现象。

1.2.4　缺少更高层次和更为多元的展示平台，全方位展示学生的创新创业能力

随着目前多层次、多元化平台的涌现，原有的线上和线下并举的方式的展示平台略显单一，与社会、企业等的联动还不够；展示平台的广阔性、多元性、国际化不够。从教学资源角度来看，也存在资源不能转化、重复劳作的浪费现象。

1.2.5　缺少系统性设计，缺少解决问题的针对性

在专业实践类课程的指导思想、内容、预期目标等方面，对于理论学习的补充作用不够充分、不够系统等问题，还存在目标不够明确、针对性不强、未能达到有效提升学生创新创业能力的问题。

2. 成果解决教学问题的方法

经过多年来的探索，专业实践类课程作为理论课程的重要支撑，起到了理论联系实际的重要作用。本

成果，并以"知行合一"统合以阳明心学的"心即理""明德亲民，止于至善""格物致知""知行合一"的理念，创新性将其与学生专业实践类课程的各环节能力——"脑、心、口、眼、耳、鼻、舌（齿）、手、脚"等感知觉能力的培养——对应，深度契合，全方位地提升学生专业实践的能力。在培养方案中不仅包含了中间实习、生产实习和毕业实习，还包括了主题设计实践、品牌设计实践以及创新创业实践等实践类课程。在培养方案中，这些专业实践类课程的学分占比约为1/3。现有的专业实践类课程及各课程之间的结构是基本合理的，符合由浅及深、由粗到精、由广及专的普遍认识规律（图2）。

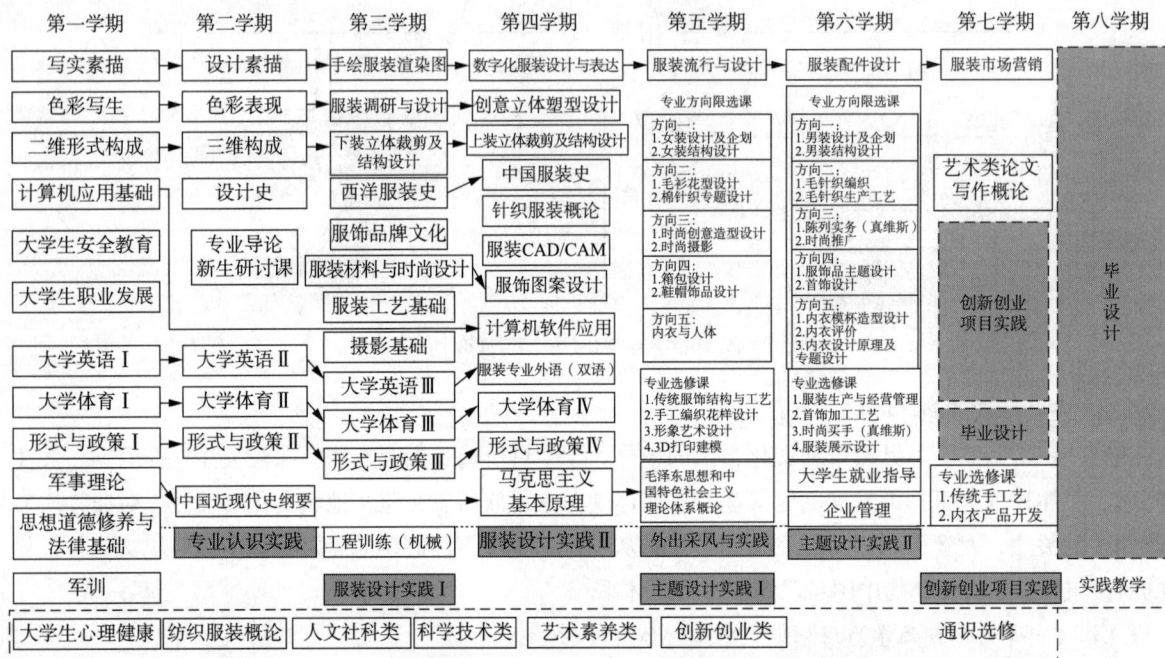

图2 服装与服饰设计专业2020版培养方案中专业实践类课程建构

2.1 开启"心脑"智慧——以文化自信为引领，探索中华优秀传统文化的创造性转化与创新性发展，旨在解决"中学为体，西学为用"中"中学"薄弱的问题

在"一带一路"国家大政方针指导下，在文化自信的引领下，各行各业都在积极探索中华优秀传统文化的创造性转化与创新性发展。通过专业实践类课程，使得更多学生真切地表达对中华优秀传统文化的探索与研究，尝试开启心脑智慧，从中华传统优秀文化的研究中找到更多自信，探索建构"中学为体"的话语体系的更多可能性。

2.2 打开"心与眼"的觉察，提升"口齿"的语言交流能力，眼观六路，耳听八方，博闻强识——沉浸式地深挖中华优秀传统文化；提升学生跨学科、跨专业、跨文化的交流与探索的能力

体察少数民族地区的人文风貌，体察非物质文化遗产，体察具有可持续发展理念的传统手工艺，以非物质文化遗产的保护、可持续发展作为责任，探索历史文化与本土文化的考察与调研，旨在解决调研与考察不够全面的问题；在服装设计实践、主题设计实践、创新创业实践与毕业设计各实践环节中，以"外专引智"方式，引进国外的新的教学理念、新的课程，提升学生跨学科、跨专业、跨文化的交流与探索的能力，拓宽视野，提升专业动手实践能力。

2.3 加强"手脚并用"的精神——解决"眼高手低"的问题

以比赛促学习，强调动手；以企业项目研发促学习，强调脚踏实地。教师带领学生积极参加各种比赛，以项目引入实践教学，促进学生有针对性地解决问题，向国内外先进教育教学理念学习；提升学生综合的创新创业能力。

2.4 以多元展示平台为契机，将优秀学生作品推向市场，为学生创新创业提供更多机会

（1）线上展示与线下展示同时进行，主要针对中间实习，以赛促学，以夯实专业基础理论知识，提升动手转化的能力为目的。

（2）线下服饰展演主要针对毕业设计和创新创业实践，多为企业合作产品研发项目，可通过商业体、独立设计师推广运营店等多元展示平台，将学生推向市场和创新创业的第一线。

2.5 围绕"知行合一"理念，更好地建构创新创业能力培养的专业类实践课程体系

从阳明心学的多个理念进行系统梳理，将"在明明德""在亲民""止于至善""格物致知"以及"知行合一"贯穿于人才培养的方方面面。在专业实践类课程的体系建构过程中，不能仅仅满足"手脚并用"，还应该以头脑、心、眼、口、舌（齿）、眼、耳、鼻、手、脚等多个切入点，才能更为全面的体现真正意义上的"知行合一"（图3）。

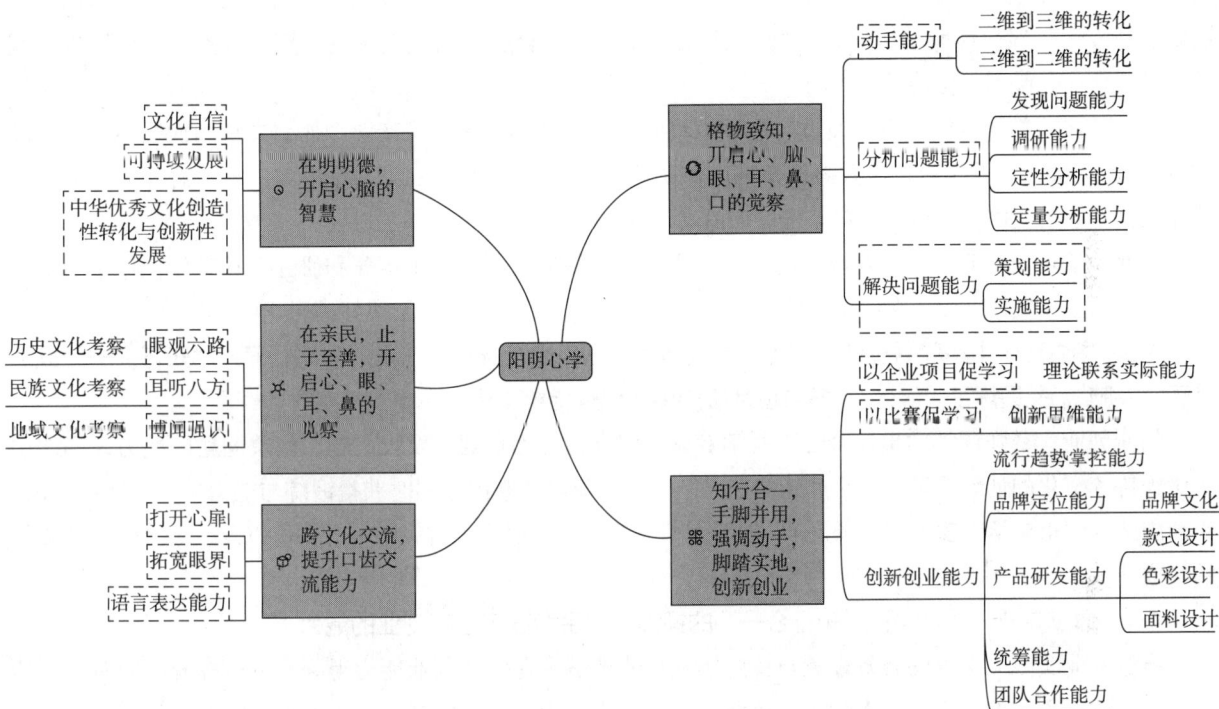

图3 "知行合一"视域下的学生创新创业能力培养路径

3. 成果的创新点

（1）将"知行合一"理念落实到专业实践类课程的建设上，并对学生创新创业能力提升起到重要作用。通过研读学习明代大儒王阳明的"知行合一"的哲学思想，结合当下的时代背景，以国家"一带一路"的大政方针、以文化自信为引导，强调头脑为引领的重要性，以心之大爱为己任，关注非物质文化遗产保护、可持续发展理念，深刻体会"阳明心学"的"大学之道，在明明德，在亲民，止于至善"。

（2）开启人体的各种感知觉——"心、脑、口、眼、耳、鼻、舌（齿）、手、脚"的觉察，强调其对于理论课程的补充作用，强调专业实践类课程"知行合一"的内涵，通过与当地博物馆、艺术馆、企业等的多方位合作，建立实习基地，充分体现出"知行合一"的调研与学习能力的培养；使之与专业实践类课程建设的各环节一一对应，全方位打开学生心灵和感知觉系统，强调专业实践能力培养每个环节的重要性。

（3）强调学校在专业实践类课程的平台展示优势，强调以项目、赛事促学习，强调与企业、商业综合体等的合作，使得学生有机会在更大的舞台上锻炼和展示自己，提升创新创业能力。

4. 成果的推广应用情况

4.1 学生在国内外各项赛事中取得优异成绩

学生不仅积极参加国内外各项赛事，共获得优秀奖项1000余项。在2016~2021年带领毕业生参加中国国际大学生时装周，学生连续五年获得了"新人奖"，学校也连续五年获得了育人奖；同时逐渐走出国门入围国外设计比赛，如新西兰可穿着时尚大赛（WOW，World of Wearable art）、俄罗斯时装周获得设计大赛，并取得优异成绩。

4.2 学校学院与当地博物馆、艺术馆、企业积极合作，共建人才培养实习基地，解决实际问题，获得社会、行业及企业等的好评

团队教师带领学生参与到与博物馆、企业合作的项目中，围绕着周秦汉唐服饰文化，发现问题、解决问题，以项目促进学生学习，进行创新设计。该成果先后与陕西历史博物馆、西安博物院、汉景帝阳陵博物院、长安十二时辰体验馆（曼蒂广场）、西安创新设计联合会、西安电影制片厂等多家文博机构进行联动、开启合作，起到文化传承的作用。

此外，团队教师带领学生，通过与榆林市政府指导下的羊毛绒纺织产业合作，参加两次国际冬季运动（北京）博览会，进行学习及实践链接，推广该产业产值高达1.5亿元；通过和针织产业中合作，建立世界袜业设计中心及全国袜艺设计大赛，推广产值高达5000万元。

因此，通过与行业、产业及政府的合作，让学生在各个方面得到了培养和研究，让学生积极参与到纺织产业链的各个应用方面，在纺织服装产业中作出了巨大的贡献，产生了很好的影响。

4.3 学生对于中华优秀传统文化的创造性转化与创新性发展有了认识的提高，通过"知行合一"既武装了"头脑"，又锻炼了"肢体"，多方位地感知中华优秀传统文化

创新创业大赛强调了学生综合运用所学专业知识进行统筹规划、发现问题、解决问题的能力，围绕中华优秀传统文化的创新性发展，更好地体现出来"头脑"与"肢体"同时获得锻炼与能力提升。2019~2022年，团队教师指导学生参加"互联网+"创新创业大赛，先后取得了省级银奖、铜奖以及校级金奖、银奖等的好成绩。

4.4 通过专业实践类课程"知行合一"的锻炼，学生增强了创新创业的能力

通过专业实践类课程的有效设置与良好实施，使得学生在创新创业能力得到全方位提升的同时，也增强了自己创新创业的信心。很多学生在毕业后，在企业一步一步从实习生，走到设计师的职位；有一些学生通过参与大学生时装周的展演，入选了"旭化成"未来之星，并通过在企业的调研与设计，成功举办了发布会；还有不少学生，创建自己的品牌和淘宝店、抖音直播账号，成为时尚网红博主，较为成功的淘宝店主拥有84.6万粉丝，抖音主播拥有43.9万粉丝。

讲好中国故事，发现中国之美——设计类专业课程思政建设的创新与实践

天津工业大学，清控文创（北京）品牌管理有限公司

完成人及简况

姓名	性别	所在单位	党政职务	专业技术职称
赵俊杰	男	天津工业大学	视觉传达设计系主任	副教授
任莉	女	天津工业大学	党委委员、支部书记	教授
乔洁	男	天津工业大学	无	教授
郑男	男	大津工业大学	无	副教授
倪春洪	女	天津工业大学	无	副教授
高立燕	男	天津工业大学	无	副教授
刘一猛	男	清控文创（北京）品牌管理有限公司	高级副总裁	高级工程师

1. 成果简介及主要解决的教学问题

1.1 成果简介

在中华民族伟大复兴的时代背景下，如何培养立足中国文化特色、兼具国际文化视野，能够传承和创新中华优秀传统文化的应用型高端设计人才，是国家级一流本科专业人才培养的历史使命和时代呼唤。

教学团队经过六年的探索与实践，将中华优秀传统文化融入设计类专业课程，通过参与故宫、天坛、大明宫、大运河等一系列重点文创设计项目，极大提升了学生的参与感、体验感和民族自豪感，变"被动灌输"为主动研究、勇于创新、积极传播中华优秀传统文化。通过构建"课程思政＋产教融合"特色人才培养体系来赋才学生，通过创新产教深度融合的人才培养模式来赋能产业，在服务经济社会发展中赋美百姓生活，解决了设计类课程思政建设的以下教学问题：

1.1.1 实现设计专业类教学与人文素养教育相融合

以"文化自信"为切入点，深挖中华优秀传统文化，使学生在掌握专业知识的同时，加深对中华民族历史和文化的了解，在提升学生人文素养的同时，又能拓展艺术设计专业能力。

1.1.2 实现艺术创作与家国情怀相融合

把政治认同、国家意识、文化自信、人格养成等思想政治教育导向与艺术设计课程固有的知识、技能传授有机融合，实现显性与隐性教育的有机结合，促进"三全育人"格局加速形成。

1.1.3 实现人才培养与社会需求相融合

深化"新文科"建设的创新实践，以社会需求为导向，不断优化人才培养体系。融通艺术学科多领域之间的密切联系，注重与互联网、人工智能等技术以及自然科学的互通。

1.2 成果解决教学问题的方法

1.2.1 赋才学生，构建"课程思政＋产教融合"的特色人才培养体系

坚持"以美育人"的理念，以中华优秀传统文化讲好中国文化故事，实现了高校设计类专业人才培养、

课程思政、科学研究、社会服务、文化传承等多重使命。依托天津工业大学"纺织工程"世界一流学科群，多部门、跨院系、跨专业联合协同开展教学改革，构建"2中心、4平台"的天津工业大学设计类专业特色人才培养体系（图1）。

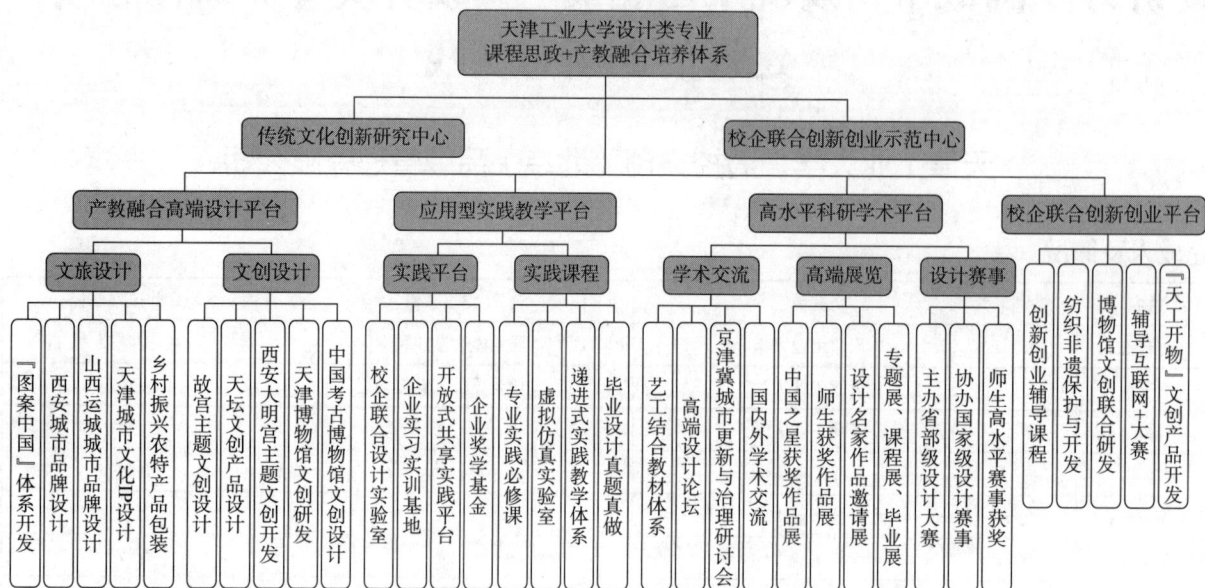

图1 "2中心、4平台"人才培养体系

1.2.2 赋能产业，深化产教深度融合的人才培养模式

通过建设工程训练国家级实践教学示范中心、天津市高校示范实验教学中心、校企联合创新创业示范中心和博物馆文创设计联合实验室等产教融合平台，整合企业资源、行业资源和创新创业平台资源，在实践课程中引入重大文化创意项目，以产业项目促进教学改革，以教学成果服务产业需求（图2）。

图2 教学成果服务产业需求

1.2.3 赋美生活，在服务经济社会发展中实现自我价值

以服务经社社会发展为育人宗旨，传承和弘扬优秀传统文化，赋美百姓生活。实现在育人过程中，将立德树人、以美育人、服务社会三位一体有机结合，全面开拓设计类专业课程思政的创新实践。通过深入研究主题文创项目，将文物、科技、艺术相结合，以沉浸式、互动式的方式展示优秀传统文化，以数字化

场景营造为亮点，以创意时尚服装秀为看点，以系列化IP文创产品为卖点，从不同视角传播中华优秀传统文化、传承非物质文化遗产（图3）。

图3　赋美生活

2. 成果的创新点

2.1　教学目标"重温度"

引领学生系统梳理传统文化资源，让收藏在博物馆里的文物、陈列在广阔大地上的遗产、书写在古籍里的文字都活起来。同时体会与感悟传统文化的魅力，加深对中华文化的认同感和自豪感（图4）。

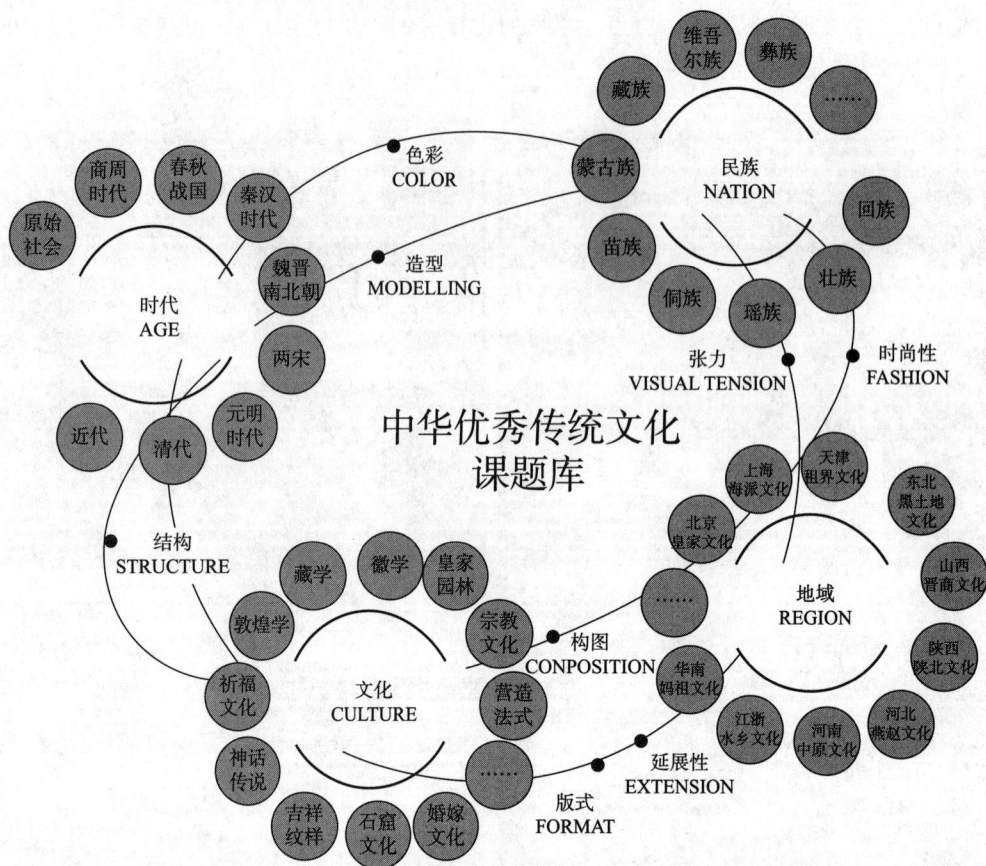

图4　中华优秀传统文化课题库

2.2　教学内容"拓广度"

建立以中华优秀传统文化为依托的课程体系，为学生引导研究方向和课题，让学生通过器物、纹样直接触摸到文化，并通过文化引发思考、通过现代设计语境重新诠释传统（图5）。

图5　以中华优秀传统文化为依托的视觉传达设计课程体系

2.3 教学过程"精刻度"

采用"工作坊"式分组提案教学，线上线下互动，通过"课前准备—课题启动—课程讲授—项目实施—项目优化—课题结项—课程总结"8个环节，既增加了趣味性，也保证了较高完成度，使得整个过程具备了精准刻度（图6）。

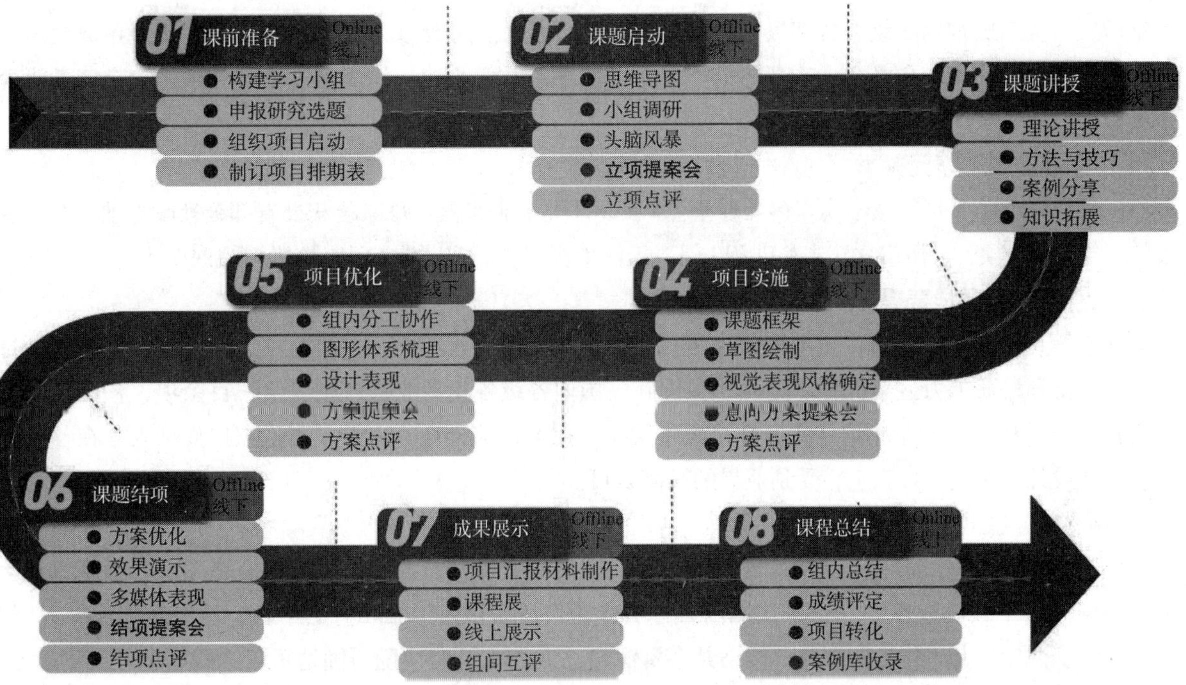

图6 天津工业大学设计类专业"工作坊"式分组提案教学模式

2.4 教学成果"创高度"

师生完成了一批重大传统文化设计与研究课题，得到各级领导、专家的一致好评，创造了较高的社会价值，荣获了德国红点设计奖、德国iF设计奖、美国缪斯设计奖等国际级和国家级等级奖50余项（图7）。

图7 教学成果

3. 成果的推广应用情况

3.1 专业建设特色鲜明

专业建设特色鲜明，优势突出。获批国家级一流本科专业建设点（第二批），构建设计类专业课程思政+产教融合的特色人才培养体系初见成效。专业社会影响力显著提升，近三年生源质量大幅提升，录取分数逐年增长。先后完成国家级、省部级重大课题20余项，完成国家级实验教学示范中心、天津市高校示范实验教学中心、校企联合创新创业示范中心、虚拟仿真实验教学平台、纺织非物质文化遗产校企产学研合作等平台建设。

3.2 教学改革多元并举

深化教学改革、创新教学模式多元并举。4项设计类专业课程思政课题获批省部级教改立项，获评省部级教学成果奖5项，天津市一流本科课程1门，天津市虚拟仿真实践课1门，校级精品课2门。

3.3 育人效果显著提升

学生综合素质显著提升，主动聚焦中华优秀传统文化，课程实践、科研立项、毕业设计相关选题超过90%；创新和科研能力显著提升，近五年在国际、国内各级各类专业赛事中获奖三百余项，核心期刊发表论文百余篇；毕业生就业质量显著提升，人才就业口径宽，综合竞争力强，大量杰出设计人才在各级企事业单位及设计机构中表现突出，受到业界的高度认可。

3.4 教学模式全面推广

实现课程思政育人过程全覆盖，阶梯式设计实践课程全覆盖，自编出版教材全覆盖。教师凝练教学成果，出版高水平教材专著30余部，被国内设计类专业广泛采用。构架私有云平台，建设教学成果案例库、云端教学资源库、师生作品资源库等网络共享资源超过20TB，让师生随时随地可以查阅和学习优质资源。

3.5 学术交流互学互鉴

举办《新时代高端大讲堂》论坛，建立高等人文社科传播平台；与清华大学共同主办了两届"京津冀城市更新与治理研讨会"，打造立足京津冀、辐射全国的政、校、企间的多维度交流平台，教学成果与经验被兄弟院校广泛推广借鉴。主办亚洲超越展、《中国设计年鉴》优秀作品展、京津冀设计名家作品展等高规格展览；邀请设计名家、知名校友到学校举办讲座，拓展了师生的专业视野，增强了学术交流（图8）。

3.6 教学成果多层辐射

专业的社会影响力大幅提升，教学成果多层辐射。主持及承担教育部重大攻关项目1项，教育部一般项目1项，国家艺术基金1项，省部级哲学社会科学、艺术科学规划、教育科学规划等项目18项。主持及承担故宫、天坛、大明宫等重大文博项目及天津、西安、第十三届全运会等重大文旅项目的视觉、品牌及文创产品设计，成果获国际级奖项6项，国家级奖项50余项。以优秀传统文化赋能文创产业，为企业累计创造经济效益超过五千万元；以高端设计作品赋美百姓生活，极大提升人民文化自信、幸福感和审美素养。

图8 学术交流

以应用为导向增进轻化工程专业学生实践能力的多维培养模式

盐城工学院，江苏曼杰克有限公司

完成人及简况

姓名	性别	所在单位	党政职务	专业技术职称
周天池	男	盐城工学院	纺织服装学院副院长	教授
王春霞	女	盐城工学院	纺织服装学院院长	教授
王俊本	男	江苏曼杰克有限公司	董事长	工程师
郏成辉	男	盐城工学院	纺织服装学院教师	副教授
祁珍明	男	盐城工学院	纺织服装学院教师	教授
何雪梅	女	盐城工学院	轻化工程专业系主任	副教授
陈嘉毅	女	盐城工学院	纺织服装学院教师	副教授
蔡露	女	盐城工学院	纺织服装学院教师	副教授

1. 成果简介及主要解决的教学问题

1.1 成果简介

近年来，我国的印染行业面临发达国家"再工业化"和发展中国家"快速工业化"的"双重挤压"，推动其由劳动密集型向技术、资本密集型的转型升级。江苏省巨大的产业体量、产业的转型升级、智能制造的推广都需要大量的专业技术人才进行支撑。但是，目前省内印染行业具有本科以上学历的专业人员不足5%，难以满足江苏加快推进"纺织强省"的要求。因此，大力培养高层次印染人才已经迫在眉睫。

作为苏北地区唯一一所本科轻化工程专业人才培养的高校，盐城工学院纺织服装学院轻化工程专业肩负重要使命。然而，在人才培养过程中发现三个关键性问题影响了学生的就业质量：

（1）原有教学培养方案中工程实习与科学实验等实践性环节不足，刚毕业的学生不能在较短时间内掌握企业实际生产的本领，难以满足企业的专业人才需求。

（2）社会层面对纺织印染的认知停留在二十年前的状态，认为纺织印染行业属于劳动密集型，工作辛苦、环境较差且时间长，因此影响了学生进入企业的积极性。

（3）地方企业在创新能力上存在严重不足，产品传统且形式比较单一，攻坚克难能力薄弱，对高层次人才待遇提高的力度不够，对人才的吸引力不强。

本成果以培养具有扎实工程实践能力，能解决复杂问题的高水平应用型轻化工程专业人才为目标，从思想认知、专业能力、产教融合、科学拓展四个方面培养学生的实践应用能力，深化校企合作。依托学校科研平台、学校实习平台、企业生产基地和社会公共思政育人平台四大保障平台，将专业知识实践化的理念贯穿于人才培养全过程，形成了以"思想政治引领、专业技能强化、科学分析提高和创新融合实践"为特点的实践教学体系，从而满足学生多样化成才的需求。经过5年来的教学和实践检验，该培养体系在人才培养，课程与教学改革方面效果显著。学生工程实践和设计能力明显提高，能够较好地解决复杂工程问题。

相关的成果屡获佳绩。学生在全国纺织品及纱线设计大赛中获奖30余项，在中国纺织服装教育学会举办的"红绿蓝杯"中国高校纺织品设计大赛获奖60余项，教学获得中国纺织工业联合会教学成果奖5项（图1）。

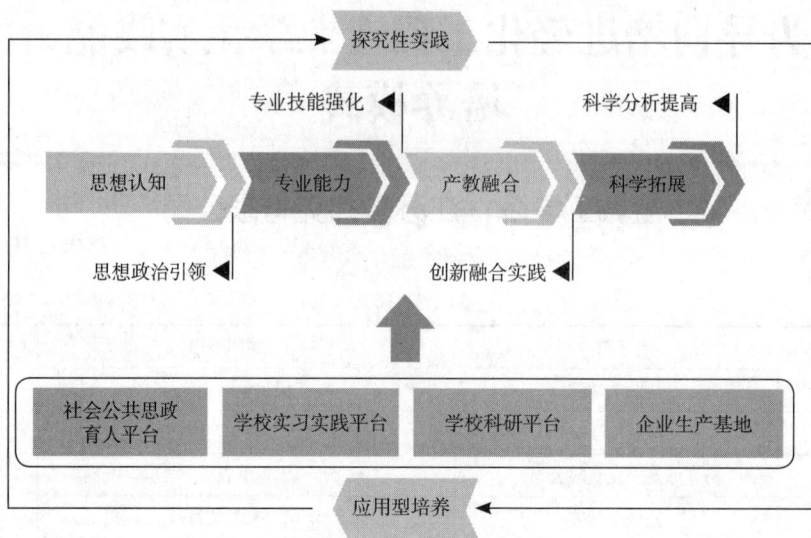

图1 实践能力培养方式结构图

1.2 主要解决的教学问题

（1）解决学生自信心差、拈轻怕重、专业认同度低等思想问题。以思政理念建设课程，有机融合家国情怀、人文素养与专业历史，激发他们学习的主动性与主人翁意识，有助于学生全面健康发展。

（2）解决传统教学与应用相脱节的问题。以应用为导向，增加实践性环节，一方面在学校里充分应用教学科研平台，加强学生自主操作与独立思考的能力。另一方面通过企业导师线上微课、"虚拟仿真软件操作"、实地参观、实习、实践等多种教学方式虚实结合，提高学生对专业生产实际的感性认识，利用全过程评价方法，关注学生的成长，作出综合评价结果。

（3）解决学生个人以及地方企业创新能力不足的问题。一方面，积极构建创新创业体系，充分调动学生创新创业的参与热情，提高学生在科研活动的主体地位，将科研成果直接应用于教学，帮助学生形成科学的思维方法。另一方面，与企业开展密切产学研合作，将科研成果产业化，将受到系统训练的学生推荐到企业研发部门，积极帮助企业转变思想观念、升级生产设备。

2. 成果解决教学问题的方法

2.1 以融合为核心，构建六维度课程思政体系

轻化专业课程中专业领域技术理论知识较多，家国情怀与人文素养的比例较少，课程思想政治教育案例缺乏系统性。要解决上述问题，就需要基于教材、资料和生产实际来深挖思政元素，建立基础的课程思政素材库。在专业知识的教学中，加入思想政治教育元素，可以悄然影响学生对于所学行业、专业知识体系及学科发展现状与未来趋势的兴趣。这有助于学生树立坚定的专业观念和发展目标，同时激发他们以建设纺织强国为己任的使命感和社会责任感。由此，我们从政治认同、家国情怀、文化自信、科学精神、法治意识和职业素养六个思政维度挖掘课程思政元素（图2）。使同学们正确认知国家的发展历程，了解行业发展的现状，继承与弘扬传统文化，展现文化自信与家国情怀。培养学生具备包括探究、创新、严谨求实、团结合作及社会责任等多重内涵的科学精神。

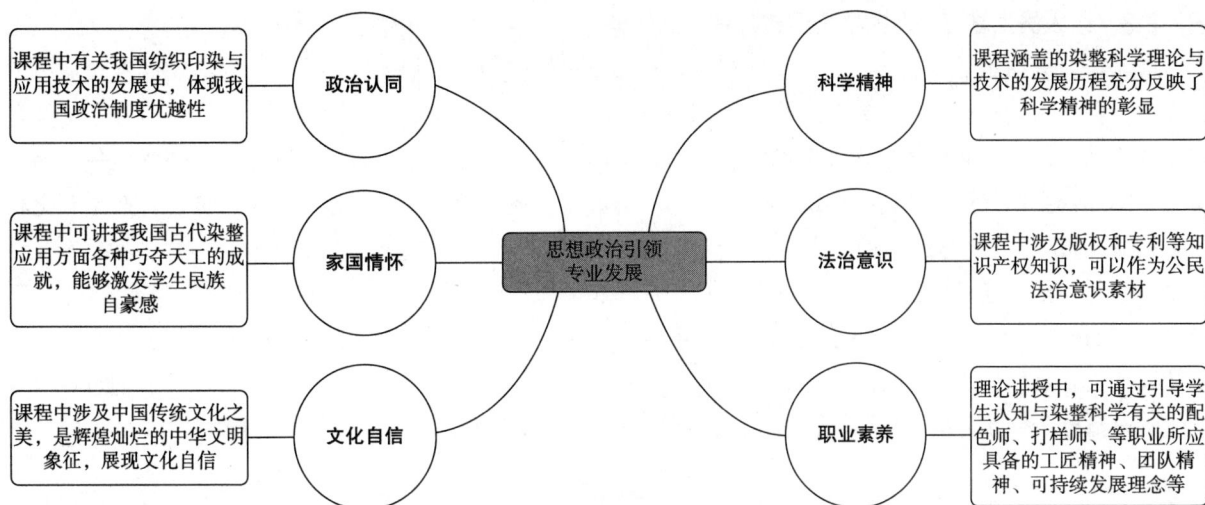

图2 课程思政元素的组成结构

2.2 以应用为中心，组合多元化课程实践体系

根据实践课程对学生能力培养的功能，强调培养的递进性，即基础能力培养、专业能力培养、综合能力培养和解决复杂工程问题能力培养。加大基础化学实验与认知实习力度，夯实化学知识基础与实验操作技能。染整工艺与检测实验、印染试化验、助剂合成与应用实验主要训练学生专业基础实验单元操作的能力，对专业技能进行训练，注重学生专业规范的养成和专业基本能力的培养。与此同时，我们与合作密切的染企建立了近二十家实习基地，可以采用集中和分散生产实习的方式，让学生走进纺织印染企业，了解生产工艺和生产流程，通过亲自动手操作，增加对行业、企业，以及工艺及设备的直观认识，以培养学生的工程能力。染整产品开发、大型印染实验与毕业实习有助于学生综合运用所学的化学与专业基础知识，解决实验实习中遇到的问题、解释实验或生产的现象和结果，全面培养学生综合运用知识的能力，以及分析解决复杂工程问题，并依托各种产品设计大赛、学科竞赛增强学生的综合设计能力。科研创新实践以及毕业论文（设计）求学生自行查阅相关资料并设计解决问题的方案，系统完成材料合成、性能表征、材料加工与改性等创新性内容，并依托教师承担的各类纵向项目、产学研项目完成探索性研究工作，培养学生精益求精的工匠精神（图3）。

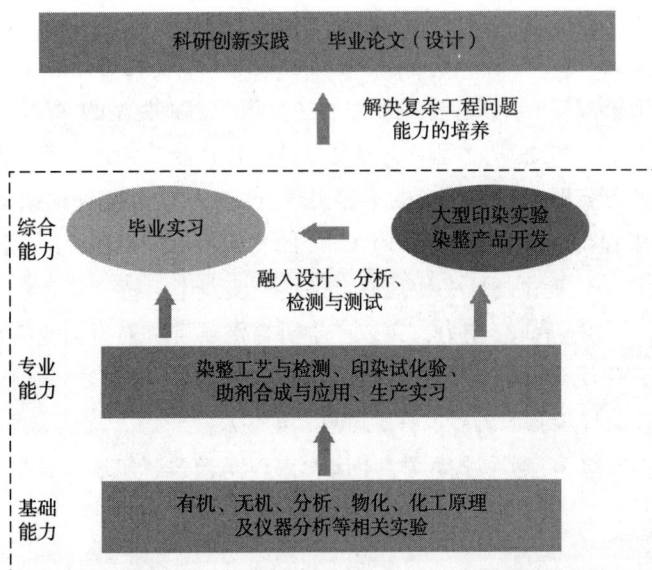

图3 基于学生能力供给效果的实践课程体系

2.3 以人员为基石，发挥校企混成师资团队优势

培养与引进高水平实践型人才，实现校企产教融合是提升师资工程实践能力的有效方法。在长期教学过程中，我们逐渐建设了一支专兼结合、动态发展的学校—企业混合成专业教育师资团队。以校企深度合作发展为动力，一方面培养校内师资的实践能力，同时将教师从知识单向输出方转变为以"学生—教师—学生"循环双主体信息交互链接中的参与方；另一方面将企业精英引入课堂承担教学任务、打造专业化和本土化师资团队。近年来一方面引入专业对口的博士8人，积极开展横向合作，帮助企业解决各种生产及科技攻关问题，推动老师承担企业产学研项目，担任科技副总与生产技术顾问。目前，盐城工学院轻化工程专业共有11人获得江苏省科技副总荣誉称号，共主持江苏省产学研合作项目达15项，促进了合作企业的产品升级，获益颇丰。另一方面，聘请企业专业人士作为兼职教师或校外导师（目前在聘22人），通过参与教学、毕设指导、举办讲座等等形式形成互补，有效提高实践教学团队的师资水平（图4）。

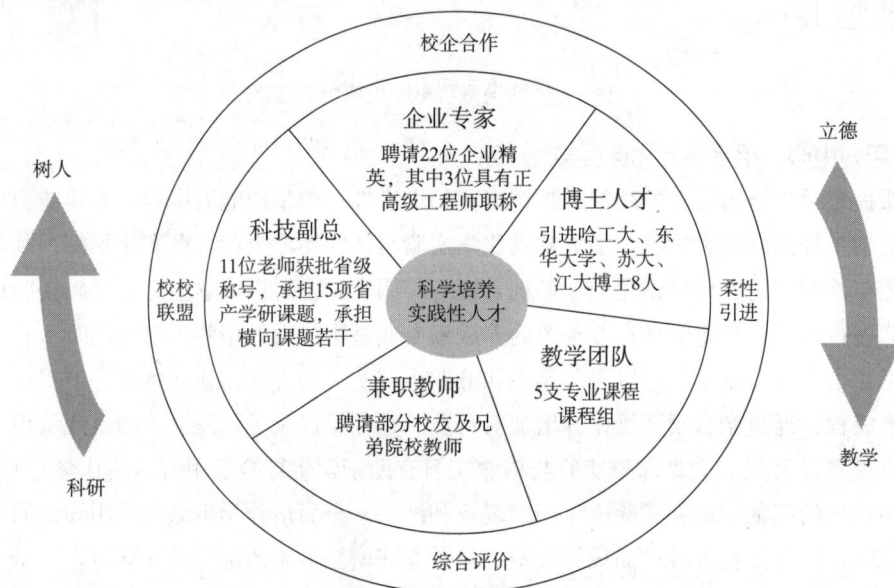

图4 混成师资团队推动实践型人才培养的轮盘模式

2.4 以平台为依托，打造实践教学课程平台联盟

实践教学平台的构建离不开校企双方全方位深度协同合作，而深度合作的前提则是专业平台的成立和正常运转。校内外实践平台建设的顺利开展，也能推动学校深入融合到地方的经济社会发展之中。盐城工学院纺织服装学院长期以来重视与地方及企业的联系，主动组织多种类型的深层次产教、产研对接交流会，达成多项校企全方位合作协议。在教学过程中充分发挥高校和企业的各自优势，建立校内实践教学中心、企业实践基地和校地联合科创实践中心。学校的工程实践中心为学生完成理论课程的实践工作，模拟企业产品开发提供场景；企业工程实践教育基地为学生提供了真实的实战环境，培养学生实战及解决复杂工程问题的能力，提前熟悉工作岗位提供场所；校地联合的科创实践中心特别是专业系柔性功能材料研究所，为培养学生的创新思维和工程创新研究能力，完成产学研合作项目及创新创业项目提供保障平台。此外，利用学校设立的公共平台，广泛开展线上线下混合式教学模式，线上教学通过视频、答疑辅导等方式在智慧课堂平台与学生开展同步或异步知识讲授、答疑解惑，学生反复学习、深入思考，掌握专业知识与技能。线下通过项目式教学、合作式教学、实践式教学、创新式教学等模式，实现综合技能的全面提升（图5）。

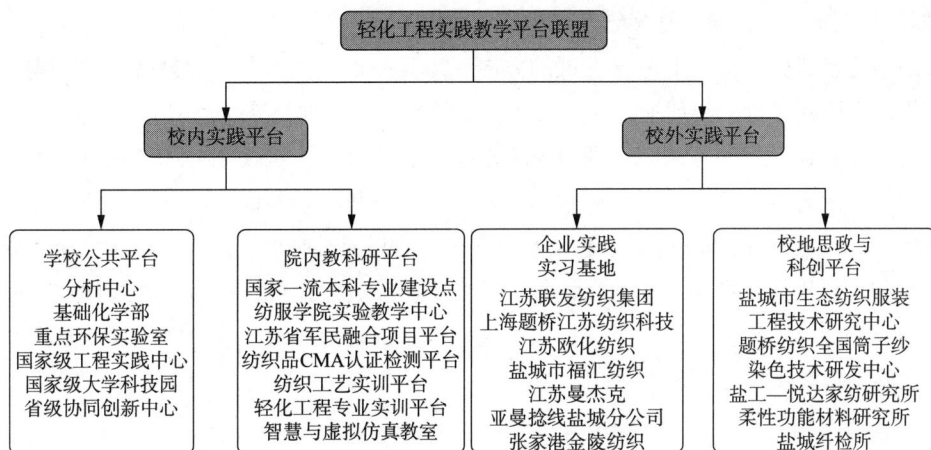

图5 实践教学平台联盟框架

2.5 以创新为延伸,推动专业发展的广度与深度

目前,我国正处于新一轮产业变革时期,党和国家提出了"新工科"的教育理念,强调以灵活应对变化,在继承的同时不忘创新,要协同融合各学科的优势,交叉共享,培养更高水平、更多元化的创新型人才。盐城工学院纺织服装学院轻化工程专业在教学过程中始终将学科前沿知识与技术传授给学生,鼓励学生进行科研创新与专业创业活动。"科研创新实践""染整产品开发"以及毕业论文(设计)等实践课程,均将特色鲜明、富有设计性、创造性的作为最重要的教学理念,引导学生进行自主、合作、探究式学习,促进学生科研能力,创新和协作能力的整体提升。鼓励学生主持国家级、省级、校级大学生创新项目,积极组织学生广泛参加全国美育大赛、全国高校纺织品设计大赛、纺织品跟单大赛、全国大学生纱线设计大赛等,通过一系列启迪学生创造性思维的教学活动一方面丰富了学生专业实践教学内容,另一方面大幅度提高学生综合能力。开设专业科技前沿讲座、邀请专家学术报告等形式将优质科学研究资源引入育人过程,帮助学生加深对专业内涵的理解,拓宽眼界;落实本科生导师制,引导学生参与前沿科学研究,提高专业认同感和成就感。轻化工程(纺织化学与染整工程专业)研究的对象已经不仅仅局限于对纺织品进行加工整理,目前与不少学科形成了交融、交互,在科研创新过程,以染整理论为依托,结合新的实践需求,引导学生树立"大染整理念",进行创新探索,获得新的成果(图6)。

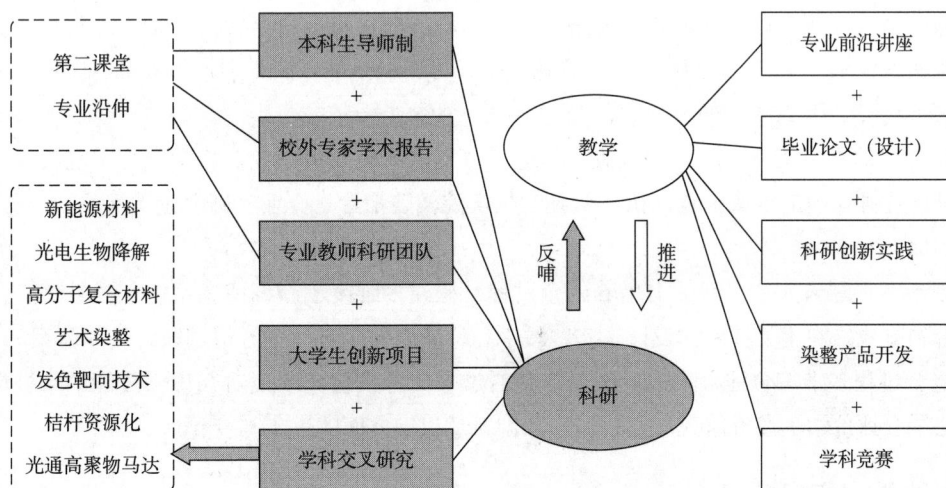

图6 教学科研融合机制

2.6 以质量为指标，开展全过程多维综合评价

目前，素质教育已成为我国高等教育发展的方向，培养高素质全面发展的创新人才已成为全社会的共识，为此国家提出新课程评价的新理念，注重发展和变化的过程，改变单纯通过书面考核检查学习对知识、技能的掌握情况，倡导运用多种方法综合评价学生在态度、价值观、实践能力和创新意识等方面的进步与变化。专业系通过思想态度评价、线上学习数据、线下课堂表现、教师评价、学生互评、分组作业、项目展示、现场操作/答辩、阶段性考核等综合起来实施评价。除任课教师外，还邀请学生、企业导师、督导和用人单位共同参与到评价体系中来，学生在评价过程中不断改进。此外，通过各类校内外学科竞赛、大学生创新创业项目、企业实践等作为课程考核形式，检验学生的学习效果，学生在学科竞赛、产教融合的大环境中培养自己的创新实践能力（图7）。

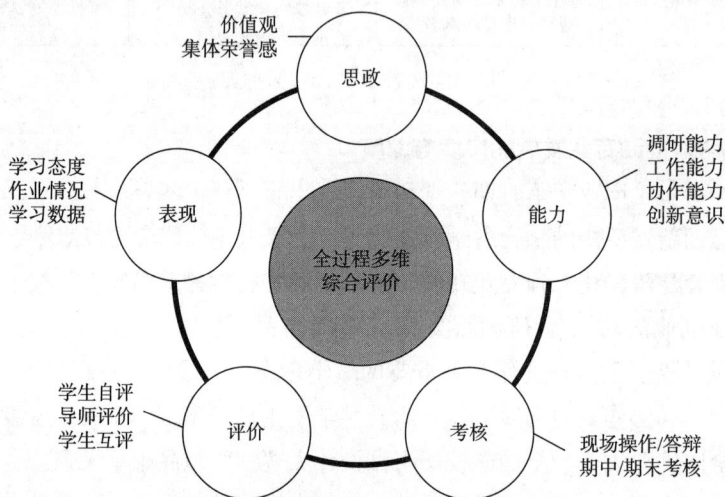

图7 全过程多维综合评价体系

3. 成果的创新点

（1）将思政融合到教学中去，致力于帮助学生树立正确的世界观、价值观、人生观。将专业教育与社会主义核心价值观教育相结合，培养学生的国家责任感和文化自信心。

（2）以培养具有扎实工程实践能力，能解决复杂问题的高水平应用型轻化工程人才为目标，组合多元化递进式课程实践体系，结合"虚实结合""智慧课堂"等新型教学方法，强调培养的科学性、专业性与实用性。

（3）构建混成师资团队与实践平台联盟。打造了一支由本校高水平专业教师、兄弟院校兼职教师、企业及研究所外聘导师在内的混成师资队伍。依托学校学院实践平台、企业实践基地等等平台，推动实践式、创新式教学的深入发展。

（4）把创新意识融入人才实践能力培养的全过程，构建多维度创新训练体系。取长补短，采用校地联合、产教融合的方式，构建了从课程设计、实践教学和科研合作多方面全方位的联合培养体系。

（5）建立全过程多维综合评价模式。改变单纯通过书面考核检查学生对知识、技能的掌握情况，倡导运用多种方法综合评价学生在价值观、实践能力和创新意识等方面的进步与变化。

4. 成果的推广应用情况

经过不懈努力，团队积极优化轻化工程专业本科人才培养模式，践行实践教学改革方案，以培养适应社会需要的应用型、创新型人才为目标，取得了显著的成绩。

4.1　教研成果及学生能力得到社会广泛认可

2018年至今，本项目部分成果与江南大学、东华大学、苏州大学等纺织类高校进行共享，得到他们的认可（图8）。培养的毕业生得到了相关企事业单位的一致好评，学生的专业素养、创新能力完全满足用人单位的需求，普遍反映我校学生专业基础扎实、踏实肯干、稳定性好。学校通过用人单位对毕业生进行连续跟踪调查，轻化工程专业毕业生在分析、解决问题能力、创新意识等指标的满意率达到97%以上。近年来每年有近50家轻化工程相关企事业单位主动来校招聘毕业生，提供的岗位数与毕业生人数之比达5∶1，毕业生首次就业率连续五年超过90%。众多校友已成为江苏海安联发集团、上海题桥江苏纺织科技有限公司、张家港金陵纺织有限公司、亚曼捻线集团等等国内外知名企业技术骨干。

图8　教学成果代表以及与其他高校、企业单位共享的反馈意见

4.2　教师教学成果数量与质量显著提升

4.2.1　教研项目方面

2017~2019年，袁淑军、周天池主持了校级重点教研项目"提高轻化工程专业人才培养途径的方法与实践"。2021年，周天池等老师主持的江苏省虚拟仿真实验建设项目"高温高压涤纶筒子纱染色虚拟仿真实验"获批江苏省"省一流"课程；吕景春等老师申报的"染整工艺与检测实验"获得盐城工学院重点资助校级一流本科课程立项建设项目；何雪梅等老师申报的"染整工艺原理I"获得校级一流本科课程立项建设项目；吕立斌、周天池等编著的"十三五"普通高等教育本科部委级规划教材《纺织服装概论》获江苏省重点教材立项建设项目。2022年，周天池等老师申报的"颜色科学与计算机应用"获批盐城工学院校级"课程思政"建设项目；何雪梅等老师申报的"新工科背景下四教融合的应用型本科人才培养模式探索"课题获批江苏省教育科学"十四五"规划2021年度课题；高大伟老师申报的"'新工科'背景下工程应用型纺织人才培养的探索研究"获得教育部产学合作协同育人项目。

4.2.2　教学竞赛和指导学科竞赛方面

2017年，周青青老师获得高等院校艺术作品比赛优秀指导教师，并获得盐城市科技进步奖二等奖。2020年陈嘉毅老师获得第八届全国高校数字艺术设计大赛优秀指导教师称号。2021年陈嘉毅老师获得江苏高校微课教学比赛三等奖；周天池老师入选盐城工学院最受学生欢迎老师候选人名单。2022年，陈嘉毅老师再次获得第十届全国高校数字艺术设计大赛优秀指导教师称号；王春霞等老师申报的"织物结构与设计——联合组织及其织物"微课程获得2022校级微课比赛教学奖。

4.2.3　教学成果奖方面

2018年，周天池老师获得江苏省教育教学与研究成果奖三等奖；2019年，周青青、蔡露等申报的"基于'艺术染整传承与创新'背景下的轻化专业实践课程多元化教学模式探索"获得中国纺织工业联合会教学成果三等奖；陈嘉毅等老师申报的"基于'艺术染整传承与创新'背景下的轻化专业实践课程多元化教学模式探索"获得中国纺织工业联合会教学成果三等奖；2021年，何雪梅等老师申报的"基于'四教融合'和'虚实结合'的轻化工程应用型人才培养体系构建与实践"获得中国纺织工业联合会教学成果二等奖；王春霞等老师申报的"双一流背景下基于校企合作的纺织人才培养研究"获得中国纺织工业联合会教学成果二等奖。此外，在潜心教学的过程中，专业系教师也先后获得过江苏省高校"青蓝工程"优秀骨干教师、江苏省"青蓝工程"中青年学术带头人、"盐城市科技先进工作者""巾帼建功标兵""盐工科技先进个人""盐工三八红旗手""盐工教学名师""盐工文明职工""盐工优秀共产党员""盐工优秀教师"等荣誉称号。

4.2.4 教研论文及教材方面

2017年以来，轻化工程专业教师先后发表关于应用型人才培养模式、课程改革、基地建设等方面的教改论文10余篇，吕景春老师参与编写"十二五"江苏省高等学校重点教材《化学与社会》1部，何雪梅老师参与编写《服装虚拟现实与实现》教材1部，校内自编教材《染整新技术》《特种印染》各1部。

4.3 学生学习成果质量明显提升

一直以来，盐工轻化工程专业注重帮助学生加深对专业内涵的理解，拓宽眼界，端正专业思想。落实本科生导师制，引导学生参与各级各类学科竞赛以及前沿科学研究，提高专业认同感和成就感。轻化专业考研率年年升高，近三年均稳定在40%以上（图9），首次就业率稳定在90%以上。从图9可以看出，深化对实践教学体系的改革后，学院学生的学习动力明显增强，对科研创新的动力和继续深造的要求也越来越高。2017年以来，学生申请大学生创新创业项目和实验室开放项目共计20项，其中1项为国家级大学生创新创业项目，4项江苏省大学生创新创业项目；学生以一作发表高水平期刊论文11余篇，其中SCI 1区发表3篇，以第一发明人授权发明专利7件。学生参与发表论文30余篇，参与并授权发表专利20余项。团队带领学生积极参加与纺织印染有关的各类大赛，总计获奖30余项，取得优异的成绩。参加2017年、2018年全国大学生外贸跟单+跨境电商大赛分别获得2项三等奖、2项二等奖，并获得团体三等奖，2017~2022年获得"红绿蓝杯"中国高校纺织品设计获得一等奖2项、二等奖3项、三等奖7项。学生通过比赛不断强化实践应用能力，同时对专业有更深刻的掌握和运用。学生参加第三届全国大学生绿色染整科技创新竞赛本科生组中获得三等奖一项，参加江苏省纺织论文大赛获得二等奖、三等奖6项，参加科德杯江苏省印染学术论文大赛获得二等奖、三等奖11项。在毕业论文（设计）环节也取得了较好的成绩，王春霞老师、祁珍明老师、李静老师指导的本科先后于2019、2020、2021年获得江苏省优秀毕业论文，2018年以来每年均获得3~4篇校级优秀毕业论文和1个以上校级毕业论文（设计）团队（图10）。

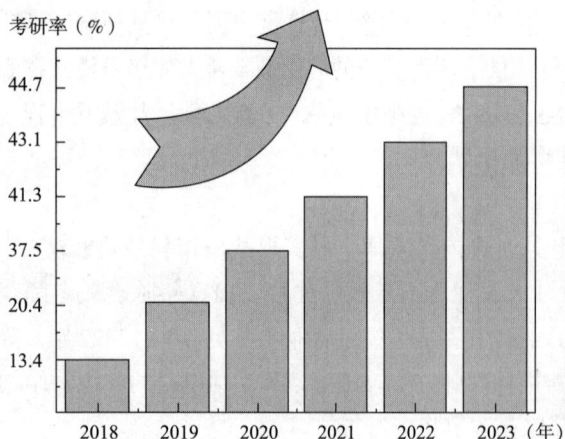

图9　2018~2023年轻化工程专业考研率

图10　学生参加学科竞赛的部分作品与获奖证书

4.4　校企联动培养人才机制逐渐完善

轻化工程系自2017年以来，加大了对企业合作的重视程度，努力打造理论与实践并重的"双师型"师资队伍。

一方面制定了青年教师进企业锻炼的制度，鼓励教师深入企业实践，担任企业科技副总，从而建立能为企业服务的师资队伍，深度推进校企合作，进一步拓宽校企合作平台，分别与江苏联发集团股份有限公司、江苏曼杰克有限公司、张家港市金陵纺织有限公司、亚曼集团等大型印染企业建立校企合作基地（图11），给学生提供更多的学生创新创业锻炼平台、顶岗实习与毕业设计平台，达到校企互动共赢。教师通过进企业挂职、上岗进修、会议交流等方式在实践教学中角色多元化，知识更新和教学方式提升，年轻老师逐渐成长为专业、高效的教研团队。其中周天池、何雪梅、蔡露、郑成辉等等11位深入企业技术开发工作，积极参与企业的新产品研发，和企业合作申报江苏省新产品，合作和自主申报专利7项，合年发表10余篇科研论文，其中2篇获得江苏省纺织学术论文奖，完成企业横向项目50余项，多名教师获得江苏省科技副总以及盐城市科技副总荣誉称号。另一方面，动态聘请了20多名企业教师参加实践教学，深入学校各个教学环节，传授给学生更多贴近于生产实际的知识，并利用企业实验室、小样室、生产车间、质检处等等企业部门，联合培养创新性、实践性本科人才（图12）。

图11　与盐工轻化工程专业建立就业实习基地的企业代表

图12 校企合作的部分成果代表

基于"大思政课"建设新格局的红色文化育人链改革与实践

东华大学，东华大学出版社

完成人及简况

姓名	性别	所在单位	党政职务	专业技术职称
王治东	女	东华大学	马克思主义学院院长	教授
周德红	男	东华大学出版社	总编辑	副教授
黄明元	男	东华大学	马克思主义学院教务员	助理研究员
张燕	男	东华大学	马克思主义学院教师	副教授
张义凡	男	东华大学	"习近平新时代中国特色社会主义思想概论"教研室主任	讲师
王不凡	男	东华大学	研究生公共课教研室主任	副教授
于小越	女	东华大学	马克思主义学院团总支书记	讲师
曹小玲	女	东华大学	马克思主义学院办公室主任	副教授
张华明	男	东华大学	马克思主义学院教师	讲师

1. 成果简介及主要解决的教学问题

1.1 成果简介

习近平总书记提出："大思政课善用之"。成果基于"大思政课"工作格局的新理念，强化问题和实践导向，以学生为中心，以红色文化育人供给侧改革为切入点，塑造贯穿全过程、全要素、全环节的红色文化育人链。育人链以多链融合、开放循环为基本特征，以传承红色基因为主旨的价值链为导向，以沉浸式文化传承的空间链为依托，以聚合校内外队伍资源、教学资源、社会资源的资源链为抓手，以面向现实情境革新的方法链为支持，以多元参与、有序运行的组织链为保障，以实践教学、大中小学思政一体化的课程链为延伸，将红色文化传播平台、教研平台、宣传平台、党建平台等"四大平台"系统集成、链为一体。成果产生显著的育人平台效应、资源整合效应、队伍成长效应、空间溢出效应（图1）。

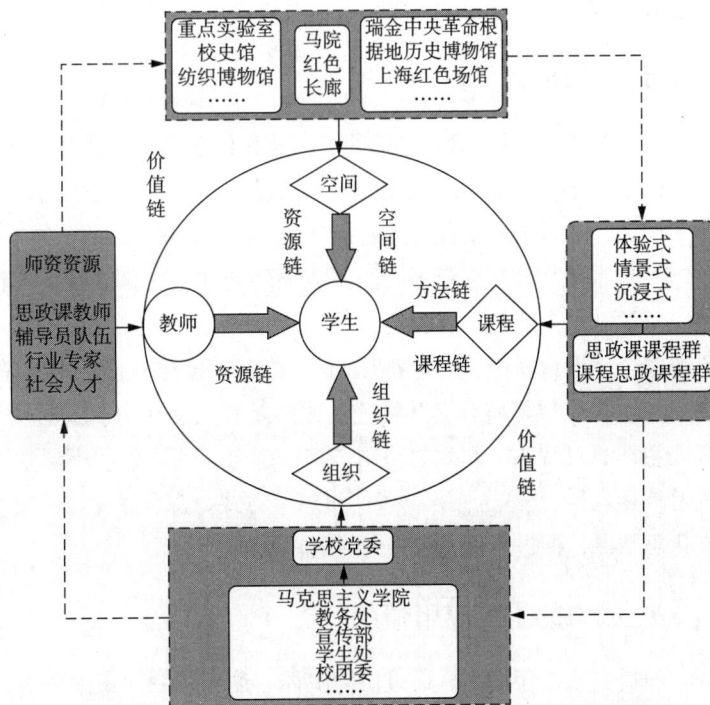

图1 基于"大思政课"新格局的红色文化育人链图示

1.2 主要解决的教学问题

（1）解决以往红色文化育人资源存在的硬融入、表层化问题，实现柔性化、实质性融入。

（2）解决思政课堂教学与实践教学缺乏有机衔接问题，实现"理论思政"向"实践思政"的创新性转化。

（3）解决文化育人资源有限性与学生成长需求的矛盾，破除资源分散、存在壁垒的现象；四是解决思政教学亲和力、针对性不足，学生主体性、参与性不强的问题，破除红色文化育人路径的依赖。

2. 成果解决教学问题的方法

成果面向"大思政课"新格局，聚焦红色文化协同育人目标，强化链式贯通，提高育人循环链韧性。

（1）强化特色红色文化育人价值链。积极挖掘自身红色资源特色，形成以革命文化为基础，富有地域特点、学校特色的红色时代精神，以多元形式传承红色记忆。

（2）多维构筑红色文化育人空间链。一是纵向全力打造"红色长廊"主空间；二是横向引入瑞金中央革命根据地历史博物馆等文化空间；三是环向将上海红色场馆、校内育人空间嵌入课堂教学。

（3）整合联结文化育人资源链。一是整合队伍资源包括相关学院和校外专家、教授、模范人物等；二是加大教学资源共享，形成特色红色文化主题图片资料库；三是引入社会资源联办主题展览、实践考察、研讨等活动。

（4）传播创新文化育人方法链。一是组建学生"红色长廊"宣讲团、附校党史宣讲团、薪火红色文化服务团，提供宣讲和定制特色党建红色文化服务方案；二是形成以微党课为特色的红色文化融媒传播，推出学生追寻总书记上海足迹、"献礼二十大"等系列微党课；三是推动聚焦现实问题的情境式教学法。

（5）协同升级文化育人组织链。一是融入思政教学组织架构，明确任务分工，定期研讨；二是加强与校内外各部门协同合作育人机制；三是通过专家现场观摩指导、教师听课评课、教研交流等形成反馈链。

（6）开放延伸文化育人课程链。一是面向社会大课堂组织各类实践教学环节；二是共建结对推进大中小思政课程体系建设，学院师生参与主讲中小学思政课。

3. 成果的创新点

（1）坚持"'大思政课'善用之"提出红色文化链式育人新理念。成果基于"大思政课"育人理念，"大思政课"要求有大视野、大情感、大智慧，充分发挥红色文化育人的资源优势，将红色文化有机融入思政育人体系，通过链式整合方式创新红色文化育人理念。

（2）系统构建了多链融合、开放循环的红色文化链式育人新模式。强化红色文化育人的价值链、空间链、资源链、方法链、组织链、课程链的多链融合，链接学校、课堂内外育人资源与平台，实现价值贯穿、资源整合、平台联通、空间溢出、队伍成长等多维目标，不断提升思想政治教育效果。

（3）多维架构整合提升红色文化链式育人新活力。通过资源集聚、方法创新、协同创新和数字赋能，育人主体、过程与空间效力协同，多链融合，达成思政小课堂、社会大课堂与网络云课堂的有机统一。通过挑战杯竞赛、"红色文化"长廊讲解等方式，深化学生红色文化内化理解，指导学生走进中小学送去红色文化思政课，促进红色文化育人的空间溢出。

4. 成果的推广应用情况

项目实施四年以来，通过协同主体、创新机制、集聚资源，多维度、多面向地探索红色文化育人链改革，获得广泛认可，取得显著实践成效。面向"大思政课"改革创新大潮，本成果具有突出的前瞻意义和可持续的应用推广价值。

4.1 模式运行有效，要素链接循环畅通

基于"大思政课"新格局，把握主体、资源、平台、机制等要素资源，塑造了行之有效的红色文化育人链。价值链内涵提升成为红色基因有效传承链；空间链架通了以"红色长廊"为主体并链接瑞金中央革命根据地历史博物馆共建平台、上海红色场馆等的空间群，并依靠数字赋能，延展到网络虚拟空间，极大丰富了红色文化空间内涵，高度发掘了红色精神的育人价值，实现了"以联促传，以传促教"的有机互动；资源链联通了校内外师资、多形态红色资源；方法链有效推进了聚集现实问题、契合重大时事节点的现场情境教学法；组织链形成齐抓共管、多元参与的形式；课程链实现了课堂教学与实践教学的联通，大中小思政课程教学一体化。红色文化传播平台、思政课实践教学平台、教研提升平台、党建平台等"四大平台"链为一体、联通互动。

4.2 育人成效显著，人才培养质量提升

依托"红色长廊"持续推出多期主题图片展，形成红色文化主题图片资料库。每期展示除了吸引校内广大师生前来参观学习，还吸引了不少党建共建成员单位的党员干部。学生讲解团已为校内外40余个党支部提供了主题展讲解，覆盖听众超2000余人次。学生团队形成调研报告《高校红色文化传承的空间溢出效应》，并发表理论文章1篇。指导学生获得第十二届"挑战杯"上海市大学生创业计划竞赛金奖和第十二届"挑战杯"中国大学生创业计划竞赛全国决赛铜奖。学生担任红色文化宣讲员、中小学思政课堂主讲老师的培养机制，在文化育人同时实现个体成长，为中小学送去200多场红色文化主题思政课。学院薪火红色文化服务团队调研足迹遍布全国20个省份，主动服务区域化党建，团队先后为上海市松江区、长宁区近20家基层党建部门提供国家重大事件纪念日等特色党建红色文化服务方案，举办大型活动近30场，覆盖人群超过20000人。2022年，录制"重温习近平总书记上海足迹""从一大到二十大"和"伟大精神"系列微党课，为上海团市委爱心云托班的中小学生制作微课4期。

4.3 品牌效应突出，示范影响广泛辐射

围绕塑造红色文化育人链的持续探索，在高校理论学习、宣传辐射、红色文化普及等方面产生了较大影响力，在《上海宣传通讯》《东华大学学报》发表2篇理论文章，做到"内涵可拓展、成果可推广、可持续"，形成了良好品牌效应。2019年，辐射中小学构建"红色文化"进思政课堂教学体系和实践基地，受到中小学高度评价。有关大中小一体化案例获全国高校思想政治工作网报道。2020年，获周边街道关注并支持10万元经费共建大学城高校首个社区党建示范点——"七色桥"党群服务站，共建"红色长廊"红色文化阵地，并成为区"四史"学习教育基地。2021年，"红色长廊"获批东华大学校园文化建设项目；以"红色长廊"为主体获批市教卫党委系统"示范性党员活动室"项目，并获10万元经费改造升级。2022年，学生录制的《朱德的扁担》微电影党课获教育部新思想领航计划优秀奖。项目成果"红色长廊"获得党建网、中国教育新闻网等多家主流媒体报道，获良好社会反响。

高端纺织转型升级背景下研究生科教、产教融合协同育人模式构建与实践

南通大学

完成人及简况

姓名	性别	所在单位	党政职务	专业技术职称
张伟	男	南通大学	副院长	教授
魏发云	女	南通大学	系主任	副教授
张瑜	男	南通大学	院长	二级教授
吴彩霞	女	南通大学	无	助理研究员
刘其霞	女	南通大学	院长助理	教授
张广宇	男	南通大学	系主任	教授
王海楼	男	南通大学	无	副教授

1. 成果简介及主要解决的教学问题

1.1 成果简介

本成果基于江苏省研究生教育教学改革重点课题、中国纺织工业联合会教育教学研究项目，将先校长张睿先生"道德优美、学术纯粹""学必期于用，用必适于地"的科教、产教融合理念落实到研究生培养的各个路径。构建"政产学研"一体的创新型人才培养模式，落实纺织研究生创新与实践能力培养方案，建成以高端纺织为特色的科教、产教融合研究生教育培养体系，为高端纺织转型升级，服务地方经济和社会发展作出贡献。获"十四五"江苏省重点学科、江苏省优秀研究生工作站、江苏省研究生优秀课程、江苏省"青蓝工程"优秀教学团队、江苏省十佳研究生导师团队提名奖、江苏省研究生教育改革成果优秀奖等（图1）。

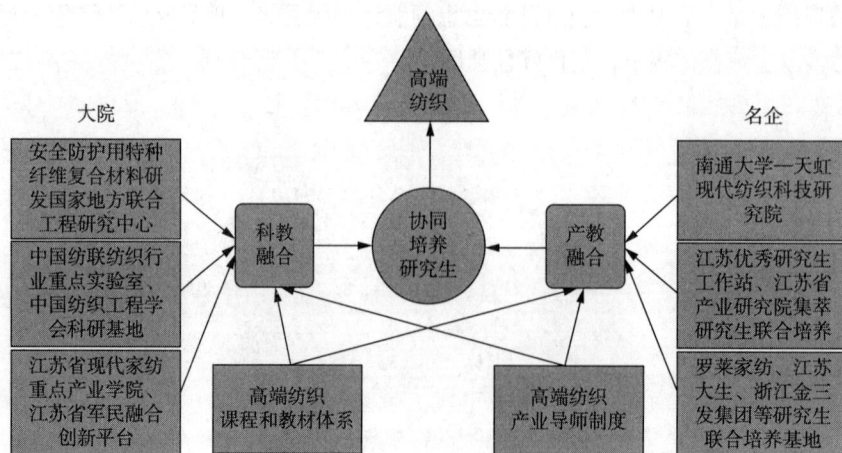

图1　纺织类研究生科教、产教融合协同育人培养路径

（1）将科学研究与纺织教育有机协同。"道德优美、学术纯粹"，以教育促进科研，用科研引领教育。实现纺织教学与研究生科研的有机协同，用一流的师资、一流的科研引领，培养一流的学生，加强纺织类研究生知识创新能力培养。

（2）把产业发展与人才培养高效融合。"学必期于用，用必适于地"，将人才培养与纺织产业的知识和技术整合交换，发挥产业经济技术优势和高校办学资源优势，深度高效融合，促进学生对产业需求的适应，加强纺织类研究生实践创新能力培养。

（3）以大院名企为依托实现联合培养。"一体两翼，科产融合"，在研究生培养过程中突破学科藩篱，在交叉包容、开放创新的理念下，加强系统科研训练，以大团队、大平台、大项目支撑高质量培养。以江苏省产业教授为导向，设立"产业导师"，加强研究生双导师队伍建设，推动行业企业全方位参与人才培养，大力开展研究生工作站建设，吸引研究生和导师参与研发项目。通过大院名企联合培养满足高端纺织转型升级需求的纺织类研究生。

1.2 主要解决的教学问题

（1）纺织学科面临多学科，如材料化工、建筑交通、生物医学、信息技术等交叉融合发展，但研究生培养方案仍停留在传统纺织范畴内，科学基础、创新能力课程缺乏。

（2）校内外建立的研究生工作站、联合培养基地等培养平台长期处于低效率运行状态；校企联合比例虽逐年增高，但校内外导师合作程度偏低，联合指导浮于形式。

（3）纺织类研究生评价考核机制仍不完善，未能充分发挥行业、学会等产教融合多方利益相关者在研究生教育管理体系中的作用等。

2. 成果解决教学问题的方法

南通大学纺织学科由近代著名实业家、教育家张謇先生于1912年创办，是中国近代纺织高等教育的开端。现为"十四五"江苏省重点学科、南通大学博士点培育学科，纺织科学与工程一级学科硕士学位授权点和材料与化工（纺织工程）专业硕士学位授权点。学校在纺织类研究生培养过程，积极推进"新工科"教育和实践，加快落实纺织类研究生科教、产教融合协同育人机制，一体两翼，培养过程做好"四个转化"，培养高端纺织产业背景的符合行业、企业需求的高层次人才，有助于解决纺织产业与纺织教育失衡以及人才培养质量问题（图2）。

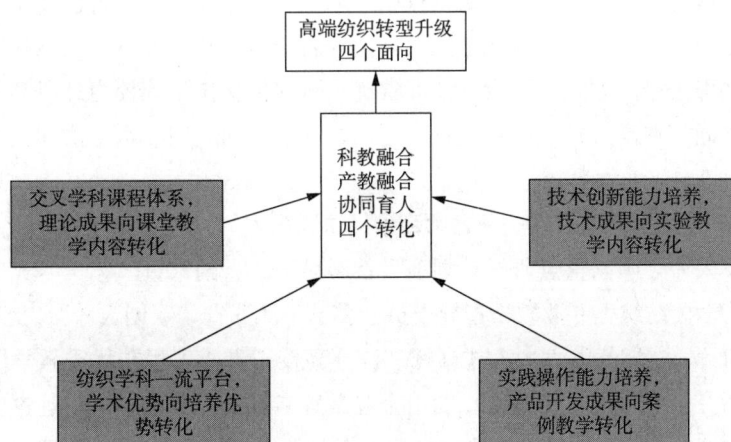

图2 高端纺织科教、产教融合协同育人实施方案

2.1 纺织强国与课程思政贯彻始终——立德树人、四个面向

坚持立德树人根本目标，以研究生课程思政示范专业为导向，以研究生课程思政示范课和课程思政优

秀教学案例为抓手，培养具有"追求卓越"的创新者、"时不我待"的担当者、"强国之梦"的践行者。通过课程思政体系建设，将秉承张謇爱国精神，做好张謇纺织传人的思想深植学生内心，将纺织类研究生教育通过四个转化真正落实到四个面向，促进纺织行业高质量发展，实现高端纺织转型升级（图3）。

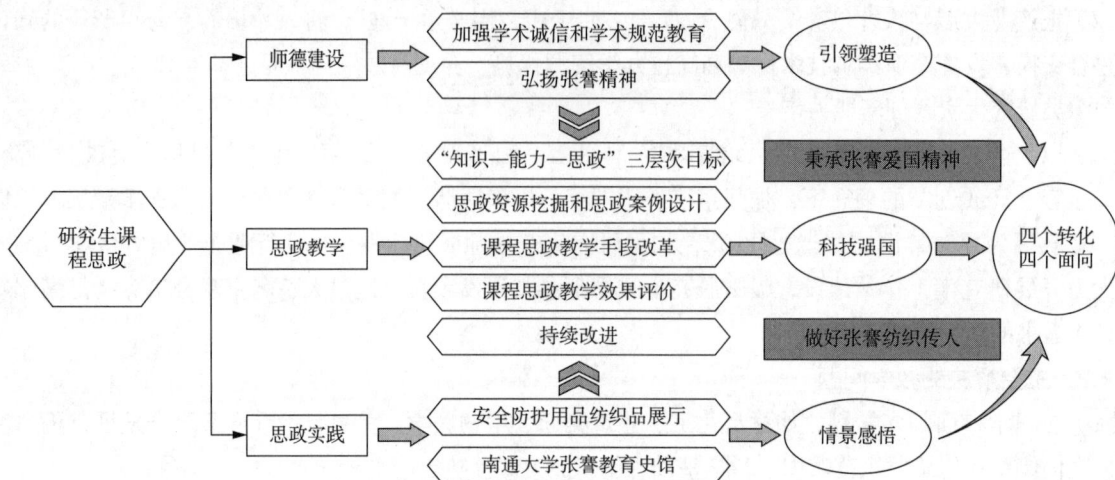

图3　研究生课程思政体系建设

2.2　培养过程与行业发展相向而行——学生中心、产出导向

秉承前校长张謇先生"父教育而母实业"产教融合理念，将纺织类研究生培养与纺织产业发展融合对接。优化纺织类研究生培养方向，更加精准地培养纺织产业急需的高端纺织人才，使纺织类人才培养不滞后于纺织产业发展。研究生培养过程与企业相向而行，校企双方在制定研究生培养方案、开发研究生课程教材、联合教学指导、管理与考核评价等方面协同配合，以学生为中心、产出为导向，充分发挥企业、行业、协会参与研究生教学指导委员会的作用。在完成校内外研究生教育的基础上，与企业共同做好创新实践教育，规范教育过程，提升高层次创新型人才培养质量。通过实践操作能力培养，将产品开发成果向案例教学转化。

2.3　大院名企与高校平台互融互通——育人平台、创新能力

构建了安全防护用特种纤维复合材料研发国家地方联合工程研究中心、中国纺联纺织行业重点实验室、中国纺织工程学会科研基地、江苏省现代家纺重点产业学院、江苏省军民融合创新平台等大院大所，并与天虹纺织集团、罗莱家纺、江苏大生、浙江金三发集团等名企名厂联合打造一系列科教、产教融合创新教育平台。采取走出去和引进来的方式，建设了江苏省优秀研究生工作站等校内外研究生工作站、联合培养基地和实训基地等，共同打造高端纺织研究生育人创新教学平台和应用技术型协同实践平台。通过纺织学科一流平台，将学术优势向培养优势转化。

2.4　校内导师与产业教授无缝衔接——名师牵引、协同育人

培养了国家级领军人才、国家重点研发计划项目首席科学家、国家级工艺美术大师、享受国务院特殊津贴专家、教育部高等学校纺织类专业教学指导委员会委员、江苏省"双创人才"、交通运输部"青年科技英才"、江苏省"333工程"、江苏省六大人才高峰、江苏高校"青蓝工程"优秀教学团队等名师队伍，并以江苏省产业教授（研究生导师类）为核心，聘请企业具有丰富实践经验和一定理论水平的行业专家作为学校的兼职教师。通过校内导师和产业教授联合指导，提升学生的技术创新能力。通过技术创新能力培养，将技术成果向实验教学内容转化。

2.5　优秀课程与精品教材内涵建设——一流课程、优质资源

通过加强与材料化工、建筑交通、生物医学、信息技术等多学科交叉，在培养方案内构建了融合科教、

面向产教的模块化课程体系。以理论研究和科研成果为支撑，以江苏省优秀研究生课程（省一流课程）、在线研究生课程等，以及国家级、部委级优秀教材等优质教学资源为载体，培养学生解决复杂问题的科学思维与综合能力。通过交叉学科课程体系，理论成果向课堂教学内容转化（图4）。

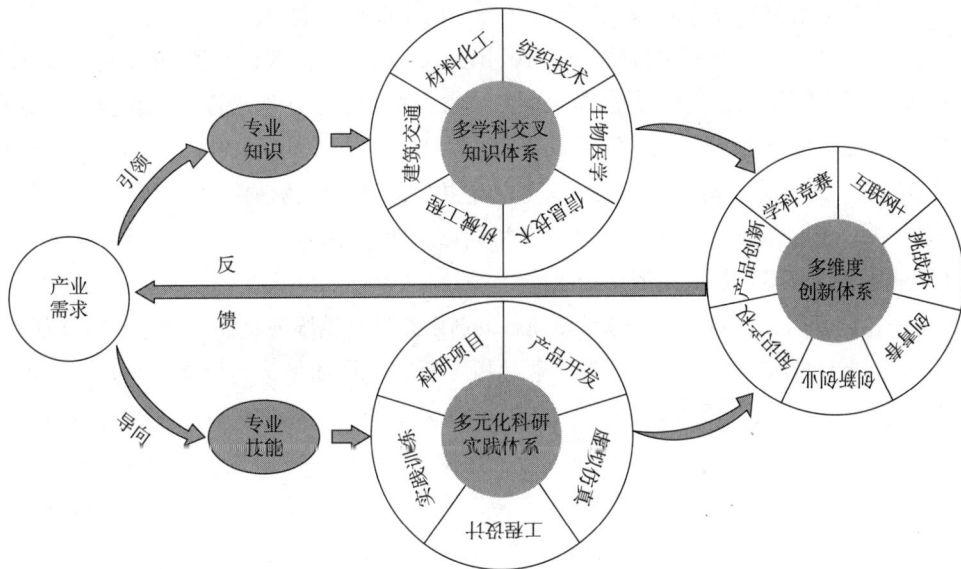

图4　研究生知识、实践和创新培养体系

3. 成果的创新点

本成果旨在深入推进的纺织类研究生科教、产教融合协同培养理念，将先校长张謇先生"道德优美、学术纯粹""学必期于用，用必适于地"的科教、产教育理念落实到研究生培养的各个路径。打通科教、产教融合体系，实现研究生教育科教、产教融合体系有效生态构建，将科教、产教融合协同培养落到实处（图5）。

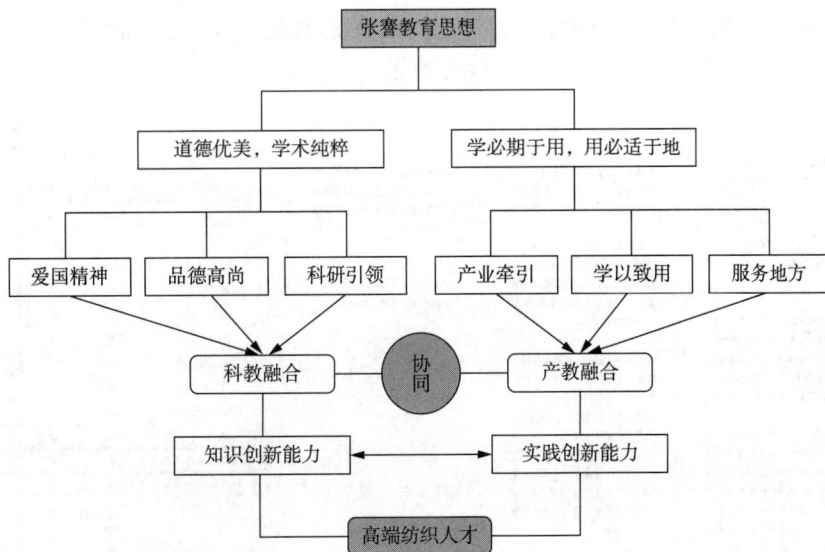

图5　高端纺织科教、产教融合协同培养的核心内涵

（1）科教产教，协同融合：科教产教协同创新，全面提升研究生知识创新和实践创新能力。

构建"重内涵、融交叉、强实践"的研究生培养路径，教学科研协同融合，培养高层次创新人才。依

415

托国家重点研发计划项目、国家自然科学基金等高水平科研项目以及企业委托科技项目，将高端纺织的前沿技术、重大需求融合于人才培养全过程，让学生真切感受纺织类专业的“多行业融合、多学科交叉、多领域应用”的特征，开阔眼界、激发专业热情、提升专业自信。同时，使学生参与各种科研创新活动过程中，将理论学习与实践操作紧密联系起来，反复锤炼学生的实践创新能力。

（2）大院名企，一体两翼：培养平台联动创新，扎实筑牢研究生科教、产教协同融合的培养路径。

依托国家地方联合工程研究中心、科技部公共技术服务平台、纺织行业重点实验室、江苏省重点产业学院、江苏省军民融合创新平台等国家、省部级高水平科技创新平台实施科教融合，同时与天虹纺织集团、罗莱家纺、江苏大生、浙江金三发集团等国内头部名企共建江苏省优秀研究生工作站、联合培养基地实施产教融合。一体两翼，构建互惠式科教、产教融合协同创新育人平台，无缝对接行业、企业需求，培养创新意识高、实践能力强的高端纺织应用型创新人才。

（3）名师优资，创新引领：导师制度体系创新，创新引领研究生服务企业、行业和国家发展能力。

完善高端纺织“产业导师制”，以江苏省产业教授（研究生导师类）为导向，聘用各级各层次产业导师，与校内名师协同，加强双导师队伍建设。支持校内教师和企业导师双向流动、两栖发展。采取引企驻校、引校进企、校企一体等方式，实现科技研发与企业技术创新的有效对接，结合高校理论和企业实践优势，联合开展校企项目攻关、产品技术研发和成果转化等工作。引领研究生参与校企联合开发项目，实现毕业即就业的无缝对接。坚持需求导向，全面提升纺织类研究生服务企业、行业和国家发展的能力。

4. 成果的推广应用情况

《江苏省“产业强链”三年行动计划（2021—2023年）》将高端纺织列入13个先进制造业集群和战略性新兴产业之一，《江苏省高端纺织质量提升工作方案》以推动高端纺织高质量发展为目标，进一步推动提升江苏高端纺织在全球产业价值链中的比重。而“十四五”期间，江苏纺织的奋斗目标，是打造世界级的高端纺织产业集群，这也是江苏省纺织行业转型发展的需要。为此，南通大学在纺织类研究生培养过程中，以立德树人为根本，以高端纺织为特色，以大院名企为依托，以大团队、大平台、大项目为载体，坚持科教、产教协同融合的研究生培养路径，为我国纺织工业由“大”转“强”，提升纺织产业国际竞争优势，推动我国纺织产业整体向创新驱动、绿色发展、品牌建设方向发展提供人才保障和智力支撑。

（1）南通大学纺织科学与工程学科获“十四五”江苏省重点学科（图6）。

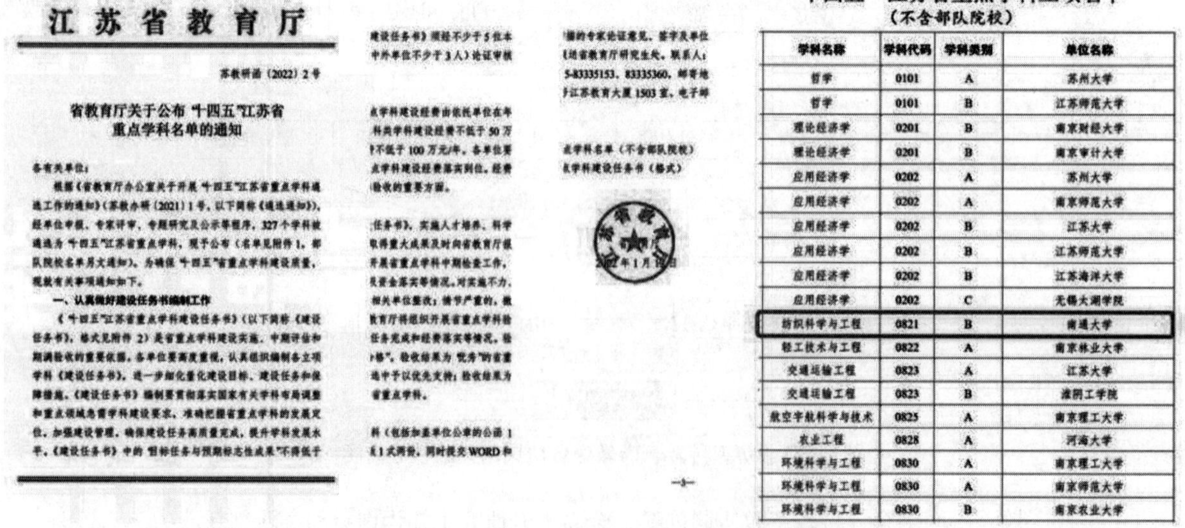

江苏省教育厅

苏教研函〔2022〕2号

省教育厅关于公布“十四五”江苏省重点学科名单的通知

各有关单位：

根据《省教育厅办公室关于开展“十四五”江苏省重点学科遴选工作的通知》（苏教办研〔2021〕1号，以下简称《遴选通知》），经单位申报、专家评审、专题研究及公示等程序，327个学科被遴选为“十四五”江苏省重点学科，现予公布（名单见附件1，部队院校名单另文通知）。为确保“十四五”省重点学科建设质量，现就有关事项通知如下。

一、认真做好建设任务书编制工作

《“十四五”江苏省重点学科建设任务书》（以下简称《建设任务书》，格式见附件2）是省重点学科建设实施、中期评估和期满验收的重要依据。各单位要高度重视，认真组织编制各立项学科《建设任务书》，进一步细化量化建设目标、建设任务和保障措施。《建设任务书》编制要贯彻落实国家有关学科布局调整和重点领域急需学科建设要求，准确把握省重点学科的发展定位，加强建设管理，确保建设任务高质量完成，提升学科发展水平。《建设任务书》中的“目标任务与预期标志性成果”不得低于

“十四五”江苏省重点学科立项名单
（不含部队院校）

学科名称	学科代码	学科类别	单位名称
哲学	0101	A	苏州大学
哲学	0101	B	江苏师范大学
理论经济学	0201	B	南京财经大学
理论经济学	0201	B	南京审计大学
应用经济学	0202	A	苏州大学
应用经济学	0202	A	南京师范大学
应用经济学	0202	B	江苏大学
应用经济学	0202	B	江苏师范大学
应用经济学	0202	B	江苏海洋大学
应用经济学	0202	C	无锡太湖学院
纺织科学与工程	0821	B	南通大学
轻工技术与工程	0822	A	南京林业大学
交通运输工程	0823	A	江苏大学
交通运输工程	0823	B	淮阴工学院
航空宇航科学与技术	0825	A	南京理工大学
农业工程	0828	A	河海大学
环境科学与工程	0830	A	南京理工大学
环境科学与工程	0830	A	南京师范大学
环境科学与工程	0830	B	南京农业大学

图6 纺织科学与工程获“十四五”江苏省重点学科

图7 科研实践创新平台

（2）建成安全防护用特种纤维复合材料研发国家地方联合工程研究中心、科技部产业用纺织品公共技术服务平台、中国纺织工业联合会纺织行业重点实验室、中国纺织工程学会科研基地、江苏省工程实验室、江苏省现代家纺重点产业学院、江苏省军民融合创新平台、江苏省实践教育中心等13个国家级、省部级研究生科研实践创新平台（图7）。

（3）协同长三角国家技术创新中心、江苏省产业研究院开展"集萃研究生"联合培养；与天虹纺织集团、恒科新材料、罗莱家纺、江苏大生、浙江金三发集团等名企名厂建立研究生工作站、联合培养基地和实训基地，并获评江苏省优秀研究生工作站（图8）。

图8 建立研究生工作站、联合培养基地和实训基地

（4）校内导师多人次入选国家级领军人才、国家重点研发计划项目首席科学家、国家级工艺美术大师、享受国务院特殊津贴专家、教育部高等学校纺织类专业教学指导委员会委员、江苏省"双创人才"、交通运输部"青年科技英才"、江苏省"333工程"、江苏省六大人才高峰，企业导师5人获聘江苏省产业教授（研究生导师类）（图9）。

图9　校内导师聘书

（5）教学团队获江苏高校"青蓝工程"优秀教学团队、江苏省十佳研究生导师团队提名奖、江苏省研究生教育改革成果优秀奖、江苏省高等学校教育工作先进集体等（图10）。

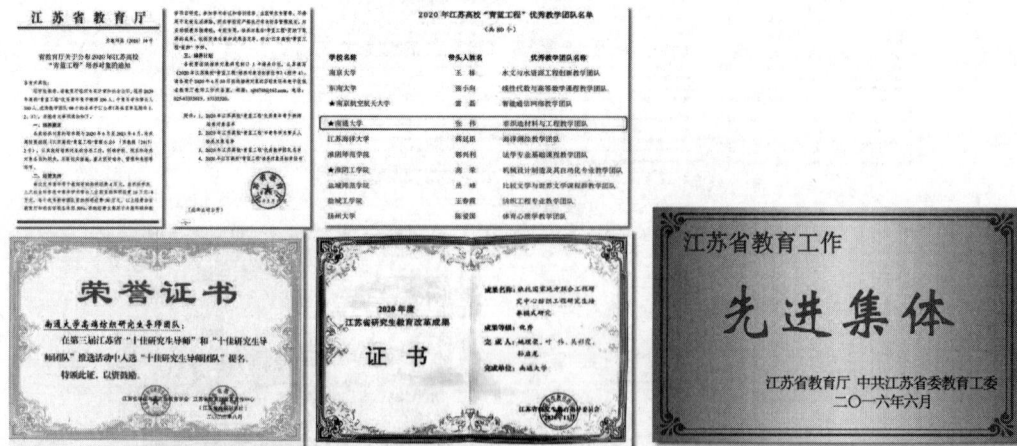

图10　教学团队获奖证书

（6）《纺织品染整工艺学》获评全国高等学校优秀教材一等奖；《非织造材料性能评价与分析》获江苏省高等学校重点教材；《纺织复合材料》为"十三五"部委级规划教材；"纤维新材料与应用"获评江苏省

研究生优秀课程;"高端产业用纺织品"等3门课程获批南通大学研究生课程思政示范课(图11)。

图11 获奖教材和课程

(7)承办江苏省研究生科研创新实践活动项目,2022年江苏省研究生"安全防护用纺织品"学术创新论坛,2021年江苏省研究生"安全防护用纺织品"暑期学校(图12)。

图12 研究生科研创新实践

（8）研究生参与国家重点研发计划项目等国家级、省部级项目60余项，企业委托开发项目200余项，发表高质量论文300余篇，授权发明专利200余件；获中国研究生数学建模竞赛一等奖、全国大学生学科竞赛特等奖、江苏省大学生科技创新成果金奖等国家级、省部级以上奖励的累计达120余人次；赴日本信州大学、英国曼彻斯特大学、东华大学、江南大学等知名高校深造达25%以上（图13）。

图13 研究生获奖与赴高校深造

（9）南通大学纺织类研究生培养模式及实践受到新华社、《中国青年报》和《群众》等媒体报道；研究生就业率100%，具备良好创新、实践能力的研究生受到用人单位、企业的一致好评（图14）。

图14 媒体报道

附　录

附录1 "纺织之光" 2023年度中国纺织工业联合会纺织高等教育教学成果奖会评专家名单

序号	单位	专家姓名	学术（行政）职务
1	北京服装学院	詹炳宏	副校长
2	常熟理工学院	郝瑞闽	教师
3	大连工业大学	杜明	副校长
4	德州学院	徐静	副校长
5	东华大学	陈革	副校长
6	东华大学	舒慧生	原副校长
7	东华大学	郁崇文	纺织教指委主任委员
8	河北科技大学	张威	纺织服装学院院长
9	河南工程学院	黄德金	管理工程学院院长
10	江南大学	高卫东	原副校长
11	闽江学院	李永贵	纺织与服装学院院长
12	闽南理工学院	朱淑霞	教师
13	南通大学	樊小东	原副校长
14	内蒙古工业大学	史慧	教师
15	青岛大学	刘云	教师
16	绍兴文理学院	洪剑寒	纺织服装学院副院长
17	四川大学	陈胜	"轻工科学与工程学院纺织研究所副所长"
18	苏州大学	姚建林	副校长
19	天津工业大学	刘义	副校长
20	无锡学院	梁惠娥	副校长
21	武汉纺织大学	王济平	教务处处长
22	西安工程大学	刘呈坤	教务处副处长
23	长春工业大学	马庆瑞	教师
24	浙江理工大学	陈建勇	原副校长
25	中原工学院	李宗民	教务处副处长

附录2 "纺织之光"2023年度中国纺织工业联合会纺织高等教育教学成果奖预评专家名单

序号	单位	专家姓名	学术（行政）职务
1	北京服装学院	赵洪珊	教务处处长
2	东华大学	杨旭东	教务处处长
3	闽江学院	何伟	教务处处长
4	天津工业大学	王春红	教务处处长
5	西安工程大学	夏蔡娟	教务处处长
6	浙江理工大学	王青晓	教务处处长

附录3 "纺织之光"2023年度中国纺织工业联合会纺织高等教育教学成果奖网评专家名单

序号	院校	姓名	职称	序号	院校	姓名	职称
1	安徽工程大学	储长流	教授	17	安徽农业大学	高山	教授
2	安徽工程大学	王竹君	副教授	18	安徽农业大学	何银地	副教授
3	安徽工程大学	魏安方	副教授	19	安徽农业大学	吴蓉	副教授
4	安徽工程大学	谢艳霞	正高级工程师	20	北京服装学院	詹炳宏	教授
5	安徽工程大学	孙妍妍	副教授	21	北京服装学院	王羿	教授
6	安徽工程大学	王旭	副教授	22	北京服装学院	王群山	教授
7	安徽工程大学	方寅春	副教授	23	北京服装学院	张文娟	教授
8	安徽工程大学	邢英梅	副教授	24	北京服装学院	张慧琴	教授
9	安徽工程大学	杨莉	教授	25	北京服装学院	赵洪珊	教授
10	安徽工程大学	陶旭晨	教授	26	北京服装学院	赵春华	教授
11	安徽农业大学	刘娜	副教授	27	北京服装学院	袁晔	教授
12	安徽农业大学	王丽娟	讲师	28	北京服装学院	张玉安	教授
13	安徽农业大学	付凡	讲师	29	北京服装学院	李瑞君	教授
14	安徽农业大学	张慧娟	讲师	30	北京服装学院	张洪艳	教授
15	安徽农业大学	宗敏	讲师	31	北京服装学院	王越平	教授
16	安徽农业大学	袁金龙	副教授	32	北京服装学院	李昕	教授

序号	院校	姓名	职称	序号	院校	姓名	职称
33	北京服装学院	邱忠鸣	教授	66	北京服装学院	郝淑丽	教授
34	北京服装学院	耿增民	教授	67	北京服装学院	史英杰	教授
35	北京服装学院	史丽敏	教授	68	北京服装学院	姜延	教授
36	北京服装学院	孙雪飞	教授	69	北京服装学院	施昌勇	教授
37	北京服装学院	潘海音	教授	70	北京服装学院	史亚娟	教授
38	北京服装学院	郭瑞萍	教授	71	北京服装学院	田红艳	副研究员
39	北京服装学院	刘正东	教授	72	常熟理工学院	陆鑫	教授
40	北京服装学院	赵欲晓	教授	73	常熟理工学院	郝瑞闽	教授
41	北京服装学院	李雪梅	教授	74	常熟理工学院	穆红	教授
42	北京服装学院	潘峰	教授	75	常熟理工学院	徐子淇	教授
43	北京服装学院	贾清秀	教授	76	常熟理工学院	张技术	副教授
44	北京服装学院	李宏伟	教授	77	常熟理工学院	鲍伟	副教授
45	北京服装学院	刘继广	教授	78	常熟理工学院	黄永利	副教授
46	北京服装学院	李秀艳	教授	79	常熟理工学院	任丽红	副教授
47	北京服装学院	鲍利红	教授	80	常熟理工学院	吴世刚	副教授
48	北京服装学院	李文霞	教授	81	常熟理工学院	郑宝伟	副研究员
49	北京服装学院	姚蕾	教授	82	常熟理工学院	高岩	副教授
50	北京服装学院	朱友干	教授	83	常熟理工学院	刘雷艮	副教授
51	北京服装学院	白玉苓	教授	84	常熟理工学院	汝吉东	副教授
52	北京服装学院	刘玉庭	教授	85	常熟理工学院	臧健	副教授
53	北京服装学院	申卉芪	教授	86	常熟理工学院	马建梅	副教授
54	北京服装学院	杨道圣	教授	87	常熟理工学院	赵澄	副教授
55	北京服装学院	刘卫	教授	88	常熟理工学院	温兰	副教授
56	北京服装学院	邵新艳	教授	89	常熟理工学院	马磊	副教授
57	北京服装学院	杜冰冰	教授	90	常熟理工学院	潘伟	副教授
58	北京服装学院	杜剑侠	教授	91	常熟理工学院	杨艳石	副教授
59	北京服装学院	梁燕	教授	92	常熟理工学院	周家乐	教授
60	北京服装学院	何颂飞	教授	93	常熟理工学院	张卫伟	副教授
61	北京服装学院	郭晓晔	教授	94	大连工业大学	杜明	教授
62	北京服装学院	李政	教授	95	大连工业大学	张健东	教授
63	北京服装学院	宁晶	教授	96	大连工业大学	陈明	教授
64	北京服装学院	常炜	教授	97	大连工业大学	张健	教授
65	北京服装学院	李成钢	教授	98	大连工业大学	李娜	副教授

序号	院校	姓名	职称	序号	院校	姓名	职称
99	大连工业大学	付颖寰	教授	132	大连工业大学	李青	副教授
100	大连工业大学	谭凤芝	教授	133	大连工业大学	李晓红	教授
101	大连工业大学	王海涛	副教授	134	大连工业大学	钱堃	教授
102	大连工业大学	宫玉梅	教授	135	大连工业大学	孙博	副教授
103	大连工业大学	张鸿	教授	136	大连工业大学	孙军	教授
104	大连工业大学	王迎	教授	137	大连工业大学	孙晓琳	副教授
105	大连工业大学	吕丽华	教授	138	大连工业大学	许晓冬	副教授
106	大连工业大学	魏春艳	教授	139	大连工业大学	岳琴	教授
107	大连工业大学	郭静	教授	140	大连工业大学	张凤海	教授
108	大连工业大学	李红	副教授	141	大连工业大学	焦丽娟	教授
109	大连工业大学	闫俊	副教授	142	大连工业大学	郑丽	教授
110	大连工业大学	郑环达	副教授	143	大连工业大学	刘燕	教授
111	大连工业大学	王明伟	教授	144	大连工业大学	梁瑛楠	教授
112	大连工业大学	庞桂兵	教授	145	大连工业大学	张玉杰	副教授
113	大连工业大学	牟俊	教授	146	大连工业大学	赵琛	教授
114	大连工业大学	高紫俊	副教授	147	大连工业大学	赵秀岩	副教授
115	大连工业大学	任文东	二级教授	148	大连工业大学	房媛	副教授
116	大连工业大学	高家骥	副教授	149	大连外国语大学	张妍	副教授
117	大连工业大学	郭雅冬	副教授	150	大连艺术学院	王琳	副教授
118	大连工业大学	徐微微	副教授	151	大连艺术学院	曹敬乐	副教授
119	大连工业大学	杨帆	副教授	152	德州学院	王秀芝	教授
120	大连工业大学	李立	副教授	153	德州学院	张梅	教授
121	大连工业大学	黄磊昌	教授	154	德州学院	穆慧玲	副教授
122	大连工业大学	刘晓冬	副教授	155	德州学院	姜晓巍	副教授
123	大连工业大学	丁玮	教授	156	德州学院	孟秀丽	副教授
124	大连工业大学	潘力	教授	157	德州学院	王静	副教授
125	大连工业大学	肖剑	副教授	158	德州学院	张会青	副教授
126	大连工业大学	侯玲玲	教授	159	德州学院	高志强	副教授
127	大连工业大学	曾慧	教授	160	德州学院	李学伟	副教授
128	大连工业大学	鲍晓娜	副教授	161	德州学院	孔令乾	副教授
129	大连工业大学	曹玉琳	副教授	162	东北电力大学	宋德风	教授
130	大连工业大学	戴明华	副教授	163	东北电力大学	赵爱华	副教授
131	大连工业大学	范晓男	教授	164	东华大学	陈革	教授

续表

序号	院校	姓名	职称	序号	院校	姓名	职称
165	东华大学	舒慧生	教授	198	东华大学	张洁	教授
166	东华大学	郁崇文	教授	199	东华大学	陈向义	教授
167	东华大学	郭建生	教授	200	东华大学	高晶	教授
168	东华大学	徐广标	教授	201	东华大学	李卫东	教授级高工
169	东华大学	孙志宏	教授	202	东华大学	王富军	教授
170	东华大学	李俊	教授	203	东华大学	阳玉球	教授
171	东华大学	刘健芳	副教授	204	东华大学	温润	教授
172	东华大学	卞向阳	教授	205	东华大学	张瑞云	教授
173	东华大学	冯信群	教授	206	东华大学	刘柳	讲师
174	东华大学	杨旭东	教授	207	东华大学	陈庆军	教授
175	东华大学	马敬红	教授	208	东华大学	王燕萍	副教授
176	东华大学	许福军	教授	209	东华大学	于海燕	副教授
177	东华大学	王朝晖	教授	210	东华大学	李峻	副教授
178	东华大学	黄焰根	教授	211	东华大学	严军	副教授
179	东华大学	石秀金	副教授	212	东华大学	邵丹	讲师
180	东华大学	刘亚男	教授	213	东华大学	吴春茂	副教授
181	东华大学	孙宝忠	教授	214	东华大学	胡杰明	副教授
182	东华大学	王璐	教授	215	东华大学	黄更	副教授
183	东华大学	宋新山	教授	216	东华大学	鲁成	副教授
184	东华大学	王直杰	教授	217	东华大学	冯鸣阳	副教授
185	东华大学	单鸿波	教授	218	东华大学	吴亮	副教授
186	东华大学	晏雄	教授	219	东华大学	游正伟	教授
187	东华大学	张佩华	教授	220	东华大学	王海风	副研究员
188	东华大学	钟跃崎	教授	221	东华大学	许贺	副教授
189	东华大学	王建萍	教授	222	东华大学	黄满红	教授
190	东华大学	李敏	教授	223	东华大学	陈红	副教授
191	东华大学	王革辉	教授	224	东华大学	李方	教授
192	东华大学	陈彬	教授	225	东华大学	燕彩蓉	副教授
193	东华大学	罗艳	教授	226	东华大学	张红	实验师
194	东华大学	刘晓强	教授	227	东华大学	李继云	教授
195	东华大学	宋晖	教授	228	东华大学	杨帅	教授
196	东华大学	张科静	教授	229	东华大学	吴勇	副教授
197	东华大学	朱淑珍	教授	230	东华大学	郑斐峰	教授

序号	院校	姓名	职称	序号	院校	姓名	职称
231	东华大学	杨桃莲	教授	264	东华大学	覃小红	教授
232	东华大学	马欣	副教授	265	东华大学	关国平	教授
233	东华大学	李天星	讲师	266	东华大学	廖耀祖	研究员
234	东华大学	田长生	副教授	267	东华大学	朱美芳	教授
235	东华大学	陈婷	副教授	268	东华大学	王宏志	教授
236	东华大学	杨雪霞	副教授	269	东华大学	王华平	研究员
237	东华大学	曹张军	副教授	270	东华大学	赵涛	教授
238	东华大学	陈月娥	教授	271	东华大学	季霞	教授
239	东华大学	钟平	教授	272	东华大学	孟婵	教授
240	东华大学	陆爱江	副教授	273	东华大学	刘长奎	副教授
241	东华大学	齐洁	教授	274	东华大学	沈波	教授
242	东华大学	邢洁	高级工程师	275	东华大学	张光林	教授
243	东华大学	李晓丽	副教授	276	东华大学	刘艳彪	教授
244	东华大学	陈根龙	讲师	277	东华大学	王治东	教授
245	东华大学	邓开连	高级实验师	278	东华大学	刘晓艳	教授
246	东华大学	刘肖燕	高级实验师	279	东华大学	段然	副研究员
247	东华大学	张永芳	实验师	280	东华大学	刘洪玲	副教授
248	东华大学	刘华山	副教授	281	东华大学	李召岭	研究员
249	东华大学	姬广凯	副研究员	282	东华大学	李光	研究员
250	东华大学	施美华	副研究员	283	东华大学	吴文华	正高级实验师
251	东华大学	方宝红	副研究员	284	东华大学	王新厚	教授
252	东华大学	牛莉莉	副研究员	285	东华大学	唐智	教授
253	东华大学	赵明炜	副教授	286	东华大学	吴重军	副教授
254	东华大学	陆嵘	副研究员	287	东华大学	张家梁	副教授
255	东华大学	丁可	副教授	288	东华大学	沈滨	教授
256	东华大学	吴保根	副研究员	289	东华大学	孙明贵	教授
257	东华大学	骆轶姝	副教授	290	东华大学	符谢红	副教授
258	东华大学	骆祎岚	高级实验师	291	东华大学	唐松莲	教授
259	东华大学	胡清国	教授	292	东华大学	张昭华	副教授
260	东华大学	刘成	教授	293	东华大学	张顺爱	副教授
261	东华大学	陆忠平	副研究员	294	东华大学	李重	副教授
262	东华大学	陈李红	副教授	295	东华大学	胡良剑	教授
263	东华大学	张辉	副研究员	296	东华大学	刘奕	副教授

序号	院校	姓名	职称	序号	院校	姓名	职称
297	广东科技学院	陈长美	副教授	330	河南工程学院	陈海军	副教授
298	广东科技学院	陈思云	副教授	331	河南工程学院	高顺成	教授
299	广东科技学院	程晓莉	副教授	332	河南工程学院	石素宇	副教授
300	广东科技学院	陈明伊	讲师	333	河南工程学院	李思雨	副教授
301	广东科技学院	陈政涵	副教授	334	河南工程学院	王虹	副教授
302	广西科技大学	刘红晓	副教授	335	河南工程学院	高庆国	副教授
303	河北科技大学	徐永赞	教授	336	河南工程学院	姚永标	高级实验师
304	河北科技大学	张威	教授	337	河南工程学院	肖丰	教授
305	河北科技大学	侯东昱	教授	338	河南工程学院	孔繁荣	副教授
306	河北科技大学	单巨川	副教授	339	河南工程学院	邹清云	教授
307	河北科技大学	贾立霞	教授	340	河南工程学院	翟亚丽	教授
308	河北科技大学	胡玉良	副教授	341	河南工程学院	张一平	教授
309	河北科技大学	阎若思	副教授	342	河南工程学院	刘慧娟	教授
310	河北科技大学	张维	副教授	343	河南工程学院	王秋霞	副教授
311	河北科技大学	许佳	副教授	344	河南工程学院	黄全振	教授
312	河南工程学院	张钢	教授	345	河南工程学院	李威	教授
313	河南工程学院	刘杰	教授	346	河南工程学院	李海东	教授
314	河南工程学院	张巧玲	教授	347	河南工程学院	偰娜	副教授
315	河南工程学院	张珺	副教授	348	河南工程学院	赵涛	教授
316	河南工程学院	张悦	副教授	349	河南工程学院	刘根霞	教授
317	河南工程学院	贾琳	副教授	350	河南工程学院	黄德金	教授
318	河南工程学院	李红宾	副教授	351	河南工程学院	武化岩	副教授
319	河南工程学院	周雷	副教授	352	河南工程学院	李冰	教授
320	河南工程学院	李红艳	教授	353	河南工程学院	魏涛	副教授
321	河南工程学院	郭锐	副教授	354	河南工程学院	田超杰	教授
322	河南工程学院	高詹	教授	355	河南工程学院	丁梦姝	副教授
323	河南工程学院	贾会才	副教授	356	河南工程学院	孙有霞	副教授
324	河南工程学院	辛长征	教授	357	河南工程学院	刘红	副教授
325	河南工程学院	石文英	教授	358	河南工程学院	李松阳	教授
326	河南工程学院	张显华	副教授	359	河南科技学院	常丽霞	教授
327	河南工程学院	孙艳萍	副教授	360	河南科技学院	文平	副教授
328	河南工程学院	王利娜	副教授	361	河南科技学院	郑攀	讲师
329	河南工程学院	邓天天	副教授	362	湖南工程学院	周衡书	教授

序号	院校	姓名	职称	序号	院校	姓名	职称
363	湖南工程学院	何斌	副教授	396	江西服装学院	陈晓玲	高校副教授
364	湖南工程学院	解开放	讲师	397	江西服装学院	罗密	高校副教授
365	湖南工程学院	王坤	讲师	398	江西服装学院	黄春岚	高校教授
366	湖南工程学院	陈建芳	教授	399	江西服装学院	胡艳丽	高校教授
367	华南农业大学	谢雪君	讲师	400	江西服装学院	邓琼华	高校教授
368	华南农业大学	杨翠钰	讲师	401	江西服装学院	冯霖	高校副教授
369	黄淮学院	王东云	教授	402	江西服装学院	林燕萍	高校教授
370	黄淮学院	高有堂	教授	403	江西服装学院	吴国辉	高校教授
371	黄淮学院	刘新玉	副教授	404	江西服装学院	钟兴	高校副教授
372	吉林艺术学院	王志惠	副教授	405	江西服装学院	甘义	高校教授
373	嘉兴南湖学院	陈加明	教授	406	江西服装学院	万莉	高校副教授
374	嘉兴南湖学院	金海明	副教授	407	江西服装学院	蔺丽	高校副教授
375	嘉兴学院	罗建勋	教授	408	江西服装学院	李荣发	高校副教授
376	嘉兴学院	敖利民	教授	409	江西服装学院	李有为	高校副教授
377	嘉兴学院	易洪雷	教授	410	江西服装学院	罗芳	高校副教授
378	嘉兴学院	黄立新	教授	411	江西服装学院	付凌云	高校副教授
379	嘉兴学院	谢胜	副教授	412	江西服装学院	戴沂君	高校副教授
380	嘉兴学院	沈加加	教授	413	江西服装学院	闵悦	高校教授
381	嘉兴学院	代正伟	副教授	414	江西服装学院	涂少荣	高校副教授
382	江南大学	高卫东	教授	415	江西服装学院	董聪	高校副教授
383	江南大学	王鸿博	教授	416	江西服装学院	赵德福	高校副教授
384	江南大学	黄锋林	教授	417	金陵科技学院	匡才远	教授
385	江南大学	魏取福	教授	418	闽江学院	李永贵	教授
386	江南大学	付少海	教授	419	闽江学院	吕佳	副教授
387	江南大学	徐阳	教授	420	闽江学院	刘运娟	教授
388	江南大学	王树根	教授	421	闽江学院	袁小红	教授
389	江南大学	王平	教授	422	闽江学院	王强	副教授
390	江南大学	蒋高明	教授	423	闽江学院	殷薇	副教授
391	江南大学	潘如如	教授	424	闽江学院	赵莉	副教授
392	江南大学	张丽平	教授	425	闽南理工学院	郑高杰	副教授
393	江西服装学院	贺晓亚	高校副教授	426	闽南理工学院	吕亚持	副教授
394	江西服装学院	张宁	高校教授	427	闽南理工学院	林晓芳	副教授
395	江西服装学院	黄伟	高校副教授	428	闽南理工学院	谭婵	高级设计师

序号	院校	姓名	职称	序号	院校	姓名	职称
429	闽南理工学院	严丽丽	副教授	462	南通大学	於琳	副教授
430	闽南理工学院	朱淑霞	副教授	463	南通大学	张圆君	讲师
431	闽南理工学院	甄超	讲师	464	南通大学	高晓红	教授
432	闽南理工学院	张冬冬	讲师	465	南通大学	王如海	副教授
433	闽南理工学院	范盈	讲师	466	南通大学	殷春华	副教授
434	闽南理工学院	王瑞	讲师	467	南通大学	张卫	教授
435	南昌大学共青学院	傅成	副教授	468	南通大学	吴旭春	教授
436	南通大学	张瑜	教授	469	南通大学	汪训虎	高级工艺美术师
437	南通大学	张伟	教授	470	南通大学	姜朝晖	教授
438	南通大学	沈岳	教授	471	南通大学	沈小燕	教授
439	南通大学	徐山青	教授	472	南通大学	印梅	教授
440	南通大学	李素英	教授	473	南通大学	胡俊峰	副教授
441	南通大学	刘其霞	教授	474	南通大学	周晶晶	讲师
442	南通大学	张广宇	教授	475	南通大学	葛涛	讲师
443	南通大学	潘刚伟	副教授	476	内蒙古工业大学	王利平	教授
444	南通大学	毛庆辉	副教授	477	内蒙古工业大学	徐鹏	副教授
445	南通大学	葛彦	教授	478	内蒙古工业大学	史慧	教授
446	南通大学	许岩桂	副教授	479	内蒙古工业大学	闫亦农	教授
447	南通大学	臧传锋	副教授	480	青岛大学	田明伟	教授
448	南通大学	郭滢	副教授	481	青岛大学	覃蕊	副教授
449	南通大学	单浩如	教授	482	青岛大学	朱士凤	副教授
450	南通大学	任煜	教授	483	青岛大学	亓凌	讲师
451	南通大学	葛明政	教授	484	青岛大学	刘云	教授
452	南通大学	瞿建刚	副教授	485	青岛大学	苗大刚	副教授
453	南通大学	李晓燕	副教授	486	青岛大学	石振	讲师
454	南通大学	张杏	讲师	487	青岛大学	毛凛鹤	讲师
455	南通大学	朱军	教授	488	青岛大学	商蕾	讲师
456	南通大学	李学佳	副教授	489	青岛大学	周蓉	副教授
457	南通大学	姚理荣	教授	490	青岛大学	郝龙云	教授
458	南通大学	王海楼	副教授	491	青岛大学	杨晓霞	讲师
459	南通大学	付译鋆	副教授	492	青岛大学	张春明	副教授
460	南通大学	唐虹	教授	493	青岛大学	江亮	副教授
461	南通大学	孙晔	副教授	494	青岛大学	张敏	副研究员

序号	院校	姓名	职称	序号	院校	姓名	职称
495	山东理工大学	宋金英	教授	528	苏州大学	魏凯	副教授
496	上海工程技术大学	辛斌杰	教授	529	苏州大学	薛哲彬	副教授
497	上海工程技术大学	谢红	教授	530	苏州大学	许建梅	副教授
498	上海工程技术大学	李艳梅	教授	531	苏州大学	林红	副教授
499	上海工程技术大学	曲洪建	教授	532	苏州大学	魏真真	副教授
500	上海工程技术大学	徐丽慧	教授	533	苏州大学	戴宏钦	副教授
501	上海工程技术大学	孙光武	副教授	534	苏州大学	王文利	副教授
502	上海工程技术大学	李沛	副教授	535	苏州大学	许星	教授
503	上海工程技术大学	冒绮	副教授	536	苏州大学	李正	教授
504	上海工程技术大学	赵蒙蒙	副教授	537	苏州大学	张晓霞	教授
505	上海工程技术大学	杨树	副教授	538	苏州大学	张蓓蓓	教授
506	上海工程技术大学	陈晓娜	副教授	539	苏州大学	张德胜	副教授
507	上海工程技术大学	李庭晓	讲师	540	苏州大学	胡小燕	讲师
508	上海工程技术大学	张晓燕	副教授	541	太原理工大学	刘淑强	副教授
509	绍兴文理学院	洪剑寒	教授	542	太原理工大学	姜中华	副教授
510	绍兴文理学院	孟旭	副教授	543	天津工业大学	陈莉	教授
511	绍兴文理学院	白刚	教授	544	天津工业大学	姜勇	教授
512	绍兴文理学院	缪宏超	讲师	545	天津工业大学	刘义	教授
513	绍兴文理学院	王维明	副教授	546	天津工业大学	张玉波	教授
514	绍兴文理学院	曾真	讲师	547	天津工业大学	温淑鸿	教授
515	四川大学	吴晶	副教授	548	天津工业大学	万舒欣	副教授
516	四川大学	陈胜	副教授	549	天津工业大学	马涛	副教授
517	苏州大学	姚建林	教授	550	天津工业大学	刘健	高级实验师
518	苏州大学	孙玉钗	教授	551	天津工业大学	沈振乾	副教授
519	苏州大学	邢铁玲	教授	552	天津工业大学	史风栋	高级实验师
520	苏州大学	陈廷	教授	553	天津工业大学	刘明	副教授
521	苏州大学	杨旭红	教授	554	天津工业大学	孔庆军	教授
522	苏州大学	关晋平	教授	555	天津工业大学	常浩	教授
523	苏州大学	卢业虎	教授	556	天津工业大学	吴雄华	副教授
524	苏州大学	冯岑	副教授	557	天津工业大学	孙亚娟	副教授
525	苏州大学	王萍	副教授	558	天津工业大学	刘晓东	教授
526	苏州大学	蒋孝锋	副教授	559	天津工业大学	臧洪俊	教授
527	苏州大学	张岩	教授	560	天津工业大学	贺晓凌	教授

序号	院校	姓名	职称	序号	院校	姓名	职称
561	天津工业大学	王丽丽	副教授	594	天津工业大学	王秋惠	教授
562	天津工业大学	李楠	副教授	595	天津工业大学	尚志武	教授
563	天津工业大学	王凤勤	副教授	596	天津工业大学	耿冬寒	副教授
564	天津工业大学	宋立民	教授	597	天津工业大学	杨瑞梁	教授
565	天津工业大学	刘雍	教授	598	天津工业大学	张旭	教授
566	天津工业大学	赵晓明	教授	599	天津工业大学	石博雅	副教授
567	天津工业大学	刘丽妍	副教授	600	天津工业大学	陈纯锴	副教授
568	天津工业大学	刘亚	副教授	601	天津工业大学	白晋军	副教授
569	天津工业大学	王海霞	副教授	602	天津工业大学	熊慧	教授
570	天津工业大学	张毅	副教授	603	天津工业大学	李宝全	教授
571	天津工业大学	李辉芹	副教授	604	天津工业大学	王赜	教授
572	天津工业大学	李凤艳	副教授	605	天津工业大学	王乃华	副教授
573	天津工业大学	陈磊	副教授	606	天津工业大学	孙连坤	副教授
574	天津工业大学	张美玲	副教授	607	天津工业大学	宋丽梅	教授
575	天津工业大学	许君	副教授	608	天津工业大学	张荣恺	副教授
576	天津工业大学	杨文芳	副教授	609	天津工业大学	倪玲	副教授
577	天津工业大学	郑振荣	教授	610	天津工业大学	朱旭辉	教授
578	天津工业大学	丁长坤	教授	611	天津工业大学	赵鑫	教授
579	天津工业大学	梁小平	教授	612	天津工业大学	车传锋	高级实验师
580	天津工业大学	辛清萍	副教授	613	天津工业大学	尹艳冰	教授
581	天津工业大学	耿宏章	教授	614	天津工业大学	苌庆辉	副教授
582	天津工业大学	崔振宇	教授	615	天津工业大学	王大海	教授
583	天津工业大学	刘冬青	副教授	616	天津工业大学	张霞	讲师
584	天津工业大学	张亚彬	副教授	617	天津工业大学	刘玉靖	副教授
585	天津工业大学	刘晓辉	教授	618	天津工业大学	任莉	教授
586	天津工业大学	郭玉高	副教授	619	天津工业大学	徐军	教授
587	天津工业大学	代昭	教授	620	天津工业大学	赵俊杰	副教授
588	天津工业大学	张环	教授	621	天津工业大学	张斌	副教授
589	天津工业大学	刘欣	教授	622	天津工业大学	李凌	副教授
590	天津工业大学	赵镇宏	副教授	623	天津工业大学	陈思	副教授
591	天津工业大学	刘国华	教授	624	天津工业大学	姚远	副教授
592	天津工业大学	杨爱慧	副教授	625	天津工业大学	尚绪芝	教授
593	天津工业大学	何俊杰	副教授	626	天津工业大学	关雪梅	副教授

序号	院校	姓名	职称	序号	院校	姓名	职称
627	天津工业大学	颜范勇	教授	660	五邑大学	黄美林	副教授
628	天津工业大学	杜玉红	教授	661	五邑大学	王晓梅	教授
629	天津工业大学	王春红	教授	662	五邑大学	张扬帆	副教授
630	天津工业大学	姜亚明	教授	663	五邑大学	吴彦城	副教授
631	天津工业大学	郑勇	副教授	664	五邑大学	莫锦鹏	讲师
632	天津工业大学	陈汉军	副教授	665	五邑大学	田立勇	高级工程师
633	天津工业大学	严峰	教授	666	武汉纺织大学	金艳	教授
634	天津工业大学	王晓红	教授	667	武汉纺织大学	王栋	教授
635	天津工业大学	王熙	教授	668	武汉纺织大学	王济平	教授
636	天津工业大学	齐庆祝	教授	669	武汉纺织大学	蔡光明	教授
637	天津工业大学	姚飞	教授	670	武汉纺织大学	朱君江	教授
638	天津工业大学	吴中元	教授	671	武汉纺织大学	潘飞	教授
639	天津工业大学	王金海	教授	672	武汉纺织大学	陶辉	教授
640	天津工业大学	王捷	教授	673	武汉纺织大学	望海军	教授
641	天津工业大学	修春波	教授	674	武汉纺织大学	刘园美	讲师
642	天津工业大学	徐国伟	副教授	675	武汉纺织大学	谭燕保	教授
643	天津工业大学	王浩程	教授	676	武汉纺织大学	李明	教授
644	天津工业大学	李春青	教授	677	武汉纺织大学	沙莎	副教授
645	天津工业大学	李铁	教授	678	武汉纺织大学	柯薇	副教授
646	天津工业大学	王兵	教授	679	武汉纺织大学	夏治刚	教授
647	天津工业大学	张海明	教授	680	武汉纺织大学	彭涛	教授
648	天津工业大学	黄东卫	教授	681	武汉纺织大学	顾绍金	教授
649	天津工业大学	李津	教授	682	武汉纺织大学	刘凡	教授
650	天津工业大学	荆妙蕾	副教授	683	武汉纺织大学	江学为	教授
651	天津工业大学	钱晓明	教授	684	武汉纺织大学	钟蔚	三级教授
652	天津工业大学	马崇启	教授	685	武汉纺织大学	陈蕾	副教授
653	五邑大学	于晖	教授	686	武汉纺织大学	周磊	教授
654	五邑大学	巫莹柱	副教授	687	武汉纺织大学	李正旺	教授
655	五邑大学	马春平	教授	688	武汉纺织大学	刘艳	教授
656	五邑大学	甘锋	副教授	689	武汉纺织大学	陈宁	副教授
657	五邑大学	易宁波	副教授	690	武汉纺织大学	孙杰	副教授
658	五邑大学	刘熙	副教授	691	武汉纺织大学	陈益人	教授
659	五邑大学	赵景	副高	692	武汉纺织大学	张明	副教授

续表

序号	院校	姓名	职称	序号	院校	姓名	职称
693	武汉纺织大学	罗磊	副教授	726	武汉纺织大学	孙运周	副教授
694	武汉纺织大学	周阳	教授	727	武汉纺织大学	左丹英	教授
695	武汉纺织大学	柯贵珍	副教授	728	武汉纺织大学	何媛媛	副教授
696	武汉纺织大学	陶丹	讲师	729	武汉纺织大学	曹刚	副教授
697	武汉纺织大学	李建强	教授	730	武汉纺织大学	周来	副教授
698	武汉纺织大学	邹汉涛	教授（三级）	731	武汉纺织大学	鄢章民	讲师
699	武汉纺织大学	杜利珍	副教授	732	武汉纺织大学	杨蕙	教授
700	武汉纺织大学	胡峰	教授	733	武汉纺织大学	张雷	讲师
701	武汉纺织大学	徐巧	副教授	734	武汉纺织大学	程伟	副教授
702	武汉纺织大学	张智明	教授	735	武汉纺织大学	王妮	副教授
703	武汉纺织大学	冉建华	副高	736	武汉纺织大学	张丹	副教授
704	武汉纺织大学	刘仰硕	副教授	737	武汉纺织大学	郭丽	教师
705	武汉纺织大学	彭俊军	副教授	738	武汉纺织大学	吴胡和	副教授
706	武汉纺织大学	陈富偈	讲师	739	武汉纺织大学	张俊	副教授
707	武汉纺织大学	李东亚	副教授	740	武汉纺织大学	黎蓉	副教授
708	武汉纺织大学	赵晖	副教授	741	武汉纺织大学	李斌	特聘教授
709	武汉纺织大学	徐海明	副教授	742	武汉纺织大学	阎珺	教授
710	武汉纺织大学	施银桃	副教授	743	武汉纺织大学	田甜	讲师
711	武汉纺织大学	李宇	副教授	744	武汉纺织大学	荣建华	教授
712	武汉纺织大学	王骏	讲师	745	武汉纺织大学	熊菊	副教授
713	武汉纺织大学	郭旻	讲师	746	武汉纺织大学	张晓静	副教授
714	武汉纺织大学	汪晶	讲师	747	武汉纺织大学	周兴建	副教授
715	武汉纺织大学	夏舸	副教授	748	武汉纺织大学	涂俊	讲师
716	武汉纺织大学	朱萍	副教授	749	武汉纺织大学	杨孙蕾	副教授
717	武汉纺织大学	魏媛媛	副教授	750	武汉纺织大学	赵华	副教授
718	武汉纺织大学	陈佳	教授	751	武汉纺织大学	杨金键	讲师
719	武汉纺织大学	刘军平	副教授	752	武汉纺织大学	任俊霖	副教授
720	武汉纺织大学	郭健勇	副教授	753	武汉纺织大学	陈苏	教授
721	武汉纺织大学	黄熙	副教授	754	武汉纺织大学	毛莹	教授
722	武汉纺织大学	陈丽红	副教授	755	武汉纺织大学	向秀莉	副教授
723	武汉纺织大学	冯存芳	副教授	756	武汉纺织大学	张平	教授
724	武汉纺织大学	罗娟	副教授	757	武汉纺织大学	田俊芳	教授
725	武汉纺织大学	周勤	教授	758	武汉纺织大学	李俊霖	副教授

序号	院校	姓名	职称	序号	院校	姓名	职称
759	武汉纺织大学	吴磊	讲师	792	西安工程大学	徐玲	教授
760	武汉纺织大学	占明珍	副教授	793	西安工程大学	管声启	教授
761	武汉纺织大学	郭雪	讲师	794	西安工程大学	金守峰	教授
762	武汉纺织大学	史乐来	副教授	795	西安工程大学	丛红艳	教授
763	武汉纺织大学	叶茂升	教授	796	西安工程大学	武占省	三级教授
764	武汉纺织大学	周靖	副教授	797	西安工程大学	王渊	教授
765	武汉纺织大学	朱丽霞	教授	798	西安工程大学	冯涛	高级工程师
766	武汉纺织大学	袁子厚	教授	799	西安工程大学	刘晓喆	教授
767	武汉设计工程学院	徐拥华	副研究员	800	西安工程大学	王文杰	副教授
768	武汉设计工程学院	况敏	教授	801	西安工程大学	李娜	副教授
769	武汉设计工程学院	吴茜	教授	802	西安工程大学	邵景峰	教授
770	西安工程大学	王晓华	教授	803	新疆大学	曹吉强	高级实验师
771	西安工程大学	朱磊	教授	804	新疆大学	肖爱民	正高级实验师
772	西安工程大学	张蕾	教授	805	新疆大学	饶蕾	副教授
773	西安工程大学	李珣	教授	806	新疆大学	钱娟	副教授
774	西安工程大学	范钦伟	教授	807	新疆大学	陈诚	副教授
775	西安工程大学	冯松	教授	808	新疆大学	信晓瑜	副教授
776	西安工程大学	刘驰	教授	809	新疆大学	张瑜	副教授
777	西安工程大学	梁建芳	教授	810	新疆大学	刘金莲	副教授
778	西安工程大学	徐军	教授	811	新疆大学	宋均燕	正高级工程师
779	西安工程大学	付翀	教授	812	烟台南山学院	王晓	教授
780	西安工程大学	马建华	副教授	813	烟台南山学院	金晓	教授
781	西安工程大学	谢光银	教授	814	烟台南山学院	梁立立	副教授
782	西安工程大学	王雪燕	教授	815	烟台南山学院	张媛媛	副教授
783	西安工程大学	刘涛	副教授	816	烟台南山学院	左洪芬	副教授
784	西安工程大学	黎云玉	副教授	817	烟台南山学院	王建坤	教授
785	西安工程大学	薛涛	副教授	818	烟台南山学院	高晓艳	副教授
786	西安工程大学	陆少锋	教授	819	盐城工学院	王春霞	教授
787	西安工程大学	韩玲	副教授	820	盐城工学院	柏昕	副教授
788	西安工程大学	董子靖	副教授	821	盐城工学院	陈嘉毅	副教授
789	西安工程大学	支超	副教授	822	盐城工学院	李慧	讲师
790	西安工程大学	王进美	教授	823	盐城工学院	葛元宇	讲师
791	西安工程大学	郑煜	副教授	824	盐城工学院	林玲	副教授

序号	院校	姓名	职称	序号	院校	姓名	职称
825	盐城工学院	马丽丽	副教授	858	浙江理工大学	方平	副教授
826	盐城工学院	何雪梅	副教授	859	浙江理工大学	钟齐	教授
827	盐城工学院	林洪芹	高级实验师	860	浙江理工大学	刘国金	副教授
828	盐城工学院	吕景春	高级实验师	861	浙江理工大学	胡毅	教授
829	盐城工学院	周青青	高级实验师	862	浙江理工大学	田伟	教授
830	盐城工学院	高大伟	副教授	863	浙江理工大学	张华鹏	教授
831	盐城工学院	周天池	教授	864	浙江理工大学	王莉莉	副教授
832	盐城工学院	程冰莹	讲师	865	浙江理工大学	竺铝涛	副教授
833	盐城工学院	季萍	副教授	866	浙江理工大学	顾越桦	副研究员
834	盐城工学院	马志鹏	副教授	867	浙江理工大学	周颖	高级实验师
835	盐城工学院	陆平	副教授	868	浙江理工大学	孙辉	副教授
836	盐城工学院	吴焕岭	副教授	869	浙江理工大学	李营战	副研究员
837	长春工业大学	葛英颖	教授	870	浙江理工大学	马雷雷	工程师
838	长春工业大学	崔立明	副教授	871	浙江理工大学	冯建永	讲师
839	长春工业大学	马庆瑞	副教授	872	浙江理工大学	仰滢	副教授
840	浙江传媒学院	孙洁	讲师	873	浙江理工大学	江国华	教授
841	浙江科技学院	郑林欣	教授	874	浙江理工大学	姚玉元	教授
842	浙江科技学院	俞晓群	教授	875	浙江理工大学	陈建军	教授
843	浙江科技学院	宋眉	教授	876	浙江理工大学	张明	副教授
844	浙江科技学院	叶玲红	教授	877	浙江理工大学	金达莱	副教授
845	浙江理工大学	陈建勇	教授	878	浙江理工大学	司银松	副教授
846	浙江理工大学	王尧骏	教授	879	浙江理工大学	唐红艳	教授
847	浙江理工大学	徐映红	教授	880	浙江理工大学	孙福	高级实验师
848	浙江理工大学	胡明	教授	881	浙江理工大学	齐庆莹	高级工程师
849	浙江理工大学	任宁	副教授	882	浙江理工大学	罗海林	实验师
850	浙江理工大学	陈善晓	副教授	883	浙江理工大学	鲁佳亮	讲师
851	浙江理工大学	傅雅琴	教授	884	浙江理工大学	冯荟	教授
852	浙江理工大学	冯飞芸	副教授	885	浙江理工大学	蔡欣	副教授
853	浙江理工大学	高雪芬	教授	886	浙江理工大学	黄玉冰	副教授
854	浙江理工大学	于斌	教授	887	浙江理工大学	孙虹	教授
855	浙江理工大学	余厚咏	教授	888	浙江理工大学	王利君	教授
856	浙江理工大学	苏淼	教授	889	浙江理工大学	顾冰菲	副教授
857	浙江理工大学	祝成炎	教授	890	浙江理工大学	李建亮	副教授

序号	院校	姓名	职称	序号	院校	姓名	职称
891	浙江理工大学	李欣华	副教授	924	浙江理工大学	张伟	教授
892	浙江理工大学	徐平华	副教授	925	浙江理工大学	吕品	教授
893	浙江理工大学	章海虹	副教授	926	浙江理工大学	奉小斌	教授
894	浙江理工大学	娄琳	副教授	927	浙江理工大学	黄海蓉	副教授
895	浙江理工大学	沈婷婷	副教授	928	浙江理工大学	程华	教授
896	浙江理工大学	尹艳梅	高级实验师	929	浙江理工大学	杨隽萍	教授
897	浙江理工大学	贾凤霞	高级实验师	930	浙江理工大学	傅纯恒	副教授
898	浙江理工大学	贺华洲	讲师	931	浙江理工大学	李孝明	讲师
899	浙江理工大学	严昉	讲师	932	浙江理工大学	王萍	教授
900	浙江理工大学	张颖	讲师	933	浙江理工大学	梅胜军	副教授
901	浙江理工大学	陆希	讲师	934	浙江理工大学	朱旭光	教授
902	浙江理工大学	王泰迪	讲师	935	浙江理工大学	刘杨	教授
903	浙江理工大学	丁笑君	实验师	936	浙江理工大学	吴群	教授
904	浙江理工大学	元晓敏	实验师	937	浙江理工大学	来思渊	副教授
905	浙江理工大学	张咏絮	讲师	938	浙江理工大学	汪颖	教授
906	浙江理工大学	祝爱玉	讲师	939	浙江理工大学	郑泓	教授
907	浙江理工大学	田秋红	教授	940	浙江理工大学	梁玲琳	教授
908	浙江理工大学	金蓉	副教授	941	浙江理工大学	高宁	副教授
909	浙江理工大学	冯杰	讲师	942	浙江理工大学	李锋	副教授
910	浙江理工大学	张佳婧	讲师	943	浙江理工大学	吕旻	副教授
911	浙江理工大学	郭亮	教授	944	浙江理工大学	阮超	副教授
912	浙江理工大学	严利平	教授	945	浙江理工大学	夏慧超	讲师
913	浙江理工大学	任佳	副教授	946	浙江理工大学	李超	讲师
914	浙江理工大学	韩永华	讲师	947	浙江理工大学	王健	教授
915	浙江理工大学	李秦川	教授	948	浙江理工大学	宫富	研究员
916	浙江理工大学	鲁玉军	教授	949	浙江理工大学	李子瑾	副教授
917	浙江理工大学	王艳萍	教授	950	浙江理工大学	汪小明	讲师
918	浙江理工大学	王丙旭	特聘副教授	951	浙江理工大学	胡建	教授
919	浙江理工大学	王俊茹	副教授	952	浙江理工大学	于志强	教授
920	浙江理工大学	杨金林	高级实验师	953	浙江理工大学	陈艾华	教授
921	浙江理工大学	付彩云	教授	954	浙江理工大学	胡瓷红	副教授
922	浙江理工大学	孙延芳	副教授	955	浙江理工大学	王昌米	副教授
923	浙江理工大学	代琦	教授	956	浙江理工大学	陈芙	副教授

序号	院校	姓名	职称	序号	院校	姓名	职称
957	浙江理工大学	胡天生	教授	988	中原工学院	吴聪	教授
958	浙江理工大学	贺俊杰	副教授	989	中原工学院	杨道云	教授
959	浙江理工大学	王艳娟	教授	990	中原工学院	张书钦	教授
960	浙江理工大学	毕昌萍	副教授	991	中原工学院	王佩雪	副教授
961	浙江理工大学	邓安能	讲师	992	中原工学院	刘凤华	教授
962	浙江理工大学	赵喆山	讲师	993	中原工学院	郑秋生	教授
963	浙江理工大学	吕媛媛	副教授	994	中原工学院	孔梦荣	副教授
964	浙江理工大学	吴跃峰	副教授	995	中原工学院	黄新春	副教授
965	浙江理工大学	金莹	副教授	996	中原工学院	闫丽霞	教授
966	浙江理工大学	孔凡栋	副教授	997	中原工学院	江岭	副教授
967	浙江理工大学	李志明	副教授	998	中原工学院	王庆丰	教授
968	浙江理工大学	吴颖	副教授	999	中原工学院	王丽敏	副教授
969	浙江理工大学	郑喆	副教授	1000	中原工学院	王小黎	副教授
970	浙江理工大学	蔡建梅	副教授	1001	中原工学院	孙玮	教授
971	浙江理工大学	李萍	助理研究员	1002	中原工学院	杨红英	教授
972	浙江理工大学	邵一兵	讲师	1003	中原工学院	高琳	教授
973	浙江理工大学	赵新	助研	1004	中原工学院	牛玉慧	副教授
974	郑州经贸学院	聂伟	教授	1005	中原工学院	喻红芹	教授
975	郑州经贸学院	褚吉瑞	副教授	1006	中原工学院	周伟涛	副教授
976	郑州经贸学院	高扬	副教授	1007	中原工学院	郭士锐	副教授
977	郑州经贸学院	高雪美	副教授	1008	中原工学院	张恒	副教授
978	郑州轻工业大学易斯顿美术学院	侯萌萌	副教授	1009	中原工学院	黄鑫	副教授
979	郑州轻工业大学易斯顿美术学院	李丹	副教授	1010	中原工学院	尚会超	教授
980	郑州轻工业大学易斯顿美术学院	孙俊芳	副教授	1011	中原工学院	边亚东	教授
981	郑州轻工业大学易斯顿美术学院	姚婷	副教授	1012	中原工学院	卢士艳	教授
982	中原工学院	王志新	教授	1013	中原工学院	孙杰	副教授
983	中原工学院	焦明立	教授	1014	中原工学院	谷正艳	副教授
984	中原工学院	秦琦	教授	1015	中原工学院	胡光远	副教授
985	中原工学院	张旺玺	教授	1016	中原工学院	刘寅	教授
986	中原工学院	段士平	教授	1017	中原工学院	王方	教授
987	中原工学院	王蕾	副教授	1018	中原工学院	郑慧凡	教授

序号	院校	姓名	职称	序号	院校	姓名	职称
1019	中原工学院	张定才	教授	1035	中原工学院	柴金艳	教授
1020	中原工学院	庚武	教授	1036	中原工学院	杜爱霞	副教授
1021	中原工学院	姚晓鸣	教授	1037	中原工学院	付琛瑜	副教授
1022	中原工学院	柴高洁	副教授	1038	中原工学院	何建新	教授
1023	中原工学院	杨静	教授	1039	中原工学院	楚艳艳	副教授
1024	中原工学院	李建波	副教授	1040	中原工学院	李海军	教授
1025	中原工学院	蔡爱芳	副教授	1041	中原工学院	郭鹏	高级实验师
1026	中原工学院	唐永勇	副教授	1042	中原工学院	凌士义	教授
1027	中原工学院	工右伕	教授	1043	中原工学院	芦甲川	副教授
1028	中原工学院	宋立	副教授	1044	中原工学院	梅帧	副教授
1029	中原工学院	霍小宁	副教授	1045	中原工学院	任继江	副教授
1030	中原工学院	叶静	教授	1046	中原工学院	汪青	教授
1031	中原工学院	宗亚宁	副教授	1047	中原工学院	李宗民	副教授
1032	中原工学院	穆云超	教授	1048	中原工学院	王丽丹	副教授
1033	中原工学院	赵尧敏	教授	1049	中原工学院	张素香	高级实验师
1034	中原工学院	郭微微	副教授				